ENCYCLOPÉDIE-RORET.

—

CAOUTCHOUC

GUTTA-PERCHA

ET GOMME FACTICE

AVIS.

Le mérite des ouvrages de l'*Encyclopédie-Roret* leur a valu les honneurs de la traduction, de l'imitation et de la contrefaçon. Pour distinguer ce volume, il porte la signature de l'Editeur.

L'Éditeur de cet ouvrage se réserve le droit de le faire traduire dans toutes les langues. Il poursuivra, en vertu des lois, décrets et traités internationaux, toutes contrefaçons et toutes traductions faites au mépris de ses droits.

Le dépôt légal de cet ouvrage a été fait dans le cours du mois de janvier 1855, et toutes les formalités prescrites par les traités ont été remplies dans les divers Etats avec lesquels la France a conclu des conventions littéraires.

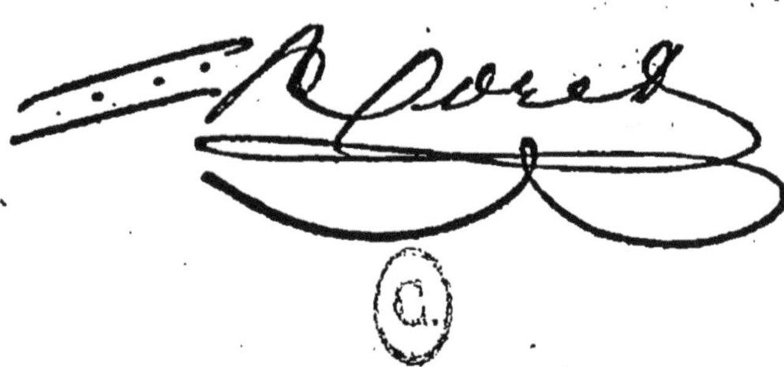

MANUELS-RORET.

NOUVEAU MANUEL COMPLET

DU

FABRICANT D'OBJETS

EN

CAOUTCHOUC

EN

GUTTA-PERCHA

ET

EN GOMME FACTICE;

SUIVI

DE DOCUMENTS ÉTENDUS SUR LA FABRICATION DES TISSUS
IMPERMÉABLES,
DES TOILES CIRÉES ET DES CUIRS VERNIS,

Par M. PAULIN DESORMEAUX.

Ouvrage orné de Figures.

PARIS

A LA LIBRAIRIE ENCYCLOPÉDIQUE DE RORET,

RUE HAUTEFEUILLE, 12.

1855.

PRÉFACE.

C'est toujours une œuvre assez difficile et très-fatigante que de faire un livre sur une matière que personne n'a encore traitée. Quand un livre existe déjà, où les documents épars dans les journaux scientifiques, dans les revues mensuelles, dans les écrits consacrés à la technologie en général, se trouvent rassemblés, classés, commentés, celui qui fait une seconde édition ou qui publie un ouvrage sur le même sujet, suit la route tracée qu'il peut changer à sa guise; et il est plus aisé de changer que de créer. Souvent il n'a dans son nouvel ouvrage qu'à constater les faits qui sont survenus depuis la date du premier livre, et à les consigner par ordre chronologique jusqu'à l'époque de la publication qu'il entreprend. Il élague tels faits que l'expérience acquise a démontrés faits faux; il corrige, il réforme telle classification et la refait à son idée; mais tout ce travail n'approche point de celui qui a pesé sur l'écrivain qui, le premier, a dû bâtir où il n'y avait qu'un monceau de matériaux informes, hétérogènes, qui a dû d'abord déblayer la place, débrouiller le cahos, conserver telle chose, aller au loin chercher telle autre qui manquait. Ce que nous en disons n'est pas pour nous faire un mérite des difficultés qu'il nous a fallu vaincre, ayant entrepris l'œuvre, notre devoir nous faisait une obligation de les surmonter; mais c'est pour que le lecteur ne nous juge pas trop sévèrement, et se montre au contraire disposé à l'indulgence dont nous avouons franchement avoir grand besoin.

Nous croyons avoir rassemblé tout ce qui est digne d'intérêt. On nous reprochera peut-être de n'être pas entré dans assez de détails sur les manipulations. Nous répondons à cette objection que, pour le caoutchouc et le gutta-percha, nous sommes persuadé, relativement aux objets ordinaires, que tout homme qui aura acheté de la matière pre-

Caoutchouc.

mière en saura tout autant que le fabricant, et que s'il est un peu dessi nateur ou modeleur, il n'aura nul besoin de nos leçons. C'est ainsi, du moins, que nous avons procédé, nous avons fabriqué et nous fabriquons journellement nous-même tout ce dont nous avons besoin : la matière est si complaisante, elle se prête si volontiers à tous nos caprices, qu'il est absolument inutile d'avoir recours à des mains étrangères. Cachets à empreintes fidèles, clichés de longue reproduction, manches d'outils, jouets d'enfants, toupies, sabots, petites boîtes, tubes, bouteilles, canelles, coupes simples ou ornées, encrier, tout ce qu'on peut faire avec de la cire molle, tout cela se fait sans peine ; et une fois le refroidissement opéré, devient résistant comme le bois dur et bien autrement inaltérable. Ce que nous avons fait, tout le monde peut le faire comme nous, et peut-être mieux que nous, qui ne sommes doué que d'une adresse très-restreinte.

Quant à la *gomme factice*, c'est autre chose, il faudra avoir recours au fabricant : il faut ici ateliers, usine, grands locaux, etc., etc.

Il en est de même pour les *tissus imperméables*, les *toiles cirées*, les *cuirs vernis*, personne ne s'ingèrera de s'affranchir du fabricant. Nous n'avons compris ces trois derniers Chapitres dans notre livre que parce qu'ils manquaient dans notre encyclopédie, qu'ils étaient souvent demandés, et qu'il était impossible, vu le peu de documents qui existent encore sur ces articles, d'en former un traité spécial qui pût être vendu à part. Nous espérons que le public saura gré à notre Editeur de l'idée qu'il a eue de les rassembler à la suite du caoutchouc. Ces industries ont entre elles une certaine connexité ; elles se prêtent l'une à l'autre secours mutuel, et le lecteur ne sera pas fâché de rencontrer toutes les données, sur ce qui les concerne, réunies en un seul faisceau : qui a le plus a le moins.

NOUVEAU MANUEL COMPLET

DU

CAOUTCHOUC

PREMIÈRE PARTIE.

CAOUTCHOUC.

CHAPITRE PREMIER.

CAOUTCHOUC NATUREL.

1. On ne saurait déterminer bien fixement l'époque où le caoutchouc fut connu en Europe ; cependant on peut affirmer qu'elle n'est guère plus reculée que la moitié du siècle dernier. Le célèbre La Condamine en parle le premier et en donne la description vers 1750. Puis, successivement, d'autres auteurs en ont parlé, quelquefois en se répétant les uns les autres, à diverses époques. Ainsi on en rencontre des mentions dans *Macquer, Bernard, Achard, Fournay, Grossart, Fabroni, Owisson, Valmont de Bomare, Roxbourg*. Néanmoins jusqu'en 1800, on ne le trouvait que comme objet de curiosité dans les cabinets des médecins et des collecteurs d'objets appartenant à l'histoire naturelle ; nommé *gomme élastique*, et façonné en gourdes ou bouteilles, appendues devant les bibliothèques, ou sur les rayons où étaient rangées les coquilles, les échantillons de minerais et les coquillages. Quelques-unes de ces bouteilles étaient garnies de bandes taillées en dent de loup, ou ornées d'autres découpures ;

elles coûtaient vingt-quatre sous ; les plus communes étaient unies comme une bourse de cuir ; elles coûtaient de douze à quinze sous. Beaucoup de gens affirmaient sérieusement que ces bouteilles étaient un produit animal provenant des Zèbres ou des Onagres : les gens sensés soutenaient que la dénomination *gomme* suffisait pour donner la certitude que c'était un produit végétal ; qu'on tirait la gomme élastique de l'Amérique méridionale, des Guyanes ; mais nul ne s'évertuait à chercher à tirer un parti quelconque de ce produit pourtant si remarquable.

Le premier qui découvrit que la gomme élastique enlevait de dessus le papier les traits du crayon, carbure de fer, dit mine de plomb, crut assurément avoir fait une importante découverte. D'un autre côté, et plus tard, les collégiens de D'Harcourt et Duplessis imaginèrent de couper circulairement les bouteilles de gomme élastique, en petites bandelettes d'un millim. carré de section, plus ou moins, et de les pelotonner sur un bouchon arrondi : opération qu'ils nommaient faire un *fond*. Ce fond, gros comme une forte noix, était recouvert de laine filée et formait les meilleures balles connues ; un peu dures à la main ; mais pouvant être *reprises* au 4e ou 5e bond.

Ainsi le caoutchouc n'eut, pendant fort longtemps, d'autre destination que d'enlever les raies du graphite et de fournir d'excellentes balles à jouer au mur.

Plus tard, on trouve chez tous les papetiers le caoutchouc découpé en tablettes épaisses, parallélogrammiques ; mais dont on ne fait encore usage que dans de rares circonstances.

Enfin lorsque, après dix ou quinze ans, l'industrie eut trouvé des emplois nombreux de cette substance, la science s'éveille et le caoutchouc est étudié sérieusement. En 1793, on voit des essais de tissus doublés de caoutchouc fabriqués par M. Besson ; en 1811, on en fait pour les armées ; mais ces tentatives ne furent point couronnées de succès, et ce fut à Manchester, que MM. *Makintoch* et *Hancock* réalisèrent quelques importantes fabrications ; mais n'anticipons pas ; quand nous en serons à *l'emploi du caoutchouc*, nous reviendrons sur ces applications, il s'agit maintenant de fixer autant que possible les noms divers de ce produit, de rechercher les lieux de provenance, et de voir comment on le recueille.

2. On connaît plusieurs espèces de caoutchouc, variant entre elles et par la couleur et par la densité et la cohérence, selon qu'il nous est apporté de l'Amérique ou de l'Asie. Les

arbres qui le produisent sont le *siphonia cahucha* ou *caout-chouc*, l'*urceola elastica*, le *ficus elastica*.

Le *siphonia cahucha* (prononcez *caoutcha*) couvre une immense étendue de l'Amérique méridionale, dans les Guyanes hollandaise et française. Le caoutchouc qu'il donne est celui qui se prête le mieux, dit-on, aux procédés de la fabrication.

Le *ficus elastica* abonde en Asie, principalement dans le pays d'Assam. Le *gutta gireck* passe pour la plus belle espèce.

Enfin, l'*urceola* se trouve à Madagascar et dans une infinité d'autres îles des archipels indien et malais. La croissance de ce dernier est tellement rapide, qu'au bout de cinq ans, il parvient, assure-t-on, à une *longueur* de 60 à 70 mètres, sur une circonférence prise à hauteur d'homme, de 40 à 50 centim. ; ce qui nous porte à employer le mot longueur au lieu de hauteur ; parce qu'un tel arbre doit être une plante grimpante ou rampante, vu le diamètre trop restreint du tronc qui ne pourrait faire supposer une élévation de 70 mètres ; c'est ce qui a lieu pour l'*aristolochia sypho*. On prétend que chaque pied d'urceola peut produire annuellement de 25 à 30 kilog. de gomme sans que la végétation en souffre ; encore bien que pour se procurer cette gomme, on n'ait d'autre moyen que de pratiquer des incisions dans l'écorce comme cela se pratique pour d'autres substances sur d'autres arbres.

Cette gomme sort des incisions liquide et mêlée avec l'eau de végétation et la sève extractive. Bientôt les principes se séparent, l'eau s'évapore, la sève durcit, la gomme se coagule : cette séparation est définitive, les procédés connus jusqu'à présent, ne peuvent opérer une nouvelle combinaison.

3. A Cayenne, c'est le *siphonia cahucha* qui fournit la gomme élastique à l'état de suc laiteux. On pratique des incisions au tronc et aux branches, et le produit est plus ou moins consistant, suivant l'âge de l'arbre et selon la saison. On laisse le suc laiteux se figer en tablettes. Les indigènes le font sécher en l'étendant par couches sur des moules en terre friable, et en l'exposant au feu qui donne à l'enduit une teinte brune. Quand le suc est entièrement coagulé, ils brisent le moule en terre et font sortir la terre de l'enveloppe que forme alors le caoutchouc, soit en la retirant en poussière, soit en la délayant avec de l'eau, s'ils ont employé des glaises ou argiles. Voilà pourquoi le caoutchouc nous arrive en forme de bouteilles ou poires. Il y a de ces bouteilles

de toute grandeur, lorsqu'elles ne sont pas destinées à l'exportation ; et les indigènes s'en servent en ajoutant une canule au col, comme on se sert des clysoirs en Europe pour faire passer, en les pressant, de l'eau dans les intestins. Il leur arrive aussi de donner à leurs moules de grossières ressemblances d'hommes ou d'animaux.

Ils se servent aussi du caoutchouc pour divers usages. Dans le *Cayra*, en remontant l'Orénoque, ils attachent de petites bouteilles de gomme élastique au bout des baguettes avec lesquelles ils frappent leurs tambours. Chez les Madécasses, ceux qui gardent les troupeaux, reçoivent le caoutchouc liquide dans des tubes de bambou fermés par le bas, puis ils le solidifient en exposant les bambous pleins au feu ou au soleil. Lorsqu'ils pensent que le caoutchouc est solidifié, ils brisent l'enveloppe et ils ont par ce moyen des sortes de cordes qu'ils étendent et dont ils font des espèces de psaltérions. D'autres Indiens emploient cette substance pour l'éclairage en la combinant avec d'autres substances moins inflammables. Le caoutchouc brut donne une flamme vive et dont l'odeur n'est pas insupportable. Par ce moyen, ils peuvent s'éclairer et conserver du feu assez longtemps.

4. Nous venons de dire qu'on observe une variété dans la couleur du caoutchouc qui nous parvient. Cette couleur est le plus souvent d'un noir foncé, d'autres fois cette nuance s'adoucit par dégradations peu sensibles et tirant sur le gris, et l'on en rencontre souvent d'un jaune pâle. On trouvera dans la suite de cet ouvrage, le moyen de donner au caoutchouc, toutes ou presque toutes les teintes qu'on peut désirer. Il nous vient aussi du caoutchouc à l'état de suc laiteux ; mais il faut en faire demande expresse. Pour qu'il puisse nous arriver en cet état, il faut qu'il soit, au fur et à mesure de son écoulement de l'arbre, recueilli dans des vases que l'on ferme hermétiquement. Par ce moyen, privé du contact de l'air extérieur, et le vase étant bien rempli, le suc ne se transforme point, ne se coagule pas, et on en a employé à Londres qui a satisfait pleinement à l'idée qu'on s'était faite de l'emploi du caoutchouc liquide. On l'a répandu sur une feuille de papier, puis exposé à l'air libre pour que l'évaporation ait lieu, et il a fourni une couche solide, élastique, en tout semblable au caoutchouc ordinaire coupé en feuilles minces par les procédés mécaniques.

5. On sophistique quelquefois le caoutchouc vendu en tablettes ; en faisant une pâte avec le suc laiteux et de la poudre de bois pétris ensemble, puis recouverte par une couche de caoutchouc pur. Il est donc prudent de couper transver-

salement quelques tablettes, afin de découvrir par l'inspection attentive, cette fraude heureusement peu ordinaire.

6. Avant de faire connaître les travaux des chimistes actuels que nous donnerons plus loin *in extenso* et littéralement reproduits, il convient de mettre sous les yeux du lecteur une analyse rapide de ce qui a été fait d'abord, avant que le caoutchouc ait obtenu l'importance qu'il a maintenant.

Le suc liquide apporté dans des vases clos, isolé pendant tout le parcours du contact avec l'air a été reconnu d'une densité = 1011.74. Coagulé et amené à l'état de feuilles, il s'est trouvé ne plus peser que 45 pour 100 du poids primitif; ainsi l'eau de végétation et la sève entraient pour 55 pour 100 dans la totalité du poids. On a remarqué que, lorsque le liquide ne remplissait pas exactement le vase, et qu'il se trouvait une certaine quantité d'air interposé entre le liquide et le bouchon, il se formait sur ce liquide non une peau provenant d'une partie de suc coagulé, mais seulement une pellicule. Il aurait été très-important d'analyser cet air; on aurait su lequel de ses principes constituants manquait, et avait, par sa combinaison avec le caoutchouc liquide, donné lieu à la pellicule. Il n'est pas à notre connaissance que ce fait ait été étudié.

Si on laisse le suc laiteux à l'air libre, il se couvre d'une crème épaisse, et le fond est un liquide brun et limpide. Si on verse de l'alcool dans le caoutchouc laiteux, il se coagule de suite; l'eau l'étend sans le coaguler et sans nuire à sa pureté. Suivant Berzelius, pour purifier entièrement le caoutchouc, il faut le mêler à quatre fois son volume d'eau dans un vase percé au fond, mais momentanément bouché. On laisse en repos pendant vingt-quatre heures, et alors la crème surnage; on ôte le bouchon, et l'eau écoulée, on bouche de nouveau; on remet de l'eau sur cette crème et ainsi de suite plusieurs fois; on obtient de la sorte un caoutchouc purifié.

Après ces lavages le caoutchouc est pur, mais tellement mêlé avec l'eau, tellement divisé, que, quand on le délaie dans une nouvelle masse d'eau, il forme un lait qui s'éclaircit lentement (c'est toujours Berzelius qui parle). Il se forme alors dessus une pellicule très-mince au contact de l'air; et si cette pellicule est étendue sur une feuille de papier Joseph, ou sur une brique, l'eau est absorbée et la pellicule devient transparente comme la colle de poisson. Ainsi obtenu, ce caoutchouc conserve pendant longtemps sa propriété d'adhérer faiblement, il est vrai, aux corps sur lesquels on l'applique. Des morceaux fraîchement coupés de cette matière rapprochés, adhèrent entre eux comme s'ils n'avaient pas été coupés. Cette même propriété appartient, comme on sait, au caoutchouc ordinaire et non lavé. Le même chimiste annonce qu'il n'a trouvé dans le caoutchouc lavé aucune texture fibreuse.

D'une autre part, des lames de caoutchouc pur ont offert à un observateur, une division en pentagones, au centre desquels on remarquait des étoiles rayonnantes.

7. Le caoutchouc est mauvais conducteur de l'électricité. Sa densité est de 0.925, cette densité n'est pas susceptible de s'accroître beaucoup par la pression; le froid le rend dur et peu flexible, mais non cassant : un long repos à la température ordinaire produit le même effet. Berzelius annonce qu'une fois le caoutchouc devenu cohérent, on ne peut le rendre émulsif par aucun moyen. On verra dans la suite de cet ouvrage que cette opinion a été suivie d'opinions divergentes ; mais nous nous tenons toujours dans ce qui était émis avant la découverte de Hancock.

Insoluble dans l'alcool, le caoutchouc est soluble dans l'éther; mais il faut qu'il soit alors bien purgé d'alcool : ce dernier agent le précipite de la dissolution. Dans l'huile de pétrole rectifiée, le caoutchouc se gonfle et acquiert un volume trente fois aussi considérable que celui qu'il avait avant d'être soumis à cet agent. Si on le fait bouillir dans cette même huile, il s'y dissout en partie. La portion dissoute reparaît si on fait évaporer le dissolvant; mais alors ce caoutchouc a perdu son élasticité. Les huiles essentielles provenant de la distillation du bois, du goudron et de la houille, dissolvent le caoutchouc, en lui communiquant une forte odeur, et le rendent poisseux et trop adhésif. Un courant de vapeur d'eau fait disparaître cette odeur et cette trop grande propriété adhésive.

Le caoutchouc se dissout également dans les huiles grasses et volatiles ; mais elles lui ôtent son élasticité et le rendent visqueux et gluant. L'huile de cajeput forme, dit-on, exception à cette règle. Si l'on fait ramollir le caoutchouc en le faisant macérer dans quatre fois son poids de sulfide carbonique, puis, si on le mélange avec seize autres parties de ce sulfide, on obtiendra, dit Lampadius, en remuant souvent et au bout de quelques jours, une dissolution laiteuse qui laissera du caoutchouc élastique et transparent lors de la dessiccation.

120 degrés de chaleur suffisent pour mettre le caoutchouc en fusion. Après le refroidissement, le caoutchouc

reste liquide et gluant et ne se durcit qu'après un long temps. La substance est altérée, alors, et a perdu ses propriétés primitives.

Le chlore n'a pas d'action sur le caoutchouc, non plus que l'acide sulfureux, l'acide hydrochlorique, l'ammoniaque, l'acide fluosilicique. Il est insoluble dans les alcalis. L'acide sulfurique à froid ne fait que le charbonner ; aussi se sert-on de tubes de caoutchouc dans les laboratoires de chimie, pour réunir les tubes en verre et faire jouir l'appareil d'une certaine flexibilité. Ces tubes se font en découpant, avec des ciseaux bien coupants et purgés de tous corps gras, des bandes de caoutchouc, puis, en rapprochant les bords de la section et les comprimant avec les doigts, le caoutchouc, en vertu de sa puissance adhésive, se colle et fait corps comme s'il n'avait pas été divisé : il est prudent d'attendre un peu si cette jonction doit être soumise à une forte traction ; trop nouvelle, elle est sujette à se rompre.

On peut aussi faire ces tubes en étendant sur un cylindre de gypse des couches de caoutchouc liquide, qui se durcit au fur et à mesure que l'eau est absorbée par le cylindre. On peut faire des ballons en ramollissant dans l'éther une bouteille de caoutchouc en soufflant dedans avec précaution, afin d'éviter le déchirement. On peut de la sorte produire une vessie artificielle de 4 décim carrés de diamètre.

La composition du caoutchouc est, d'après Faraday : carbone, 87.5 ; hydrogène, 12.5. Ou bien, sur 100 parties de caoutchouc : 31.7 caoutchouc pur ; albumine végétale 1.9 ; cire, des traces ; eau contenant un peu d'acide libre 56.37 ; substance nitrogénée 7.13 ; substance soluble dans l'eau 2.9.

8. Nous avons dit plus haut deux mots sur l'emploi du caoutchouc et de l'idée qui vint dès 1793 à M. Besson, et en 1811 à M. Champion ; ces essais n'eurent pas un succès prononcé, et ne pouvaient pas en avoir : le caoutchouc naturel est thermométrique, il s'amollit en été, se durcit en hiver, ce qui, joint à d'autres inconvénients qui ont disparu depuis, fut toujours une cause de non-réussite. Cependant, l'essor étant donné, toute imparfaite que fût la matière, une foule d'industriels, de commerçants, d'expérimentateurs, s'élancèrent hardiment à la recherche des améliorations ; de belles fortunes, puissant stimulant, étaient promises à ceux qui parviendraient les premiers à surmonter les obstacles. MM. Makintoch et Hancock, de Manchester, vendirent à MM. Rattier et Guibal dont les noms seront souvent cités dans le cours de cet ouvrage, les procédés qu'ils suivaient pour enduire les tissus ordinaires de caoutchouc. Quant au moyen de parvenir à le

dissoudre, ils gardèrent ce secret, sauf à leur vendre, selon leurs besoins, la dissolution toute opérée. Bientôt, M. Claudot qui, de son côté, était parvenu à dissoudre aussi cette matière, la leur vendit à plus bas prix. Le procédé consistait à dissoudre le caoutchouc dans l'huile essentielle, provenant de la distillation du charbon de terre ; l'enduit s'employait, non pas dans un état de liquidité absolue, mais à l'état pâteux. On l'étendait sur les étoffes par couches aussi égales que possible, puis on les soumettait à la pression d'un cylindre, qui aplatissait l'enduit, le faisait adhérer à l'étoffe, et même déborder de chaque côté de la laize du tissu. Mais l'odeur insupportable de ces tissus s'opposait à ce qu'ils fussent généralement adoptés. Ils avaient en outre, le grave inconvénient de se soulever par places, l'enduit et le tissu formant des poches, ce qui était cause d'une détérioration rapide.

Un seul fabricant, M. Verdier, faisait des tissus au caoutchouc, qui n'avaient aucune mauvaise odeur; la dissolution s'appliquait à froid. On tendait ces tissus sur des châssis qu'on pouvait incliner à volonté, et l'enduit excédant était enlevé avec des râcloirs; puis l'étoffe était également cylindrée : ces étoffes étaient souples et d'un aspect mat, et l'enduit ayant pénétré jusqu'au centre des fils des tissus, elles restaient imperméables, même lorsqu'elles étaient à demi-usées. Le même fabricant appliquait son système, en y ajoutant un peu d'huile de lin cuite, à la fabrication des *sondes, pessaires, bouts de sein, canules* et autres objets de ce genre, et employait, pour être enduit de son caoutchouc, des tissus de soie, comme étant plus résistants et permettant, lorsqu'il le fallait, d'obtenir la même force de résistance sous un bien moindre volume. Dès 1828, le sieur Maillard Dumeste, mécanicien à Paris, inventa des moyens mécaniques servant à réduire le caoutchouc en fil calibré suivant tous les numéros, et propre à la fabrication des tissus élastiques. Certaines mécaniques de sa façon, pouvant produire 48,000 mètres de fil par heure, fonctionnèrent pour la première fois en 1832.

9. Voici, d'après M. Sainte-Preuve, les moyens qu'on employait pour diviser le caoutchouc en fil :

Opérations préparatoires.

1° On ramollit la bouteille de caoutchouc par l'eau chaude.

2° On enlève le col.

3° On coupe la bouteille en deux parties égales : on laisse la substance se refroidir et prendre une certaine consistance.

4° On presse chaque demi-poire dans un moule cylindrique de métal tenu chaud, au moyen d'un piston également métallique. On maintient le piston quand on le retire de dessous la presse à l'aide d'un arrêt; puis on refroidit, au moyen de l'eau fraîche, et le moule et le disque de caoutchouc qui y est contenu.

5° On découpe ce disque plat en une bande d'égale épaisseur, à l'aide de la machine dont la description suit : Le couteau qui découpe est une lame circulaire, il tourne autour d'un axe horizontal fixe. Le disque de caoutchouc s'approche de ce couteau en tournant autour d'un axe vertical mobile : le couteau s'engage dans le caoutchouc, et pour qu'il enlève toujours une bande d'égale épaisseur, l'axe du disque s'avance toujours, guidé par une vis, dans une direction perpendiculaire au plan du couteau. Ce couteau plonge par dessous dans une masse d'eau froide qui l'empêche de s'échauffer et fait qu'il coupe mieux. La vitesse du mouvement de translation de la vis qui fait avancer le centre du disque est combinée avec celle des mouvements de rotation du couteau et du disque.

6° La transformation des bandes de caoutchouc en fils tissus s'opère par les moyens suivants. On engage ces bandes entre des couteaux circulaires d'un petit diamètre montés sur deux rouleaux placés en regard, comme les cylindres d'un laminoir : en faisant tourner ces rouleaux et leurs couteaux, ceux-ci découpent la bande de caoutchouc d'une largeur égale à l'écartement des couteaux.

7° Les fils de caoutchouc sont déposés dans des vases pleins d'eau froide; puis on les ramollit par l'eau chaude et on les étire autant que possible en les enroulant sur un rouet qu'un ouvrier fait tourner rapidement, tandis qu'un autre placé près du vase d'eau chaude file le caoutchouc en le maintenant tendu; puis on met ces dévidoirs dans un lieu frais pour donner aux fils la raideur nécessaire au travail subséquent.

8° On enveloppe ces fils d'un lacet, à l'aide de machines à lacets, aux plateaux desquelles on donnera, par exception, 42 à 43 centim. de largeur.

9° On transforme enfin ces fils en tissus sur le métier. Ici il est bon de donner à chaque fil sa bobine et de tirer celle-ci par une corde que tend un poids convenable, pour donner à chaque fil la même tension.

10° Enfin, on rend au caoutchouc son élasticité en chauffant les tissus à l'aide d'un fer chaud ou par tout autre moyen.

On conçoit, ajoute M. Sainte-Preuve, que si les fils n'étaient pas refroidis et rendus inextensibles, ils s'allongeraient pendant le travail, et en se contractant ensuite de quantités variables, ils feraient *goder* les tissus.

10. Voici ce que nous disions en 1834 des caoutchoucs exposés par MM. Rattier et Guibal. « MM. Rattier et Guibal, connus par le bel emploi qu'ils ont fait récemment du caoutchouc ou gomme élastique, à la fabrication d'étoffes élastiques et de tissus imperméables, ont soumis à l'approbation du jury des câbles construits avec des fils de la même matière, étirés, et ayant perdu l'excès de l'élasticité qui en rendrait, dans la majeure partie des circonstances, l'emploi peu applicable. Ces câbles sont une véritable nouveauté, ils sont offerts à l'industrie avec modestie par les inventeurs qui lui disent : « Voici un produit nouveau, non encore étudié, qui pourra s'employer dans quelques cas : ces cordes, nous en convenons, sont moins fortes que les cordes de chanvre ; mais elles se recommandent par des qualités qui leur sont particulières ; elles sont imperméables, et, par conséquent, non hygrométriques. Séjournant dans l'eau, elles ne pourriront pas, exposées à la pluie, au vent, à la poussière, elles ne se détérioreront pas promptement comme les cordes de chanvre ; elles conserveront leur force à la cave comme au grenier, et si vous avez mesuré leur force dans le temps de la plus grande chaleur, vous pouvez compter qu'elles ne trahiront jamais votre confiance ; car la chaleur seule peut, momentanément, les amollir ; et la température s'abaissant, elles reprendront toute leur rigidité. Elles ne saliront pas les objets qu'elles supporteront, parce que, comme le crin, l'eau peut bien les traverser, mais non jamais pénétrer leurs filaments et entraîner la partie extractive. » Ils disent au mécanicien : « Voici des cordes qui happeront vivement sur les poulies, et dont l'élasticité correspondra à ce que vous avez trouvé d'avantageux dans l'élasticité des lanières de cuir : C'est bien déjà quelque chose. Il ne s'agit pas toujours de la force. » Si ces câbles peuvent être livrés à des prix modérés, nul doute que, dans bien des cas, ils ne remplacent avec avantage la corde de chanvre. Nous ne saurions prévoir les applications que l'industrie saura faire de cette nouvelle corde, il faut pour cela qu'elle descende dans toutes les mains ; que l'horloger l'applique à son archet, que le pêcheur en compose sa ligne, que le maçon en fasse le lien de ses échafaudages, etc. ; toujours est-il que, dès à présent, nous pouvons féliciter MM. Rattier et Guibal de leur heureuse application, et faire des vœux pour qu'elle se popularise. »

P. D.

11. Dans son rapport publié en 1836, voici quelle fut la décision du jury central de l'Exposition des produits de l'industrie :

EXPOSITION DE 1834.

« *Médaille d'or*. — MM. Rattier et Guibal, à Paris, rue des Fossés-Montmartre, n° 4.

» Nous sommes heureux d'avoir à signaler une industrie toute nouvelle, que ses inventeurs ont portée avec rapidité vers un degré voisin de la perfection.

» Il y a peu d'années le caoutchouc n'offrait qu'un petit nombre d'usages, et d'une faible importance. MM. Rattier et Guibal en ont fait l'objet d'un travail ingénieux et d'un commerce étendu.

» Avant 1831, l'importation du caoutchouc formait un article trop peu considérable pour être mentionné dans les états officiels; il n'en est plus ainsi.

Importations pour la consommation française.

1831. . . . . 39,337 fr.
1832. 165,382

» MM. Rattier et Guibal prennent le caoutchouc tel qu'il arrive, en poire, des colonies, ils l'aplatissent en disque par la pression. Ce disque est fixé par son centre sur un support armé d'une pointe de fer. Dans cette position, des couteaux de forme circulaire le taillent en lanières, qu'on subdivise en filaments. Ces filaments sont soudés bout à bout, puis étirés régulièrement, puis enroulés sur un dévidoir et laissés en cet état pendant sept à huit jours : le caoutchouc semble alors avoir perdu toute son élasticité.

» Les fils très-fins obtenus de la sorte sont placés sur un métier à lacet, ou, pour mieux dire, à cravaches, et recouverts de soie, de fil ou de coton. Ces nouveaux fils garnis sont tissés immédiatement comme du fil ordinaire, en rubans, en bretelles, en sous-pieds, en ceintures, en corsets, etc. Ces tissus peuvent reprendre l'élasticité du caoutchouc par l'action de la chaleur; il suffit pour cela de les repasser avec un fer chaud.

» Cette industrie a fait des progrès si rapides, qu'en 1833, ses produits ont surpassé 700,000 fr. et ses exportations à l'étranger 400,000 fr.

» MM. Rattier et Guibal emploient plus de 200 ouvriers dans leurs ateliers. De très-nombreux contrefacteurs, qu'ils ont cessé de poursuivre, démontrent les profits que procure ce genre de fabrication.

» Les développements dans lesquels nous avons cru devoir entrer justifient pleinement la récompense de premier ordre que le jury décerne à MM. Rattier et Guibal.

Médaille de bronze.

» M. Verdier, à Paris, rue N.-D. des Victoires, n° 40.

» Collection d'instruments de chirurgie en gomme élastique; nombreux échantillons de taffetas et autres tissus rendus imperméables au moyen du caoutchouc. La perfection de cette application du caoutchouc mérite la médaille de bronze. »

Comme on le voit, nos prévisions relatives à la fabrication de MM. Rattier et Guibal n'avaient pas été trompées, et le rapport du jury renferme sur cette fabrication des moyens d'exécution qui se rapprochent beaucoup de ceux énoncés par M. Sainte-Preuve, en y ajoutant toutefois des circonstances importantes à connaître, et qui motivent l'espèce de répétition que nous donnons de ces moyens de fabrication. Comme tout est important à connaître dans une fabrication nouvelle, nous reviendrons probablement encore sur ce même sujet. Par le rapport que nous venons de transcrire, le lecteur jugera que cette industrie a fait des pas de géant en bien peu de temps : elle ne s'est pas arrêtée, et le rapport de 1839 apportera de nouveaux documents d'un grand intérêt. Voici ce qui était dit sur le caoutchouc dans le rapport officiel.

EXPOSITION DE 1839.

Tissus imperméables.

12. « Tout le monde connaît les résultats intéressants à tant de titres, qu'une industrie nouvelle, fondée sur les propriétés du caoutchouc, a offerts au public depuis quelques années, soit en Angleterre, soit en France par les soins de MM. Guibal et Rattier, et de leurs nombreux imitateurs.

» Le caoutchouc est en effet une substance merveilleusement douée ; qu'aucun des liquides habituellement en rapport avec nous n'attaque, ne dissout ; qui ploie, s'allonge, s'étend, et revient sur elle-même avec toute l'obéissance d'une enveloppe qui ferait partie du corps même sur lequel on l'applique.

» On est parvenu à le couper en lames minces, à le refendre en fils, à remettre en masse les débris ou les parties impures : on sait lui ôter son élasticité et la lui rendre à volonté ; enfin, on le coupe, on le soude en cent façons et avec une facilité qui se prête à tous les caprices de la fabrication.

» Cette partie de l'industrie du caoutchouc ne mérite que des éloges.

» Mais il en est une autre qui est moins avancée, quoiqu'elle soit aussi pratiquée depuis lonptemps, et qu'elle le soit sur une grande échelle. On veut parler de la fabrication des tissus imperméables doubles et simples, à l'aide du caoutchouc dissous par les huiles essentielles. Dans ce procédé, la substance est toujours un peu modifiée; elle retient une certaine quantité d'huile qui lui donne de l'odeur et qui la ramollit.

» Le problème à résoudre pour rendre le caoutchouc liquide, n'est pas de le dissoudre par des essences dont on ne peut jamais le débarrasser entièrement; mais de le rendre liquide en l'amenant à l'état d'émulsion, c'est-à-dire à l'état où il découle des arbres qui le fournissent.

» Cette industrie a néanmoins fait en France des progrès notables; les étoffes doubles ou simples en caoutchouc ayant bien moins d'odeur qu'elles n'en répandaient il y a quelques années. »

Rappel de médaille d'or.

« MM. Guibal et Rattier, rue des Fossés-Montmartre, 4.

» Ces habiles fabricants ont encore trouvé moyen de faire de grands progrès dans l'industrie qu'ils ont créée en France. En 1834, le jury central leur a décerné la médaille d'or, en se fondant essentiellement sur leur fabrication de tissus élastiques, qui s'effectue au moyen de fils de caoutchouc *à qui* on ôte leur élasticité par une tension prolongée, qu'on recouvre d'un tissu à l'aide d'un métier à lacet, et *à qui* on rend enfin l'élasticité par l'action d'un fer chaud. Cette fabrication a pris une très-grande importance, non-seulement entre leurs mains, mais aussi dans celles de leurs nombreux imitateurs et contrefacteurs; mais, à l'extension près, cette industrie est en général au point où elle était en 1834.

» Chez MM. Guibal et Rattier, au contraire, une disposition nouvelle a permis de tirer du métier Jacquard, pour fabriquer ces fils des tissus élastiques, un parti bien plus avantageux que par le passé. La quantité de travail qu'un ouvrier peut produire est plus que doublée, en certains cas, par cette disposition.

» Mais au moment même où cette industrie prenait des développements inespérés, elle a été frappée dans sa source; les arrivages de caoutchouc n'ayant pas répondu aux idées qu'on s'en était faites, et une fraude active s'étant glissée

Caoutchouc.   2

dans la préparation des poires que les Indiens en fabriquent (*Voyez* ci-dessus, *Fraude*, n° 5).

» Les trois quarts au moins des poires que nous apporte le commerce sont si mal fabriquées et d'une texture si feuilletée, qu'on ne saurait en faire usage directement pour les découper en lames. MM. Guibal et Rattier ont monté dans leur usine un système d'appareils propres à remettre le caoutchouc en masse; ils le découpent ensuite en lames, en bandes, en fils, et le font ainsi rentrer dans la fabrication des tissus élastiques, d'où il semblait exclus.

» MM. Guibal et Rattier ont beaucoup amélioré leur dissolution; elle a bien moins d'odeur, bien qu'elle en ait encore; et ils méritent des éloges, quoique à cet égard on puisse espérer de nouveaux et d'importants progrès.

» Dans la fabrication de MM. Guibal et Rattier, on remarque un nouvel article : c'est un tissu rendu imperméable par une couche extérieure de caoutchouc. Son bas prix le rend accessible à toutes les fortunes, et cependant sa bonne qualité est garantie par une expérience déjà fort étendue. Le seul inconvénient de ces tissus réside dans leur ressemblance avec les toiles vernies, qui les déprécie pour l'emploi que nous appellerons *bourgeois*. Mais les manteaux militaires, ceux de voyage, de chasse, etc., s'en accommodent parfaitement bien.

» On a pu remarquer à l'exposition des essais qui ont de l'intérêt, et qui auraient pour résultat de faire, à l'aide d'une seule opération, un très-grand nombre de tapis du dessin le plus compliqué. Ce problème est résolu à l'aide du caoutchouc, et quoique cette industrie singulière n'existe encore qu'en germe, on ne saurait douter qu'un jour ou l'autre, elle ne prenne une forme pratique.

» Parmi les améliorations qu'il faut remarquer chez les habiles fabricants dont nous nous occupons, la baisse importante que leurs prix ont subi n'est pas la moindre. Elle est d'autant plus digne d'attention, qu'elle coïncide avec une augmentation considérable du prix du caoutchouc.

» L'industrie du caoutchouc s'exerce aujourd'hui sur 400 mille francs de caoutchouc brut, qu'elle convertit en une masse de produits divers dont le prix s'élève à une somme dont on appréciera l'importance, quand on saura que l'Amérique reçoit de nous pour quatre millions de produits en caoutchouc en échange des 400,000 fr. de matière brute qu'elle nous envoie.

» L'extension donnée par MM. Guibal et Rattier à leur industrie, le développement qu'elle a pris entre les mains de toutes les personnes qui mettent à profit leurs procédés, la perfection de leurs moyens de recomposition de la gomme divisée ou impure, et surtout les perfectionnements qu'ils ont *fait subir* au métier Jacquard, motivent le rappel le plus honorable de la médaille d'or que le jury s'empresse de voter à ces habiles fabricants.

* * *

Médailles de bronze.

« *M. Champion*, à Paris, rue du Mail, 18.

» Connu, depuis longtemps, pour la fabrication de ses mesures linéaires en rubans imperméables, qui lui ont valu, en 1819, une médaille de bronze, cet ingénieux fabricant livrait au commerce beaucoup d'objets produits par les mêmes procédés, et applicables à des destinations hygiéniques ou à la conservation des métaux.

» On a remarqué à l'exposition actuelle des vêtements imperméables très-légers, très-souples, peu volumineux et fort convenables pour les militaires, les voyageurs ou les personnes qui habitent la campagne; mais l'aspect luisant ou gras des étoffes vernies les exclut de tout emploi dans les villes, ce qui en limite singulièrement l'application.

» Néanmoins, le jury, considérant les divers progrès faits par M. Champion dans sa fabrication, lui décerne une nouvelle médaille de bronze. »

» *M. Meynadier*, à Montrouge (Seine).

» Cet ingénieux fabricant prépare les tissus de manière à les rendre imperméables. Il opère sur tous les genres d'étoffes avec le même succès, et il peut fournir des tissus simples imperméables en taffetas ou percaline, et, à plus forte raison, des tissus plus épais.

» Ce que M. Meynadier a surtout cherché, avec raison, c'est de rendre son étoffe imperméable sans lui donner un aspect gras et verni. Il a presque réussi sous ces deux rapports. Du reste, ses étoffes n'ont pas d'odeur bien sensible.

» Elles ont dès longtemps trouvé leur application dans la fabrication des cols noirs et dans celle des manteaux de voyage.

» Il est à désirer que cette industrie se développe.

» Le jury décerne une médaille de bronze à M. Meynadier. »

« *M. Gagin*, à Clignancourt (Seine).

» M. Gagin a exposé diverses applications de ses toiles imperméables, qu'il applique essentiellement aux besoins du soldat. Des outres, une tente, un manteau-bivouac, des blouses, des bâches pour voitures, etc., ont été mises sous les yeux du jury, et soumis à un examen attentif.

»M. Gagin prépare aussi des chaussures imperméables qui ont été l'objet d'expériences longues et bien faites en Afrique ; le résultat en a été très-favorable, comme on le voit par un rapport du colonel Marcy.

» Les toiles pour tentes et abris-bivouacs ont été essayées au camp de Compiègne, par M. de Courtigis, avec un succès complet.

» Le jury central décerne à M. Gagin une médaille de bronze. »

Mentions honorables.

« *M. Ledoux*, à Neuilly (Seine).
» M. Ledoux fabrique des tissus doubles imperméables par les procédés connus ; mais ces tissus ont peu d'odeur.
» Il fait une grande quantité de buscs recouverts d'un tissu imperméable, qui les préserve de la rouille : cette application du caoutchouc est devenu déjà d'un usage assez commun. »

« *M. Coou*, à Paris, rue Ménilmontant, 86,
» Produit des tissus de caoutchouc avec beaucoup de succès. Ses tissus épinglés sont remarquables par leur belle et bonne exécution. »

« *MM. Galibert et Surraut*, rue J.-J. Rousseau, 1,
» Livrent au commerce des tuyaux en caoutchouc naturel fort bien faits et susceptibles d'applications intéressantes. »

« *M. Bouillant*, rue du Faubourg-Saint-Antoine, 325,
» S'occupe avec succès de la fabrication des tissus en caoutchouc. »

« *M. Marouzi de Aguire*, rue d'Antin, 3.
» Il a fabriqué divers objets en chanvre comprimé rendu imperméable et verni. Ses produits pourront recevoir d'utiles applications. »

« *M. Beker*, rue de Grenelle-Saint-Honoré, 39.
» Il rend imperméables, par des procédés chimiques, toutes les étoffes sans en altérer leur souplesse ni leur couleur, et sans leur ôter leur perméabilité pour l'air.
» Il est à désirer que les procédés de M. Beker, ou des procédés analogues, deviennent d'une application générale. »

Ces rapports du jury central des expositions publiques des produits de l'industrie, sont des arrêts en dernier ressort, qui classent les industries et les mérites de ceux qui s'y livrent, sans que la faveur achetée, l'obsession, la courtisannerie, le charlatanisme du prospectus ou de l'annonce, influent en rien sur leurs décisions suprêmes : ils renferment une infinité de faits, de noms propres, d'adresses, qu'il est très-important que le fabricant connaisse. C'est à l'exposition que viennent se rendre et se réunir, de tous les points de la France, les sommités dans tous les genres, et le verdict de ce grand jury est le mètre légal et fidèle qui doit servir à mesurer les réputations. La reproduction que nous donnons ici sera donc, nous l'espérons du moins, accueillie favorablement, non-seulement par les fabricants, mais encore par les consommateurs. Les uns et les autres y verront avec intérêt cette belle industrie du caoutchouc naître, croître et prendre, de cinq en cinq années, d'immenses développements. Elle paraîtra un moment stationnaire dans sa perfection ; mais tout d'un coup, elle changera de face et prendra un plus grand essor quand la découverte de Hancock lui aura donné une nouvelle vie. Mais n'anticipons point et suivons toujours ses pas quinquennaux.

EXPOSITION DE 1844.

Tissus imperméables. — Rappel de médaille d'or.

13. » *MM. Rattier et Guibal*, à Paris, rue des Fossés-Montre, 4.

» L'importance des affaires de cette maison est à peu près la même qu'en 1839 ; ayant autorisé tous les passementiers de France à fabriquer le tissu élastique, elle s'est créée une immense concurrence ; mais, en compensation, elle vend chaque année à ces mêmes passementiers une grande quantité de fil élastique pour la fabrication de leurs tissus, industrie qui a pris un immense développement, et dont les produits sont préférés sur tous les marchés étrangers.

» MM. Rattier et Guibal sont restés en première ligne dans les belles qualités de tissus élastiques ; mais ils n'ont pu suivre la concurrence des fabricants de Rouen et de Saint-Chamond dans les qualités communes.

» Ils ont rapporté de grands perfectionnements dans la fabrication du fil élastique. Lors de la dernière exposition, ils avaient de la peine à obtenir une finesse de 8 à 10 mille mètres au kilog. ; aujourd'hui, ils obtiennent 30 à 32 mille mètres, et cela en gomme régénérée; ils ont été poussés à atteindre cette finesse par les fabricants de tulle qui aujourd'hui mêlent le caoutchouc à leurs produits.

» L'art de recomposer la gomme est parvenu entre leurs mains à une grande perfection, puisque MM. Rattier et Guibal, peuvent en faire du fil qui, dans les numéros fins surtout, vaut le fil de gomme naturelle. A l'aide d'une nouvelle machine, ils peuvent fournir des bandes de gomme qui ont jusqu'à 150 mètres de long sur 33 centim. de large. Jusqu'à ce moment, on n'a obtenu des feuilles de gomme que de 40 centim. sur 30 centim.

» Les fabricants de papiers français étaient tributaires de l'Angleterre, pour les courroies des machines à papier qui exigent une grande force, qui ne doivent jamais s'étendre et qui doivent être sans point de jonction. MM. Rattier et Guibal, ont exposé des courroies qui sont de tout point comparables aux meilleures courroies anglaises.

» En mêlant le caoutchouc, à des substances blanchâtres qui ont l'avantage de lui ôter son adhérence, ils sont parvenus à former une pâte qui a à peu près la couleur du papier de Chine et qu'ils appliquent sur un tissu. Cette toile ainsi préparée, reçoit les empreintes les plus fines, les plus délicates. Ces essais ont de l'intérêt; mais l'industrie n'a tiré encore aucun parti de ce produit. Il n'en est pas de même d'un cuir factice qui a un grand emploi chez les fabricants de cardes.

» MM. Rattier et Guibal, ont perfectionné leurs produits et en ont diminué le prix depuis la dernière exposition. Leur vernis a toujours un peu d'odeur qui provient de l'huile essentielle qui sert à dissoudre le caoutchouc : toutes leurs tentatives pour détruire cette odeur après l'application, ont nui à l'imperméabilité des tissus et souvent en ont amené une prompte décomposition : ils persistent donc à faire usage d'un procédé dont un long usage leur garantit la bonté, tant qu'une expérience décisive n'aura pas prononcé en faveur des autres moyens de dissolution.

» Le jury central prenant en considération les services constants rendus à l'industrie des tissus imperméables, par MM. Rattier et Guibal, les juge toujours très-dignes de la médaille d'or qui leur fut décernée en 1833 (et même 1834).»

Médaille d'argent.

« MM. Guérin jeune et compagnie, à Paris, rue des Fossés-Montmartre, 11.

» Le jury de 1839, en signalant les résultats intéressants obtenus par l'emploi du caoutchouc dans diverses applications industrielles, se plaignait de ce que dans la fabrication des tissus rendus imperméables à l'aide du caoutchouc dissous dans les huiles essentielles, on n'était pas parvenu à supprimer l'odeur nauséabonde qui en limitait considérablement l'emploi. Les efforts de tous les fabricants ont donc tendu vers la solution de ce problème : s'ils n'ont pas complètement atteint le but, ils en ont plus ou moins approché. MM. Guérin jeune et compagnie s'en sont particulièrement occupés.

» Leurs tissus imperméables sont presque entièrement exempts d'odeur : ce résultat est dû à la rectification parfaite des huiles essentielles qu'ils emploient pour dissoudre le caoutchouc.

» MM. Guérin jeune et compagnie ont fait une nouvelle application du caoutchouc qui pourra être d'une grande importance. C'est un cuir artificiel pour remplacer le cuir dans les usines, où la transmission de mouvement s'opère par des courroies. Le cuir artificiel est composé de plusieurs toiles à chaîne très-forte réunies entre elles par le caoutchouc. Ce cuir artificiel a été aussi employé avec succès pour la fabrication des rubans et plaques de cardes.

» Le jury considérant que les efforts de MM. Guérin et compagnie, pour améliorer leur industrie et lui créer des applications nouvelles, sont dignes des plus grands éloges, leur décerne la médaille d'argent. »

Rappel de médaille de bronze.

« M. Meynadier (Hippolyte), à Montrouge (Seine) et à Paris, rue Grange Batelière, 1.

» M. Meynadier applique sur les tissus de soie, et à plus forte raison sur d'autres tissus, une préparation qui les rend imperméables, sans que cette préparation soit sensiblement visible sur l'étoffe apprêtée, à laquelle elle conserve beaucoup de souplesse. La souplesse et la légèreté de ces tissus permettent d'en faire des applications utiles, que les tissus au caoutchouc ne peuvent recevoir ; tels que manteaux préservatifs de la pluie, qui, pliés, sont si peu volumineux, qu'ils peuvent se placer dans la poche ou dans le fond du chapeau.

» Il ne manque à cet industriel qu'un développement plus considérable de ses produits, pour se rendre digne d'une récompense plus élevée. En l'état des choses, le jury doit se borner à rappeler la médaille de bronze qu'il a reçue en 1839 (1). »

Nouvelle médaille de bronze.

« M. *Gagin*, à Clignancourt, commune de Montmartre (Seine).

» M. Gagin a fait de nombreuses applications du caoutchouc fondu : pour la plupart, elles ont eu un succès complet. Ainsi, il a exposé des havre-sacs et manteaux pour soldats en toile rendue imperméable par ce moyen, qui ont parfaitement résisté aux variations de température de l'Algérie.

» La même matière appliquée sur les chaussures les rend imperméables et en prolonge presque indéfiniment la durée. Employée dans la préparation des cuirs vernis, elle les rend souples, imperméables et empêche le vernis de s'écailler.

» Le jury déclare que M. Gagin est digne d'une nouvelle médaille de bronze.»

Médailles de bronze.

« M. *Ledoux*, à Bonny-sur-Loire (Loiret).

» M. Ledoux fabrique sur une grande échelle les divers objets dans lesquels entre le caoutchouc, tels qu'étoffes pour tabliers de nourrices et manteaux, clysoirs, coussins à air, etc. Il fabrique également une grande quantité de buscs d'acier, recouverts d'un tissu imperméable qui les préserve de la rouille.

» M. Ledoux a beaucoup perfectionné tous ses produits ; ce qui ne l'a pas empêché d'en diminuer le prix d'une manière très-sensible, et par ce moyen, d'en augmenter considérablement l'écoulement.

(1) Cette décision n'est pas très-logique. Si le produit de l'exposant mérite une récompense plus élevée, pourquoi ne pas la lui décerner ? Le *développement plus considérable* n'en aura lieu que plus promptement ; car le public, confiant dans le jugement d'un juge éclairé, voudra se procurer ce produit coté *médaille d'or ou médaille d'argent*. Le développement à donner à une industrie est très-souvent en dehors de la puissance de l'industriel, et cette circonstance indépendante de sa volonté ne doit influer en rien sur la décision de celui qui est appelé à juger le mérite de l'invention. Imputer à l'industriel le manque de moyens de donner de l'extension à l'écoulement de ses produits, ce serait faire une part à la fortune, au hasard, dans la distribution des récompenses.   P. D.

» Ses tissus sont parfaitement fabriqués et pour ainsi dire sans odeur.

» Le jury lui décerne la médaille de bronze. »

« MM. *Blanchard* et *Cabirol*, à Paris, rue des Fossés-Montmartre, 7,

» Ont exposé des tissus et objets rendus imperméables par le caoutchouc, dans lesquels ils ont cherché à faire perdre aux matières nécessaires à la dissolution du caoutchouc, l'odeur qu'elles portent avec elles. Ils ont en outre cherché à rendre au caoutchouc son élasticité première qu'il perd dans la dissolution.

» Leurs tissus réunissent à l'imperméabilité une grande souplesse.

» Ils ont exposé :

» 1º Un bateau de sauvetage en tissu caoutchouc à air, avec tous ses agrès, se montant et se démontant à volonté, et dont le poids total n'est que de 20 kilog.

» 2º Une baignoire flottante, avec tubes à air, ayant un filet pour fond, avec ancre, rames, etc.

» 3º Un pantalon de pontonnier pour passer l'eau sans se mouiller.

» 4º Une bouée de sauvetage.

» 5º Un manteau de bivouac, contenant un matelas, oreiller, etc., et pouvant au besoin servir de radeau.

» 6º Une feuille de caoutchouc laminé qu'ils peuvent faire à trente-cinq mètres de longueur.

» 7º Ils ont construit le ballon dont l'ascension a eu lieu le 13 juin : l'élasticité qu'ils conservent au caoutchouc est remarquable, puisque en déchirant le tissu, le caoutchouc s'étend sans se rompre.

» Les produits de ces exposants sont remarquables par la parfaite homogénéité du caoutchouc, sa faible odeur, son élasticité : à tous égards, leurs procédés semblent dignes des récompenses du jury.

» Mais comme il s'agit d'une fabrication naissante, le jury craindrait de la classer dès à présent, et il se borne à lui donner une médaille de bronze. »

Rappel de mention honorable.

« M. *Beker*, à Paris, rue neuve Saint-Augustin, 4.

» M. Beker, l'un des premiers, s'est occupé avec succès de rendre imperméables, par des agents chimiques, les draps et diverses étoffes, sans altérer leur couleur et sans leur ôter toute leur perméabilité pour l'air. Ces applications n'ont pas encore pris une extension notable, quoique l'auteur ait depuis lors rendu ce procédé plus économique.

» Le jury le trouve toujours digne de la mention honorable obtenue en 1839, et la lui rappelle. »

Mentions honorables.

« M. *Galibert*, à Paris, rue J.-J. Rousseau, 20.

» S'applique spécialement à la fabrication des tubes en caoutchouc, pour conduire les liquides et les gaz. Il fournit aussi le moyen d'obtenir des niveaux d'eau d'une plus grande longueur, pour le tracé des routes et des chemins de fer.

» Il fournit à la chirurgie des instruments précieux qui paraissent généralement bien fabriqués, et qui ont été souvent mis à profit. Il fabrique aussi un assortiment complet d'instrument hygiéniques d'un usage très-sûr.

« MM. *Brioude-Sanrefus* et compagnie, à Paris, rue de l'Azile-Popincourt, 43,

» Ont exposé diverses applications du caoutchouc, à la papeterie, à la fabrication de balles, ballons, etc. »

» MM. *Ch. Boulanger* et compagnie, à Paris, rue Hauteville, 35.

» MM. Boulanger et compagnie sont parvenus à donner à divers tissus employés pour vêtements extérieurs, depuis les blouses en toile jusqu'aux manteaux en drap, une imperméabilité suffisante pour prévenir l'infiltration de la pluie, lorsque la chute d'eau n'est pas pour ainsi dire torrentielle. Sans doute, ils obtiendraient une imperméabilité plus complète, s'ils ne trouvaient avec raison plus convenable de laisser aux étoffes qu'ils préparent une certaine perméabilité qui permette un renouvellement d'air, salubre en effet.

» Le jury admettant l'utilité des résultats obtenus par MM. Ch. Boulanger et compagnie, et dont quelques épreuves ont constaté l'efficacité, leur accorde une mention honorable. »

---

14. Arrêtons-nous ici. L'exposition de 1849 appartient à l'ère nouvelle du caoutchouc vulcanisé. Ce qu'il importe maintenant, c'est de bien constater quel était l'état de l'industrie avant l'importante découverte qui a été cause de changements radicaux, et dans la manière de manipuler la ma-

tière, et dans les nouvelles applications qui ont pu en être faites. Il ne nous reste plus pour compléter tout ce que nous avons à mettre en évidence sur la première phase de cette importante industrie, qu'à donner connaissance des brevets qui ont été pris en France et à l'étranger, et aussi à faire connaître ce que les écrits périodiques industriels du temps avaient jugé digne d'être porté à la connaissance de leurs lecteurs. Cette revue sera rapide : nous ferons un choix, nous passerons sous silence les faits peu dignes d'intérêt, à nos yeux s'entend ; et nous le ferons sans aucun scrupule, parce que la vulcanisation ayant donné un autre aspect à la matière première, et ayant fait changer en grande partie les procédés de fabrication, ces faits n'ont plus du tout la même importance, et ne seront plus en quelque sorte utiles que pour bien établir la filiation historique de cette industrie. Nous donnerons plus tard au lecteur le rapport du jury de l'exposition de 1849, dans lequel il n'est plus guère question que du caoutchouc vulcanisé.

---

§ 1. Nous commençons par les machines faisant l'objet du brevet de M. Storrow, parce qu'elles ont trait à l'importante question de la *coloration* qui reste la même après la vulcanisation.

Brevet d'importation de 15 ans, en date du 26 avril 1837, au sieur STORROW *(Thomas) à Paris, pour un appareil et un procédé propres à préparer, à colorer le caoutchouc, et à l'appliquer aux tissus de toute espèce, aux peaux, cuirs, et à d'autres substances, sans faire usage d'un dissolvant pour le dissoudre préalablement.*

L'invention se divise en deux parties :

La première consiste en une machine, à l'aide de laquelle on fait subir au caoutchouc un traitement qui l'amène à l'état convenable, pour être appliqué au tissu ou à toute autre substance que l'on veut rendre imperméable.

La seconde partie comprend la machine à l'aide de laquelle on peut appliquer aux tissus le caoutchouc ainsi préparé.

Description de la machine à préparer et à colorer le caoutchouc.

Pl. 1, fig. 1, 2. Un cylindre creux, long de 6 pieds (1),

(1) Nous conservons ces anciennes mesures, parce que nous ignorons s'il s'agit du pied anglais ou du pied français. Les mesures, d'ailleurs, dans ce cas, importent peu à l'exécution.

de 27 pouces de diamètre, chauffé à la vapeur ou autrement, jusqu'à environ 200° Fahrenheit, est surmonté d'un autre cylindre de même longueur, mais d'un diamètre seulement de 18 pouces, et chauffé de la même manière.

Les deux cylindres se touchent l'un l'autre sur le côté, à environ 10 pouces de distance du sommet du gros cylindre.

Le gros cylindre tourne beaucoup plus vite que le petit, de manière qu'il y ait entre ces deux cylindres une action composée, participant à la fois de la rotation et du glissage.

Cinq barres de 1 pouce 1/2 d'épaisseur, larges de 12 pouces et longues de 6 pieds, sont placées au-dessus du gros cylindre, parallèlement les unes aux autres ; un espace intermédiaire de 9 lignes existe entre chacune de ces barres.

Les extrémités de ces barres qui touchent de champ la périphérie du gros cylindre, sont convexes ou circulaires, et disposées de manière que, quand un des bords des barres touche le gros cylindre, le bord d'opposé s'en éloigne et laisse ainsi un espace cunéiforme pour permettre au caoutchouc de pénétrer sous l'extrémité circulaire des barres.

Cette extrémité forme deux angles, dont l'un est aigu et l'autre obtus.

Ces angles sont plus ou moins aigus ou obtus, selon leur situation à l'égard du cylindre.

Ces barres tiennent lieu d'un nombre égal de cylindres ; mais elles sont plus propres à la distribution égale de la matière colorante dont on veut colorer le caoutchouc ; elles sont maintenues en contact ou presque en contact avec le cylindre par des poids ou des vis disposés à cet effet.

Quand on veut colorer le caoutchouc, on dépose la matière colorante réduite en poudre bien tamisée dans les espaces existant entre les barres ; là elle s'incorpore avec le caoutchouc au fur et à mesure qu'elle passe entre les barres et le cylindre.

Une toile sans fin adaptée à la machine, sert à l'alimenter, et amène le caoutchouc entre les deux cylindres.

La machine à préparer le caoutchouc opère comme suit :

Le caoutchouc, coupé en morceaux de 2 pouces carrés, et d'une épaisseur variant depuis 1 ligne 1/2 jusqu'à 3 lignes, est étendu sur la toile sans fin qui l'amène aux cylindres chauffés, amollit et étire le caoutchouc en lames minces ou en filaments déliés, et le mêle en même temps avec la matière colorante qui a été déposée dans les espaces existant entre les barres.

C'est de cette manière qu'il passe sous toutes les barres, successivement, et qu'il subit plusieurs fois cette opération avant d'être convenablement préparé pour être mis en œuvre par la seconde partie de la machine, qui doit l'appliquer au tissu.

Machine à coucher le caoutchouc sur le tissu.

Cette partie de la machine, ayant pour objet de coucher le caoutchouc préparé comme il a été dit sur le tissu ou autres substances, se compose de quatre cylindres creux, longs de 6 pieds, chauffés à la vapeur ou autrement, jusqu'à environ 200 degrés Fahrenheit, et placés les uns à côté des autres, pour distribuer convenablement leur opération, je les marque 1, 2, 3, 4, en commençant par en bas.

Le cylindre 3 a 8 pouces de diamètre.

Ceux 2, 3, ont 1 pied de diamètre.

Celui 4 a 18 pouces de diamètre.

Le cylindre 3 tourne beaucoup plus lentement que les autres, de manière à produire une action de rotation et de glissage entre les surfaces des cylindres 2, 3, et aussi entre ceux 3, 4.

Quelquefois on ne se sert que des trois premiers cylindres.

Dans ce cas, on désengrène les engrenages servant à faire marcher le quatrième cylindre, et le tissu ou autre substance que l'on veut enduire de gomme élastique passe à la machine à coucher entre le second et le troisième cylindre ; de là elle entoure partiellement les cylindres 1, 2 ; la face portant la gomme élastique, venant en contact avec le cylindre 1, en parcourt presque toute la circonférence, et est ensuite enlevée et enroulée sur un tambour.

La gomme élastique, encore chaude, est enlevée, à la main ou autrement, de la partie de la machine servant à la réparer, et elle est versée dans un entonnoir placé entre les cylindres 2, 3, et disposé pour la recevoir.

Cet entonnoir est plus étroit de 5 centim. que le tissu ou autre substance sur lequel on veut appliquer la gomme élastique.

L'étoffe est introduite entre le fond de l'entonnoir et le cylindre 2, pendant que la gomme élastique est introduite entre le fond et le cylindre 3, où l'application de la gomme élastique est effectuée.

Il est avantageux de passer la gomme élastique entre les cylindres 3, 4 de la machine avant de la mettre en contact avec le tissu ; de cette manière, on chauffe et on amollit la gomme élastique, et on la dispose à s'attacher plus forte-

Caoutchouc.   3

ment à l'étoffe sur laquelle elle est distribuée plus uniformément que quand elle est appliquée directement au sortir de l'entonnoir.

Quelquefois je verse la gomme élastique préparée directement sur l'étoffe ou autre substance que je veux enduire entre les cylindres 2, 3, et ensuite je dégage l'engrenage du cylindre 3, qui alors reste immobile.

Le fond de l'entonnoir, dans ce cas, ne pénètre pas aussi avant entre les cylindres.

Les côtés de l'entonnoir s'avancent, dans tous les cas, aussi avant qu'il est possible sans être dans la voie des cylindres, auxquels ils doivent être bien ajustés.

Voici encore une autre manière de faire usage de ladite machine :

La gomme élastique pénètre seule entre les cylindres 2, 3, où elle se convertit en une feuille qui entoure le cylindre 2 ; le tissu pénètre en même temps entre les cylindres 1, 2, et alors la feuille de gomme élastique quitte le cylindre pour s'attacher à l'étoffe, et parcourt ensuite presque toute la circonférence du premier cylindre, après quoi elle est enlevée et enroulée comme auparavant.

Quand je veux colorer la gomme élastique, je la réduis quelquefois en feuilles, j'y applique la substance colorante, je roule le tout pour en former une masse, et ensuite je passe la gomme élastique entre les cylindres jusqu'à ce qu'elle soit suffisamment colorée.

Je puis encore mêler la couleur avec de petits morceaux de gomme élastique, et les faire passer ensemble entre les cylindres ou le cylindre et les barres ; j'ajoute de la couleur jusqu'à ce que la gomme élastique soit suffisamment colorée.

En passant ainsi entre les barres et un cylindre ou entre deux cylindres, dont un tourne plus vite que l'autre, la gomme élastique sort en parties très-déliées et amalgamées avec la couleur.

La machine dont je viens de décrire les opérations ne forme qu'un seul tout, quoique, dans les dessins, pour en faire comprendre plus distinctement les différentes parties, elle soit divisée en deux parties représentées dans des vues différentes.

Description détaillée des différentes parties de la machine.

Fig. 1, élévation latérale.

Fig. 2, coupe transversale de la machine à appliquer.

a, montants ou fermes en fonte formant la cage des cylindres.

b, entretoise assemblant les deux fermes de la cage.

c, madriers sur lesquels sont encochées les fermes *a*.

1, 2, 3, 4, cylindres.

Le cylindre 1 est placé derrière la cage des barres *d*.

d, barres que j'appelle joues, entre lesquelles chemine l'étoffe avant de pénétrer entre les cylindres.

e, ensouple sur laquelle est enroulée l'étoffe avant d'avoir reçu l'enduit de caoutchouc.

f, contre-poids fixé à une corde entourant l'ensouple *e*.

g, vis réglant la pression des cylindres 1, 2, 3, 4.

h, roue dentée menant le cylindre 1.

j, roue dentée montée sur l'axe du cylindre 4, et menée par la roue *h*.

r, étoffe passant entre les cylindres 2, 3.

s, feuille de caoutchouc venant en contact avec l'étoffe pendant qu'elle passe entre les cylindres 2, 3.

p, rouleau mené par une courroie courte, recevant le mouvement de l'arbre *o*.

q, ensoupleau sur lequel est enroulée l'étoffe quand elle quitte le cylindre 1.

Cet ensoupleau tourne par un mouvement de surface imprimé par le rouleau *o p*.

Le mouvement *o p* est un peu plus vif que celui du cylindre 1.

t, étoffe quittant le cylindre 1.

Entre la roue dentée *h* et le montant *a*, existe une roue dentée montée sur le cylindre 1, et une autre roue sur le cylindre 2, les roues étant de la grandeur des cylindres auxquels elles appartiennent.

La roue du cylindre 1, mène la roue du cylindre 2, et par conséquent le cylindre 2.

u, entonnoir ou trémie non représentée, fig. 1.

C'est dans cette trémie que l'on verse, à la main ou autrement, le caoutchouc préparé pendant qu'il est encore chaud, et tel qu'il est fourni par l'appareil à préparer.

Quand on ne fait usage que de trois cylindres, la trémie est placée sur la partie opposée des cylindres, entre les cylindres 2, 3.

Fig. 2, élévation de la portion de la machine à préparer.

a, bâti en fonte.

b, madriers sur lesquels repose le bâti.

c, gros cylindre long de 6 pieds, et ayant 27 pouces de diamètre.

d, cylindre long de 6 pieds, et ayant 18 pouces de diamètre.

e, arbre de 6 pouces de diamètre.

m, pignon monté sur l'arbre *e* et menant la roue *k,* et par conséquent le cylindre *e.*

g, vis réglant la pression des cylindres.

f, barres en fer; elles sont larges de 1 pied, épaisses de 15 lignes et longues d'environ 7 pieds.

h, masses de fer entaillées pour recevoir les extrémités des barres *f* qui y sont fixées au moyen de clavettes.

j, vis servant à régler la pression des barres sur le cylindre *c.*

s, toile sans fin sur laquelle on pose le caoutchouc, et qui le conduit entre les deux cylindres *c, d.*

La même est représentée d'une manière plus distincte dans la coupe fig. 4.

p q, rouleaux sur lesquels tourne la toile sans fin, et auxquels on communique le mouvement au moyen d'engrenages ou de poulies avec courroies.

Ce mécanisme intermédiaire n'a pas été représenté dans le dessin.

r, caoutchouc préparé au moment où il quitte la dernière barre et s'affaisse de manière à former une masse.

Le caractère de cette invention consiste dans un procédé mécanique propre à préparer le caoutchouc et à l'appliquer à toute espèce de tissus, de cuirs, de peaux ou autres substances semblables, sans faire usage d'un dissolvant.

Je réclame comme nouvelle la manière de mélanger la couleur avec le caoutchouc sans le dissoudre préalablement.

Je réclame aussi l'usage de cylindres chauffés, et ayant, l'un à l'égard de l'autre, une action de rotation et de glissage, pour liquéfier le caoutchouc de la manière ci-dessus décrite, tout en lui conservant sa force, et pour l'étendre en couches sur des tissus, cuirs, peaux et autres substances semblables, plus facilement et plus économiquement que par aucun des procédés employés jusqu'ici.

Brevet d'importation de 15 ans , en date du 2 décembre 1834, aux sieurs ANDRIEUX *et* GENDRON, *à Bordeaux, pour des instruments de chirurgie en caoutchouc* (1).

§ 2. Le caoutchouc, pour ces applications doit être li-

(1) Il a été reconnu depuis que les sondes et autres instruments en caoutchouc non vulcanisé ne pouvaient servir aux chirurgiens. (Voir plus loin les instruments du doct. Gariel et ceux en gomme de M. Pouilliard. Le gutta-percha lui-même ne peut, jusqu'à présent leur être appliqué. Voir la note au bas de l'article *gutta-percha à l'état liquide,* deuxième partie, Chap. 1, n° 8.)

quide, tel qu'il sort de l'arbre et dégagé de toutes ses parties dures qui peuvent former des aspérités.

Pour l'obtenir ainsi, on le passe au tamis.

Après cette opération, on plonge dans le caoutchouc liquide, le mandrin ou forme de l'instrument que l'on veut établir ; puis on l'unit superficiellement avec les doigts ou avec tout objet susceptible de polir.

Le mandrin peut être établi indifféremment avec toute espèce de matière solide ou pouvant se solidifier.

S'il est fait avec du bois ou toute autre substance qui ne se puisse pas broyer sous la pression extérieure après l'opération, il faut le recouvrir d'un tissu, qui reste attaché à l'instrument en caoutchouc et fait corps avec lui.

Dans le cas contraire, le mandrin se plonge à nu sans autre préparation.

Ce procédé appliqué spécialement à la fabrication des instruments de chirurgie, peut être appliqué au moulage de tout autre objet.

Moyen de dissoudre le caoutchouc.

15. § 1. L'emploi de l'éther, de l'huile volatile de térébenthine, de l'huile volatile tirée du caoutchouc, des huiles des fabriques de gaz pour l'éclairage, a l'inconvénient d'être coûteux et de donner lieu à des vernis qui se dessèchent difficilement. On se sert, depuis quelque temps, et avec avantage, de l'ammoniaque pour aider à la dissolution de cette gomme. On prend de la gomme élastique, coupée en morceaux, on l'introduit dans un vase de verre, on le recouvre d'ammoniaque caustique, et on ferme le vase à l'aide d'un bouchon à l'émeri ; on abandonne le tout pendant plusieurs mois. L'ammoniaque se colore, la gomme prend une apparence brillante et soyeuse, semblable à des nerfs frais ; le caoutchouc ainsi gonflé, est encore élastique, et ressemble tout-à-fait à de beaux fils soyeux lorsqu'on l'étire ; mais il se brise plus facilement que le caoutchouc brut. En traitant par l'huile de térébenthine le caoutchouc gonflé dans l'ammoniaque, il se transforme aisément par l'agitation en une émulsion, et, au bout de quelque temps, il vient nager à la surface, comme le beurre sur du lait ; ensuite il se comporte comme un vernis.

Ce qu'il y a d'avantageux dans ce procédé qui est long, à moins qu'on n'ait uni d'avance du caoutchouc avec l'ammoniaque, c'est qu'il faut une faible quantité d'huile de térébenthine pour le dissoudre, ce qui n'a pas lieu lorsqu'il n'y a pas eu de ramollissement par l'alcali volatil.

Nous donnerons tout ce que nous trouverons de relatif à la dissolution du caoutchouc, parce que l'opinion des chimistes et des fabricants n'est point fixe et arrêtée sur ce sujet, et qu'il est bon de mettre sous les yeux du juge, le public, toutes les pièces du procès.

Procédé perfectionné pour dissoudre le caoutchouc, par M. G. GÉRARD.

§ 2. Les dissolutions de caoutchouc, épaisses ou coulantes, possèdent en général une grande cohérence et une grande viscosité.

Quel que soit le dissolvant que l'on emploie, le caoutchouc se gonfle beaucoup, et la dissolution ne commence qu'après que le gonflement est opéré. C'est ce qui exige une quantité considérable de dissolvant.

Pour parer à ces inconvénients, et pour obtenir néanmoins une dissolution épaisse, on fait d'abord gonfler le caoutchouc; puis on le comprime avec des rouleaux. D'après ce procédé, la dissolution obtenue possède encore une viscosité considérable, que l'on peut éviter par le moyen suivant, qui permet d'obtenir des dissolutions aussi épaisses qu'on peut les désirer, sans que ces dissolutions possèdent l'élasticité des précédentes, et quand le dissolvant est évaporé, le caoutchouc se réunit en pâte, et acquiert de nouveau toutes les propriétés qu'il avait à l'origine.

Voici ce moyen:

Quel que soit le dissolvant que l'on emploie, on y ajoute une certaine quantité d'alcool, et ensuite, on fait macérer le caoutchouc dans ce liquide : dans ce cas, le caoutchouc se dilate peu, et au bout de vingt-quatre heures, il se trouve sous la forme d'une pâte qui se prête aux opérations ordinaires.

Les dissolvants à employer peuvent être le sulfure de carbone, le chloroforme, l'éther sulfurique, le naphte, les huiles de naphte éthérées, l'essence de térébenthine que l'on additionne de cinq à cinquante pour 100 d'alcool. Suivant la consistance que l'on veut donner à la dissolution, on traite le caoutchouc par son poids de dissolvant alcoolique, et on peut même aller jusqu'à 30 parties de dissolvant pour une de caoutchouc.

Au bout de un ou deux jours on introduit la pâte dans le pétrissoir à chaud quand on veut obtenir une dissolution homogène, ou quand la pâte a été obtenue avec de petites quantités de dissolvant. Dans le cas contraire, il est inutile de chauffer.

Ce procédé a été patenté; l'invention consiste dans le fait

de l'addition de l'alcool aux dissolvants divers du caoutchouc. On sait que l'alcool possède la propriété de précipiter le caoutchouc de ses dissolutions. En faisant pénétrer, au moyen d'un dissolvant, l'alcool dans les parties intérieures du caoutchouc, on sépare les molécules qui constituent sa masse et on les maintient séparées à l'aide de la pression. Elles ne se réunissent de nouveau qu'après que le dissolvant et l'alcool se sont évaporés.

L'alcool peut être remplacé par d'autres liquides, tels que esprit de bois, alcool amylique, huile de pommes de terre, l'acétone, l'aldéhyde, les acides acétique, lactique, et en général les liquides qui ne dissolvent pas le caoutchouc, et qui le séparent de ses dissolutions.

---

§ 3. L'abondance des matières nous a contraints à ne pas faire entrer dans nos pages un très-long et très-intéressant travail, faisant l'objet du brevet pris le 23 octobre 1838, par MM. BARBIER et DAUBRÉE de Paris, et déchu le 1er janvier 1841, sur les moyens généraux de manutention du caoutchouc, et rapporté dans le tome 43 de la Collection des brevets. Le mémoire de ces deux brevetés étant antérieur à la vulcanisation, et cette opération ayant changé la face de la fabrication, nous avons dû résister à l'envie que nous avions de reproduire ce mémoire, pour passer de suite à ce qui concerne la vulcanisation.

Conservation du caoutchouc à l'état liquide, par
M. W. JOHNSON.

16. Le mode important de fabrication qu'on va décrire a été inventé par une maison de commerce des États-Unis, qui en fait aujourd'hui l'objet d'une exploitation étendue et avantageuse. Son but est de préparer le suc brut ou lait des plantes qui fournissent le caoutchouc, de manière qu'il reste à l'état liquide sans éprouver de détérioration, puis de traiter ensuite cette matière liquide pour produire des objets manufacturés ou des matières propres à diverses fabrications.

Le suc est obtenu en saignant les arbres à la manière ordinaire, et le liquide qui s'écoule est reçu dans des vases en terre de forme appropriée. Quand ce liquide a été recueilli, et avant qu'il ait le temps de s'oxygéner au contact de l'air (c'est-à-dire trois heures environ après son extraction), on le filtre à travers une toile, et on le reçoit dans un vase en étain où en verre. Cela fait, on y ajoute de l'ammoniaque liquide concentrée ou de l'ammoniaque sous une forme quelconque, propre à produire le même résultat, ou une combinaison ou composé d'azote et de carbone dans le rapport de 60 grammes d'ammoniaque liquide par kilogramme de suc, en donnant autant que possible la préférence à cette dernière liqueur. Après ce mélange, on agite pour incorporer complètement, et la combinaison, qui est fluide même par une exposition à l'air, reste aussi blanche qu'au moment où le suc a été extrait de l'arbre. Dans cet état on l'introduit dans des vases fermés hermétiquement pour la transporter ou la travailler ultérieurement, en choisissant de préférence pour cet objet les boîtes en étain ou les bouteilles en verre. Quand il a été bien préparé et qu'il est bien empaqueté, le mélange peut se conserver indéfiniment et être transporté dans tous les pays du monde en conservant son état liquide, sa couleur blanc pur, et toutes ses propriétés qui le rendent bien plus propre à fabriquer des objets que le caoutchouc enfumé ou ordinaire.

Pour produire un article nouveau et original avec cette matière, on la coule sur des plaques de verre ou de métal poli, sur du papier glacé ou autre surface appropriée, ayant la forme et les dimensions de l'article qu'on veut fabriquer. Dans cet état, on le soumet à l'air à une évaporation lente, à une température de 25º à 35º C.

Au moyen de ce traitement, la portion volatile et liquide de la masse se dissipe, et il reste une matière solide, très-douce, très-élastique, comparativement, translucide et possédant des propriétés distinctes de toutes celles des autres substances connues (1).

RÉCAPITULATION ALPHABÉTIQUE

AIDE-MÉMOIRE

DU CHAPITRE PREMIER.

	Numéros.	Paragrap.	Alinéas.
Achard.	1	»	»
Acides et alcalis.	7	»	6
Adhésive (Faculté) du caoutchouc. .	6	»	4

(1) On trouvera plus loin d'autres moyens de dissolution. Nous devons maintenant passer à la vulcanisation.

CHAPITRE II.

CAOUTCHOUC VULCANISÉ.

17. Nous venons de voir dans le chapitre précédent le caoutchouc faire son apparition en Europe, et n'étant, pendant plus de cinquante ans, considéré que comme une matière particulière et curieuse; mais n'étant propre à aucun usage. Puis, peu à peu, prendre sa place dans le rang des matières premières, dont l'industrie pouvait tirer parti. Chaque année on lui découvre une propriété nouvelle; mais les pas des expérimentateurs sont encore incertains, tardifs. Sur les derniers temps, il devient une mode, une fureur, chacun veut découvrir un moyen nouveau de l'utiliser : la science s'en mêle enfin; on l'épure, on l'analyse, et son usage se répand de toutes parts. A force de travail, la fabrication obtient des résultats inespérés; il remporte, dans la personne de MM. Guibal et Rattier, la plus haute récompense dans les expositions de 1834, 1839 et 1844. Arrivé à ce point culminant, il s'arrête, reste stationnaire un instant. Il semble que tout est dit sur cette matière, que la veine est épuisée et plusieurs voix s'élèvent qui disent à l'industrie : « *tu n'iras pas plus loin.* » Il arrive, après un temps mort, un moment de décroissance. On reconnaît qu'on a été trop loin, qu'on a employé le caoutchouc à la fabrication d'objets pour lesquels il est impropre; que les instruments de chirurgie, les sondes, les pessaires, les ceintures, ne peuvent en être faits, que les rouleaux d'imprimerie doivent retourner à l'emploi de la mélasse et de la colle-forte, que les courroies mécaniques en caoutchouc sont promptement trop lâches et glissent sur les poulies, que les étoffes qu'il recouvre sont lourdes et poisseuses, que ses dissolutions ont une odeur nauséabonde, etc., etc. En vain l'industrie redouble d'activité, déjoue les sophistications, c'en est fait, la marche rétrograde commence. Où s'arrêtera-t-elle? Elle n'ira pas plus loin en arrière, elle va au contraire faire des pas de géant en avant : déjà elle a laissé bien loin derrière elle son niveau de 1844, et maintenant il faut répéter, mais cette fois en parlant de ses progrès : Où s'arrêtera-t-elle?

Une seule découverte a produit ce changement inattendu, inespéré; c'est la vulcanisation.

18. En 1843, le 9 septembre, M. *Thomas* HANCOCK annonce le premier qu'une feuille de caoutchouc plongée dans du soufre en fusion en absorbe une portion, et, en même temps,

éprouve des changements importants dans la plupart de ses propriétés caractéristiques. Uni au soufre, il n'est plus affecté par les variations de la température, le froid ne le durcit pas, la chaleur ne le ramollit plus : pourvu toutefois que cette chaleur ne soit pas telle qu'elle puisse le corroder, le liquéfier, le détruire. Les dissolvants du caoutchouc ordinaire sont sans action sur lui; son élasticité est de beaucoup augmentée, son adhérence est beaucoup plus forte; mais il a perdu sa propriété adhésive; il faudra lui donner les formes voulues avant son mélange avec le soufre; car une fois ce mélange opéré, il ne se recolle plus de lui-même, il faut un agent intermédiaire.

19. Bientôt on découvre qu'on obtient le même effet, la vulcanisation, en pétrissant le caoutchouc avec du soufre, au moyen de rouleaux de compression, ou bien en le dissolvant dans l'essence de térébenthine et le naphte, et y mêlant une quantité suffisante de soufre.

Le caoutchouc vulcanisé fut soumis à des épreuves décisives. Une sphère pleine, de 63^{mm}.5 de diamètre, après avoir été comprimée sous un laminoir, dont les cylindres avaient un écartement de 6^{mm}.5, reprit exactement sa forme première sans aucune trace de sa compression.

Un tube de caoutchouc vulcanisé, de 57 centim. de diamètre, enfermé dans un cylindre de même calibre intérieur, fut soumis à une pression de 200,000 kilog. Il se dégagea beaucoup de chaleur, et l'immense élasticité de la substance lança en arrière, avec une violence terrible, un volant pesant 5 tonnes (5,000 kilog.) qui avait servi à faire l'expérience.

20. Le dégagement de chaleur du caoutchouc soumis à une compression, est une propriété que possèdent aussi l'air et les métaux; il y a cependant une différence en ce que la température de ces dernières substances ne s'abaisse pas par la réaction. M. Broketon dit avoir élevé de 2° la température de 62^{gr}.5 d'eau en 15 minutes, en recueillant la chaleur dégagée par l'extension de fils de caoutchouc. Il présume que cet effet est dû au changement dans sa pesanteur spécifique, il prétend que cette chaleur ainsi produite ne provient pas du frottement, parce qu'il y a la même quantité de frottement dans la contraction comme dans l'extension de la substance, et que le résultat de cette contraction est de ramener le caoutchouc sur lequel on agit ainsi à son état normal de température.

Voici, d'ailleurs, le résultat des travaux de M. Hancock.

*Perfectionnements apportés dans le traitement du caout-
chouc, par* THOMAS HANCOCK.

21. Ils consistent dans les moyens d'enlever au caoutchouc cette viscosité et cet état glutineux qu'il prend par une élévation de température, et à lui enlever cette tendance à devenir dur et raide par le froid, à se ramollir ou se décomposer par l'effet de la chaleur et le contact des huiles et matières grasses.

§ 1. M. Hancock combat la viscosité au moyen du silicate de magnésie, ou talc tamisé, qu'il incorpore avec le caoutchouc, soit par la pression au moyen de cylindres, soit à froid, soit à chaud ; manipulation qui doit être continuée jusqu'à ce que l'effet demandé soit obtenu.

§ 2. Il mélange parfois au talc, pour les objets qui n'exigent pas une aussi grande perfection, une certaine quantité de chaux lavée ou de terre à foulon aussi séchée et tamisée. S'il veut obtenir une coloration quelconque, il ajoute des poudres colorantes mélangées uniformément ou suivant des dessins donnés. Pour la teinture noire, il emploie l'asphalte seul ou bien combiné avec le talc, tous deux tamisés ; ou bien encore, mais on obtient seulement la couleur brune, en substituant la plombagine à l'asphalte. On obtient le même résultat en dissolvant l'asphalte dans le naphte de houille : en se servant du naphte pour amollir et étendre le caoutchouc.

Les substances ci-dessus indiquées affaiblissent plus ou moins les propriétés élastiques du caoutchouc ; on peut même, avec le talc, les faire disparaître entièrement ; mais, en étudiant les proportions on peut arriver à un degré d'élasticité déterminé.

§ 3. M. Hancock, pour empêcher le caoutchouc de se durcir au froid et de se ramollir à la chaleur, et de se décomposer par l'effet des huiles et des matières grasses, combine le soufre avec le caoutchouc. Cette combinaison, il la fait de plusieurs manières. Il fait fondre dans un vase une certaine quantité de soufre, maintenu à la température de 120 à 130 degrés centigrades, il y plonge le caoutchouc roulé en feuilles ou ayant reçu préalablement les formes voulues, et l'y laisse jusqu'à ce que le soufre l'ait entièrement pénétré, ce dont il s'assure en coupant quelques petits morceaux. Lorsque le caoutchouc est pénétré, il le retire du bain, et enlève, en le grattant, le soufre fixé sur la surface. Assez ordinairement, le caoutchouc absorbe le soufre d'un sixième à un dixième de son poids. Ce caoutchouc ainsi combiné avec le soufre possède les qualités qu'on a voulu lui donner : il a perdu celle de l'adhésion. On peut aussi opérer cette combinaison du soufre avec le caoutchouc, soit à froid, soit à chaud, en opérant de même manière que pour le talc, ou bien encore en saturant de soufre l'essence de térébenthine ou ses autres dissolvants.

§ 4. On peut combiner simultanément le talc au caoutchouc déjà saturé de soufre.

Le caoutchouc, après cette combinaison ainsi opérée, est tout aussi soluble qu'avant et n'a pas encore éprouvé la modification que M. Hancock veut obtenir. Pour y parvenir, il plonge le caoutchouc dans le soufre fondu, comme on vient de le dire, et il élève la température à 150 et même à 185 degrés centigrades, en le maintenant immergé suivant l'épaisseur du caoutchouc ou le degré de modification qu'il veut obtenir. Une feuille de caoutchouc de $1^{mm}.5$ d'épaisseur est modifiée dans l'espace de 10 à 15 minutes dans du soufre chauffé de 150 à 175 degrés centigrades ou dans 50 à 60 minutes si le soufre n'a que 150 à 160 degrés.

Au delà de ces termes le caoutchouc prend une couleur foncée et perd une grande partie de sa ductilité. Plus loin encore, il durcit, noircit et prend les caractères de la corne.

§ 5. Le caoutchouc seul ou combiné, éprouve, par l'effet des températures ci-dessus indiquées, une modification telle, que sa force élastique est de beaucoup accrue, qu'il n'est plus sensible au froid ou à la chaleur et que ses dissolvants ordinaires n'ont plus d'action sur lui.

Quand le caoutchouc n'est pas seul, mais bien étendu sur des étoffes ou combiné avec elles, on fait passer ces étoffes sur des plaques ou entre des cylindres chauffés à la température voulue pour opérer la modification, qu'on peut varier suivant l'épaisseur, l'état et la condition des objets qu'on fait passer ainsi, et l'on peut aussi faire usage, pour cet objet, de fers chauds, d'étuves, de poêles, dont on prolonge le contact et l'action en raison de la grosseur, de l'épaisseur. On peut aussi plonger les objets dans l'eau et la vapeur dont on élève la température au degré voulu et en employant en même temps une pression suffisante.

§ 6. On donne au caoutchouc un poli, une douceur, un aspect agréable, si on mêle une petite quantité d'huile de lin, de stéarine ou de spermaceti, avec le soufre employé dans la combinaison.

Si, pour lui rendre sa propriété adhésive qui permet de le souder sans intermédiaire, on veut ramener le caoutchouc à l'état antérieur à la combinaison, on emploie les dissolvants connus du soufre, principalement le sulfate de soude dissous dans l'eau qu'on tient à une température de 90 degrés centigrades. *Un peu plus un peu moins.*

Gazomètres.

§ 7. M. Hancock a construit dernièrement pour la ville de Mexico, des gazomètres en caoutchouc qui méritent d'être signalés. Comme il est impossible de trouver dans cette ville un ouvrier pour assembler des feuilles de tôle et en faire des gazomètres, qu'il eût été très-dispendieux d'y envoyer des ouvriers anglais pour cet objet, on a songé à substituer au fer de la toile rendue imperméable par le caoutchouc, et l'expérience de l'habile manufacturier qu'on vient de nommer a été appelée en aide pour réaliser ce plan. Les récipients ainsi fabriqués ont 12 pieds anglais de diamètre, 15 de hauteur, et sont formés de deux épaisseurs de forte toile collées ensemble avec une solution de caoutchouc. Des anneaux de 3/8 de pouce, en fer rond, ont été introduits dans les parois à des distances d'un pied entre eux, afin de maintenir la forme circulaire, et le tout, lorsqu'il est replié, présente un disque de 12 pieds de diamètre et quelques pouces d'épaisseur. C'est sous cet état que ces gazomètres seront transportés à destination. Chacun d'eux a coûté 55 livres sterl., ou 8 pence par pied cube de capacité, somme de beaucoup inférieure à celle d'un gazomètre en métal de cette dimension et de construction ordinaire en Angleterre.

Suite des communications de M. Th. Hancock.

22. Les perfectionnements que je propose consistent dans la fabrication d'articles, soit en caoutchouc seul, soit en caoutchouc combiné avec d'autres substances, et aussi à donner et assurer à ces articles des formes ou des profils spéciaux et permanents, à fabriquer des produits perforés, des produits qu'on peut gonfler d'air ou vésiculaires, et enfin à produire certains composés de caoutchouc avec d'autres substances.

§ 1. Je dirai d'abord que, dans ces composés et dans la plupart des articles compris dans cette description, j'emploie le soufre et la chaleur de la manière décrite dans l'article précédent, procédé qu'on désigne aujourd'hui sous le nom de volcanisation, et pour abréger je me servirai constamment de ce terme, soit en l'appliquant au procédé entier, soit seulement pour compléter ce procédé par la chaleur lorsque le soufre a déjà été introduit dans le composé, j'entendrai toujours l'une quelconque des combinaisons comprises dans cette description qui paraîtra respectivement la plus convenable pour remplir chaque but en particulier.

Quand on travaille ces composés pour en faire des articles qui exigent une forme ou un profil permanent, on fabrique ces articles dans ou sur des formes, des moules, des plaques ou des surfaces gravées, des modèles; en pressant, adaptant, ajustant ou moulant ces composés, préalablement préparés en feuilles, planches ou autrement, ou bien sur ou dans des moules ou formes, et y laissant les articles pendant qu'on les expose à la volcanisation qui fixe d'une manière permanente leurs formes respectives.

Afin de s'opposer à ce qu'ils adhèrent aux moules, on emploie du silicate de magnésie qu'on y répand en poudre après l'avoir mélangé à de l'eau qu'on y applique au pinceau, soit au moule, soit au composé, ainsi qu'on le juge préférable.

Dans quelques cas, il est convenable d'enlever les articles des moules avant de les volcaniser, cas dans lesquels on les soumet, un peu avant de les retirer, à une température qui varie de 105 à 110 degrés centigrades, suivant la dimension et le volume de l'article, température qu'on produit de préférence au moyen d'un bain d'eau ou de vapeur soumis à une pression suffisante. Quand ils sont refroidis on les enlève des moules et on les volcanise ensuite pour rendre les formes permanentes. On peut avoir recours au même procédé pour obtenir des surfaces ornées avec des moules quand on emploie du caoutchouc sans volcanisation.

§ 2. Quant aux articles d'un volume peu considérable, on prend des feuilles composées de caoutchouc seul, on les imprime avec des moules, comme il vient d'être dit, on les retire des moules et on applique à leur surface une solution étendue de caoutchouc contenant une grande proportion de soufre : ou bien, on les frotte avec du soufre en poudre et sec, on les plonge dans un bain de soufre, ou bien, enfin, on sature un dissolvant quelconque du caoutchouc avec du soufre et on l'applique comme une peinture sur ces articles, qu'on volcanise après la dessiccation. Les mêmes procédés peuvent être suivis pour faire des articles identiques dans des moules, avec des solutions de caoutchouc seulement.

Si le dissolvant employé est préalablement saturé à dose forte de soufre, à une température de 150 à 160 degrés, ces articles seront suffisamment volcanisés pour quelques applications sans pousser plus loin le procédé; mais il vaut mieux appliquer la chaleur postérieurement.

§ 3. J'emploie parfois une solution de caoutchouc ou de

caoutchouc ramolli et amené à la consistance plastique, par l'addition d'une petite proportion de dissolvant, en y mélangeant un peu de soufre, puis je verse la solution ou je comprime la matière plastique dans des moules, formes ou modèles, je laisse sécher et je volcanise.

Les solutions les plus fluides sont les meilleures avec les moules creux dans lesquels on les verse en quantité suffisante pour couvrir toutes les parties. Alors on laisse égoutter la solution ; on place les moules dans une étuve, et lorsque cette première couche est sèche, on répète l'opération jusqu'à ce qu'on ait obtenu l'épaisseur désirée, et, quand le tout est parfaitement sec, on volcanise. S'il est nécessaire on fait les moules de plusieurs pièces, ainsi qu'on le pratique communément. Dans quelques circonstances, on fait les figures sur ou dans des parties séparées du moule, on soude ces portions ensemble, on remet la pièce entière sur ou dans les moules et on volcanise.

Dans d'autres on donne la première couche avec la solution et on épaissit des portions ou la totalité de la pièce, avec la matière plastique dont il a été question ci-dessus.

§ 4. Au lieu des moyens précédents, il m'arrive parfois de faire de ces figures un composé fabriqué en feuilles de l'épaisseur désirée et de les souder suivant la forme du moule : quand c'est pour un article creux je ménage une ouverture et j'opère une pression intérieure, au moyen d'un robinet qui me permet d'admettre de la vapeur ou de l'air pour faciliter le moulage sur le modèle, et je fais persister la pression pendant les procédés de volcanisation. Il m'arrive aussi dans quelques cas, au lieu de vapeur ou d'air, de remplir l'intérieur de la figure avec du mercure ou tout autre métal entrant en fusion à la température employée à la volcanisation de l'article, attendu que la pression, dans ce cas, s'obtient bien simplement par le poids même du métal : les feuilles de composé formant la pièce creuse doivent, du reste, être minces proportionnellement, et il est nécessaire de faire de petits évents pour que l'air puisse s'échapper entre les parois du moule et l'article en moulage (1).

Toutes les fois qu'il faut appliquer une forte pression, j'ai trouvé qu'un moulage grossier et approchant de la forme du moule suffisait avant d'introduire la pièce dans celui-ci, et

(1) Nous concevons la possibilité de cette opération avec le mercure qui reste liquide, mais non avec les métaux qui se figent et qu'on ne pourrait plus faire sortir des creux, la chaleur de la vulcanisation devant difficilement suffire à la liquéfaction de masses considérables.

que la chaleur et la pression poussaient ensuite jusque dans les parties les plus délicates ; c'est ainsi que je fais des vases et ustensiles creux, en ayant soin seulement d'avoir des moules d'une force suffisante pour résister à la pression intérieure.

§ 5. Le *moulage* sur planches plates, comme bas-reliefs et gravures, s'exécute également en feuilles de composé qu'on fait entrer dans les détails du moule par la chaleur et la pression, et qu'on volcanise ensuite. Ce mode est, entre autres, particulièrement applicable à la production de surfaces imprimées. Je comprime les matières dans les moules, dans des étaux, des presses ou à l'aide de tout autre moyen mécanique ; et je cite ces exemples pour faire voir comment on met mes procédés en pratique.

On produit des figures, des moulures ou autres formes analogues en employant des moules cylindriques gravés en creux ou en relief sur leur surface convexe : alors, on façonne des cylindres ou des tubes avec des feuilles de composé de dimensions propres à s'appliquer exactement sur le moule, et 'on enroule fortement autour une bande de toile de manière à produire une pression suffisante pour obtenir l'impression ; puis on volcanise, et en retirant l'article de dessus le moule on le retourne : ce qui présente la face modelée à l'intérieur.

J'ai trouvé aussi qu'on pouvait obtenir des impressions assez parfaites pour quelques destinations et suffisamment préparées pour la volcanisation, au moyen de rouleaux gravés, chauffés à 115 ou 120 degrés. La pression doit être aussi légère que le permet la nature de l'article, et le mouvement des rouleaux assez lent : il vaut mieux aussi leur donner un grand diamètre.

§ 6. Quand on veut prévenir l'extension de ces sortes d'articles, on mélange des matières filamenteuses au composé, et on y colle au moyen de la solution sulfurée ci-dessus indiquée et avant la volcanisation, un tissu convenable, principalement en toile ou en coton.

§ 7. Il est parfois à désirer, dans quelques applications du composé, que les articles qu'on fabrique soient perméables à l'air et à la transpiration. Pour obtenir ce but avec les feuilles ou les articles fabriqués avec le composé, et qui ne sont pas d'une forte épaisseur, on enlève au moyen d'emporte-pièces, d'une forme appropriée, la quantité de substance que l'on juge nécessaire, et l'opération se fait soit avant, soit après la volcanisation ; mais mieux avant celle-ci.

Au lieu de percer à l'emporte-pièce, on peut pratiquer des incisions dans les objets et maintenir ces incisions un peu béantes ou ouvertes dans la direction requise, pendant la volcanisation. Ou bien on acupuncture la planche ou l'article et on suit le même traitement. Du reste, le percement des incisions ou l'acupuncture peuvent se faire à la main ou par machine, le principal étant qu'il n'y ait pas oblitération des ouvertures pendant la volcanisation.

Si les articles sont décorés d'ornements en relief et qu'il faille dissimuler ou faire disparaître les perforations, on dispose le dessin de ces ornements de manière que les perforations fassent partie du dessin. Si on désire rendre l'objet plus faible en certains points que dans d'autres, la perforation ou le perçage de la matière est un moyen très-commode pour atteindre ce but à tel degré qu'on désire; les parties ainsi affaiblies sont moins sujettes à se déchirer si les perforations sont exécutées avant la volcanisation; enfin, si dans un but quelconque, il est nécessaire que les feuilles ou articles soient acupuncturés à une certaine profondeur, mais non pas de part en part, on prend deux feuilles, l'une acupuncturée et l'autre unie qu'on assemble face sur face avant la volcanisation.

Quand, pour certains objets, il est nécessaire que les articles soient cousus ensemble ou avec une autre matière, on rend le composé plus épais dans les parties que doit traverser l'aiguille, ou bien, avant de volcaniser on insère une bande de toile en lin, chanvre ou coton couverte de solution sur ou entre elles.

§ 8. *Pour les articles à bon marché*, on combine souvent le caoutchouc et le soufre avec du goudron de Stockholm, et après avoir étendu en feuilles ou modelé suivant toute autre forme, on volcanise le composé. Les proportions doivent être très-variables, ainsi que la température à laquelle on volcanise; mais celles ci-après réussissent généralement bien, savoir: 8 parties de caoutchouc, 2 de soufre, 3 de goudron; ou bien 8 parties de caoutchouc, 2 de soufre, 1 de goudron, qu'on soumet pendant une heure à une température de 140 à 145 degrés. Afin de prévenir la formation de bulles ou vessies à la surface et la porosité, on emploie, si cela est nécessaire, la pression au moyen de petites presses à vis, de plaques, etc., pendant la volcanisation. Cet article est applicable à la construction des chemins de fer et à des emplois grossiers.

On combine et on volcanise aussi de la même manière le caoutchouc, le soufre et les résines, en donnant, à cause de son prix peu élevé, la préférence à la résine ordinaire du commerce. Les proportions et la température varient comme dans le cas du goudron; mais les suivantes sont avantageuses dans un grand nombre de cas, savoir : 16 parties de caoutchouc, 2 de soufre et 6 de résine; ou bien, 16 parties de caoutchouc, 4 de soufre et 2 de résine. Ces composés peuvent être soumis au même traitement que ceux au goudron, et sont applicables aux mêmes usages.

Pour quelques applications, je combine aussi le caoutchouc et le soufre avec la sciure de bois ou le liège en poudre, ou bien avec des matières filamenteuses telles que le chanvre, le lin et autres coupés en petits morceaux, et je volcanise ces composés soit en bloc, soit étendu en feuilles, planches, etc., soit modelés, soit, enfin, décorés d'ornements en creux ou en relief, ainsi qu'il a été expliqué plus haut.

§ 9. Quand on désire obtenir avec le caoutchouc un haut degré d'élasticité pour amortir le choc de forces considérables ou de corps très-pesants, comme dans le cas de ressorts de voiture, tampons de véhicules sur chemins de fer ou autres objets analogues, on prépare la matière de manière à obtenir un grand nombre de divisions, vides ou solutions de continuité, afin d'exposer et de mettre en action une grande étendue de surface motrice ou mobile; et on y parvient soit en découpant ou profilant une quantité donnée de ces matériaux, suivant des formes parallèles ou autres, soit carrées, hexagones, octogones, soit en cylindres pleins ou creux, soit en feuilles cannelées ou autre forme ouverte, et en les assemblant avant la volcanisation et les cimentant ensemble croisées les unes sur les autres à angles droits, diagonalement ou autrement, et laissant toujours assez d'espace entre les pièces d'assemblage pour l'action libre des surfaces lors de la compression. On colle parfois les cylindres creux ou autres formes creuses, en les disposant longitudinalement les uns à côté des autres, et, dans tous les cas, on continue à élever et à construire ainsi jusqu'à ce qu'on atteigne les dimensions nécessaires pour produire le degré désiré d'élasticité. Des formes à structure analogue peuvent être appliquées avantageusement à d'autres usages, et quand on veut qu'il n'y ait pas d'extension suivant une direction quelconque, on applique, par le collage, sur et entre quelques-unes des couches successives, pendant qu'on les monte, de la toile de force suffisante recouverte de la solution, ainsi qu'on l'a expliqué précédemment.

§ 10. J'ai décrit plus haut un mode de fabrication de figures dans des moules d'un grand creux, et j'emploie les mêmes méthodes pour former des chambres propres à contenir de l'air, afin de résister à des pressions ou à des chocs quand on s'en sert pour ressorts de voitures, tampons et autres surfaces élastiques pour chemins de fer ; pour rembourrer des lits, des sièges, des coussins ou autres objets ayant besoin d'élasticité. Dans quelques cas, comme celui de tampons pour chemins de fer, il est indispensable de se mettre en garde contre les chances de rupture accidentelle des chambres, ce qui peut s'effectuer en les renfermant plusieurs les unes dans les autres. C'est à quoi on parvient en les faisant par partie avec collets sur les bords ou joints, et après la volcanisation ; en rivant, boulonnant ensemble les parties, ou par tout autre moyen ; les dimensions de ces sortes de chambres étant toujours réglées de manière à laisser un espace suffisant pour loger les collets.

§ 11. Quand on le juge utile, on réserve des ouvertures dans ces chambres pour les gonfler d'air à tel degré requis, ainsi que cela est bien connu dans ce genre de fabrication. On peut coller ensemble une série de formes cylindriques propres à contenir de l'air, puis volcaniser en laissant béantes, pendant la volcanisation, les ouvertures par lesquelles on insufflera l'air. Pour les matelas, les lits, les scaphandres, les coussins, les bourrelets, les garnitures d'intérieur des voitures, parties des selles et colliers de chevaux, ou autre usage ; on peut appliquer ces chambres à air cylindriques, en les renfermant dans des sacs de toiles ou de cuir, divisés en compartiments pour les recevoir, ou dans des boîtes ou sacs de matière volcanisée, soit unis, soit décorés d'ornements.

J'ai dit précédemment que je combinais le goudron et différentes autres substances avec le caoutchouc avant sa volcanisation, cette combinaison s'opère comme je l'ai dit plus haut, seulement, j'ajouterai que dans la combinaison du goudron et de la résine avec le caoutchouc, par voie mécanique, il est utile d'introduire de l'eau dans la machine pendant l'opération.

Les moules dont je me sers sont en verre, quand il est possible de l'appliquer, en étain ou en métal d'imprimerie, en porcelaine et en caoutchouc fortement volcanisé. On peut en faire aussi avec d'autres matériaux, mais ceux indiqués sont préférables. S'il s'agit de surfaces unies et polies, je me sers de verre à vitres ; si c'est pour des objets ornés, de moules en verre coulé ou soufflé que je fais profiler suivant les formes voulues.

Je viens de faire connaître la manière dont on fabrique des articles de caoutchouc, soit seul, soit combiné avec d'autres substances, et les moyens à l'aide desquels je donne à ces articles de la permanence dans les formes et de la fixité dans le modelage, et de plus les substances employées dans les diverses fabrications ; mais je l'ai fait seulement pour donner des exemples : ces moyens et ces composés pouvant s'adapter à une grande variété d'autres articles et recevoir d'autres applications, tels qu'ornements en relief pour parure et ornementation, bracelets, colliers, galons, broderies, ceintures, etc. ; imitation de crêpe, de filets, de frange pour sellerie et carrosserie, cadres à tableaux et autres (1).

---

23. Parmi les dernières applications de la force élastique du caoutchouc, on mentionnera les suivantes :

§ 1er. L'application de tubes de caoutchouc vulcanisé comme *ressorts de torsion* aux rouleaux de stores, aussi bien aux plus grands stores de fenêtres, comme aux plus délicats des voitures de chemins de fer ou de calèches. Ces tubes-ressorts peuvent également s'appliquer aux pendules et à diverses autres machines, comme force motrice.

§ 2. Une autre application est pour *élever des masses pesantes :* de courts morceaux de caoutchouc vulcanisé, nommés *forces acquises* par l'inventeur (*M. Hodges*), sont successivement tendus, étant tirés du haut ou du bas d'un point fixe, et accrochés à tout poids ou fardeau quelconque qui doit être élevé : quand un nombre suffisant de ces forces acquises, ou porteurs mécaniques, est fixé au poids, leur force élastique combinée l'enlève de terre. Ainsi, dix de ces appareils, chacun ayant une force capable de 25 kilog., enlèveront ensemble 250 kilog. Chaque porteur est long de 15 centim. et pèse environ 40 grammes de caoutchouc vulcanisé. Si ces dix porteurs étaient étendus jusqu'à la limite de leur élasticité (non pas de leur force de cohésion), ils lèveraient 320 kilog. Cette puissance, accumulation de force élastique, quoique obéissant à la loi commune des forces mécaniques, diffère assez cependant des forces connues, expérimentées, calculées, pour être distinguée comme une nouvelle puissance mécanique.

§ 3. Le même principe est applicable au remorquage des bateaux, pour les aider à remonter dans les passages rapides,

(1) Nous avons conservé le mot *volcanisation* dans tout cet article ; mais il nous semble que si l'auteur du Mémoire entend par ce mot l'emploi de la chaleur, comme il le dit au commencement, le mot de *vulcanisation*, dont la majeure partie du monde se sert, était plus convenable. Nous nous servirons toujours du mot *vulcanisation* jusqu'à ce qu'une autorité compétente, ou plutôt jusqu'à ce que la majorité qui est souveraine en ces sortes de matières en ait autrement ordonné. (V. plus loin la note qui suit le rapport de M. Jacquelain à la Société d'encouragement, No 48.)

ou à passer sur les bas-fonds, où quelquefois la force musculaire des hommes s'épuise en efforts impuissants; il est encore applicable pour soulager les cables des bateaux, principalement lorsque plusieurs sont nécessaires au remorquage d'un gros bâtiment; l'on peut aussi les appliquer pour lever l'encre, enfin pour mille usages.

§ 4. Par un principe inverse, les *forces acquises* de caoutchouc vulcanisé, peuvent aussi s'employer comme *puissance de projection*. Un certain nombre de ces agents peut être attaché à un tube de canon construit pour lancer les harpons, ils exerceront une puissance collective de répulsion, proportionnée à l'agrégation de leurs forces partielles, s'ils sont détachés soudainement par un moyen mécanique facile à appliquer.

§ 5. Dans la pêche de la baleine, où les hommes sont obligés d'aller sur de frèles embarcations lancer le harpon à la main, en courant de si grands dangers, cette application du caoutchouc doit rendre d'éminents services; l'usage du canon chargé de poudre étant impraticable, puisque le bruit effraie les baleines qui plongent et disparaissent.

Des moyens analogues ont été employés pour lancer des boulets à 200 mètres et plus, une pièce de quatre a lancé un boulet à 120 mètres. Un arc fut construit sur ce même principe, dans lequel (renversant la forme usuelle) la corde seule était élastique : cet arc lança un trait de 76 centim. à une distance de 170 mètres.

Le caoutchouc vulcanisé a encore été employé pour contenir des chevaux furieux, pour bander des chevaux ayant les jambes cassées, pour aider des personnes malades à se lever dans leur lit, etc., etc.

Cylindres en caoutchouc, sulfuré pour l'étirage et la filature des matières filamenteuses, par MM. T. RICHARD, W. TAYLOR *et* J. WYLDE, *filateurs.*

24. Les matières filamenteuses, avant d'être étirées et filées, renferment généralement quelques portions de sels déliquescents qui s'incrustent à l'intérieur ou se déposent à la surface du cuir ou de la peau dont on recouvre ordinairement les cylindres d'étirage et de laminage. Lorsque l'air devient humide, ces sels attirent l'humidité et font ainsi happer les fibres à la surface de ces cylindres.

Pour remédier à cet inconvénient, on propose de fabriquer les cylindres étireurs des machines à fabriquer le papier, le feutre et la ouate, en les recouvrant à l'extérieur de caoutchouc vulcanisé ou *métallo-thionisé*, au lieu de cuir ou de peau, de manière à obtenir une surface répulsive et une substance qui, n'étant pas susceptible d'absorber l'humidité, permet d'éviter que les matières filamenteuses ne happent ou ne s'enroulent sur les têtes d'étirage pendant qu'on les étire ou qu'on les file, et par conséquent les délivre avec plus d'uniformité, et sans les rompre ou les altérer.

Les tubes en caoutchouc vulcanisé, dont on fait usage dans ce cas, sont préparés pour cet objet en les faisant bouillir pendant quatre à six heures dans une solution alcaline (de potasse ou de soude caustique), à laquelle on ajoute de la fleur de soufre. Le caoutchouc devient ainsi plus ferme par l'action de l'alcali, le grain ou le dépoli qu'il acquiert ainsi à la surface le rend plus propre aux opérations d'étirage.

Brevet d'invention (patente anglaise du 25 mars 1846), en date du 1er octobre 1846, au sieur PARKES, *de Birmingham (Angleterre), pour la préparation du caoutchouc vulcanisé.*

25. On sait que les gommes, et surtout le caoutchouc, acquièrent, traitées par le soufre, des propriétés très-remarquables qu'elles n'avaient pas, et qui rendent leur emploi plus général et plus utile.

Voici comment l'inventeur produit cette combinaison de soufre et de caoutchouc.

Il prend 40 parties de bisulfure de carbone auxquelles il ajoute 1 partie de chlorure de soufre; le mélange a lieu dans un vase de terre. Ce mélange doit être neutre. C'est dans cette matière sulfureuse que l'on plonge le caoutchouc, et on l'y laisse tremper plus ou moins de temps, suivant l'épaisseur des feuilles.

Généralement, pour une feuille de 2 millimètres d'épaisseur, la combinaison s'opère dans deux minutes.

Si l'épaisseur est très-forte, il faut mettre une plus petite proportion de chlorure de soufre, afin que le mélange attaque moins vivement la surface en agissant plus lentement.

On peut employer d'autres sels pour produire des effets analogues, mais on réussit bien mieux avec le mélange qui a été indiqué.

§ 1. Le caoutchouc, après avoir été plongé dans la masse sulfureuse, doit être séché dans une étuve à 19 degrés. Après évaporation complète, on lave le caoutchouc dans de l'eau, où l'on aura mis 5 grammes de potasse pour 6 litres d'eau; on fait bouillir pendant une heure environ.

§ 2. Pour produire cette combinaison, on peut se servir de chlorure de soufre sec. Ce chlorure est pétri avec le caoutchouc dans une machine convenable au moyen de rouleaux. Il faut 1 kilog. de chlorure sec pour 10 kilog. de caoutchouc, afin que l'opération se fasse plus facilement......

§ 3. L'inventeur indique un nouveau dissolvant des gommes, c'est une combinaison de camphre et d'acide sulfurique.

§ 4. On peut obtenir la combinaison de caoutchouc et de soufre, en faisant agir sur des morceaux de caoutchouc, placés dans une chambre, des gaz renfermant du soufre. On fera bien d'introduire, en même temps que ces gaz, un des dissolvants du caoutchouc qui, en ramollissant les surfaces, facilite l'action.

—————

26. Quand les gommes ont été vulcanisées, les dissolvants agissent difficilement, en sorte que les rognures des objets vulcanisés sont perdues.

Pour leur rendre leur premier état, on les traite par du muriate de chaux. Dans 10 kilog. de muriate de chaux, on fait bouillir 5 kilog. de rognures; on les lave dans une eau alcaline chaude, et puis dans de l'eau chaude, et on a une gomme jouissant des propriétés primitives et dont les morceaux peuvent se souder entre eux ou se dissoudre dans les dissolvants.

—————

Brevet d'invention de 15 ans, 12 avril 1847, au sieur DE BERGUE, *à Paris, pour l'application de ressorts en caoutchouc vulcanisé aux wagons et voitures des chemins de fer.*

27. Pl. 1re, fig. 3, vue de côté d'une partie de voiture de voyageurs pour chemin de fer, représentant un nouveau système de ressorts de suspension, et quelques modifications dans le ressort de tampon appliqué extérieurement.

Fig. 4. Vue du ressort de suspension.

Dans cette combinaison, les guide-axes ordinaires disparaissent et sont remplacés par deux pièces en fer forgé *a a*, fixées solidement au châssis de la voiture, à une distance de 50 à 60 centimètres de chaque côté de l'axe, et réunies l'une à l'autre par une tringle d'écartement en fer *ff*, fixé à leur extrémité inférieure.

A chacune de ces pièces est boulonnée une douille en fonte

b, à deux oreilles. Elle est représentée en coupe du côté gauche, pour faire voir la forme conique des trous traversés par un des bouts des tirants *c c*.

L'autre extrémité de ces tirants se termine par une chape qui reçoit entre ses deux joues une des oreilles fondues de chaque côté de la boîte d'essieu *d*, à laquelle les tirants sont réunis par un tourillon traversé d'une clavette.

L'objet des trous coniques dans les douilles, et des chapes à l'extrémité des tirants, est de permettre à ces dernières pièces d'osciller dans toutes les directions et de suivre ainsi les mouvements de la boîte *d*.

g g, sont des ressorts composés, ainsi qu'on le voit par la section du côté gauche, de plaques en fonte de la forme indiquée, espacées de rondelles en caoutchouc vulcanisé. Le nombre des rondelles varie suivant le plus ou moins d'action que l'on veut obtenir du ressort.

Les bouts extérieurs des tirants *c c* traversent les centres des plaques et rondelles, et reçoivent à leur extrémité un écrou serré plus ou moins contre la plaque extérieure, qui comprime les rondelles entre les plaques extérieure et intérieure; celle-ci étant retenue par la douille *b*, la compression des rondelles en caoutchouc laisse aux tirants *c c* un certain degré d'élasticité, mais qui n'est rendu sensible que par une extrême puissance.

Je ferai observer que la plaque extérieure porte un large rebord cylindrique qui recouvre tout le système de rondelles, afin de les protéger contre tout accident.

Cette combinaison a pour but de réunir la boîte d'essieu à la voiture, tout en lui conservant quelque peu d'action élastique en tout sens.

Ce système peut seul suffire pour les ressorts de suspension et notamment pour les voitures légères; mais lorsqu'ils devront supporter un poids considérable, celui des voitures de chemin de fer, par exemple, je préfère combiner avec eux les deux colonnes élastiques *e e*, qui vont être décrites.

h est une plaque en tôle fixée par des vis au-dessous du châssis de la voiture.

i i sont deux broches en fer tournées, cylindriques, et ayant un collet ou tête au sommet qui sert à les suspendre à la plaque *h*, à travers laquelle ces broches passent librement jusqu'à la tête, pour laquelle une entaille suffisante est faite dans le bois du châssis.

La plaque *h* étant fixée à sa place, les broches *i i* auront assez de jeu pour osciller en tous sens dans un rayon de 5 centimètres environ de la verticale.

La boîte d'essieu *d* porte de chaque côté un rebord en forme d'équerre, percé de deux trous dans lesquels passent librement les extrémités inférieures des broches *i i*. Ces trous sont coniques, pour permettre les oscillations des broches; pour les empêcher de jouer, on pourrait garnir l'intérieur des trous en cuir ou en gutta-percha. Les rebords, à trous coniques, présentent une surface horizontale qui supporte les colonnes *e e* composées de rondelles élastiques divisées par des plaques métalliques à centre conique; le nombre et les dimensions des unes et des autres pourront varier suivant le poids à supporter; les broches *i i* forment le centre de ces colonnes.

La voiture est représentée avec une charge ordinaire, les tirants *c c* étant dans ces conditions, sur un plan horizontal. L'épaulement, que l'on remarque sur les tirants *e e*, en cas de bris du tirant opposé, viendrait appuyer contre la douille *b*, empêcherait un trop grand déplacement de l'axe des roues et préviendrait ainsi tout accident.

Sur la figure 3 se trouve aussi représenté un tampon de voiture de voyageurs avec application extérieure des ressorts en caoutchouc vulcanisé. Ce système de tampon ne diffère de celui que j'ai déjà breveté que sur deux points:

1° L'encaissement de l'appareil pour le protéger contre tout accident ou cause de détérioration.

2° La forme peu différente des plaques métalliques.

m fait voir, en section, un tube en fonte de forme cylindrique à l'intérieur et conique en dehors, avec une base carrée, fondue de la même pièce, qui se fixe à l'extrémité du châssis au moyen d'un boulon à chaque angle du carré. La longueur de ce tube est égale à environ la moitié de la longueur des ressorts, et son diamètre intérieur est suffisant pour recevoir le tube *n*, en laissant du jeu entre les deux. Cette dernière pièce, en fer forgé ou en tôle est brasée ou rivée à la tête des tampons, et enveloppe l'autre moitié du ressort; ce tube entre, comme je l'ai déjà dit, dans l'encaissement *m*; l'ensemble formant ainsi une espèce de télescope qui protège complètement le ressort sans lui ôter la liberté d'agir.

L'amélioration que j'ai introduite dans la forme des plaques d'intersection, fig. 5, consiste dans le raccourcissement du cône, qui permet de supprimer la cavité qu'il était nécessaire de réserver dans chacune des plaques, pour recevoir le sommet du cône de la plaque précédente, puis dans la nervure ou bourrelet que j'ajoute à la circonférence des plaques, et dont le but est d'obtenir une plus grande force dans ces pièces avec moins d'épaisseur, comme aussi d'imposer une certaine limite à l'expansion des rondelles en cas de collision.

La tige conductrice du tampon *p*, est, comme d'usage, en fer forgé.

La figure 6 représente, en élévation, une partie du wagon pour marchandises, avec application de mes nouveaux ressorts de suspension et de tampon.

La figure 7 est une vue de bout du même, avec la iangrine du châssis, figurée en section.

La figure 8 représente en élévation l'extrémité du châssis avec une section du ressort du tampon faite suivant *a b* de la figure.

La figure 9 est une section faite suivant *c d* de la figure 10.

La figure 10 est une section suivant *e f* de la figure 6.

La figure 11 est une coupe des plaques métalliques à recouvrement.

Dans la figure *a* est une boîte d'essieu qui porte de chaque côté une forte projection *d*, sur laquelle le poids du wagon se trouve supporté par deux colonnes de rondelles en caoutchouc vulcanisé, séparé par des plaques métalliques ; on comprendra facilement que, dans le présent arrangement, les gardes des essieux sont formées par les deux tiges verticales en fer *b b*, qui servent en même temps de guides pour les rondelles et plaques ; ces broches sont d'une force suffisante et sont rendues solidaires avec la plaque boulonnée au châssis. Les extrémités inférieures des broches passent librement dans les trous percés au centre des épaulements *d d*, et sont réunies ensemble par une bande de fer plat, *e*, qui réunit, en outre, les unes aux autres les gardes des deux axes, et pourrait, au besoin, se recourber verticalement à chaque extrémité pour être fixée au châssis.

Le ressort de suspension se compose d'un nombre variable de rondelles en caoutchouc formant deux colonnes, une de chaque côté de l'axe, la rondelle supérieure de chaque colonne est protégée par un cercle conique, fondu avec la plaque *c*, et chacune des plaques intermédiaires, représentées, fig. 11, porte un cercle pour protéger la rondelle qui vient directement sous elle et qu'elle recouvre. La rondelle inférieure, plus exposée que les autres à l'huile ou à la malpropreté, pourrait être faite en bois, ou bien encore elle pourrait être en fonte et ferait partie de la boîte d'essieu *a*.

a, fig. 8 et 9, est une boîte en fonte rectangulaire s'emmanchant librement sur l'extrémité de la longrine du châssis, dont les angles sont protégés par un encaissement en fer forgé ou en tôle.

b, fig. 9, est une forte barre en fer plat, servant de guide à la boîte A, à laquelle elle est solidement rivée, l'autre extrémité de la barre faisant coulisse dans la gâche C. L'intervalle entre la barre *b* et le châssis est rempli par une épaisseur de bois qui laisse cependant la liberté d'action à la barre parallèle *b*.

La barre *b* se termine par un talon qui, venant porter contre la gâche C, empêche le tampon de rétrograder au-delà du point convenable.

d' est un guide semblable à *b*, mais de moindre dimension, et placé au-dessous du châssis, ainsi qu'il est représenté en élévation, fig. 6, et en section, fig. 8.

e e e e, sont quatre plaques oblongues en caoutchouc vulcanisé, mais d'une nature particulière, les surfaces en sont inégales et hérissées d'aspérités et de parties creuses, ressemblant assez à la contexture de l'éponge. Entre chacune de ces plaques est une plaque en fer forgé, de forme oblongue et de dimension suffisante pour se mouvoir librement dans la boîte A. Les plaques en fer et celles en caoutchouc, sont traversées et retenues à leurs places par les deux tiges cylindriques *ff*, en fer forgé, le long desquelles elles glissent avec aisance.

Ces tiges sont rivées par un bout au fond de la boîte *a*, et l'autre extrémité entrant dans des trous de même diamètre, percés dans les longrines du châssis suivant leur axe. Une pièce de bois forme, comme à l'ordinaire, la tête du tampon.

Les figures 12 et 13 représentent un autre système de tampon applicable aux locomotives, tenders, wagons de marchandises ou autres véhicules de chemin de fer.

a, fig. 12, est la section d'un cylindre en fonte portant à un bout une forte embase, dont la forme sera déterminée de manière à s'ajuster le plus commodément possible sur le wagon auquel elle sera fixée par des vis ou boulons.

La figure 13 en représente une moitié de forme carrée. Une petite saillie intérieure, fendue à l'orifice du cylindre *a*, en rétrécit l'ouverture, cette saillie est alésée au diamètre convenable pour recevoir le plongeur *b*.

L'embase du cylindre *a* est percée au centre d'un trou qui admet librement la tige en fer *c*. Cette tige est tournée parfaitement cylindrique, depuis la tête, jusqu'à l'épaulement contre lequel vient porter le plongeur *b*, qui se trouve serré entre l'épaulement et l'écrou taraudé à l'extrémité de la tige.

La tête de cette tige ou boulon, qui se trouve au-delà de l'embase, en venant porter contre, empêche le plongeur de sortir complètement du cylindre *a*.

Le plongeur *b* est une pièce circulaire en fonte, tournée cylindriquement à l'extérieur, de manière à entrer juste, mais librement, dans la saillie alésée du cylindre *a*; cette pièce porte à l'autre bout une bride ou embase circulaire entaillée en partie dans le bois de la tête du tampon, auquel elle est fixée par des vis et boulons.

hhhh sont des rondelles de caoutchouc vulcanisé, séparées par trois plaques métalliques formant le ressort du tampon.

La figure 14 n'est qu'une modification du ressort représenté, fig. 12, et peut s'appliquer également aux tenders, locomotives, wagons, ou autres voitures de chemin de fer.

Dans cette disposition, l'encaissement circulaire *a*, portant un rebord à sa base, et boulonné au tampon, avance avec lui lorsque la pression a lieu.

b est une pièce de fonte portant, d'un bout, une embase rectangulaire qui se fixe par quatre boulons à l'extrémité des longrines du châssis. L'autre extrémité de cette pièce se termine par une plaque circulaire qui se trouve entourée par l'encaissement *a*, dans lequel elle entre librement; une partie cylindrique et creuse et quatre nervures extérieures forment l'intervalle entre la plaque circulaire et l'embase (Voir fig. 15, section de cette pièce.)

Le collet de la tige cylindrique *c* porte au fond de la boîte ou encaissement *a*, et une rivure extérieure la rend solidaire avec cette pièce, dont elle suit, par conséquent, tous les mouvements. Deux trous, de diamètre différent, sont percés, l'un dans la plaque, l'autre dans l'embase de la pièce *b*, pour recevoir la tige *c*, un écrou taraudé à l'extrémité de cette tige, et serré en dehors de l'embase, empêche le tampon de rétrograder au-delà du point déterminé. Les rondelles en caoutchouc et les plaques sont dans l'intérieur de la boîte *a*, et portent contre la plaque cylindrique de la pièce *b*. Un trou longitudinal est pratiqué au centre des longrines pour admettre la tige *c* et son écrou.

La figure 16 représente en élévation la partie postérieure d'un tender avec un axe et son ressort de suspension.

a est le bout du réservoir.

bc, les longrines supérieure et inférieure du châssis, tenues à intervalle par les montants *d d*.

e est la boîte d'essieu qui se meut verticalement dans la coulisse en fonte *f*, servant de chaque côté, de guide-axe, et se terminant dans la partie supérieure, par une plaque qui s'applique sous la longrine inférieure. Les boulons *g g* traversent les deux longrines et la plaque, et réunissent le tout ensemble.

h est une rondelle en fonte, percée au centre, au diamètre de la tige *i*, et entrant juste dans l'extrémité supérieure de l'enveloppe en tôle *j*, qui remplit en hauteur l'intervalle entre les deux longrines et garantit les rondelles en caoutchouc.

k est une forte rondelle en fonte, du même diamètre que les plaques d'intersection et portant, comme elles, une partie conique au centre. L'extrémité inférieure de la tige *i*, porte sur la boîte d'essieu *e*, et le surcroît de diamètre de la partie intermédiaire forme un épaulement qui porte la rondelle *k* et la fait agir contre les rondelles en caoutchouc, lorsque la voiture prend sa charge.

La figure 17 représente, au repos, une barre de traction, rigide, c'est-à-dire qu'elle ne s'allonge pas sur elle-même, bien qu'elle n'ait de communication avec la voiture qu'elle met en mouvement que par un intermédiaire élastique.

La figure 18 représente la même barre pendant qu'elle est en action, la force de traction venant du côté droit.

a a sont deux traverses en fer qui réunissent les longrines à l'intérieur du châssis, ou de simples plaques de fer, dans le cas où ces traverses sont en bois.

b est une tringle cylindrique en fer forgé, dite barre de traction, et terminée à chaque bout en dehors des traverses extrêmes du châssis, par le crochet ordinaire qui sert à réunir les voitures entre elles.

c c sont deux bagues en fonte, terminées extérieurement par une partie conique, qui s'emboîte exactement dans les traverses *a a*; l'une de ces bagues portant aussi intérieurement un cône plus petit et conforme à celui des plaques d'intersection; c'est entre ces deux bagues que se trouvent placées les rondelles en caoutchouc vulcanisé et les plaques d'intersection auxquelles la tringle *b*, qui les traverse, sert de guide.

d d sont deux manchons en fer qui portent contre les bagues *c c* et sont rendus solidaires avec les tringles, au moyen de clavettes qui traversent les deux pièces.

On comprendra facilement que, lorsque la traction vient du côté droit, le manchon de ce même côté quitte la douille qui l'avoisine et qui se trouve retenue par la traverse droite, tandis que le manchon de gauche entraîne, au contraire, avec lui, la bague contre laquelle il appuie, la fait quitter la traverse gauche et comprimer les rondelles élastiques.

L'effet contraire a lieu d'une manière symétrique, lorsque la traction s'opère du côté opposé.

Les figures 19 et 20 représentent deux barres de traction élastiques, c'est-à-dire qu'elles s'allongent lorsque la traction a lieu.

Certificat d'addition, en date du 23 juin 1847.

Fig. 21, tampon disposé principalement pour des wagons, et qui ne diffère de ceux représentés, fig. 12 et 14 du brevet, que sur les points suivants.

1º La forme des plaques d'intersection A est un peu modifiée à leur circonférence, et à la projection conique qu'elles portaient au centre, d'un côté seulement, et répétée de l'autre, de telle sorte que, les deux côtés étant uniformes, il n'y a plus à rechercher un sens particulier pour les mettre en place; il en résulte encore l'avantage que la rondelle en caoutchouc se trouve supportée des deux côtés et maintenue en conséquence dans une position plus concentrique.

2º La tige conductrice des plaques *b*, au lieu d'être en fer forgé et fixée au plongeur par un écrou, sera en fonte et à la même place que le plongeur; un trou conique, pratiqué au centre, lui donnera de la légèreté sans lui rien retenir de sa force.

3º La course des tampons est limitée, lorsque le ressort est comprimé, par l'embase circulaire *c*, tournée sur la base du plongeur, et lorsque le ressort se détend, le plongeur est retenu à la fin de sa course par un simple anneau en fil d'acier *d*, qui se loge dans la rainure circulaire, tournée à l'extrémité de la tige; il est retenu dans cette rainure par les parois intérieures de la cavité *e*, pratiquée dans le centre du cylindre pour le recevoir. Cet anneau est fendu sur un point de la circonférence, de manière à pouvoir l'entr'ouvrir pour le loger dans sa rainure; lorsqu'il est en place, son élasticité le fait se refermer sur lui-même.

La figure 22 est une modification de la figure 21, en ce sens que la tige *b* est en fer forgé; mais elle sera placée dans le moule, lorsque l'on coulera le plongeur, les rainures circulaires tournées dans la partie conique de la tige, et que la fonte vient remplir, unissent mieux les deux pièces qui, malgré la nature différente du métal, n'en font réellement plus qu'une seule.

Ce même tampon, modifié dans ses dimensions, peut s'appliquer également aux locomotives et aux tenders.

La figure 23 représente un tampon de voiture de voyageurs; il ne diffère de celui désigné, fig. 3, du brevet principal, que par la tige conductrice *a* et la disposition particulière du plongeur *b*. Dans le dernier brevet, cette pièce était un simple tube en tôle brute, dont le seul but était de garantir les rondelles en caoutchouc ; aujourd'hui, ce plongeur est en fonte, tourné cylindriquement à l'extérieur, et de diamètre convenable pour entrer juste dans la partie alésée à l'orifice du cylindre en fonte, *c*, qui se fixe, comme auparavant, à l'extrémité des longrines du châssis. Un trou conique, alésé dans le fond du plongeur, suivant l'indication du plan, reçoit une des extrémités de la tige *a*, qui s'y ajuste avec précision et s'y trouve serrée et maintenue par les écrous et le contre-écrou *d d*. Une rondelle *e*, serrée contre l'épaulement de l'autre extrémité de la tige, par les écrous et contre-écrous *f f*, limite la course rétrograde du plongeur.

Il va sans dire qu'un trou longitudinal est pratiqué au centre des longrines, pour admettre la tige *a* avec sa rondelle et ses écrous, lorsque le tampon est mis en action.

La figure 24 représente un ressort de suspension modifié.

a est une partie de châssis au-dessous des roues. *b b*, les guide-axes ordinaires, tels qu'ils se trouvent dans la plupart des voitures de chemin de fer.

c, la boîte d'essieu.

d est une pièce en fonte, dont la forme sera mieux indiquée en plan, fig. 25 ; aux points *a a*, elles porte deux entailles remplies par les guide-axes, qui empêchent la pièce de varier en aucun sens, et *v* sont deux oreilles traversées par les boulons *e e*, qui fixent la pièce *d* au châssis ; les autres parties sont circulaires, la plus centrale *u*, destinée à soutenir la compression des rondelles élastiques, et la partie extérieure, servant de recouvrement pour garantir la rondelle supérieure.

f est une plaque d'intersection à double cône au centre et à recouvrement inférieur seulement.

h est une bague en fonte placée entre la boîte d'essieu et la première rondelle élastique ; cette bague porte un petit cône dans sa partie supérieure, pour maintenir la concentricité de la première rondelle, et, par dessous, une projection circulaire qui entre dans la boîte d'essieu, pour maintenir sa propre concentricité.

Les pièces *d f g h* sont en fonte brute, avec le jeu nécessaire pour pouvoir se mouvoir, sans obstacle, les unes dans les autres, lorsque le ressort est en action.

---

28. Comme on le voit, la découverte de M. Hancock n'a pas tardé à raviver l'ardeur des fabricants et des expérimenta-

teurs. Mis sur la voie, chacun, dans des vues diverses, les uns par intérêt, les autres désireux d'attacher leur nom à cette découverte, quelques-uns par amour de la science et stimulés par la louable ambition de se rendre utiles, a voulu coopérer à l'œuvre, et les essais ont été variés à l'infini. Cependant, faisons cette remarque qu'à l'exposition de 1844, bien qu'il y eût déjà une année que la patente de M. Hancock fût prise, personne encore n'en expose sous les yeux du jury, et le mot *vulcanisation* ne se trouve encore nulle part, en France du moins. Nous allons continuer à donner le résultat des travaux des uns et des autres ; car bien que presque tous établissent leurs essais sur les données de M. Hancock, il se rencontre toujours dans ce qu'ils livrent à la publicité de nouveaux aperçus, la mention de nouvelles substances, qu'il importe de connaître. Celui qui fait sa spécialité de la manipulation du caoutchouc, ne nous accusera pas d'avoir consigné des redites. Et, en effet, la lecture de tous ces procédés se ressemblant au fond, mais offrant partout des variantes importantes, pourra lui être d'une grande utilité, et lui épargner des dépenses, des peines et du temps. S'il ne sait pas que telle substance a été employée, que tel ou tel degré de chaleur a été atteint, il pourra se faire que l'idée lui vienne aussi d'essayer ces substances, et donner aussi un même degré de température ou de l'élever davantage ; mais s'il voit dans ces brevets que nous lui transcrivons, dans ces mémoires que nous analysons, que la même idée est venue à d'autres avant lui, il ne dirigera plus ses pas dans une route déjà explorée ; son activité se dirigera vers les voies nouvelles, et il pourra se convaincre, en suivant attentivement la marche des autres, que la marche qu'il veut suivre est véritablement nouvelle, et que les perfectionnements qu'il pourra obtenir lui seront dus. Telles ont été les considérations qui nous ont déterminé à ne reculer devant aucun travail, et à continuer notre exposition pour la rendre aussi complète que possible.

Nous aurions pu assurément mettre plus d'ordre dans notre travail, en analysant chaque mémoire ou annonce des journaux industriels français ou étrangers, et en en formant un tout homogène ; mais cette façon d'agir, plus brève, avait un grave inconvénient ; celui de substituer notre manière personnelle d'envisager les choses à celle des chimistes et des industriels. Il aurait pu arriver alors que telle chose, tel fait, qui nous eussent paru n'avoir que peu ou point d'importance, auraient été supprimés, et que, tout justement, cette chose et ce fait étaient ce qu'il importait le plus au lecteur de connaître. Nous avons donc pensé qu'il était plus prudent de conserver les termes exprès employés par les écrivains ou les fabricants dans leurs mémoires ou dans leurs brevets, parce qu'ils exprimaient bien mieux la pensée des auteurs que nous n'aurions su le faire.

Procédés pour le traitement du caoutchouc et du gutta-percha, publiés par M. A. PARKES, de Birmingham.

29. Pour mettre en pratique les nouveaux procédés que je propose, j'emploie le bisulfure ou le sulfure de carbone, ou bien je me sers du naphte de houille, ou de l'essence de térébenthine ou autre dissolvant convenable du caoutchouc. Je dissous dans l'un d'eux, en donnant la préférence au bisulfure de carbone, les autres matières décrites ci-après, et produis ainsi, à un plus ou moins haut degré, les perfectionnements qui font l'objet de cette invention; et que, pour abréger, je désignerai par la suite par le nom de *changement* (1).

§ 1. Je prends 40 parties de bisulfure de carbone et j'y ajoute une partie de chloride ou hypochloride de soufre préparé, aussi neutre qu'il est possible, et je mélange parfaitement dans des vases en terre ou autres convenables. Je plonge alors le caoutchouc en feuilles, ou sous toute autre forme, dans ce mélange, où je le laisse plus ou moins de temps, suivant l'épaisseur de la substance de l'article; mais, en général, pour les applications usuelles, une feuille de 1^{mm},5 d'épaisseur est suffisamment changée en une ou deux minutes.

Dans le cas où le caoutchouc est d'une épaisseur considérable, on emploie une proportion plus faible de chloride de soufre, afin qu'il agisse avec plus de lenteur sur la masse; attendu que j'ai remarqué qu'une solution concentrée en contact pendant une longue période agissait d'une manière nuisible sur la surface.

§ 2. J'emploie des mélanges d'autres substances avec les dissolvants ci-dessus pour opérer le changement, tels sont : les chlorides, azotites, azotates, fluorides, bromides, iodides, sulfures, phosphures terreux et métalliques, en donnant la préférence à ceux de soufre, d'antimoine, d'arsenic ou de carbone, quoique je pense que les chlorides soient, dans l'ordre indiqué ci-dessus, les meilleurs composés pour cet objet.

(1) M. Parkes n'emploie ni le mot *vulcanisation*, ni celui *volcanisation*, mais bien celui *changement*. Nous ne l'avons mis en italique qu'une seule fois, ne pensant pas qu'il soit nécessaire de le souligner dans tout le cours de la démonstration.

Le caoutchouc ayant été enlevé de la solution, est suspendu dans une étuve chauffée à environ 26 à 27° centig., et, lorsque le dissolvant du caoutchouc a été évaporé, on lave bien celui-ci dans l'eau ou on le fait chauffer dans une lessive caustique, qu'on prépare à raison d'un kilog. de potasse ou de soude caustique pour dix litres d'eau, en y faisant bouillir le caoutchouc pendant une heure. Le caoutchouc, étant ensuite séché, est propre aux applications et a reçu le changement dont il a été question.

§ 3. Quand on veut produire le changement sur le caoutchouc à l'état sec, on y mélange, dans la machine à pétrir, ou au moyen de cylindres, ainsi qu'on le pratique ordinairement, le chloride de soufre dans la proportion de 1 kilog. de chloride pour 8 à 10 kilog. de caoutchouc, ou bien une ou plusieurs des autres substances propres à produire le changement, et on continue l'action de la machine à pétrir, ou des cylindres, jusqu'à ce que les substances soient bien mélangées, époque où le changement est effectué. Cette opération exige plus ou moins de temps suivant la vitesse de la machine ou la quantité de matière qu'on travaille ; mais on peut constater aisément l'état de la masse en en coupant de temps à autre des échantillons peu épais qu'on examine. Si on trouve que la force élastique est suffisamment augmentée (ce dont il est très-facile de juger avec un peu d'expérience), et aussitôt qu'on s'aperçoit que le changement est effectué, on enlève la masse de la machine, et, pendant qu'elle est encore chaude, on l'introduit dans les moules pour l'y comprimer, ou bien on lui donne d'autres façons.

Les proportions peuvent varier, et, en général, le temps requis pour produire le changement sera d'autant moindre que la proportion de la quantité de l'agent de changement qu'on aura employé sera plus grande.

Je ferai remarquer que j'ai trouvé que quand on opère ainsi sur le caoutchouc, il est à désirer qu'on applique de petites quantités d'un dissolvant de cette substance (ainsi qu'on l'a fait jusqu'à présent pour préparer le caoutchouc sous forme plastique) ; mais, en même temps, j'ai remarqué que ce procédé n'était pas aussi parfait que celui décrit ci-dessus, et où les agents du changement sont en solution.

§ 4. Après avoir décrit les moyens à l'aide desquels je produis le changement dans le caoutchouc, je dirai que je suis exactement le même procédé relativement au gutta-percha, avec cette différence, toutefois, que j'ai remarqué en général qu'il convenait de n'employer qu'une proportion plus faible de chloride de soufre, ou autre substance et agent du changement.

Caoutchouc. 6

§ 5. Je combine aussi le caoutchouc et le gutta-percha dans les proportions requises, à l'aide de la machine à pétrir ou de tout autre moyen; et je traite la combinaison, ainsi qu'il a été dit relativement au caouchouc ou au gutta-percha pris séparément.

Un mélange semblable à celui décrit ci-dessus (consistant en un agent de changement, et un dissolvant formant une solution étendue ou faible) peut être incorporé avec les solutions ordinaires de caoutchouc et étendu sur le cuir, la soie ou autres tissus de la manière dont cela s'opère avec le caoutchouc ordinaire, et après la dessiccation le changement aura été opéré. On peut préparer aussi des solutions de caoutchouc et de gutta-percha avec les mélanges dont il vient d'être question, ou le nouveau dissolvant dont on va parler, les étendre sur des tissus et obtenir le même résultat. Des couches successives peuvent aussi être appliquées à des tissus encollés, puis enlevés par les moyens bien connus dans le travail ordinaire du caoutchouc, et pour l'obtenir en feuilles de telle largeur ou épaisseur qu'on le désire.

§ 6. Une autre partie de mon invention consiste dans l'application d'un procédé qu'on exécute en faisant paser du gaz acide sulfureux sur du camphre finement granulé, jusqu'à ce que le camphre soit devenu liquide par l'absorption de l'acide sulfureux gazeux pour dissoudre le caoutchouc et le gutta-percha, seuls, ou avec les substances propres à produire le changement. Par ces moyens, je produis un nouveau dissolvant pour cet objet, applicable aussi à la solution des résines et des gommes-résines, et qu'on applique de la même manière que les autres dissolvants pour ces matières.

§ 7. Je vais décrire maintenant les moyens dont je fais usage pour appliquer une autre partie de mon invention, en soumettant le caoutchouc à des matières sous forme gazeuse, les gaz dont je me sers dans ce but sont l'acide sulfureux, le chlore, l'acide azoteux, le fluor et les vapeurs de brome et d'iode. Voici, je crois, les meilleurs moyens qu'il convient pour cela d'employer :

Je place le caoutchouc en feuilles ou sous telle autre forme dans une chambre close en fonte ou en plomb, revêtue à l'intérieur d'un vernis à la gomme laque pour l'opposer à l'action du chlore ou autre gaz sur le métal. Le caoutchouc est suspendu ou disposé à l'intérieur de cette chambre, de manière que le gaz injecté s'y trouve en contact parfait dans tous les points. Pour que le gaz n'agisse pas avec trop d'énergie sur le caoutchouc, j'emploie simultanément les vapeurs d'un dissolvant du caoutchouc, vapeurs qui peuvent être produites par l'application de la chaleur à l'un quelconque de ces dissolvants contenu dans un vase de cuivre ou de fer, séparé de la chambre où l'on a placé le caoutchouc. Je me sers de préférence à cet effet de bisulfure de carbone. Alors, je fais passer l'un ou l'autre des gaz ci-dessus spécifiés, dans la chambre close, que je remplis en même temps de vapeur de dissolvant. J'ai remarqué que lorsqu'on ne faisait ainsi passer qu'un seul des gaz ci-dessus, c'était le chlore qui avait le plus d'effet. Le caoutchouc reste ainsi exposé à l'influence de ces matières pendant une heure et plus, suivant l'épaisseur des pièces; un peu de pratique permettant aisément de juger du temps suivant les circonstances.

On peut aussi employer une combinaison de deux des gaz indiqués ci-dessus, et le chlore, ainsi que l'acide sulfureux gazeux, agissent très-bien ensemble; mais, dans tous les cas, on se sert également avec leur combinaison, de vapeurs d'un dissolvant ainsi qu'il a été dit, afin de ramollir le caoutchouc et de permettre aux gaz d'agir. Dans cette circonstance, on admet les gaz dans la chambre à raison de 10 volumes de gaz acide sulfureux pour 1 volume de chlore.

§ 8. J'ai remarqué que le caoutchouc pouvait très-bien être combiné d'abord avec le soufre dans la proportion de 1 partie de soufre pour 40 de caoutchouc, par le moyen du pétrissage ou tout autre, puis être soumis à l'action du gaz, comme il a été dit précédemment.

Je n'ai pas trouvé, quand on applique les gaz, que les résultats fussent aussi complets et aussi convenablement obtenus dans les opérations, lorsqu'on se servait des agents de changement en solution; et c'est pour cette raison que je donne la préférence à l'emploi des solutions, ainsi que je viens de le dire; et je ferai remarquer que des articles, préalablement manufacturés, partie en caoutchouc ordinaire et partie en cuir ou soie; par exemple, un tissu élastique ou autre article, peuvent être soumis au changement, soit par le procédé des solutions, soit par celui des gaz, comme on le juge convenable.

§ 9. Je combine avec le caoutchouc, ou le gutta-percha, ou les composés de ces substances, soit à l'état sec, soit à l'état de solution, et avant l'application du procédé dit changement, soit la laine, le lin, le coton ou autre substance fibreuse coupée en morceaux d'une faible longueur; soit la poudre de bois ou de liège, les oxydes des métaux, et j'exécute ces combinaisons au moyen de cylindres ou de machines à pétrir, par les moyens employés ordinairement à cet usage.

§ 10. Je mélange et combine aussi de la même manière avec le caoutchouc, le gutta-percha ou leurs composés, des résines, des gommes-résines, et, en particulier, celle importée récemment de la terre de Van-Diémen appelée *gomme cowrée*, et une autre substance, aussi importée récemment du même pays, appelée *gomme wood stree*. Je traite toutes ces substances et combinaisons avec les solutions et les gaz pour effectuer le changement.

§ 11. Souvent j'orne et décore les articles fabriqués en caoutchouc et gutta-percha, ou une combinaison de ces substances, en les peignant ou en y imprimant, au moyen de planches ou de rouleaux gravés, des dessins, modèles, etc., après leur avoir donné un fond en couleur par un des moyens décrits ci-après ; ou bien, je combine différentes couleurs avec ces substances ou composés, soit à l'état de sel, soit à l'état de solution, et je les mélange de manière à ce qu'elles présentent une espèce de marbrure ; puis, après, je produis le changement par l'un des modes indiqués.

Je produis aussi des figures ou autres objets en relief sur ces substances ou leurs composés, en les soumettant à la pression dans des moules ou des formes, immédiatement après les avoir plongés dans le mélange propre à produire le changement : ou bien je fabrique des articles de la même manière avec les substances à l'état sec, immédiatement après que le changement a été effectué et avant que la matière ait perdu la chaleur qu'elle a acquise dans la machine à pétrir. Je produis les mêmes effets ou des effets semblables en employant des solutions de ces substances ou composés à leur état ordinaire ; et lorsque les articles ainsi façonnés sont secs, on y produit le changement par les solutions ou les gaz. Enfin, je fabrique des articles par les mêmes moyens ou des moyens analogues avec des solutions de ces substances dans le mélange employé pour produire le changement, ou le nouveau dissolvant mentionné précédemment.

§ 12. Le caoutchouc, ou le gutta-percha, ou les composés de ces substances qui ont éprouvé le changement décrit, ne sont, sous cet état, attaqués qu'en partie et faiblement par les dissolvants, et difficiles à être travaillés par les moyens communément employés pour opérer sur la substance naturelle, et par conséquent les rognures et les résidus de la fabrication ont été jusqu'à présent d'un emploi difficile ; mais si on veut les amener à un état propre à être manufacturés de nouveau, on les traite ainsi qu'il suit :

On prend 10 kilog. de chlorhydrate de chaux, et on fait chauffer avec 4 à 5 kilog. de rognures pendant un temps plus ou moins long, suivant le volume ou la masse de la substance, et jusqu'à ce qu'en faisant l'essai sur quelques-uns des morceaux, on trouve qu'ils sont dans un état propre à s'unir par la pression. On enlève alors le chlorhydrate de chaux ; on lave d'abord dans une eau alcaline chaude, puis dans de l'eau pure également chaude. Après quoi, on peut manufacturer de nouveau les matières, et les soumettre à l'un des procédés propres à produire le changement. Les rognures ou les résidus des substances qui ont été soumises au procédé dit de vulcanisation sont traitées avec le même succès par cette méthode.

§ 13. Je vais maintenant décrire un autre procédé de mon invention, qui consiste à teindre le caoutchouc et le gutta-percha seuls ou combinés, et, après cette teinture, à les traiter, si on le désire, par les agents de changement.

Pour teindre le caoutchouc, ou le gutta-percha, ou leurs composés, en noir, on les fait chauffer pendant un quart-d'heure ou une demi-heure dans la préparation suivante : On prend 500 grammes sulfate de cuivre qu'on dissout dans 4 à 5 litres d'eau ; 500 grammes ammoniaque caustique ou chlorhydrate de cette base : ou bien, on prend et on fait bouillir 500 grammes sulfate ou bisulfate de potasse et 250 grammes sulfate de cuivre dans la même quantité d'eau.

Pour teindre ces mêmes substances en vert, on prend 500 grammes chlorhydrate d'ammoniaque, 250 grammes sulfate de cuivre, 1 kilog. chaux caustique et 4 à 5 litres d'eau, et on fait bouillir d'un quart-d'heure à une demi-heure.

On obtient une autre teinture produisant une nuance pourpre, en se servant de 250 grammes sulfate ou bisulfate de potasse, 125 grammes sulfate de cuivre et 125 grammes sulfate d'indigo ; et on fait bouillir le caoutchouc et le gutta-percha de un quart-d'heure à une demi-heure. L'intensité des nuances peut varier suivant la proportion des ingrédients employés.

Quand on veut colorer le caoutchouc, ou le gutta-percha, ou leurs combinaisons, on emploie, entre autres, les couleurs suivantes, pour le bleu, l'outremer ; pour le rouge, le vermillon, le carmin et le laque rose ; pour le vert, le vert de Brunswick ou l'acétate de cuivre ; pour le jaune, le jaune de chrome ou l'oxyde d'uranium ; pour le blanc, la couleur dite blanc d'argent ou blanc satin ; mais, en général, il vaut mieux se servir de cette dernière couleur comme de fond pour celles ci-dessus, et je ferai seulement remarquer que les procédés de coloration doivent précéder ceux propres à produire le changement.

———

Mémoire du docteur BRETHAUER, *sur la préparation des masses de caoutchouc et leurs diverses applications.*

30. On sait qu'on peut amener le caoutchouc en le traitant par certains menstrues à former une solution coulante, ou bien une masse épaisse, pâteuse ou gélatineuse. Comme c'est sous cette dernière forme que le caoutchouc reçoit la plupart de ses applications industrielles ; c'est aussi de sa préparation que nous allons nous occuper.

§ 1. Jusqu'à présent (1845) on a préparé ces masses par divers moyens propres à ramollir le caoutchouc ; mais ces moyens remplissent rarement le but, parce que tantôt, ces masses restent collantes, tantôt elles deviennent cassantes, après la dessiccation ; et, par conséquent, ne sont plus propres à constituer un enduit hydrofuge pour les tissus.

Relativement aux dissolvants du caoutchouc, nous nous permettrons la remarque suivante. C'est que tous ont le défaut de ne pouvoir ramener cette substance à son état naturel laiteux, et que tous la laissent, après la dessiccation, plus ou moins altérée.

§ 2. Déjà, par la chaleur seule, on peut amener le caoutchouc à l'état de matière épaisse ou demi-fluide, en le faisant fondre. Cette masse reste longtemps poisseuse et molle ; mais elle finit par sécher en un corps semblable au brai des marins. Le caoutchouc est donc dénaturé entièrement par la chaleur : d'où il s'ensuit que, dans toutes les dissolutions de cette substance, l'emploi de la chaleur doit être évité autant que possible.

§ 3. Le carbure de soufre, qui est le plus puissant dissolvant pour toutes les résines, dissout le caoutchouc de la manière la plus prompte et la plus complète. La solution peut avoir telle force qu'on désire, et donne de nouveau, en exposant à l'air pour l'évaporation de l'alcool soufré, du caoutchouc naturel. Ce dissolvant ne laisserait donc rien à désirer, si son prix élevé n'en interdisait l'emploi en grand.

§ 4. Dans l'éther, le caoutchouc renfle considérablement, il devient très-extensible et se dissout finalement, complétement ou en grande partie dans ce liquide. Mais l'éther est de même si cher, que son emploi ne remplirait pas encore notre but. Il y a, cependant, quelque avantage à ajouter à une masse de caoutchouc, préparée à l'essence de térébenthine, un peu d'éther afin de le rendre plus ductile et d'en faciliter la dessiccation.

§ 5. L'huile éthérée obtenue par la distillation sèche du caoutchouc, devrait être un excellent dissolvant pour cette matière. Toutefois, d'après mes expériences, et indépendamment des frais qu'occasionerait sa préparation, lesquels ne permettraient pas de les appliquer en grand, cette huile exerce une action à peine égale à celle de la bonne essence de térébenthine.

§ 6. En Angleterre, ainsi que dans plusieurs autres pays, on se sert principalement pour cet objet, de l'huile essentielle que l'on extrait du goudron de houille. La plupart des autres huiles essentielles agissent bien aussi comme dissolvant sur le caoutchouc; mais il est impossible de s'en servir à cause de leur prix commercial. Quant à l'emploi de l'huile essentielle de houille, il présente des inconvénients graves. Un enduit fait avec une masse préparée de cette manière, conserve encore longtemps après la dessiccation une odeur très-désagréable que tout le monde connaît, et perd de son élasticité en durcissant par un froid même peu intense. Ce dernier défaut peut provenir d'un traitement peu convenable de la résine qu'on a portée, peut-être, à une trop haute température avec l'huile, et, dans tous les cas, ce sont là deux circonstances fâcheuses; surtout, nous le répétons, lorsque les masses sont destinées à rendre des vêtements imperméables.

On ne saurait trop éviter l'emploi des matières ou des huiles grasses comme dissolvant pour le caoutchouc. Ces corps dissolvent bien, il est vrai, complètement cette substance à l'aide de sa chaleur; mais aussi ils la décomposent entièrement.

§ 7. Je donne la préférence sur toutes les autres, aux masses de caoutchouc préparées à l'essence de térébenthine sans addition quelconque. Mais comme tout le caoutchouc qu'on rencontre dans le commerce ne possède pas également l'ensemble des qualités qui sont nécessaires pour parvenir au but; il est indispensable, avant de soumettre une sorte quelconque à des préparations, de s'assurer par des essais en petit, si elle y est propre et comment il convient de l'employer. J'ai fréquemment rencontré des caoutchoucs qui, traités à froid avec quatre fois leur poids d'essence de térébenthine, et travaillés avec soin à plusieurs reprises, se sont parfaitement ramollis et ont fourni une masse homogène facile à travailler et séchant aisément. Une fonte de cette nature est la plus avantageuse de toutes; mais, malheureusement, il nous est assez difficile, à nous acheteurs de seconde main, de pouvoir déterminer l'origine ou la patrie d'une pareille sorte. J'ai aussi trouvé d'autres caoutchoucs qui se gonflaient complètement dans trois, et même dans deux fois leur poids d'essence de térébenthine; mais la masse n'était plus ductile ; elle était poisseuse et restait toujours collante. Etait-ce un caoutchouc artificiel ou un produit déjà travaillé, ou, enfin, une sorte provenant d'une espèce de plante que je ne connais pas ? Tout ce que je sais, c'est qu'il était noir et présentait, en le coupant, un aspect très-brillant. On rencontre aussi des sortes qui exigent jusqu'à six fois et davantage leur poids d'essence pour les dissoudre ; et qui, après avoir été traitées convenablement, et en temps suffisant, fournissent une masse bien compacte et sans grumeaux. Toutefois, comme la qualité de dissolvant a besoin d'être prise en considération dans la préparation des masses ; ces sortes doivent, autant qu'il est possible, être rejetées comme ne remplissant pas le but. Enfin, il est des sortes qui consomment encore bien plus d'essence, qui ne s'y gonflent même que médiocrement sans s'y ramollir complètement. On est donc forcé d'écraser les masses au moyen d'un laminoir à cylindres cannelés, ou bien, de les comprimer avec un cylindre dont la surface convexe est percée de trous très-fins : ce qui exige beaucoup de temps et de force.

§ 8. On doit rejeter sans hésiter quand on veut se livrer à la préparation de masses de bonne qualité, un caoutchouc du Paraguay qu'on rencontre parfois dans le commerce en grandes tables semblables à une grosse flèche de lard, et qui est noirci à l'extérieur par la fumée, cassant, fragile, lardacé à l'intérieur, en partie blanc-jaunâtre, en partie brunâtre et renfermant une grande quantité d'impuretés, telles que bois, écorce, etc. Soumis à une douce chaleur, ce caoutchouc devient brun, translucide, peu élastique et poisseux ; il se ramollit dans l'eau bouillante où il est moins collant et plus élastique : il se comporte avec les dissolvants comme les sortes mentionnées en dernier lieu, et, par conséquent, n'est pas, indépendamment de sa qualité impure, d'un emploi avantageux. Il se ramollit complètement par une longue ébullition dans l'essence de térébenthine, la masse qu'on en obtient sèche facilement ; mais alors, elle a perdu toutes les propriétés du caoutchouc.

§ 9. Relativement au dissolvant qu'il convient d'employer, il est bien entendu que l'essence de térébenthine rectifiée et exempte de résine, agit plus énergiquement que l'essence du commerce. La première, toutefois, est d'un prix élevé, et si celle du commerce n'est pas trop vieille et ne renferme pas beaucoup de résine, la différence n'est pas en réalité bien sensible.

J'ai remarqué aussi des différences importantes dans la faculté de dissoudre le caoutchouc dans les différentes espèces d'essence de térébenthine du commerce, et auxquelles on applique divers noms d'après le lieu de la fabrication ou l'espèce de plantes dont elles proviennent ; mais les différences paraissent provenir plutôt du caoutchouc lui-même. Plus cette matière peut être obtenue fraîche, c'est-à-dire moins il s'est écoulé de temps depuis son extraction et sa préparation, plus elle se montrera facile au travail ; tandis que plus elle sera ancienne, plus elle résistera opiniâtrement à l'action des dissolvants, et ce sont, surtout, ses parties extérieures qui sont les plus difficiles à dissoudre.

Le changement que le caoutchouc éprouve doit, indépendamment de l'enfumage au moyen duquel on fait sécher les bouteilles préparées, être dû sans nul doute à la longue influence de l'air atmosphérique. On peut s'en convaincre en coupant dans une bouteille, un petit morceau cubique dont deux des parois respectives, supérieure et inférieure, sont formées des faces externe et interne de la bouteille. Ce petit cube étant immergé dans l'essence de térébenthine, s'y ramollit, et si on a soin d'agiter, on voit que la masse interne s'infiltre peu à peu d'essence, tandis que les faces qui faisaient partie des parois de la bouteille resteront comme deux feuillets sans être dissoutes.

§ 10. Dès que par un choix judicieux, ou par des essais, on s'est assuré de la sorte du caoutchouc à laquelle on a affaire, on n'a plus besoin de beaucoup de travail ; mais bien de manipulations assez délicates pour préparer une masse propre à divers usages. Le caoutchouc, tel qu'on le reçoit des droguistes, surtout les grosses bouteilles et les plaques ou tables, est généralement dur et a besoin, avant d'être découpé, qu'on le ramollisse : ce qu'on fait ordinairement en le tenant dans l'eau bouillante ; mais dans cette opération, cette substance absorbe quelquefois de l'eau, et redevient par suite plus difficile à dissoudre. Il vaut mieux, en conséquence, opérer ce ramollissement à une douce chaleur ; par exemple, en le mettant à une certaine distance d'un poêle allumé. Arrivé à cet état, on coupe le caoutchouc avec un couteau bien affilé, ou par une machine, en bandes minces ou en fils d'une section de trois à quatre millim. carrés. Il est des sortes qui peuvent être découpées suivant une section plus considérable ; et même, si les matières sont épaisses, on peut enlever les surfaces extérieures, puis ne découper la partie interne que très-grossièrement.

§ 11. La dissolution s'opère très-bien dans de grands pots de grès, dans lesquels on doit laisser autant de vide que la masse occupe de capacité, afin de pouvoir, à plusieurs reprises différentes, le travailler avec une spatule. On met d'abord en contact la totalité du caoutchouc avec les deux tiers de la quantité d'essence de térébenthine nécessaire à sa dissolution, ce dont on se sera assuré par des essais préliminaires ; là, les portions inférieures de la résine commencent à se saturer d'essence. Au bout de douze à vingt-quatre heures, on retourne la masse sens dessus dessous, et l'on ajoute l'autre tiers de l'essence : c'est la seule manière d'obtenir un gonflement régulier dans la totalité de la masse. On abandonne encore vingt-quatre heures, au bout desquelles on travaille et pétrit soigneusement le tout avec la spatule, opération qu'on répète chaque jour et au moment même où on va utiliser la masse. Si elle est, soit par l'action du froid, soit par une légère dessiccation, devenue un peu dure, on lui rend aisément sa souplesse par une addition d'une petite quantité d'essence de térébenthine chaude. Alors, au moyen de grands couteaux de bois ou de palettes, on l'étend sur les étoffes ou les tissus aussi uniformément qu'il est possible, puis on l'unit au moyen d'un cylindre de bois qui est, pour prévenir toute adhérence, continuellement humecté d'eau. Suivant la qualité des tissus, on se contente de cet enduit, ou bien on applique une seconde couche.

Épuration de l'huile de térébenthine pour la dissolution du caoutchouc.

Outre quelques autres huiles volatiles, on emploie en Angleterre et en Allemagne l'huile de térébenthine à la dissolution du caoutchouc. On préfère ordinairement celle du midi de la France, comme étant la moins résineuse, à celle d'Amérique. Les fabriques où l'on s'occupe à dissoudre le caoutchouc pour l'employer ensuite à la confection de différentes étoffes, tiennent beaucoup à obtenir une huile de térébenthine aussi fraîche que possible. En Allemagne, on mêle l'huile de térébenthine avec deux parties d'eau ; et, pour 200 kilog. d'huile, on prend 1 kilog. de potasse et 1 kilog. de chaux nouvellement brûlée. La chaux doit être auparavant détrempée jusqu'à ce qu'elle ressemble au lait, et on y fait dissoudre la potasse avant de la mêler à l'huile de térébenthine. La chaudière est remplie jusqu'aux 7/8 de sa capacité, et on fait la distillation à une température aussi basse que possible. Après quelque repos, on prend l'huile qui surnage, et cette huile est employée de préférence pour la distillation du caoutchouc.

§ 12. On peut colorer la masse au moyen d'une couleur qui aura été broyée à l'essence de térébenthine, et c'est ce

u'on fait fréquemment avec le noir de fumée. On peut encore, après la dessiccation, recouvrir l'enduit avec un vernis
à l'huile, ou avec une solution alcoolique faible de gomme-
laque ordinaire, à laquelle on ajoute au besoin une matière
colorante. Cet enduit est parfaitement convenable pour une
foule d'applications utiles aux étoffes.

J'en ai préparé ainsi un très-grand nombre avec les masses dont je viens de faire connaître la fabrication, et j'ai trouvé
que c'était principalement pour la fabrication des tissus doubles que ces préparations étaient utiles. La plupart des objets fabriqués qu'on débite aujourd'hui ne remplissent pas
leur but; ils ne sont rien moins qu'imperméables, et c'est
précisément là ce qui s'oppose à leur débit étendu.

§ 13. Une grande partie des masses est employée à enduire les bâches qui servent à recouvrir les charriots et les
voitures, et à rendre imperméables les toiles qu'on étend sur
les wagons de chemins de fer qui transportent les marchandises. Ces couvertures consistent : les unes en toiles à voile,
qu'on enduit d'une couche épaisse de caoutchouc ; les autres
d'un treillis double, avec un enduit intermédiaire. On donne
la préférence à ces derniers, attendu que les premiers perdent considérablement de leur mérite par la négligence des
gens de service, qui, au lieu de les suspendre pour les faire
sécher, les entassent au contraire encore humides dans des
coins où, faute de circulation d'air, ils s'échauffent et se dé-
pouillent du caoutchouc qui se dissout en partie. Au moyen
d'une couche de vernis à l'huile, ce qui en élève de beaucoup
le prix, on peut rendre ces bâches ou couvertures à étoffe
simple d'un aussi bon service que les autres.

§ 14. On fait encore en Allemagne, sur les chemins de
fer, un autre usage avantageux de ces masses de caoutchouc.
On établit le tube, qui forme la communication entre la locomotive et le tender, en toile à voile qu'on enduit de plusieurs
couches de caoutchouc dissous, et qu'on roule solidement sur
plusieurs doubles, autour d'un fil en spirale.

Ces tubes ne le cèdent point en durée à ceux anglais fabriqués en tissus, avec interposition d'une couche de caoutchouc (1).

Mode de préparation du caoutchouc, par W. E. NEWTON.

31. Il consiste à combiner ce corps avec du soufre et de la
céruse, et à soumettre la combinaison ainsi formée à l'ac-

___

(1) Tout ce mémoire est parfaitement clair et rempli de détails techniques qu'un fabricant expérimenté pouvait seul donner. Nous engageons nos lecteurs à le lire avec
attention, et à méditer sur les enseignements qu'il renferme.

tion de la chaleur à une température déterminée. Cette combinaison et cette exposition à la chaleur modifient tellement les propriétés du caoutchouc, que cette substance ne se ramollit plus sous l'action des rayons solaires, ou d'une chaleur artificielle à une température au-dessous de celle à laquelle elle a été soumise dans cette opération, c'est-à-dire une chaleur de 130° centig., et qu'elle n'est pas altérée par un abaissement de température; enfin, qu'elle résiste à l'action des huiles grasses, à celle de l'essence de térébenthine et autres huiles essentielles qui sont ses dissolvants ordinaires, au moins aux températures ordinaires.

§ 1. On peut employer des proportions variables de soufre et de céruse dans leur combinaison avec le caoutchouc; mais celle qui a paru remplir le plus parfaitement le but est, vingt parties de caoutchouc, cinq de soufre et sept de céruse. Le caoutchouc étant, comme à l'ordinaire, dissous dans l'essence de térébenthine, ou autre essence, on broie la céruse ainsi que le soufre à l'essence de térébenthine sur un marbre comme pour les couleurs. Ces trois ingrédients, ainsi préparés, sont, quand on veut en former une table ou une feuille, étendus aussi également qu'il est possible sur une surface unie ou sur une étoffe lisse dont on peut la séparer facilement.

§ 2. On peut incorporer le soufre et la céruse avec le caoutchouc sans le dissoudre à l'aide de cylindres chauffés ou à calandrer qui le réduisent en feuilles d'une épaisseur quelconque, ou bien on peut faire adhérer le composé ainsi formé à la surface des tissus ou des cuirs de diverses espèces. Tous les manufacturiers connaissent d'ailleurs cette manière d'appliquer le caoutchouc en feuilles.

C'est en lavant la surface des produits avec une solution de potasse, ou bien avec du vinaigre mêlé à une petite quantité d'une huile essentielle ou autre dissolvant de soufre, qu'on en fait disparaître l'odeur. Il ne faut souvent qu'un léger effort pour détacher le caoutchouc préparé et étendu sur les étoffes et sur les cuirs; cette combinaison, abandonnant les fibres qui établissent l'adhérence, c'est ce qui a contraint M. Newton à imaginer un perfectionnement pour corriger cette tendance, et à l'aide duquel la feuille de caoutchouc préparée, quand elle n'est plus fixée sur un tissu ou sur un cuir, devient plus propre à diverses applications.

§ 3. La feuille de caoutchouc, préparée, comme il a été dit ci-dessus sur un tissu ou sur un cuir, on l'enlève et on la recouvre avec de la ouate de coton. On recouvre cette ouate d'une autre couche de caoutchouc, opération qu'on peut répéter deux à trois fois, suivant l'épaisseur qu'on veut donner au produit. De cette manière, on peut produire une matière d'une faible épaisseur, mais très-résistante, qu'on emploie à recouvrir les boîtes, relier les livres, etc.

Qu'on l'ait employé seul sous forme de feuilles ou qu'on l'ait appliqué à la surface d'une étoffe, ce composé de soufre et de céruse sera complètement séché dans une chambre échauffée, ou par une exposition au soleil ou à l'air. Il faut soumettre ensuite les produits à l'action d'une haute température qui peut varier depuis 100 jusqu'à 175° centig., mais qui, pour mieux assurer le succès de l'opération, doit approcher le plus près qu'il est possible de 130°. Ce chauffage peut s'opérer en faisant passer les produits sur un cylindre chauffé; mais il vaut peut-être mieux les exposer à une atmosphère d'une température convenable : ce qui s'opère parfaitement bien à l'aide d'un four construit convenablement, avec des ouvertures par lesquelles on introduit les tissus.

Il faut laisser sur les formes ou tissus les feuilles détachées du composé ci-dessus, quand le chauffage a lieu, afin que ces formes et tissus sur lesquels on a moulé puissent les soutenir, attendu que le ramollissement qui a lieu pendant ce travail est tel qu'elles ne peuvent pas porter leur propre poids. Si la température excédait 130 degrés, il ne faudrait les exposer à la chaleur que le temps rigoureusement nécessaire.

Perfectionnement dans la préparation du caoutchouc, par M. NEWTON.

§ 4. Ces perfectionnements consistent à combiner le caoutchouc avec la gomme-laque dans différentes proportions suivant les applications qu'on se propose de faire de ces sortes de composés. Parfois on combine une partie de caoutchouc avec une et jusqu'à huit parties de gomme-laque et parfois aussi une partie de gomme-laque, avec une et jusqu'à huit parties de caoutchouc. Plus est forte la proportion du caoutchouc, plus le composé est élastique, et plus est grande celle de la gomme-laque, plus il est ferme, raide et dépourvu de l'élasticité.

Ces deux ingrédients sont mélangés ensemble par la trituration, le pétrissage, ou par le moyen de la dissolution, tous procédés bien connus des fabricants.

Parmi les avantages qui résultent de la combinaison de la gomme-laque et du caoutchouc, il y a d'abord économie dans la fabrication et absence de cette odeur désagréable qu'on connaît en général aux composés de cette dernière substance.

Caoutchouc,　　　　　　　　　　　　　　　　7

§ 5. Quand le composé est destiné à être employé dans la fabrication des tissus minces et fins, on a trouvé qu'il était utile de le mélanger avec une petite quantité de soufre réduit en poudre fine qu'on pétrit avec les matières, ou qu'on y mélange en solution, ou qu'on applique en poudre impalpable à la surface des objets. La proportion de soufre, ainsi employée, est très-faible et d'environ 1 pour 100 du composé. Les objets fabriqués avec le composé auquel on a mélangé du soufre, ou sur lesquels on l'a saupoudré doivent être exposés aux rayons et à la chaleur solaire jusqu'à ce que ces objets cessent d'être poisseux.

§ 6. La gomme-laque, combinée au caoutchouc au moyen de la camphine ou de quelque autre dissolvant, constitue une composition utile pour cimenter ou réunir divers objets entre eux. Pour faire cette composition, on mélange une partie de gomme-laque avec deux parties de caoutchouc par la trituration et le pétrissage et à la manière ordinaire, puis on y ajoute la camphine ou autre dissolvant du caoutchouc pour amener la composition au degré convenable de résistance. On mélange généralement une petite quantité de soufre à ce composé, par exemple de 6 à 12 pour 100.

§ 7. Quand on se sert du composé de gomme-laque qu'on a préparé avec de la fleur de soufre ou une dissolution de ce corps pour faire des objets d'une forte épaisseur, ou des masses, on le soumet à une chaleur artificielle élevée (par exemple 130 à 132 centig.), en suivant, pour ce travail, les instructions que j'ai données il y a quelques années pour la préparation du caoutchouc et de la fabrication de divers produits. En général, je me sers de la chaleur pour vulcaniser le caoutchouc, et avant de soumettre le composé ainsi préparé avec le soufre, à l'action d'une forte chaleur artificielle, je le mélange avec des ingrédients qu'on combine assez généralement aujourd'hui au caoutchouc vulcanisé, tels que soufre, terres, oxydes, carbonates, sels de plomb ou de zinc, ou d'autres métaux dans les proportions employées par les fabricants d'objets en caoutchouc.

Brevet d'invention, 17 août 1847, au sieur MOULTON, *de New-York, pour la préparation du caoutchouc vulcanisé.*

32. Le caoutchouc ordinaire, étant coupé en petits morceaux et lavé, est passé entre deux cylindres en fer, chauffés intérieurement par la vapeur. Le caoutchouc se prend en

nappe plus ou moins épaisse. Dans cet état, on le fait passer entre des cylindres, après l'avoir couvert d'hyposulfite ou de sulfure de plomb artificiel, ou des deux. Si on veut obtenir beaucoup de tenacité, on ajoutera du carbonate de magnésie calcinée. Le mélange se fait entre les cylindres qui sont chauffés à la vapeur ; il passe encore dans un autre système plus serré de cylindres, et ainsi jusqu'à quatre fois. La combinaison est alors complète, et le caoutchouc a acquis les nouvelles propriétés qui caractérisent le caoutchouc vulcanisé.

Mode de traitement du caoutchouc, par M. M.-S. MOULTON.

33. Ce nouveau mode consiste à combiner au caoutchouc de la magnésie calcinée ou du carbonate de magnésie, de l'hyposulfate de plomb et de sulfure artificiel de plomb, et à soumettre la combinaison à la chaleur ainsi qu'on va le décrire ; de cette manière, on se dispense de dissolvants liquides, et on peut fabriquer une foule d'articles, qui sont ainsi exempts des odeurs fortes et désagréables que possèdent tous ces dissolvants. Voici comme on procède :

§ 1. Le caoutchouc, après avoir été décapé et nettoyé, est soumis par petites portions à la fois à l'action d'une paire de cylindres tournants, dits cylindres mélangeurs et chauffés à la vapeur. Par suite de l'action de ces cylindres, le caoutchouc ne tarde pas à présenter l'aspect d'une nappe ou feuille qui est alors propre à être mélangée aux ingrédients suivants.

Si les articles qu'on veut fabriquer avec le composé qu'on a en vue, doivent être élastiques, et la chaleur ou le froid sans action sur eux ; on y mélange par kilog. de caoutchouc depuis 65 jusqu'à 500 grammes d'hyposulfate de plomb et de sulfure artificiel de ce métal, ces deux sels ensemble ou seulement l'un d'eux ; mais il vaut mieux les employer en proportions égales, et si on les applique séparément, en mettre la dose entière indiquée ci-dessus.

§ 2. Lorsque les articles doivent être fermes, d'une tenacité plus grande et moins élastiques, 65 à 550 grammes de magnésie calcinée ou de carbonate de magnésie, sont mélangés à un kilog. de caoutchouc, et à cette combinaison on ajoute tant de l'hyposulfate que du sulfure de plomb, ou seulement un de ces sels de la même manière et dans les mêmes proportions que pour les articles élastiques.

§ 3. Les matériaux ci-dessus indiqués, et le caoutchouc ayant été passé à plusieurs reprises entre les cylindres mélangeurs, de manière que tout le composé soit bien homogène, chose que les ouvriers habitués à travailler le caoutchouc reconnaîtront aisément. On transporte sous une autre paire de cylindres dits *fouleurs*, où on travaille de la même manière. Ces cylindres sont plus rapprochés entre eux que les précédents, afin d'opérer un mélange plus intime du composé. Après cette seconde opération, ce composé est soumis à une troisième paire de cylindres dits adoucisseurs, aussi chauffés à la vapeur, au moyen desquels il est foulé ou mélangé de nouveau, et rendu propre à être porté à la machine à étendre.

Cette machine à étendre se compose de deux ou d'un plus grand nombre de cylindres en fer, chauffés à l'intérieur par de la vapeur, ou mieux de trois cylindres les uns sur les autres, dont la surface est beaucoup plus unie et plus polie que celle des cylindres précédents. Le caoutchouc ainsi préparé est placé entre les cylindres supérieurs et revient sur celui inférieur, sur lequel passe le tissu qui doit recevoir la feuille préparée. C'est de cette manière que ce tissu reçoit à la surface les différentes couches de composé dont on a besoin. Si on veut une feuille de caoutchouc, le composé est placé de même; mais on se dispense de l'emploi du tissu, et la feuille est enlevée sur le rouleau inférieur. Le tissu garni, de même que la feuille de caoutchouc, quand ils abandonnent le cylindre inférieur, doivent être enroulés avec un tissu bien sec, entre les tours, pour empêcher le contact des surfaces.

§ 4. Dans la fabrication des articles avec les composés ainsi préparés, il sera nécessaire de saupoudrer les surfaces avec de l'argile bien purifiée réduite en poudre, afin de les empêcher d'adhérer les unes aux autres, mais le composé est toujours sensible à l'action de tous les dissolvants et autres influences qui affectent le caoutchouc, et par conséquent il devient rigide par le froid, doux et poisseux pendant les temps chauds. Pour se débarrasser de ces caractères, on le traite par les sels de plomb, ainsi qu'on l'a dit précédemment, et les produits fabriqués avec ce composé doivent ensuite être soumis à la chaleur, dans une chambre ou un cylindre convenables, et chauffés soit par la vapeur, soit à la chaleur sèche (la première de préférence) jusqu'à la température de 104 à 140 ou 150° c., suivant la quantité des objets qu'on chauffe à la fois, et aussi d'après l'épaisseur du composé qui entre dans les feuilles ou qui est appliqué sur les tissus.

La durée du chauffage des articles, varie également suivant les circonstances; quelques produits peuvent exiger trois heures de chaleur, et quelques autres cinq heures ou à peu près; c'est du reste ce qu'il est facile de déterminer quand on a la pratique de ce genre de fabrication.

Après que les produits ont été chauffés comme il vient d'être expliqué, ils sont devenus élastiques et imperméables.

Brevet d'invention de 15 ans, en date du 14 mai 1847, aux sieurs RATTIER *et* GUIBAL, *à Paris, pour des applications du caoutchouc vulcanisé.*

34. Le caoutchouc vulcanisé peut s'appliquer en bandes, aux gants, aux caleçons en tricot, au bonnets de coton, aux gilets et aux pantalons, pour remplacer les boucles, etc.

Il suffit, dans presque tous les cas, d'étirer la bande d'une quantité convenable et de la fixer dans cet état à l'objet auquel on l'applique; lorsqu'on la laissera revenir sur elle-même, elle resserrera l'objet et le rendra élastique.

Les fils de caoutchouc vulcanisé peuvent entrer dans la confection des tissus, comme on l'a fait pour le caoutchouc ordinaire, sur lequel il présente de grands avantages.

Enfin, on peut l'appliquer à la confection des tuyaux, des bandes de billard, etc.

Dans un certificat d'addition en date du 10 août 1847, les inventeurs insistent sur les applications qu'on peut faire des fils de caoutchouc.

PROCÉDÉS POUR TRAVAILLER LE CAOUTCHOUC.

Caoutchouc vulcanisé. — Teinture du caoutchouc.

35. On sait que le caoutchouc est très-impressionnable aux changements de température, la chaleur le détruit, et il durcit au froid; tout récemment, M. Hancock est parvenu à le rendre insensible à ces influences en l'unissant au soufre.

Le procédé consiste à exposer le caoutchouc à un mélange de sulfure de carbone et de chlorure de soufre; par ce procédé, le caoutchouc n'est pénétré qu'à la surface, on ne peut donc pas se servir de ces moyens quand on a à opérer sur de grandes masses de matières.

§ 1. Le procédé par sulfuration ou vulcanisation a été inventé par M. Hancock; cet industriel a observé qu'en plongeant le caoutchouc dans du soufre en fusion à différentes températures, le caoutchouc absorbe le soufre, se colore en noir, et acquiert finalement la consistance de la corne.

§ 2. On peut encore communiquer au caoutchouc cette propriété, en le pétrissant avec du soufre, et exposant ensuite le tout à une température de 70° R., ou encore en faisant dissoudre le caoutchouc dans de l'essence de térébenthine préalablement saturée de soufre.

Les propriétés du caoutchouc ainsi modifié sont les suivantes :

1° Il conserve son élasticité à toutes les températures, tandis que la substance non modifiée est dure et rigide à 3° 1/2 R. ;

2° Le caoutchouc vulcanisé est inattaquable par les dissolvants ordinaires, tels que sulfure de carbone, pétrole, essence de térébenthine ;

3° Il s'oppose, à un haut degré, à la compression. Ainsi, un boulet de canon se brisa en éclats après avoir été chassé sur un bloc de caoutchouc vulcanisé qui fut à peine entamé.

§ 3. Le caoutchouc ainsi modifié sert à fabriquer des ressorts pour serrures, etc.; il se prête aux ornementations les plus compliquées; on en fait des vases imperméables, des bouteilles pour conserver de l'éther, par exemple. Il sert encore à confectionner des écritoires.

§ 4. C'est avec une couche de cette substance qu'on protège les fils métalliques contre l'action corrosive des eaux de mer, et par conséquent il pourra servir pour les fils destinés à établir une communication galvanique entre la France et l'Angleterre.

La même chose se dira des conducteurs télégraphiques qu'on a proposé de recouvrir d'une couche de gutta-percha. (V. *gutta-percha*).

§ 5. C'est pour cette raison que le caoutchouc soufré se prêtera à la confection des tubes aspirateurs pour les cloches à plongeur, mieux que ne le fait le canevas qui a servi jusqu'ici, et qui ne résiste pas longtemps à l'action de l'eau de mer.

§ 6. On a essayé de remplacer les ressorts d'un fiacre par des tubes de ce caoutchouc, et on a vu que la voiture exige une moindre dépense de force.

Mais l'application la plus utile paraît être celle qu'on fait aux chemins de fer. Si l'on fixe le caoutchouc entre la bande et le brancard, les bandes ne montrent pas la moindre trace de pression. Des ressorts de caoutchouc soufré ne se rompent jamais, même sous les secousses les plus violentes.

Aux procédés que nous venons de donner, nous joindrons ceux pour lesquels M. Alexandre Parkes, de Birmingham, a obtenu un brevet.

§ 7. On prend :

Sulfure de carbone. . . . . . 40 parties.
Chlorure de soufre. . . . . . 1 —

On fait le mélange dans un vase de grès, et l'on y plonge le caoutchouc réduit en feuilles ; on le laisse dans le liquide plus ou moins de temps, suivant son épaisseur. Une feuille de 2 millim. d'épaisseur, est suffisamment modifiée au bout d'une ou de deux minutes.

Si les feuilles sont très-épaisses, il faut prendre un peu moins de chlorure de soufre, pour que ce dernier agisse plus lentement sur la masse, car M. Parkes a trouvé qu'une forte dissolution altère la surface du caoutchouc, quand cette matière y séjourne.

§ 8. Après que le caoutchouc a été retiré de sa composition, on le suspend dans une chambre chauffée à 21° R. ; quand le dissolvant est évaporé, on lave à grande eau, ou l'on fait bouillir dans une lessive caustique préparée de la manière suivante :

Potasse ou soude caustique. . . 500 gram.
Eau. . . . . 10 kilog.

On fait bouillir le caoutchouc pendant une heure ; après cela, on fait sécher et l'opération est terminée.

§ 9. Pour modifier le caoutchouc par la voie sèche, on prend :

Caoutchouc. . . . . 4 à 5 kilog.
Chlorure de soufre solide. . . 500 gram.

On mélange bien dans la machine à pétrir ; le temps nécessaire à cette opération dépend de la vitesse de la machine et de la masse employée ; il faut donc de temps à autre en détacher quelques lanières et essayer si l'élasticité s'est suffisamment développée. Quand la modification est opérée, on retire la masse et on la comprime dans une forme encore chaude.

On peut aussi traiter de cette manière un mélange de caoutchouc et de gutta-percha.

§ 10. Le mélange ci-dessus formé d'un dissolvant et d'un liquide modifiant, peut-être incorporé aux dissolutions de caoutchouc, et sa dissolution peut être étendue sur le cuir, la soie et autres tissus.

En portant cette dissolution à différentes reprises sur de l'étoffe apprêtée, on peut, après la dessiccation, enlever ces couches et obtenir des feuilles de caoutchouc soufré, de différentes épaisseurs.

§ 11. On obtient un autre dissolvant du caoutchouc et du gutta-percha, en faisant arriver du gaz sulfureux sur du camphre pulvérisé ; le camphre se liquéfie. Ce dissolvant peut remplacer le sulfure de carbone, et il peut servir pour dissoudre différentes résines.

§ 12. Voici encore un procédé pour vulcaniser le caoutchouc :

On suspend des feuilles de caoutchouc dans une chambre de plomb ou de fer dont les parois intérieures sont recouvertes d'une couche de gomme-laque ; puis on y fait arriver pendant une heure un mélange de :

Gaz sulfureux. . . . . 10 volumes.
Chlore. . . . . 1 —

et renfermant de la vapeur de perchlorure de carbone ou d'un autre dissolvant, pour ramollir le caoutchouc et faciliter l'action du mélange gazeux.

Ce procédé ne vaut pas les précédents.

§ 13. M. Parkes modifie encore différents articles, tels que tissus élastiques formés de caoutchouc et de cuir ou de soie.

Il combine différentes substances avec le caoutchouc ou son mélange avec le gutta-percha ; ainsi, des substances fibreuses, telles que du coton, du lin, de la laine, des copeaux, de la poudre de liège, du bronze, des oxydes métalliques, etc.

Ces compositions sont ensuite modifiées par l'un ou l'autre des procédés ci-dessus.

§ 14. Les objets en caoutchouc ou en gutta-percha, sont ensuite embellis par différentes couleurs, que l'on applique après avoir recouvert l'objet d'un fond coloré dont nous donnerons la recette un peu plus bas ; puis on les imprime avec des plaques gravées ou avec des cylindres.

Manipulation du caoutchouc modifié.

§ 15. Le caoutchouc et le gutta-percha modifiés, ainsi que nous l'avons dit, ne se dissolvent plus et ne se laissent plus travailler aussi facilement qu'avant leur modification, et on obtient toujours des résidus considérables.

Pour mettre ces résidus en état de servir de nouveau, on les traite de la manière suivante :

On prend :

Résidu. . . . . 4 ou 5 kilog.
Chlorhydrate de chaux. . . . . 10 —

On fait bouillir jusqu'à ce qu'à l'aide d'un petit essai on s'aperçoive que les morceaux du résidu se réunissent facilement. On retire ensuite du bain, et on lave avec de l'eau alcaline chaude, et puis on dégorge l'eau pure.

Ce caoutchouc peut alors servir de nouveau, et il est susceptible de se modifier comme précédemment.

Les résidus de caoutchouc soufré d'après le procédé Hancock, peuvent être traités de la même manière et avec le même succès.

Voici, d'ailleurs, un autre document concernant cette opération si importante de la désulfuration.

Procédé pour purger du soufre ou autres matières le caoutchouc vulcanisé, par MM. W. CHRISTOPHE *et* G. GIDLEY.

Il est nécessaire, dans bien des cas, dans la fabrication du caoutchouc vulcanisé ou d'articles fabriqués avec cette matière, et après que le travail de la vulcanisation a été opéré, d'extraire ou de séparer quelques portions du soufre ou l'excès de ce corps, qui reste interposé dans les pores du caoutchouc, ou qui est combiné avec lui, en un mot, de régler les proportions relatives entre le soufre et le caoutchouc dans la matière vulcanisée pour les adapter aux applications spéciales auxquelles on destine celle-ci.

Il faut aussi pouvoir utiliser ou employer les débris ou les rognures de caoutchouc vulcanisé qui s'accumulent dans les fabriques de ce produit, et par quelque procédé facile et économique de traitement, extraire le soufre de ces rognures, ou du moins suffisamment de la quantité de soufre qu'elles renferment pour laisser le caoutchouc dans un état propre à être attaqué par les dissolvants ordinaires, et par conséquent à le rétablir et le mettre dans un état à être travaillé de nouveau sous un état quelconque, lui rendre sa qualité adhésive qu'il a perdue par la vulcanisation, et enfin le rendre apte à être vulcanisé de rechef avec le soufre ou autres matières.

Pour atteindre le but proposé, on fait macérer le caoutchouc vulcanisé dans une solution chaude d'un carbonate alcalin ou dans une solution d'hydrate de chaux, ou enfin dans de l'eau chaude tenant en suspension de la chaux caustique, jusqu'à ce que, par l'action de l'alcali ou de la chaux, on ait extrait la quantité de soufre requise, c'est-à-dire qui réduit les proportions relatives du soufre et du caoutchouc à celles nécessaires pour les applications particulières, ou pour que ce produit résidu puisse être redissous par les dissolvants ordinaires, et au besoin vulcanisé de nouveau.

Si le caoutchouc ne consistait pas en rognures, il faudrait le réduire en morceaux menus pour faciliter l'action de l'alcali ou de la chaux, et plus est élevée la température de la solution ou de l'eau, plus l'opération est rapide. Nous employons ordinairement la chaleur de l'eau bouillante, et à raison d'économie, nous faisons d'abord bouillir avec la chaux, qui enlève le soufre à la surface ou à une faible profondeur au-dessous de la surface du caoutchouc, puis nous évacuons la solution et la chaux, et nous faisons bouillir dans la solution de carbonate de soude. Au bout de peu de temps, tout l'excès de soufre ou le soufre non combiné est extrait et rendu soluble, ainsi que d'autres matières qui contiennent des impuretés, et qui se sont introduites dans le caoutchouc pendant la sulfuration ou après la fabrication. Dans cet état, ce caoutchouc désulfuré est soluble dans l'essence de térébenthine, le naphte, le chloroforme et autres liquides employés ordinairement pour dissoudre ou amollir le caoutchouc.

On peut employer à cette désulfuration le carbonate de potasse, mais celui de soude est plus économique.

Quand on traite le caoutchouc vulcanisé par la solution de carbonate de soude, il se dégage de l'oxyde carbonique, et il se forme graduellement un sulfure ou polysulfure de l'alcali, qu'on peut utiliser. Mais si on trouve que les composés sulfurés, qui se forment ainsi et qui se dissipent en partie dans l'atmosphère pendant l'opération, donnent lieu à quelque objection, on ajoute à la solution bouillante un oxyde métallique, par exemple celui de cuivre ou un carbonate métallique susceptible de former, avec le soufre enlevé par l'alcali, un sulfure insoluble qui ne se dissipe pas dans l'air.

Teinture du caoutchouc.

§ 16. Pour teindre en noir du caoutchouc seul ou mélangé avec le gutta-percha, on le fait bouillir pendant un quart-d'heure ou une demi-heure dans le bain qui suit :

Sulfate de cuivre.	500 gram.
Sel ammoniac ou ammoniaque. .	500 —
Caustique.	500 —
Eau.	5 kil.

On peut encore prendre :

Sulfate de potasse neutre en acide.	500 gram.
Sulfate de cuivre.	250 —
Eau.	5 kil.

Pour vert, on fait bouillir le caoutchouc pendant un quart-d'heure ou une demi-heure dans un bain composé de :

Sel ammoniac.	500 gram.

Sulfate de cuivre. . . . . . . 250 gram.
Chaux vive. . . . . 1 kil.
Eau. . . . . 5 —

Pour lilas :

Sulfate de potasse neutre ou acide. 500 gram.
Sulfate de cuivre. . . . . . . 125 —
Sulfate d'indigo. . . . . . . 125 —
Eau. . . . . quantité suffis.

Faire bouillir pendant un quart-d'heure ou une demi-heure.

Voici les matières colorantes qui se prêtent à la teinture du caoutchouc :

Pour bleu, outre-mer artificiel.

Pour rouge, cinabre, carmin ou laque de garance.

Pour vert, vert de Brunswick ou vert-de-gris.

Pour jaune, jaune de chrome.

Pour blanc, blanc de satinage, qui peut aussi servir pour toutes ces couleurs.

La teinture du caoutchouc doit se faire avant qu'on ait procédé à sa sulfuration.

Nous avons reproduit cet article extrait d'un journal étranger, encore bien qu'il ne soit que la répétition de ce qu'on a vu, et de ce qu'on trouvera plus loin ; parce qu'il offre un assemblage, une réunion de moyens, disséminés ailleurs, et qu'on ne sera pas fâché de trouver réunis. Nous avouons que nous n'avons pas une confiance absolue dans tous les faits qu'il rapporte ; mais pour celui qui veut approfondir un sujet, il est utile qu'il soit au courant de tout ce qui a été dit et écrit, ne fusse que pour être mis à même d'apprécier les bruits qui pourraient parvenir à son oreille. Nous n'avons passé sous silence que ce qui ne présentait absolument aucun intérêt.

Procédé pour préparer le caoutchouc afin de le rendre élastique à toutes les températures, par M. William Burke.

36. Ce procédé a été patenté le 26 avril 1849, pour M. Burke, fabricant à Tottenham (Middlesex).

Afin de communiquer au caoutchouc pur ou allié au gutta-percha, la propriété de conserver son élasticité dans les limites des températures atmosphériques, on l'avait jusque-là vulcanisé, c'est-à-dire mélangé avec une certaine quantité de soufre.

Cependant, ce produit a deux défauts :

1° Le soufre étant employé à l'état libre, une partie s'effleurit constamment et vient recouvrir le caoutchouc sous la forme d'une poudre blanche qui communique une odeur sulfureuse aux différents objets qui subissent son contact ;

2° Par cette effervescence, le soufre se sépare du caoutchouc et le désagrège en partie.

§ 1. Pour obtenir du caoutchouc élastique qui ne renferme pas de substance efflorescente, et qui reste constamment dans son état normal, l'auteur y incorpore du kermès minéral.

On prend :

Sulfure d'antimoine en poudre fine. 1 partie.
Soude cristallisée. . . . . 25 —
Eau. . . . . 200 à 300 —

On introduit dans une chaudière en fonte, on fait bouillir, pendant 30 à 45 minutes, puis on retire la chaudière du feu, on laisse déposer pendant quelques minutes la partie qui ne s'est pas dissoute, on décante le liquide alcalin qui surnage et l'on ajoute ensuite un léger excès d'acide chlorhydrique, ce qui produit un précipité orangé qu'on lave bien avec de l'eau chaude pour éloigner l'acide libre et que l'on fait dessécher ensuite. On le réduit en poudre et on le mêle au caoutchouc que l'on expose à une température de 250 à 280° F. (97 à 110° Réaumur) soit dans un four, soit dans une chaudière sans pression.

Un caoutchouc ainsi préparé possède non-seulement plus de solidité et d'élasticité, mais encore il résiste à la chaleur solaire, et conserve sa mollesse et sa flexibilité, même sous l'influence d'un froid considérable.

§ 2. Pour obtenir un bloc de caoutchouc, qui puisse ensuite être découpé en feuilles, lanières, fils, etc., l'auteur prend, par exemple, 50 kilog. de caoutchouc du commerce, lavé, il l'écrase sous des cylindres, puis il l'introduit dans un pétrin à cylindre cannelé. On chauffe le pétrin et on fait tourner le cylindre. Puis on ajoute 2 kilog. 1/2 à 7 kilog. 1/2 de kermès, suivant le degré de consistance ou d'élasticité que l'on veut donner au caoutchouc, on agite pendant une ou deux heures, puis on retire le produit et on le comprime dans un moule en fer, au moyen d'une presse à vis ou d'une presse hydraulique.

Le moule en fer est long de 2 à 6 pieds, large de 1 pied et profond de 10 pouces (anglais).

Après avoir supporté cette pression pendant un ou deux jours, on l'expose pendant deux ou trois heures à la température susdite, produite au moyen de la vapeur, après quoi on peut le découper comme on le désire.

§ 3. Pour éviter de donner aux tissus qu'on veut rendre imperméables au moyen d'une dissolution de caoutchouc, cet aspect luisant et désagréable à l'œil, parce qu'il rappelle la peinture à l'huile, l'auteur mélange une dissolution de caoutchouc préparé, avec de la bourre de coton, de soie ou de laine; il en enduit l'étoffe ainsi préalablement préparée avec la composition hydrofuge, et de cette manière le tissu acquiert une parfaite ressemblance avec le drap.

Le mémoire suivant, présenté également par M. W. Burke, renferme la répétition de beaucoup de faits contenus dans ce qui vient d'être donné. Nous avons cru néanmoins devoir le donner, parce que ces mêmes faits y reçoivent des développements plus étendus et que de nouveaux y sont consignés, qui seront très-bons à connaître.

Mode de fabrication des objets aérofuges et hydrofuges en caoutchouc ou en gutta-percha seuls ou combinés, par M. W. H. Burke, fabricant.

37. Jusqu'ici, on a fabriqué le caoutchouc sulfuré, dit caoutchouc vulcanisé, en mêlant à cette substance une grande quantité de soufre libre, ou, comme on le dit en terme de métier, en pétrissant du soufre avec le caoutchouc, soumettant ensuite la masse à l'influence d'une température élevée qui a pour effet de combiner une portion de soufre avec le caoutchouc.

Quoique les matières préparées avec le caoutchouc sulfuré jouissent des qualités utiles, la substance dont nous allons faire connaître la préparation est susceptible d'applications plus variées encore et la préparation est plus facile et plus sûre dans les résultats.

Par le fait même du procédé employé pour préparer le caoutchouc vulcanisé, cette matière présente deux graves défauts :

1° Le soufre étant employé à l'état libre, une portion de ce corps est continuellement à l'état d'efflorescence, et en recouvrant la surface du caoutchouc d'une poudre blanche, il communique une odeur de soufre à tous les objets qui l'approchent.

2° Le soufre, à cause de cette efflorescence, se sépare du caoutchouc, se dissipe et se perd, et il paraîtrait même que la quantité que l'on suppose combinée se dégage graduellement, et se volatilise en laissant le caoutchouc en partie détérioré ou plutôt désagrégé.

§ 1. La matière fabriquée par le moyen suivant n'est pas sujette à ces défauts, car elle n'est pas préparée avec le soufre libre, ce qui permet d'éviter le désagrément de l'efflorescence et laisse au caoutchouc, pendant un temps bien plus long, toutes ses qualités normales.

On réduit la substance connue dans le commerce sous le nom d'antimoine cru, à l'état de poudre fine par la pulvérisation dans un mortier ou un moulin, et l'on ajoute 1 partie de cette poudre à environ 25 parties de carbonate de soude cristallisé, ou 20 parties de carbonate de potasse dissous dans 250 à 300 parties d'eau. Le tout est bouilli dans une chaudière en fer pendant une demi-heure ou trois quarts-d'heure, au bout desquels on arrête l'ébullition, et on laisse pendant quelques minutes précipiter les matières non dissoutes. La liqueur qui surnage est filtrée encore chaude, et l'alcali est saturé par de l'acide chlorhydrique ajouté en léger excès, ce qui donne lieu aussitôt à un abondant précipité rouge-orangé. Ce précipité constitue le soufre doré d'antimoine, ou comme on dit aussi, le kermès minéral, et c'est ce composé d'antimoine que l'on combine en mélange avec le caoutchouc.

Ce précipité rouge ou composé d'antimoine, ayant donc été bien lavé avec de l'eau chaude pour enlever l'excès d'acide, est séché à une basse température, puis broyé et se trouve alors propre à être employé. On le pétrit ou le mélange avec le caoutchouc seul ou combiné avec le gutta-percha, suivant le degré d'élasticité qu'on désire obtenir; puis le tout est soumis à une température élevée qui varie de 125 à 130° centig., soit dans une étuve, soit dans une chaudière, avec pression de vapeur, ou bien exposé aux rayons du soleil.

Le caoutchouc ainsi préparé est beaucoup amélioré, non-seulement sous le rapport de sa force et de son élasticité, mais encore de la faculté de résister à l'influence des rayons solaires et de conserver sa douceur et sa flexibilité à une basse température.

§ 2. Pour mouler un bloc de caoutchouc, qu'on se propose de diviser ensuite en feuilles, fils, courroies ou bandes, on prend une quantité donnée de cette substance, telle qu'on la trouve dans le commerce, et suivant les dimensions du bloc, soit par exemple, 50 kilog., qui, après avoir été bien lavés et débarrassés de toutes les matières étrangères, sont passés à travers une machine à briser, puis dans une machine à pétrir, entourée d'une double enveloppe pour l'introduction de la vapeur, et qui consiste en cylindres cannelés tournant dans des coussinets. On introduit donc la vapeur, on fait tourner, puis on ajoute le composé d'antimoine en quantités qui varient de $2^{kil}.5$ à $7^{kil}.5$, suivant la force et l'élasticité qu'on veut donner au bloc de caoutchouc, et l'usage qu'on veut en faire. Lorsque les ingrédients ont été bien intimement mélangés dans la machine à pétrir (ce qui exige une heure ou une heure et demie de travail, suivant la vitesse de circulation), on enlève le composé de la machine, et pendant qu'il est encore chaud on le comprime au moyen d'une presse à vis ou d'une presse hydraulique dans un moule en fer de 60 centim. à 2 mètres de longueur, 30 centim. de largeur et 25 centim. de profondeur. Le bloc ainsi formé, après être resté un ou deux jours en presse, est soumis à la vapeur d'eau, à la température indiquée plus haut, pendant deux à trois heures, et c'est lorsqu'il a enfin acquis les propriétés d'une élasticité permanente et d'une force accrue de résistance, qu'on le découpe en feuilles qu'on divise ensuite en fils, ou qu'on le moule en diverses formes suivant les articles que l'on veut fabriquer. On peut aussi diviser le bloc au sortir du moule et fabriquer les articles, par la chaleur ou l'action des rayons solaires.

§ 3. Quand on veut des feuilles d'une longueur considérable, par exemple de 18 à 20 mètres ou plus, et pour éviter la dépense des machines à découper de pareilles feuilles. On y parvient en dissolvant le caoutchouc à la manière ordinaire avec les dissolvants connus, au moment où il sort de la machine à pétrir, et on étend la pulpe ou solution au moyen de rouleaux à calandrer ou de la machine dont on se sert habituellement pour l'étendre sur le calicot ou tout autre tissu qui doit être préalablement saturé ou frotté parfaitement avec de la craie broyée, de la terre à pipe ou à foulon qui permettent d'enlever facilement le caoutchouc de dessus le tissu après qu'on a soumis à la chaleur. Mais quand on veut que la composition adhère fermement au tissu, au cuir ou autres produits qu'on veut rendre aérofuges ou hydrofuges, on se dispense de la saturation par la craie. On peut ensuite ajouter une matière colorante si on le désire.

D'après la description ci-dessus, on voit que le nouveau composé de caoutchouc de M. Burke, avec ou sans addition de gutta-percha, est susceptible de recevoir les diverses applications qu'on donne au caoutchouc ordinaire ou à ses composés. Une application importante est celle indiquée ci-dessus et qui consiste à unir du coton ou de la laine à d'autres corps, ou bien à cimenter une, deux, ou un plus grand nombre de ces sortes de toisons pour fabriquer un produit économique, durable et hydrofuge, admirablement propre à faire des blanchets ou étoffes pour les imprimeurs, ou des bandes pour les cadres, etc., tous articles qui, fabriqués en caoutchouc seul ou combiné au gutta-percha, sont sujets à être affectés par l'action de l'air, ce qui en limite beaucoup l'emploi.

§ 4. Pour fabriquer des tissus ou vêtements hydrofuges à simple étoffe, sans leur donner l'aspect luisant ou verni à la surface, qui déplaît généralement par sa ressemblance avec les toiles huilées ou vernies, on mélange du caoutchouc préparé ou non avec 10 à 15 pour 100 de tontisse de soie, de coton ou de laine, et l'on dissout dans un menstrue convenable, ou bien on ajoute la tontisse au caoutchouc dissous. C'est avec cette solution qu'il faut enduire la surface du tissu préalablement rendu hydrofuge par les moyens ordinaires. Afin de lui donner l'aspect d'une étoffe de soie, de laine ou de coton. On peut soumettre ensuite cette étoffe à la chaleur, et au besoin la doubler et la coller avec une autre. On a déjà préparé de ces sortes de tissus en tamisant dessus de la tontisse sèche; mais cette tontisse, ainsi appliquée, s'en détache aisément par le frottement et n'adhère que faiblement au tissu, tandis que, par le procédé de M. Burke, elle en fait partie intégrante et *ne peut en être enlevée*.

———

Sur des cylindres à impression en caoutchouc pour les imprimeurs.

38. Dès 1841, M. Pfnorr, de Darmstadt, a émis l'opinion que le caoutchouc pourrait être avantageusement substitué au cuir ou à la pâte faite avec de la gélatine ou du sirop, que l'on emploie à la confection des balles ou des cylindres à imprimer, si toutefois on parvient à l'empêcher de se dissoudre dans le vernis à l'huile de lin qui sert à l'imprimerie.

Il paraît que cette idée a reçu un commencement d'exécution, grâce au caoutchouc vulcanisé.

§ 1. Le caoutchouc que l'on emploie doit être en feuille d'environ 5 décimillim. d'épaisseur; cette épaisseur se prête mieux à l'application sur un cylindre en bois; dans ce but, on prend une feuille de caoutchouc un peu plus longue que le cylindre à recouvrir, mais d'une largeur un peu inférieure au développement du rouleau ; on le coupe en ligne droite, et en réunissant les deux côtés par les bords, on forme une sorte de tuyau, qui s'obtient très-aisément, par la facilité avec laquelle le caoutchouc se soude aux endroits fraîchement coupés ; toutefois, pour éviter que la suture ne se défasse par portion, il est bon d'employer un dissolvant, par exemple, une dissolution de caoutchouc dans du sulfure de carbone.

Lorsque le tuyau est préparé, on le vulcanise par le procédé de Parkes (*Voyez* n°s 25, 29, 35, § 13).

Pour cela, on plonge le tuyau pendant deux minutes dans un mélange formé de :

Sulfure de carbone. . . . . . . 40 parties.
Chlorure de soufre. . . . . . . 1 —

Puis on retire du bain et on fait sécher à 20 ou 25 degrés Réaumur. Enfin on fait bouillir pendant une heure dans une lessive faible de potasse ou de soude.

Si la feuille de caoutchouc devait être plus épaisse, on emploierait un peu moins de chlorure de soufre, et on le laisserait un peu plus de temps en contact avec le liquide.

Quand la vulcanisation est terminée, on passe le cylindre en bois dans le tuyau, après toutefois l'avoir recouvert avec de la flanelle.

On ajoute ensuite un disque à chacune des extrémités de ce cylindre, mais l'expérience est nécessaire pour démontrer si, en employant de l'encre un peu forte, il ne serait pas utile d'augmenter l'épaisseur de la feuille de caoutchouc ; s'il ne faudrait pas interposer une couche de gutta-percha (ou son mélange avec du caoutchouc), ou une couche de telle autre substance qui permettrait de fixer convenablement le tuyau de caoutchouc vulcanisé.

---

§ 2. Il est très-présumable qu'au moyen de la vulcanisation, on parviendra à remplacer les rouleaux actuels qui sont sujets à durcir. Nous savons qu'on a essayé le caoutchouc ; nous l'avons essayé, nous n'avons pas réussi et nous n'avons pas appris que d'autres aient réussi. La mélasse et la colle-forte, lorsqu'elles sont employées à doses convenables, sont encore ce qui nous a le mieux réussi. Cependant, nous sommes assuré que les combinaisons du caoutchouc finiront par être substituées au mode actuel. Nous ne nous tenons pas pour battu, nous continuerons nos expériences, malgré la non-réussite des premières, et nous avons l'espoir que nous, ou d'autres plus habiles, surmonteront la difficulté.

---

§ 3. Quand on veut rejoindre les deux bouts, proprement et fraîchement coupés, d'une feuille de caoutchouc pour en faire un tube, il ne faut pas faire la section parallèle à l'axe du tube ou du cylindre qu'il doit revêtir; parce que, dans cette façon de faire la réunion, la suture toute entière porte à la fois, lorsque le cylindre se trouve en contact avec les corps sur lesquels il doit rouler. Il vaut bien mieux faire la section en biais et formant au moins un angle de 45° avec l'axe, par ce moyen la suture est plus forte, puisqu'elle est plus longue, et elle n'est jamais en contact que sur un point de sa longueur avec les corps contre lesquels elle est pressée. Dans beaucoup d'occasions, nous nous sommes très-bien trouvé d'en avoir agi de la sorte.

Mémoire sur le caoutchouc et le gutta-percha,
par M. Payen.

39. Depuis quelques années, le caoutchouc, soumis à des procédés nouveaux, a formé la base de plusieurs grandes industries qui livrent une foule d'objets usuels à l'économie domestique, et des ustensiles variés, d'une utilité incontestable, à la chirurgie et aux arts mécaniques, physiques et chimiques, comme à la navigation.

La grande exposition internationale de 1851, offrait de remarquables et nombreux exemples de ces applications; surtout dans les départements de l'Angleterre et des États-Unis. On doit regretter que l'industrie française du même genre n'y ait pas été représentée, car les plus récents progrès, dans cette direction, ont été réalisés chez nous.

Jusqu'ici, cependant, bien que M. Faraday eut indiqué la composition du suc laiteux qui contient le caoutchouc, et publié l'analyse élémentaire de ce produit, on ne connaissait pas toutes les propriétés du caoutchouc sous les différents états où il se trouve dans le commerce; sa composition immédiate n'était pas déterminée. Les mêmes notions manquaient en ce qui touche le gutta-percha, substance nouvellement introduite dans l'industrie manufacturière, et plus remarquable encore par les propriétés qui la distinguent du caoutchouc que par les analogies curieuses qui l'en rapprochent; substance digne d'intérêt, surtout par ses nombreuses et utiles applications spéciales.

Dans la vue de remplir en partie ces lacunes, j'ai entrepris des recherches dont je vais indiquer les principaux résultats.

§ 1. *Variétés du caoutchouc solide.* — On distingue parmi les variétés commerciales : 1° le caoutchouc blanc opaque, en masses plus plus ou moins volumineuses ; 2° celui qui est en feuilles ou lames irrégulières légèrement jaunâtres et translucides ; 3° une autre sorte, en feuilles épaisses ou masses globuleuses, creuses ou pleines, de teinte brune grisâtre et opaque ; 4° enfin, sous les mêmes formes, le caoutchouc brun, plus ou moins translucide et jaune-fauve lorsqu'on le découpe en tranches minces.

§ 2. *Structure interne*. — En examinant sous le microscope des lamelles très-minces de ces échantillons, on y observe des pores très-multipliés, arrondis irrégulièrement, communiquant entre eux, qui se dilatent même sous l'influence capillaire des liquides, sans pouvoir dissolvant sur la substance elle-même.

§ 3. *Action de l'eau*. — La porosité du caoutchouc explique sa pénétrabilité facile par différents liquides dépourvus d'action chimique notable sur lui : l'eau offre un des exemples les plus intéressants de ce phénomène ; des tranches minces de caoutchouc sec, des deux premières qualités, immergées pendant trente jours dans l'eau, en ont absorbé, pour 100 parties, les unes, 18.7, les autres 26.4 ; les premières avaient augmenté en longueur de 5, et en volume de 15.75 pour cent.

Une semblable pénétration du liquide peut, à la longue, avoir lieu dans les masses ou feuilles épaisses du caoutchouc, et l'on conçoit qu'ensuite un temps considérable soit nécessaire pour l'éliminer complètement ; car les couches superficielles se desséchant les premières, resserrent considérablement leurs pores, et s'opposent à la dessiccation ultérieure des parties centrales.

On devra tenir compte de cette sorte d'hydratation mécanique dans les transactions commerciales, puisque, par ce fait seul, la valeur réelle peut être amoindrie de 18 à 26 pour cent ; tandis que la nuance plus blanche annoncerait une qualité supérieure purement illusoire. D'ailleurs, la présence de l'eau s'oppose à la pénétration des liquides employés dans l'industrie, pour dissoudre ou gonfler le caoutchouc, et diminue sa ténacité comme sa ductilité (1).

(1) On sait, depuis longtemps, que la ductilité et l'élasticité du caoutchouc augmentent avec la température, diminuent lorsque la température s'abaisse, et sont presque anéanties à zéro degré ; que des fils ou lanières, tendus à + 15 ou 25 degrés, et refroidis à zéro degré, conservent leur extension et leur raideur à la température ordinaire ; qu'ils se contractent subitement et reprennent leur élasticité première, dès qu'on porte leur température à 35 à 40 degrés. On se rappelle les utiles applications qu'ont faites de ces propriétés MM. Rattier et Guibal, pour la confection des tissus élastiques.

La blancheur apparente et l'opacité n'ont pas, en général, d'autre cause que l'eau interposée, car une dessiccation complète suffit pour faire apparaître la coloration et la translucidité.

§ 4. *Action de l'alcool.* — L'alcool anhydre pénètre facilement aussi le caoutchouc, surtout à la température de + 78 degrés ; des tranches minces, sèches, translucides, chauffées dans ce liquide à plusieurs reprises, durant huit jours, sont devenues opaques ; leur longueur était augmentée de 46 millièmes et leur volume de 94 millièmes ; elles avaient acquis une propriété adhésive notable, même au sein de l'alcool. Leur poids était accru ; dans le rapport de 100 à 118.6 ; cependant elles avaient cédé à ce liquide 21 millièmes d'une matière grasse, fusible, colorée en jaune-fauve. Ces tranches, après l'évaporation de l'alcool, étaient plus transparentes et plus adhésives entre elles, qu'avant ce traitement.

§ 5. *Action des dissolvants.* — L'éther, la benzine, l'essence de térébenthine, le sulfure de carbone et plusieurs mélangés entre eux ou avec d'autres liquides, s'insinuent rapidement dans les pores du caoutchouc, le gonflent beaucoup et semblent le dissoudre ; mais ce que, dans ce cas, on considère généralement comme une dissolution complète, est, en réalité, le résultat d'une interposition de la partie dissoute dans la portion fortement gonflée, celle-ci ayant conservé les formes primitives amplifiées, et étant alors très-facile à désagréger.

On peut, à l'aide d'une quantité suffisante de chaque dissolvant, séparer presque complètement ces deux parties, en renouvelant le liquide sans agiter et sans désagréger le résidu très-fortement gonflé, mais non dissous.

Les proportions facilement dissoutes varient entre 0.3 et 0.7, suivant les qualités des échantillons et la nature du dissolvant, mais les propriétés des deux parties restent distinctes apès leur séparation et l'évaporation du liquide.

La substance non dissoute est moins adhésive, mais plus tenace ; elle retient la plus grande partie de la matière colorante brune. La substance soluble, surtout la première dissoute, est notablement plus adhésive, plus molle, moins élastique, moins tenace et moins colorée.

§ 6. L'éther anhydre extrait du caoutchouc translucide, de couleur ambrée, 66 centièmes de substance soluble blanche, et laisse 34 parties de nuance fauve.

§ 7. L'essence de térébenthine anhydre et bien rectifiée a séparé nettement de la variété commune de caoutchouc brun,

49 de matière soluble, de couleur ambrée, et 51 de matière insoluble translucide retenant la coloration brune.

Des traces de matière résineuse dans l'essence suffisent pour rendre adhésifs les deux produits et laisser longtemps visqueux celui qui a été dissous (1).

L'essence en vapeur dirigée sur le caoutchouc, lui enlève une huile essentielle que l'on peut extraire du produit condensé, en chauffant celui-ci dans une cornue chauffée par un bain-marie d'eau-bouillante.

Cette huile essentielle est incolore et douée d'une forte odeur rappelant celle du caoutchouc normal.

§ 8. *Augmentation de volume.* — Si l'on tient immergé dans un grand excès du dissolvant le caoutchouc découpé sous forme de prismes rectangulaires, on le voit se gonfler graduellement de la superficie au centre, et l'on peut déterminer l'augmentation de volume sur la partie non dissoute, lorsque le gonflement est arrivé à son terme : les dimensions des deux côtés se sont triplées sensiblement dans la benzine, dans l'éther anhydre, dans l'essence de térébenthine, ainsi que dans un mélange de 100 sulfure de carbone, avec 4 d'éther hydraté ; le volume total était donc alors égal à 27 fois le volume primitif, bien que cette augmentation portât sur la partie non dissoute, l'autre partie s'étant disséminée dans le liquide.

Un mélange de 6 volumes d'éther avec 1 volume d'alcool anhydre gonfle le caoutchouc, au point de quadrupler son volume, et ne dissout sensiblement que la portion moins agrégée, peu tenace, mais très-adhésive.

On avait observé une augmentation de 30 fois son volume à froid, dans l'huile de pétrole rectifiée, mais sans tenir compte de la partie dissoute.

La portion de caoutchouc qui résiste le plus aux dissolvants, observée sous le microscope, à l'aide d'un grossissement de 300 diamètres, offre une texture réticulée dont les filaments anastomosés s'étendent et se gonflent en absorbant les liquides précités, et se rétrécissent à mesure que l'évaporation s'effectue.

Les solutions du caoutchouc, surtout la dernière, posées sur le porte-objet, affectent elles-mêmes, en se desséchant,

(1) C'est en épurant de toute matière résineuse l'essence de térébenthine par une distillation dans un appareil rectificateur à cases multiples, que M. *Fritz-Soller* parvient à obtenir les enduits souples et les grandes feuilles unies qui caractérisent son industrie, perfectionnée, d'ailleurs, par plusieurs inventions remarquables. (Voyez, ci-après, le *Rapport de M. Jacquelin.*)

cette texture curieuse, que l'on rend, dans ce cas, plus évidente en hydratant le résidu.

§ 9. Le meilleur dissolvant du caoutchouc, parmi ceux que j'ai expérimentés, est un mélange de 6 ou 8 parties d'alcool anhydre, avec 100 parties de sulfure de carbone : en effet, si l'on ajoute cette proportion d'alcool ou sulfure de carbone, contenant assez de caoutchouc pour se maintenir depuis plusieurs jours à l'état d'une gelée légèrement consistante, trouble ou opaline, on voit s'opérer une liquéfaction et une clarification rapides; ces changements dépendent de la dissolution de la matière grasse, par l'alcool et de la division plus grande de toutes les parties : toutefois, les premières portions dissoutes sont plus fluides, et les dernières graduellement plus visqueuses.

Si l'on ajoute à ce liquide visqueux deux fois son volume d'alcool anhydre, tout le caoutchouc se précipite, la solution contient la plus grande partie du sulfure de carbone, de l'alcool, des matières grasses et colorantes. On comprend que le précipité, consistant et tenace, tout imprégné d'alcool et de sulfure de carbone, se redissolve aisément par une addition de ce dernier liquide, donne une solution plus complète, et qu'en réitérant plusieurs fois le même traitement, on parvienne à mieux épurer le caoutchouc et à rendre sa solution plus transparente.

§ 10. Dans l'ingénieuse industrie de l'étirage du caoutchouc en fils cylindriques, fondée par M. Gérard de Grenelle, on prépare une pâte en employant le sulfure de carbone mêlé avec 5 centièmes d'alcool ordinaire; celui-ci contient 16 centièmes d'eau qui s'opposent à la dissolution; on réunit ainsi les conditions favorables d'un gonflement du caoutchouc qui aide à le malaxer et facilite le passage à la filière sans opérer une véritable dissolution qui diminuerait beaucoup la ténacité du produit.

On doit à M. Gérard (voyez Chap. 1, nº 15 § 2), une observation nouvelle et qu'il a su mettre à profit pour obtenir des fils d'une ténuité extrême. Ayant soumis à la température de 100 degrés des fils assez tendus pour que leur longueur fût séxtuplée, cette extension devint permanente, et les fils se prêtèrent à une deuxième extension semblable. En sextuplant cinq fois de suite l'extension acquise, on comprend que la longueur primitive dût se trouver augmentée dans le rapport de 1 à 166.25, et que le diamètre étant diminué en proportion de cet énorme allongement, les fils fussent parvenus à un degré de finesse inconnu jusqu'alors. La propriété nouvelle découverte par M. Gérard, devait trouver place ici ; elle figurera désormais parmi les plus curieuses propriétés du caoutchouc.

§ 11. Les faits ci-dessus exposés me semblent permettre de considérer le caoutchouc comme une de ces substances offrant, dans ses différentes parties, des qualités intermédiaires entre celles des corps solubles et des matières insolubles, ou près des limites de la solubilité.

Différant beaucoup, par les propriétés physiques, des principes immédiats dont la solubilité rapide et complète ne se prête pas à ces curieux changements de formes qu'offrent certains matériaux plastiques de l'organisme végétal, tels que la cellulose et les substances amylacées d'une part, et d'un autre côté le caoutchouc et le gutta-percha.

§ 12. Les résultats qui précèdent démontrent, en outre, que le caoutchouc livré au commerce renferme constamment, mais en proportions variables :

1º Le caoutchouc facilement soluble, ductile, adhésif.

2º Le principe immédiat, tenace, élastique, dilatable, peu soluble ;

3º Des matières grasses (1) ;

4º Une huile essentielle ;

5º Une substance colorante ;

6º Des matières azotées (2) ;

7º De l'eau en doses qui peuvent s'élever jusqu'à 0.26.

Lorsqu'on sépare ces différents principes immédiats, aucun d'eux ne garde les propriétés élastiques et extensibles au même degré que l'ensemble ; cela paraît tenir à l'adhérence entre les filaments que la matière grasse lubrifiait, et que la portion soluble et molle rendait plus souples.

Les échantillons que je présente à l'Académie montrent directement quelques-uns des caractères nouveaux indiqués dans ce mémoire : on y remarquera les différences que j'ai signalées entre l'aspect, la coloration, l'adhérence et la ténacité de la partie soluble et de la portion non dissoute, en-

---

(1) D'après la considération que le gluten doit son élasticité à l'eau interposée, que si ce liquide n'était pas susceptible de s'évaporer, le gluten aurait une élasticité permanente comme le caoutchouc, M. Chevreul avait, en 1815, émis la pensée que « le caoutchouc pourrait bien être formé d'une substance solide particulière et d'une substance huileuse liquide. »   (*Eléments de Botanique de* Mirbel, 1815.)

(2) L'une de ces matières est enlevée avec les substances grasses par l'alcool anhydre : on la sépare du résidu desséché à l'aide de l'eau qui la dissout, et on l'épure en la redissolvant dans l'alcool qu'on évapore ensuite.

tre le caoutchouc anhydre et celui qui est hydraté ; on distinguera, sans peine, le caoutchouc gonflé de 27 fois le volume primitif, conservant, au milieu du dissolvant en excès, les formes planes et anguleuses des lanières découpées.

J'y ai joint des spécimens de gutta-percha, plus facilement encore séparée par les mêmes procédés, en deux parties distinctes, l'une insoluble retenant les matières colorantes, l'autre incolore, lors même qu'elle est extraite des matières et produits bruns du commerce ; d'ailleurs tenace, ductile, douée, en un mot, des propriétés utiles de la matière première (1).

Cette analogie dans l'analyse et la composition immédiate paraîtra bien digne d'intérêt si on la rapproche de l'analogie de composition, élémentaire, coïncidant, en outre, avec les caractères différents si tranchés et les applications distinctes si nombreuses de ces deux singulières substances.

Gants en caoutchouc pour les ouvriers, par M. W. GRUNE.

40. Parmi les applications multipliées du caoutchouc, j'en indiquerai encore une qui ne manque pas d'importance, c'est la fabrication de gants imperméables et inattaquables à la plupart des corps corrosifs, à l'usage des chimistes, des teinturiers. Ces gants, qui viennent d'Amérique, consistent en un tissu ordinaire de lin ou de coton, enduit à l'intérieur d'une couche de caoutchouc qui ne s'oppose en aucune façon, au mouvement des doigts, mais empêche la pénétration des liquides. Pourvus de ces gants, les ouvriers peuvent, sans danger, plonger la main et travailler dans les bains concentrés des acides, des alcalis et des sels qui attaquent le plus vivement la peau.

Modes de sulfuration du caoutchouc.

41. Il a été pris l'an dernier aux Etats-Unis, deux patentes pour la sulfuration du caoutchouc : toutes deux à l'aide d'une combinaison du soufre et du zinc.

Dans la première de ces patentes, on propose de se servir

---

(1) Le sulfure de carbone, et mieux encore ce liquide mêlé à 6 ou 8 centièmes d'alcool anhydre, fractionnent ainsi le gutta-percha en en dissolvant la plus grande partie (de 85 à 90 centièmes). Le naphte, l'alcool, la benzine, l'éther ni l'essence de térébenthine, ne paraissent pas le dissoudre à froid, mais lui enlèvent son autre principe immédiat ; l'eau le pénètre lentement et peut augmenter son poids de 3 centièmes.

de l'hyposulfite de zinc, qu'on prépare en ajoutant à une solution caustique et bouillante de chaux, de potasse ou autre alcali, de la fleur de soufre jusqu'à ce que la liqueur soit saturée, puis en faisant passer à travers de cette solution un courant de gaz sulfhydrique pour obtenir un hyposulfite alcalin. On laisse alors refroidir la liqueur et on la tire au clair par décantation, en la faisant couler dans un vase renfermant une quantité convenable d'une solution saturée d'azotate de zinc ou d'un autre sel de ce métal. Au moment où ce mélange a lieu, il se précipite une poudre blanche qui est, dit-on, l'hyposulfite de zinc qu'on recherche. On lave sur un filtre, on fait sécher et on broie dans un mortier à couleur. 3 kilog. de cette poudre sont ensuite mélangés à 10 kilog. de caoutchouc et le tout chauffé pendant trois à quatre heures à la température de 260 à 280° F. Le caoutchouc se trouve alors, suivant l'inventeur, parfaitement vulcanisé et n'exige pas l'emploi de soufre libre dans l'opération, ni de lavage avec les alcalis comme avec le mode ordinaire de vulcanisation : ce qui rendrait ce procédé propre à en enduire et rendre imperméable les soieries, les tissus délicats et ceux colorés.

Dans l'autre patente, le traitement est à peu près le même que précédemment, seulement on se sert du bisulfure de zinc qui n'exige pas non plus de soufre libre ou de lavages aux alcalis.

Mémoire sur les appareils et instruments de médecine et de chirurgie en caoutchouc vulcanisé, fabriqués sous la direction immédiate de M. le docteur GARIEL, *par MM.* VARNOUT *et* GALANTE, *fabricants brevetés, seuls dépositaires en France des bandages élastiques (elastic spiral supporters), place Dauphine, 28, maison* Lerebours.

42. Avant de donner la nomenclature et la description des appareils et instruments de médecine et de chirurgie en caoutchouc vulcanisé, nous croyons utile de dire quels avantages ce caoutchouc présente sur le caoutchouc ordinaire. Nous espérons prouver que le caoutchouc acquiert, par le fait même de la vulcanisation, des propriétés qu'on ne retrouve pas dans le caoutchouc ordinaire, et qui en font un agent entièrement nouveau.

Le parallèle suivant, entre les propriétés du caoutchouc ordinaire et les propriétés du caoutchouc vulcanisé, mettra hors de doute ce que nous avançons ici.

| CAOUTCHOUC NON VULCANISÉ. | CAOUTCHOUC VULCANISÉ. |

1° *Elasticité.*

| *Irrégulière.* | *Régulière.* |

Le caoutchouc qui a été distendu ne revient plus qu'incomplètement sur lui-même ; il diminue d'épaisseur, et reste affaibli dans tous les points qui ont subi la distension.

Une bande de caoutchouc vulcanisé, à laquelle on a fait subir un nombre indéterminé de fois une distension de cinq ou six fois sa longueur, revient toujours et exactement à son point de départ.

2° *Force de cohésion.*

| *Peu considérable.* | *Immense.* |

Une bande de caoutchouc non vulcanisé, d'une épaisseur de deux ou trois millim., cède à une faible traction et se rompt.

Il est impossible de rompre, *quelque traction que l'on opère*, une bande de caoutchouc vulcanisé d'un millim. d'épaisseur.

3° *Action des huiles, des corps gras.*

| *Destructive.* | *Nulle.* |

Un morceau de caoutchouc non vulcanisé que l'on imprègne d'huile, ne tarde pas à se ramollir, à se gonfler et à se dissoudre.

Un morceau de caoutchouc bien vulcanisé peut séjourner longtemps dans l'huile sans éprouver de décomposition.

4° *Influence du froid et de la chaleur.*

| *Considérable.* | *Nulle.* |

Le caoutchouc non vulcanisé, soumis au froid, devient dur comme la pierre.

Soumis à la chaleur, il se ramollit et se liquéfie pour ainsi dire.

C'est pour cette raison surtout que jusqu'ici l'emploi du caoutchouc a été impossible dans les pays chauds et dans les pays froids.

Le caoutchouc vulcanisé conserve sa souplesse et toutes ses propriétés sous l'influence des températures les plus opposées.

Il peut être exporté dans tous les pays, traverser la ligne ou les mers du Nord sans éprouver la moindre altération.

Outre ces qualités spéciales, le caoutchouc vulcanisé en possède d'autres qui lui sont communes avec le caoutchouc ordinaire ; ces qualités sont :

A. *L'imperméabilité.*

Cette imperméabilité est si complète qu'il suffit d'éponger une feuille de caoutchouc, mise en contact pendant plusieurs heures *avec un liquide animal quelconque,* pour que toute souillure disparaisse à l'instant.

B. *La résistance à l'action des agents chimiques employés en médecine.*

Nitrate d'argent, acides sulfurique, nitrique, chlorhydrique, nitrate acide de mercure, etc.

Résistance plus complète néanmoins dans le caoutchouc vulcanisé.

Nous ne terminerons pas cette rapide exposition des propriétés du caoutchouc vulcanisé, sans mentionner une de ses qualités les plus importantes :

Le velouté, le poli tomenteux de sa surface.

Sous ce rapport, il est supérieur à toute autre substance, à tout autre tissu, quel que soit son degré de finesse.

Enfin le caoutchouc vulcanisé, mis en contact immédiat avec une partie du corps, entretient cette partie dans un état de fraîcheur remarquable.

Nous ne parlons ici que pour mémoire de ses propriétés électriques qui seront mises en lumière dans le courant de ce mémoire.

Il faudrait consacrer un plus grand nombre de pages que nous le pouvons à la description complète des appareils et instruments de médecine et de chirurgie en caoutchouc vulcanisé, dont l'introduction dans la science est due aux travaux de M. le docteur Gariel. Nous ne mentionnerons ici que les plus usuels et ceux que la nouveauté de leur destination rendrait inintelligibles sans quelques mots d'explications.

§ 1. *Alèse* (G) (1).

Appareil en caoutchouc vulcanisé, destiné à préserver des escarres au sacrum les personnes atteintes de maladies qui exigent un long séjour au lit.

Il faut citer particulièrement parmi ces maladies, les fractures, les tumeurs blanches, les abcès froids, les maladies organiques de l'utérus et du rectum, les suppurations de la colonne vertébrale, la fièvre typhoïde, la variole grave, le scorbut, la paralysie des vieillards, la paralysie générale des aliénés, etc., etc.

(1) Les appareils dont le titre est suivi de la lettre G, sont de l'invention de M. le docteur Gariel.

a, fig. 33, pl. 2. Corps de l'alèse ; pièce de caoutchouc vulcanisé de 60 à 80 centim. carrés. — *b. b.* Baguettes passées dans deux replis que présente latéralement l'alèse. *c. c. c. c.* Extrémités de ces baguettes sur lesquelles s'attachent les lacs destinés à fixer et à tendre l'alèse dans le lit.

Cet appareil présente pour principaux avantages :

1° D'offrir aux parties avec lesquelles il est en contact, une surface lisse, tomenteuse et ne faisant jamais de plis, circonstance éminemment propre à empêcher la formation d'escarres au sacrum et à déterminer leur guérison lorsqu'elles existent déjà au moment de l'application de l'appareil ;

2° De pouvoir être lavé et nettoyé en place avec la plus grande facilité. Une éponge imbibée d'eau suffit pour enlever toute souillure, une éponge sèche ou un linge pour faire disparaître à l'instant l'humidité résultant du lavage ;

3° D'éviter, par conséquent, les secousses inévitables pendant le changement des draps, etc.

§ 2. *Alèse avec ouverture médiane et ballon obturateur* (G).

a. a. b. b. c. c. c. c, fig, 34. — Parties semblables au premier modèle. — *d.* Ouverture médiane destinée au passage de l'urine et des matières fécales. — *e.* Ballon obturateur destiné à être placé sous l'ouverture médiane hors le temps des excrétions naturelles, et à compléter ainsi le plancher formé par le corps de l'alèse. — *f.* Bouchon ou robinet en cuivre doré, fixé à l'extrémité du tube *g,* en caoutchouc vulcanisé. Ce tube, destiné à l'introduction de l'air dans le ballon, doit être assez long pour dépasser le lit latéralement et faciliter l'insufflation en place.

Ce second modèle doit être employé de préférence dans les cas qui réclament une immobilité complète, dans les cas de fractures, par exemple, où le moindre mouvement peut déterminer un cal vicieux, dans les cas de pertes utérines, où la plus légère secousse peut déterminer une hémorrhagie mortelle, etc., etc.

Pour se servir de ce second modèle, il faut disposer le lit d'une manière particulière, les matelas pliés en double, l'un à la tête, l'autre au pied du lit, de façon qu'il reste entre ces deux matelas un intervalle suffisant pour donner passage ou à un bassin ou à un ballon obturateur. Chaque matelas doit être entouré d'un drap séparément.

L'alèse étant alors tendue dans le lit (son ouverture médiane correspondant à l'intervalle qui sépare les deux matelas) et le ballon obturateur étant insufflé en place (*voyez* fig. 35), on couche le malade qui se trouve reposer sur un plan complet et à l'abri du froid qui le frapperait sans l'interposition du ballon.

Lorsque les besoins naturels se font sentir, on retire l'air du ballon obturateur qui, réduit à un petit volume, glisse sans peine dans l'intervalle qui sépare les deux matelas, et l'on met à sa place un bassin qui, après avoir reçu les excrétions, est retiré avec la même facilité. Le malade peut alors être lavé, essuyé, pansé s'il y a lieu, sans que, pendant toute cette opération, il ait dû faire le plus léger mouvement.

Le ballon obturateur, remis en place et insufflé, rétablit l'appareil tel qu'il a été décrit ci-dessus.

§ 3. *Bandes.*

Lorsqu'on se sert de bandes en linge, on n'est jamais sûr du degré de compression que l'on obtient. Tel appareil, convenablement serré au moment de son application, est complètement relâché au bout de quelques heures. Pour que la compression soit efficace, *il faut qu'elle soit exagérée* au moment où elle est faite, et alors, jusqu'à ce que l'appareil se desserre par l'effet du relâchement du tissu de la bande, les malades peuvent éprouver des douleurs assez vives, pour que l'appareil doive être levé immédiatement.

Avec les bandes de caoutchouc vulcanisé, rien de semblable ne peut arriver. Ici, la compression est parfaitement méthodique et régulière ; *elle ne varie jamais*, l'appareil restât-il appliqué plusieurs mois. A cause de cette régularité même, il faut avoir la précaution *d'établir, avec les bandes de caoutchouc vulcanisé, une compression moins forte que si l'on se servait de bandes en linge.*

Les bandes en caoutchouc vulcanisé ont une largeur variable de 1 à 8 centimètres : les premières remplissent des indications spéciales pour la régularité de la réunion des plaies ; les secondes, dans les pansements à large surface, présentent des avantages incontestables. Celles qui ont de 3 à 5 centim. de largeur suffisent dans la généralité des cas.

Ces bandes sont indestructibles ; elles n'ont jamais besoin d'être lessivées ; lorsqu'elles ont servi à un pansement, il suffit de les tremper dans l'eau et de les essuyer, pour qu'elles puissent être à l'instant réappliquées.

La meilleure manière de les fixer est de passer l'extrémité de leur chef sous le dernier tour de bande.

L'objection qu'on pourrait faire de l'arrêt de la transpiration se trouve résolu favorablement par l'expérience. Lorsqu'on retire une bande de caoutchouc vulcanisé après plusieurs jours d'application, on trouve toujours la peau fraîche et halitueuse.

Nous décrirons plus loin un nouveau mode de compression au moyen des bandes et des pelotes compressives.

§ 4.   *Bande à saigner* (G).

Cette bande, à laquelle est adapté un mécanisme fort simple, permet de serrer et de desserrer le bras sans secousse, et de graduer le jet du sang à volonté. Elle est imperméable; lavée après chaque saignée et immédiatement essuyée, elle est exempte de l'inconvénient reproché avec raison à la bande à saigner en drap rouge, l'application répétée sur le bras de plusieurs personnes de la même bande non lavée.

§ 5.   *Bonnet à glace à double courant. — Bonnet à glace sans double courant* (G).

L'emploi de cet appareil prévient les accidents si fréquents à la suite de l'application de l'eau glacée sur la tête, accidents dont rend bien compte l'humidité que laissent transsuder les vessies de porc et l'odeur infecte qu'elles développent après quelques heures de service.

Le bonnet à glace en caoutchouc vulcanisé est imperméable et complètement inodore, quelle que soit la durée de son application.

Ce bonnet est constitué par un double sac *a*, fig. 36, contenant une cavité où doivent être reçues l'eau glacée ou la glace en fragments.

A la partie supérieure de ce sac, ouverture circulaire *b*, espèce de cheminée de dégagement pour les vapeurs qui s'échappent du cuir chevelu.

Une seconde ouverture, qui communique avec l'intérieur du bonnet, reçoit un bouchon de liège, percé de deux trous pour le passage de deux tubes, dont l'un communique avec le réservoir *d*, placé au-dessus du niveau de la tête du malade, et dont l'autre *e* se rend dans un récipient inférieur.

Latéralement sont deux attaches qui servent à fixer cet appareil au-dessous de la mâchoire inférieure.

Cet appareil peut fonctionner sans double courant : il suffit de remplacer le bouchon percé de deux trous par un bouchon plein.

§ 6.   *Bracelets pour le pansement des ulcères* (G).

Ces bracelets, fig. 37, sont destinés à remplacer les bandelettes de sparadrap dans le pansement des ulcères; ils sont d'une application tellement facile que les malades n'ont pas besoin de recourir à une main étrangère pour faire leur pansement, qui peut ainsi être renouvelé tous les soirs et tous les matins avec grand avantage.

Ils ne déterminent aucune inflammation, aucun érysipèle, comme cela arrive si souvent avec l'ancien mode de pansement; ils protègent efficacement la surface de l'ulcère contre les frottements des vêtements et amènent une modification heureuse dans l'aspect de la peau environnante, ordinairement gonflée et couverte de dartres.

Il est utile de renouveler les pansements tous les jours et de laver chaque fois le bracelet.

§ 7. *Ceintures abdominale, ombilicale, hypogastrique* (G).

Ces ceintures en caoutchouc vulcanisé déterminent sur les parois du ventre une compression régulière et très-douce, quoique très-énergique.

Elles peuvent être fixées au moyen d'agrafes ou de boucles au milieu du dos ou sur les côtés au gré de la malade, ou faire le tour du corps sans présenter de solution de continuité; dans ce cas, elles doivent être mises par les pieds comme un caleçon; leur largeur est subordonnée à la surface des parties qui doivent être maintenues.

Lorsqu'une partie a besoin d'être soutenue plus que les parties environnantes, M. le docteur Gariel conseille d'ajouter une pelote à air de volume et de forme variables, et qui s'insuffle à volonté.

Dans les cas de hernie ombilicale, cette pelote est ronde en général; elle est oblongue dans les cas d'écartement de la ligne blanche; elle a la forme d'un croissant dans les cas de déplacement de l'utérus. (*Voyez* fig. 38.)

Ces pelotes peuvent, du reste, être adaptées à toute espèce de ceintures en étoffes.

§ 8. *Ceinture ombilicale avec pelote à air fixe pour enfants nouveau-nés* (G).

Spécialement recommandée, si l'on veut éviter le développement ultérieur de la hernie rudimentaire que porte la généralité des enfants nouveau-nés au niveau de la ligature du cordon ombilical.

§ 9. *Ceinture anti-rhumatismale.*

Cette ceinture, d'une application facile, est mise en usage avec le succès le plus incontestable par les personnes affectées de lumbago, de douleurs lombaires chroniques, de paralysie commençante des extrémités inférieures, etc. Son action thérapeutique, qui se manifeste dans les premiers jours et souvent dans les premières heures de son emploi, est due, en grande partie, aux propriétés électriques du caoutchouc vulcanisé.

Appliquée sur le bas-ventre dans le cas de catarrhe vésical, névralgies intestinales, etc., elle n'apporte pas moins de soulagement en soustrayant cette partie au contact de l'air.

§ 10. *Ceinture périnéale* (G).

Destinée aux personnes affectées de déchirure de la cloison recto-vaginale, en même temps que d'abaissement des organes contenus dans le petit bassin.

La partie comprise entre la lettre *c*, fig. 39, et la lettre *e* est un plancher de caoutchouc vulcanisé, remplaçant la cloison recto-vaginale détruite. — *b, b, b, b*, prolongements tubulaires (*voyez* sous-cuisses) qui fixent l'appareil à une ceinture hypogastrique, à un bandage de corps ou même au corset de la malade. — *c*, pelote-pessaire communiquant avec la pelote insufflateur *d*, au moyen du tube *e*, qui traverse le plancher ci-dessus décrit (*voyez*, pour la complète intelligence de cet appareil, le mot *Pessaire à réservoir d'air*).

Cette ceinture est facilement mise en place par la malade elle-même.

La ceinture périnéale avec pelote appropriée maintient exactement les prolapsus du rectum.

§ 11. *Clysoir de poche et de voyage.*

Cet appareil, qui, lorsqu'il est vide, se roule sur lui-même, et tient dans une boîte de 6 centim. sur 10, peut contenir 200, 300 et jusqu'à 500 grammes d'eau ; il a la simplicité du clysoir sans avoir les inconvénients qu'on a toujours reprochés à ce dernier appareil, — emploi difficile, effusion d'eau inévitable par la partie supérieure, absence de solidité, etc.

Manière de se servir du clysoir de poche et de voyage :

Après avoir dévissé le tube *c* (fig. 40), on remplit d'eau le réservoir *a*, en versant l'eau par l'entonnoir *b* ; on replace le tube *c*, et il suffit de presser entre les deux mains le réservoir *a*, pour que le liquide s'échappe avec force par la canule *e*.

Cette pression, convenablement exercée du fond du réservoir *a* vers le col *b*, peut déterminer facilement un jet de 2 mètres.

Cet appareil, exempt de mécanisme, n'est jamais sujet à se déranger.

§ 12. *Compresseur du sein* (G).

Appareil destiné à exercer sur les seins engorgés ou affectés de glandes une compression graduée à volonté. (*Voyez* fig. 41.)

Ce compresseur est de forme et de diamètre très-variables. — Il est rond et présente une ouverture médiane pour le passage du mamelon, comme dans le dessin ci-joint, lorsque sa compression doit porter sur la totalité de la glande; il peut être, suivant les cas, ovalaire, elliptique, semilunaire, etc.

Dans les cas où la glande du sein, douloureuse à la pression, ne doit pas être comprimée par les vêtements, cet appareil, légèrement modifié, trouve encore son application; l'ouverture médiane doit alors être modelée sur la glande du sein qui s'y engage, et, l'appareil étant insufflé, la compression n'a lieu que sur les parties saines et non douloureuses : de cette façon, la glande est isolée de tout contact et de tout frottement.

§ 13. *Coussinets* 1er *modèle* (G).

Destinés à remplacer les coussinets de balle d'avoine, employés jusqu'ici dans le traitement des fractures.

Ces coussinets, dont les parois sont en caoutchouc vulcanisé, présentent une cavité plus ou moins dilatable par l'insufflation : ils affectent exactement la forme des coussinets de balle d'avoine, dont ils n'ont pas la raideur, et sont terminés, à l'une de leurs extrémités, par un col muni d'un bouchon ou d'un robinet, ou qui peut donner naissance à un tube plus ou moins long, pour faciliter l'insufflation en place.

Ils peuvent avoir quelques centim. seulement de longueur (coussinet inter-osseux), ou dépasser la hauteur du membre inférieur (coussinet externe pour la fracture du fémur), en passant par tous les degrés intermédiaires.

Leurs avantages sont incontestables :

1o Ils se moulent exactement sur les parties qu'ils ont mission de maintenir, et ne donnent jamais lieu aux escarres que produit si souvent la pression prolongée des coussinets de balle d'avoine ;

2o Ils entretiennent une très-grande fraîcheur autour du siège de la fracture ;

3o Lorsque le malade souffre, soit parce que l'appareil est trop serré, soit parce que le membre fracturé s'est tuméfié après le pansement, on peut, *sans lever l'appareil,* le soulager immédiatement, et avant l'arrivée du chirurgien, en donnant issue à une quantité d'air déterminée; il suffit, pour obtenir ce résultat, de tourner le robinet que présente le col de l'appareil; bien entendu qu'il ne faut retirer d'air que la quantité nécessaire pour faire cesser les accidents ;

4° Lorsqu'ils sont tachés de sang ou de pus, on enlève toute souillure en épongeant légèrement leur surface, et sans qu'il soit besoin de changer l'appareil ;

Ces coussinets, très-résistants et très-volumineux lorsqu'ils sont insufflés, sont très-souples et de très-petit volume lorsqu'ils sont vidés d'air.

Ils peuvent servir un nombre indéterminé de fois. (*Voyez* fig. 42.)

§ 14. *Coussinets 2e modèle* (G).

Ils diffèrent des précédents en ce qu'une de leurs parois est solide par l'addition d'une planchette de chêne, qui sert elle-même d'attelle. (*Voyez* fig. 43.)

En joignant ensemble, au moyen de charnières, trois de ces coussinets ainsi munis d'attelles, on a un appareil complet de fracture, qui rend tout autre objet de pansement inutile : le membre est placé sans peine dans l'appareil non insufflé, et c'est l'insufflation qui détermine l'immobilité, et rend tout déplacement impossible. (*Voyez* fig. 44.)

Le même appareil, non insufflé, est replié sur lui-même. (*Voyez* fig. 45.)

Lorsqu'il y a indication de maintenir un degré de température uniforme au membre fracturé, l'on se sert de coussinets à deux tubes, au moyen desquels on établit un courant d'eau chaude ou froide, selon l'indication. (*Voyez* fig. 46, 47 et les mots : *Bonnet à glace* et *Irrigateurs*.).

§ 15. *Coussins* (G).

Les coussins en caoutchouc vulcanisé présentent une surface lisse et tomenteuse sur laquelle, dans l'état d'insufflation, les parties malades reposent mollement; ils diffèrent de tout point des coussins en tissu caoutchouté, dont la surface rigide est plutôt propre à développer qu'à guérir les escarres, les ulcérations que fait naître tout contact prolongé.

Ces coussins sont de volume très-variable; ils peuvent avoir quelques centimètres de diamètre ou présenter une surface considérable; ils peuvent être ronds, ovales, carrés, semilunaires, etc. (*Voyez* fig. 48.)

Quel que soit d'ailleurs leur volume, ils sont, en général, percés d'une ouverture à leur centre, disposition très-avantageuse :

1° Dans les cas d'ulcérations du sacrum à la suite des maladies chroniques ;

2° Dans les cas d'excoriations du coude et du talon, complication si fréquente chez les malades qui restent longtemps couchés sur le dos;

3° Dans les cas d'inflammation à l'oreille, de névralgie dentaire, cas dans lesquels le contact de l'oreiller cause une douleur insupportable, etc.

Tous ces coussins communiquent *une très-grande fraîcheur* aux parties avec lesquelles ils sont en contact, avantage précieux dans tous les cas que nous venons d'indiquer, mais surtout dans les cas de *fièvre cérébrale,* où il est si important de garantir la tête de la chaleur. On dispose le coussin en guise d'oreiller, et l'on place la tête du malade dans l'ouverture médiane où elle se trouve comme enchâssée; de cette façon, la moitié postérieure de la tête, en contact avec le coussin de caoutchouc insufflé, se trouve constamment fraîche. (*Voyez* fig. 49.) On obtient le même résultat sur la partie antérieure par l'addition du bonnet ou de la vessie à glace (fig. 36).

Enfin, il est une maladie dans laquelle l'application d'un coussin de caoutchouc a déjà rendu de grands services. Nous voulons parler des glandes du sein, maladie si douloureuse au contact des vêtements et dont ce contact prolongé hâte si souvent la terminaison funeste. L'ouverture médiane du coussin doit avoir la forme exacte de la glande, de façon que le coussin insufflé ne porte que sur les parties saines et reçoive seul l'impression du contact des vêtements. Rien n'empêche, d'ailleurs, de faire, comme d'ordinaire, les pansements sur la glande malade. (*Voyez* fig. 50.)

Les coussins en caoutchouc vulcanisé peuvent être garnis de rebords, également insufflables, destinés à empêcher le déplacement latéral des parties qui doivent être maintenues immobiles. La figure 51 représente un coussin à rebords pour l'avant-bras et la main.

Ces coussins, garnis ou non de rebords, rendent supportable, dans le traitement des fractures, l'emploi du double plan incliné jusqu'ici si douloureux.

§ 16. *Coussins à compartiments* (G).

Ces coussins, de forme et de volume appropriés à leur destination, ont pour but d'isoler de tout contact, les unes après les autres, toutes les parties d'un membre atteint de vastes brûlures, de phlegmon diffus, d'engorgement, de gangrène, etc., lorsque la pression continue sur un matelas ou un coussin de balle d'avoine augmente les souffrances, inhérentes à la maladie elle-même.

Ils sont composés d'un nombre indéterminé de coussinets

à fracture, joints les uns aux autres de manière à constituer un seul appareil.

On dispose cet appareil, insufflé préalablement, sous le membre douloureux, qu'il soutient déjà plus exactement qu'un coussin ordinaire, quoique avec moins de points de contact.

La figure 52 représente un coussin à sept compartiments, destiné au membre inférieur.

Supposons maintenant qu'une partie du membre devienne le siège d'une vive douleur, soit par la continuité de la pression, soit par toute autre cause, il suffit de donner issue à l'air du coussinet situé sous cette partie, pour que le contact cesse à l'instant, sans que pour cela le membre soit moins bien soutenu. Lorsque la partie est reposée et que la douleur a cédé, on réinsuffle ce coussinet, et l'on fait successivement la même opération sur tous les autres coussinets, de façon que, dans les vingt-quatre heures, chaque partie du membre correspondante à chaque coussinet a pu rester pendant plusieurs heures isolée de tout contact.

La figure 53 représente le même coussin à compartiments vu de profil, dont les coussinets 2, 4 et 6 sont en même temps vides d'air.

§ 17. *Extension et contre-extension continues (Appareils à) pour le traitement de la fracture du col du fémur* (G).

Cet appareil se compose de deux pièces :

Première pièce. Sorte d'étrier en forme de sac circulaire, embrassant le cou-de-pied et découpé de telle manière que, lorsqu'on l'insuffle, il se trouve transformé en un coussin exactement moulé sur le membre, touchant celui-ci par tous les points de sa surface, et, par conséquent, n'exerçant sur aucun d'eux de pression trop forte, capable de devenir dangereuse. Cette pression est rendue plus douce encore par l'application sous l'étrier et sur le pied d'une bande de caoutchouc qui a le double avantage d'empêcher le gonflement du pied et de s'opposer à la compression immédiate de l'étrier.

Quant à la traction, elle s'opère au moyen de deux prolongements de l'étrier, cordons résistants, quoique flexibles et surtout éminemment rétractiles, s'allongeant autant qu'il est nécessaire sans rien perdre de leur faculté de revenir sur eux-mêmes, et assurant ainsi à la traction une continuité et une exactitude parfaites.

C'est l'agent d'extension.

Deuxième pièce. Lacs contre-extenseur : tube de 1 mètre

environ de longueur, présentant à sa partie moyenne un renflement destiné à opérer la pression sur une plus large surface. Ce renflement doit être placé dans l'aine du côté de la fracture et s'étendre jusqu'au delà du périnée.

C'est l'agent de contre-extension.

Cet appareil est exempt des inconvénients reprochés aux appareils à extension continue. Son application est facile, sa pression sur les parties éminemment douce, quoique supérieure en énergie à la pression obtenue jusqu'ici au moyen des autres appareils; enfin, l'extension se fait directement dans l'axe du membre.

Le même système de traction est employé avec avantage dans les fractures de la cuisse et de la jambe lorsque les fragments sont sujets au déplacement, dans les cas de fausse ankylose, de rétraction des muscles fléchisseurs de la cuisse, etc., dans certains cas de difformités, déviations, pieds-bots, adhérences vicieuses, etc. (*Voyez* fig. 54.)

§ 18. *Genouillère simple. — Genouillère à compression rémittente* (G).

Fig. 55, genouillère simple et constituée par un cylindre en caoutchouc vulcanisé, modelé sur la configuration du genou, et de largeur suffisante pour couvrir entièrement les surfaces articulaires.

Elle convient surtout dans la convalescence du rhumatisme articulaire aigu, époque à laquelle il est si utile de préserver les parties du froid, et d'y entretenir une douce moiteur, époque à laquelle il est également si utile d'exercer une compression régulière et méthodique pour aider au dégorgement des tissus.

Son emploi n'est pas moins bien indiqué dans les douleurs rhumatismales anciennes : elle a, contre ces douleurs, la même efficacité que la ceinture anti-rhumatismale dans les douleurs lombaires chroniques.

Cette genouillère ne se dilate jamais, mais, lorsqu'au bout de quelques jours d'application elle se trouve trop large par suite du dégonflement des parties, on remplit avec de la ouate les vides existants entre l'appareil et la peau.

Lorsqu'il y a complication d'hydartrose ou de tumeur blanche, dans tous les cas, en un mot, où l'indication existe d'exercer une compression énergique, il y a avantage à placer sous la genouillère une pelote à air en caoutchouc vulcanisé, garnie d'un robinet. (*Voyez* fig. 56, 57.) Cette pelote étant vide, la compression produite par la genouillère subsiste seule; lorsqu'elle est insufflée, comme dans la figure 57,

Caoutchouc.   10

la compression peut augmenter du tiers, de la moitié et même plus ; mais elle ne peut jamais devenir douloureuse ou dangereuse, parce qu'en évacuant l'air, on peut à tout moment la faire diminuer ou même la faire cesser entièrement, de façon qu'il ne reste plus que la compression produite par la genouillère elle-même, comme dans la figure précédente.

La pelote doit être oblongue pour se mouler sur la forme de la capsule synoviale ; chez les personnes dont la rotule est très-saillante, elle doit présenter une ouverture médiane : cette disposition a pour but d'éviter l'excès de compression que peut déterminer cette saillie.

On ne peut se faire une idée des résultats obtenus dans les engorgements des tissus, dans les abcès froids, dans les tumeurs ganglionnaires, dans les tumeurs variqueuses, anévrismales, dans les kistes synoviaux, etc., par ce système de compression vingt fois exagérée, vingt fois diminuée dans la même journée, sans qu'il soit nécessaire d'enlever l'appareil. (Compression rémittente de M. le docteur Gariel. Voir pour plus de détails l'article *Pelotes à compression rémittente.*)

Il est inutile d'ajouter que la compression rémittente est applicable sur toute la surface du corps.

§ 19.   *Genouillère orthopédique* (G).

Demi-cylindre, sorte de carapace qui embrasse exactement la partie antérieure du genou, et qui présente de chaque côté trois anneaux pour fixer l'appareil sur un plan en bois, garni d'un coussin en caoutchouc vulcanisé.

Sous la carapace, la pelote à air, décrite dans l'article précédent (non insufflé dans la figure 58).

La genouillère orthopédique doit être employée surtout dans le cas de fausse ankylose, de rétraction des muscles fléchisseurs de la cuisse, etc. ; elle agit par deux moyens puissants de redressement : 1º la traction produite par ses lacs passés dans les anneaux ; 2º la compression déterminée par l'insufflation de la pelote à air.

§ 20.   *Hémorrhoïdal (Coussin)* . (G).

Cet appareil, nullement gênant pour le malade, exerce sur les hémorroïdes externes une compression salutaire qui les empêche de se développer et de devenir douloureuses.

Il n'est pas moins efficace pour prévenir la sortie des hémorroïdes internes.

Par une combinaison très-simple et toute nouvelle, le coussin hémorrhoïdal proportionne la compression à la saillie, variable chaque jour, des bourrelets hémorrhoïdaux.

Il se compose 1° d'un plancher de caoutchouc vulcanisé *d*, semblable à celui décrit à l'article *Ceinture périnéale* (fig. 39), et garni comme celui-ci de sous-cuisses tubulaires en caoutchouc vulcanisé qui viennent s'attacher à une ceinture hypogastrique ;

2° D'une pelote conique en caoutchouc vulcanisé, *c*, (fig. 59), ayant environ 3 centim. de hauteur (c'est la pelote compressive) ;

3° De quatre ou cinq anneaux en caoutchouc vulcanisé, *a*, *a*, *a*, *a*, de 4 millim. environ de hauteur, dont l'ouverture médiane représente exactement la configuration de la pelote compressive *c*; ils dépassent de tous côtés cette pelote d'un centim. environ.

On comprend l'importance de ces anneaux sur la variabilité facultative de la compression ; lorsque l'on veut que cette compression soit considérable, on enlève tous les anneaux, et la pelote compressive, ayant sa hauteur intégrale, peut refouler les hémorrhoïdes jusqu'à l'intérieur de l'anus ; si, au contraire, l'on veut que la compression soit diminuée, on ajoute un, deux, trois ou quatre anneaux, suivant l'indication. Lorsque les cinq anneaux sont en place, l'extrémité seulement de la pelote compressive fait saillie, et la compression est presque nulle.

§ 21. *Hydrophores de M. le docteur Fourcault, membre de l'Académie de médecine.*

Ces appapeils hygiéniques ont été inventés pour administrer des bains généraux ou locaux, des douches, des irrigations, à diverses températures, sans que l'eau soit en contact avec la peau ; de cette manière on applique la *chaleur sèche* ou le *froid anhydre* dans tous les cas où l'humidité viendrait neutraliser les bons effets de la chaleur ou du froid ; ainsi, dans les engorgements lymphatiques, scrofuleux, dans les tumeurs indolentes, qui résistent aux résolutifs, aux fondants, aux préparations iodurées, les hydrophores de M. Fourcault, en portant une chaleur sèche très-élevée sur les parties malades, remplacent merveilleusement les cataplasmes dont ils prennent toutes les formes, et opèrent rapidement, le plus souvent seuls, la résolution de ces tumeurs.

Les hydrophores sont, comme les coussins à air, constitués par deux parois formées avec du caoutchouc vulcanisé : l'eau est introduite dans leur intérieur par une petite ouverture bouchée comme il a été dit plus haut (voyez *Coussins à air*), et elle est renouvelée suivant les indications, de manière à entretenir constamment sur la partie malade ou un froid très-intense, ou une chaleur très-élevée et sèche, propres à exciter les fonctions de la peau, à modifier profondément la température et la circulation capillaire dans les tissus sous-jacents.

Il est inutile d'ajouter que ces douches, ces irrigations, ces affusions sèches à toutes les températures peuvent être indéfiniment prolongées et s'administrer dans le lit, sur un divan et avec la plus grande facilité.

Les affections du col de l'utérus et du vagin sont traitées avec avantage par l'hydrophore vaginal, mis en jeu au moyen d'un irrigateur, d'un clysoir, et l'eau froide ou tiède coule continuellement dans les parties de la génération, sans être en contact immédiat avec la membrane muqueuse de ces parties. Ajoutons que la cure des hernies et des tumeurs blanches peut être obtenue par des douches ayant une température opposée; que dans les vastes brûlures, les fractures comminutives, les irrigations froides, permanentes, d'après ce procédé, sont appelées à rendre de grands services.

Les hydrophores peuvent être appliqués à toutes les parties du corps; ils prennent une forme appropriée à leur destination, et, suivant les cas, s'appellent hydrophores céphalique, pectoral, abdominal, pelvien, brachial, fémoral, crural, etc., etc.

Indépendamment de ces appareils, on confectionne en toiles imperméables, d'après les indications données par M. le docteur Fourcault, des paletots-sacs dans lesquels on pourra prendre un bain chaud ou un bain froid, dans une baignoire, dans une rivière, sans que l'eau soit en contact avec la peau. L'action du premier offre les avantages du bain de vapeur sans en avoir tous les inconvénients; il peut être employé dans le choléra asiatique, dans les fièvres périodiques, éruptives, et enfin dans tous les cas où l'action de l'humidité est une contre-indication; un peignoir de flanelle ou de coton absorbe la sueur.

Enfin, on confectionne, avec le même tissu, des pantalons à pied, munis de bretelles élastiques, pour administrer des demi-bains chauds, tièdes ou froids, d'après le même procédé et dans le but d'obtenir une sédation, une réaction, une sudation.

§ 22. *Insufflateur à main* (G).

Instrument au moyen duquel se fait l'introduction de l'air

dans les appareils en caoutchouc vulcanisé, notamment dans les pelotes à tamponnement (*voyez* fig. 60), dans les suppositoires dilatateurs, dans les pessaires à réservoir d'air.

L'insufflateur est en général pyriforme ; il se termine par un col plus ou moins long, qui, dans quelques cas, donne naissance à un tube de 20 à 30 centim., pour faciliter l'insufflation (voyez *Pessaires à réservoir d'air*). Son volume est calculé sur le volume de l'appareil à insuffler ; dans tous les cas il doit être contenu facilement dans la paume de la main : dans l'état de vacuité, ses parois se rapprochent, et il peut être roulé sur lui-même ; il diffère essentiellement des insufflateurs en caoutchouc connus jusqu'ici, instruments volumineux et durs à manier à cause de l'épaisseur de leurs parois.

Lorsqu'on se sert de cet insufflateur, il faut avoir soin de presser sur sa grosse extrémité plus fort que sur sa petite extrémité ou sur son col, afin que l'air contenu dans sa cavité soit toujours dirigé vers le robinet.

L'insufflateur peut, dans un grand nombre de cas, être utilisé comme appareil compresseur.

§ 23. *Insufflateur pédale* (G).

C'est le même instrument dont chaque paroi est recouverte par une plaque de bois ; il fonctionne au moyen du pied et doit être réservé aux cas dans lesquels les deux mains du chirurgien sont occupées à l'application de l'appareil lui-même.

§ 24. *Irrigateur vaginal à jet continu de M. le docteur Maisonneuve, chirurgien de l'hôpital Cochin.*

But et avantages de l'instrument.

Les irrigations vaginales continues sont depuis longtemps considérées par les praticiens comme un des plus puissants moyens curatifs dans les nombreuses maladies des femmes. L'usage en était toutefois restreint aux maladies les plus graves, à cause des nombreux inconvénients de détail que présentait leur mode d'application. C'est ainsi que pour les pratiquer les malades étaient obligées de se mettre dans un bain, ou de se tenir sur un bidet dans une position fatigante et nuisible, ou bien de se servir d'instruments dont l'introduction toujours difficile et souvent douloureuse exigeait l'intervention du médecin.

Avec l'irrigateur de M. le docteur Maisonneuve, ces inconvénients n'existent plus : les malades peuvent faire leurs irrigations dans leur lit, sur un canapé ou sur une chaise longue, *sans qu'il puisse se répandre une goutte de liquide.* Si elles sont habillées, elles n'ont pas besoin de rien déranger à leur toilette; enfin elles peuvent les exécuter seules sans le secours de personne.

Grâce à ce perfectionnement, les irrigations vaginales continues sont appelées à rendre les plus grands services non-seulement dans les maladies, mais encore dans la toilette des dames où elles remplacent les injections avec avantage.

Description.

L'irrigateur vaginal, très-compliqué à la première vue, est d'un mécanisme excessivement simple.

Il est constitué par un cylindre a, fig. 61, centre commun auquel viennent aboutir trois tubes en caoutchouc vulcanisé.

Le premier de ces tubes b est destiné à amener l'eau des injections jusqu'au point c du cylindre, formant tête d'arrosoir; il présente un robinet dans un point de son étendue et un entonnoir à son extrémité libre.

Le second de ces tubes d qui commencent au point e, reçoit l'eau qui a servi à l'injection et la verse dans un réservoir inférieur.

Pour bien faire comprendre l'emploi du troisième tube f, il faut décrire avec quelques détails le cylindre a et l'enveloppe dont il est garni.

Ce cylindre, *d'un diamètre de quinze millimètres*, est recouvert d'une ampoule en caoutchouc vulcanisé qui ne change rien à ses proportions dans l'état de vacuité, mais qui, par l'insufflation, peut acquérir un volume considérable, ainsi que le représente la figure 62.

L'insufflation se pratique au moyen de l'insufflateur en caoutchouc vulcanisé g; le robinet h a pour but de maintenir l'air, soit dans l'ampoule, soit dans l'insufflateur, suivant que l'appareil est ou n'est pas en place.

Par cette disposition de dilatabilité et de retrait facultatifs de l'ampoule, en caoutchouc vulcanisé, le cylindre s'introduit avec la plus grande facilité (*il y a* 15 *millimètres de diamètre*), fig. 61; une fois placé, il peut acquérir un diamètre 6 *à* 7 *centimètres*, fig. 62, et reprendre son premier volume au moment du retrait.

Nous avons déjà dit, au commencement de cet article, qu'au moyen de cet appareil, les injections pouvaient être pratiquées dans la position la plus commode, sans qu'il puisse se répandre une goutte de liquide. Ajoutons que ces injections peuvent être faites plusieurs heures de suite sans fatigue pour

la malade, considération qui permettra de les employer dans
une foule de cas où elles n'étaient pas praticables jusqu'ici.

Manière de se servir de l'instrument.

1º *Préparation des accessoires.* — Un réservoir *i*, rempli
de l'eau d'irrigation, est disposé à la hauteur d'un demi-
mètre environ au-dessus du lit de la malade ; un second seau
j vide est placé par terre auprès du lit.

2º *Préparation de l'instrument.* — Expulsez l'air de l'ampoule en caoutchouc vulcanisé en comprimant celle-ci avec la
main. Quand l'ampoule est vide, fermez le robinet *h* du tuyau
insufflateur. Prenez dans la main gauche le cylindre et l'entonnoir. Ouvrez le robinet du tuyau d'arrivée. Versez ensuite de l'eau dans l'entonnoir jusqu'à ce qu'elle sorte par la
tête d'arrosoir du cylindre, fermez le robinet. Plongez l'entonnoir (siphon) dans le seau qui contient l'eau d'irrigation.
Assurez-vous, en ouvrant le robinet du tuyau d'arrivée, que
l'instrument fonctionne bien. Trempez ensuite le cylindre et
son ampoule dans de l'eau pure ou, mieux encore, dans une
décoction de guimauve ou de graine de lin pour faciliter son
introduction.

3º *Introduction de l'instrument.* — La malade étant couchée sur le dos, introduit elle-même le cylindre garni de son
ampoule vide d'air. Il ne faut pas craindre de pousser le cylindre profondément. Le tuyau de départ est ensuite dirigé
dans le seau inférieur, où le maintient le plomb fixé à son
extrémité libre. Ceci étant fait, on gonfle l'ampoule en pressant sur le réservoir d'air, après avoir ouvert le robinet du
tuyau insufflateur que l'on ferme ensuite pour maintenir
l'ampoule distendue ; il ne reste plus alors qu'à ouvrir le robinet du grand tuyau d'arrivée ; l'eau coule, remplit le vagin,
et, trouvant un obstacle à sa sortie dans l'ampoule distendue, sort par le tuyau de départ et tombe dans le seau inférieur.

Lorsqu'au lieu d'une cuvette ou d'un seau on emploie une
fontaine d'office en guise de réservoir supérieur (fig. 63), on
supprime l'entonnoir en cristal, et l'on adapte directement
l'extrémité du tube en caoutchouc vulcanisé au robinet de
la fontaine.

L'appareil complet est renfermé dans une boîte élégante,
fermant à clef.

§ 25. *Mèche creuse* (G).

Instrument destiné à faciliter l'écoulement du pus dans les
cas de suppuration profonde.

C'est un tube de petit diamètre en caoutchouc vulcanisé, de longueur variable, ouvert à ses deux extrémités.

Il doit être introduit jusqu'au centre du foyer suppuratif.

Lorsque ce foyer est très-profond, et que les parois de la mèche creuse ne présentent pas assez de soutien pour l'y faire parvenir seule, on fait à son extrémité, qui doit être introduite la première, un repli de 2 à 3 millimètres, dans lequel on engage l'extrémité d'un stylet boutonné. Lorsque la mèche creuse, ainsi soutenue, est arrivée à destination, le stylet boutonné est retiré, et l'on fixe l'instrument aux bords de la plaie au moyen d'un fil et d'une bandelette de sparadrap. (*Voyez* fig. 64.)

Lorsque le foyer a une grande étendue, il peut être utile de faire quelques trous le long de la mèche creuse, ainsi que cela est indiqué en pointillé sur le dessin, fig. 65.

Les conséquences de l'emploi de la mèche creuse sont faciles à prévoir. — Le pus, au lieu de séjourner dans le foyer et d'y prendre un mauvais caractère, s'écoule continuellement par la mèche qui lui sert pour ainsi dire de canal, et il n'est pas rare de voir une suppuration fétide et de mauvaise nature changer subitement d'aspect du jour au lendemain, et des malades, qui ne pouvaient parvenir à guérison malgré les pansements les plus méthodiques, guérir en quelques jours par le seul emploi de la mèche creuse. Ces faits ont surtout été observés en grand nombre dans le service de M. le docteur Chassaignac, chirurgien de l'hôpital Saint-Antoine. (Il est bien entendu qu'il ne s'agit pas ici des cas dans lesquels la suppuration est causée par une maladie organique, carie, etc.)

§ 26. *Obturateur* (G).

Appareil composé de trois plaques de caoutchouc vulcanisé superposées et soudées ensemble.

La plaque du milieu *a* doit avoir la forme exacte de la perforation palatine (moulée avec la cire). La plaque supérieure *b* doit dépasser celle-ci d'un millimètre, pour arcbouter sur le plancher des fosses nasales ; la plaque inférieure, d'un centimètre environ, pour augmenter les points de contact avec la voûte palatine, et supprimer entièrement la possibilité du courant d'air entre les fosses nasales et la bouche.

Cet obturateur, qui représente assez bien la disposition des boutons de chemise, se place et se retire avec la plus grande facilité. Il est applicable, dans tous les cas, avec les modifications nécessitées par la position, la forme et le diamètre de la perforation palatine. (*Voyez* fig. 66.)

§ 27. *Pelotes à compression.* — *Pelotes à compression rémittente* (G).

Ces pelotes, dont les parois sont en caoutchouc vulcanisé, contiennent une cavité dont la forme et le volume peuvent varier à l'infini.

Elles ont pour avantage de diminuer la raideur de la compression, sans lui rien ôter de son énergie.

Elles sont à air fixe ou à air mobile.

Les pelotes à air fixe sont celles dans lesquelles l'air est retenu d'une manière invariable au moment de leur fabrication : elles peuvent être garnies ou non garnies de rebords ; elles trouvent une application fréquente dans les cas de hernie ombilicale chez les enfants. (*Voyez* fig. 67.)

Les pelotes à air mobile sont celles dans lesquelles l'air peut être introduit à volonté et en quantité indéterminée ; elles donnent naissance, dans un point de leur surface, à un petit tube de caoutchouc vulcanisé de 10 à 30 centimètres de longueur. (*Voyez* fig. 68).

C'est de ces pelotes que se sert M. le docteur Gariel, lorsqu'il établit chez un malade, atteint d'abcès froids, de tumeurs ganglionaires, etc., le système de compression auquel il a donné le nom de *compression rémittente*, et des avantages duquel nous avons déjà donné un aperçu à l'article Genouillère.

Voici comment s'exprime M. le docteur Gariel, sur l'application de son procédé :

« Je place sur la tumeur la pelote vide d'air, et je la re-
» couvre de quelques tours de bande, assez serrés pour donner
» lieu à une compression efficace, assez lâche pour ne pas
» provoquer de douleur. Telle est la compression normale,
» habituelle que doit supporter le malade. Maintenant, une,
» deux, trois fois, quatre fois ou plus par jour, j'augmente
» cette compression autant et aussi peu que je le veux, en
» introduisant de l'air extérieur dans la pelote. Cette intro-
» duction d'air peut se faire avec la bouche lorsqu'elle ne doit
» pas être considérable ; mais, ordinairement, elle est mieux
» faite au moyen d'un insufflateur (instrument représenté
» fig. 60) ; l'air est maintenu dans la pelote, soit avec un petit
» robinet qui s'adapte au robinet de l'insufflateur, soit avec
» une serrefine (sorte de petite pince, figurée dans la figure 69)
» pendant tout le temps que le malade peut supporter cette
» exagération de compression. Lorsqu'il survient de l'en-
» gourdissement ou de la douleur, on fait cesser immédia-
» tement et à volonté ces accidents, en donnant issue à l'air

» contenu dans la pelote, et sans qu'il soit nécessaire de dé-
» faire le bandage. »

§ 28.   *Pelote à tamponnement* (G).

Métrorrhagie. — Epistaxis.

Sonde en caoutchouc, terminée à son extrémité fermée
par un renflement ovalaire ou pyriforme, à peine sensible
dans l'état de vacuité, renflement qui, par l'insufflation, peut
prendre un développement considérable, ainsi que cela est
indiqué par le pointillé. (*Voyez* fig. 70.)

Cet appareil, d'une extrême simplicité, est destiné au
tamponnement du vagin dans les cas d'hémorrhagie utérine.
Son application est des plus faciles et des plus promptes,
son efficacité des plus incontestables.

Manière de se servir de la pelote à tamponnement.

On introduit la pelote vide d'air; alors, soit au moyen d'un
insufflateur, soit avec la bouche simplement, on insuffle la
pelote qui peut prendre un volume assez considérable pour
remplir exactement et même refouler la cavité vaginale, sur
laquelle elle se moule exactement, ainsi qu'il est représenté
dans la figure 71. Il suffit de fermer le robinet qui se trouve
à l'extrémité de la sonde, ou de serrer cette extrémité avec
un fil de soie, lorsqu'il n'y a pas de robinet, pour que le développement de la pelote subsiste indéfiniment; mais avant
de fermer ainsi l'extrémité de la sonde, il est convenable de
déterminer, avec les doigts seulement, son occlusion provi-
soire : souvent ce n'est pas du premier coup que l'on atteint
le degré exact d'insufflation nécessaire : trop peu insufflée,
la pelote n'agirait qu'incomplètement; trop insufflée, elle
pourrait être douloureuse. Au bout de quelques minutes
d'examen, on est fixé sur le volume définitif qu'on doit laisser
à la pelote.

Lorsque, au bout de quelques heures, d'un jour, etc., l'on
a lieu de penser que l'hémorragie est arrêtée, on ouvre le
robinet avec précaution et l'on donne issue à une portion de
l'air contenu dans la pelote; si l'hémorragie reparaît, on réinsuffle la quantité d'air qu'on vient de retirer; si l'hémorragie ne reparaît pas, ce qui est le plus ordinaire, on continue à laisser s'échapper l'air, et lorsque la pelote est vide,
elle est retirée aussi facilement qu'elle a été introduite.

Lavée immédiatement, cette pelote peut être de nouveau
employée comme si elle n'avait jamais servi.

Elle est de si petit volume qu'elle trouve place sans peine dans le portefeuille d'une trousse chirurgicale.

La pelote à tamponnement qui a déjà été employée un grand nombre de fois avec le succès le plus prompt et le plus complet dans les cas d'hémorragie utérine, n'a pas rendu de moins grands services dans les cas d'hémorragie nasale. Opposée à l'épistaxis, la pelote à tamponnement est d'un plus petit diamètre que la pelote à tamponnement opposée à la métrorrhagie.

Elle s'emploie de la même manière ; néanmoins, le modèle que nous allons décrire paraît préférable pour les raisons que nous allons indiquer. (Voyez *fig.* 72).

Les fosses nasales étant étroites et constituées par des parois solides, qui ne permettent pas, comme le vagin, l'introduction du doigt pour conduire l'appareil, il peut arriver que la pelote à tamponnement éprouve quelque difficulté pour pénétrer seule jusque dans le pharynx. D'un autre côté, l'emploi d'un stylet pourrait traverser ou entamer le caoutchouc. Pour ces motifs, M. le docteur Gariel donne la préférence à la pelote dont nous donnons le dessin, fig. 73.

Le renflement *a*, au lieu d'être situé à l'extrémité de la sonde, a son siège à 1 centimètre environ de cette extrémité. Cette disposition a pour but de permettre l'adaptation, dans cette extrémité, d'un petit dé en métal, destiné à recevoir l'extrémité du mandrin nécessaire, dans le plus grand nombre de cas, à l'introduction de l'appareil. Ce mandrin, dont le diamètre est calculé pour qu'il puisse passer dans l'œil du robinet, est retiré lorsque l'appareil a traversé les fosses nasales et est arrivé dans le pharynx. Le jeu de l'insufflateur *b* détermine alors le renflement qui subsiste indéfiniment lorsqu'on a fermé le robinet. (*Voyez* pour les détails de cette insufflation le mot *Pessaire à réservoir d'air.*)

§ 29. *Pessaire à air fixe.*

Les pessaires à parois solides (pessaires en ivoire, en buis, en gutta-percha,) ont une inflexibilité qui rend leur introduction douloureuse, leur retrait plus douloureux encore, sans parler de leur séjour prolongé dans la cavité vaginale, qui cause de nombreux accidents (inflammation des parties contiguës au pessaire, flueurs blanches, douleurs nerveuses, etc.).

Les pessaires à air fixe en caoutchouc vulcanisé n'ont aucun des inconvénients que nous venons de signaler : ils sont dépressibles et prennent entre les doigts une forme allongée, ce qui facilite singulièrement leur introduction ; lorsqu'ils ont dépassé l'anneau vulvaire, ils reprennent leur forme primitive et s'adaptent parfaitement aux parties qu'ils sont chargés de maintenir. Leur retrait s'effectue avec la même facilité que leur introduction, ce qui permet de les tenir dans un état de propreté bien plus grande que les pessaires anciens.

Comme les pessaires anciens, ils sont ronds, ovales, plus larges ou plus hauts d'un côté que de l'autre, etc.; ils présentent l'ouverture centrale affectée jusqu'ici à ces sortes d'appareils. (*Voyez* fig. 74.)

Ils sont inaltérables.

§ 30.　*Pessaires à réservoir d'air* (G).

Les pessaires à air fixe, que nous venons de décrire, offrent déjà de nombreux avantages sur les pessaires anciens. Mais, nous n'hésitons pas à le dire, ces pessaires constituent une amélioration peu importante, si on les compare au pessaire à réservoir d'air qui fait l'objet du présent article.

Ce pessaire se compose de deux pelotes à moitié remplies d'air, avec tubes qui viennent s'attacher au robinet. (*Voyez* fig. 75.)

Avant de s'en servir, il faut faire passer d'un seul côté tout l'air contenu dans les deux pelotes, et fermer le robinet.

La pelote vide d'air (pelote-pessaire), roulée sur elle-même et réduite à un très-petit volume, est conduite sans résistance jusqu'au niveau du col utérin; c'est alors qu'on ouvre le robinet, et qu'en pressant avec la main sur la pelote remplie d'air (pelote-insufflateur), on dilate aussi peu et autant qu'on le juge nécessaire la pelote précédemment introduite; il ne s'agit plus que de fermer le robinet pour que cette dilatation persiste; la pelote restée à l'extérieur, vide à son tour, et réduite au volume de ses parois, se fixe aux vêtements.

Le retrait de la pelote-pessaire est aussi facile que son introduction; il s'exécute en faisant repasser dans la pelote-insufflateur l'air contenu dans la pelote-pessaire; l'ouverture du robinet suffit pour obtenir ce résultat; l'air est expulsé par la pression qu'exerce sur la pelote l'action combinée des intestins et des parois vaginales.

Nous allons extraire d'un Mémoire de M. le docteur Gariel quelques documents sur l'application de ce pessaire et sur ses avantages :

« La pelote-pessaire peut être ronde ou ovalaire, être pleine
» ou présenter une ouverture médiane, être conique, aplatie,
» sur deux sens (lorsqu'on veut ménager la sensibilité de la

» vessie et du rectum); elle peut être surmontée d'un bour-
» relet soit dans toute sa partie supérieure, soit d'un côté
» seulement (antéversion, rétroversion) ; elle peut affecter la
» forme des pessaires à cuvette, à bilboquet. (*Voyez* fig. 76.)

» La forme générique que j'emploie dans tous les cas, et
» que je modifie seulement dans quelques circonstances est
» la forme conique, représentée fig. 77.

» Les pessaires à forme conique ne se déplacent jamais,
» parce qu'ils remplissent le vagin selon sa hauteur et qu'ils
» ne peuvent pas basculer. La grosse extrémité du cône se
» trouvant à la partie supérieure du vagin qui est la plus
» large, la gêne que produit l'appareil est nulle. Les cas les
» plus défavorables sont ceux où, par suite de l'exaltation
» de la sensibilité, il faut employer plusieurs jours pour ha-
» bituer le vagin, par des degrés successifs de dilatation, au
» contact d'un corps étranger. Ces cas sont rares.

» Je regarde comme inutile l'ouverture médiane pratiquée
» dans les anciens pessaires dans le but de donner passage
» aux écoulements naturels et accidentels; jamais cette ou-
» verture n'a rempli le but qu'on se proposait. Quelque mé-
» thodique qu'ait été leur application, les pessaires se dépla-
» çaient toujours, parce que le col de l'utérus, exécutant un
» mouvement de bascule au premier mouvement de la ma-
» lade, se trouvait reposer, non plus sur l'ouverture médiane,
» mais bien sur les parois latérales du pessaire.

» La facilité d'introduction et de sortie du pessaire à ré-
» servoir ne sont pas les seuls avantages que présente cet
» appareil.

» Il maintient parfaitement l'utérus à la hauteur qu'il doit
» occuper, parce qu'il peut acquérir par l'insufflation un grand
» diamètre, sans que son introduction ou son retrait présen-
» tent plus de difficultés.

» Il s'adapte exactement aux parties qu'il est chargé de
» maintenir et remplit l'office de coussin élastique sur lequel
» le col de l'utérus repose mollement.

» Il ne détermine aucune inflammation, aucune réaction
» sympathique sur les organes voisins, parce que, *placé le*
» *matin, il est retiré chaque soir, lavé,* et n'est replacé que
» le lendemain.

» Aucun corps étranger ne se trouvant interposé d'une
» manière permanente entre le col utérin et les liquides in-
» jectés, l'ablution est parfaite, le séjour des mucosités va-
» ginales impossible.

» Le pessaire, enlevé chaque jour et lavé à grande eau,

Caoutchouc.   11

» ne peut contracter de qualités malfaisantes, comme cela
» arrive infailliblement avec les pessaires ordinaires.

   » Le col de l'utérus reste douze heures sur vingt-quatre
» éloigné de tout contact : cette circonstance produit le ré-
» sultat le plus avantageux, le *retrait de la fluxion san-*
» *guine* que pourrait à la rigueur déterminer le contact con-
» tinuel du corps le plus doux.

   » Cette facilité de donner au pessaire à réservoir un grand
» développement après son introduction, rend cet appareil
» complètement efficace dans les cas de prolapses les plus
» considérables, même lorsque *le col utérin a dépassé l'o-*
» *rifice vulvaire de plusieurs centimètres.*

   » La déchirure, la destruction de la cloison recto-vaginale
» sont les seuls cas dans lesquels son action soit douteuse ;
» l'addition d'une ceinture périnéale, remédie toujours avec
» succès à cette infirmité. (Voyez *Ceinture périnéale*).

   » Les différents déplacements de l'utérus ne sont pas les
» seuls cas où le pessaire à réservoir est applicable : les fistu-
» les urinaires vaginales, dans certaines conditions, cessent
» d'être une infirmité, en cessant de donner passage à l'urine;
» ce résultat s'explique facilement par l'application immé-
» diate de la pelote à air contre l'orifice fistuleux.

   » Ces pessaires à deux pelotes réunies par un robinet com-
» mun sont ceux que je conseille généralement, parce que,
» la quantité d'air que doit contenir l'appareil étant inva-
» riable, il n'est pas à craindre qu'une insufflation exagérée
» vienne porter atteinte à la solidité de la pelote-pessaire ;
» mais il est facile de rendre les deux pelotes indépendan-
» tes, en y mettant deux robinets dont les canons s'adaptent
» l'un sur l'autre, ou en fermant la pelote pessaire au moyen
» d'une serrefine construite *ad hoc* (*voyez* fig. 69); l'appa-
» reil en place ne se compose plus alors que de la pelote-
» pessaire. »

§ 31. *Pyxide* (G).

Cet instrument a pour but l'insufflation des poudres mé-
dicamenteuses sur les organes que leur profondeur ou leur
position ne permet d'atteindre qu'imparfaitement. Nous citerons entre autres les amygdales, le col de l'utérus, les
parties affectées d'ulcères chancreux, taillés à pic, dans les
anfractuosités desquels les pansements secs ne peuvent parvenir.

   Il y a deux modèles de pyxide.

   Le premier modèle est constitué par une petite vessie en
caoutchouc vulcanisé, fixée sur un tube flexible de gomme

élastique, et dont la moitié libre doit être repliée dans la moitié fixée sur le tube. On place la poudre dans le godet que présente la vessie ainsi repliée et l'on approche l'instrument à 25 à 30 millim. environ de l'organe qu'on veut atteindre ; en soufflant alors dans l'extrémité libre du tube de gomme élastique, on développe le repli et la poudre se trouve projetée avec énergie sur la partie malade.

Le second modèle (*Voyez* fig. 78, pyxide à réservoir d'air) diffère du premier en ce que l'extrémité du tube de gomme élastique opposée à la pyxide, au lieu d'être libre, reçoit une seconde petite vessie semblable à la première, mais qui ne doit pas être repliée. Avant de la fixer en place, on y introduit un volume d'air suffisant pour remplacer l'insufflation pulmonaire, on détermine le jeu de l'instrument en pressant vivement cette petite vessie entre les mains.

§ 32.   *Réducteur à air du docteur* Alexis FAVROT.

Nous extrayons du Mémoire de M. A. Favrot, sur la rétroversion de l'utérus, le passage suivant qui est relatif au mode d'application de cet appareil :

« Le réducteur à air consiste dans une tige en caoutchouc
» vulcanisé de 20 à 30 centim. de longueur sur 4 millim. de
» diamètre. Cette tige porte à l'une de ses extrémités un ro-
» binet en cuivre permettant de retenir ou de laisser passer
» l'air qu'on y a fait pénétrer, l'autre extrémité présente une
» sorte d'ampoule, qui rappelle les ingénieux appareils ima-
» ginés par M. le docteur Gariel, pour le tamponnement
» des fosses nasales et de l'utérus dans la métrorrhagie et
» l'épistaxis. Cette extrémité est susceptible d'une dilatation
» considérable, et beaucoup plus étendue qu'il n'est besoin,
» même en supposant un enclavement très-résistant de l'or-
» gane au-dessous de l'angle sacro-vertébral. Enfin, il con-
» vient d'ajouter à cet appareil si simple une *pelote insuffla-*
» *teur*, destinée à s'adapter par son col au robinet extérieur
» et à remplir l'ampoule quand le réducteur à air a été in-
» troduit dans le rectum.

» Le mode d'application de ce petit instrument est des
» plus faciles. Le réducteur étant vide d'air, et préalable-
» ment chauffé dans la main, est trempé dans une eau mu-
» cilagineuse ; la femme est couchée sur le ventre, la tête
» un peu basse ; on lui interdit tout effort ; on introduit alors
» un mandrin dans *le réducteur*, qui permet, en lui donnant
» de la fermeté, de le faire pénétrer dans le rectum jusqu'à
» la tumeur qu'on y rencontre ; le mandrin est alors retiré ;
» on adapte *la pelote insufflatteur*, et, à mesure que le ré-

» ducteur se distend, on apprécie par le toucher vaginal le
» mouvement que subit la matrice; quand l'organe à repris
» sa position normale, on ferme le robinet de la tige.

» La malade reste couchée quelque temps sur le ventre,
» en évitant tout effort; et quand l'instrument doit être re-
» tiré, on le vide graduellement dans la crainte de voir se
» reproduire l'accident en enlevant l'appareil tout d'un
» coup.

» Telle est la petite manœuvre qu'exige l'emploi du *ré-*
» *ducteur à air,* manœuvre très-simple, nullement doulou-
» reuse, agissant lentement, sans violences, mais d'une ma-
» nière continue et presque infaillible.

» Les figures achèveront de faire comprendre le mode d'ac-
» tion de cet instrument.

» Fig. 79. — *a* utérus rétroversé; — *b* vagin; — *c* vessie;
» — *d* réducteur à air; — *e* pelote insufflateur; — *f* symphise
» du pubis.

» Fig. 80. — *a* utérus réduit; — *b* vagin; — *c* vessie; —
» *d* réducteur dilaté; — *e* pelote insufflateur; — *f* symphise
» du pubis. »

§ 33.   *Sein artificiel* (G).

Les biberons employés jusqu'ici présentent de nombreux
inconvénients.

Ces appareils, destinés à suppléer à l'allaitement naturel,
sont fragiles et volumineux, quoique contenant peu de lait;
en outre, le bouchon qui ferme leur ouverture étant en substance non imperméable, contracte bientôt, quelque soin que
l'on prenne, une acidité qui dégoûte l'enfant et qui, le plus
souvent, peut nuire à la santé en provoquant des coliques,
de la diarrhée, etc.

Le sein dont nous donnons le modèle ci-joint, n'a aucun
des inconvénients que nous venons de signaler; il a, de plus,
des avantages qui lui sont propres.

Constitué par une cavité dont les parois en caoutchouc
vulcanisé ne se dilatent que lorsqu'on y introduit du lait, il
est très-peu volumineux lorsqu'il est vide; roulé sur lui-
même il représente à peine le volume de deux doigts de la
main; mais lorsqu'on le remplit de lait, il prend un développement considérable, et peut tenir facilement 6 à 800
grammes de liquide.

Les parois étant élastiques, il n'est pas sujet à se briser
comme les biberons en verre.

Le bout du sein *b,* fig. 81, également en caoutchouc vulcanisé, participe à l'imperméabilité de l'appareil; lavé à grande

eau, il ne donne jamais lieu à l'acidité du lait que nous avons signalée plus haut.

La partie du dessin représentée en relief figure le sein vide de lait; *c,c,c,* représentent les développements successifs de l'appareil lorsqu'on y introduit un liquide par la partie évasée du tube d'introduction *a*, bouchon destiné à fermer le tube pendant l'allaitement.

Pour introduire commodément le lait dans l'appareil, il faut avoir soin de tenir la partie évasée du tube plus haut que le niveau du haut du sein.

Le sein artificiel présente une disposition nouvelle qui ne manquera pas d'être appréciée.

Sa partie inférieure présente au centre, même dans le plus grand développement de l'appareil, un enfoncement destiné à loger le mamelon, dans le cas où la nourrice voudrait appliquer le sein artificiel sur sa poitrine, position la plus naturelle pour la mère et la plus commode pour l'enfant. (*Voyez* fig. 82.)

§ 34. *Serre-bras, serre-cuisses* (G).

Bracelet en caoutchouc vulcanisé, destiné à remplacer les serre-bras et les serre-cuisses avec plaque métallique et agrafes, dans le pansement des cautères et vésicatoires.

Ce bracelet représente un cylindre sans solution de continuité, plus large dans le point correspondant à l'exécutoire qu'il doit recouvrir entièrement; il s'introduit par la main (serre-bras) ou par le pied (serre-cuisse) et présente de grandes facilités pour le pansement.

Lorsqu'il est taché de pus ou de sang, il suffit de le tremper dans l'eau et de l'essuyer, pour que sa réapplication puisse être faite immédiatement.

Cet appareil a le grand avantage de ne se déplacer jamais, quoique la compression qu'il exerce soit inférieure à celle des serre-bras et serre-cuisses employés jusqu'ici; c'est surtout dans le pansement des vésicatoires et cautères de la cuisse que cette absence de déplacement est remarquable, à cause de la forme conique de cette partie. (*Voyez* fig. 83.)

La figure 84 représente un serre-bras avec coussin à air; ce coussin rend la compression plus douce encore, en même temps qu'il garantit des chocs extérieurs la partie qui est le siège de l'exécutoire.

§ 35. *Sonde urétrale.*

La sonde en caoutchouc vulcanisé s'introduit sur un mandrin dont l'extrémité est reçue dans un petit dé en cuivre ; lorsque le mandrin est retiré, elle se moule exactement sur les sinuosités du canal de l'urètre ; elle est tellement souple, qu'on peut, avec avantage pour le traitement et sans douleur pour le malade, la laisser à demeure.

Les numéros des sondes en caoutchouc vulcanisé sont les mêmes que ceux des sondes en gomme élastique.

§ 36. *Sonde urétrale avec renflement. — Sondes œsophagienne, rectale, vaginale, avec renflement* (G).

La sonde urétrale avec renflement diffère de la sonde ordinaire en caoutchouc vulcanisé, en ce qu'elle est dilatable par l'insufflation dans un point donné de son étendue.

La figure 85 la représente dans l'état de non-dilatation, avec le mandrin nécessaire pour l'introduction. La figure 86 la représente avec son renflement produit par l'insufflation. Le mandrin a été retiré pour que le robinet puisse être fermé et l'insufflateur ajusté.

La sonde urétrale avec renflement est destinée : 1º à la compression des tumeurs de la prostate et des fongosités du col de la vessie ; 2º à la dilatation des rétrécissements du canal de l'urètre.

Dans les deux cas, le renflemement a un siège qui lui est propre.

Dans le premier cas, lorsque la sonde vide d'air est parvenue dans la vessie, on retire le mandrin et l'on produit, au moyen de l'insufflateur, le renflement qui se développe toujours et invariablement dans le point préparé au moment de la fabrication par une insufflation préalable ; on ferme le robinet et l'air ne peut plus s'échapper ; en exerçant alors des mouvements de traction de dedans en dehors, on tend à engager dans le col de la vessie le renflement qui prend une forme conique sous l'influence de la traction et détermine l'affaissement par la compression des vaisseaux engorgés, ou le refoulement de la prostate. L'opération terminée, l'on ouvre le robinet, l'air s'échappe, et la sonde, reprenant au niveau du renflement son diamètre primitif, est retirée aussi facilement qu'une sonde ordinaire.

La sonde à renflement, appliquée au traitement des rétrécissements de l'urètre, agit d'une autre manière.

Le siège du renflement doit être tout à fait à l'extrémité de la sonde, que l'on introduit jusqu'à ce qu'elle rencontre l'obstacle. L'insufflation, en produisant le renflement, dilate le canal immédiatement au-devant du rétrécissement qui se trouve ainsi participer en partie à la dilatation. La même manœuvre, répétée plusieurs fois dans la même séance, proait les résultats les plus avantageux. (Voyez *Compression émittente*, § 18, fig. 55, et § 27.)

La sonde à renflement est également applicable à la dilatation des rétrécissements de l'œsophage, du rectum, du vagin, etc.

Dans les rétrécissements du rectum en particulier, l'on peut, pour arriver à la dilatation du point rétréci, soit suivre un des deux procédés qui viennent d'être décrits, soit mettre le renflement au niveau du point rétréci lui-même, et obtenir une dilatation directe. La sonde affectée à la dilatation du rectum est connue sous le nom de *suppositoire dilatateur*.

§ 37. *Sous-cuisses.*

Ces sous-cuisses sont formés par des tubes en caoutchouc vulcanisé ; lavés et essuyés, ils peuvent être réappliqués immédiatement, circonstance importante si l'on considère combien les sous-cuisses en étoffe ou en peau sont sujets à se salir promptement. Ils restent toujours ronds, et ne peuvent pas se mettre en corde et blesser les malades, comme les sous-cuisses employés jusqu'ici.

Ils sont le complément indispensable des bandages herniaires, ceintures hypogastrique, périnéale, suspensoir, etc., etc.

§ 38. *Suspensoir.*

Le suspensoir en caoutchouc vulcanisé offre plusieurs avantages importants :

1º Il présente aux parties qu'il est chargé de maintenir une surface lisse et tomenteuse, qui prévient la formation des ulcérations, presque toujours consécutives aux pressions prolongées ;

2º Trempé dans l'eau et essuyé avec soin, il peut être réappliqué immédiatement, sans conserver ni mauvaise odeur ni humidité ;

3º Dans les cas de maladies du testicule où les applications d'un liquide ou d'une pommade sont indiquées, il garantit de toute souillure les drap et les linges du malade ;

4º L'exactitude de la compression le rend précieux aux personnes qui se livrent à l'exercice de l'équitation.

Ce suspensoir est garni des sous-cuisses décrits dans l'article précédent.

L'addition d'une poche, d'une espèce de gousset pour recevoir la verge, rend cet appareil précieux dans le traitement de la blennorrhagie pour garantir le prépuce et l'orifice de l'urètre contre les frottements du linge, continuellement sali et raidi par la matière de l'écoulement. (*Suspensir blennorrhagique.*)

§ 39.   *Urinal simple.*

Appareil destiné à remédier aux inconvénients de l'incontinence d'urine ; il a l'avantage d'être en même temps très-léger et peu volumineux, quoique pouvant contenir 4 à 500 grammes d'urine.

Il se compose : 1° d'une partie supérieure, qui doit recevoir la verge ; sur les côtés sont deux petites anses dans lesquelles on passe un fil ou un ruban qu'on attache, d'autre part, sur un suspensoir ou bandage de corps ; 2° d'une partie inférieure qui sert de réservoir à l'urine, et qui présente inférieurement un robinet pour l'écoulement facultatif de ce liquide. Cette partie peut être garnie de cordons semblables à ceux décrits à la lettre *g* de l'urinal composé décrit plus loin. Fig. 89.

A l'intérieur du col qui réunit les deux parties de l'urinal se trouve une soupape, dans le but d'empêcher l'urine de sortir du réservoir, lorsque le malade est dans la position horizontale. (*Voyez* fig. 87.)

§ 40.   *Urinal à ceinture.*

Ce modèle (fig. 88), peut être porté sans bandage de corps et sans suspensoir.

Entre les deux parties existe un pas de vis en cuivre doré *a, b,* qui permet de laver ces deux parties séparément et à fond.

Cet urinal, dont le modèle nous appartient, convient surtout aux personnes qui sont prises subitement d'envies insurmontables d'uriner (névralgie du col vésical, pierre de la vessie, gravelle, etc.), aux personnes qui voyagent, etc.

§ 41.   *Urinal avec ceinture et suspensoir.*
(*Urinal composé.*)

Spécial aux paralytiques et aux personnes qui ont, en même temps qu'une incontinence d'urine, un varicocèle ou toute maladie du testicule exigeant l'emploi d'un suspensoir. Fig. 89.

a, suspensoir avec sous-cuisses *f;* — *b,* partie qui doit recevoir la verge ; — *c,* réservoir de l'urine avec cordons *g* qui s'attachent à la partie externe de la cuisse, et empêchent ce réservoir de balloter ; — *d,* robinet pour l'écoulement de l'urine ; — *e,* ceinture abdominale.

§ 42. *Urinal pour femmes.*

Il a une grande analogie avec le précédent; sa partie supérieure présente seule une modification.

a, fig. 90, large poche en forme d'entonnoir, s'adaptant exactement aux parties; elle présente en avant et en arrière un anneau pour fixer l'appareil à une ceinture hypogastrique ou même au corset de la malade ; — *d, d,* bandes élastiques qui, après avoir fait le tour des cuisses, viennent se fixer sur un bouton que présente cette poche à son tiers antérieur.

b, c, e, e, parties semblables à celles du dessin fig. 89 (1).

Outre ces trois formes principales d'urinaux, il en est plusieurs autres, composés sur des indications particulières, et dont il serait superflu de donner ici la description détaillée.

§ 43. *Vessies imperméables.* Fig. 91.

L'emploi de ces vessies est indiqué dans un grand nombre de cas, soit qu'on les remplisse de glace ou d'eau glacée (fièvres cérébrales, pertes utérines, refroidissement local pour produire l'insensibilité limitée à une partie), soit qu'on les remplisse d'eau chaude (douleurs rhumatismales, péritonites, toutes les maladies, en un mot, où il est nécessaire de produire une chaleur durable sans humidité).

On peut facilement établir dans ces vessies un double courant, au moyen du procédé indiqué fig. 36 et 61.

Le volume de ces vessies est très-variable ; les plus grandes peuvent couvrir le ventre ou même un membre entier, les plus petites sont employées dans le traitement de certaines maladies des yeux.

§ 44. On fait également en caoutchouc vulcanisé tous autres appareils de médecine et de chirurgie.

1. Les *acoustiques* (cornets), fabriqués entièrement en caoutchouc vulcanisé, simples, ou garnis d'un coussin à air, qui, par son application immédiate, dirige la totalité du son dans l'oreille; le tube de transmission du son au pavillon a une longueur suffisante pour que la communication puisse avoir lieu à distance.

2. Les *anneaux pour la dentition,* très-utiles pour favori-

(1) Depuis que ce dessin a été fait, l'urinal pour femmes a subi quelques modifications : à la partie antérieure existent deux anneaux, au lieu d'un ; cette disposition a pour but de faciliter l'écartement de la poche supérieure de l'appareil, afin que toute l'urine y soit reçue. Les bandes élastiques *d, d,* deviennent inutiles.

ser l'évolution dentaire, en même temps que très-doux pour les gencives de l'enfant; inaltérables.

3. Les *bandages carrés, triangulaires, bandage en T, bandages de Scultet*, etc.

4. Les *bas garnis de fourrure ou de flanelle*. — Ces bas, qui garantissent complètement du froid le pied et la jambe, se mettent par-dessus les vêtements; ils sont de la plus grande utilité pour les personnes paralysées et celles atteintes de douleurs rhumatismales dans les extrémités inférieures; lorsque ces douleurs se prolongent jusqu'au-dessus du genou ou jusqu'à la hanche (sciatique), le bas doit monter aussi haut que la douleur; il ne doit plus avoir que la dimension d'une bottine, lorsque la douleur est limitée au pied.

5. Les *béquilles à coussin élastique*. — Ces béquilles, munies d'un coussin à air en caoutchouc vulcanisé, donnent lieu à une pression beaucoup moins dure que les béquilles ordinaires.

Ce système de coussins à air peut être adapté à toutes les béquilles. (*Voyez* fig. 92.)

6. Des *bouts de sein*. — 1er modèle. — Mamelon en caoutchouc vulcanisé, fixé sur une plaque circulaire de buis, percée à son centre. — 2e modèle. La plaque de buis est remplacée par une plaque de caoutchouc vulcanisé qui fait corps avec le bout de sein.

Ces bouts de sein sont inaltérables; ils gardent toujours leur forme régulière et ne sont pas sujets à se dessouder comme ceux en caoutchouc non vulcanisé

7. Les *canules* de toutes formes et dimensions pour lavements, injections, etc.; douces, flexibles.

8. Les *ceintures périodiques*.

9. Les *chaussons hygiéniques*. — Ils maintiennent une douce chaleur aux extrémités inférieures.

10. Les *colliers orthopédiques*, et généralement tous appareils de redressement et de traction, donnant lieu à une pression très-douce, en même temps qu'à une traction très-énergique.

11. Des *compresses* maintenant une fraîcheur continuelle sur les parties avec lesquelles elles sont en contact, et réapplicables immédiatement après avoir été épongées et essuyées.

12. Des *doigtiers*, destinés à protéger les plaies des extrémités contre le contact des agents extérieurs, à garantir les doigts des engelures, etc.

13. Des *écharpes*, appareil confectionné entièrement en

caoutchouc vulcanisé; il soutient le bras et l'avant-bras dans une immobilité complète, tout en permettant quelques légers mouvements de ces parties sur le tronc. Un coussin rempli d'air, fixé à cette écharpe dans le point qui doit appuyer sur les vertèbres cervicales, empêche que cette pression ne devienne douloureuse. Cette disposition sera surtout appréciée par les personnes dont le membre supérieur paralysé doit être soutenu pendant plusieurs mois avant de reprendre l'usage du mouvement.

14. Du *fil de caoutchouc vulcanisé*, de toutes grosseurs, pour les sutures et la réunion des plaies.

15. Des *fumigatoires* (appareils), simples, ou avec coussin à air. Cette disposition permet l'application immédiate de l'appareil sur la partie qui doit recevoir la fumigation.

16. Des *gants anatomiques*, spéciaux pour les médecins et chirurgiens qui s'occupent d'études anatomiques, de médecine légale, etc.; ils garantissent les mains contre toute mauvaise odeur et contre l'infection qui se manifeste si souvent à la suite des autopsies cadavériques d'individus morts de maladies septiques ou contagieuses.

17. Les *hémospasiques* (appareils) de M. le docteur Junod. — Garniture de ces appareils par un nouveau procédé plus sûr et moins douloureux.

18. Les *herniaires* (bandages), de toutes formes et de toutes dimensions, avec pelotte compressive en caoutchouc vulcanisé, à air fixe ou mobile, avec sous-cuisses tubulaires.

19. Les *linges à cataplasmes*. — Ces linges, de toutes formes et dimensions, maintiennent, pendant un très-long temps, la chaleur et l'humidité des cataplasmes; les plus usuels ont de 15 à 30 centim. carrés.

20. Des *matelas, oreillers*, pouvant contenir de l'air ou de l'eau.

21. Des *membres artificiels*. — Coussins à air pour la garniture de ces appareils.

22. Des *œillères élastiques à irrigation continue*, appareils exécutés d'après l'irrigateur. (*Voyez* fig. 61 et 62).

23. Des *ombilicales* (pelotes) et autres, à air fixe ou mobile, pouvant s'attacher, se coudre sur toute espèce de bandages.

24. Des *semelles hydrofuges*, composées de tissus caoutchoutés imperméables, recouverts de fourrure; se placent dans les chaussures.

25. Des *tubes irrigateurs*. — *Tubes de transmission pour les appareils de chimie, etc.*

Ces tubes, d'un diamètre variable depuis 2 millim. jusqu'à plusieurs centim., peuvent, sans être altérés, donner passage

aū plus grand nombre des agents chimiques, à quelque température que ce soit. Pour la solidité et la durée, ils sont
préférables aux tuyaux de métal dans l'établissement des
conduites d'eau et dans l'établissement des porte-voix, pour
communiquer des étages supérieurs aux étages inférieurs
d'une maison, etc.

26. Des *boules et bouteilles*. — Calorifères de toutes formes
et dimensions pour mettre dans le lit, remplies d'eau chaude,
complètement imperméables, et retenant la chaleur bien
plus longtemps que les bouteilles en grès et en étain.

§ 45. Tissus caoutchoutés imperméables.

1. *Bas doublés de fourrure ou flanelle en tissu croisé,
caoutchouté à fond* ; ils ont la même solidité, mais un peu
plus de raideur que les bas. (*Voyez* fig. 94, 95.)

2. *Ceinture de sauvetage* (nouveau modèle).

3. *Coussins* de toutes formes et de toutes dimensions, avec
ou sans ouverture médiane.

4. *Coussins à eau froide,* pour placer sous les pieds après
les sections de tendons ; ces coussins préviennent la douleur
inséparable de l'emploi des coussins de peau, garnis d'é-
toupe.

5. *Flacons de voyage contenant depuis* 25 *grammes jusqu'à* 500 *grammes.* — (Vin, liqueurs, cordiaux, etc.).

6. *Manteaux.* — Complètement imperméables.

7. *Matelas,* pouvant contenir à volonté de l'air ou de l'eau.

8. *Matelas avec oreillers faisant partie du matelas, mais
pouvant s'insuffler séparément.* — Cette disposition rend
de grands services aux malades asthmatiques ou ayant une
maladie du cœur, chez lesquels le moindre mouvement
amène un surcroît d'oppression. Lorsque le malade a besoin de se soulever, de se mettre sur son séant, l'oreiller
se soulève de lui-même par le fait de l'insufflation, sans secousse, autant et aussi peu qu'on le veut. La soustraction gra-
duelle de l'air remet le malade dans sa première position,
également sans secousse.

9. *Peluche de soie caoutchoutée.* — Ce tissu, appliqué sur
la peau (douleurs rhumatismales, goutteuses, etc.), provoque
une chaleur suivie de transpiration, qui amène un soulagement durable.

10. *Tabliers de nourrice.*

*Tissus caoutchoutés à fond, simples ou doubles, croisés
ou non croisés,* pour couvertures imperméables, douches et
bains de vapeurs, langes d'enfants, etc.

11. *Urinaux.* — Tous les modèles faits jusqu'ici.

§ 46. *Bandages élastiques anglais.*

Ces bandages sont faits en tissus de coton, soie ou flanelle, sur trame de fil de caoutchouc vulcanisé.

Jamais ils ne se resserrent, jamais ils ne se relâchent; leur élasticité est complètement régulière.

Suivant les cas dans lesquels ils doivent être appliqués, on peut leur donner une plus ou moins grande résistance, de manière à ce qu'ils déterminent une plus ou moins grande compression ; (en général, la compression pour les œdèmes et les engorgements doit être plus forte.)

Ils ont moins d'un millim. d'épaisseur et sont inappréciables sous les vêtements.

Ils se lavent aussi facilement que le linge.

1. *Bas, guêtres, cuissards* pour varices, engorgements des extrémités inférieures, etc.

2. *Bandages de corps;* ils maintiennent, sans déplacement, les cautères et vésicatoires sur la poitrine, sans empêcher la respiration de s'exécuter librement.

3. *Ceintures ombilicales hypogastriques, avec ou sans pelotes à air.* (Hernies ombilicales, grossesse, suites de couches, déplacements de l'utérus, etc.)

4. *Genouillères.* — (Hydarthroses, tumeurs blanches, douleurs, etc.). Les fig. 93, 94, 95, 96, représentent ces divers bandages.

§ 57. fig. 97. *Suspensoirs* (nouveau modèle sans sous-cuisses).

Ressorts en caoutchouc sulfuré pour les tampons des véhicules sur chemins de fer, par MM. FULLER et de BERGUE.

43. § 1. L'application du caoutchouc à l'industrie de l'exploitation des chemins de fer est une question qui a sérieusement occupé depuis quelque temps les ingénieurs et les constructeurs. Cette matière, qui possède à un haut degré de précieuses propriétés, telle que la flexibilité et l'élasticité jointes à de la ténacité et une grande force de résistance sous une pression considérable, présentait des applications variées trop importantes et trop naturelles dans la mécanique pour qu'elles aient pu échapper aux constructeurs. Mais d'un côté sa tendance à devenir dure et rigide lorsqu'elle se trouve exposée à un froid rigoureux, et de l'autre à se ramollir et à passer à l'état poisseux sous l'influence de la chaleur, étaient autant de circonstances sérieuses qui ont dû jusqu'à présent limiter beaucoup ces applications.

L'emploi du caoutchouc aux grandes constructions mécaniques était donc encore très-borné lorsqu'on a fait connaître un procédé de préparation dit de *vulcanisation* qui a fait acquérir tout-à-coup à cette matière une importance et une valeur qu'elle n'avait pas auparavant et qui probablement conduiront à en faire des applications fort étendues dans cette branche des arts techniques et dans plusieurs autres genres.

Le procédé en question, bien connu aujourd'hui et dont on est redevable à M. *Hancock*, consiste principalement à mélanger le soufre et quelques autres ingrédients au caoutchouc à une haute température ; mélange au moyen duquel on obtient une élasticité parfaite sans avoir à craindre de voir ensuite le caoutchouc affecté par la chaleur ou les abaissements de température extrême qui règnent dans nos climats.

MM. Fuller et de Bergue se sont proposé d'appliquer ce caoutchouc sulfuré à la construction des tampons et autres ressorts de véhicules pour chemins de fer, et voici comment ils ont procédé à cette application.

§ 2. Au lieu de ressorts d'acier semblables à ceux qu'on a employés jusqu'à présent, MM. Fuller et de Bergue se servent d'une série de rondelles ou disques de caoutchouc de divers diamètres, depuis 10 jusqu'à 15 centim., suivant la position et la force requises, et depuis 2 1/2 jusqu'à 5 centim. d'épaisseur. Ces rondelles ou disques de caoutchouc sulfuré sont placés sur la tige de tampon qui passe par leur centre et sont séparés entre eux par des feuilles minces de tôle de fer ou de laiton ; chacune de ces feuilles de tôle est pourvue d'un collier conique qui sert à maintenir le caoutchouc fermement à sa place, et en même temps permet une expansion ou une contraction libre sans qu'il y ait contact avec la tige centrale.

Les avantages de l'emploi du caoutchouc sulfuré sur celui de l'acier sont nombreux et remarquables.

En premier lieu le poids des ressorts est à peine la dixième partie de celui des ressorts en acier ; on peut les placer dans un point quelconque du véhicule, et l'économie de poids sur un convoi nombreux, économie qui ne s'élève pas alors à moins de plusieurs tonneaux, ménage dans le même rapport la force de traction et la voie contre l'usure et les détériorations.

En second lieu les ressorts sont d'une simplicité extrême, et il est impossible qu'ils se détériorent ou se brisent lors d'une collision.

Une occasion d'expérimenter ce fait s'est présentée il y a quelque temps sur un chemin de fer de la ville de Hull; une machine locomotive pourvue de tampons sulfurés étant sortie des rails, presque toutes les pièces en métal ont éprouvé de très-fortes avaries et des ruptures graves, tandis que les rondelles et les ressorts n'ont pas subi le plus léger dommage.

Un autre avantage de ces ressorts, c'est la facilité avec laquelle ils obéissent au premier contact, parce qu'ils sont plus flexibles et plus élastiques que ceux en acier; de plus leur force de résistance croît avec une telle rapidité sous l'influence de la pression qu'il n'y a pas le moindre danger à craindre que la tête du tampon éprouve un choc ou coup sec, avantage qu'on ne saurait trop apprécier dans le cas de collisions.

Enfin un autre mérite distinct, qui a bien aussi son importance, c'est la facilité avec laquelle on peut régler la force. En effet il est évident, à l'inspection des rondelles, que leur force de résistance est d'abord proportionnelle au carré de leur rayon ou mieux à leur aire ou superficie, et ensuite au rapport qui existe entre cette aire et leur épaisseur. Ainsi une rondelle d'une aire superficielle quelconque, mais d'une épaisseur de 8 centim., serait bien plus aisément comprimée et réduite à la moitié de son volume, qu'une rondelle de 4 centim. d'épaisseur, la forme convexe prise par le caoutchouc étant dans ce dernier cas beaucoup plus soudaine et exigeant un effort de plus du double de la part de la force qui comprime.

Il résulte de cette observation qu'en employant un plus grand nombre de feuilles de tôle pour opérer l'isolement des rondelles dans une longueur donnée, on est en mesure de régler ces ressorts avec la plus grande exactitude.

Le prix de ces ressorts paraît aussi être moindre que celui des ressorts en acier, et déjà plusieurs locomotives, tenders, diligences, wagons, sont pourvus de tampons construits comme il vient d'être dit, et en activité journalière et avec succès sur différents chemins de fer Anglais; on a même entrepris déjà des expériences l'hiver dernier à Saint-Pétersbourg et en d'autres points, pour s'assurer si ces ressorts n'étaient point affectés par un froid intense, et les résultats ont été très-satisfaisants.

Un grand nombre de rondelles ont été soumises à une pression de 60 à 1,000 tonneaux, et réduites à une épaisseur de 1 millim. 1/2 sans éprouver la moindre avarie et en reprenant immédiatement leur forme aussitôt qu'on a fait cesser la pression. Une de ces rondelles a même été mise dernièrement sous un marteau à vapeur de M. Nasmith, et après avoir reçu 200 coups n'a éprouvé aucun dommage.

On se propose aussi d'appliquer ces rondelles à faire les ressorts qui portent la locomotive, le tender et les voitures de voyageurs, et ceux des barres de tirages.

Sur les tampons en caoutchouc sulfuré, par M. de BERGUE.

44. On a adressé aux tampons en caoutchouc sulfuré un reproche qui ne me paraît pas mérité : on a dit que leur force de résistance était trop considérable, et qu'en cas de collision, le convoi pourrait se briser avant qu'ils se soient complètement développés, ou aient produit tout leur effet. A ce sujet je ferai remarquer que les tampons les plus efficaces en cas de collision, seraient ceux qui opposeraient le plus haut degré de résistance avec la course la plus considérable, preuve que leur force maxima n'excède pas la pression que pourraient soutenir sans détérioration les pièces des sous-châssis. Or, la force de résistance d'un couple de tampons en caoutchouc n'excède pas 20 tonnes, et il y a aujourd'hui plusieurs milliers de ces couples qui fonctionnent et dont beaucoup ont été, à diverses époques, comprimés jusqu'à leur limite extrême sans que les wagons aient été brisés. Il résulte que leur force n'excède pas une limite utile ou pratique, et que, par conséquent, ils doivent être beaucoup plus efficaces en cas de collision que tous les autres tampons ayant la même course, et un tiers seulement de leur résistance.

§ 1. D'un autre côté, il est bon de rappeler que les tampons ne sont pas seulement nécessaires en cas de collision, mais qu'ils ont une utilité générale pour amortir les chocs des convois au départ et à l'arrivée aux stations, ainsi que dans les déchargements ; et pour qu'ils soient appropriés à ce service, il faut que leur force de résistance soit comparativement très-petite au commencement de la course. Or, jusqu'à présent il n'y a pas de ressort qui réunisse ces propriétés à un degré aussi éminent que le caoutchouc sulfuré ; il y a plus, c'est que cette matière cède avec tant de facilité au commencement de la course, qu'on a jugé utile de comprimer de 25 millim. les quatre anneaux de chaque tampon avant que leur jeu commençât.

Si l'immense force de résistance de ces tampons était une objection sérieuse, rien ne serait plus facile que de la réduire à un degré requis quelconque, simplement en diminuant le diamètre et l'épaisseur des anneaux, ce qui en même temps diminuerait les frais; mais, dans mon opinion, se serait détruire une des propriétés les plus précieuses de ces tampons.

§ 2. On a fait une comparaison entre les rapports relatifs de résistance effective d'une couple de tampons de 30.48 décimillim. de course, avec ressort ordinaire en feuilles, et une couple de tampons de wagons en caoutchouc, mais suivant moi ce mode de comparaison n'est pas exact. On a supposé que les tampons en caoutchouc n'ont que 381 millim. de course, avec une résistance finale de 3 tonnes, c'est-à-dire 3 tonnes $\times$ 381 = 1143 de résistance réelle pour une couple de tampons en caoutchouc, et puis on a indiqué 305 millim. comme la course d'un ressort en feuilles, avec une force de 2 tonnes 3/4, ce qui donnerait 305 $\times$ 2.75 = 83,875 pour résistance effective, le rapport étant à fort peu près de 1 à 7.34.

Mais en ce qui concerne les tampons en caoutchouc, la longueur de la course est exactement 762 millim., et la résistance maxima, de 20 tonnes par couple; et, comme cette énorm résistance est surtout accumulée vers la fin de la course, ainsi qu'on le verra par les détails de l'expérience qu'on rapportera plus loin, on voit qu'il n'est pas exact de prendre pour la résistance moyenne la moitié de ces chiffres. Mais supposons, pour se renfermer dans une limite, qu'il suffise de prendre le quart seulement de la résistance maxima ou 5 tonnes, comme la résistance moyenne d'une couple de tampons, alors on aura 5 $\times$ 762 = 3,810, de résistance effective.

Quant au ressort en feuilles, on indique 2 tonnes 3/4, comme la résistance du ressort pour une couple de tampons avec 0^m.305 d'action ou de jeu; mais ces 2 tonnes 3/4 sont la résistance maxima du ressort infléchi, et ramené à la ligne droite, et comme ce ressort est en acier et que sa résistance n'augmente pas dans le même rapport composé que celle du caoutchouc, on doit regarder fort à peu près la moitié du maximum comme la résistance moyenne pendant la course, c'est-à-dire, 1,375 $\times$ 300 = 4125 de résistance effective, d'où il résulterait que le rapport entre la force effective, d'une couple de tampons de wagons en caoutchouc, de 0^m.0762 de jeu et une couple de ressorts-tampons ordinaires, en feuilles de 0^m.305 de jeu, serait comme 3810 à 4125, ou comme 15 est à 16.24 au lieu d'être comme 1 est à 7.34.

§ 3. C'est peut-être ici l'occasion de faire remarquer que les tampons en caoutchouc ne sont pas bornés à 0^m.0762 de course; quelques-uns ont jusqu'à 0^m.1143, et d'autres même jusqu'à 0^m.1524 dans les voitures de voyageurs, et leur force de résistance est augmentée en proportion; mais cette augmentation occasionne un surcroît de dépense d'une importance majeure dans les circonstances présentes; d'ailleurs, une longue pratique a démontré que des tampons de $0^m.0762$ de jeu suffisaient parfaitement pour tous les genres de wagons de marchandises, et même pour les trucks de bestiaux, vans de bagages, etc. La dimension des anneaux de caoutchouc, dans ces tampons de $0^m.0762$ de jeu, est $0^m.1396$ de diamètre et $0^m.317$ d'épaisseur.

§ 4. Relativement à la durée du caoutchouc sulfuré, on a cité les rubans élastiques dans les machines à faire le papier, qui se sont entièrement pourris. Mais il suffira de rappeler que la plupart de ces cordons n'ont jamais été sulfurés, et avaient été fabriqués par le procédé dit de la *conversion*; seulement le public n'a pas su faire la différence. Les anneaux de caoutchouc employés dans les tampons ont tous été vulcanisés, et beaucoup d'entre eux que j'ai eu l'occasion d'examiner après plusieurs années de services, ne m'en ont pas représenté encore un seul qui fût en mauvais état.

On a prétendu que dans les tampons à cylindre extérieur, le piston plein était guidé sur un espace trop limité, ce qui le rend plus sujet à rompre le cylindre en cas de choc oblique. Mais il est nécessaire de faire remarquer qu'on a obvié à ce défaut, dans les tampons en caoutchouc, ou la longueur de la portée s'étend depuis l'ouverture du cylindre jusqu'à l'extrémité de l'épaulement sur la plaque de fond; la tige étant disposée pour former un corps solide avec le piston.

Le tampon en caoutchouc est, à mon avis, supérieur aux autres tampons extérieurs, en efficacité et en durée; il est aussi compacte et aussi économique, et la résistance y commence très-graduellement dès l'origine de la course et augmente jusqu'à acquérir un degré très-élevé vers la fin, sans jamais arriver à un arrêt mort, sous une pression modérée comme les autres tampons; la pression y est répartie uniformément sur toute la surface de la plaque de fond, ce qui paraît plus avantageux pour préserver le wagon de toute avarie; la matière élastique n'y est pas d'ailleurs exposé à se rompre comme l'acier dans les ressorts en spirale, hélices ou dans d'autres formes.

§ 5. Le tableau suivant présente la compression réelle, éprouvée par un de ces tampons de wagons en caoutchouc, de $0^m.0762$ de jeu ou course pour les pressions croissantes, depuis 1/4 jusqu'à 10 tonnes, dans des expériences faites avec le plus grand soin avec une machine construite pour cet objet.

Pression en tonnes.		Jeu ou action en millimètres.
»	$^1/_4$	3.17
»	$^1/_2$	15.86
»	$^3/_4$	26.94
1		34.06
1	$^1/_4$	42.93
1	$^1/_2$	44.34
1	$^3/_4$	48.30
2		51.47
2	$^2/_3$	56.40
3		60.18
4		64.95
5		69.68
6		71.28
7		72.85
8		74.11
9		75.24
10		76.20

M. H. Wright à dit que sur North-Staffordshire-Railway, dont les wagons ont été pourvus de tampons en caoutchouc, il n'avait pas remarqué que la matière fît défaut dans un seul cas. Le seul inconvénient qu'on leur ait trouvé s'est présenté dans les corps en fonte qui ont rompu au collet du cylindre dans plusieurs circonstances, inconvénient qu'on répare aisément, et d'ailleurs il serait facile de le prévenir en modifiant ces corps.

C'est précisément ce que j'ai fait par une modification que j'ai apportée à la forme de ces corps en fonte, et l'on peut voir dans la figure 26, pl. 1, le mode de construction actuel du tampon en caoutchouc.

Appareil pour le traitement du caoutchouc, par M. J.-P. WESTHEAD.

45. On s'est proposé de construire un appareil pour soumettre le caoutchouc en vase clos à l'action du gaz acide sulfureux, ou des produits de la combustion du soufre, ainsi qu'à la chaleur sèche et humide.

On rappellera d'abord que le caoutchouc, dans son état naturel, est sujet à devenir dur et résistant quand on le soumet à une basse température, et à se détériorer quand on l'expose à une température élevée. Mais, depuis quelques années on l'a soumis à une opération qui l'a rendu élastique d'une manière plus ou moins permanente, et en cet état on l'a désigné sous le nom de caoutchouc vulcanisé ou sulfuré. Opération qui consiste à le mélanger avec [du soufre, ou à l'imprégner avec cette substance, puis à l'exposer à une chaleur élevée ou bien à le plonger dans un liquide préparé à cet effet. L'appareil qu'on propose a pour but de traiter le caoutchouc combiné avec les tissus, ou bien en feuilles ou en fils, ou moulé suivant une autre forme, par les procédés de ce genre actuellement en usage.

La figure 27, pl. 1, représente la section verticale d'une chambre a, a, avec disposition pour appliquer l'air chauffé, la vapeur d'eau, l'acide sulfureux gazeux ou les produits de la combustion du soufre. Cette chambre est en fer étamé ou doublé avec une matière sur laquelle le gaz acide sulfureux ne peut exercer d'action nuisible. Une des extrémités de la chambre porte un couvercle mobile b, qu'on fixe à sa place lorsque l'appareil est en activité, et elle est entourée d'une chemise pour pouvoir la chauffer à la vapeur et obtenir ainsi une chaleur sèche.

c est un tube de communication avec les parties supérieure et inférieure de la chambre, et qui passe à travers une chaudière à vapeur pour chauffer l'air de cette chambre. Quant à la vapeur, elle est fournie à l'intérieur par celle-ci et par la chaudière, par l'entremise du tuyau d, et à l'extérieur par le tuyau f. Des tubes e et g servent à l'évacuation des eaux de condensation ou de l'excédant de vapeur; l'air, le gaz ou autres produits de la combustion, sont entretenus dans un état de circulation à l'intérieur de la chambre et dans le tube c, par un volant k. Sur le tube c il y a deux soupapes à tiroir i et j, et il existe aussi un cône renversé k', ouvrant dans ce tube, portant une soupape de gorge pour fermer au besoin le passage.

Les objets en caoutchouc ou ceux préparés avec cette substance pour être rendus imperméables ou élastiques, sont suspendus à un châssis dans l'intérieur de la chambre a, par exemple, les feuilles, les fils et autres formes données en caoutchouc.

Mais il y a cette différence, quand on traite des articles préparés au caoutchouc, qu'après avoir été renfermés dans la chambre et que celle-ci est fermée, on y applique la chaleur, afin d'élever leur température, et que lorsque l'on admettra la vapeur, celle-ci ne se condensera pas sur eux, et par conséquent ne les exposera pas à être tachés, souillés ou décolorés par places. Sous le cône renversé est placée une coupe ou bassine renfermant du soufre qu'on enflamme, et lorsque le gaz acide sulfureux, ou les produits de cette combustion se dégagent, on les introduit comme on va le dire tout-à-l'heure.

l, l est un châssis pour suspendre les objets; ce châssis consiste en une barre centrale l, avec bras diamétraux l' et des tringles l'', l''. C'est aux bras diamétraux qu'on suspend les objets, les feuilles ou fils de caoutchouc, ce bâtis peut être en métal, mais protégé par un étamage contre l'acide sulfureux, on l'introduit dans la chambre, et on l'enlève au moyen d'un moufle et de cordes.

La forme, la capacité et la disposition qu'on donne à la chambre peuvent varier suivant les produits sur lesquels on opère communément. Voici la marche du travail :

Je suppose qu'on ait introduit dans la chambre a le châssis l, chargé des articles et des objets qu'on veut soumettre à une opération, et qu'on ait fermé cette chambre. On ouvre les tiroirs i et j, et on fait à l'aide du volant circuler de l'air chaud, jusqu'à ce que la température à l'intérieur de la chambre soit élevée à 80° centig.; en cet état, on ouvre la soupape de gorge placée au-dessus de la coupe au soufre en combustion, de manière que l'acide sulfureux gazeux, ou les produits de cette combustion, soient introduits dans la chambre, et y circulent par l'effet du volant; on continue ainsi pendant une heure et demie environ, puis on élève graduellement la température de la chambre en injectant de la vapeur d'eau dans la chemise jusqu'à ce qu'elle marque 150° centig., ce qui a lieu au bout de deux heures environ, après quoi, on fait évacuer la vapeur et on complète l'opération en faisant de nouveau arriver de l'air chaud dans la chambre, pour dessécher et durcir le caoutchouc.

Traitement du caoutchouc et du gutta-percha pour en fabriquer des objets divers, par M. GOODYEAR.

46. Je vais faire ici un mode de préparation ou de traitement du caoutchouc et du gutta-percha, qui fournit des compositions propres à fabriquer les articles qui exigent de la dureté, de la force et de la durée, et dont on a vu de nombreuses applications à l'exposition universelle de 1851. Les compositions ainsi préparées possèdent quelques-uns des caractères de la corne, de l'ivoire et du jais, et peuvent, suivant la couleur qu'on leur donne, servir à remplacer ces matières. On peut aussi les substituer aux bois d'un prix élevé et les appliquer au placage des objets d'ameublement.

Quand on veut traiter le caoutchouc pour cet objet, on le combine avec le soufre, et les proportions les plus avantageuses sont parties égales en poids des deux ingrédients. En combinant le soufre dans cette proportion avec le caoutchouc, et en soumettant le composé à l'action de la chaleur, ainsi qu'on le décrira ci-après, on produit une matière dure et résistante. Mais on obtient un résultat encore meilleur en introduisant dans la composition de la magnésie ou de la chaux, ou bien les carbonates ou sulfates de ces bases de craie, ou de terres magnésiennes. Dans ce cas, les proportions suivantes sont éminemment avantageuses.

1 kilog. de caoutchouc.

500 grammes soufre, et autant de magnésie ou de chaux, de sulfates ou de carbonates de ces bases de craie ou de terres. Les proportions spécifiées dans ces deux compositions peuvent varier considérablement sans changer matériellement le résultat; mais, dans tous les cas, il ne faut pas abaisser la proportion du soufre au-delà de 250 grammes par kilog. de caoutchouc.

§ 1. On peut, avec beaucoup d'avantage, combiner l'une ou l'autre de ces compositions décrites avec la gomme-laque dans le rapport de 500 grammes de gomme-laque par kilog. de caoutchouc. Les résines, les oxydes ou les sels de plomb ou de zinc de toutes les couleurs, ou autres matières analogues, tant minérales que végétales, peuvent aussi être ajoutées en petite quantité pour donner à ces compositions un poli et une couleur convenables, ou pour les travailler plus aisément; mais, à cet égard, on ne saurait donner de règles certaines, et le goût ainsi que le jugement de l'ouvrier doivent lui servir de guides.

Les composés produits par les moyens précédents, sont ensuite traités de la manière qui va être décrite; mais comme pour les procédés au traitement d'autres compositions de mon invention, je ferai d'abord connaître en quoi celles-ci consistent.

§ 2. Quand on se sert de gutta-percha au lieu de caoutchouc, on prend certaines proportions de ce corps, de soufre, de magnésie et de chaud, etc., et on les mélange grossièrement ensemble par un moyen quelconque. Les proportions qui paraissent mériter la préférence sont 1 kilog. de gutta-percha, 360 grammes de soufre, 360 à 500 grammes de magnésie, de chaux, de sulfates, carbonates, etc., ou des combinaisons de ces dernières matières entre elles, toujours dans le rapport de 360 à 500 grammes par kilogramme de gutta-percha. On peut de même, à cette composition, ajouter comme quatrième ingrédient, la gomme-laque, qui produit une matière supérieure plus résistante et plus facile à travailler, dans le rapport d'environ 250 grammes pour la quantité de gutta-percha indiquée. Enfin, on peut y ajouter encore de la résine, des oxydes de plomb ou de zinc de toutes les couleurs, et autres substances analogues, minérales et végétales en petite quantité, de même que dans les compositions de caoutchouc.

Les compositions au caoutchouc ou celles au gutta-percha, indiquées ci-dessus, sont travaillées, dans une machine à pétrir, jusqu'à ce que tous les ingrédients en soient intimement incorporés. Les corps minéraux qu'on y ajoute doivent être réduits en poudre, et on obtient des résultats meilleurs quand ils sont amenés, avant le mélange, à l'état de poudre impalpable. Lorsque le mélange est opéré, les composés sont roulés en feuilles au moyen de laminoirs, pour les faire servir à la fabrication des articles auxquels ils sont propres, ou bien moulés ou modelés par des moyens quelconques sous la forme désirée.

§ 3. Ainsi roulées, modelées ou moulées, ces compositions sont soumises à l'action de la chaleur. Ce travail s'exécute en les exposant à un haut degré de chaleur artificielle produite par la vapeur d'eau, l'eau chaude ou l'air chaud. La température à laquelle on les soumet et la durée de leur exposition à cette température dépendent de la dimension ou de l'épaisseur des pièces; mais, dans les cas ordinaires, cette température peut être portée à environ 125 à 130° centig., et le composé rester exposé à cette chaleur à peu près quatre heures. Toutefois, en thèse générale, on peut dire que cette température peut varier de 125 à 150 degrés, et l'exposition de deux à six heures. Les composés soumis à ce degré de chaleur ou à ce traitement acquièrent un caractère de dureté et de raideur qui, sous plusieurs rapports, les font ressembler à l'écaille, à la corne, à l'os, à l'ivoire.

Dans les compositions de caoutchouc, on peut substituer à ce corps des proportions considérables de gutta-percha, et réciproquement.

§ 4. Venons maintenant à la manière d'appliquer ces composés à la fabrication de divers objets.

Dans un grand nombre de cas, il est évident que le mode d'application dépendra de la condition de savoir si la composition, après avoir été durcie, devra être travaillée comme le bois ou les os; mais, dans quelques circonstances, je conseille de mouler, de modeler, ou traiter du reste ces compositions de manière à les rendre plus propres au but qu'on se propose avant de les soumettre au procédé de durcissement,

Ainsi, quand on veut employer ces nouvelles compositions ou combinaisons avec du caoutchouc ordinaire vulcanisé (par exemple dans la fabrication des bracelets en jais artificiel), les portions qui ont besoin d'être durcies peuvent être unies par des pièces ou des bandes d'assemblage de caoutchouc vulcanisé flexible, soit au moyen d'une colle ou enduit, soit par la pression entre les surfaces qu'on veut réunir avant de soumettre à l'étuve. Par ce moyen, pendant le passage à l'étuve, les portions élastiques et celles non élastiques en contact se trouvent solidement unies les unes aux autres.

Un autre moyen consiste à traiter ces compositions pendant qu'elles sont à l'état plastique, de manière à ce qu'elles se durcissent sous la forme désirée ; c'est à quoi l'on parvient par l'emploi du sable, de la stéatite pulvérisée, ou quelque autre matière analogue en grains ou en poudre, pour assurer et conserver aux compositions, pendant qu'on les chauffe, la forme suivant laquelle elles ont été d'abord moulées. A cet effet, les compositions de caoutchouc ou de gutta-percha ci-dessus décrites sont prises à l'état plastique, découpées, modelées, moulées, ou autrement sous les formes exactes qu'elles doivent conserver après la vulcanisation. Ainsi préparés, les articles sont couverts de stéatite en poudre, ou autre poudre analogue non adhésive, placés dans une boîte remplie de sable fin ou de stéatite en poudre, de façon que chacun d'eux en soit totalement environné et recouvert. D'ailleurs, pour que ces articles acquièrent une surface douce et unie, on doit les environner complètement d'une couche de stéatite, mais autour de celle-ci on peut mettre du sable. Les articles ayant été ainsi convenablement disposés dans la boîte, on soumet à la pression la stéatite, le sable, ou autre matière pulvérulente ; puis, à l'aide d'un couvercle, ou parfois seulement d'un poids, on maintient le sable ou autre matière ainsi raffermi en contact intime avec les objets pendant tout le temps de l'opération du chauffage. Les articles ainsi empaquetés sont placés dans un four ou une étuve et exposés à la chaleur, ainsi qu'on l'a expliqué précédemment ; et lorsqu'on les retire de la boîte, on trouve qu'ils ont acquis la dureté requise sans perdre la forme qu'on leur avait donnée avant de les placer dans le sable. C'est ainsi qu'on peut produire, avec une économie considérable de main-d'œuvre, une foule d'objets divers, tels que pièces d'ameublement et de toilette, couvertures de livres, boutons d'habits et de portes, manches de couteaux, jouets d'enfants, etc.

§ 5. Un autre moyen d'appliquer ces compositions, consiste à les unir, quand elles sont encore à l'état plastique, avec le

fer ou autres métaux, ou avec des matières liquides susceptibles de supporter sans altération un haut degré de température. A cet effet, l'objet en fer ou autre matière est rendu
rugueux dans les points de sa surface qu'on se propose de
mettre en contact avec la composition de caoutchouc ou de
gutta-percha ; puis cette composition est appliquée sur cette
surface rugueuse du métal. Quand on veut que la composition
serve d'enduit ou d'enveloppe à ce métal, une feuille mince
de celle-ci, d'une épaisseur d'un millimètre, et moins encore,
est pressée avec soin sur cette feuille pour chasser tout l'air
entre les surfaces adjacentes ; et pour établir un contact encore plus intime, on entoure l'objet de bandes de toile, de
drap ou autre matière analogue. Les matériaux ainsi traités
possèdent toutes les qualités recherchées ; le fer ou autre
métal donne la force, et la composition une surface dure et
résistante. On peut produire ainsi un grand nombre d'articles
propres à la sellerie et à la carrosserie, tels que : arçons de
selle, bricoles, mors, étriers, martingales, garde-crotte, etc.,
des objets d'ameublement très-variés.

Quand on veut combiner ces compositions au bois, il faut
que celui-ci soit pendant plusieurs heures préparé et traité par
la vapeur ou par quelque autre moyen, de manière à ce qu'il
ne se voile pas ou n'éclate pas à la haute température à laquelle on le soumettra ensuite.

Nouvelle combinaison du caoutchouc, par M. GOODYEAR.

47. On a déjà proposé de combiner les goudrons, la poix
minérale ou végétale, ou les bitumes avec le caoutchouc et
le soufre à l'aide de la chaleur ; mais jusqu'à présent on ne
paraît pas avoir réussi dans cette opération. Voici comment
j'y ai procédé avec succès.

Le produit du goudron de houille, ou la poix végétale ou
minérale que j'emploie, s'obtient en faisant bouillir le goudron des usines à gaz pendant deux heures et demi à trois
heures, ou jusqu'à ce qu'il ait acquis la consistance de la poix
de Bourgogne ou mieux d'une résine molle. Les parties aqueu-
ses et les matières gazeuses ayant ainsi été chassées, le résidu
a perdu son état poisseux, et peut être travaillé presque avec
la même facilité que le caoutchouc sans adhérer aux machines.

Ce résidu du goudron de houille peut être employé en
proportions considérables avec le caoutchouc, et procurer
ainsi une grande économie dans la fabrication du caoutchouc
dit vulcanisé, ou dans celles de matières dures présentant les

caractères de la corne et de la baleine ; de plus ces produits peuvent se combiner avec la céruse, les matières colorantes, ainsi qu'on l'a fait jusqu'à présent pour ces sortes d'articles. On peut les appliquer aussi à la fabrication des tissus imperméables grossiers dans la proportion de deux parties de goudron pour un de caoutchouc, les matières pouvant être broyées et pétries ensemble comme à l'ordinaire ; seulement on emploie une quantité de soufre plus forte que celle qu'admettrait le caoutchouc seul qui entre dans le mélange si l'on voulait le vulcaniser.

Le travail de la vulcanisation des matériaux combinés s'exécute à l'aide d'une élévation de température, comme quand on opère sur le caoutchouc et le soufre seulement.

Quand on veut fabriquer des articles d'une qualité supérieure, on emploie moins de goudron, mais toujours une proportion de soufre un peu plus forte que celle qui serait nécessaire pour vulcaniser le caoutchouc.

L'addition d'une grande quantité de goudron diminue l'élasticité du caoutchouc, et quand on fabrique une matière analogue à la corne ou à la baleine, on emploie un peu plus d'une partie en poids (6 à 7 pour 100) de soufre pour deux de caoutchouc, et on chauffe comme pour fabriquer du caoutchouc vulcanisé ; mais dans cette fabrication, et avec du goudron, il vaut mieux avoir recours à une chaleur sèche qu'à la vapeur d'eau ou une chaleur humide. Du reste, ces articles sont soumis à cette vulcanisation, comme à l'ordinaire ; seulement, pour les objets qui doivent rester durs, on chauffe pendant environ six heures, en élevant seulement la température jusqu'à 110º centig. pendant la première demi-heure, soutenant cette température pendant une heure et demie, et élevant peu à peu pendant le reste du temps jusqu'à 150 et 160º centig.

Les feuilles ainsi fabriquées peuvent être unies et réduites d'épaisseur en les passant entre des cylindres polis d'acier chauffés à 90º centig., et ces feuilles, introduites dans des moules chauffés, reçoivent et conservent des formes pures, nettes et délicates.

Dans la description ci-dessus, on n'a parlé que du soufre pour produire, à l'aide de la chaleur, ce qu'on appelle le changement de la matière ; mais tous les corps qui laissent dégager du soufre par la chaleur peuvent être employés au même usage.

On peut fabriquer d'excellents produits en laminant ensemble ou unissant des couches alternatives de tissus ou de nappes de matières filamenteuses avec le composé ci-dessus, en recouvrant l'une des surfaces ou toutes deux avec du caoutchouc vulcanisé, combinant avec des matières colorantes, laissant les fibres des tissus ou des matières filamenteuses à nu, etc.

Rapport fait par M. Jacquelain, à la Société d'Encouragement, au nom des comités des arts chimiques et des arts économiques réunis, sur la fabrication des produits en caoutchouc de M. Fritz-Sollier.

48. § 1. La Société se rappelle que, en 1830 et 1834, les comités des arts chimiques et mécaniques lui ont présenté deux rapports sur l'industrie du caoutchouc. Le premier a été rédigé par Labarraque, pharmacien distingué, lauréat de votre Société, avant d'appartenir à son conseil, et praticien habile dans la science de l'hygiène. Ce travail rendait compte, avec une discrétion honorablement motivée, de la fabrication des étoffes doubles, maintenues adhérentes entre elles et devenues imperméables à la faveur d'une dissolution de caoutchouc. Ces étoffes avaient été présentées par MM. Guibal et Rattier, auxquels on doit l'importation de cette industrie.

Le deuxième rapport, relatif aux tissus élastiques de MM. Guibal et Rattier, faisait connaître les manipulations par lesquelles devait passer le fil du caoutchouc pour être revêtu de coton, de laine ou de soie, et être ensuite livré au métier à tisser, afin d'en former divers objets, tels que sangles, ceintures, bretelles et jarretières. Ce deuxième rapport a été présenté par *Louis-Benjamin Francœur*, homme dont le talent élevé fut toujours empreint de bienfaisance et d'équité.

Dix-neuf années se sont à peine écoulées depuis cette dernière époque, et déjà on a vu surgir, principalement en Amérique, en Angleterre et en France, de nombreux inventeurs dont les recherches persévérantes ont fait du caoutchouc, diversement préparé, une des plus intéressantes et des plus curieures matières que le règne végétal nous ait produites.

Les applications du caoutchouc s'étant donc multipliées avec rapidité, votre rapporteur a dû parcourir tous les brevets *anglais* et *français* délivrés jusqu'en 1852, afin de mettre votre comité en mesure de formuler une opinion incontestable sur les procédés de fabrication et les produits que M. Sollier a soumis au jugement de votre Société.

En conséquence, nous aurons donc l'honneur de vous décrire cette industrie telle que M. Sollier la pratiquait à son usine de Surènes, près Paris, vendue en 1852 à MM. Guibal, rue Vivienne, puis nous essaierons de mettre en relief les points de cette fabrication qui méritent, par leur importance, d'être signalés à votre attention.

§ 2. Le travail général du caoutchouc, auquel ont assisté les membres des comités des arts économiques et des arts chimiques réunis, comprend quatre fabrications principales autour desquelles viennent se grouper tous les produits variés, livrés actuellement au commerce.

Nous avons donc à vous entretenir successivement : 1º de la fabrication des étoffes rendues imperméables à l'aide du caoutchouc.

2º De la fabrication des feuilles de caoutchouc pur volcanisées (1) au bain de soufre.

3º De la fabrication des feuilles de caoutchouc sulfurées par incorporation et volcanisées en vase clos.

4º De la production du caoutchouc en feuilles à la fois sulfurées et colorées par incorporation ; puis volcanisées en vase clos.

5º Enfin, de la composition du vernis au caoutchouc.

Pâte de caoutchouc épurée. — Examinons d'abord la préparation de la matière épurée, désignée sous le nom de *pâte de caoutchouc,* et de laquelle dérivent tous les autres produits.

§ 3. Que le caoutchouc nous arrive des Indes, de la Guyane ou du Brésil, il est indispensable de lui faire subir les opérations du découpage et du laminage en présence d'un filet d'eau, afin de le débarrasser de la majeure partie des corps étrangers de nature minérale ou végétale qui s'attachent au suc récolté pendant son exposition à l'air.

Si l'on opère sur des blocs de caoutchouc, on commence à les débiter en plaques de 5 millim. d'épaisseur environ, en présentant cette masse perpendiculairement au bord mince et tranchant d'un disque en acier, mû circulairement avec une grande vitesse autour d'un arbre horizontal en fonte. Le filet d'eau qui tombe sur ce disque n'a d'autre effet utile que celui de refroidir constamment le disque, le caoutchouc et de faciliter l'action du tranchant.

Si le caoutchouc se trouve au contraire, en morceaux amincis déjà comme du gros cuir, on se contente de le laminer plusieurs fois entre des cylindres horizontaux, animés d'un mouvement de rotation égal et constamment arrosés d'eau froide qui détache et entraîne les matières terreuses.

(1) Le rapporteur emploie le mot *volcanisé* pour *vulcanisé,* et il en donne les raisons dans une note. Une autre note fait ressortir, par d'autres motifs, le danger qu'il y a d'altérer ainsi les mots sans nécessité absolue. (Voyez plus bas.)

Le caoutchouc présente alors l'aspect d'une feuille de papier lacérée ou criblée de trous irréguliers. Cette division accélère l'action des dissolvants sur le caoutchouc, toutefois, après qu'il a subi une dessiccation spontanée à l'air.

§ 4. L'épuration mécanique étant terminée, on introduit 100 kilogram. de caoutchouc et 400 d'essence de térébenthine rectifiée dans des caisses carrées, ayant 80 centim. de côté et faites en bois doublé de tôle fortement étamée. On brosse de temps en temps. Vingt-quatre heures suffisent ordinairement pour que l'essence, en pénétrant le caoutchouc, le désagrège, le gonfle et l'amène à l'état de gelée très-consistante.

Cette masse pâteuse est alors placée dans les divers compartiments de paniers en tôle étamée, mais dont le pourtour cylindrique, les bases ainsi que les diaphragmes sont criblés de trous. On superpose ensuite ces paniers au nombre de huit, dans une colonne en cuivre, laquelle communique, par le bas, avec le col d'une chaudière, et, par le haut, avec un chapiteau suivi de son serpentin.

Deux réservoirs, l'un rempli d'eau et l'autre d'essence, alimentent la chaudière à mesure que les deux liquides dont elle est chargée d'abord se réduisent en vapeur, et que celles-ci se condensent dans le serpentin, après avoir passé et circulé à travers tous les paniers en caoutchouc.

Au bout de deux heures, l'équilibre de température s'est établi dans toute la masse de caoutchouc pâteuse ; par suite, sa fluidité a augmenté, mais pas assez pour que la matière puisse s'écouler à travers les trous du diaphragme.

Arrivé à ce point, il faut transporter aussitôt la matière dans la boîte d'une presse à vermicelle ; au fond de cette boîte, on place d'avance quatre à cinq toiles métalliques, ayant quelquefois la finesse du nº 100 ; et là, sous l'effort du piston, la pâte de caoutchouc, encore chaude, s'écoule purifiée de tous les corps étrangers qui ont été retenus par les toiles métalliques. Les caisses destinées à l'entrepôt de cette pâte sont carrées, construites en bois, doublées de fer-blanc, et présentent une capacité d'environ 80 centimètres cubes.

§ 5. *Étoffes imperméables.* — Lorsqu'on se propose d'imperméabiliser un tissu avec cette pâte de caoutchouc, il suffit de tendre une longueur d'étoffe de 33 mètres sur deux tambours en bois, mus par une manivelle ; de proportionner l'épaisseur de chaque couche à donner, d'après l'intervalle qui sépare l'étoffe d'une règle transversale en fer que l'on peut maintenir fixe à toutes les distances et toujours parallèle à l'étoffe.

Ensuite un ouvrier verse directement, ou par une trémie,
sa pâte le long de la règle sur l'étoffe, tandis qu'un autre
homme, au moyen de la manivelle, déplace l'étoffe en la faisant glisser sous la pâte et la règle dont le bord inférieur,
légèrement arrondi et bien droit, étale la matière en couche uniforme et aussi mince qu'il est nécessaire. Une étoffe
peu chargée reçoit ordinairement cinq à huit couches; celle
qui doit l'être davantage en reçoit jusqu'à quinze.

Pour réaliser une adhérence parfaite de toutes les couches,
pour éviter, en outre, le toucher poisseux et les petites soufflures dues quelquefois à l'air emprisonné; enfin pour que
le tissu perde le plus promptement possible l'odeur de l'essence, il est indispensable d'attendre l'entière dessiccation
de chacune des couches avant d'appliquer la suivante. Habituellement, il faut dix minutes pour étendre une couche;
et dix à quinze minutes pour la sécher.

Si l'on voulait enduire de caoutchouc l'endroit et l'envers
d'une étoffe, il faudrait abondamment saupoudrer avec du
talc tout le côté de l'étoffe qui a reçu l'enduit, la retourner
sur les tambours et recommencer sur l'envers la même application de caoutchouc.

Souvent, on doit préparer deux étoffes réunies et soudées
par du caoutchouc. Dans ce cas, il faut appliquer seulement
une ou deux couches sur l'une des étoffes; quand la dessiccation est achevée, on la transporte sur un rouleau, on place
l'autre étoffe sur les tambours afin de la recouvrir de six à
huit couches, et l'on rapproche les surfaces passées au caoutchouc en appliquant l'extrémité de la première pièce sur la
seconde.

A mesure que l'on fait tourner ensuite la manivelle, l'étoffe à huit couches se déplace, entraîne la première et détermine ainsi la superposition avec un commencement d'adhérence. Afin de rendre cette réunion stable et parfaite, on
se contente de passer enfin l'étoffe entre les cylindres d'un
laminoir.

§ 6. *Feuilles de caoutchouc pur.* — Nous venons de voir
que la fabrication des étoffes imperméables est une opération
calquée, sauf de légères modifications, sur la préparation des
toiles adhésives de *diapalme* et de *diachylum* exécutées
depuis longtemps en pharmacie. Supposez maintenant, qu'au
lieu de faire adhérer du caoutchouc à une étoffe, on se propose d'obtenir une feuille de caoutchouc de 30 mètres de
long, sur 1^m.30 de largeur et 1 millim. d'épaisseur; l'étoffe

alors est remplacée par une toile à tendre, sur laquelle on dépose une ou deux couches de pâte de farine; dès que l'enduit est sec, on procède comme par les étoffes imperméables, en observant toutes les précautions déjà mentionnées.

Le nombre des couches de caoutchouc s'élève ordinairement à 40 par millim. d'épaisseur. Une couche s'applique en dix minutes, et demande à peu près vingt-cinq minutes pour la dessiccation. La nappe de 30 mètres exigerait donc 24 heures pour se terminer; mais comme la dessiccation des couches se ralentit un peu à mesure que la nappe augmente d'épaisseur, on compte sur 48 heures pour obtenir une feuille de caoutchouc compacte et bien homogène. Observons toutefois, que l'adhérence de la première couche de caoutchouc pour la colle de pâte étant moindre que celle du caoutchouc pour lui-même, il en résulte que la feuille peut se détacher du fond qui la supporte sans la moindre déchirure, surtout quand on humecte légèrement le dessous de la toile sans fin.

Un seul inconvénient se présente, et M. Sollier a su le faire disparaître avec succès. En effet, quelque soin que l'on mette à préparer et à étendre la colle de farine, la surface de la toile ainsi collée présentait des sillons et des aspérités dont le caoutchouc recevait l'empreinte par sa surface inférieure, et par suite, la feuille n'était lisse que d'un seul côté. Mais si l'on étend d'abord sur la toile de fond, un mélange de colle, de farine et de mélasse, et que l'on le recouvre ensuite de plusieurs couches avec un mélange de colle-forte et de mélasse, on possède alors un lit toujours souple et d'un beau glacé qui permet d'obtenir des feuilles parfaitement lisses des deux côtés.

Toutes les manipulations que nous venons d'énumérer relativement à la préparation des feuilles de caoutchouc pur s'appliquent également soit à la fabrication des feuilles de caoutchouc sulfurées par incorporation, soit à celle des feuilles de caoutchouc à la fois sulfurées et colorées dans leur masse.

§ 7. *Feuilles de caoutchouc sulfurées et colorées par incorporation.* — On comprend qu'il faut dès lors pour les premières mélanger à la pâte simple de caoutchouc, une certaine proportion de soufre; et pour les secondes, y introduire en même temps le soufre et les matières colorantes.

L'état de division de la fleur de soufre sert merveilleusement pour cette opération, lorsqu'on emploie ce corps bien exempt d'acide sulfurique et bien desséché. Quant aux autres matières pulvérulentes, l'absence d'humidité ainsi que la ténuité de leurs molécules sont autant de conditions indispensables au succès de la fabrication.

Ainsi donc, suivant que la pâte à caoutchouc devra être grise, blanche, bleue ou rouge, on aura recours seulement au soufre ; ou bien à l'outremer artificiel, au vermillon mélangé de soufre et d'oxyde de zinc. Mais la consistance gélatineuse de la pâte épurée et sa viscosité n'admettaient pas d'appareil plus efficace que la broyeuse à cylindres pleins mue par la vapeur pour effectuer le mélange parfait des matières.

Ce dernier travail nécessite une première passe qui dure une heure environ pour un volume de pâte de 60 centim. cubes, puis une dernière passe qui n'exige pas moins de six heures.

Comme ce broyage occasionne toujours une perte d'essence qui tend à diminuer la fluidité de la pâte, comme l'addition des corps pulvérulents agit dans le même sens, afin de rendre le broyage plus facile et de diminuer aussi l'échauffement des cylindres, il importe d'augmenter un peu la proportion d'essence.

En adoptant ces précautions, l'on se procure des pâtes diversement colorées, très-homogènes, d'une grande finesse, à surfaces unies, avec lesquelles on confectionne ensuite des objets façonnés et gaufrés, de couleur, de formes et de souplesse qui répondent à toutes les exigences que la fantaisie et l'utilité réclament du fabricant.

§ 8. *Volcanisation.* — Je passe maintenant à l'opération désignée sous le nom de *volcanisation* (1), et qui a pour but

(1) Par *volcanisé*, on entend désigner le caoutchouc dont la souplesse et la ténacité se conservent dans des limites de température plus étendues que pour le caoutchouc ordinaire. Nous avons préféré le mot *volcanisé* à celui de vulcanisé, parce que le premier rappelle l'origine volcanique du soufre, et désigne en même temps une permanence de propriété, à laquelle on peut faire allusion, (d'après l'acception grammaticale du mot *volcanisé*) quand on compare l'élasticité passagère du caoutchouc simple à l'élasticité beaucoup plus durable du caoutchouc *volcanisé.*

(Note du rapporteur, page 247) (1).

(1) Par *vulcanisé* on a toujours aussi entendu désigner un caoutchouc ayant toutes les propriétés énoncées dans la note de M. le rapporteur, et d'autres encore qu'il passe sous silence. La préférence qu'il accorde au mot *volcanisé* est déterminée, dit-il, par une *acception grammaticale* qui est fort sujette à contestation, MM. les grammairiens ne s'étant pas encore prononcés à cet égard : et comme ces messieurs sont ordinairement d'avis très-divergents, il est fort à craindre que le public n'ait encore à attendre longtemps avant d'avoir un arrêt réglementaire et définitif. M. le rapporteur a substi-

essentiel de rendre le caoutchouc moins altérable par les alternatives du chaud et du froid en présence de l'humidité atmosphérique.

Le caoutchouc volcanisé possède en effet une élasticité plus durable et plus grande que le caoutchouc pur ; il se ramollit moins que ce dernier à la température de 40 degrés, il ne devient pas poisseux sous l'influence des rayons solaires, ne se gerce plus et ne durcit pas autant au froid soutenu de 5° centig., il reprend enfin sa forme élastique et ses dimensions primitives, même après avoir supporté une compression forte et longtemps prolongée.

De plus, le caoutchouc volcanisé contient habituellement 10 pour 100 de soufre interposé, ce qui n'est pas à négliger au point de vue du bénéfice réalisable par la différence des prix du soufre et du caoutchouc.

On connaît maintenant quatre procédés de volcanisation du caoutchouc :

1° L'incorporation du soufre en fleur, suivie d'un étuvage à la température comprise entre 115 et 130° centig., (procédé patenté en 1843. *Goodyear*) ;

2° L'immersion du caoutchouc dans le bain de soufre à la

tué *volcanisé* à *vulcanisé*, parce que *volcanisé* rappelle le *volcan* et que le soufre est d'origine volcanique. Mais une infinité d'autres corps ont la même origine, et *volcanisé*, pas plus que *vulcanisé*, ne fera comprendre que le caoutchouc doit à son mélange avec le soufre, *la souplesse, la ténacité*, etc. Il était alors bien plus simple d'employer directement les mots *sulfuré* ou *sulfaté*, qui étaient bien plus énonciatifs de l'emploi du soufre, que *volcanisé*. Certain chimiste très-connu avait aussi un excellent nom à donner au caoutchouc vulcanisé, mais, a-t-il dit, je me suis bien gardé de le mettre en avant ; car si chacun veut ainsi baptiser le produit à sa guise, il aura bientôt autant de noms qu'il y aura d'écrivains ; chacun, par d'excellentes raisons, trouvant le nom par lui donné préférable à tous les autres, et, alors, il n'y aura plus moyen de s'entendre. Ce chimiste a agi sagement : mieux vaut un nom donné un peu à la légère, peut-être, par la majeure partie des écrivains qui ont traité ce sujet, et que tout le monde a entendu et emploie, qu'un nouveau nom, fut-il mieux approprié, mais que personne ne connaît. C'est ainsi qu'en jurisprudence on adopte cet axiôme : *mieux vaut une loi médiocre exécutée qu'une loi plus parfaite qu'on n'exécute pas*. On ne doit, dans la science, changer les noms répandus qu'avec beaucoup de circonspection et lorsqu'il y a nécessité absolue, car de la confusion des mots dans le langage et dans les écrits, résulte la confusion dans les idées. Presque tous les auteurs qui ont écrit avant M. le rapporteur, s'étant servis du mot *vulcanisé*, qui n'offre aucune ambiguité, et indique l'action du feu, de la chaleur, on continuera à l'employer dans cet ouvrage, sans avoir, pour cela, l'intention de l'imposer à personne. On verra plus loin qu'il en a *été* de même pour le gutta-percha. Les choses en sont venues au point que beaucoup de gens, en parlant du caoutchouc vulcanisé, disent *vulcanisé* ou *volcanisé* : de même, en parlant du gutta-percha, ils disent *le* ou *la, gutta-perka* ou *percha*, comme on voudra.

température de 115 à 120° centig., jusqu'à ce qu'il ait absorbé de ce dernier le 1/10 ou le 1/6 de son poids. Cette immersion doit être suivie d'un étuvage entre 150 et 180° centig., dont la durée varie avec l'épaisseur de l'étoffe en caoutchouc (procédé patenté par *Thomas Hancock*, le 9 septembre 1843. Voir *Bulletin de la Société*, année 1846, p. 30). (Voir Nos 21, 22);

3° L'immersion à froid du caoutchouc pendant deux minutes environ, dans un mélange de sulfure de carbone et de protochlorure de soufre; vient ensuite l'étuvage à 19 degrés, puis un lavage à la solution de potasse, un rinçage à l'eau, et enfin, le séchage à l'air, (procédé patenté le 1er octobre 1846, par M. *Parkes*, de Londres). (Voir Nos 25, 29, 35, § 13).

4° L'immersion du caoutchouc pendant trois heures dans une solution aqueuse de polysulfure de potassium, marquant 23° Baumé; puis le lavage dans une solution alcaline, dans l'eau pure et sa dessiccation à l'air (procédé breveté en France le 6 novembre 1851, par MM. Gérard et Aubert). (Voir *Chap.* I, N° 15, § 2).

M. Sollier procède il est vrai, à la volcanisation de ses produits par les méthodes *Goodyear* et *Hancock*, selon qu'il travaille avec la pâte de caoutchouc sulfurée ou non sulfurée; mais il opère avec certaines précautions considérées à juste titre comme des perfectionnements simples, ingénieux et indispensables à leur bonne fabrication.

Avant le brevet du 12 août 1849, pris par M. Sollier, aucun moyen n'avait été publié pour volcaniser uniformément des feuilles de caoutchouc d'une grande longueur. M. Sollier a imaginé de maintenir dans le bain de soufre la feuille de caoutchouc toujours verticale et tendue, en fixant, par intervalles rapprochés, le bord supérieur de la feuille à une tringle en fer, cylindrique et courbée circulairement, et le bord inférieur à une tringle maintenue au fond du bain par des contre-poids.

Pour volcaniser, dans le bain, des feuilles d'une dimension plus grande que les précédentes, M. Sollier emploie fréquemment deux tringles roulées en spirale dans le même plan vertical, auxquelles il fixe l'étoffe, comme nous l'avons dit plus haut. Ce système permet d'obtenir une pénétration du soufre régulière, sans plis, sans soufflures pour le caoutchouc, et, par conséquent, une feuille volcanisée d'un ton uniforme; résultat inconnu avant les perfectionnements dont il vient d'être question.

Ainsi qu'il arrive toujours aux observateurs attentifs, M. Sollier a pu tirer un parti excellent du bain de soufre, en l'utilisant comme source de chaleur plus économique de beaucoup qu'une étuve chauffée de 115 à 135° centig., et destinée par conséquent à l'étuvage du caoutchouc sulfuré par incorporation.

Voici comment se pratique la volcanisation close applicable aux feuilles de caoutchouc sulfuré, ainsi qu'aux étoffes doublées de ce même caoutchouc : Veut-on volcaniser une étoffe ayant reçu le nombre de couches voulu, aussitôt après la dessiccation des couches? L'étoffe est saupoudrée de talc pour prévenir l'adhérence, puis enroulée sur un manchon de tôle ; le tout est ensuite recouvert de quelques tours de molleton et porté sur l'axe en bois d'un cylindre de tôle dont l'ouverture reçoit un couvercle qui ferme en même temps le manchon intérieur et le cylindre extérieur.

Ce dernier porte en outre deux petites cheminées qui laissent exhaler les corps gazeux, et permettent au moyen de montres en caoutchouc de même nature que l'étoffe, de connaître l'instant convenable pour retirer le cylindre du bain de soufre dans lequel on l'avait maintenu par des tringles et des poids, afin de surmonter la poussée du bain.

Habituellement la volcanisation exige quatre heures pour les étoffes doublées et deux heures pour le caoutchouc sans tissu. D'ailleurs, le temps de la réaction varie suivant l'épaisseur des pièces en expérience, et suivant aussi qu'elles reçoivent la température du bain, par l'intermédiaire d'une boîte en tôle ou d'un moule en bronze.

Quand il s'agit de volcaniser des objets découpés et de petite dimension, M. Sollier a souvent recours à des sacs de papier fortement enduits de colle de farine, afin d'obvier à l'infiltration du soufre. Par ces divers moyens brevetés le 15 septembre 1851, M. Sollier a évité les marbrures, et, surtout le travail ennuyeux de gratter les étoffes, toujours souillées de soufre après une immersion directe.

Le bain de soufre entre les mains de M. Sollier fonctionne donc à la fois comme matière sulfurante, et comme source de chaleur, selon qu'il se propose d'effectuer une volcanisation directe ou indirecte.

Les dimensions de ce bain sont de 80 centim. de profondeur et de 2m.25 de diamètre. On le maintient facilement à 115 degrés, avec une très-petite quantité de poussier de houille.

Après la volcanisation le caoutchouc répand encore une odeur désagréable; quelle que soit sa couleur, il produit la sensation d'un corps sec et farineux, l'aspect en est terne. Bientôt les surfaces se couvrent de soufre pulvérulent, et cette espèce d'efflorescence continue souvent pendant plusieurs mois. On fait disparaître tous ces inconvénients en désulfurant plus ou moins profondément la surface du caoutchouc, d'abord par une ébullition d'une à deux heures, dans une solution de potasse marquant 35° Baumé, ensuite par une ébullition dans l'hypochlorate de soude, enfin, par un lavage à l'eau froide et la dessiccation à l'air. Au sortir de ces divers traitements le caoutchouc présente généralement un toucher plus doux et des nuances plus agréables à l'œil; il reprend en outre plus ou moins la demi-transparence du caoutchouc pur, suivant que la désulfuration a été plus ou moins profonde. Cependant pour un fabricant exercé qui s'occupe de l'embellissement de ses produits, sans perdre de vue leur prix de revient et leur qualité, il y a toujours des perfectionnements à introduire.

§ 9. *Vernis pour le caoutchouc.* — M. Sollier s'est donc appliqué à découvrir la composition d'un vernis capable de communiquer du brillant au caoutchouc, et qui fût doué de souplesse, d'inaltérabilité autant que le caoutchouc volcanisé sur lequel on doit l'appliquer.

On y parvient, d'après M. Sollier, en faisant fondre du caoutchouc volcanisé dans un vase de fonte, et en ayant soin d'agiter constamment. Dès que la liquéfaction est complète et sans attendre le refroidissement, on ajoute, par petites quantités de l'essence de térébenthine, ou bien de l'huile de naphte, de l'huile de houille rectifiée, jusqu'à ce qu'on ait un liquide composé d'une partie de caoutchouc volcanisé pour 15 de dissolvant. Cette dissolution que l'on pourrait préparer avec plus d'art et qu'on devrait filtrer, s'applique à la dose d'une à deux couches, pourvue qu'on l'associe à une dissolution de caoutchouc ordinaire, afin de communiquer plus de souplesse au vernis.

Les couches de ce vernis sont d'autant plus brillantes que la solution mixte a été employée plus limpide, plus étendue et que la dessiccation s'en est faite avec soin à l'abri des poussières. Cette préparation a été brevetée par M. Sollier, le 7 octobre 1850.

Le 15 janvier 1851, M. Sollier a breveté la composition suivante :

Caoutchouc volcanisé.	0^k.250
Caoutchouc ordinaire.	1^k.000
Huile essentielle.	7^k.000

dans laquelle il suffit de tremper les objets de petite dimension, et de les exposer au soleil pour obtenir une couche luisante, souple et très-adhérente. On peut encore procéder comme il suit : Quand une feuille est sur le point d'être terminée, on y passe une ou deux couches de caoutchouc délayé le plus pur, qu'il faut sécher avant de les saupoudrer de soufre; vient ensuite l'étuvage à 40 degrés, puis la volcanisation, et enfin, la désulfuration, le lavage à l'eau distillée et la dessiccation à l'air. (Voir *Chap.* 1, *n°* 14, § 1.)

L'idée de colorer le caoutchouc à la surface est de *Storow*, 26 avril 1837. L'emploi des sels de cuivre seuls ou associés au sulfate d'indigo, les applications de l'outremer, du vermillon, du rose laque, de l'acétate de cuivre, du chromate de plomb, de l'oxyde d'Urane et de la céruse, ont été recommandés par M. Parkes, de Londres, patenté le 1er octobre 1846; mais la préférence accordée par M. Sollier aux sulfures métalliques comme matières colorantes, à l'exception d'une seule, doit être prise en considération. En effet les outremers artificiels d'Allemagne, qui fournissent des bleus, des jaunes et des verts d'une belle nuance, l'oxyde de zinc, le vermillon qui donnent des blancs et des rouges, n'éprouvent aucune altération à la température de la volcanisation, en présence d'un excès de soufre. Pourtant votre comité verrait, avec satisfaction, l'orpiment proscrit comme matière colorante jaune, vénéneuse, et remplacé par le sulfure de cadmium dont la teinte est fort belle, si le prix de vente de ce produit le permettait. Ce qui distingue M. Sollier de ses prédécesseurs, c'est le choix de ces matières colorantes, et surtout, le mode d'incorporation par les cylindres broyeurs. En appliquant ses procédés de fabrication au caoutchouc d'Assam, dont le prix est de 1 fr. 75 cent. le kilog. au lieu de 4 fr., prix du caoutchouc venu de Para (Brésil), M. Sollier a, non-seulement, préparé tous les produits présentés à votre Société, mais il a, le premier, pu fournir, à raison de 3 fr. le mètre carré, de bonnes toiles de bâches pour diligences et wagons, qui nous paraissent rivaliser avec les bâches simplement goudronnées, ou goudronnées et suivées, ou préparées à l'huile cuite et au suif.

Après avoir fait, au nom de vos deux comités, l'exposé des procédés employés par M. Sollier pour travailler et façonner le caoutchouc, il convient de rappeler, en quelques mots, les services rendus à l'industrie du caoutchouc par cet habile fabricant.

2. Transformer le caoutchouc en pâte à la faveur d'une huile essentielle ou de l'éther réduit en vapeur, recueillir les produits distillés, épurer la pâte à travers les toiles métalliques, la faire jaillir par des filières de toute forme, afin d'ob-

Caoutchouc.   14

tenir à volonté des fils, des nappes de caoutchouc et au besoin, des étoffes doublées de caoutchouc étalé au moyen du sparadrapier, sont des opérations créées, décrites et pratiquées par M. Barthélemy, suivant son brevet du 16 janvier 1838 (1).

Mais l'idée de déposer sur l'étoffe un certain nombre de couches très-minces, et d'attendre la dessiccation parfaite de chacune d'elles, constitue un perfectionnement indispensable, imaginé par M. Sollier, pour obtenir une épaisseur de caoutchouc résistant, homogène, sans viscosité ni soufflures.

La toile de fond, glacée par un enduit de gélatine et de mélasse est une application heureuse de produits connus, pour obtenir des feuilles de caoutchouc lisses des deux côtés. Ce résultat a été breveté par M. Sollier, le 15 janvier 1851.

L'emploi de la fleur de soufre lavée ; celui des cylindres broyeurs pour avoir une incorporation uniforme des matières pulvérulentes dans la pâte de caoutchouc, le moyen de tendre les étoffes pendant sa volcanisation dans le bain de soufre, la volcanisation en vase clos dans les cylindres, dans des sacs de papier, constituent certainement des perfectionnements et inventions d'une grande partie, pour la préparation des produits d'une fabrication soignée, qui n'a pas encore été surpassée à l'étranger.

3. Nous pouvons citer encore, comme travaux antérieurs de M. Sollier, la désulfuration plus ou moins profonde du caoutchouc volcanisé ; c'est-à-dire, l'élimination du soufre d'interposition, et par conséquent le retour à la transparence de ce caoutchouc désulfuré partiellement, sans préjudice pour sa résistance à la chaleur et au froid ; nous citerons sa substitution des chevilles en bois, et de forme un peu elliptique, à tous les robinets métalliques adaptés aux sacs et aux vases de caoutchouc, la fabrication des fils ronds, découpés, dans les nappes artificielles de caoutchouc épuré, ou, ce qui est de beaucoup préférable, dans les feuilles d'une très-grande étendue, provenant du caoutchouc naturel mis en blocs cylindriques et débités à la scie.

<hr>

(1) La Société d'encouragement n'ignore pas que MM. *Gérard* et *Aubert* ont pris un brevet, le 24 septembre 1849, pour un procédé de dissolution du caoutchouc et son application à la fabrication des fils, des tubes, etc., puis un autre brevet, le 6 novembre 1851, pour les diverses applications du caoutchouc. Mais ces procédés qui ont obtenu un rapport favorable de la Société, se trouvent postérieurs à ceux de M. Sollier ; le rapporteur a dû s'abstenir de les mettre en cause et de les commenter, puisque en définitive, ils n'ont pu exercer aucune influence sur les inventions de M. Sollier.

(Note du rapporteur.)

D'après ce qui précède, vos comités, considérant M. Sollier comme un des plus habiles fabricants français, qui ont puissamment contribué à perfectionner l'industrie du caoutchouc, vous proposent : 1º d'adresser des remerciements à M. Sollier, en lui exprimant toute l'importance que votre Société accorde à sa communication et à ses inventions; 2º d'insérer le présent rapport dans le *Bulletin*. — Signé Jacquelain, rapporteur. — Approuvé en séance, le 27 juillet 1853.

49. On fait avec le caoutchouc des pois à cautère, doués de la faculté de pouvoir être comprimés pour leur introduction dans la plaie, et qui présentent ensuite l'avantage de se gonfler par la chaleur. M. Le Perdriel, pharmacien distingué, qui a obtenu une médaille de bronze à l'exposition des produits de l'industrie en 1849, pour la confection des bas élastiques en caoutchouc, dont il sera parlé plus bas, fait, à l'occasion des pois en caoutchouc, les remarques qui suivent : « Il était à regretter, dit-il, que, parmi les substances employées, les unes fussent inertes, comme les boulettes en cire, en ivoire, en résine, ou présentassent, comme les pois formés avec de l'iris et l'orangette, l'inconvénient de se déformer, de déchirer les tissus et de causer alors des douleurs souvent intolérables. A ces agents, plus ou moins défectueux, j'ai substitué, ajoute M. Le Perdriel, avec avantage des pois en caoutchouc. Pénétrés par la chaleur humide de la plaie, ils se gonflent modérément, en conservant leur forme première. Le caoutchouc leur donne l'élasticité nécessaire pour se prêter aux mouvements des muscles, et à la forme des parties, de manière à éviter toute douleur. La guimauve et le garou qui entrent dans leur composition, les rendent émollients et suppuratifs, en sorte que par l'emploi des uns ou des autres, continu ou alternatif, selon l'état de la plaie, on entretient constamment une sécrétion salutaire, et plus ou moins abondante.

« Ces pois, qui se prêtent à toutes les formes, permettent aux médecins d'établir, selon la gravité des cas, des cautères aussi larges et aussi profonds que la thérapeutique peut l'exiger et sans crainte que le malade en puisse être incommodé. »

Il nous a été remis deux chapelets de ces pois : un de chaque espèce, et nous avons pu nous assurer par nous-même de l'exactitude d'une partie des faits avancés par l'inventeur : ils sont bien faits, le trou est rentrant par chaque orifice, ils sont doux au toucher, veloutés, élastiques, d'une odeur très-agréable, des personnes qui en ont fait usage, nous ont assuré en avoir été on ne peut plus satisfaites.

Bas pour varices, en caoutchouc, sans couture, avec ou sans lacet, par M. Le Perdriel, pharmacien, à Paris.

50. « Ces bas (nous copions le factum de l'auteur) sont, de l'aveu de tous les médecins, le bandage le plus convenable pour la compression méthodique des membres inférieurs, affectés de varices, d'ulcérations, d'engorgements œdémateux, suite de fractures, d'entorses, d'affaiblissement, etc.

» Ils sont en caoutchouc, c'est-à-dire qu'ils se prêtent, par leur élasticité et leur souplesse extrême, à la forme variable des membres, et même aux difformités, sans gêner les mouvements musculaires et sans faire obstacle à la circulation. Ils sont, suivant les cas, ouverts ou non, lacés ou non, fourrés ou non fourrés. Le tissu de ces bas, fabriqués au métier, offre une régularité parfaite dans la disposition des mailles, sans qu'aucune couture vienne offenser l'épiderme. Comme ces bas sont faits à jour, et que dès lors, ils sont perméables à l'air, ils n'ont pas l'inconvénient, inséparable de tous les bas en peau, ou même en coutil, de provoquer ou de retenir la transpiration qui amollit l'épiderme....... Ces bas peuvent être réparés dans toutes leurs parties. La compression régulière et continue qu'ils exercent, dégorge peu à peu les vaisseaux variqueux et lymphatiques, amène un prompt soulagement, et souvent même, une guérison complète.....»

Les bas de M. Le Perdriel, sont de deux sortes : les uns, très-rigides, peuvent opérer une très-forte compression, sont régulièrement faits, et susceptibles d'extension en largeur et en longueur, les autres plus doux, plus fins, d'une maille moins apparente ne sont extensibles qu'en largeur et sont rigides dans le sens de la longueur. Ces produits sont très-dignes d'attention, et nous doutons que les bas en hélice (*Voyez* fig. 94, 95 et n° 42, § 46, 4°.), que nous n'avons pas été mis à même de voir, puissent remplir plus efficacement le but que les fabricants se proposent d'atteindre.

Garniture en caoutchouc sulfuré pour les tuyaux de conduite d'eau et de gaz.

51. L'ingénieur de la compagnie des eaux de Londres, M. *Th. Wicksteed*, a fait à cette société un rapport détaillé, relatif à des expériences qu'il a entreprises sur un nouveau mode de garniture des tuyaux de conduite d'eau et de gaz,

de l'invention de M. Brockedon. Nous ne pouvons rapporter ces nombreuses expériences, concernant en grande partie, les prix relatifs du caoutchouc et du plomb ; elles seraient peu concluantes en France, les prix n'étant pas les mêmes qu'en Angleterre, ce sont les conclusions qu'il importe surtout de connaître.

« Pour les conduites de gaz, M. Aikin a démontré que le caoutchouc sulfuré est une matière durable, qui n'est pas attaquée par les produits de la houille qui se rassemblent dans les tuyaux : la garniture en caoutchouc pouvant résister à une énorme pression est, à son avis, la meilleure substance qu'on puisse employer pour assembler les tuyaux à gaz : il assure qu'elle vaut mieux que celles en plomb, en bois ou en ciment.

» Aucun des produits des égouts n'affecte sensiblement le caoutchouc sulfuré.

» Les substances principales abandonnées à la distillation par la houille sont : l'hydrogène carburé, et le gaz oléifiant, l'hydrogène sulfuré, l'ammoniaque et le goudron. Ces produits sont-ils capables d'agir sur le caoutchouc vulcanisé ! le rapporteur, qui se fait cette question, y répond : « je suis disposé à croire qu'au bout d'un temps très limité, l'extrémité, ou surface antérieure des boudins (comprimés entre le tuyau mâle et le tuyau femelle), doit se couvrir d'une couche mince de goudron qui s'oppose efficacement au contact des autres matières qui n'ont pas même, une action bien constatée sur le caoutchouc vulcanisé.

» Le naphte, produit de la rectification du goudron de houille, est capable de dissoudre le caoutchouc ; mais le seul effet qu'il produise, même à la température de l'ébullition, consiste, lorsqu'il est vulcanisé, à le faire gonfler. Si le goudron brut produisait un semblable effet, ce qui est douteux, la conséquence en serait que l'extrémité du boudin de garniture exposée se gonflerait et rendrait ainsi plus efficace sa garniture qui l'était déjà suffisamment auparavant.

» L'ammoniaque la plus concentrée n'a pas exercé la moindre action dissolvante, même sur le caoutchouc naturel pendant une digestion qui a duré plusieurs mois.

» L'hydrogène sulfuré n'a pas eu non plus d'effet sensible sur le caoutchouc ordinaire qu'on y a plongé pendant plusieurs jours. Si, par suite d'une action longtemps prolongée sur le caoutchouc sulfuré, il y avait une petite quantité de soufre d'enlevée, il n'en résulterait aucun dommage pour le boudin ; car le caoutchouc vulcanisé peut renfermer un grand excès de soufre, sans perdre rien de son élasticité et de ses autres propriétés précieuses.

» Comparativement aux deux seules substances employées, le bois ou le plomb, il convient de prendre en considération, relativement à la durée, que le bois éprouve, pour être chassé à sa place, une compression dont la violence endommage plus ou moins sa contexture et affaiblit la cohésion latérale de ses fibres, le caoutchouc n'ayant aucune porosité sensible, et jouissant d'une consistance et d'une contexture parfaitement homogènes, qui excluent, non-seulement toute introduction d'air et d'humidité, de la capacité que la substance occupe; mais ne sont sensibles à aucune altération mécanique, même à l'aide de la compression la plus violente.

» Le plomb n'est pas plus poreux que le caoutchouc; mais comme il est presque totalement dépourvu d'élasticité, on conçoit que, sous ce rapport, il est moins efficace pour s'opposer aux fuites. Il se manifeste probablement quelque action galvanique, entre le plomb et le fer qui tend à oxyder ce dernier; et lorsque cette action galvanique a cessé par suite de l'interposition d'une couche d'oxyde de fer entre les deux surfaces métalliques, le plomb lui-même s'oxyde à la superficie par l'effet combiné de l'air et de l'humidité.

» Je ne vois donc aucune raison pour douter que les boudins ou anneaux de caoutchouc sulfuré, employés à l'assemblage et à la garniture des tuyaux en fer pour la conduite des eaux ou du gaz d'éclairage, n'aient au moins une aussi longue durée que les meilleurs moyens mis actuellement en pratique, tout en fournissant probablement des conduites bien plus étanches. »

Exposition des produits de l'industrie de 1849 (1).

Rappel de médaille d'or, par MM. Rattier et Guibal, *rue des Fossés-Montmartre, 4.*

52. L'industrie des tissus imperméables a reçu un nouvel élan, par la découverte des propriétés particulières qu'ac-

(1) Nous ne donnons pas de cette exposition un rapport aussi détaillé que des précédentes, parce que le livret n'a pas, comme jadis, été délivré aux exposants, on n'a donné qu'un catalogue tellement abrégé qu'il n'a pu être d'aucune utilité pour personne. Mais, d'ailleurs, la nouvelle composition du jury avait apporté quelque trouble dans l'ensemble de ses opérations, et nous croyons qu'il est plus prudent à nous de citer purement et simplement les noms des fabricants qui ont exposé. On appréciera notre réserve à cet égard, en lisant attentivement le rapport sur l'industrie de MM. R et G, que nous avons relevé seul et comme spécimen.

quiert le caoutchouc, lorsque par un procédé quelconque, il a été mélangé d'une certaine quantité de soufre. MM. Rattier et Guibal, qui les premiers, on introduit en France l'usage du caoutchouc vulcanisé, ont établi sur une grande échelle dans leur fabrique de caoutchouc manufacturé, un atelier pour la vulcanisation.

Le procédé d'origine américaine dont ils se sont rendus possesseurs, leur donne sur leurs concurrents l'avantage de pouvoir produire de gros blocs de caoutchouc vulcanisé, et par conséquent, de pouvoir appliquer ce produit à des usages auxquels celui des autres fabriques est impropre à cause de sa faible épaisseur, cette fabrique peut seule livrer aux chemins de fer les rondelles de caoutchouc vulcanisé, destinées aux tampons des locomotives et des wagons.

MM. Rattier et Guibal, ont dernièrement fait des essais pour introduire dans l'industrie l'usage d'une nouvelle espèce de caoutchouc, connue sous le nom de gutta-percha, qu'ils espéraient pouvoir appliquer à la fabrication d'objets nécessitant une grande résistance, et une grande inaltérabilité aux graisses et aux huiles. Ils avaient même fait construire des appareils pour le traitement en grand de cette matière ; mais jusqu'à présent, le gutta-percha n'a pas répondu à leur attente, la propriété qu'elle possède de se ramollir à la température de l'eau bouillante et son prix assez élevé lui nuisent dans une foule d'applications, et le seul produit commercial qu'on en tire, consiste en courroies, en cordes, pour les transmissions de mouvement dans les usines, et en roulettes, que les filatures leur commandent en assez grande quantité pour leurs métiers et dont elles paraissent satisfaites.

Le jury rappelle la médaille d'or obtenue en 1839, par MM. Rattier et Guibal.

Médailles d'argent.

MM. Fritz-Sollier, bandes de billard, Lyon.
Flamet jeune, à Paris.

Rappels de médailles de bronze.

Gagin (Philippe), Montmartre (Seine).
Térisse, successeur de Cabirol, Paris.

Médailles de bronze.

Péroncel à Paris.
Lacroix-Lassez, bâches imperméables, Paris.
Huet (Abraham), tissus élastiques, Rouen.
Sauvage et compagnie, tissus élastiques, Rouen.

Rappels de mentions honorables.

MM. Grossmann et Wagner, Paris.
Brioude-Sans-Refus, Paris.
Modot, Paris.

Mentions honorables.

Barthélemy, Saint-Ouen (Seine).
Garnier, Paris.
Dutertre, Laigle (Orne).
Leunenschloss, tissus élastiques, Paris.

Nouvelle citation favorable.

Bouton, Batignolles (Seine).

Citations favorables.

Tintillier, Paris.
Ducourtioux, Paris.
Cantier (Ve) et Naves, Paris.

DOCUMENTS SUPPLÉMENTAIRES.

Brevet d'invention de 15 ans, en date du 30 décembre 1847, au sieur Schmerber, à Mulhouse (Haut-Rhin), pour l'application de ressorts en caoutchouc aux marteaux de forge.

53. Cette application, indiquée dans le brevet, est complétée dans le certificat d'addition suivant, en date du 17 avril 1849.

Pl. 3, les figures 98, 99 et 100 représentent un marteau-pilon, mû par courroie et came, dans lequel sont appliqués deux ressorts en caoutchouc A et B.

Le ressort A reçoit le choc de la came, et le ressort B est destiné à renvoyer le marteau arrivé au haut de sa course.

La variation d'intensité des coups se fait, dans ce marteau, en faisant passer plus ou moins la courroie de la poulie fixe sur la poulie folle.

L'application de l'invention serait pareille pour un marteau mû par plusieurs cames, et l'arbre, au lieu d'être mû par une courroie, pourrait l'être aussi bien par des engrenages ou par une machine à vapeur agissant directement sur l'arbre.

Les figures 101 et 102 représentent l'application des ressorts en caoutchouc aux marteaux-pilons, destinés à donner un très-grand nombre de coups avec peu de levée. Dans cette application, l'arbre passe dans l'axe du marteau ou à peu de distance, au lieu d'être tout-à-fait en dehors du marteau, comme cela a lieu dans mes pilons à haute levée.

Une ou plusieurs cames en spirale C, en agissant sur le marteau M, le lèvent.

Comme la vitesse de levée du marteau est faible, j'ai supprimé dans cette application le ressort destiné à amortir le choc de la came, que j'ai introduit dans des marteaux-pilons à haute levée, et il n'existe plus que le ressort R, destiné à renvoyer le marteau arrivé au haut de sa course.

Ce ressort peut être organisé de manière à serrer constamment sur le marteau, dès qu'il commence à se lever, ou à ne le serrer que quand il est déjà arrivé à une certaine hauteur.

Au moyen d'une vis V, placée au dessus du ressort R, on peut donner à ce dernier des tensions plus ou moins grandes, afin d'avoir des coups plus ou moins violents.

Ce système peut tout aussi bien marcher horizontalement ou incliné que verticalement.

Les figures 103 et 104 représentent deux applications distinctes des ressorts en caoutchouc aux marteaux à manche.

La figure 103 indique un ressort en caoutchouc placé au-dessous de la queue du marteau, et destiné à renvoyer ce dernier, arrivé à la fin de sa levée.

La figure 104 fait voir un ressort en caoutchouc, situé au-dessus de la tête du marteau, et servant au même but que le ressort de la figure 103.

Le ressort peut être placé vis-à-vis d'un point quelconque du manche du marteau, et l'effet restera le même.

Les boîtes des ressorts pourront être verticales ou inclinées, et fixées et construites de diverses manières, suivant les exigences de chaque marteau à manche.

Les mêmes applications et les systèmes qui en résultent, peuvent être appliqués à la tannerie mécanique et à l'estampage de toutes sortes de pièces.

Certificat d'addition, en date du 22 décembre 1849.

Cette addition a pour objet l'application spéciale des ressorts en caoutchouc aux marteaux-pilons à vapeur.

La figure 105 indique cette application.

Au-dessus du piston P, sous lequel agit la vapeur, se trouve un ressort en caoutchouc destiné à renvoyer ce piston, quand il vient choquer contre le butoir B, sur lequel posent les rondelles R en caoutchouc.

Ce ressort en caoutchouc sert à deux fins :

1° A diminuer le temps de la chute du marteau ;

2° A empêcher les accidents qui résultent souvent de ce que l'ouvrier, conduisant le marteau, n'arrête pas assez tôt l'admission de la vapeur sous le piston P.

L'appareil du ressort, au lieu d'être dans l'intérieur du cylindre à vapeur, pourrait tout aussi bien être fixé au-dessus de ce cylindre d'une façon quelconque.

Brevet d'invention en date du 16 août 1847, au sieur HANCOCK, *de Londres, pour une préparation du caoutchouc.*

54. Il s'agit d'abord de la préparation du caoutchouc vulcanisé, qui se fait de même manière que pour le gutta-percha (*voyez* 2e Partie, Chap. 1er, nos 25, 26, 27 et 28). Il faut une partie de soufre pour 6 ou 8 parties de caoutchouc.

Cependant ce caoutchouc vulcanisé a une odeur assez désagréable, et l'inventeur obtient de la manière suivante un produit analogue au caoutchouc vulcanisé, mais qui n'a aucun des inconvénients de ce dernier. On ajoute au caoutchouc du sulfure d'antimoine ou de l'hydrosulfate de chaux dans la proportion de 48 de caoutchouc pour 6 de sulfure ; on ajoute encore 1 de soufre ; quand le mélange est effectué, on le met dans une chaudière que l'on chauffe jusqu'à 130 degrés environ. L'opération dure d'une demi-heure à deux heures, selon l'épaisseur des feuilles de caoutchouc.

Pour améliorer la qualité du caoutchouc pur ou du caoutchouc vulcanisé, on l'expose pendant une ou deux minutes à l'action du bi-oxyde d'azote, ou bien on le plonge dans une dissolution bouillante de chlorure de zinc pendant un temps qui varie d'une à cinq minutes. Dans les deux cas on lave le caoutchouc dans de l'eau pure ou un peu alcaline.

Voici une substance faite avec du caoutchouc, qui peut avoir quelques emplois utiles.

On met dans une machine à mastiquer 6 parties de caoutchouc et 1 de chlorure de zinc. Ce mélange obtenu peut être vulcanisé ou traité par le sulfure d'antimoine.

On fera du caoutchouc poreux propre à rembourrer des meubles ou des tampons de voitures de chemin de fer, en prenant 42 parties de caoutchouc humecté avec un dissolvant quelconque, térébenthine, naphte ou bisulfure de carbone ; 6 parties d'hydrosulfure de calcium ou de sulfure d'antimoine, 10 de carbonate d'ammoniaque ou de chaux et 1 de soufre. On soumettra le mélange à une température de 130 degrés environ.

On donnera du poli au caoutchouc en le vulcanisant ou en le traitant par du sulfure d'antimoine, puis en le brassant avec une solution de résine faite dans de l'huile bouillante, et en le chauffant à 40 degrés environ de deux à cinq minutes ; on le polit ensuite par les moyens employés par les vernisseurs à la laque.

Brevet d'invention de 15 ans en date du 14 octobre 1848, au sieur Van-Gils, *à Paris, pour l'emploi du caoutchouc dans la confection des pianos et des orgues.*

55. L'inventeur emploie le caoutchouc, pour les ressorts, les marteaux, les tampons, enfin pour toutes les parties des orgues et des pianos qui peuvent recevoir cette application.

Ressorts perfectionnés en caoutchouc pour locomotives et voitures de chemin de fer, par M. W.-G. Craig.

56. Ces ressorts, inventés par M. Craig, inspecteur des locomotives des chemins de fer du Monmouthshire, ont été construits avec intelligence par M. Coleman. Il y en a trois modèles.

La figure 147, pl. 4, est le premier modèle qu'on applique comme ressort de suspension aux locomotives. Ce ressort consiste en un cylindre de caoutchouc préparé A, A de 22^{cent}.5 de longueur et autant de diamètre, percé au milieu d'un trou de 30 millim. de diamètre pour le passage de la cheville, porté par un plateau en fer forgé, d'une épaisseur de 28 millim. qui repose sur un épaulement de la cheville et recouvert par un autre plateau et une traverse à travers laquelle passent les tirants de ressort attachés par le bas au châssis extérieur et assujettis dans le haut par des écrous et contre-écrous. On prévient toute dilatation latérale du caoutchouc au moyen de deux anneaux en fer de 18 millim. d'épaisseur et on obvie à la pression et au frottement à l'intérieur sur la cheville par un ressort à boudin en fil métallique très-fort ou mieux avec de grosses viroles en fer.

Afin d'éviter l'inconvénient dont on se plaint souvent lorsque les convois franchissent des points de la voie qui sont raboteux ou qui ont perdu leur niveau, c'est-à-dire les soubresauts de la machine à raison de la grande élasticité des ressorts, on a jugé utile d'insérer entre le plateau du bas et la face supérieure du châssis un autre petit cylindre de caoutchouc B, B afin d'absorber le recul ou la réaction du ressort et empêcher que le mouvement ne soit retransmis du ressort au bâti. Cette introduction a produit l'effet désiré et on a remarqué que la machine a marché ensuite d'une manière uniforme et ferme à toutes les vitesses, quelque considérables que fussent les inégalités de la voie.

Dans les machines à châssis intérieur et où l'on n'a que peu d'espace à accorder aux ressorts, on emploie deux et parfois trois cylindres.

Dans l'application de ce même modèle de ressort à un tender, le caoutchouc a 16^{cent}.25 de diamètre, 17^{cent}.50 de longueur, avec percement au milieu de 43 millim. Il porte sur une chaise en fonte boulonnée sur le châssis du tender, le plateau qui sert de base étant soutenu par des boulons de serrage sur la cheville qui passe librement à travers un trou percé dans la chaise et repose sur une plaque de fer forgé de 15 millim. d'épaisseur disposée pour s'adapter sur le haut de la boîte d'essieu.

La figure 148 présente une disposition semblable appliquée aux wagons.

Dans les voitures à voyageurs on emploie deux de ces ressorts par couples afin d'obtenir un plus haut degré d'élasticité sans augmenter la distance entre le centre de l'essieu et le châssis, et en même temps on introduit une boîte d'essieu modifiée pour satisfaire à ce qu'exige le double cylindre en caoutchouc.

La figure 149 montre le modèle perfectionné actuel de ressort de suspension de machine. On le désigne par le nom de ressort hydro-pneumatique. L'objet de ce modèle est d'obtenir le même degré d'élasticité avec une moindre quantité de caoutchouc, et on y parvient en amincissant le cylindre de caoutchouc A, A à l'intérieur et plaçant, dans la capacité ainsi laissée vide, un liquide B (on s'est servi jusqu'à présent de l'eau pour cet objet) qui, agissant par pression hydrostatique, distribue également la pression sur toutes les parties de la surface interne, ce qui fournit une bien plus grande étendue de surface portante que si la pression eût été bornée aux extrémités, et produit en réalité exactement le même effet qu'un cylindre solide homogène de caoutchouc.

Le liquide ne remplit pas entièrement la cavité du caoutchouc, du moins au moment où on l'introduit, mais on l'ajuste pour qu'il n'en soit ainsi que lorsque le ressort éprouve le maximum d'effort de la part des forces vives. L'air qui avait simultanément occupé l'espace laissé vide par le liquide se retire alors dans la chambre C, percée à cet effet dans la portion supérieure des pièces en fonte, et là, soumis à une condensation considérable, il exerce une réaction élastique puissante qui vient en aide au ressort pour reprendre son état d'équilibre.

On s'oppose à la fuite de l'air et du liquide par dessous le cylindre en caoutchouc en disposant la pièce moulée inférieure en forme de cuvette, avec une rainure sur le fond, de manière que lorsqu'on applique une pression sur le caoutchouc celui-ci s'engage dans les moindres fissures et procure ainsi une fermeture hermétique sans qu'il soit nécessaire d'interposer aucune autre matière.

Ces ressorts perfectionnés en caoutchouc ont été appliqués sur le chemin de fer de Monmouthshire ainsi que sur le *London and North Western railway*, où l'on ne monte plus les locomotives que sur ces sortes de ressorts. L'auteur, en les présentant à l'institution des ingénieurs constructeurs de Birmingham, le 27 avril dernier, est entré dans des détails étendus sur les avantages qu'ils présentent, nous donnerons ici un résumé de son mémoire.

Le chemin de fer du Monmouthshire, sur lequel on a appliqué pour la première fois ces ressorts, est un tronçon de 40 kilomètres de développement, du genre de ceux dits *tram-way* ou à rails plats, d'une structure tout à fait grossière, à voie inégale, raboteuse, présentant une série de courbes extrêmement brusques et de pentes et contre-pentes se succédant sans interruption. Sur un pareil chemin les ressorts en acier, les roues et les pièces de fatigue du matériel roulant n'avaient qu'une durée extrêmement limitée, et il n'était guère possible de faire un choix plus convenable pour soumettre à des épreuves les ressorts perfectionnés en caoutchouc de M. Craig. Or une expérience de six mois, avec un service d'hiver des plus rudes, ayant permis d'apprécier le mérite de ces ressorts, l'inventeur a pu résumer ainsi qu'il suit les avantages qu'ils ont présentés :

1° *Réduction du poids mort.* — Cette réduction est beaucoup plus considérable qu'on ne l'imagine au premier abord, parce que la réduction du poids ne se borne pas aux ressorts eux-mêmes, mais s'étend à un degré plus ou moins grand à beaucoup d'autres pièces de la locomotive, de la voiture ou du wagon, à raison de la douceur de leur action. Cette circonstance est particulièrement avantageuse dans le cas de la fonte, qui est sujette à casser non pas seulement à raison du poids qu'elle peut porter que parce qu'elle est impropre à résister à un effort, à un soubresaut et aux effets d'une force vive, qui se trouve en grande partie annulés par l'emploi de ces ressorts ; de manière qu'un mouvement d'une douceur uniforme et ferme remplace un mouvement très-préjudiciable au matériel roulant et surtout aux locomotives, et comme les pièces d'une locomotive qui fatiguent reçoivent en général une force extra pour pouvoir résister aux effets de ces forces vives quand on se sert de ressorts en acier, il en résulte que, lorsqu'on supprime ceux-ci, ces pièces peuvent être rendues plus légères sans nuire le moins du monde à leur résistance et à leur bon service. Toutefois, la réduction dans les ressorts eux-mêmes est considérable, et le poids ainsi gagné a cela d'avantageux dans les wagons qu'on peut l'utiliser pour le tonnage. L'étendue de cette réduction varie ainsi qu'on peut le voir par le tableau suivant, mais en moyenne on peut le fixer de 170 à 250 kilog. par machine et autant pour wagons.

Poids comparé des ressorts en caoutchouc et des ressorts en acier.

NATURE DES RESSORTS.	Caoutchouc.	Acier.	Réduction du poids.
	kil.	kil.	kil.
Ressorts de suspension pour locomotives.			
Caoutchouc. . . . . . 62 kil. 50 } Pièces en fer. . . . . 150 » }	212.50	»	»
Ressorts d'acier remplacés. . . .	»	425.00	212.50
Ressorts hydro-pneumatiques pour locomotives.			
Caoutchouc. . . . . . 50 kil. » } Pièces en fer. . . . . 300 » }	350.00	»	»
Ressorts d'acier remplacés. . . .	»	425.00	75.00
Ressorts de suspension et de traction pour tender.			
Caoutchouc. . . . . . 37 kil. 50 } Pièces en fer. . . . . 100 » }	137.50	»	»
Ressorts d'acier remplacés. . . .	»	550.00	412.50
Ressorts de suspension, de traction et de tampon de voitures.	225.00	»	»
Ressorts d'acier remplacés. . . .	»	487.50	262.50
Ressorts de suspension, de traction et de tampon de wagon.	175.00	»	»
Ressorts d'acier remplacés. . . .	»	437.50	262.50

2° *Fermeté dans le mouvement.* — On en a déjà expliqué la cause, et l'on doit ajouter que cette fermeté dans les locomotives à ressorts de caoutchouc est telle qu'elle étonne tous ceux qui sont témoins de leur travail sur la voie imparfaite où elles fonctionnent.

3° *Durée.* — Quoiqu'il ne se soit pas encore écoulé un temps suffisant pour éprouver la durée absolue de ces ressorts, cependant depuis le moment où l'on a commencé à les appliquer sur le chemin en question, et où le service a été extrêmement rude, s'il y avait eu la moindre trace de détérioration, il aurait été facile de s'en apercevoir. Mais parmi le nombre considérable de cylindres en caoutchouc qui ont été examinés après avoir fonctionné plus ou moins de temps, variant de quatre à six mois, tant sur les locomotives que sur les voitures et les wagons, pas un n'a présenté la plus légère altération depuis le premier jour où ils ont été mis en service, ni la moindre contraction permanente sur la longueur, ou une augmentation sensible dans le diamètre. On peut donc en conclure, avec quelque probabilité, que leur durée excédera de beaucoup celle des ressorts qu'ils remplacent et qui, sur le chemin en question, ont besoin d'être renouvelés très-fréquemment.

4° *Economie dans les réparations.* — La structure très-simple de ces ressorts fait présumer qu'il est bien difficile qu'il leur arrive des accidents ; par conséquent ils n'auront besoin que de peu de réparations. Les frais de réparations pour les ressorts en acier de quinze locomotives sur le chemin en question s'élevaient autrefois pour six mois à 6,020 francs ; ceux pour réparer les ressorts en caoutchouc de ces quinze machines pendant six mois ne se sont élevés qu'à 45 francs. L'économie dans les frais de réparation ne se borne pas d'ailleurs aux ressorts seulement, elle s'étend à la locomotive elle-même, aux voitures et aux wagons auxquels ils sont appliqués et à la voie elle-même. On a observé qu'il y avait bien moins de coussinets de rompus, de rails courbés, moins de graisse et d'huile dépensée pour les fusées, et que les dépenses d'entretien des wagons étaient réduites par l'emploi des ressorts en caoutchouc. On en a conclu qu'il était infiniment probable que par suite de l'absence de toute action de martelage ou de choc, la tendance du fer à la cristallisation ou à s'altérer dans sa nature, et par suite à se rompre subitement, devait presque disparaître par l'emploi des ressorts en caoutchouc, et que les essieux resteraient sains pendant une bien plus longue période, surtout parce que sous l'influence de ces sortes de ressorts les essieux ne montrent aucune disposition à s'échauffer.

5º *Dépense de premier établissement.* — Un ressort en caoutchouc n'excède dans aucun cas, pour dépense de premier établissement, un ressort en acier de même force. Le principe hydro-pneumatique est meilleur marché, surtout pour les locomotives, et procure en moyenne une économie de 20 pour 100 sur l'ancien système.

Les considérations précédentes ont été formulées principalement en vue des ressorts de suspension, mais elles s'appliquent tout aussi bien à ceux de tampon et de traction, et plus est considérable la proportion dans laquelle le caoutchouc remplace l'acier, plus il y a perfectionnement dans le matériel roulant et plus il y a avantage dans cette application.

Dans le tableau suivant, on va présenter l'augmentation dans l'affaissement des différentes espèces de ressorts en caoutchouc à mesure qu'on ajoute de nouvelles charges.

Tableau des affaissements croissants des ressorts.

CHARGE en tonnes anglaises.	RESSORT DE LOCOMOTIVE			RESSORT de wagon.	RESSORT de tampon.	RESSORT de traction.
	simple.	triple.	hydro-pneumatique			
	mèt.	mèt.	mèt.	mèt.	mèt.	mèt.
1/2 tonne (508 kilog.). .	0.02116	0.00635	0.01587	0.02222	0.00476	0.02541
1re tonne (1016 kilog.). .	0.01264	0.01264	0.02222	0.03175	0.01905	0.03804
2e » » . . .	0.00952	0.01264	0.00635	0.01587	0.00952	0.02540
3e » » . . .	0.00952	0.00952	0.00317	0.01264	0.00476	0.01587
4e » » . . .	0.00952	0.00635	0.00158	»	0.00317	»
5e » » . . .	0.00952	0.00635	0.00158	»	0.00476	»
6e » » . . .	0.00952	»	»	»	0.00476	»

Avant l'application des ressorts de traction en caoutchouc aux locomotives et aux tenders, les chaînes d'attache ainsi que la traverse de châssis étaient fréquemment brisées, mais depuis leur adoption on n'a rien observé de semblable.

En général, les ressorts ordinaires en acier laissent beaucoup à désirer dans leur travail sous le rapport de leur élasticité, de leur durée ou de leur économie. Est-ce la concurrence dans leur fabrication qui est cause qu'on n'apporte pas des soins convenables à leur fabrication, ou bien est-ce la dureté du service et le travail considérable qu'on en exige aujourd'hui qui dépasse les limites de leur capacité ? C'est ce qu'on ne saurait encore décider ; mais ce qu'il y a de certain, c'est qu'un genre de ressort qui paraît réunir les avantages de ceux dont on vient de donner la description mérite l'attention sérieuse des ingénieurs et des constructeurs.

On a reproché à l'origine à ces ressorts d'être trop élastiques et de produire un rebondissement fort étendu ; mais aujourd'hui on y a pourvu au moyen du petit cylindre B, B, qu'on a introduit, et qui présente assez de résistance pour faire disparaître entièrement tout rebondissement.

L'action du froid sur ces ressorts a été nulle jusqu'à présent, et l'hiver ils ont fonctionné tout aussi bien que dans toute autre saison. La chaleur n'a pas paru non plus les affecter, et M. Craig a cité deux locomotives où les ressorts ont été exposés à une très-haute température (peut-être 100° C.), dans le voisinage de la boîte à feu, sans qu'il en soit résulté aucune altération ou imperfection dans le service.

La matière employée est le caoutchouc préparé par le procédé de M. Moulton (*voyez* nos 32, 33) ; celui à l'état brut ne résisterait pas à une température un peu élevée ou à une pression et une action élastique constante. Pendant le travail des locomotives, la pression verticale sur les ressorts en caoutchouc paraît s'élever à environ 12 kilog. par centimètre carré. Dans le ressort hydro-pneumatique, elle est un peu plus considérable de 1/3 ou de 16 kilog.

Calfatage au caoutchouc.

57. On vient de proposer, en Amérique, de calfater les navires avec du caoutchouc. M. R.-F. Brooke, auteur de cette proposition, indique pour cela deux moyens. Dans le premier on pratique une rainure sur champ dans toute l'étendue des bordages qui doivent être en contact, on insère un cylindre de caoutchouc dans ces rainures et on presse les bordages l'un sur l'autre. Dans l'autre procédé, on place tout simplement une

bande de caoutchouc entre les surfaces. Dans ce mode de calfatage les joints sont, dit-on, beaucoup plus étanches que dans l'ancien procédé.

Brevet d'invention de 15 ans, en date du 15 novembre 1837, au sieur DOWSETT, *de Londres, pour un procédé de reliure.*

58. Par ma nouvelle méthode perfectionnée de relier, j'évite toute espèce de points et de couture, soit pour unir ensemble les feuilles ou pages d'un livre, soit pour les attacher au dos extérieur et à sa couverture ; par elle, en outre, je ne me sers plus, pour le dos intérieur d'un livre, des fortes et épaisses couches de la colle et de la glu employées maintenant. Je remplace enfin tous les moyens usités dans la reliure en formant tout simplement un dos intérieur d'une telle solidité, que les feuillets ou pages lui restent pour toujours attachés. Ce dos est en même temps tellement élastique, que lorsque le livre est ouvert, il reste de lui-même en cet état, sans bouger ni remuer, et qu'il forme en même temps, par le plat des deux côtés, une surface parfaitement unie et du même niveau.

Ce procédé, qui s'applique à toutes les branches qui se rattachent à la reliure sous quelque dénomination qu'elles puissent être, est, pour le brochage surtout, d'une grande valeur, puisqu'il procure plus d'un tiers d'économie dans le temps actuellement nécessaire à brocher. Pour arriver aux résultats ci-dessus énoncés, je procède comme suit : je rends siccative de l'huile de lin par de violentes ébullitions ; lorsqu'elle est presque sèche, je la fais dissoudre dans huit fois son poids d'esprit de térébenthine, deux fois et demie son poids d'éther, cinq fois son poids de camphre, de naphte ou de toute autre huile essentielle ; au lieu d'huile de lin, je puis employer et j'emploie également la gomme élastique, et même le bitume élastique qui découle des fissures du toit schisteux des mines de plomb du Derbyshire, et je les dissous de la même manière, par l'éther, la térébenthine et les huiles essentielles, en suivant toujours les proportions énoncées ci-dessus.

Ma composition étant ainsi préparée, je l'étends par couches horizontales et successives, deux généralement suffisent sur de la toile de coton, de la soie, du cuir, enfin sur toute espèce d'étoffe d'un tissu flexible, en ayant soin, toutefois, qu'une seule surface de l'étoffe reçoive la composition. En même temps, pour préparer le livre que je dois relier, je le mets dans une presse à couper, pour lui rogner une partie du dos, laissant en dedans de la presse autant de la marge du dos que possible. Pour avoir néanmoins en dehors de la presse une portion du dos du livre haute de 3 à 4 lignes (anglaises), en sus de cette partie du dos que je dois enlever, je place sur les bords de la presse, près du livre, deux lattes de la même hauteur que la partie du livre que je désire conserver ; j'affermis ces deux lattes pour qu'elles n'empêchent point l'action du fût ou du couteau. Je presse alors fortement mon livre, et le fût, en passant le long de la presse enlève seulement la partie que je veux rogner, puisque, en retirant les deux lattes, j'ai de libres sur le dos du livre, et ce en dehors de la presse, 3 ou 4 lignes en sus de ce que j'ai coupé. J'applique alors sur cette partie du dos du livre qui dépasse la presse ou les deux planches entre lesquelles je puis avoir placé mon livre avant de le mettre en presse, deux ou trois couches de la composition, en commençant par une plus déliée que les subséquentes, et en prenant soin de ne les appliquer l'une après l'autre que lorsque la précédente est sèche ; quand elles le sont toutes, ce qui arrive en peu d'instants, je place sur le dos du livre ainsi enduit un morceau de l'étoffe que j'ai préparée, comme déjà décrite en lui donnant la dimension du dos du livre, plus néanmoins des bords capables de servir à l'adhésion de la reliure ou couverture que je désire adapter au livre. Je frotte fortement avec un instrument cylindrique le dos, à l'effet que la matière dont l'étoffe est enduite, et celle du livre, ne forment plus qu'un seul et même tout ; si je désire que mon livre soit relié à la manière dite Bradet, je procède alors en suivant la méthode ordinaire employée à cet égard.

Le dos du livre étant parfaitement achevé, la reliure, en tout ce qui concerne l'application de la couverture et du brochage, est continuée et finie de la même manière qu'elle l'est par les moyens actuellement usités. Je dois faire observer que, pour éviter que l'effet du fût ou couteau, en passant sur les parties du dos du livre au fur et à mesure que la coupure s'opère, rende le dos entièrement lisse par ce frottement et empêche que les couches de composition que j'applique adhèrent, je rends ce même dos raboteux en le râclant avec un couteau, du verre ou tout autre instrument capable de produire le même résultat.

Dans la formation d'un registre ou d'un grand livre qui demande encore plus de solidité, je puis ne pas couper la partie qui doit former le dos, et procéder comme suit : je place l'une contre l'autre chaque feuille de papier, et je prends soin, en les mettant à la presse, que les plis, en s'approchant, forment une surface parfaitement unie et plate ; je les presse fortement et j'applique mes couches de composition et l'étoffe qui doit former la seconde partie du dos, de la même manière que lorsque le dos est coupé. Je finis, après, la reliure comme de coutume. Ce moyen serait également applicable aux livres, s'ils étaient composés et imprimés par simples feuilles de quatre pages seulement ; il est aussi applicable aux gravures, dessins, plans, musiques, lettres copiées par la machine, journaux que l'on désire conserver par séries, albums, livres de dessin, mémorandums, agendas et atlas, cartes de géographie, etc., etc. Pour les cartes de géographie et autres surfaces de dimension qui demandent, à cause de leur valeur, plus de soin à leur préservation, je les plie en deux ; aux plis extérieurs je colle un tissu léger de coton, de soie, de toile, etc., et, lorsque ces plis sont secs, je les mets à la presse, les enduits et je les finis comme je viens de l'indiquer pour les registres et grands livres. Pour brocher, je mets en presse trois ou quatre rangs de livres de quatre, cinq, six chacun, et même plus, si ma presse est assez grande pour les contenir, je les arrange, les presse et les coupe de la manière déjà décrite ; je les enduis tous ensemble, les couvre tous également de l'étoffe enduite, et quand cette opération est finie, je les ôte de la presse, et avec un couteau bien aiguisé, je sépare chaque livre l'un de l'autre, et je lui mets ensuite sa couverture, suivant l'usage accoutumé. Que ce soit de l'éther ou de l'huile essentielle employée à dissoudre, il faut toujours le faire à froid et boucher hermétiquement le vase qui contient l'huile de lin, comme je l'ai indiqué, ou la gomme et le bitume. On peut, lorsque la composition est préparée, augmenter les facultés siccatives en y joignant une petite quantité de litharge. En employant le caoutchouc ou gomme élastique, pour arriver plus facilement à le dissoudre, il faut l'exposer à l'action d'une forte colonne de vapeur d'eau bouillante ; après quoi, lorsqu'elle est bien gonflée, on la retire, on la sèche en l'exposant à une chaleur modérée, et on la coupe par petits morceaux à l'aide d'un couteau qu'il faut mouiller un peu ; elle reçoit alors bien plus vite l'effet des dissolvants.

Soit que l'éther soit employée ou d'autres huiles essentielles, il faut également, pour activer la composition et le séchement de ses couches sur l'étoffe et le papier, que la température soit celle de 25 degrés.

La couverture des livres peut aussi s'achever à l'aide de la composition ; elle est alors imperméable.

La susdite composition est applicable à la fabrication de toute espèce de carton, au lieu et de la même manière qu'avec la glu ou la colle ordinaire, et en mettant une couche entre deux feuilles de papier ; ce carton et ce papier peuvent être employés à la fabrication des chapeaux, à l'emballage, à fabriquer des cartouches, munitions de guerre, à envelopper les corps morts, enfin à la fabrication des divers objets d'art, d'industrie et de commerce, et à tout ce qui demande à être préservé de l'eau, de l'humidité et de l'air.

Premier brevet d'addition et de perfectionnement
(30 janvier 1838).

Lorsque les livres, registres, cahiers, albums, atlas, etc., etc., sont pliés en feuilles simples, j'en forme le dos comme ceux des registres, de grands livres, de la manière décrite dans ma demande du 10 juin dernier ; mais lorsqu'ils sont pliés par sections, in-4°, in-8°, in-12, etc., etc., je suis obligé d'en couper le dos pour leur appliquer ma nouvelle méthode. Pour obvier à cet inconvénient de couper le dos et de rendre ainsi les feuillets ou pages séparés et indépendants les uns des autres, j'emploie le moyen suivant :

A l'aide d'un couteau, d'une scie, ou de tout autre instrument tranchant capable de remplir le même but, je fais au dos des livres, registres, cahiers, albums, atlas, etc., etc., au lieu de les couper, des incisions ou crans horizontaux, de la même manière que l'on fait ceux appelés grecs. Je règle la profondeur et la quantité de ces incisions ou crans, suivant le format du livre, registre, etc., etc., en prenant soin d'en faire un en haut et un autre en bas, le plus près possible des extrémités du dos, là où plus tard j'attache la tranche-file. Je remplis, avec une préparation d'huile de lin ou de caoutchouc liquide, les incisions ou crans, en observant que je dois parfaitement enduire tous les feuillets et pages qui ont été touchés par l'action du couteau ou de la scie. Je fais entrer ensuite dans chaque incision ou cran un morceau d'huile de lin rendue siccative, de gomme élastique, ou de gomme élastique pareil à celui déjà connu dans le commerce, ou j'y fais entrer du coton, de la laine, du chanvre ou toute autre matière filamenteuse. Lorsque le tout est bien sec, je finis le dos et j'applique mon étoffe comme je l'ai déjà décrit. Ce nouveau perfectionnement conserve les dos entiers, les rend plus solides, plus compactes, et leur fait recevoir plus aisément ce qu'on appelle mors, ainsi que l'action du marteau, lorsque le dos doit être fait rond. Je remplis également les crans et incisions de ma solution que j'ai rendue blanche, et même, au moyen d'essences, je lui ôte son odeur désagréable; je forme aussi le dos extérieur, ou une partie du dos extérieur, des livres, registres, cahiers, albums, atlas, etc., etc., leurs coins, ou toute autre partie sujette à une friction continuelle, en y appliquant, soit un morceau d'huile de lin rendue siccative, soit un morceau de caoutchouc; et je remplace aussi les dos et coins de cuivre, de fer, tôle, etc., etc.

Comme la tranche-file, telle qu'elle est maintenant fabriquée, empêche le dos des livres, registres, albums, atlas, etc., etc., de s'ouvrir, par la résistance qu'elle offre, soit que les livres soient reliés par l'ancienne méthode, soit même lorsqu'ils le sont par ma nouvelle, avec dos coupé ou dos non coupé, je remplace cette tranche-file par un morceau d'huile de lin rendue siccative ou de gomme élastique, et je les colore pour imiter la tranche-file. Je fabrique même cette tranche-file de la même manière qu'elle est faite maintenant et pour le même emploi ou pour tout autre, en remplaçant le carton et le papier roulé dont on se sert pour la fabriquer, par un morceau de gomme élastique, d'huile de lin rendue siccative, ou du fil élastique de gomme, déjà connu dans le commerce. Cette nouvelle tranche-file, ainsi fabriquée, étant appliquée, suivant l'usage ordinaire, au dos, rend l'ouverture du livre plus facile, plus ferme et plus solide.

Deuxième brevet d'addition et de perfectionnement (16 février 1838).

J'ai pensé que les compositions d'huile de graine et de bitume, préparées de la manière indiquée dans ma demande du 10 juin, pouvaient être appliquées aux tissus, étoffes, toiles, papiers, fils, et, en général à tout produit industriel, flexible ou ployant, et remplaçant entièrement le caoutchouc ou gomme élastique dans tous les usages auxquels l'art et l'industrie l'appliquent maintenant, puisque les qualités de mes compositions sont exactement les mêmes et produisent surtout les mêmes effets sur l'air et sur l'eau, et déploient en outre une plus grande élasticité sans craindre les effets atmosphériques d'une manière aussi sensible que le caoutchouc.

Pour fabriquer, à l'aide de ces susdites compositions, des tissus, étoffes, toiles, papiers imperméables et capables de résister à l'effet de l'air, outre le simple moyen relatif au papier déjà décrit dans ma demande du 10 juin, je forme des feuilles de mes compositions en les faisant passer entre deux cylindres de la largeur exacte des produits auxquels les feuilles doivent être appliquées; j'alimente les cylindres avec ma composition suivant l'épaisseur et la longueur que je veux donner aux feuilles, et, pour empêcher leur adhésion à tout corps étranger, je les reçois dans un réservoir d'eau au fur et à mesure que l'action des cylindres opère sur la matière qui leur est présentée. La longueur des feuilles peut être indéfinie, et elle dépend de la longueur du produit auquel elles doivent être appliquées. J'essuie parfaitement mes feuilles avant de les poser entre les deux corps avec lesquels elles sont destinées à n'en faire qu'un seul; je les soumets, ainsi arrangées, à l'action des cylindres que j'ai eu le soin de chauffer pour augmenter l'adhésion des trois corps entre eux; et, pour rendre cette adhésion encore plus positive, je puis soumettre le tout à une action réitérée des cylindres.

Avec les feuilles d'huile de graine de lin ou de bitume, obtenues par le moyen ci-dessus énoncé, je fabrique toute espèce d'instruments et d'ustensiles semblables à ceux fabriqués avec le caoutchouc, tels que des fils, des blocs, des tuyaux de pompe, des canules, des bougies, des bas, des souliers, des pantoufles, des socques, des bretelles, des bandes de billard, des balles, des ballons; en un mot, ces feuilles remplacent le caoutchouc dans tous les usages auxquels l'art et le commerce le destinent.

Les produits fabriqués avec mes compositions d'huile de graine de lin et de bitume ont la même élasticité et repoussent les effets de l'air et de l'eau comme le caoutchouc, et ont sur lui le grand avantage que le savon et les corps gras ne leur font point perdre et ne peuvent altérer aucune de leurs qualités et propriétés.

Emploi du caoutchouc liquide pour les blancs à réserver dans les dessins au lavis.

59. Depuis assez longtemps le caoutchouc liquide est employé tel qu'on le trouve chez les fabricants de caoutchouc, MM. Rattier, Guibal et autres, pour coller le dessin sur carton ou dans les livres. Cette colle a l'avantage de bien fixer le dessin sans faire goder le papier, de ne pas se détériorer à l'humidité, de se décoller aisément en passant une lame de couteau mince, un peu chaude, entre les dessins et le carton, et enfin de ne pas tacher le papier. Quand on colle le dessin, la colle s'étend un peu au-delà; dans ce cas, on la laisse sécher pendant deux ou trois heures, puis on l'enlève aisément en frottant avec de la gomme élastique.

C'est cette propriété de s'enlever ainsi sans laisser de trace sur le papier, qui m'a conduit récemment à penser qu'on pourrait employer utilement le caoutchouc liquide pour faire des réserves en blanc dans des ciels à l'aquarelle qui ne peuvent être bien rendus qu'autant qu'ils sont faits à grande eau et sans interruption; l'essai que j'en ai fait a parfaitement réussi.

Le caoutchouc doit avoir une certaine épaisseur; s'il est trop liquide, il tache le papier; pour l'appliquer, on se sert de brosses dures ou de petites spatules en bois dans le genre de celles qu'emploient les modeleurs. Une fois l'enduit appliqué sur la partie à réserver, on laisse sécher environ une heure, puis on lave les ciels. La couleur ne prend pas sur la partie enduite. Il faut avoir soin d'enlever avec un pinceau mouillé les petites gouttes qui restent sur le caoutchouc, sans quoi la couleur qu'elles contiennent, en séchant, ferait des taches sur le papier blanc, en frottant avec de la gomme élastique pour enlever l'enduit, ce qu'on peut faire dès que la teinte mise sur le papier est sèche. J'ai essayé d'employer de l'enduit plus liquide en me servant d'un pinceau, ce qui serait plus commode; mais dès que l'enduit est plus liquide, il s'enlève moins bien et tache le papier. Je pense que la connaissance de ce procédé, communiqué aux artistes, peut leur être utile.

RÉCAPITULATION ALPHABÉTIQUE

AIDE-MÉMOIRE

DU DEUXIÈME CHAPITRE.

	Numéros.	Paragrap.	Alinéas.
Acide azoteux.	29	7	»
— sulfureux.	29	6	»
— sulfurique.	25	3	»
Acoustique (Cornet).	42	44	1
Action de l'alcool.	39	4	»
— de l'eau.	39	3	»
Acupuncture.	22	7	2
Adhésion.	39	4	»
Adouci.	21	6	1
Alcool soufré.	30	3	»
Alèze.	42	1	»
—	42	2	»
Ammoniaque.	29	13	2
—	35	16	2

Caoutchouc. 16

H

O

P

T

W

Z

DEUXIÈME PARTIE.

CHAPITRE PREMIER.

GUTTA-PERCHA.

N° 1. Nous nous conformons à l'usage en écrivant gutta-percha au lieu de gutta-pertcha, ou même pertscha ; parce que, dans ces difficultés orthographiques, l'usage le plus généralement suivi fait loi pour nous jusqu'à ce qu'une autorité compétente ait prononcé après consciencieux examen, et ait administré la preuve que l'usage a tort. La note, très-logique et parfaitement motivée, que M. F. Malepeyre a mise au bas d'un rapport de M. Payen (*voyez* plus loin, n° 35), nous semble tout-à-fait concluante ; surtout, relativement au genre. Elle est aussi très-rationnelle quant à la prononciation du *ch* qui ne doit jamais prendre le ton dur du *k* que dans les mots empruntés à la langue grecque ; et encore, avons-nous dans le français beaucoup de mots tirés de cette langue, tels que *charte, charité*, et une foule d'autres qui se prononcent *cha* et non *ka*. Plusieurs personnes ont cru devoir écrire *gutta-perça* : nous avons également écarté cette prononciation, qui n'est, à notre connaissance du moins, fondée sur aucune raison plausible. Que le lecteur nous pardonne cette digression ; mais, sans être puriste, nous tenons à bien établir les noms des matières premières, par les raisons que nous avons précédemment données dans la note qui se trouve au bas du rapport de M. Jacquelain (*voyez* 1re partie, chap. 2, n° 48). Ainsi, dans tout le cours de ce chapitre nous écrirons *le gutta-percha*, entendant bien donner au *ch* le son qu'il a dans notre langue dans les mots *chat, chapeau*, et autres. Passons maintenant à des choses plus importantes.

Le gutta-percha est une substance nouvellement connue, et déjà, pourtant, très-bien étudiée. On en a fait de nombreuses applications, ainsi qu'on va s'en convaincre ; mais, très-probablement, elle est appelée à en recevoir bien d'autres, et à entrer dans des combinaisons non encore tentées, et qui pourront, par la suite, jouer un très-grand rôle dans l'industrie. En la manipulant, nous avons cru rencontrer en elle certaines qualités dont les expérimentateurs n'ont pas parlé. Exposer maintenant ces qualités, ces propriétés présumées, ce serait peut-être un peu prématuré et commettre une imprudence ; car, ainsi que nous venons de le dire, *nous avons cru*, et en dirigeant les idées du lecteur de ce côté, nous nous exposerions à lui faire faire fausse route et à le détourner de celle plus sûre peut-être, qu'il pourrait suivre. C'est à nous à poursuivre nos essais à nos risques et périls, sauf à lui faire connaître ensuite ce qu'ils pourraient avoir produit d'avantageux. Ce que nous avons de mieux à faire maintenant, c'est de mettre sous ses yeux le relevé aussi complet que possible, de tout ce qui a été dit et tenté sur ce sujet, en commençant par ce qui a rapport à la découverte de cette substance, et aussi, tout ce que les voyageurs, les naturalistes, les savants, en ont pensé. Sans doute, on trouvera des contradictions entre ces dires divers ; mais la lumière naît du choc des opinions ; et nous l'avouons franchement, nous ne sommes pas de force à prendre parti pour tel ou tel écrivain : c'est au public à juger ; notre tâche à nous, est de le mettre à même de prononcer avec connaissance de cause.

Nous avons, lorsque nous l'avons cru indispensable, ajouté quelques mots d'explication au bas des rapports, en nous imposant toutefois la loi de ne point émettre d'avis. Si nous étions en situation de rallier tout le monde, nous aurions tort de ne pas le faire ; mais n'étant pas, il s'en faut de beaucoup, une autorité en cette matière, notre façon d'envisager la chose pourrait n'être qu'un embarras de plus, qu'une complication inutile, et par conséquent nuisible.

Il ne faudra pas que le lecteur pense, lorsque le même fait se trouvera plusieurs fois répété, que c'est par suite d'une négligence ou manque d'attention de notre part : nous avons respecté ces redites ; nous les avons reproduites, parce que, venant d'écrivains de pays divers, s'ignorant très-souvent les uns les autres, parlant une autre langue, ces faits similaires, ces mêmes observations, font naître une présomption plus assurée relativement au fait avancé, et plus il se rencontrera de témoignages identiques de ce fait, plus sûrement la conviction sera acquise sur ce qui le concerne. C'est du moins ce qui nous est arrivé.

Note historique de M. F. MALEPEYRE *sur le gutta-percha.*

2. Voici quelques détails intéressants que M. W. Montgommérie, auquel on doit l'importation en Europe du gutta-

percha, a donnés dans un journal anglais sur cette introduction.

§ 1. C'est en 1822, pendant son séjour à Singapore, que M. Montgommerie a commencé à recueillir quelques renseignements sur une substance peu connue des Malais eux-mêmes, si ce n'est de ceux qui résident dans quelques districts frontières. Au moment où il s'occupait de recherches sur les diverses espèces de caoutchouc, surtout celle très-belle appelée *gutta-gireck*, on lui apprit qu'il y en avait une autre sorte appelée *gutta-percha* ou *gutta-tuban*, plus dure que le gutta-gireck, et dont on faisait principalement des manches de *parangs*, outils à couper les bois. Toutefois, ce n'a été qu'en 1842 qu'il a pu s'en procurer des échantillons, qu'il s'est empressé de soumettre à divers essais et d'envoyer en Europe pour y être examinés.

§ 2. L'arbre qui fournit cette substance est commun dans différents points de l'île de Singapore, dans les forêts de Jahore, à l'extrémité de la péninsule malaise, à Cotti, sur la côte S.-E. de Bornéo, et à Sarawak, sur la côte occidentale. Sur cette dernière côte, les naturels l'appellent *nialo*, mais ne connaissent pas les propriétés de son suc.

Cet arbre atteint des dimensions considérables et jusqu'à 2 mètres de diamètre ; il abonde à Sarawak, probablement dans toute l'île de Bornéo, ainsi que dans les îles innombrables au sud du détroit de Singapore. C'est ce que paraît témoigner l'énorme quantité que le commerce trouve depuis 1842 dans ce dernier port, et qui s'élève, dit-on, à plusieurs centaines de tonneaux annuellement.

§ 3. Quoique l'arbre qui produit le gutta-percha soit abondant, cependant cette substance deviendra peut-être rare d'ici à peu de temps, à cause du mode désastreux d'exploitation qu'emploient les Malais, et qui consiste à abattre ces arbres plus que centenaires, à les dépouiller de leur écorce et à recueillir le suc laiteux qu'on verse dans des auges en bois. Un arbre de cet âge ne fournit pas, dit-on, plus de 12 à 13 kilog. de cette matière, tandis qu'on pourrait sans doute, en les saignant, ou par le mode employé pour extraire la résine des pins, en faire ainsi durer l'exploitation pendant bien des années.

§ 4. Le nom double de la matière est purement malais : l'un, *gutta*, signifie gomme ou suc concret, et *percha* est le nom de l'arbre qui le produit.

§ 5. Parmi les usages nouveaux auxquels M. Montgommerie pense que le gutta-percha serait applicable, il cite en particulier la reproduction des ouvrages à l'usage des aveugles, application à laquelle l'impression nette et vive qu'il reçoit, et la douceur de la substance, le rendent éminemment propre ; puis son emploi pour préserver les dents gâtées et cariées de toute décomposition ultérieure.

Sur l'arbre qui produit le gutta-percha, par M. W. HOOKER.

3. Le gutta-percha, comme plusieurs autres produits végétaux d'une grande valeur, est produit par une plante qui, jusqu'à ce jour, était inconnue aux naturalistes. Il y a quelque temps, n'ayant encore vu qu'un fruit vert de l'arbre qui fournit cette substance, nous croyions pouvoir le rapporter, quoique d'une manière dubitative, au genre *bassia*. Nous nous adressâmes, toutefois, à M. le docteur Oowley, de Singapore, pour lui demander des échantillons en plâtre que nous avons reçus, et qui, en nous faisant connaître d'une manière plus intime la structure de la fleur, nous ont permis de rapporter cette plante à un nouveau genre de la famille des *sapotacées*, que le docteur Wright a nommé *isomandra*. Le port de cette plante s'accorde parfaitement avec celui des *isomandra*, dont elle ne diffère que par le nombre des divisions de la fleur, qui est tétramère dans les espèces décrites par M. Wright, tandis qu'elle est hexamère dans la plante que nous avons sous les yeux. En conséquence, nous proposons de nommer cette plante, qui produit le gutta-percha, *isomandra-gutta*.

§ 1. Une autre espèce de gutta-percha, connue dans le commerce sous le nom de gutta-girek, se distingue de la première en ce qu'elle devient par la chaleur tellement molle et poisseuse qu'on ne peut lui donner aucune forme permanente, et qu'après le refroidissement, elle ne possède qu'un faible degré de tenacité.

Ce produit provient de *l'achras sapota*, arbre à fleurs rougeâtres et à fruit acide, tandis que *l'isomandra-gutta* a des fleurs blanches et un fruit ou baies rondes, d'une saveur douce.

4. La gomme connue dans la Malaisie sous le nom de guttapercha et qu'on désigne aussi sous le nom de *ghettenia* ou *guettenia*, est extraite d'un arbre appartenant à la famille des Artocarpées. Lorsqu'on coupe, ou entaille l'écorce, il en coule un lait blanc qui se durcit à l'air et qui forme le suc concret qui a reçu le nom de gutta-percha.

Sur le cattimundoo.

5. Parmi les choses nouvelles que présentait l'exposition universelle de Londres, nous signalerons à nos lecteurs une nouvelle matière analogue au caoutchouc et au gutta-percha,

et qui était exposée sous le nom de *cattimundoo*. Ce produit provenait de Vizianagram et paraît posséder en grande partie les propriétés du gutta-percha. Nous manquons de détails sur cette matière, mais il faut espérer que le commerce ne tardera pas à l'importer en abondance en Europe.

(Technologiste.)

Gommes-résines nouvelles.

6. Dans la curieuse collection de gommes-résines qui a figuré à l'exposition universelle de Londres en 1851, on remarquait entre autres une magnifique résine rouge de *xanthorrhœa*, provenant de la Nouvelle-Galles méridionale, qui jusqu'à présent, n'avait guère été connue que dans nos musées, et qui commence à s'introduire dans les manufactures. Les belles résines *cowree*, de la Nouvelle-Zélande, plusieurs résines *dammara*, des Indes orientales, les beaux produits durs provenant de Goorg, même pays, et plusieurs autres échantillons qui promettent à l'industrie des matières d'une excellente qualité.

(Idem.)

7. On espère que le commerce apportera bientôt à l'industrie une substance très-analogue au gutta-percha; les Hollandais annoncent qu'elle se rencontre dans leurs possessions orientales, à Palembang. Cette espèce de gutta-percha se trouve dans les contrées de l'intérieur et est nommée *getahpertja*. On a tout lieu de croire que la récolte en sera abondante. Il paraît aussi qu'on a découvert une autre espèce appelée *getah-matah-buay*, qu'on obtiendra en grande quantité en saignant seulement les arbres, et qui, sans avoir des applications aussi étendues que le gutta-percha, pourront cependant, mêlées avec ce dernier, être d'une très-grande utilité.

8. La substance appelée gutta-percha, et quelquefois *gutta-tuban*, a été signalée à l'attention de l'industrie, en 1848, par le docteur Montgommerie. C'est le suc concret d'un grand arbre forestier indigène dans l'île de Singapore, qu'on obtient en pratiquant des entailles dans l'écorce, qui exsude alors cette substance sous la forme d'un suc laiteux qui ne tarde pas à se coaguler. Ses propriétés chimiques sont, à fort peu près, les mêmes que celles du caoutchouc, mais elle est beaucoup moins élastique. Elle possède toutefois des qualités qui ne sont pas propres à cette dernière substance, et qui la rendent excessivement utile pour en fabriquer des bougies, des cathéters et autres instruments de chirurgie dont on a le plus grand besoin dans les pays chauds (1).

____

(1) Il a été depuis reconnu dans les hôpitaux à Paris, après de nombreuses expé-

§ 1. Le gutta-percha ou pertcha plongé dans de l'eau presque bouillante, peut aisément se coller et devient assez plastique pour qu'on puisse, avant qu'il se refroidisse, vers 55 à 60° centig., lui faire prendre telle forme qu'on juge convenable, et qu'il conserve à toutes les températures au-dessous de 45 degrés. Dans cet état, il est extrêmement ferme et solide, au point qu'on s'en sert à Singapore pour manches d'outils, de préférence au bois et à la corne de bœuf. Il ne semble éprouver aucune détérioration par l'effet du climat chaud et humide de la presqu'île de Malacca, tandis que les bougies, les cathéters, et autres instruments faits en caoutchouc, ne tardent pas à se ramollir, à devenir poisseux, et à n'être plus bons à rien.

§ 2. Le commerce a livré jusqu'à présent le gutta-percha à l'état solide, et non-seulement l'eau chaude lui rend ses propriétés plastiques, mais on peut en opérer la solution par les mêmes dissolvants que ceux du caoutchouc, et alors en faire, comme avec ce dernier, des blocs, des masses, etc.; enfin, on peut le combiner au caoutchouc lui-même, avec lequel il s'allie très-bien.

§ 3. M. F. Wishaw, secrétaire de la Société des Arts, en Angleterre, a mis dernièrement sous les yeux des membres un assez grand nombre de jolis objets, tels qu'empreintes de médailles et autres objets qui avaient été confectionnés en gutta-percha; ainsi qu'une bouteille renfermant un échantillon de ce suc à l'état liquide, tel qu'il avait été extrait de l'arbre, qu'il avait reçu de Singapore, et qui était enveloppé d'une couche de cette substance, laquelle avait préservé complètement le contenu de la bouteille de toute influence de la part des agents extérieurs. Cette enveloppe, qui paraissait dure comme un cuir, plongée pendant deux ou trois minutes dans l'eau bouillante, a repris à l'instant sa souplesse et a pu être aussitôt pétrie en une balle solide de la grosseur du poing.

L'arbre qui fournit le gutta-percha est, du reste, très-com-

riences que le gutta-percha était impropre à cet emploi, et qu'il était même dangereux d'y avoir recours. Nous devons dire que ces expériences ont été faites avec du gutta-percha naturel, tel que le commerce nous le livre : il pourra se faire que, par la suite, au moyen de ses combinaisons avec d'autres corps, on puisse le rendre moins sujet aux ruptures que les chirurgiens des services publics lui ont reprochées. M. Leroy d'Etiolles, au moyen d'un instrument de son invention, a extrait de la vessie d'un général une portion de grosse bougie de gutta-percha qui avait résisté à plus de quarante tentatives d'extraction, faites par l'un des plus célèbres chirurgiens de cette spécialité, ainsi que cela résulte d'un mémoire lu récemment à l'Académie de Médecine.

mun à Singapore, et par conséquent on pourra s'en procurer en abondance par la voie du commerce.

§ 4. Quoi qu'il en soit, un industriel anglais, M. *Th. Hancock*, bien connu par les succès qu'il a obtenu dans l'art d'appliquer le caoutchouc aux besoins usuels, vient de prendre une patente ayant pour but de mélanger le gutta-percha avec du liège en poudre, de la gélatine et de la mélasse, pour en faire des bouchons imperméables pour les bouteilles et autres vases ; mais on conçoit qu'avec des propriétés aussi précieuses que celle dont jouit cette substance, on ne tardera pas à lui trouver une foule d'autres applications industrielles du plus grand intérêt.

Autres détails sur le gutta-percha.

9. Aux renseignements que nous avons déjà donnés sur cette substance nouvelle, nous ajouterons les suivants que l'on doit à M. Douglat-Maclagan, qui s'est exprimé ainsi devant la Société pour l'encouragement des Arts de l'Ecosse.

§ 1. Le gutta-percha est le nom malais de cette substance qui est le suc concret d'un grand arbre de forêt, indigène sur les bords maritimes des détroits de Malaca, de Bornéo et des parties adjacentes. L'arbre qui le fournit n'est pas encore connu botaniquement; le seul renseignement qu'on possède à cet égard, c'est que c'est un arbre de grande dimension, et qu'il s'en produit en grande abondance. (*Voyez* à cet égard les n°s 2, 3 et 4.)

§ 2. Cette substance à l'état brut diffère sous plusieurs rapports du caoutchouc ordinaire ; elle est d'une couleur jaunâtre pâle, ou plutôt blanc sale, presque aussi dure que le bois, quoique pouvant recevoir l'impression de l'ongle, excessivement tenace et nullement élastique.

Il m'a semblé digne d'intérêt de déterminer si cette substance était ou n'était pas une variété de caoutchouc, et à cet effet je l'ai soumise aux procédés ordinaires de l'analyse ultime, et j'ai obtenu pour sa composition sur 100 parties 86:36 de carbone, 12.15 d'hydrogène, le reste 1.49 étant très-probablement de l'oxygène absorbé à l'air pendant les procédés de purification, auxquels la matière a été soumise, puisqu'elle a acquis une couleur brune pendant qu'on la chauffait au bain de vapeur. La seule analyse du caoutchouc que je connaisse est celle de M. Faraday, qui en a retiré 87.2 de carbone et 12.8 d'hydrogène. Or, les résultats dans ces deux cas sont assez voisins les uns des autres pour autoriser à conclure que les deux substances en question, sont génériquement les mêmes.

J'ai trouvé aussi que le gutta-percha donnait à la distillation jusqu'à destruction, les mêmes produits que le caoutchouc, et sans entrer dans les détails de cette opération, je dirai que tous deux fournissent également une huile claire, jaune, limpide, n'ayant point d'ébullition fixe, et étant par conséquent un mélange de différents principes oléagineux. Dans les deux cas, la distillation s'opère au mieux entre 180° et 200° centig. et semble presque être stationnaire à 196 degrés. Des analyses comparatives de proportions similaires des deux huiles ont été faites, et ainsi qu'on le savait déjà du caoutchouc, les produits ont une constitution représentée par la formule $C^{10} H^8$.

§ 3. Le gutta-percha serait donc en réalité une modification du caoutchouc.

Dans ses propriétés générales, le gutta-percha présente aussi beaucoup de ressemblance avec le caoutchouc ordinaire, il est soluble dans le naphthe de gaz, l'huile de caoutchouc et dans l'éther ; il est insoluble dans l'alcool et dans l'eau, et flotte dans ce dernier liquide.

La particularité la plus remarquable et la plus distinctive qu'il présente, consiste dans l'effet que la chaleur exerce sur lui. Quand on le plonge dans de l'eau à 42° ou 43° centig., celle-ci est sans effet sur lui, excepté qu'il reçoit plus facilement l'impression de l'ongle qu'on appuie sur lui ; mais lorsque la température est élevé à 62°, 63 degrés ou au-dessus, il se ramollit peu à peu et devient plastique au point de pouvoir être moulé suivant toutes les formes, ou d'être laminé en longues plaques ou feuilles. Quand il est encore à l'état mou, il possède toute l'élasticité du caoutchouc ordinaire des Indes, mais il ne conserve pas longtemps ces propriétés, et commence bientôt à redevenir dur : au bout d'un temps qui varie suivant la température et les dimensions de la pièce sur laquelle on opère, il a repris toute sa première dureté et sa rigidité. Une boule de 25 millim. de diamètre a été complètement ramollie par de l'eau chaude en dix minutes, et a repris toute sa dureté en moins d'une demi-heure. Le gutta-percha paraît capable de subir ces alternatives de ramollissement et endurcissement, un nombre quelconque de fois, sans éprouver de changement dans ces propriétés ; il est aussi ductile jusqu'à un certain point, à l'état mou il est facile de le déchirer, mais quand il est endurci il est extrêmement tenace. Un morceau de 3 millim. d'épaisseur a porté aisément à l'état froid un poids de 25 kilog.

§ 4. D'après ces propriétés, le gutta-percha me paraît

susceptible de recevoir de nombreuses applications dans les arts; sa solution paraît aussi propre que celle du caoutchouc à la fabrication des tissus imperméables, et en le ramollissant, à faire une foule d'objets, tels que manches de couteaux, boutons de portes, etc.

Les Malais l'emploient à ce premier usage et le préfèrent au bois. Un chirurgien, pourvu d'un petit morceau, pourra aisément avec un peu d'eau chaude, façonner à l'instant même une bougie ou pessaire de forme ou dimension quelconque.

Bateaux de sauvetage en gutta-percha.

10. La tenacité extrême du gutta-percha, sa grande légèreté, ont fait penser qu'on pourrait appliquer utilement cette substance à la construction des bateaux pour le sauvetage des naufragés, ou pour aborder des côtes dangereuses et naviguer à travers des glaces flottantes. Il paraît que dans la campagne du *Prince-Albert*, envoyé à la recherche de sir John-Franklin, ce bâtiment avait été pourvu d'un bateau en gutta-percha, qui a été soumis à quelques épreuves assez décisives. Vers la fin d'août, le capitaine donna l'ordre de débarquer avec ce bateau sur l'île Léopold, pour y chercher des traces de l'infortuné voyageur. Ce débarquement était excessivement dangereux et difficile à cause des glaces qui obstruaient l'entrée du port. Mais dans cette navigation, suivant un témoin oculaire, ce bateau s'est merveilleusement comporté, il a résisté à la glace, a glissé entre ses masses avec aisance et sans avaries, tandis que, si le bateau eût été construit en bois, il aurait probablement été brisé comme une coquille de noix.

Structure du gutta-percha et du caoutchouc, par M. PAGE.

11. Quand on réduit le gutta-percha en feuilles minces, à l'aide d'un laminoir, cette matière se comporte comme une substance fibreuse, ce qui n'a pas lieu pour le caoutchouc.

§ 1. Une lanière de gutta-percha laminé, se laisse étirer dans la direction de ses fibres; mais elle se rompt quand on la tire perpendiculairement à celles-ci. Le caoutchouc, au contraire, est élastique dans tous les sens.

§ 2. Quand on examine des feuilles très-minces de cette substance, on observe une différence frappante dans la texture, vu dans l'appareil rotatoire, le caoutchouc offre peu de point de changement de couleur; tandis que le gutta-percha possède de fort belles nuances, on le croirait formé de prismes diversement colorés et tissés ensemble.

§ 3. Pour pouvoir observer ces effets, le caoutchouc et le gutta-percha doivent être fortement tendus.

§ 4. Toutefois, M. Page a obtenu également des jeux de couleurs avec le caoutchouc. Voici comment il a opéré :

Il a fixé une lame mince de caoutchouc à l'extrémité d'un tube de verre de 14 millim. de diamètre ; il y insuffla de l'air de manière à donner au caoutchouc la forme d'une boule, qu'il a fermée à l'extrémité du tube à l'aide d'un cordon de soie. Le caoutchouc, ainsi dilaté, est devenu presque transparent, et a offert, dans l'appareil à polarisation un système de couleurs déterminées, analogues à celles qui se forment dans une boule de verre rapidement refroidie.

---

12. Le gutta-percha se pétrit à chaud avec une petite quantité de dissolvant, afin de le purifier. On le dissout ensuite dans un mélange d'alcool et de sulfure de carbone, et on délaie jusqu'à ce que la dissolution ait acquis la consistance d'un sirop épais. Après trois ou quatre jours de repos, les impuretés se sont réunies au fond ou à la surface du liquide ; on décante la partie limpide, et on a le gutta-percha pur.

Mode de préparation des dissolvants du gutta-percha, du caoutchouc, des gommes et des résines, par MM. G. SIMPSON et TH. FORSTER.

13. Les procédés que nous allons décrire embrassent deux opérations distinctes et dont voici l'énoncé :

1. Fabrication d'un chloride ou bichloride de carbone, et emploi de ce corps pour dissoudre le gutta-percha, le caoutchouc, les gommes ou gommes-résines et autres substances insolubles dans l'eau, et obtenir de nouvelles solutions de ces matières.

2. Mode de traitement des essences de goudron, de houille, afin d'en rendre l'application plus étendue comme dissolvants.

Nous allons entrer dans les détails nécessaires à l'intelligence de ces procédés.

§ 1. L'appareil employé dans la première opération a été représenté dans la figure 106, pl. 3.

A est un alambic en fer chauffé à la vapeur dans une enveloppe ou chemise A'A' ; B, un vaisseau en grès à trois tubulures, et chauffés de même à la vapeur dans une enveloppe C, C, D, un serpentin aussi en grès renfermé dans un réfrigérant.

On charge l'alambic A avec du bisulfure de carbone, et le vase B avec du pentéchloride d'antimoine; en cet état on fait arriver la vapeur d'eau dans les enveloppes A' et C, et les vapeurs de bisulfure passent à travers le pentéchloride pour se rendre dans le serpentin, où elles sont condensées, et de là dans un récipient.

Le produit est alors rectifié sur de la chaux, dans une cornue ordinaire. Le composé qui en résulte est un chloride de carbone, qui est un dissolvant rectifié et inflammable du gutta-percha, du caoutchouc et des autres gommes résines.

Les proportions suivant lesquelles on emploie les matériaux indiqués ci-dessus, sont une partie en poids de bisulfure de carbone pour huit parties de pentéchloride d'antimoine.

Dans cette opération, la totalité du chlore disponible est enlevée à l'antimoine, et ce dernier a besoin d'être saturé de nouveau de chlore si on veut le faire resservir.

Le produit brut qu'on obtient par le moyen ci-dessus, peut être employé comme dissolvant sans être soumis à une rectification sur la chaux, et en y plongeant le gutta-percha ou bien en l'exposant à sa vapeur, le caoutchouc devient alors moins sujet à être effecté par le froid ou la chaleur. Du reste, ce bichloride de carbone est employé à dissoudre le gutta-percha, le caoutchouc et les autres gommes ou résines de la même manière que les autres dissolvants.

§ 2. L'appareil pour traiter l'huile essentielle qu'on extrait de la houille est semblable au précédent, excepté que les vases B et D sont en plomb, l'alambic A est chargé avec cette essence, qu'il est préférable de prendre à l'état de première rectification par l'un des procédés ordinaires. Le vase B étant chargé avec une solution de chloride de chaux, on fait arriver la vapeur d'eau entre les enveloppes et un jet de cette vapeur dans l'alambic lui-même. L'essence réduite en vapeur passe à travers B pour se rendre dans le D où elle est condensée. Si on désire obtenir un dissolvant très-pur et très-rectifié, on ne reçoit que le premier tiers du produit. La meilleure solution de chloride de chaux est celle qu'on prépare avec une partie environ en poids de chloride de chaux sec, dissous dans l'eau pour 14 à 16 parties, aussi en poids, d'essence de goudron.

Dissolution du gutta-percha.

14. On sait, d'après M. *Vogel*, de Munich, que le carbone

de soufre est un dissolvant beaucoup plus parfait du gutta-percha, que l'huile essentielle de térébenthine rectifiée ou le sulfure de potassium ajouté à la bouillie de gutta-percha avec cette essence. M. *Éd. Vanden-Corput*, vient de trouver que ce suc concret de l'*isomandra-gutta* est également soluble à la température ordinaire dans le per-chlorure de formyle ou chloroforme liquide, tout aussi volatile que le sulfure de carbone, et qui, au contraire de celui-ci, possède une odeur éthérée extrêmement suave. La solution chloroformique ainsi obtenue présente toutes les qualités désirables, et peut remplacer dans ses diverses applications le vernis préparé au carbure de soufre. Le gutta-percha est également soluble à l'aide de la chaleur dans les huiles de naphte, de goudron et de houille rectifiés, et mieux encore dans le camphogène, le caoutchène, le camphène, comme enfin dans la plupart des autres carbures hydriques, représentés par la formule générale $C^{10}H^8$, tels que les essences rectifiées de lavande, de citron, de genièvre, etc.

Brevet d'invention de 15 ans, en date du 14 février 1845, au sieur NICKELS, *à Paris, pour des procédés d'imperméabilisation.*

15. § 1. M. Nickels emploie, pour rendre tous les articles imperméables, le gutta-percha. Cette substance a des propriétés élastiques semblables à celles du caoutchouc ou de la gomme élastique, mais elle présente avec ces matières plusieurs différences importantes. Ainsi, l'eau chaude seule la rend flexible, elle ne devient pas gluante et adhérente au toucher, les huiles n'ont pas d'action sur elle, etc.

§ 2. On prend d'abord cette substance dans son état d'importation, et on la purifie en la macérant dans de l'eau chaude pour la dégager des impuretés qu'elle pourrait contenir. On l'applique alors, dans l'un ou l'autre des états suivants, à l'imperméabilisation des tissus.

On la convertit en pulpes ou couches légères en la pétrissant, ou la mastiquant dans de l'eau chaude de naphte rectifié ou dans de l'essence de térébenthine, et on l'applique dans cet état à la surface ou aux surfaces des articles à rendre imperméables.

§ 3. On emploie aussi cette matière à l'état liquide, employant pour la dissoudre environ cinq parties de naphte, pour une de gutta-percha.

§ 4. On l'emploie aussi mélangée avec des huiles ou des matières grasses, ou avec des gommes résineuses, ou avec du blanc de baleine, ou avec toutes matières colorantes, ou avec du soufre ou de la vapeur de soufre, ou avec de la craie française ou avec toute autre substance pulvérulente. La chaleur seule suffit pour la mélanger avec un de ces différents ingrédients, quel qu'il soit.

On l'emploie enfin, combinée avec du caoutchouc, soit liquide ou semi-liquide, soit à l'état solide, soit recouverte seulement de caoutchouc.

Nouveau produit plastique, par M. A.-M. DUTHOIT.

16. § 1. L'invention consiste à combiner au gutta-percha, préalablement préparé pour cet objet, de l'oxyde de zinc, purifié ou non, du sulfate de baryte et de l'amiante, ainsi que diverses couleurs pour produire une nouvelle composition plastique. Le gutta-percha est préparé et blanchi en le dissolvant dans du naphte rectifié, de la benzine, du carbure de soufre ou autre dissolvant, puis est mélangé avec les autres ingrédients dans les proportions suivantes :

Première composition. Une partie de gutta-percha et une partie d'oxyde de zinc.

Deuxième composition. Parties égales de gutta-percha et de sulfate de baryte.

Troisième composition. Parties égales de gutta-percha et d'amiante en poudre ou en suspension dans le naphte purifié ou la benzine.

Quand ces compositions ne possèdent pas une élasticité suffisante, on y ajoute du caoutchouc dissous dans le naphte ou la benzine.

§ 2. Pour faire les mélanges mentionnés plus haut, on opère comme il suit :

On dissout d'abord le gutta-percha dans le naphte, et après la filtration on verse la solution dans un alambic ; on ajoute l'oxyde de zinc, le sulfate de baryte, ou l'amiante, ainsi que la couleur qu'on veut donner, et on agite bien le tout ensemble. On chauffe alors l'appareil au bain-marie, au bain de vapeur ou de sable, et on maintient la température jusqu'à ce que toute la portion liquide volatile ait distillé. La composition est alors enlevée et moulée suivant les articles qu'on veut produire.

Au lieu d'introduire la couleur dans l'alambic, on peut la mélanger avec la composition par un pétrissage à l'eau chaude rendue alcaline par la solution de quelques cristaux de soude.

Les compositions produites comme il vient d'être dit sont propres à mouler des modèles, des articles de différents genres, des fleurs artificielles, et quand on les lamine en feuilles, on peut s'en servir pour remplacer le cuir. On peut aussi les dissoudre dans le naphte et la benzine, leur donner le degré de fluidité nécessaire et les appliquer comme des enduits ou couleurs liquides.

Manière dont le gutta-percha se comporte avec ses dissolvants, par M. E.-R. KENT.

17. § 1. Le gutta-percha est soluble dans le chloroforme, le carbure de soufre et les essences rectifiées de térébenthine, de résine, de goudron et de gutta-percha lui-même. Les deux premiers liquides le dissolvent à une basse température ; quant aux autres, une élévation de température est nécessaire. Dans les dernières solutions, le gutta-percha se précipite par le refroidissement sous la forme d'une masse cornée et volumineuse qui se redissout par la chaleur. Les dissolutions ont ordinairement une couleur brun-rougeâtre et ne s'éclaircissent pas même après des mois entiers de repos ; mais elles deviennent très-claires quand on les filtre, lorsqu'elles sont étendues (1 partie de gutta-percha et 16 parties de dissolvant) à travers le papier ou la mousseline.

§ 2. Le gutta-percha en dissolution est précipité par l'alcool ; dans les solutions par le chloroforme et le carbure de soufre, on retrouve le gutta-percha avec toutes les propriétés qui lui appartenaient primitivement, tandis que dans celles, par l'essence de térébenthine et les autres hydrocarbures, sa masse précipitée par l'alcool, retient une portion du dissolvant avec une telle énergie, qu'on ne peut l'en séparer que par la décomposition du gutta-percha.

§ 3. Si l'on décompose une dissolution de gutta-percha dans le chloroforme, par 2 à 3 parties d'éther, cette gomme, quand on chauffe doucement, se sépare sous la forme d'une poudre parfaitement blanche qui, lavée avec de l'alcool, recueillie sur un filtre et séchée, présente une masse molle, spongieuse, ressemblant à de la moelle de sureau. Si une petite quantité du mélange en question, avant que le précipité se forme, est mise sur une plaque de verre, il reste une pellicule mince et blanche, qui ressemble à la peau fine de chevreau qui sert à faire les gants. Quand on chauffe, cette pellicule perd son aspect et devient translucide. La cause de cette différence dans l'état d'agrégation, provient du froid qui se produit par l'évaporation de l'éther.

§ 4. Les substances qui restent après le traitement du gutta-percha par les dissolvants, consistent en fibres ligneuses, matières terreuses et la matière colorante naturelle du gutta-percha, qui est soluble dans l'eau et précipitable de la solution par l'alcool.

Par la distillation sèche, le gutta-percha donne les mêmes produits combustibles que le caoutchouc.

Procédé pour combiner le gutta-percha et le caoutchouc avec d'autres substances, par M. A. LORIMIER.

18. § 1. On commence par découper le gutta-percha en copeaux minces, à l'aide d'une machine que je vais décrire; puis on fait sécher en étendant ces copeaux à l'air, et enfin on les soumet à l'action d'une machine qui les réduit et les divise en fragments plus petits; ce qui en extrait les impuretés, sans le secours de la chaleur ou de l'eau, et rend à très-peu de frais le gutta-percha propre à des emplois industriels.

§ 2. La figure 107, pl. 3, représente l'appareil à découper le gutta-percha en copeaux minces.

a, a sont des lames courbes en acier solidement fixées sur deux disques b, b, calés sur un arbre c, de manière à former une série de couteaux hélicoïdes. L'arbre c fonctionne dans des coussinets portés par des montants d, d du bâti, et est mis en mouvement par des moyens convenables. Le bloc de gutta-percha est placé dans la cavité f, entre des pièces mobiles ou guides g, g, et relevé graduellement au moyen de la vis h. Lorsque presque tout le bloc de gutta-percha a été ainsi découpé en copeaux minces, le morceau qui reste est collé sur l'extrémité du bloc suivant, qui est soumis alors à l'action des couteaux.

La figure 108 est un instrument qu'on peut substituer aux couteaux de la figure 3. Il consiste en une série de petites lames i, i, fixées en hélices autour d'un cylindre j.

La figure 109 est un autre instrument à découper, consistant en un plateau k fixé à l'extrémité d'un arbre, à angle droit avec lui, et entaillé de coulisses pour recevoir une série de lames $l l$, assujetties dans celles-ci par des coins ou des cales en métal m. Les lames présentent dans leur section transverse la forme d'un crochet, et c'est la pointe de ce crochet qui est le bord tranchant.

J'ai aussi imaginé un autre instrument tranchant analogue au précédent, mais où les lames sont fixées, non plus dans le sens des rayons, mais suivant celui des tangentes.

La figure 110 montre une autre forme d'appareil toujours fixé au sommet d'un arbre, tandis que le bloc de gutta-percha qu'il s'agit de couper en copeaux, est placé parallèlement à l'arbre.

Aussitôt que les copeaux de gutta-percha sont secs, on les soumet à l'action de la machine représentée en coupe verticale dans la figure 111. Cette machine consiste en un cylindre n, dans l'intérieur duquel sont fixées trois séries doubles de dents ou pointes o, également distantes entre elles. À la partie inférieure du cylindre se trouve une grille p, et dans la partie supérieure une trémie q. Le cylindre n renferme un autre cylindre r, pourvu de quatre rangs doubles de chevilles s. Ce cylindre r étant mis en mouvement, les copeaux de gutta-percha introduits dans la trémie, sont exposés à l'action des dents et des chevilles qui dégagent la boue, et les impuretés qui tombent et s'échappent à travers la grille p.

Quand le gutta-percha est suffisamment nettoyé, on l'extrait du cylindre n, dont la grille à charnière peut s'ouvrir, et on l'introduit dans une autre machine dont on voit le plan dans la figure 112. C'est un vase t renfermé dans une caisse à vapeur, et dans l'intérieur duquel sont disposées, à des distances égales, trois séries de chevilles u, u, u; au centre est un arbre vertical v, portant quatre rangs de bras pointus w, et qui, lorsque l'arbre tourne, étirent le gutta-percha en lanières, et ouvrent ou brisent toutes les parties spongieuses, qui renferment de l'air ou de l'humidité. C'est pendant cette opération qu'on ajoute les différentes matières sèches qu'on désire incorporer au gutta-percha.

La figure 113 est une section verticale d'un appareil que j'appelle machine à incorporer, et qui consiste en un vaisseau x renfermé dans une caisse à vapeur y. Ce vaisseau renferme deux cylindres z, z, dont les surfaces convexes sont cannelées. En tournant, ces cylindres compriment et étendent le gutta-percha, de manière à établir l'union la plus intime entre toutes ses parties, et par conséquent à en augmenter la force et l'élasticité.

§ 3. Les matières avec lesquelles je combine le gutta-percha sont l'argile cuite, la poudre de cailloux, de poteries, de porcelaines, de marbres, de calcaires durs, des oxydes de zinc et de cuivre, de la chaux hydratée, de l'oxalate de chaux, et enfin un composé de chaux éteinte et d'acide oxalique dissous dans l'eau, dans la proportion de 1^{kil}.500 d'acide pour 36 litres de chaux. On dissout d'abord l'acide dans une suffisante quantité d'eau pour éteindre la chaux, et après avoir ajouté la solution à celle-ci, on dessèche le produit et on le passe au tamis.

Une quelconque de ces substances peut être combinée au gutta-percha pour produire de nouveaux composés propres au moulage, ou pour en faire des tables, blocs, etc., dans lesquels on découpe des semelles pour bottes et souliers, des courroies, des lanières, etc.

Les matières ci-dessus indiquées sont broyées finement et passées au tamis, et pour les combiner au gutta-percha, ce que j'ai trouvé de mieux, c'est d'étendre celui-ci sur une table, de le réduire en une feuille sur laquelle on tamise ces matières en pliant, roulant et tamisant à plusieurs reprises, comme une pâte, jusqu'à ce qu'on ait obtenu le composé désiré. On peut aussi pétrir entre deux cylindres, saupoudrer, plier et cylindrer, ou enfin employer la machine à incorporer ci-dessus décrite.

§ 4. Quand on a besoin d'une grande élasticité, on mélange du caoutchouc à ces composés.

Pour combiner de l'oxyde de zinc et de l'oxalate de chaux, ou bien le composé de chaux, d'acide oxalique et d'eau avec le caoutchouc, on emploie ces matières séparément ou toutes ensemble, et on les combine au caoutchouc, absolument de la même manière que les substances ci-dessus avec le gutta-percha. Les composés ainsi formés sont très-propres à la fabrication des tissus ou produits imperméables, et pour faciliter leur application, il suffit d'employer les dissolvants ordinaires du caoutchouc.

Brevet d'invention de 15 ans en date du 28 avril 1841, au sieur MONTGOLFIER, *à Marseille, pour des applications du gutta-percha.*

19. § 1. Le gutta-percha, réduit en poudre et mélangé à la pâte à papier pendant la trituration, donne une substance qui, passée sous des cylindres chauds, s'étend et forme une feuille imperméable propre à recevoir des encres indélébiles.

§ 2. Le gutta-percha peut, étant chauffé à la vapeur dans une cuve, être mélangé avec différents produits et donner lieu à des applications diverses. Il peut aussi être employé à plusieurs usages, quand il est dissous dans le proto-sulfure de carbone ou dans des huiles essentielles rectifiées, à cause de la propriété qu'il a de se solidifier par une légère évaporation du dissolvant.

§ 3. Dissous dans des huiles et combiné avec des alcalis, le gutta-percha donne un savon dur ou mou, suivant qu'on le combine avec la potasse ou la soude.

Ce savon peut être employé à rendre les étoffes imperméables.

Dans un certificat d'addition en date du 28 octobre 1847,

l'inventeur complète la nomenclature de toutes les industries auxquelles s'applique le gutta-percha dans les divers états qu'il peut prendre.

Emplois de la dissolution de gutta-percha.

20. Quand on verse quelques gouttes d'une dissolution faite avec le gutta-percha et le sulfure de carbone, sur un plan horizontal, il se forme rapidement une couche fine de gutta-percha provenant de l'évaporation de la liqueur ; cette couche est inaltérable à l'air, et elle protège contre cet agent les surfaces qu'elle couvre.

§ 1. On peut donc employer cette dissolution dans le pansement des blessures. Le sulfure de carbone étant très-volatil, il se produit beaucoup de froid pendant son évaporation ; aux avantages d'une union rapide des bords de la blessure, cette dissolution donne encore celui d'agir comme antiphlogistique.

§ 2. Cette même liqueur peut encore être utilisée pour enduire des fruits ; la couche qui les recouvre ainsi les protège contre l'action de l'air et de l'eau, et par conséquent elle les préserve ainsi de la dessiccation.

Ce procédé est surtout bon à suivre quand il s'agit de conserver des fruits pour les collections scientifiques.

§ 3. Le papier non collé (papier à imprimer) se transforme instantanément en papier à écrire, quand on l'humecte d'une pareille dissolution de gutta-percha ; à l'avenir, cette liqueur pourra donc servir pour les ratures en guise de sandaraque.

§ 4. Pour mouler ou pour recouvrir les objets tels que des étoffes, de la toile, du cuir, etc., afin de les rendre hydrofuges, ou pour recouvrir des vases, des vaisseaux ou des citernes, M. Hancock recommande la composition que voici (*voyez* n° 25 et suivants).

§ 5. On fait bouillir le gutta-percha dans une dissolution de chlorure de calcium, puis on l'introduit dans le pétrin, afin de lui donner de l'homogénéité, et l'on ajoute, en petites portions, un mélange de gomme-laque et de borax, jusqu'à ce qu'après le refroidissement, la masse ait acquis la viscosité voulue.

Pour obtenir le mélange en question on prend :

Borax. . . . . 1 partie.
Gomme-laque. . . . . 5 —
Eau, quantité suffisante pour
    recouvrir le tout.

Et quand la masse est devenue homogène ; on la fait évaporer pour lui donner une bonne consistance; on peut la colorer à l'aide de couleurs appropriées.

Brevet d'invention (patente anglaise du 12 janvier 1846) en date du 3 juillet 1846, au sieur HANCOCK, *de Londres, pour la préparation et l'emploi du gutta-percha.*

21. Voici d'abord comment on purifie le gutta-percha :

On le met dans une presse cylindrique à vis, ayant un fond criblé de trous et chauffé. Sur ce fond, on place plusieurs passoires superposées et de plus en plus fines, de manière que la plus fine se trouve être la supérieure; cela fait, on fait agir la presse.

Voici encore un autre moyen de purification :

On traite par l'huile de térébenthine rectifiée ou un autre dissolvant analogue; on passe la dissolution à travers un filtre, et on laisse évaporer jusqu'à ce que la substance ait acquis une consistance pâteuse; dans cet état, le gutta-percha peut prendre toutes les formes qu'on lui donnera.

§ 1. On peut faire des mélanges de gutta-percha, de caoutchouc et de jintawan. Cette dernière substance apportée des Indes orientales jouit à peu près des mêmes propriétés que les deux autres.

§ 2. En traitant ce mélange avec du soufre, on lui fait acquérir des propriétés nouvelles; ainsi, il acquiert plus de souplesse et n'est plus sensible aux variations de température. Si l'on veut que le produit ait de la raideur, il faut une forte proportion de gutta-percha.

§ 3. Au lieu d'employer du soufre, on fera mieux de se servir d'orpiment, qui est un sulfure d'arsenic.

§ 4. Si l'on veut que le produit soit spongieux, on ajoutera 10 à 20 pour 100 d'alun ou de carbonate d'ammoniaque, on mettra la matière dans des moules, et on fera chauffer pendant une heure à une température de 115 à 125 degrés; il ne faut pas aller au-delà.

§ 5. Pour donner à ces produits de gutta-percha une grande dureté, il suffit de les mettre dans des moules où ils sont fortement pressés; on chauffe jusqu'à 180 degrés, et le produit qui en résulte peut être travaillé comme du bois.

§ 6. En ajoutant de la cire végétale ou du suif, on donne aux produits une plus grande souplesse.

§ 7. En les dissolvant dans l'essence de térébenthine, on obtient un vernis qui peut servir à plusieurs usages.

§ 8. En mettant sur une plaque très-mince d'or une couche de gutta-percha et en soumettant le tout à une forte pression, accompagnée d'une élévation de chaleur, il se produit une adhérence des deux plaques telle, qu'on peut dire que le gutta-percha est doré.

§ 9. On peut faire des cardes en étendant le gutta-percha sur du drap, tandis qu'il est plastique, et on pique les dents.

Enfin on peut étendre sur les étoffes un mélange de ces produits gommeux avec des corps résineux.

Travail et application du gutta-percha, par M. R.-A. BROOMAN.

22. § 1. Le gutta-percha est, comme on sait, une substance éminemment combustible, soluble dans les huiles essentielles, se mélangeant aisément avec la plupart des matières combustibles, inattaquables par l'eau et l'humidité; ramollie par l'eau chaude, la vapeur d'eau ou l'air chaud, après quoi, on peut la pétrir à volonté; présentant une force considérable d'adhérence sans être poisseuse, flexible à l'état sec ou solide, d'une ténacité extrême et élastique à un certain degré, imperméable et inattaquable à l'air, presque inodore à l'état de pureté, et, enfin presque inaltérable par l'usage mécanique.

Elle diffère du caoutchouc ordinaire en ce qu'elle n'est pas poisseuse à l'état sec, qu'elle est moins affectée par la chaleur de l'air ou par les huiles grasses, et en ce qu'on peut la travailler à l'eau chaude seule.

Ces propriétés m'ont suggéré l'idée d'employer le gutta-percha soit seul, soit en combinaison avec d'autres substances à divers usages que je vais indiquer.

§ 2. *Combustibles artificiels.* — On peut d'abord faire un combustible artificiel en mélangeant le gutta-percha avec du menu de houille et du goudron des usines à gaz dans la proportion de 10 à 20 pour 100 de ces matériaux. Ce combustible artificiel, par sa durée et sa résistance aux influences de l'air et de la chaleur, est très-propre au service de la marine à vapeur dans les pays chauds. On peut encore le mélanger à du menu de houille, du goudron, de la sciure de bois dans le rapport de 3 1/2 pour 100, pour donner un feu ardent et soutenu, très-convenable dans plusieurs opérations industrielles. En mêlant aussi 3 parties de gutta-percha à une partie de goudron de houille rectifié, on obtient en brûlant le mélange un noir propre à fabriquer l'encre d'impression.

§ 3. *Mastics, colles et ciments artificiels.* — Pour faire des mastics ou des ciments artificiels avec le gutta-percha, voici comment il faut s'y prendre : On débarrasse d'abord cette substance des matières étrangères qu'elle renferme ordinairement de la manière suivante. On la plonge pendant quelques instants dans l'eau chaude, afin de la rendre flexible, puis on la passe cinq, six, ou un plus grand nombre de fois dans une machine à purger, représentée en coupe dans la fig. 114, pl. 3. *a* est une auge à double paroi remplie jusqu'en *a'* d'eau chauffée à la température de 80 à 90° C., à l'aide de la vapeur ou de l'eau chaude qu'on introduit entre les doubles parois *b*; *c, c'*, deux rouleaux parallèles d'acier ou de fer d'égal diamètre, montés sur des coussinets, et immergés aux trois quarts dans l'eau. *d d'*, deux roues dentées et montées sur les axes de ces rouleaux et engrenant l'une dans l'autre pour leur imprimer le mouvement. La roue *d'* a un diamètre double de celle *d*, afin qu'il y ait en même temps frottement de glissement et de roulement d'un rouleau sur l'aure *f*, pignon qui mène la roue *e*, laquelle commande les rouleaux *c c'*. Le gutta-percha, enlevé de l'eau chaude est passé entre les rouleaux jusqu'à ce qu'on en ait exprimé toutes les matières fibreuses et étrangères, et qu'il ait été réduit en une feuille plus ou moins mince; et, à cet effet, les rouleaux sont pourvus de vis de serrage disposées à la manière ordinaire. Le frottement de glissement que la roue *d'* opère sur la roue *d* est nécessaire pour retarder la marche de la matière pendant qu'elle est laminée entre les rouleaux. Les impuretés résultant de ce laminage, flottent à la surface de l'eau, ou tombent au fond de l'auge.

Le gutta-percha étant ainsi purifié, peut être appliqué comme ciment, colle ou mastic, ou entrer dans de pareils composés sous un des trois états suivants à l'état plastique, à l'état granulé ou pulvérulent, à l'état de solution, soit seule, soit en combinaison avec d'autres substances.

§ 4. *Application à l'état plastique.* — Pour appliquer le gutta-percha de cette manière, il faut d'abord le soumettre au travail d'une machine à pétrir, représentée suivant les sections transversale et longitudinale par les fig. 115 et 116. *k* est un bâti ou une auge sur lequel est monté un cylindre de fer creux *l*, contenant à l'intérieur un cylindre cannelé *m*, d'un diamètre plus petit et dont l'axe passe par les tourillons *h h* du cylindre creux. La partie supérieure du cylindre *k* est mobile et forme un couvercle qui tourne sur une charnière *n*, et qu'on peut clore quand il est rabattu au moyen de boulons *o* qui traversent les deux collets *m' m'*. On imprime un mouvement de circulation au cylindre cannelé *m*, au moyen d'une roue *p* fixée sur un des bouts de son axe, et qui mène un pignon mis en action par un moteur quelconque. Le couvercle étant ouvert, on introduit une masse ou boule de gutta-percha purifiée, formée à la main dans l'eau chaude, et d'une dimension suffisante pour remplir environ un tiers de l'espace entre les cylindres l, m, ainsi qu'on le voit en q, puis on rabat le couvercle. On imprime alors un mouvement au cylindre m, dont les cannelures servent non-seulement à entraîner la masse de gutta-percha, mais lui font en même temps subir un pétrissage complet. L'opération est continuée jusqu'à ce que la masse soit devenue parfaitement ductile : c'est-à-dire pendant une heure ou une heure et demie suivant la qualité du gutta-percha, quelques sortes étant plus rebelles que les autres.

La chaleur qui se développe à la fin de cette manipulation est considérable ; mais, dans la plupart des cas, il faudra au commencement favoriser l'opération, en plongeant le bâtis k dans une auge remplie d'eau chaude ainsi qu'on le voit fig. 115, ou en introduisant de la vapeur dans le cylindre l au moyen d'un tube.

Quand on désire donner à la masse de gutta-percha un plus haut degré d'élasticité que celui qui lui est naturel, on y mélange et incorpore pendant le pétrissage, soit du caoutchouc, soit du soufre, soit ces deux substances en même temps. Voici de bonnes proportions moyennes : environ 3 parties de caoutchouc pour 6 parties de gutta-percha, ou 1 partie de soufre pour 8 parties de gutta-percha, ou 2 parties de caoutchouc et 1 partie de soufre pour 6 parties de gutta-percha. Quand c'est du caoutchouc qu'on emploie pour accroître l'élasticité du gutta-percha, il faut un degré de chaleur qui ne soit pas moindre de 65 à 66 degrés pour effectuer le mélange des deux substances. Il convient d'introduire du caoutchouc dans la machine en même temps que le gutta-percha ; mais le soufre ne doit être versé dedans que de temps à autre et par petites quantités à la fois, par de petites portes r r r percées dans le couvercle du cylindre l. Le gutta-percha s'empare aisément de ces matières, et le tout constitue à la fin de l'opération un mélange parfait.

Si on désire colorer la masse de gutta-percha afin qu'il soit plus propre à certains usages, on introduit la matière colorante de la même manière que le soufre, c'est-à-dire par les portes r, et toujours par petites quantités à la fois. La couleur pénètre toutes les parties de la masse et est parfaitement incorporée.

On peut aussi donner de la douceur au gutta-percha en y incorporant de la craie et de la stéatite ou autre poudre très-douce, de la même manière que le soufre ou les couleurs. Ou bien, si on veut le rendre rude et mordant, on peut y incorporer de l'émeri, du sable ou autre corps dur à l'état de grains.

Le gutta-percha sous l'un des états plastiques quelconque dans lesquels il a été ainsi préparé, peut être employé soit seul, soit combiné avec d'autres substances ou matières à recevoir de très-utiles applications. Seul et sous l'un ou l'autre desdits états, on peut le mouler, l'étamper, le modeler, le couler ou le travailler par tout autre moyen connu, servant à donner une forme, un relief, un modèle aux matières plastiques, afin d'en fabriquer divers objets d'un emploi usuel, tels que cadres de glaces, de gravures, décorations, parquets, mosaïques, boutons, billes, balles, étiquettes, bracelets, anneaux, ceintures, courroies, rênes, guides, etc.; ou bien, on peut s'en servir comme d'une substance élastique à l'abri des influences de l'air et de l'humidité, peu affectée par la température ordinaire; par exemple, comme matière pour des dessins en creux et en relief; pour faire des couvertures de lit, des sommiers, des coussins, des bandes de billard, des ressorts, des plaques de coussinets pour chemin de fer, des soupapes sur chemins atmosphériques ou dans la construction des machines comme matière élastique et résistante.

Comme, avec d'autres matières, le gutta-percha peut, sous l'un de ses états plastiques ci-dessus, être employé à réunir et coller ces matières et les rendre imperméables à l'air et à l'eau; sous ce rapport, il est principalement applicable à ces divers états, aux articles manufacturés que voici : tissus simples ou doublés de coton, de laine ou autres matières textiles, au cuir et autres substances à texture fibreuse, à des dessus de table, des tapis, des toiles d'emballage, des blanchets d'imprimeur, etc. Dans ces applications, le gutta-percha est employé à l'état de solution sur ces articles au moyen d'une machine représentée fig. 117 et 118, et à peu près semblable à celles dont on se sert habituellement dans les fabriques de produits hydrofuges.

$t\,t$ est un bâtis, $v\,v'$ deux cylindres creux en fer, tournant sur des appuis et maintenus à une température d'environ 60° C. z, une jauge ou filière qu'on alimente par derrière de gutta-percha, et $z'\,z'$ des vis pour régler l'épaisseur qu'il convient de donner. Le tissu, pièce d'étoffe ou autre article qu'il s'agit d'enduire, est placé dans une cavité x d'où il est tiré en avant sous la jauge z et sur les cylindres $v\,v'$ en se recouvrant d'une couche de gutta-percha à mesure qu'il passe sous cette jauge.

Caoutchouc. 19

Lorsque le gutta-percha est appliqué à l'état plastique, on peut faire usage d'une disposition semblable à celle représentée à droite de la figure 118 où *s* est un rouleau sur lequel le tissu à enduire est enroulé et qui le délivre ensuite au cylindre *v'*.

La balle ou masse de gutta-percha est placée sur le sommet du cylindre *v*, immédiatement derrière la jauge *z* ainsi qu'on le voit en *w*. La chaleur fait adhérer une portion du gutta-percha au cylindre qui l'entraîne en le faisant passer sous cette jauge, laquelle le lamine et le réduit en une feuille ou couche de l'épaisseur correspondant à l'ajustement donné à cette pièce. Le tissu, partant du rouleau *s*, passe entre les cylindres *v v'*, reçoit la feuille mince de gutta-percha apportée par le cylindre *v* et y adhère. Dans tous les cas, la jauge doit être maintenue chaude, et pour cela, il faut qu'elle soit construite avec un passage creux *y* qui la traverse pour recevoir l'eau chaude ou la vapeur, ainsi qu'on le voit séparément fig. 119.

Toutes les fois que l'article auquel on applique le gutta-percha doit être exposé à des variations considérables de température ou à des huiles grasses, il faut donner la préférence à celui qui a été sulfuré.

Dans toutes les combinaisons décrites ci-dessus, le gutta-percha à l'état plastique est superposé ou interposé entre des surfaces ; mais il y a d'autres combinaisons où il peut être sous cet état mélangé ou uni à d'autres matériaux. Ainsi on peut mêler à du gutta-percha qu'on travaille à la machine à pétrir de la pulpe de papier, de la sciure de bois, du cuir râpé, des poils, des soies, des étoupes, etc., en ayant soin, quand ces matières ne sont point à un certain degré d'atténuation, de les couper menu, afin de pouvoir en fabriquer une foule de produits composés très-propres à daller, couvrir les maisons, revêtir des surfaces, etc.

§ 5. *Applications à l'état granulé.* — On prend du gutta-percha de l'une des variétés ci-dessus, et on le réduit en poudre avec une râpe. Dans cet état, on l'applique pour prendre des empreintes d'objets sculptés en creux ou relief, découpés, etc. Quand ce sont des objets sculptés, on remplit le moule de poudre de gutta-percha, et on chauffe jusqu'à ce que cette substance soit réduite en une masse suffisamment ductile pour pouvoir être chassé par la pression dans toutes les parties du moule. Lorsqu'on veut prendre des empreintes de surfaces en relief, en creux ou découpées, on pose ces surfaces sur une table, et on répand dessus une couche un peu épaisse de gutta-percha râpé ; on passe une règle pour remplir les cavités, et on enlève la partie superflue. En cet état, on soumet la pièce à une chaleur suffisante pour ramollir le gutta-percha, puis on étend dessus une peau, un tissu ou du papier, et on applique la pression au moyen d'un rouleau ou autrement. En cet état, le gutta-percha abandonne les cavités qu'il remplissait et s'attache au tissu, en présentant une copie exacte, parfaitement nette et durable du sujet original.

§ 6. *Application à l'état de solution.* — Le gutta-percha se dissout dans la plupart des huiles essentielles, à l'aide d'une douce chaleur; mais il vaut mieux opérer cette dissolution dans le naphte rectifié ou l'essence rectifiée de térébenthine. On peut l'employer sous cet état, soit seul, soit mélangé au soufre, au caoutchouc, à des couleurs, à de la craie ou toute autre substance indiquée plus haut pour augmenter sa plasticité, son élasticité, sa douceur ou sa rigidité, ou pour la colorer. On peut encore s'en servir pour rendre imperméable à l'air ou à l'eau, ou pour unir diverses matières entre lesquelles on l'interpose. Un bon moyen d'en faire des feuilles sous cet état, est de le couler sur des plaques de verre ou des dalles, le chauffant pour le répandre uniformément partout; puis le laissant refroidir et sécher. On peut aussi transporter ainsi sur le gutta-percha les dessins que porterait la plaque sur laquelle on coule. A l'état de solution, le gutta-percha peut servir à enduire et protéger d'une manière plus complète les articles qui ont déjà été traités par le caoutchouc soit naturel, soit sulfuré, afin de s'opposer à l'état collant et poisseux du caoutchouc non sulfuré. On peut encore l'appliquer à cet état de solution à saturer des cordages de toute sorte pour accroître leur force et leur imperméabilité, et comme matière à encoller, apprêter et augmenter la fermeté des soieries, rubans et autres articles. Enfin on peut s'en servir à l'état liquide mélangé à des couleurs pour imprimer sur soie, cuir, tissus, etc.

Le degré de consistance qu'il convient de donner à la solution, varie nécessairement suivant l'objet auquel on veut l'appliquer et le mode d'application. Quand on veut qu'après le refroidissement elle forme une couche solide, et qu'on l'a déposée avec une spatule et passée sous la jauge, comme on le fait ordinairement dans les fabriques de caoutchouc, la proportion doit être d'une partie de dissolvant pour environ deux parties de gutta-percha; mais lorsqu'on ne veut qu'une très-légère application, comme lorsqu'il s'agit d'encoller et d'apprêter les soieries et les rubans, et qu'on l'applique à la brosse, alors la proportion peut être augmentée jusqu'à 8 parties de dissolvant pour une de gutta-percha.

Dans tous les cas, la solution doit être appliquée chaude, surtout lorsqu'elle est mélangée à des couleurs et employée par impression. On peut fabriquer un produit très-propre à revêtir ou couvrir des surfaces ou des bâtiments, en collant et unissant ensemble des matières fibreuses au moyen d'une solution de gutta-percha, ou de gutta-percha et de caoutchouc, ou, enfin, d'un mélange de gutta-percha, de caoutchouc et de goudron de houille.

La figure 120 représente une machine à enduire et encoller ensemble les matières fibreuses.

La figure 121, une machine pour les saturer de solution.

$a\,a$ est une auge à double paroi chauffée à la vapeur et remplie jusqu'à la ligne $a'a'$ d'eau, dans laquelle on a dissous un peu de gélatine, de gomme ou autre substance gélatineuse ; $b\,b\,b$ et $c\,c$, des séries de rouleaux autour desquels s'enroulent des toiles ou gazes sans fin $r\,r$; g, un cylindre sur lequel est enroulée une nappe de laine cardée ou autre matière fibreuse, de l'épaisseur requise. A partir de g, cette nappe descend et passe entre les rouleaux $b\,b$ qui l'aplatissent et la compriment ; puis entre deux cylindres creux $g'\,g'$ chauffés par la vapeur ; après quoi elle s'enroule sur le rouleau d'. Parfois, on mélange de la pulpe de papier à l'eau de gélatine ou de gomme dans l'auge a, et on met en mouvement un agitateur qui projette cette pulpe sur la toile ou gaze sans fin r, laquelle se transporte sur la nappe.

La machine, fig. 121, où la nappe est ensuite portée, consiste aussi en une auge à doubles parois, semblable à la précédente et remplie jusqu'en $b\,b$, de la solution de gutta-percha, ou autres solutions indiquées ci-dessus et chauffées à la vapeur. $n\,n\,n$ sont trois laminoirs portant des toiles sans fin $g\,g$; m, un cylindre sur lequel est enroulée la nappe préparée, après avoir été soumise à la machine d'encollage précédente. A partir de ce cylindre, cette nappe passe entre les cylindres n, et, après avoir été complètement saturée dans sa marche avec la solution de gutta-percha ; elle l'enroule sur le cylindre r, chauffé à la vapeur pour y sécher. On peut obtenir un produit très-bon de ce genre, en passant la nappe tout d'abord par la machine, fig. 121, et sans encollage préalable.

En indiquant précédemment les diverses matières avec lesquelles le gutta-percha pouvait être combiné, j'ai dit que le soufre devait y être ajouté, soit pendant le pétrissage, soit à l'état de solution ; mais si on a oublié cette addition, ou si on voulait donner au produit une élasticité plus permanente, on pourrait le sulfurer en le plongeant dans du soufre fondu, à une température de 150 degrés, ou en l'exposant à des vapeurs de soufre en fusion.

La plupart des produits décrits jusqu'ici, comme formés de gutta-percha, seul ou combiné avec d'autres substances, possèdent en commun cette propriété précieuse, savoir : qu'après avoir servi on peut en extraire le gutta-percha qu'ils renferment, avec une perte peu sensible, ou même nulle, et rendre cette substance propre à entrer dans la fabrication des nouveaux produits de même genre (1).

Fabrication du fil de gutta-percha et ses applications, par BROOMAN.

23. § 1. Le gutta-percha, substance nouvelle qu'on a importée depuis quelque temps des Indes orientales en Europe, ayant été nettoyé, pétri à l'eau chaude, ou dans un des dissolvants du caoutchouc, et amené ainsi à un état plastique, est ensuite converti en fil à l'aide de l'appareil que nous allons décrire.

Fig. 122, pl. 3, section verticale de l'appareil.

Fig. 123, plan du même appareil.

Fig. 124, section horizontale, par la ligne A B, fig. 122 de la filière vue par-dessus.

a est une auge renfermant de l'eau froide, *b* un cylindre solidement établi sur la filière *c* à l'aide de boulons qui assujettissent en même temps le cylindre et la filière à la partie supérieure de l'auge ; *d* un piston qui joue dans le cylindre *b*, et *e* une série de tubes disposés sur une seule file, suivant un des diamètres de la filière, et percés d'un trou circulaire, mais qu'on peut faire carré, triangulaire ou hexagone, suivant la forme qu'on veut donner au fil *f* un tuyau destiné à amener de la vapeur à une haute température (120 à 150° C.) dans la filière, afin de la chauffer ; et *g* un tuyau de décharge pour cette même vapeur.

Voici maintenant comme on fabrique le fil de gutta-percha avec cette machine.

(1) Ce mémoire, qu'il sera bon pourtant de consulter, contient beaucoup de faits avancés un peu légèrement. Nous ne les avons pas relevés pour ne pas allonger inutilement cet ouvrage. Le lecteur saura bien distinguer les applications possibles à faire de celles qui ne sont pas praticables. Nous aurions peut-être supprimé beaucoup de choses si d'autres expérimentateurs ne l'avaient point cité, et si, alors, ne le trouvant pas reproduit en entier, nous n'eussions pu craindre d'être accusés d'avoir négligé des documents utiles dans les suppressions que nous aurions pu faire.

Le piston est d'abord enlevé du cylindre, et on introduit dans celui-ci une masse ou un rouleau de gutta-percha préparé : on replace le piston qu'on fait descendre avec force, soit à la main, soit par des moyens mécaniques sur le gutta-percha qui, se trouvant ramolli à l'extrémité inférieure par la chaleur de la filière, s'échappe par les tubes *e* en une série de fils : ceux-ci, à mesure qu'ils sont refroidis par l'eau contenue dans l'auge, se durcissent, passent sous le rouleau *h*, et sont conduits de là sur un dévidoir *i* monté sur les bords de l'auge, à l'autre extrémité, où ils s'enroulent. Ces fils ne sont que légèrement allongés pendant qu'ils s'enveloppent sur ce premier dévidoir ; mais on les fait passer ensuite sur un second dévidoir où, avant de s'y enrouler, on les étire à la main comme quand on file le lin ou le chanvre, c'est-à-dire en travaillant le fil entre le pouce et les autres doigts, jusqu'à environ quatre fois leur longueur primitive. En cet état, on les enroule sur des bobines, et on les conserve pour en faire des applications.

Au lieu de procéder comme il vient d'être dit, on peut employer le gutta-percha à l'état de feuilles, coloré ou incolore, sulfuré ou non sulfuré, et découpé en bandes ou en fils, au moyen des machines qui servent à cet usage pour le caoutchouc ; mais comme de cette manière on ne produit que des fils plats ou carrés, on peut leur donner ensuite la forme ronde, si cela est nécessaire, en attachant chaque fil d'un bout à un carré semblable à ceux dont on se sert dans les corderies, et de l'autre à un crochet fixé en un point convenable, et en faisant tourner rapidement le fil sur son axe ; ce qui, en peu de temps, le rend suffisamment rond. Ou bien on peut doubler deux, ou un plus grand nombre de ces fils, les retordre et les filer comme un seul fil rond au moyen d'un appareil semblable à celui employé dans la filature.

§ 2. Les fils ainsi produits s'emploient ensuite dans la fabrication de tissus, soit seuls, soit combinés avec les fils de soie, de coton, de laine ou de toute autre matière textile ; et les combinaisons peuvent s'opérer, soit en couvrant les fils de gutta-percha de ces matières, ainsi que cela s'opère pour le caoutchouc dans la fabrication des bretelles et autres tissus élastiques, soit en les introduisant à l'état nu avec les autres fils lors du tissage.

On peut fabriquer un tissu fort et parfaitement imperméable en juxtaposant un certain nombre de fils de gutta-percha sur un fond de coton, de lin ou autre tissu, puis passant entre des rouleaux chauffés qui collent fermement les fils en-

tre eux ainsi que sur le tissu. En se servant de fils de diverses
couleurs, ou de dimensions variées, on peut fabriquer ainsi
un grand nombre d'espèces d'étoffes rayées, côtelées, etc.

§ 3. On peut produire aussi un article mosaïque en disposant des fils de gutta-percha de différentes couleurs en
série l'une sur l'autre, et en faisant adhérer les fils d'une
série qui croisent celle qui est au-dessous, au moyen d'une
solution de gutta-percha ou d'une autre substance propre à
déterminer l'adhérence, puis en découpant la masse transversalement en feuilles de l'épaisseur voulue.

Les fils de gutta-percha peuvent aussi être employés à la
fabrication des rubans et autres tissus étroits à la place de
l'organsin de soie dont on se sert actuellement pour faire
la chaîne de ces tissus, et surtout pour en fabriquer des galons, des lacets, du cordonnet, etc.

§ 4. On peut fabriquer un papier difficile à déchirer, et
par conséquent très-propre aux effets qui passent successivement dans beaucoup de mains, et sont sous ce rapport,
exposés à une prompte usure, tels que billets de banque,
effets de commerce, inscriptions, tissus, etc. ainsi que pour
enveloppes et emballage, en interposant entre deux feuilles
de pulpe, des fils de gutta-percha croisés ou en réseau, et
distants entre eux de deux à trois centimètres.

Les fils de gutta-percha servent également à faire, soit à
l'état nu, soit couvert, des chapeaux, des casquettes, des
sacs, des paniers, des fouets, des cravaches; ou bien à garnir des chaises, des fonds de lit, ou enfin, tordus avec des
fils de lin ou de chanvre à fabriquer des cordages ou des
cables.

*Fabrication perfectionnée des tubes, boyaux, seringues,
bougies et autres articles analogues avec le gutta-percha,
par* M. H. BEWLEY.

24. § 1. J'emploie le gutta-percha, soit dans son état naturel
liquide, soit dans un état artificiel de solution, ou sous ceux
plastique, de feuille, granulé ou combiné avec une, deux ou
plusieurs substances, d'après la méthode exposée par M. R.-A.
Brooman. (*Voyez* nᵒˢ 22, 23.)

D'abord, je fabrique les objets flexibles dont il est question, en prenant le gutta-percha à l'état plastique, et en le
soumettant à la pression, dans ou sur des moules ayant
la forme ou la figure des articles que je veux produire, ou
bien je l'applique à l'état liquide à la surface extérieure de
moules convenables, en superposant successivement différentes couches, jusqu'à ce que j'aie atteint l'épaisseur requise,

en ayant soin de faire sécher chaque couche avant d'en appliquer une nouvelle. Dans ce cas, j'établis mes moules en plâtre, ou argile ou en toute autre substance qu'on puisse briser après qu'on a obtenu l'article, ou bien je verse le gutta-percha à l'état liquide dans des moules, et je le laisse y prendre de la consistance; ou bien quand il est à l'état granulé, j'en remplis des moules que je soumets à une chaleur suffisante pour liquéfier le gutta-percha, lequel par le refroidissement, conserve la forme exacte de ces moules; ou bien enfin, je découpe le gutta-percha en bandes ou pièces d'une certaine largeur, ou suivant des formes données, qui, après avoir été combinées ensemble de diverses manières, produisent l'article demandé, lorsqu'on réunit ces pièces soit à joints recouverts, soit par juxtaposition, et soude tous les points de contact, soit à l'aide de la chaleur, soit en enduisant d'une solution de gutta-percha ou de caoutchouc, soit enfin au moyen d'une forte pression.

§ 2. Quand on veut faire des tubes, boyaux, sondes, bougies, ou autres articles semblables, on fait passer par compression le gutta-percha à l'état plastique à travers un appareil représenté dans la figure 125, pl. 3.

A est un cylindre ou corps contenant le gutta-percha ; B, un piston ; b, une filière qu'on maintient chaude à l'aide de la vapeur, et consistant en un disque c^1, percé d'un certain nombre de trous, à travers lesquels je tréfile le gutta-percha par la pression d'un piston qui le fait passer dans une boîte c^2, où il entoure un mandrin D, et descend ainsi sous forme tubulaire, dans un réservoir d'eau froide E, placé au-dessous.

Je fabrique encore les tubes, etc., en roulant de longues bandes de gutta-percha en spirale ou de toute autre manière, autour d'un mandrin, et soudant soit par application de chaleur, soit avec du gutta-percha ou du caoutchouc en dissolution, soit en passant le mandrin chargé des tours de gutta-percha dans des cylindres cannelés, soit enfin, en immergeant le mandrin avec son enveloppe dans de l'eau chaude pendant un temps suffisant.

§ 3. Quand on désire produire des pièces présentant une surface polie ou figurée, après qu'elles ont été fabriquées brutes ou unies à l'intérieur par les moyens précédents, on introduit ces pièces dans un moule poli, ou portant en creux ou en relief le dessin demandé, et on fait passer avec une pompe de l'eau chaude ou de l'air chaud à l'intérieur de ces pièces, de manière à refouler leurs parois contre la surface interne du moule jusque dans les cavités, les lignes ou les dessins qu'on y a tracés.

Le gutta-percha étant une substance qui n'est affectée que très-faiblement, s'il l'est même du tout, par les matières grasses, les huiles ou les liquides acides ou alcalins, est particulièrement propre à la construction des instruments de chirurgie, tels que cathéters, bougies, sondes, urinoires, etc. (Voyez *la note du n° 8.*)

§ 4. On peut aussi fabriquer les articles en question avec le gutta-percha combiné avec des tissus, du cuir, ou mélangé avec du caoutchouc, du soufre, de la craie de Meudon, de l'émeri en poudre, de l'asphalte, suivant qu'on veut que ces articles soient plus flexibles ou plus durs, d'un prix plus modéré, ou pour y apporter telle ou telle modification qu'on juge convenable. Parfois aussi on substitue au soufre dans ces combinaisons une quantité égale de calamine réduite en poudre, ou on emploie la calamine par portion égale.

§ 5. Je me sers aussi du gutta-percha seul ou mélangé pour rendre les articles en question, dont le corps est en tissu, cuir, etc., imperméables aux liquides; ou pour leur permettre de résister à l'action des matières grasses, des huiles, des liqueurs acides ou alcalines. Je l'applique à l'intérieur ou à l'extérieur, ou sur l'une ou l'autre face. Les pièces peuvent être plongées dans une solution de gutta-percha, ou cette substance portée sur les pièces avec un pinceau ou une éponge à l'état liquide, en une ou plusieurs couches, suivant que cela est nécessaire.

On peut l'appliquer en feuilles collées sur ces articles avec une solution de caoutchouc ou de gutta-percha, ou soudé sur les bords par l'un des moyens précédemment indiqués.

§ 6. On applique encore sur les tubes, boyaux, bougies, etc., un enduit continu de gutta-percha, sans soudure ou sans solution de continuité, par le moyen suivant. Ces tubes ou boyaux sont passés à travers les trous d'une filière chauffée à la vapeur, semblable à celle dont on se sert dans le tirage des tuyaux de plomb. Ces trous qui sont de forme conique, avec l'ouverture la plus grande à l'intérieur, ont leur plus petit diamètre un peu plus grand que celui des tubes; la filière étant remplie de gutta-percha à l'état de mollesse ou presque de demi-fluidité, à mesure que les tubes sont tirés à travers dans la masse de gutta-percha, ils emportent à leur surface une couche plus ou moins épaisse de cette substance. Pour que le gutta-percha coule doucement à travers la filière, il faut que celle-ci soit maintenue à une température d'environ 100° centig.

§ 7. Quand on à employé le caoutchouc simplement comme enduit pour les pièces flexibles faites en toute autre substance que le caoutchouc, on les enduit à l'extérieur et à l'intérieur d'une couche de gutta-percha, ce qui les empêche de rester poisseux et les fait résister à l'action des matières grasses et des huiles qui attaquent le caoutchouc quand il n'est pas ainsi protégé.

Dans ce cas, le meilleur moyen est d'employer le gutta-percha à l'état liquide, attendu qu'une couche très-mince est alors suffisante.

§ 8. S'il est nécessaire que les articles indiqués ci-dessus, fabriqués par une des manières décrites, avec le gutta-percha seul ou à l'état de mélange, possèdent plus ou moins de flexibilité, on les soumet à l'état fabriqué, à l'action du soufre, soit en les plongeant dans un bain de soufre, soit en les exposant à la vapeur de ce corps en combustion.

Enfin, tous ces articles peuvent être teints de toutes les couleurs, en incorporant au gutta-percha, à l'état seul ou de mélange, les matières colorantes propres à donner toutes les nuances.

Traitement du gutta-percha et ses applications; par
M. Th. Hancock.

25. § 1. Je propose des méthodes perfectionnées pour préparer le gutta-percha et le rendre propre à diverses fabrications.

Si le gutta-percha sur lequel on veut opérer n'est pas très-impur, on peut le soumettre de suite aux procédés ci-après décrits; mais s'il renferme un grand nombre d'impuretés, alors il vaudra mieux, dans la plupart des cas, le soumettre au procédé de purification de M. Brooman (*voyez* nᵒˢ 22 et 23), ou à tout autre procédé analogue qui le débarrassera de ses impuretés les plus grossières.

Une des méthodes que j'applique à la préparation du gutta-percha, consiste à le placer à l'état plastique dans une presse à vis, maintenue chaude par une chemise chauffée à la vapeur ou autrement, et ayant un fond perforé d'un grand nombre de trous. Sur ce fond perforé, on pose une, deux, trois ou un plus grand nombre de filières faites avec des plaques de métal percées d'un grand nombre de trous, ou en forte toile métallique et posées les unes sur les autres, chaque filière successive ayant un plus grand nombre de trous ou de mailles que celle qui lui est immédiatement inférieure, ou qui la précède, de façon que celle à perforations ou mailles les plus fines est toujours par-dessus. Alors on abaisse le piston ou le plateau de la presse sur la masse de gutta-percha et on fait passer cette substance par la pression à travers les filières et le fond perforé, d'où elle tombe, amenée par ce moyen à un grand état de pureté.

Cette opération peut, si cela est nécessaire, être répétée une seconde fois; le gutta-percha étant, comme dans le premier cas passé à travers les filières.

Le gutta-percha ainsi purifié, est transporté dans un appareil de pétrissage semblable à celui qu'on emploie ordinairement dans la préparation du caoutchouc (voyez *la table de la première Partie*), appareil qu'on maintient à une température suffisamment élevée par des moyens convenables ; puis, travaillé et pétri jusqu'à ce qu'il soit amené à la consistance d'une pâte ou bouillie épaisse.

Suivant une autre de mes méthodes, pour préparer le gutta-percha, au lieu de le soumettre à la presse à vis, on prend une masse plastique qu'on passe une, deux ou un plus grand nombre de fois suivant qu'on le juge nécessaire entre un rouleau, et une, deux ou un plus grand nombre de jauges mobiles qu'on peut ajuster à hauteur et semblables à celles dont on se sert dans les fabriques de caoutchouc pour étendre et purifier les solutions de caoutchouc; les rouleaux et les jauges étant chauffés à l'eau chaude, la vapeur, ou tout autre moyen convenable.

Enfin, on peut prendre encore le gutta-percha, tel qu'on l'importe, le dissoudre dans l'huile essentielle de térébenthine rectifiée ou autre dissolvant approprié, filtrer la solution à travers une flanelle, un blanchet ou une forte toile métallique pendant qu'elle est chaude, après quoi, distiller le dissolvant et évaporer le résidu à la consistance de pâte ou bouillie épaisse.

Préparé par l'une des méthodes qui viennent d'être décrites, le gutta-percha est propre aux applications manufacturières ordinaires et peut être mis en blocs ou masses, étendu en feuilles, ou recevoir telle autre forme qu'on désire.

§ 2. Je propose de former une substance composée, élastique et hydrofuge en combinant le gutta-percha avec d'autres substances.

Pour faire la substance composée élastique et hydrofuge propre à différents genres de fabrication, je combine le gutta-percha avec une substance élastique et hydrofuge appelée *jintawan*, récemment importée pour la première fois en Europe, des Indes orientales, et qui, à ma connaissance, et à ce que je présume, n'a jamais encore été employée dans les arts et dans les manufactures en Angleterre; ou bien, je combine le gutta-percha avec du jintawan et du caoutchouc.

Le gutta-percha destiné à être ainsi combiné doit, si cela est nécessaire, être débarrassé de ses impuretés, et si on le désire préparé, comme il sera dit ci-après; le jintawan et le caoutchouc ont également besoin d'être débarrassés de leurs impuretés, s'ils en renferment.

Je combine le gutta-percha et le jintawan, en plaçant ces deux substances en proportions déterminées, et coupées en morceaux, dans un pétrisseur semblable à celui employé au pétrissage du caoutchouc; et, alors j'opère sur ces deux matières à l'aide de cette machine, jusqu'à ce qu'elles soient intimement mélangées ensemble.

On opère la combinaison triple du gutta-percha, du jintawan et du caoutchouc, à l'aide du pétrisseur et des mêmes procédés.

Pour faire ces combinaisons, je varie les proportions des deux ou des trois substances dont je détermine la dose, suivant les qualités que je désire donner à la combinaison, en employant une quantité plus grande de celle des substances qui entrera dans le mélange dont il importe de faire dominer les propriétés particulières.

§ 3. Je combine ces mélanges ou composés avec d'autres substances propres à en modifier les propriétés.

C'est ainsi que je combine le gutta-percha seul, ou le gutta-percha et le caoutchouc, ou le gutta-percha et le jintawan, ou enfin, le gutta-percha, le caoutchouc et le jintawan, avec de l'orpiment, du foie de soufre ou autres substances chimiques analogues, et propres à entrer en combinaison effective avec les matières indiquées ci-dessus, et soumettant ensuite ces substances composées à la chaleur, ainsi qu'il sera dit pour que le composé soit, dans tous les cas et indépendamment des propriétés hydrofuges du gutta-percha, du caoutchouc et du jintawan qu'il possède, rendu d'une manière plus permanente, flexible et élastique.

Les proportions dans lesquelles ces substances peuvent être employées respectivement, varient suivant les qualités qu'on veut que l'article composé possède, et on augmente ou on diminue la proportion de chacune d'elles, suivant qu'on désire faire prévaloir la qualité particulière de cette substance dans le composé ainsi produit. Ainsi, dans le cas où on désire que le composé ait une grande rigidité, c'est-à-dire qu'il ne présente pas une élasticité ou une extensibilité bien sensibles, la portion du gutta-percha employé dans la combinaison doit dominer celle des autres matériaux, d'après le degré de raideur qu'on veut obtenir ; de même, on peut faire varier la douceur du composé en augmentant ou diminuant la quantité de l'orpiment, du foie de soufre ou du sulfure employés.

Un bon composé pour bandes ou courroies, est celui qu'on prépare par la combinaison de 50 parties de gutta-percha, 24 parties de jintawan, 20 parties de caoutchouc, 6 parties d'orpiment.

Comme règle générale déduite des expériences que j'ai faites, je puis établir que la proportion d'orpiment ou de tout autre sulfure employé, ne doit jamais dépasser 25 pour 100.

Lorsque l'orpiment ou autre sulfure, doit être combiné au gutta-percha seul, on l'ajoute à ce dernier, lors de son passage à la machine à pétrir, en ne distribuant cet orpiment que de temps en temps et par petites parties pour que les deux substances soient bien mélangées plus intimement entre elles ; et lorsque c'est avec le gutta-percha et le caoutchouc, le gutta-percha et le jintawan, ou, enfin, avec ces trois substances ensemble, que le sulfure est ajouté, on soumet les deux ou trois substances avec lesquelles il s'agit de le combiner au pétrisseur, et on ajoute de même par petites doses le sulfure qu'on a choisi.

Lorsque c'est le jintawan ou le caoutchouc qu'on emploie pour faire l'article composé, la combinaison des matériaux sera beaucoup plus facile, si on humecte préalablement le jintawan et le caoutchouc avec de l'essence de térébenthine rectifiée ou quelque autre dissolvant, de manière à les amollir ainsi qu'il a été dit précédemment.

Le composé orpimenté ou sulfuré est ensuite exposé à une température de 150 à 170° centig., pendant un temps qui varie suivant que cette température est plus ou moins élevée. Avec une chaleur de 150°, on tient les articles exposés pendant environ 60 minutes ; quand cette chaleur s'élève à 170°, 15 minutes seulement suffisent. La chaleur requise peut être obtenue, soit au moyen de vapeur, soit d'eau chauffée sous un état de pression, soit par le secours de l'air chaud.

En préparant l'un ou l'autre de ces composés, on peut employer une portion de soufre à la place d'une égale portion d'orpiment ou de sulfure ; mais je considère l'emploi du soufre, comme donnant lieu à quelque objection, à cause de l'odeur désagréable qu'il communique aux articles et de la tendance qu'on remarque dans le soufre à s'effleurir, ou à exsuder à leur surface, je préfère l'emploi de l'orpiment ou de quelque autre sulfure qui se combine plus franchement avec les autres matériaux qui composent l'article.

Caoutchouc. 20

Dans quelques cas, on mélange simplement l'orpiment, ou autre sulfure au gutta-percha et caoutchouc, ou bien au gutta-percha et jintawan, ou, enfin au caoutchouc, gutta-percha et jintawan dans la machine à pétrir, et on supprime l'opération consécutive de chauffage décrite ci-dessus. La substance orpimentée ou sulfurée ainsi produite, n'est pas aussi durable que celle qui a été soumise au chauffage, et le sulfure n'y est pas aussi intimement combiné avec les autres ingrédients ; mais, pour une foule d'applications où l'on n'exige pas une grande durée, on conçoit qu'elle suffira parfaitement bien.

§ 4. Je propose d'amener le gutta-percha et ses combinaisons à l'état poreux, et léger pour en faire diverses applications.

On peut donner au gutta-percha, ou aux combinaisons de cette substance avec le jintawan et le caoutchouc, une texture légère, poreuse et spongieuse, c'est-à-dire en former une espèce d'éponge artificielle propre à rembourrer les sièges, les coussins, les matelas, les selles, les colliers de chevaux, les tampons pour véhicules de chemin de fer et une foule d'autres objets.

Si le gutta-percha est combiné avec le jintawan et le caoutchouc, ou l'une de ces deux substances, les proportions doivent varier selon la nature de l'objet qu'on se propose de produire. La principale différence provient de la quantité plus ou moins grande de gutta-percha qu'on emploie, et toutes les fois qu'on désire produire une grande élasticité, la quantité de gutta-percha devra être faible, comme par exemple dans la confection avec le gutta-percha et ses composés de ressorts pour horloges, longes, boucles, stores, rouleaux, etc., ou des courroies, ceintures, jarretières, cordons, etc., tandis que lorsqu'on exigera que l'article poreux soit d'une nature plus raide et plus ferme, alors la quantité du gutta-percha, devra dominer sur celle des autres substances dans la proportion nécessaire pour produire le résultat demandé. Au gutta-percha qu'on désire rendre poreux ou spongieux, il faut ajouter 10 pour 100 d'essence de térébenthine rectifiée ou autre dissolvant ; et le tout mélangé comme il convient.

Si l'un des composés ci-dessus indiqués du gutta-percha devait être traité, ainsi qu'il vient d'être dit, le caoutchouc et le jintawan qu'on emploierait alors avec lui, devrait être préalablement dissous dans un semblable dissolvant, dans la proportion de 100 à 200 pour 100, plus ou moins, suivant que le produit a besoin d'être plus ou moins spongieux et élastique. A l'article qu'on veut rendre tel, on ajoute de l'alun et du carbonate d'ammoniaque, ou quelque autre substance facilement volatile, si cet article devait posséder d'une manière plus permanente de la douceur et de l'élasticité, on le combinerait avec l'orpiment, le foie de soufre, ou autre sulfure par le procédé indiqué ci-dessus ; enfin, on pourrait employer dans ce cas une proportion de soufre, mais on doit donner la préférence à l'orpiment, au foie de soufre ou à un sulfure par les motifs déjà indiqués.

L'article qui doit être poreux ou spongieux est mélangé intimement à l'alun, au carbonate d'ammoniaque ou autre substance volatile dans la proportion de 10 à 20 pour 100 dans la machine à pétrir ou par tout autre moyen approprié.

La matière ainsi préparée peut être mise dans les moules, les formes, ou les auges, ou bien, travaillée de manière à lui faire prendre la forme qu'elle doit posséder. On l'introduit alors dans une étuve ou dans une chambre chauffée de 120 à 125° centig., température à laquelle on la maintient pendant une à deux heures suivant le résultat qu'on désire. L'effet de cette exposition à cette température élevée est de chasser le dissolvant avec lequel elle est mélangée, en même temps que l'alun, le carbonate d'ammoniaque ou d'alumine, ou la substance volatile qu'on y a ajoutée, la font gonfler et passer à l'état poreux et spongieux. Après que l'article a été ainsi exposé à la température indiquée, il a acquis son plus haut degré de porosité, et si l'on prolonge l'opération, il en résultera que les objets seront moins élastiques et plus rigides.

§ 5. Je communique au gutta-percha ou à ses combinaisons presque tous les degrés de dureté et de tenacité sans nuire à ses propriétés hydrofuges.

Pour communiquer au gutta-percha ou à ses combinaisons diverses avec le caoutchouc et le jintawan, après que les substances ont été orpimentées ou sulfurées, un degré à peu près quelconque de dureté et de tenacité sans nuire à leurs propriétés hydrofuges, on prend le gutta-percha ou ses combinaisons au moment où ses substances sortent de l'opération indiquée ci dessus n° 3, et pendant qu'elles sont encore à l'état plastique, et on les comprime dans des moules assemblés solidement avec des plaques de fer, des vis et des écrous, et qu'on dépose dans une chambre ou des vases chauffés à la vapeur ou à l'air chaud à une température de 150 à 190° centig. pendant un temps de un à six jours, en faisant varier le degré de chaleur et le temps de l'exposition suivant le degré de dureté et de tenacité qu'on exige, après quoi on met les moules à part pour les laisser refroidir avec lenteur.

Le gutta-percha et ses combinaisons acquièrent par ce moyen un tel degré de dureté qu'on peut les travailler sur le tour comme le bois, et que ses produits deviennent applicables à un grand nombre d'objets auxquels ils n'étaient pas propres sous une autre forme : tels que décorations et ornements d'architecture, cadres, manches de couteaux et poignées de sabres, boutons de portes et d'armoires, cannes, échecs, cachets, flûtes, clefs d'instruments de musique, boutons, poulies, vases, etc.

La matière peut être, soit moulée de prime-abord sous la forme ou la figure des articles, soit produite d'abord en blocs unis, puis découpée ou sculptée à loisir avec les instrutruments en usage pour ce genre de travail.

§ 6. J'améliore la qualité du gutta-percha et de ses combinaisons, en ce qui touche sa douceur et son élasticité, par les moyens que voici :

Supposons toujours que le gutta-percha, ou ses combinaisons avec le caoutchouc et le jintawan aient été préalablement orpimentés ou sulfurés, alors on soumet l'article soit simple, soit composé, soit à l'état de masses, planches ou feuilles, soit à celui de fils ou de toute autre forme à l'action de l'acide sulfureux, ou bien en le plongeant dans de l'eau imprégnée de cet acide, ou en répandant sur l'article une pâte faite avec de l'acide sulfurique et de l'ivoire ou des os en poudre, ou bien du charbon animal pulvérisé, et introduisant ensuite dans une chambre chauffée à la vapeur.

§ 7. J'augmente la douceur et la flexibilité du gutta-percha et de ses combinaisons ainsi qu'il suit :

J'ajoute à cette substance ou à ses combinaisons pendant qu'elles passent à la machine à pétrir, qu'elles soient ou non mélangées avec de l'orpiment ou un autre sulfure, environ 10 pour 100 de cire végétale ou de suif, ce qui augmente notablement leur douceur et leur flexibilité.

§ 8. Je compose, comme il va être dit, certains vernis avec lesdites substances.

Pour composer ces vernis qui peuvent être appliqués pour rendre hydrofuges le cuir ou les tissus, ou étendus seuls ou mélangés avec des matières colorantes soit sur le gutta-percha et ses combinaisons, soit sur des articles qui en sont fabriqués pour leur donner une belle surface polie, ou bien pour faire disparaître l'odeur de certains ingrédients qu'on aurait pu y mélanger et qui pourrait être désagréable, celle du soufre par exemple, on opère ainsi qu'il suit : On prend le gutta-percha ou ses combinaisons avec le caoutchouc ou le jintawan orpimentés ou sulfurés ainsi qu'il a été dit, ou sulfurés et dissous; on introduit la masse dans un vase étanche à la vapeur et on place ce vase dans une chambre échauffée à la vapeur ou autrement, à une température de 150 à 190 degrés; ou bien on mélange le gutta-percha et le caoutchouc, le gutta-percha et le jintawan, employant ces substances indifféremment, du moins, en ce qui concerne leurs proportions respectives, avec le soufre ou l'orpiment, ou autre sulfure, dans la proportion indiquée précédemment, après que ces substances sont introduites avec 10 à 12 parties de cire ou de graisse végétale ou animale; puis dissoutes dans l'essence de térébenthine rectifiée et évaporées comme précédemment.

Ces vernis se combinant aisément avec les couleurs, fournissent le moyen de rendre bon nombre d'articles, tels que bandes, bandages, anneaux, courroies élastiques, d'une application bien plus générale et plus *marchands* qu'auparavant. Mélangés à ces couleurs, ces vernis peuvent également être employés pour peindre et imprimer sur tissus, cuir et tout autre produit; on trouve de plus qu'ils sont excellents comme colle, surtout pour combiner le gutta-percha et ses combinaisons à la soie, au coton et aux autres matières textiles.

§ 9. J'ai perfectionné l'appareil employé à réduire le gutta-percha et ses combinaisons en lanières.

Dans cet appareil représenté fig. 126, pl. 3, *a a* sont deux cylindres en fer disposés entre eux à la distance convenable à l'épaisseur des lanières qu'on se propose de produire. La matière dont les lanières sont faites passe donc sous la forme d'une feuille plate et large entre ces cylindres, et est enroulée ensuite sur un tambour *b*. A mesure qu'elle s'enroule sur ce tambour, on applique sur la surface extérieure une toile de coton ou autre tissu qui se déroule sur le cylindre *c*, ainsi que l'indique le pointillé dans la figure, et qu'on a préalablement humectée de vapeur pour empêcher deux tours consécutifs de la matière de se coller ou d'adhérer l'un à l'autre. Quand le tambour *b* est suffisamment chargé de gutta-percha et de toile humide, on l'enlève pour laisser refroidir la matière : après ce refroidissement, on replace le tambour dans ses appuis sur le bâtis *k k*. *e* est une boîte solide qui s'étend sur toute la largeur de ce bâtis parallèlement au tambour, et porte une série de couteaux *f* fixés sous un angle déterminé avec le tranchant tourné du côté de la matière enroulée sur *b*; l'extrémité libre et pendante de la feuille est relevée et portée du tambour *b* sur le tambour opposé *g*, où on l'assujettit après l'avoir fait passer sur un rouleau de renvoi *h* placé immédiatement sous ces couteaux. Imprimant ensuite un mouvement de rotation au tambour *g*, la feuille de matière se déroule sur le tambour *b*, et les couteaux, à mesure qu'elle passe, la découpent en lanières de la largeur pour laquelle ces couteaux ont été ajustés. Des traits de scie ou des gorges sont pratiqués sur le rouleau *h* pour loger les pointes de couteaux ainsi qu'on le voit dans la figure, et le bâti *e* porte des traits correspondants à ceux du rouleau *h* pour recevoir l'autre bout de la lame des couteaux et maintenir ceux-ci immobiles à leur place. Le tambour *c* sert dans le découpage à enrouler la toile humide à mesure qu'elle se déroule sur le tambour *b*; la vis *i* est employée à serrer la pièce de bois *e* sur le dos des couteaux, afin de les maintenir bien ajustés. On pourrait se servir de couteaux ou de scies circulaires; mais je préfère les couteaux droits.

Dans quelques cas j'aime mieux faire des lanières en étendant la matière ou gutta-percha sur la surface d'un tissu au moyen de laminoirs chauffés doucement, et après que les surfaces ont été ainsi assemblées, les faisant passer au laminoir l'une sur l'autre, j'en place dessus une troisième, puis une quatrième, jusqu'à ce que j'arrive à la force et à l'épaisseur désirées, en ayant soin que la température soit suffisamment élevée pour unir et faire adhérer ces surfaces. Si une élévation de température est nécessaire, indépendamment de celle du laminoir, pour assurer une union plus parfaite, je projette au moyen d'un soufflet ordinaire de l'air chaud sur la matière du gutta-percha. Cette matière est employée à l'état plastique et étendue de la même manière qu'on le pratique dans la fabrication des objets en caoutchouc; puis découpée en lanières à l'aide de l'appareil décrit ci-dessus.

§ 10. Je revêts ou double le gutta-percha ou ses composés avec des lames ou feuilles de métal.

Pour cela on place une feuille très-mince de métal, par exemple une feuille d'or ou d'étain, sur une plaque métallique, ou sur des matrices ou des étampes, et on pose dessus une feuille de gutta-percha, ou de ses combinaisons, après quoi on chauffe la plaque de métal et on applique une forte pression sur les deux feuilles superposées, ce qui les fait adhérer entre elles intimement et d'une manière permanente.

§ 11. Je fabrique avec le gutta-percha, des cardes pour la laine, le coton et autres matières textiles.

Pour fabriquer ces cardes, on en confectionne le ruban ou la plaque soit en gutta-percha étendu seul à l'état plastique, avec une épaisseur suffisante, ou sur un tissu, un feutre ou autre base semblable, soit en une de ses combinaisons, jouissant d'une flexibilité et d'une consistance suffisantes pour cet objet; et on insère, dans ces rubans ou plaques, les dents en métal, suivant les procédés les meilleurs, ou le plus généralement adoptés dans les fabriques de cardes.

§ 12. Enfin, je combine le gutta-percha préparé comme il a été dit, et encore dans la machine à pétrir, avec des matières résineuses et bitumineuses, et mélangé à la gomme-laque, la résine, l'asphalte etc., et, lorsque ces matériaux sont complètement amalgamés, on étend le mélange encore à l'état coulant sur un drap, ou autre base propre à le recevoir.

Perfectionnements dans la préparation et les applications du gutta-percha, par HANCOCK.

26. § 1. Les perfectibilitements dont il s'agit ont rapport aux objets suivants :

Méthodes et machines employées pour préparer le gutta-percha à la fabrication des divers produits manufacturés.

Dans nos précédentes patentes à la préparation et aux applications de cette substance, j'ai annoncé que pour purifier le gutta-percha brut et le débarrasser des impuretés qu'il renferme dans l'état sous lequel il arrive en Europe, il fallait le réduire en petits morceaux, au moyen de scies, de couteaux, couperets ou autres instruments convenables, et j'ai fait également remarquer que le découpage des masses ou blocs de gutta-percha devenait beaucoup plus facile quand on le plongeait dans l'eau chaude jusqu'à ramollissement. Depuis, j'ai trouvé que par l'emploi d'une machine (*voy.* fig. 127, 128, 129, pl. 3), le gutta-percha pouvait être découpé avec la plus grande facilité, en tranches très-minces, sans aucune immersion préalable dans l'eau chaude, et que les lavages, les purifications et le ramollissement de cette matière s'effectuaient d'une manière plus parfaite, en la faisant passer, après l'avoir toutefois préalablement coupée en tranches, dans la machine représentée fig. 130; toutes machines dont je vais donner la description, ainsi que la manière dont elles fonctionnent.

La figure 127 est une élévation latérale de la machine à découper la matière.

La figure 128 est une élévation par devant.

La figure 129 est une section par la ligne a' b', fig. 128.

a a, le bâti; b b, un plateau circulaire en fer d'environ 1ᵐ.5 de diamètre, dans lequel sont pratiquées trois fenêtres pour l'introduction d'un nombre égal de lames ou couteaux placés dans la direction des rayons, à peu près comme dans les coupe-racines pour les bestiaux. b' est un arbre à l'extrémité duquel le plateau b est calé, et à l'aide duquel on fait tourner avec telle vitesse qu'on désire, en lui communiquant le mouvement engendré par une machine à vapeur ou autre moteur, par le secours d'engrenages, de courroies, tambours, etc. d est un plan incliné sur lequel les morceaux de gutta-percha brut sont poussés sur les couteaux du plateau tournant b, qui les découpe en tranches d'une épaisseur correspondante au degré de saillie qu'on donne aux couteaux. Ces tranches sont ensuite recueillies et jetées dans un vase rempli d'eau chaude, où on les laisse tremper jusqu'à ce qu'elles se ramollissent et deviennent plastisques sous les doigts.

Au lieu de faire usage d'un découpoir circulaire tel que celui qui vient d'être décrit, on peut se servir d'un couteau vertical à mouvement alternatif d'élévation et d'abaissement, en modifiant en conséquence les autres pièces de la machine ; mais je préfère le premier comme plus simple et aussi efficace.

Les couteaux ont été représentés droits dans les figures ; mais lorsque le gutta-percha qu'il s'agit de découper est d'une dureté plus qu'ordinaire ou d'une qualité intraitable, j'ai trouvé qu'il était avantageux d'y substituer des couteaux courbes ou en forme de faucille, à cause de leur mode d'action, qui est plus gradué.

La figure 130 est une section longitudinale de la machine, au travers de laquelle on passe le gutta-percha, après l'avoir plongé dans un vase rempli d'eau chaude, jusqu'à ce qu'il soit ramolli et qu'il devienne souple et flexible. t est une grande pile ou bassin qui est divisée en trois compartiments t', t'', t''', dont deux, t' et t'', sont remplis d'eau jusqu'à la hauteur de la ligne $x\,y$, et t''' jusqu'à la hauteur de la ligne $x\,z$.

$f\,f'\,f''$ sont trois dérompoirs aux rouleaux, armés de lames de scie qui y sont insérées dans une direction parallèle à leur longueur. Ces rouleaux sont montés transversalement sur la pile t, et roulent sans toucher le liquide. En avant de chacun de ces dérompoirs, il y a une paire de cylindres cannelés alimentaires $g\,g'\,g''$. h est un guide en forme d'entonnoir par lequel les morceaux ramollis de gutta-percha passent, après être sortis du vase à eau chaude, entre les cylindres alimentaires g du premier dérompoir f. h' est une toile sans fin, inclinée, qui tourne sur les deux rouleaux $a\,a$, et plonge dans l'eau par sa partie inférieure, tandis que sa partie supérieure arrive au niveau du point de pincement des cylindres alimentaires du dérompoir f'. h'' est une seconde toile sans fin qui remplit les mêmes fonctions vis-à-vis du troisième dérompoir f'''.

k est un cylindre affineur à lames radiales et semblable à ceux dont on fait usage dans les fabriques de papier pour convertir les chiffons en pulpe. Ce cylindre est monté transversalement sur le troisième compartiment t''' de la pile, mais à une élévation moindre que les dérompoirs $f f' f''$, de manière que la moitié de son diamètre est constamment immergée dans l'eau de ce compartiment. l est une platine disposée pour que les lames du cylindre k, pendant leur mouvement de rotation, viennent en contact immédiat avec les languettes qu'elle porte, de manière à produire par leur rencontre mutuelle une action semblable à celle des ciseaux sur les matières, qu'on peut engager entre ces pièces. Le cylindre affineur k, de même que les dérompoirs $f f' f''$, a une toile sans fin, h''' et une paire de cylindres alimentaires g'''.

m est un agitateur entièrement immergé dans le compartiment t'''. n, une toile sans fin s'étendant obliquement jusqu'au fond de la pile et partageant ce compartiment t''' en deux subdivisions. $r r r r r r$, une série de paires de rouleaux montés transversalement au-dessus du compartiment à une élévation telle que les rouleaux inférieurs tournent dans l'eau et les supérieurs dans l'air. $s s$, une série de tables ou bancs placés entre les couples de rouleaux pour soutenir le gutta-percha dans son passage des uns aux autres.

Le jeu du mécanisme, en tant qu'il a été décrit, est le suivant :

Les cylindres alimentaires $g g' g'' g'''$, les rouleaux qui font marcher les toiles sans fin $h' h'' h'''$ et les rouleaux $r r r$ tournent tous de la gauche à la droite de la machine, comme on l'a indiqué dans la figure 130; tandis que les dérompoirs $f f' f''$, le cylindre affineur k et l'agitateur m tournent dans une direction contraire. Les commandes ou dispositions mécaniques propres à communiquer ces mouvements ont été omises dans la figure, parce qu'elles ne présentent rien qui ne soit bien connu.

Les dérompoirs et le cylindre affineur circulent à raison de 600 à 800 tours par minute; mais les rouleaux alimentaires et les toiles sans fin ne marchent qu'avec une vitesse qui en est environ le 6e. La première paire de rouleaux $r r$ tourne au taux de 15 à 20 tours par minute; et les autres sont disposés pour produire un étirage ou étendage sur les matières qui passent entre eux, en faisant tourner une, deux, ou un plus grand nombre des dernières pièces avec une vitesse plus grande que les précédentes.

A mesure que le gutta-percha brut est amené par les cylindres alimentaires sous l'action du premier dérompoir, il est rompu ou brisé en petits morceaux ou fragments, et débarrassé ainsi d'une quantité considérable de terre et de substances étrangères, le tout tombant dans la masse d'eau au-dessous, c'est-à-dire celle contenue dans le compartiment t' de la pile. Là, les matières s'assortissent d'elles-mêmes d'après leur poids spécifique ; les morceaux qui consistent en gutta-percha pur montent et flottent à la surface de l'eau, tandis que la plupart des matières terreuses et étrangères tombent au fond.

Dans cet état, la toile sans fin h' attire à elle, en tournant, les fragments de gutta-percha qui flottent à la surface, les charrie et les fait monter entre la seconde paire des cylindres alimenteurs g' établis sur le second compartiment t' de la pile qui les livre au second dérompoir f' pour y subir de nouveau une opération semblable à celle qui vient d'être décrite, afin de les réduire en fragments plus petits et de les amener à un plus grand état de purification.

En flottant à la surface de l'eau du compartiment t', le gutta-percha est transporté sur la toile sans fin inclinée h'', aux cylindres alimentaires g'', qui le délivrent au troisième dérompoir f'' placé sur le troisième compartiment t'', qui le brise ou rompt une troisième fois pour le débarrasser enfin de toutes les impuretés qu'il peut encore renfermer.

C'est alors que la toile sans fin h''' s'en empare et le transporte aux cylindres alimentaires g''', qui le présentent au cylindre affineur k, lequel, au moyen des tamis dont il est armé, et de la platine sur laquelle il tourne, le découpe et le hache en une multitude de brins très-déliés qui, à mesure qu'ils tombent dans l'eau du compartiment t'', sont projetés en avant dans la direction de l'agitateur m. Or, comme cet agitateur tourne dans une direction opposée à celle dans laquelle est projetée la masse de gutta-percha, il force cette matière à plonger dans l'eau et à prendre une route circulaire autour de lui, vers la grande toile sans fin n, où il arrive débarrassé de toute la boue qu'il a pu ramasser en passant par les autres opérations.

Ce gutta-percha ainsi lavé est ensuite transporté en avant par la toile sans fin n à la série des rouleaux $r\,r$, et en quittant la dernière paire, il est enlevé par une toile sans fin o pour être livré à une couple de cylindres presseurs et finisseurs en métal y et y', ajustés au moyen de vis à une distance l'un de l'autre égale à l'épaisseur de la nappe ou bande dans laquelle on veut que cette substance soit alors comprimée.

Après avoir passé entre les cylindres y et y', la nappe ou bande de gutta-percha est ramenée sur le cylindre supérieur y', puis sur le tambour de bois u, afin de pouvoir s'enrouler sur l'ensouple v. Au moment où il est ramené sur le cylindre y' on peut lui adjoindre un tissu ou toute autre matière propre à s'unir avec lui, ainsi qu'on l'a représenté en w, et ce tissu, soumis en même temps à la pression entre le cylindre y' et le tambour u, fait solidement corps avec lui.

L'eau, dans tous les compartiments du bassin ou pile t, doit être employée froide. Lorsque le gutta-percha a une odeur fétide, ainsi qu'il arrive souvent, on mélange à l'eau une solution de soude ordinaire ou de chloride de chaux, indiqué dans une précédente communication.

Les appareils perfectionnés que je viens de décrire sont également applicables au nettoyage, à la purification, aussi bien qu'à la préparation des bouteilles de caoutchouc et de jintawan à leur état brut.

Ce mode de purification du gutta-percha, basé sur la pesanteur spécifique des matières hétérogènes, ne nous semble pas devoir remplir entièrement le but que l'auteur se propose d'atteindre en l'employant. Les matières pierreuses, terreuses, se précipiteront nécessairement au fond des auges ; mais ce ne sont pas ces matières qui, le plus souvent, altèrent la pureté du gutta-percha. Ce qu'on y rencontre en plus grande abondance, ce sont des parcelles de bois noir plus ou moins pourri. Assurément ces bois seront coupés par les couteaux, rompus, brisés, pulvérisés entre les cylindres ; mais surnageant comme le gutta-percha, ils seront ramassés avec lui par les toiles sans fin, et incorporés par les rouleaux dans la masse. Il conviendrait peut-être mieux, avant de soumettre le gutta-percha à ce genre de purification, de l'amollir, de le pétrir, afin d'extraire plus facilement les bois lorsqu'ils sont encore en morceaux assez volumineux pour être vus, sentis et extraits ; réduits en poussière, il nous paraît presque impossible d'en débarrasser le gutta-percha, et cela, d'autant plus que ces matières ligneuses ou fibreuses ne sont pas plus que lui solubles dans l'eau.

---

§ 2. Dans le précédent mémoire, j'ai recommandé, pour

sulfurer le gutta-percha, d'employer les sulfures métalliques de préférence au soufre lui-même, et j'ai annoncé qu'une portion de soufre pouvait être employée pour remplacer une portion égale de sulfure, je considérais cependant l'emploi du soufre comme sujet à objection, à cause de l'odeur désagréable de ce corps et de sa tendance à l'efflorescence. Depuis, je me suis assuré que si, à un sulfure métallique, on ajoutait une très-petite proportion de soufre, on obtenait un meilleur résultat de la combinaison de ces deux corps que de chacune de ces substances employée seule.

Les proportions que j'ai trouvées être les meilleures dans la pratique sont les suivantes : à 48 parties de gutta-percha, j'ajoute 6 parties de sulfure d'antimoine, ou d'hydrosulfate de chaux ou autre analogue, et 1 partie de soufre. Lorsque le mélange de ces matières est effectué, je dépose le composé dans une chaudière et j'élève avec pression sa température de 125 à 150° centig., état dans lequel je le laisse pendant un temps qui varie depuis une demi-heure jusqu'à deux heures, temps pendant lequel il devient complétement sulfuré, ou, en d'autres termes, *métallo-thionisé.*

J'applique exactement la même combinaison de matières que celle qui vient d'être décrite à la sulfuration du caoutchouc et du jintawan et de la même manière. Dans le mode ordinaire de sulfuration du caoutchouc, il ne faut pas moins d'une partie en poids de soufre pour six à huit parties de caoutchouc; mais en substituant un sulfure à la dose ci-dessus indiquée, la quantité de soufre peut être réduite à moins d'un cinquantième, tout en produisant un article meilleur.

Je n'ignore pas que les procédés qui consistent à soumettre le caoutchouc combiné au soufre seul à une haute température, ainsi que diverses autres modifications analogues, ont été précédemment mis en usage et publiés en Amérique; mais il est toujours bon de consigner ici ces observations.

§ 3. *Modes perfectionnés pour combiner le soufre et les sulfures avec le gutta-percha, ainsi qu'avec le caoutchouc et le jintawan.*

J'ai dit dans mes précédentes communications que ces combinaisons devaient s'effectuer au moment où le gutta-percha, le caoutchouc ou le jintawan passaient à la machine à pétrir; mais maintenant, je trouve qu'on peut y parvenir plus facilement, et d'une manière aussi parfaite par l'un des quatre modes suivants.

a. J'expose le gutta-percha, le caoutchouc et le jintawan, après qu'ils ont été nettoyés et réduits en feuilles ou nappes, à l'action combinée de la vapeur d'eau à une haute température, et des vapeurs d'orpiment ou autre sulfure volatil, mélangés dans les proportions ci-dessus dans un appareil représenté par la figure 131.

Une chambre très-forte en métal, a, est établie sur la maçonnerie en briques bb, et dans laquelle on place les matières qui doivent être sulfurées; c, couvercle imperméable assujetti au sommet de cette chambre, par des boulons à écrous, de manière à pouvoir être enlevé quand cela est nécessaire; d, chaudière ordinaire à haute pression; e, pot solide en métal, dans lequel on place l'orpiment ou autre sulfure et le soufre; d', couvercle qu'on enlève pour introduire les matériaux; e', foyer pour chauffer le pot; f, tuyau partant de la chaudière et débouchant dans le couvercle de ce pot; et a', robinet pour le fermer et l'ouvrir; g, tube en plomb qui part du sommet du pot e et se rend dans la chambre a; b', robinet qui sert à l'ouvrir ou la clore; h, la soupape de sûreté de la chaudière; k, celle disposée sur la chambre; i thermomètre pour indiquer la température. Voici comment on opère avec cet appareil :

Le feu est d'abord allumé sous la chaudière, et lorsque la soupape de sûreté indique qu'on approche de 140° centig., on allume l'autre foyer e' pour volatiliser l'orpiment et le soufre; les robinets a' et b' sont alors ouverts, et la vapeur d'eau passe à travers les tubes f et g, ainsi que dans la partie supérieure du pot e, pour se rendre dans la chambre a qui renferme les matériaux, afin qu'ils soient complètement chauffés avant d'être sulfurés. Au bout de quelque temps, il commence à s'élever quelques fumées de l'orpiment qui montent et se mélangent à la vapeur. Dans cet état, on laisse les matières pendant une période de temps qui varie d'une demi-heure à deux heures, suivant l'épaisseur des objets sur lesquels on opère; au bout de ce temps, on ferme en tournant, le robinet b, le passage dans la chambre a, on éteint le feu, on soulève la soupape de sûreté, et lorsque la chambre est débarrassée de vapeur, on enlève les objets sulfurés.

La soupape de sûreté h est maintenue pendant tout le temps qu'on opère la sulfuration, à une pression un peu plus considérable que les soupapes k, afin qu'il puisse y avoir un courant dans la direction de la chambre k. l est un robinet par lequel on soutire l'eau condensée qui s'accumule au fond de cette chambre.

b. Je prends le gutta-percha, le caoutchouc et le jintawan dans l'état parfaitement sec, et je les frotte avec le sulfure et le soufre combinés dans les proportions indiquées, et sous deux réduits à l'état de poudre très-fine, après quoi je place dans la chambre *a* de l'appareil ci-dessus, et soumets pendant une période de temps variable, comme précédemment à l'action de la vapeur à 140 degrés de température, sans faire usage du fourneau de volatilisation ; ou, au lieu d'exposer à la vapeur, je plonge pendant le même espace de temps dans de l'eau chauffée à 140 degrés.

c. Je prends les matières après les avoir frottées à sec comme il vient d'être dit, et les fais passer par le premier procédé tout entières ; c'est-à-dire que je les expose, tant à la vapeur d'eau à haute température, qu'aux vapeurs de l'orpiment et du soufre volatilisés.

d. Je fais une pâte avec le sulfure et le soufre, et une légère addition de gutta-percha ou de caoutchouc, j'étends à la brosse sur les articles à sulfurer ; puis je soumets ceux-ci à l'un ou à l'autre des trois procédés décrits précédemment.

J'ai dit que l'orpiment ou autre sulfure dont on se sert dans ces procédés, devaient être employés dans les proportions spécifiées. C'est-à-dire que les nouvelles proportions recommandées sous le second chef de ces perfectionnements, étaient préférables aux autres ; mais il est évident que les procédés peuvent être adoptés avec plus ou moins d'avantage, soit qu'on se borne rigoureusement à ces proportions, soit qu'on s'en écarte.

§ 4. *Moyens pour améliorer la qualité du gutta-percha, tant à l'état sulfuré, métallo-thionisé, que non sulfuré, et application de ces moyens au caoutchouc et au jintawan de même sulfurés ou non.*

J'expose pendant une minute ou deux, les matières à l'action du deutoxyde d'azote gazeux, obtenu à la manière ordinaire, en dissolvant un métal tel que le zinc, le cuivre ou le mercure dans l'acide azotique ; ou bien, je les immerge dans une solution bouillante et concentrée de chloride de zinc, pendant une période de temps qui varie de 1 à 5 minutes, suivant la force de la solution. Dans l'un ou l'autre cas, je lave ensuite avec soin ces matières dans quelque solution alcaline, ou dans de l'eau de pluie.

On peut appliquer le deutoxyde d'azote gazeux aux matières, soit en les plongeant dans l'acide pendant que le métal se dissout et que le gaz se dégage, soit en les introduisant dans une chambre où l'on a recueilli le gaz pour cet objet.

Le gutta-percha qu'on a traité ainsi, qu'il soit métallosulfuré ou non, devient extrêmement doux au toucher, avec un éclat qui se rapproche de celui métallique. Il en est de même du caoutchouc ordinaire, non sulfuré, qui se trouve débarrassé de plus de la viscosité qui lui est particulière, tandis que le caoutchouc sulfuré acquiert par ce traitement, toute la douceur moelleuse du velours.

§ 5. *Application des moyens ci-dessus à l'amélioration du caoutchouc sulfuré ordinaire, ou connu communément sous le nom de caoutchouc vulcanisé.*

En soumettant de la manière précédemment indiquée à l'action du deutoxyde d'azote, ou immergeant dans du chloride de zinc, puis lavant avec soin, le caoutchouc perd entièrement, ou à peu près, l'odeur forte du soufre qui rend actuellement son emploi sujet à objection.

§ 6. *Production d'un nouveau composé de gutta-percha, propre à diverses applications utiles.*

On produit ce composé en mélangeant dans la machine à pétrir, 6 parties de gutta-percha à une partie de chloride de zinc.

On peut former de nouveaux composés analogues avec le caoutchouc et le jintawan, au moyen de combinaisons dans la même proportion : tous les composés peuvent être ensuite traités par les sulfures, métallo-thionisés, ou sulfurés à la manière ordinaire.

§ 7. *Combinaison perfectionnée de matières pour produire du gutta-percha, caoutchouc ou jintawan, poreux ou spongieux, propres à rembourrer ou faire des fauteuils, coussins, matelas, selles, colliers de chevaux, tampons de chemins de fer et autres articles semblables.*

Je prends 48 parties de gutta-percha, de caoutchouc ou de jintawan (humectés, quand on veut un produit très-doux et très-léger, avec de l'essence de térébenthine ou du naphte, ou du bisulfure de carbone ou autre dissolvant convenable), 6 parties d'hydrosulfure de chaux, ou de sulfure d'antimoine ou autre sulfure analogue, 10 parties de carbonate d'ammoniaque, ou de carbonate de chaux, ou d'une autre substance capable de donner un produit volatil, et 1 partie de soufre. Je mélange ces matières dans un pétrisseur et les soumets à un degré élevé de chaleur, en observant sous ce rapport, les conditions indiquées dans ma spécification, nº 25, excepté seulement que la chaleur peut être poussée avec avantage à plusieurs degrés plus haut, et s'élever à 225º et même à 250º centig.

§ 8. Applications de différents moyens de perfectionner la qualité du gutta-percha, décrits ci-dessus § 3, 4, à améliorer la qualité des produits fabriqués avec cette matière, après qu'ils ont été mis en œuvre.

Parmi les articles en gutta-percha, dont la qualité se trouve le plus améliorée par les procédés ci-dessus spécifiés, appliqués à la matière, avant ou après qu'elle soit manufacturée, il faut ranger tout les produits imperméables connus dans le commerce sous les noms de tissus doubles ou simples, bottes, souliers, galoches, guêtres, ceintures, bandages, capes, coussins, scaphandres, bouteilles, sacs, tubes, boyaux, boîtes à poudre, gaînes, boîtes à cartouches, havre-sacs, coiffures diverses, tasses, bols et autres vases de capacités diverses, habillements de forgerons, capotes et tabliers de cabriolets et voitures, blanchets d'imprimeur, garniture de rouleaux pour satinage et apprêts des divers produits délicats, cylindres des têtes d'étirages, dos de cardes et de brosses diverses, garnitures de clefs d'instruments à vent et de marteaux de pianos, bouchons, capsules, cordages, fils, etc.

L'application de ces moyens s'étend aussi au perfectionnement des objets fabriqués au caoutchouc et jintawan, ou à des articles composés en proportions diverses de l'une ou de l'autre de ces substances, ou de toutes deux avec le gutta-percha.

§ 9. Combinaison du gutta-percha, du caoutchouc et du jintawan, ou autre matière pour fabriquer un produit d'un éclat permanent, ressemblant aux laques de Chine ou du Japon, et donner cet éclat aux articles faits avec ces matériaux, à l'état sulfuré ou métallo-thionisé.

Je prends du gutta-percha, du caoutchouc ou du jintawan, après qu'ils ont été sulfurés ou métallo-thionisés par un des procédés précédemment décrits, ou par tout autre procédé connu, et en état, par conséquent, de supporter un très-haut degré de température; et, soit avant, soit après qu'ils ont été mis en œuvre pour en faire un article usuel, je les enduis à la brosse avec une solution de résine dans l'huile bouillante. Je place les articles pendant deux à cinq heures dans une chambre échauffée de 24 à 40° centig.; et, après cela, je les polis par les moyens qu'emploient ordinairement les fabricants de laques. Dans quelques cas, je mélange des matières colorantes à la laque, et je les applique au moyen de blocs, de cylindres, de rouleaux, de la même manière que dans l'impression des toiles cirées.

§ 10. *Machine perfectionnée pour découper le gutta-percha en lanières ou rubans, et en fabriquer des fils ou des cordes d'une forme quelconque.*

J'ai représenté, figure 132, une élévation de la machine vue par devant, qui suffira pour faire comprendre sa construction.

Les deux cylindres cannelés sont en acier ou en fer montés sur un bâti convenable. Les cannelures de chacun de ces cylindres sont demi-rondes, de façon que celles de l'un des cylindres sont rapprochées des gorges de l'autre; elles forment ensemble une série de trous circulaires. Les espaces qui séparent les cannelures successives ou parties pleines des cylindres, ont des bords à vive arête pour diviser aisément toute feuille, ou masse de gutta-percha qu'on peut y présenter. Le cylindre inférieur porte une embase à chacune de ses extrémités et le cylindre supérieur s'ajuste entre ces embases, afin d'éviter toute altération des arêtes tranchantes.

Pour couper les feuilles minces de gutta-percha avec cet instrument en lanières ou rubans, on y fait passer la matière à froid, et les arêtes tranchantes opèrent seules dans ce cas. Pour faire du fil rond ou de la corde de même façon, on fait passer des feuilles de gutta-percha, d'une épaisseur égale au diamètre du trou de la machine, chauffées à une température de 90 à 92° centig. En prenant la matière qu'on passe à la machine dans une chambre d'alimentation, chauffée à ce degré par la vapeur ou autrement, et le fil ou la corde, en sortant de la machine, est reçu dans une auge remplie d'eau froide, d'où on l'enlève ensuite pour l'enrouler sur des dévidoirs ou des tambours placés convenablement pour cet objet. Ou bien, le gutta-percha est employé à l'état plastique, et passé en avant de la machine, sous une jauge, ainsi qu'on le pratique ordinairement dans les fabriques d'objets en caoutchouc et en gutta-percha.

Si on désire produire une corde demi-ronde ou de forme demi-circulaire, on enlève un des cylindres et on le remplace par un autre uni, comme on le voit, fig. 133, ou bien, si la corde ne doit être ni ronde, ni demi-circulaire; mais carrée, triangulaire, hexagone ou de toute autre forme angulaire ou mixte quelconque, on démonte les deux cylindres et on leur substitue deux autres, cannelés suivant le profil qu'on veut donner au produit. Je présente un exemple de cette substitution dans la figure 134, où l'on voit deux rouleaux adaptés, au profilage du gutta-percha en une corde de forme carrée (1).

Perfectionnement dans la préparation et les applications du gutta-percha seul et de ses combinaisons, par Th. Hancock.

27. L'invention consiste en trois points qui vont être spécifiés successivement.

§ 1. Le premier point est relatif à certains modes de préparation et de traitement du gutta-percha seul ou de ses combinaisons avec d'autres matières, pour en fabriquer des produits au moyen de bains qui permettent d'obtenir ou d'atteindre pour cet objet des températures plus élevées que celles qu'il a été possible d'obtenir ou d'atteindre par l'emploi de l'eau seule ; dans quelques cas, de pétrir, manipuler et fabriquer la matière simple ou composée, et enfin, dans d'autres, de la soumettre à l'action d'un agent chimique.

Pour les températures un peu supérieures à celles de l'ébullition de l'eau, j'emploie une solution saturée, ou à peu près, de quelque sel alcalin ou terreux ou d'une substance analogue propre à augmenter la densité de l'eau, et à élever son point d'ébullition. Tels sont les carbonates de potasse ou de soude, le chlorhydrate de chaux ou d'autres sels solubles qui ne sont pas de nature à porter préjudice à la matière en choisissant de préférence les sels et les substances les plus solubles, dans les cas où on désire soumettre les matières à des degrés moins élevés de température.

Pour les températures plus hautes, on choisit les huiles fixes, les matières grasses, la cire ou autres ingrédients semblables ; ou bien encore les alliages fusibles connus, en ayant soin, dans la préparation des bains, de donner la préférence aux substances les plus économiques parmi celles dont le point d'ébullition est supérieur à celui de l'eau.

Quand on n'a pas besoin d'un bain liquide et qu'un bain sec est suffisant pour la préparation des matières, on emploie un bain de sable, ou autre substance analogue.

Le bain, de quelque nature qu'il soit, est chauffé par les moyens ordinaires et les plus économiques. Lorsque le vase du bain est rempli avec une solution, ou une substance en fusion qui n'est pas de nature à exercer un effet nuisible sur les ma-

(1) Nous avons fait l'essai des cordes sans fin du commerce, elles n'ont pas produit un bon effet. Nous en avons fabriqué nous-mêmes ; nous n'avons pas obtenu de résultats satisfaisants. Peut-être, au moyen de combinaisons diverses, parvient-on à faire mieux. C'est ce que nous ignorons.

tières sur lesquelles on opère, et lorsque la température a été élevée en deçà de 150° centig. environ, on immerge le gutta-percha ou le composé dans le bain, et on l'y maintient plongé jusqu'à ce que toute la masse soit entièrement chauffée et amenée à un certain état de mollesse, de plasticité, ou d'état à demi fluide, le degré de température auquel la matière est chauffée étant plus ou moins élevé, suivant les applications qu'on veut en faire.

Lorsque la température du bain dont on se sert est portée à un degré tel, ou que la matière dont le vase du bain est rempli est de nature à réagir d'une manière nuisible sur le gutta-percha seul ou ses composés ; on enferme celui-ci dans une boîte, une enveloppe, ou dans un vase propre à le garantir de toute atteinte ; cette enveloppe peut être faite avec du plâtre, ou bien être en verre, en métal ou toute autre substance propre à protéger la matière sur laquelle on opère.

Le vaisseau employé pour préparer les bains peut être ouvert ou fermé, et la substance qu'il renferme soumise au besoin à la pression pendant qu'on le chauffe. La forme ou les dimensions du vaisseau peuvent être arbitraires ; mais il convient de les adapter le mieux qu'il est possible aux applications.

La matière ou l'article sur lequel on opère, soit en gutta-percha, soit en ses composés, qu'elle soit protégée ou non par une boîte ou une enveloppe, est maintenue dans le bain où elle a été mise, pendant le temps nécessaire pour produire l'effet désiré.

Dans quelques cas, on choisit pour la matière du bain une substance de nature à produire une action chimique sur le gutta-percha ou ses composés, tels que les composés caustiques, des sulfures alcalins ou tous autres sulfures ; et la température à laquelle les bains élèvent ces matières permet à ces agents chimiques d'opérer plus efficacement, ou avec une plus grande énergie.

Quand on veut débarrasser le gutta-percha ou ses composés d'un acide auquel il pourrait être mêlé, on le fait bouillir dans un bain d'eau contenant de la potasse et de la soude caustique en solution et au poids spécifique de 1.010 à 1.020 à l'état de saturation ou à peu près de l'alcali. La température de ce bain, à son point d'ébullition étant plus élevée que celle de l'eau, l'acide est promptement et efficacement enlevé à la matière.

L'action du bain sur la matière peut être accrue ou facilitée par l'agitation, le pétrissage ou toute autre manipulation, pendant la marche de l'opération.

§ 2. Le second point consiste en une méthode pour fabriquer avec le gutta-percha des vases ou objets creux, ou des articles de forme variée, en dilatant ou étendant la matière lorsqu'elle est encore à l'état de mollesse ou de plasticité, en insufflant ou comprimant l'air ou autre fluide dans un sac de caoutchouc placé à l'intérieur de la pièce avec laquelle on se propose de faire un vase ou autre article; en soumettant en même temps, lorsque cela est nécessaire, les parties extérieures de la matière à la pression, à l'action, ou à l'effet de moules ou autres appareils et instruments propres à leur donner la forme, les dimensions et le profil que doit avoir l'article manufacturé.

Pour réussir à fabriquer des articles par cette voie, on prend une bouteille ou pièce creuse en caoutchouc, en donnant la préférence au caoutchouc qui a été rendu élastique d'une manière permanente, et ayant les dimensions, ou à peu près la forme qui se prêtera mieux à la distension qu'on veut lui faire éprouver. Cette pièce en caoutchouc est recouverte en gutta-percha ou de ses composés en quantité suffisante pour faire l'article en question. La surface extérieure de la pièce en caoutchouc étant préalablement enduite avec un peu de matière grasse, de savon ou d'autre substance qui permettra de la détacher aisément à l'intérieur après la fabrication de l'article qu'on se propose de faire. La pièce en gutta-percha ou ses composés, qu'on emploie dans ce cas, peut avoir été préalablement façonnée en cylindre, en sac ou toute autre forme convenable, et tirée, ou placée sur la face extérieure de la pièce en caoutchouc; ou bien encore, cette pièce de caoutchouc peut être recouverte de la quantité nécessaire de gutta-percha, amené à l'état de plasticité ou de feuille de la manière qui paraîtra la mieux appropriée au travail.

La pièce de caoutchouc ayant été recouverte avec celle de gutta-percha ou de ses composés, comme on vient de l'expliquer, l'orifice que présente la première est attaché par une ligature, ou tout autre moyen, à l'extrémité d'un tube par lequel on fait arriver de l'air qu'on refoule ainsi à l'intérieur du caoutchouc. La pièce de gutta-percha est alors introduite et chauffée dans un bain d'eau alcaline, à la vapeur ou par toute autre moyen, jusqu'à ce qu'elle soit amenée à l'état de mollesse et de plasticité, et alors on injecte avec pression à l'intérieur de la pièce de caoutchouc de l'air, de l'eau ou autre liquide approprié à cet effet, jusqu'à ce que le caoutchouc et son enveloppe extérieure soient dilatés ou distendus au point requis.

Dans le cas où on se propose de faire des articles sphériques ou globuleux et dans tous ceux analogues, l'injection et le refoulement de l'air ou de quelque autre fluide à l'intérieur de la matière peuvent suffire pour produire l'effet requis et fabriquer des articles de ce modèle, mais il arrivera plus fréquemment qu'il sera nécessaire d'employer quelques moules ou autres instruments pour donner à l'article le profil ou le galbe voulu.

Quand on a recours à un moule, on place la matière chauffée, ainsi qu'on l'a déjà indiqué, à l'intérieur de ce moule, puis on procède à la distension du caoutchouc et de la pièce de gutta-percha au moyen de l'air, comme on l'a déjà expliqué, jusqu'à ce que cette pièce en gutta-percha ait pénétré dans toutes les cavités du moule et, par ce moyen, ait reçu la forme et se soit imprimée sur le modèle de la figure qu'on veut reproduire.

L'article ainsi façonné est ensuite maintenu dans cet état de distension jusqu'à ce qu'il soit refroidi et redevenu ferme ; après quoi on le retire du moule et on enlève la pièce de caoutchouc à l'intérieur. L'orifice de l'article creux ainsi moulé, peut ensuite au besoin être clos ou raccordé de manière à permettre de compléter et terminer l'article.

Les moules en usage pour exécuter cette partie de travail peuvent avoir des dimensions, des formes ou des profils quelconques et capables d'imprimer sur les articles qu'on y façonne, les reliefs, les creux ou modèles qu'ils représentent ; on peut les fabriquer comme ceux des mouleurs en verre, ou de toute manière qu'on jugera plus convenable.

Dans quelques cas, au lieu de se servir des moules, ou indépendamment de leur usage, on peut employer d'autres instruments ou appareils analogues pour modeler et façonner à l'intérieur l'objet qu'on fabrique.

La pièce de caoutchouc qu'on a dit être introduite à l'intérieur de celle de gutta-percha dont on veut faire un article creux modelé, a pour but d'égaliser la pression inférieure de l'air, de manière à ne distendre le gutta-percha et à ne l'amener que peu à peu à la forme prescrite, à rendre cette pression égale dans tous les points et l'empêcher, par conséquent, de se dilater en certains points outre mesure et de crever.

Dans quelques cas, il peut être nécessaire de protéger aussi le gutta-percha à l'extérieur avant de le chauffer et de l'introduire dans le moule, alors on opère cette protection au moyen d'une enveloppe de caoutchouc qui aura pour effet de maintenir la matière dans la position convenable sur la pièce intérieure de caoutchouc, pendant qu'on chauffe dans le bain ou de toute autre manière.

§ 3. Le troisième point consiste en un mode pour durcir le gutta-percha et le rendre plus durable et plus apte à résister au frottement, ainsi qu'aux effets de l'exposition à l'air.

A cet effet on fait bouillir cette substance pendant une heure au plus dans un bain contenant en solution de l'alcali caustique ainsi qu'on l'a dit précédemment; et, en même temps, on y pétrit le gutta-percha avec un agitateur en bois, ou autrement, et on le mélange avec une portion d'oxyde de fer appelé colcothar et d'oxyde de plomb dit litharge, ou l'un ou l'autre de ces oxydes. Une partie de l'un ou l'autre de ces oxydes, ou de la combinaison des deux, avec sept parties de gutta-percha, semblent être la proportion la plus avantageuse pour le mélange des matériaux.

Néanmoins, les proportions de ces matériaux peuvent varier; mais, quelles qu'elles soient, on opère le mélange en introduisant la quantité de ces deux oxydes ensemble, ou de chacun d'eux séparément, dans une machine à pétrir, où l'on a, préalablement, déposé le gutta-percha, et on procède au pétrissage des matériaux contenus dans la machine jusqu'à leur incorporation parfaite.

On ajoute environ 10 pour 100 de colle animale, ou de matière bitumineuse qu'on a réduite de préférence en poudre et qu'on introduit pendant le pétrissage du gutta-percha pour en augmenter la tenacité (1).

----

(1) Le gutta-percha, ou mieux, gutta-tuban, comme il conviendrait de l'appeler suivant M. Oxley, puisque le percha ne produit qu'un article frauduleux, n'a pas naturellement une odeur désagréable qui en rende la purification nécessaire. Il a bien, quand il est pur, une petite réaction acide, mais son odeur n'est ni forte ni déplaisante. Il est vrai que celui qu'on reçoit en Europe a souvent contracté de l'odeur et une forte acidité par la fermentation ou des mélanges de substances végétales; mais comme il est possible de se procurer ce produit à l'état pur, on conçoit qu'on épargnerait aux fabricants d'Europe un travail long et dispendieux, si le commerce n'en apportait que de cette qualité. Du reste, une simple immersion dans l'eau chaude et un pétrissage suffisent pour lui donner toutes les qualités nécessaires dans les diverses applications qu'on en peut faire.

F. MALEPEYRE.

Fabrication de divers articles en gutta-percha seul ou combiné à diverses substances, par M. C.-H. HANCOCK.

28. § 1. Pour faire des chaussures imperméables en gutta-percha, on commence par introduire cette substance dans des moules sous forme de morceaux, de pièces, de blocs ou toute autre convenable pour cet objet.

Les figures 135 et 136, pl. 4, représentent en plan deux de ces moules où on a enlevé la pièce supérieure, et les figures 137 et 138 sont des sections transversales de ces mêmes moules, mais sur lesquels la pièce supérieure a été replacée. Dans les figures 135 et 137, le gutta-percha est moulé en pièces parfaitement planes mais plus épaisses au centre *a*, qui doit constituer la semelle, que sur les côtés et aux extrémités *b b*, qui formeront l'empeigne. Dans les figures 136 et 138, la pièce est relevée sur les côtés et aux extrémités, et amenée ainsi en partie à la forme qu'elle devra prendre définitivement. A B sont, dans chacun de ces cas, les pièces supérieures et inférieures du moule, et C la pièce de gutta-percha. La dimension et la courbure de ces moules admettent évidemment toutes les modifications dont on peut avoir besoin, de manière qu'on puisse produire en blanc, par exemple, des chaussures pour des personnes de tout âge, pour le pied droit ou le pied gauche, etc.

Pour terminer ces chaussures, on prend une forme du modèle qui convient, et on le recouvre sans pli ni duplicature avec quelque matière élastique et douce qui sert de doublure au gutta-percha, tel qu'un tissu de coton ou de laine, ou un tricot de soie ou autre matière, puis on enduit la surface extérieure de cette matière avec une solution de gutta-percha ou de caoutchouc et on laisse sécher.

On choisit alors un blanc en gutta-percha le mieux approprié au profil général de la forme, puis, le chauffant au degré convenable, on l'amène à un état d'élasticité propre à pouvoir le mouler facilement à l'aide des mains. On chauffe aussi la forme avec la doublure, mais à un degré insuffisant pour décomposer la solution de gutta-percha ou de caoutchouc étendue dessus.

Ces préparatifs terminés, on place la forme sur la pièce en blanc, on ajuste à la main l'une sur l'autre, puis on presse le gutta-percha qui constitue ce blanc de manière à le combiner entièrement avec la doublure élastique qui couvre la forme. La chaussure prend alors la forme représentée dans la figure 139; mais, comme pendant le cours des manipulations précédentes, il a dû se produire inévitablement quelques inégalités à la surface, ou comme les limites entre la semelle et l'empeigne n'ont pas été suffisamment arrêtées, on amène de nouveau le tout à l'état plastique en plongeant la chaussure, avec la forme dedans, dans l'eau chaude, ou bien, en exposant à la vapeur d'eau ou à l'air chaud, puis on unit soigneusement toute la surface.

Lorsque la pièce est refroidie, on pousse une roulette ou une molette sur les lignes qui marquent les contours, après quoi on retire la forme qui donne ainsi un article terminé. Parfois, aussi on emploie des formes qui sont creuses, en métal, en verre, ou en terre, et chauffées par la vapeur, l'air chaud ou l'eau bouillante.

Fabriqué comme il vient d'être dit, l'article est bien imperméable ; mais il a un aspect brut et terne qu'on remplace par un beau poli en l'introduisant dans des moules de verre ou de porcelaine après qu'il a subi la dernière opération dont il a été question ci-dessus et pendant qu'il est encore chaud et susceptible d'impression. Les moules sont un *fac-simile* en creux d'une partie seulement de la forme (la semelle par exemple ou l'empeigne), et on ne les enlève, après qu'ils ont été appliqués, que lorsque les matières qu'ils touchent sont entièrement froides.

Les chaussures fabriquées ainsi en gutta-percha sur base ou doublure en tissu flexible et élastique, comme on vient de l'expliquer, présentent sur les autres ce grand avantage que cette doublure pompe et dissipe l'humidité provenant de la transpiration du pied, et empêche sa condensation, qui n'a lieu qu'au grand détriment de la santé et du bien-être de l'individu.

On a reproché aux chaussures en gutta-percha de manquer de ressorts ; mais on parvient à remédier à ce défaut en faisant le blanc dont se compose la semelle et l'empeigne de deux feuilles de gutta-percha et interposant entre elles, pendant qu'elles sont encore chaudes ou à l'état plastique, une lame mince en acier légèrement courbée dans la direction du talon à la pointe ; on presse fermement le tout ensemble pour que le ressort métallique devienne fixé, combiné ou noyé d'une manière permanente dans la matière.

§ 2. Quand on substitue le gutta-percha en tout ou partie au bois ou autre matière pour faire le dos aux pattes des brosses, on procède comme on va l'expliquer.

Supposons que la brosse doit avoir un dos plat, on prend deux, trois, ou un plus grand nombre de pièces de gutta-percha, ou d'un composé de gutta-percha et de caoutchouc (le nombre des pièces dépendant de leur épaisseur et de celle qu'on veut donner un dos) dans des feuilles qui ont été découpées et moulées suivant la forme exigée et on les superpose exactement l'une sur l'autre ; puis on y perce des trous à travers lesquels on passe les loquettes de poils ou de soie à la manière ordinaire, en les arrêtant comme d'habitude avec un fil métallique. Alors on applique sur la face supérieure deux ou trois couches d'une solution de gutta-percha, en ayant soin qu'une couche soit sèche avant d'en appliquer une autre. Enfin, on recouvre d'une plaque solide de gutta-percha d'épaisseur convenable et on porte à une température suffisante pour que le tout, par la compression, contracte une adhérence parfaite. La plaque qu'on ajoute en dernier lieu peut être unie ou porter un dessin qu'on y imprime avant ou après son application.

Au lieu de faire toute la patte en gutta-percha, comme on vient de le dire, on peut y employer cette matière conjointement avec d'autres substances. Par exemple, quelques-unes des pièces à travers lesquelles on fait passer les poils ou les soies peuvent être en bois, en os, en feutre ou canevas, et les autres en gutta-percha. Ou bien la pièce de garniture supérieure sera en velours ou en tissu de soie ou de laine ; mais, dans ces derniers cas, le tissu sera enduit sur son envers d'une solution de gutta-percha ou de caoutchouc, ou bien, chauffé avant son application.

Pour faire des pattes rondes pour brosses, on procède comme il suit : On prend un bâton solide en gutta-percha, où l'on a découpé un moule à la partie inférieure et tout autour des gouttières ou rainures, on insère les loquettes de poils ou de soie dans les rainures, puis on verse dessus une solution chaude de gutta-percha. Lorsque cette solution est refroidie, on enveloppe toute la partie rainée qui retient les poils ou soies d'une feuille de gutta-percha ; et, sur cette feuille, on en place une seconde de la même épaisseur, en faisant adhérer chaque feuille à la patte par la chaleur et la pression comme on l'a expliqué précédemment et en ayant soin d'ajuster les pièces à joints brisés, et de la faire adhérer exactement sur les bords. Enfin, on lie le tout ensemble avec un fil de gutta-percha, ou bien une corde de fouet, ou un fil métallique saturés de gutta-percha. Le corps de la patte peut être en bois ou en métal ; mais il vaut mieux faire le tout en gutta-percha.

Un autre moyen pour faire des brosses rondes consiste à tirer les loquettes de soie à travers de petits tubes de gutta-percha, et à lier un certain nombre de ces tubes ensemble, sous forme circulaire, avec du fil de gutta-percha, ou une ficelle saturée de cette matière. Les interstices que les tubes laissent entre eux ou la ficelle sont remplis, en y versant par le haut une solution épaisse de gutta-percha ; ou bien, on commence par lier sans serrer le faisceau de tubes, puis on l'amène par la chaleur à l'état plastique, et on comprime, pour en faire un corps circulaire compacte, soit en roulant, soit en pressant, dans un moule de forme et dimension convenables, en ayant soin d'enlever d'abord le lien. Le manche peut être en gutta-percha ou autre matière, et attaché suivant la destination.

On peut faire encore une brosse ronde, comme il vient d'être dit, avec un seul paquet ou loquettes de soies ; mais, dans ce cas, le tube doit se renfler sur les côtés et être plus étroit en bas que par le haut ; du reste on recouvre la loquette d'une solution de gutta-percha.

Le mode qui vient d'être indiqué pour introduire les loquettes dans les tubes de gutta-percha, peut aussi être appliqué pour faire des brosses plates. Les tubes qui renferment les loquettes sont disposés les uns à côté des autres, suivant une ou plusieurs lignes droites, puis assujettis en les serrant entre les mâchoires d'une presse, plongés dans l'eau chaude, et comprimés jusqu'à ce qu'ils ne forment plus qu'une masse solide et compacte.

§ 3. On peint ou on imprime les articles en gutta-percha en couleurs et en dessins quelconques, et en se servant comme véhicule des couleurs du composé que voici : On prend une partie de caoutchouc et une partie de gutta-percha dissous tous deux dans l'essence de térébenthine, ou tout autre dissolvant, on y ajoute quatre parties de colle de gélatine blonde ; on mélange tous ces matériaux ensemble au bain-marie, puis on étend avec de l'essence de térébenthine, car il y a plus d'avantage à se servir de ce composé à l'état de dilution. Les matières colorantes doivent être bien broyées avant de les mélanger avec le véhicule. Les proportions que je donne sont celles qui réussissent le mieux dans la pratique.

Dans toutes les opérations spécifiées jusqu'à présent, je préfère employer le gutta-percha ou ses composés déjà préparés, et les faisant bouillir et les pétrissant dans un bain d'eau et de muriate de chaux.

§ 4. Pour adapter le gutta-percha à la fabrication de divers articles, je le prépare et combine avec d'autres matériaux par les moyens que je vais décrire :

Pour obtenir un composé de gutta-percha propre à recouvrir les fils de télégraphes électriques ou autres objets pour lesquels on a besoin d'un isolement électrique complet ou bien l'isolement d'une substance avec une autre, on prend du gutta-percha encore chaud et sortant du pétrisseur, en donnant la préférence, comme on l'a dit ci-dessus, à celui qui a bouilli dans un bain de muriate de chaux; on le roule entre des cylindres chauffés, et, pendant cette opération, on tamise dessus de la résine ordinaire réduite en poudre, de manière à la mélanger intimement avec cette substance; ou bien, on dissout, parties égales de gutta-percha et de résine ordinaire dans du naphte de houille ou autre dissolvant convenable, ou bien enfin, ou dissout séparément le gutta-percha et la résine et on mélange les deux solutions. Le produit qui résulte de l'un quelconque de ces mélanges est maintenu chaud dans des bouilloirs chauffés à la vapeur, et on peut l'appliquer aux objets qu'on veut protéger à la brosse ou avec une spatule; ou bien on peut y plonger l'article ou l'y faire passer en le déroulant sur des dévidoirs.

Pour faire un composé préférable à tous ceux en usage pour le moulage, ainsi que préparer les tissus, les cuirs ou autres objets imperméables, pour doubler les navires, garnir les parois et les fonds des réservoirs et des citernes, etc., on mélange le gutta-percha qui a bouilli dans le bain de muriate de chaux, et pendant qu'il subit l'opération du pétrissage avec un composé de gomme-laque et de borax qu'on y ajoute peu à peu, à mesure que le travail avance, en faisant varier les proportions suivant qu'on veut produire un composé plus ou moins tenace.

Le composé de gomme-laque et de borax se prépare en faisant bouillir dans une bouilloire à vapeur posée sur un feu ordinaire, cinq parties de gomme-laque en bâton ou en grains avec une partie de borax dans une quantité d'eau suffisante pour recouvrir les matériaux, et évaporant l'eau suivant l'épaisseur qu'on veut donner au composé. On peut ajouter une couleur quelconque à ce mélange de gutta-percha, gomme-laque et borax, en combinant la matière colorante avec le composé de ces deux dernières substances.

Pour faire des feuilles de gutta-percha clouées ou chevillées en métal, dans lesquelles on découpe les talons et les semelles de chaussures ou autres articles, on prend un morceau plat de bois dur et on pose de fiche, sur sa face supérieure, un certain nombre de clous ou de chevilles de forme pyramidale ou à double tête; c'est-à-dire avec deux têtes l'une au-dessous de l'autre, séparées entre elles par un espace. On pose alors ce morceau de bois, les clous en dessus dans un cadre ou châssis en bois, et on comprime sur les clous du gutta-percha à l'état plastique ou chaud, jusqu'à ce que ces clous y soient complètement noyés, en ayant soin de procéder graduellement et d'exercer la pression bien perpendiculairement, afin de ne pas déranger les clous de leur position verticale. On tient alors la masse sous une pression considérable jusqu'à ce qu'elle soit refroidie; après quoi on enlève la base en bois. Les feuilles ainsi produites sont ensuite découpées suivant les formes et dimensions propres aux usages auxquels on les destine, et pouvant être attachées, par leur surface en gutta-percha à d'autres surfaces quelconques par la simple pression et la chaleur, comme dans les autres cas spécifiés ci-dessus.

Emploi du gutta-percha pour la garniture des pistons des fosses d'épuisement, par M. A. Fr. Lingke, *de Freiberg.*

29. L'application du gutta-percha à la fabrication des courroies, des tuyaux de conduite d'eau et autres objets, m'a déterminé à tenter quelques expériences sur l'emploi de cette substance pour la garniture des pistons des pompes à élever l'eau. Le succès des premières épreuves qui, toutefois, n'ont pu être entreprises que sur une échelle bornée, m'a fait aussi espérer qu'on pourrait aussi l'appliquer avec avantage à garnir les pistons des fosses d'épuisement dans les mines.

Après en avoir obtenu la permission de l'administrateur des mines de Freiberg, j'ai entrepris mes expériences au commencement de février 1848, au puits au jour n° 7 de la galerie de *Rothschœnberger,* et je les ai poursuivies sans interruption.

Je me suis déterminé d'autant plus volontiers à donner de la publicité au résultat, que le bénéfice qu'on a réalisé jusqu'à présent n'est nullement à dédaigner.

L'appareil hydraulique du puits en question a possédé jusqu'à présent onze relais de tuyaux d'aspiration de 80 mètres de hauteur totale, et 30 centim. de diamètre des corps de pompes non alisés et jusqu'alors pourvus de pistons à garniture de cuir.

J'ai tenté jusqu'à présent de fabriquer les nouvelles garnitures en gutta-percha, soit à l'aide d'un nouveau moyen qui consiste à en former des courroies ayant une largeur convenable et l'épaisseur suffisante, ou bien en plaquant entièrement ces garnitures par la voie de la soudure.

§ 1. Après m'être assuré d'abord par des expériences de la forme la plus convenable de la garniture, c'est-à-dire de l'épaisseur et du recouvrement qu'il fallait lui donner, ainsi que de sa largeur, j'ai, pour opérer la coupe de la courroie qui, par la soudure des deux extrémités, devait donner le manchon, fait préparer un calibre au moyen duquel et d'un cylindre de fer chargé de poids et enfermé d'une futaille ainsi que de barres de guide, j'ai pu amener par le laminage, non-seulement à l'épaisseur requise ; mais encore à la figure correcte. Quand on chauffe ce calibre ainsi que le cylindre jusqu'à une température d'environ 50° C., et lorsque la masse de gutta-percha a été suffisamment ramollie dans l'eau bouillante et qu'on lamine encore humide, on parvient en peu de temps à préparer ces bandes pour garnitures.

La soudure s'opère par le rapprochement des extrémités, tranchées nettement, après les avoir ramollies autant qu'il est possible par la chaleur rayonnante d'un fer chauffé au rouge sombre.

§ 2. Pour fixer le manchon de gutta-percha sur le bloc ou corps du piston, on l'insère sur celui-ci, on l'ajuste et on l'y assujettit exactement de même que pour les garnitures en cuir ; seulement, relativement à cette fixation, les manchons en gutta-percha présentent sur ceux en cuir l'avantage suivant :

Quand on insère le manchon en gutta-percha, comme un cylindre déjà tout formé, sur le corps du piston avant qu'il soit entièrement refroidi, d'un côté, ce travail est extrêmement facile et de l'autre, ce manchon, après qu'il est complètement froid, s'adapte si exactement et si fortement sur ce corps que, pour l'assujettir parfaitement, il faut à peine la moitié des clous qui seraient nécessaires pour un manchon en cuir.

Pour mieux assurer les lignes de jonction du manchon, j'ai trouvé qu'il était avantageux de souder sur sa face interne une petite bande de gutta-percha ; mais de façon, toutefois, à ne pas altérer la forme régulière de cette pièce.

§ 3. Les garnitures hors de service, c'est-à-dire celles qui par un long service sont devenues minces sur le bord supérieur, ou trop petites par rapport au corps de pompe, peuvent être très-promptement rétablies en y soudant une courroie de 5 millim. d'épaisseur et de 0^m.045 à 0^m.05 de largeur, sans qu'il soit nécessaire d'enlever la garniture du corps du piston.

La soudure s'exécute d'une manière parfaite au moyen d'un fer porté à une chaleur peu intense, qu'on tient dans le voisinage de la garniture et de la petite courroie, qu'on applique jusqu'à ce qu'on ait obtenu le ramollissement désiré. A l'aide d'une pression peu forte des deux pièces l'une sur l'autre dans les points échauffés, on réussit complètement à les unir entre elles.

Du reste, la chaleur nécessaire dans ce travail ne devant s'étendre au plus que sur une longueur de quinze à vingt centimètres, il faut avoir soin de ne soumettre à la pression aucun point avant qu'il ait été suffisamment ramolli, et d'éviter tout surchauffage ou excès de température.

Comme pour rétablir ces manchons, il n'est pas nécessaire de les enlever de dessus le corps du piston, on conçoit qu'on obtient ainsi une économie sur les bois du corps des pistons, parce que l'enlèvement et l'application fréquente des garnitures font souvent éclater le bois qui forme ce corps.

§ 4. La fermeture étanche du piston est plus complète avec les garnitures faites en gutta-percha qu'avec celles en cuir. La propriété connue du cuir de se ramollir dans l'eau fait qu'une garniture en cette matière perd, au bout d'un certain temps, la forme et la tension qu'elle doit avoir. Il en résulte que l'application sur les parois, la fermeture du corps de pompe, ne sont pas aussi parfaites qu'avec les garnitures en gutta-percha, qui, même dans l'eau portée à 30 degrés, et quand, après un long service, elles sont devenues très-minces, conservent constamment une élasticité suffisante et la forme convenable.

§ 5. Pour accroître encore leur élasticité, et, par là, assurer une fermeture plus complète avec le piston, j'ai modifié la forme anciennement adoptée pour le manchon, en ce sens, qu'environ la moitié inférieure de sa hauteur est au plus moitié de l'épaisseur de celle supérieure, de manière toutefois que ces deux épaisseurs passent insensiblement de l'une à l'autre. La section d'un manchon établi de cette manière, et représentée fig. 140, pl. 4, donnera une idée de ce mode de structure.

Pour les corps de pompe de 301 millim. de diamètre, j'ai adopté jusqu'à présent des manchons de 107 millim. de hauteur, 7 millim. d'épaisseur par le haut et 3 par le bas, et obtenu ainsi le résultat désiré.

Pour donner à ces manchons la figure requise, j'ai fait usage du patron et du cylindre en fer dont j'ai parlé plus haut, et qui sont représentés, en plan et en coupe, par les figures 141, 142.

Par suite de la plus grande élasticité de ce piston, on jouit encore de cet avantage que, dans son abaissement, l'eau, non-seulement s'élève à travers l'ouverture de la soupape, mais encore à travers le corps de pompe et le piston, de façon que la résistance que l'eau oppose à la descente du piston décroît d'une manière assez notable.

§ 6. Un autre avantage important qui résulte de l'emploi des manchons en gutta-percha, c'est la diminution très-considérable de frottement du piston. En effet, d'un côté, il est facile de prévoir que, par suite de la nature élastique et du toucher gras du gutta-percha, le coefficient du frottement dans l'eau de cette substance sur le fer est de beaucoup inférieur à celui du cuir humide sur ce métal; et, d'un autre côté, ainsi qu'on peut aisément le concevoir d'après la force donnée aux manchons et décrite ci-dessus, que la surface de contact du gutta-percha sur les corps de pompe, et, par suite, la pression que ces manchons exercent sur les corps, est plus petite qu'avec les manchons en cuir, et par conséquent que le frottement du piston doit être moindre, comparativement au cuir.

Avec les manchons en cuir qui, après quelque temps de service, se ramollissent dans l'eau, la surface de contact, et, par suite, le frottement du piston, devient de plus en plus considérable, tandis qu'avec les manchons en gutta-percha qui conservent leur forme primitive, même dans l'eau, le frottement du piston reste aussi petit, après un long service, qu'il était à l'origine.

Enfin, un manchon en gutta-percha, en raison de sa plus grande fermeté, n'est pas exposé, comme il arrive parfois à ceux en cuir, à se renverser ou se rabattre, et à se loger entre le piston et le corps de pompe.

Pour démontrer qu'un piston en gutta-percha fonctionne avec moins de frottement et qu'il procure en même temps une fermeture plus parfaite que ceux en cuir, je me bornerai à rapporter le fait suivant :

D'après une observation faite à l'époque où toutes les garnitures de piston étant en cuir, l'appareil hydraulique, lorsque les eaux sont basses, frappait quatre coups et demi par minute; après avoir remplacé quatre de ces pistons par quatre autres garnis en gutta-percha, il a pu, avec la même dépense d'eau motrice, frapper cinq coups et demi par minute ; ce qui a produit un épuisement beaucoup plus considérable qu'auparavant. Depuis que tous les pistons ont reçu des garnitures en gutta-percha, deux coups et demi par minute suffisent pour contenir les eaux.

Une fermeture plus parfaite, combinée avec un frottement moindre des pistons ainsi garnis, procure une augmentation importante de travail de l'appareil hydraulique.

§ 7. La durée de ces garnitures de pistons, qui jouissent

d'une élasticité bien plus considérable, est au moins, en moyenne, douze fois plus longue que celles en cuir; ainsi, par exemple, tandis que les garnitures en cuir n'ont presque jamais duré, en moyenne, plus de vingt-quatre heures dans le clayonnage; celles en gutta-percha ont eu une durée de cent treize, cent quatre-vingt-seize, deux cent cinquante et une heures et plus; et, même, il y en a deux qui ont été au-delà de six cents heures sans exiger de réparations. De plus, du 8 au 13 mai, on a établi sur les puits d'épuisement, nos 3, 4, 6, 7 et 8, de nouveaux pistons d'essai qui, de même que ceux dont les garnitures ont été réparées au 9 février, en y soudant une petite bande de courroie, étaient encore tous en activité au 20 juillet.

§ 8. Relativement aux frais de ces deux modes de garnissage, je crois devoir donner les renseignements suivants :

D'après les tableaux qui ont été mis sous mes yeux, j'ai pu m'assurer que pour dix puits, on a, en treize semaines, dépensé 37 kilog. de cuir qui ont servi à garnir à neuf 26 pistons et à en réparer quarante-cinq.

Ces soixante et onze garnitures de piston en cuir ont coûté, sans l'ajustage, et y compris le salaire des ouvriers, 136 fr.

Il en résulte, en conséquence, que les dépenses pour garnitures pour une demi-année et pour dix puits, ont été d'environ 272 fr.

D'un autre côté, le tableau des expériences pour la même période de temps, et le même nombre de puits fait voir que pour garnir les pistons en gutta-percha, on n'a dépensé que 75 à 90 fr., en calculant le prix du gutta-percha, à raison de 7 fr. le kilog. (prix du commerce).

Le chiffre du bénéfice sera établi, sans nul doute, beaucoup plus considérable, dès que la matière de ces garnitures sera tirée directement et en plus grande quantité, et, surtout, lorsque la fabrication pour ces sortes de garnitures, pourra être établie d'une manière plus avantageuse et plus économique qu'elle n'a pu l'être dans les expériences.

§ 9. Il faut faire remarquer aussi que la faible usure des corps de pompe est aussi au nombre des avantages très-importants que procurent les garnitures en gutta-percha.

Si on examine une garniture de piston en cuir, après qu'elle a été introduite ou descendue depuis six heures seulement dans le clayonnage, au fond d'un puits qu'on a foncé pour les épuisements, on peut aisément se convaincre que les grains gros et fins de sable, qui se sont enchatonnés dans le cuir, doivent fortement attaquer le corps de pompe. Or, comme le sable ne pénètre pas dans le gutta-percha et ne s'y enchatonne pas, il est évident que ce corps est bien moins exposé dans ce cas, à être entamé et usé : et quand même, les grains de sable se logeraient encore, entre la garniture et le corps de pompe, comme c'est surtout le cas dans les clayonnages, ces grains, à chaque abaissement du piston garni en gutta-percha, seraient facilement entraînés par l'eau qui passe entre lui et le corps de pompe, comme on l'a expliqué ci-dessus.

§ 10. Les garnitures en cuir hors de service n'ont aucune valeur. Celles en gutta-percha qui ne peuvent plus servir comme telles, peuvent facilement être utilisées par la voie de soudure, pour en fabriquer de nouvelles. Deux garnitures tout-à-fait usées, peuvent, en moins de trois heures, être travaillées pour en faire une neuve, y compris le temps nécessaire pour en habiller le corps du piston.

Un manchon neuf ou une garniture neuve en gutta-percha, pèse, d'après les documents ci-dessus, 0.84 à 0.94 livre. Une garniture en acier de même grandeur, 1.5 à 1.8 livre. Pour fabriquer la première, la dépense, eu égard au temps employé au travail, qui est de deux heures et demie à deux heures quarante-cinq minutes, ne dépasse pas 36 centimes, tandis que celle pour une garniture en cuir, toujours d'après le mode d'évaluation, est de 50 centimes. La différence est encore plus sensible lorsqu'il s'agit des frais pour réparations à ces deux sortes de garnitures. Tandis qu'un manchon de cuir, lorsqu'il fauty appliquer une nouvelle ceinture, coûte 30 centimes, la réparation d'un manchon de gutta-percha coûte au plus quatorze centimes, attendu qu'il ne faut qu'une demi-heure pour ce travail, et pour souder une petite bande ou courroie de la même substance sur le manchon avarié (1).

En résumant les avantages que les garnitures en gutta-percha présentent sur celles en cuir, on arrive aux conclusions suivantes :

1o Fabrication plus facile et réparation plus prompte des garnitures usées ;

2o Fixation plus aisée de ces garnitures sur le corps en bois du piston, et durée plus prolongée de ce corps.

3o Fermeture plus étanche du piston ;

4o Frottement moindre, et par suite,

5o Augmentation notable du travail de l'appareil d'épuisement ;

(1) Ces évaluations de prix ne sont pas très-exactes, et sont mêmes contradictoires, mais le prix de la journée étant autre en Prusse, nous ne saurions, sans témérité, chercher à rectifier ce qui nous paraît erroné.

6° Durée au moins douze fois plus considérable;

7° Usure et détérioration moindre du corps de pompe; enfin,

8° Emploi des vieilles garnitures pour en faire de nouvelles.

Ces avantages réunis doivent faire désirer que les garnitures en gutta-percha pour les pistons, s'introduisent désormais dans toutes les fosses d'épuisement des mines.

Brevet d'invention de 15 ans, en date du 28 juillet 1826, aux sieurs CABIROL, ALEXANDRE *et* DUCLOS, *à Paris, pour des applications du gutta-percha.*

30. Les inventeurs, après avoir indiqué dans le brevet, et dans un certificat d'addition en date du 28 juillet 1846, la confection des tuyaux, la complètent dans un certificat d'addition, en date du 26 décembre 1846.

Pl. 1re, fig. 28-32. A, presse dont la puissance de la vis est calculée sur une force de propulsion de 6,000 kilog.; elle est horizontalement placée sur une table A, A', de telle sorte que le gutta-percha, qui, par l'effet de la pression, devra sortir de l'orifice c c', sous la forme d'un tuyau, se prolongera dans le chenal L, qui sera rempli d'eau froide, dans le but de refroidir le tuyau en le tenant constamment dans l'eau, afin d'opérer au plus tôt le durcissement de la matière.

Pour procéder avec ordre à la confection des tuyaux en gutta-percha, nous prenons une partie de cette matière, la quantité que pourra contenir le récipient ou cylindre C. Cette matière, qui devra être au préalable parfaitement nettoyée de toutes les saletés ou corps hétérogènes qu'on y rencontre dans l'état où elle parvient en Europe, sera soumise alors, soit par l'eau bouillante, soit par la vapeur, soit par une chaleur sèche, à une température de 100 à 120 degrés, afin de lui faire acquérir le plus de malléabilité possible.

Il suffit de tenir à cette température, pendant une heure, une quantité de 20 kilog. de gutta-percha pour le rendre très-malléable.

Lorsqu'il est à cet état, nous faisons manœuvrer la vis B de la presse, en agissant sur la manivelle Y, de manière à faire remonter la vis au point O, de sorte que le piston E sera entièrement dégagé de dedans le cylindre L et en laissera l'orifice supérieur entièrement libre. C'est alors qu'on introduit dans le cylindre, par cet orifice, la partie de gutta-percha destinée à faire des tuyaux; puis, agissant sur la vis B par la manivelle, on fait avancer E dans le cylindre C, ce qui opérera une pression sur la matière contenue dans ce cylindre; la pression augmentant au fur et à mesure que le piston avancéra, le gutta-percha passera du cylindre dans la chambre K, que nous nommons la filière d'étirage à chaud. Cette chambre K, ainsi qu'on le voit à la figure 31, est de la forme d'un cône tronqué et renversé, à la base duquel est placée rigidement, par une traverse g, une tige ou mandrin cylindrique k', qui traverse la chambre filière dans toute sa longueur.

Le diamètre dé l'orifice inférieur $c\,c'$ du cône K sera le diamètre extérieur du tuyau que l'on voudra fabriquer, de même que le diamètre du mandrin k' sera le diamètre intérieur du tuyau.

Il est essentiel de faire observer que la chambre K, dont nous venons de parler, est mobile dans le cylindre C et peut se changer à volonté, selon que l'on désirerait changer la forme et le diamètre des tuyaux; dé même, le mandrin k', qui se monte à vis sur lui-mème, peut se remplacer seul par différentes grosseurs, dans le but de varier les épaisseurs des parois des tuyaux à fabriquer.

Avant d'entrer plus avant dans l'explication de la fabrication, il est urgent de dire un mot sur la chambre e, fig. 29, chemise en tôle qui enveloppe le cylindre C pour recevoir et conserver, autour de ce cylindre, une température d'au moins 150 degrés centig.; cette température s'acquiert au moyen d'un tuyau en métal V, qui conduit de la vapeur dans l'enveloppe e.

Avec ces détails on comprend que la manœuvre nécessaire pour couler des tuyaux en gutta-percha, consiste à exercer une pression régulière sur la vis B, pour faire avancer le piston E dans le cylindre C, où il ne pourra pénétrer qu'aux dépens du déplacement de la matière qui y est renfermée, laquelle, à son tour, devant se déplacer et ne trouvant pas d'autre issue, pénétrera dans la chambre K en passant de chaque côté de la traverse g, qui soutient le mandrin k'; les molécules de matière qui auront été séparées par la traverse g, viendront se rejoindre dans la chambre cône K et se relieront entre elles autour du mandrin k', qui servira de conducteur à la matière même au fur et à mesure que la matière se déplacera par le refoulement du piston E, qui la rejettera en dehors de l'orifice $c\,c'$ de la filière cône K, sous la forme d'un tuyau parfaitement établi.

Dès que le tuyau en gutta-percha se présentera à l'orifice $c\,c'$, comme il pourrait, dans son état de malléabilité, s'affaisser sur lui-mème, nous avons placé sur son passage, précisément à sa sortie, une tige *m'*, demi-cylindrique, sur laquelle il vient s'appuyer ; cette tige, qui le soutient dans toute sa longueur, se prolonge dans toute l'étendue du chenal L, qui sera rempli d'eau froide, pour mieux saisir et refroidir au plus vite le gutta-percha, à mesure qu'il se présente à l'orifice *c c'* sous la forme de tuyau.

Le chenal L et la tige *m'* devront toujours être de la longueur des tuyaux que l'on voudra étirer.

La tige d'appui *m'* est demi-circulaire, parce que, comme le tuyau de gutta-percha, qui vient l'envelopper en sortant, a besoin d'être refroidi sur ses parois intérieures comme sur celles extérieures, la forme demi-ronde de cette tige permet à l'eau froide de s'introduire plus facilement et en plus grande abondance à l'intérieur de ce nouveau tuyau. Tel est le premier degré que l'on doit parcourir pour procéder à la fabrication des tuyaux en gutta-percha.

Le second degré de fabrication des tuyaux, a pour effet de donner au gutta-percha la force, la tenacité, la compacité et la souplesse qu'il acquiert par un corroyage ou laminage répété. Or, les tuyaux tels qu'ils sortent de la filière à chaud, bien qu'ils présentent de la régularité dans leur forme et dans leur épaisseur, laissent beaucoup à désirer quant à la souplesse de la matière par elle-même et à la solidité de ses parois, surtout lorsqu'il s'agit des tuyaux de conduite qui sont appelés à supporter de fortes pressions, soit par des fluides, soit par des liquides.

C'est donc pour atteindre ces qualités de souplesse et de solidité que nous leur faisons subir un second degré de fabrication que nous nommons *corroyage* de la matière, à cause de son traitement par l'étirage à froid.

Il consiste, lorsque le tuyau est presque entièrement refroidi dans l'eau du chenal de la presse, à l'extraire et à le soumettre à l'action de l'instrument mécanique connu, dans l'industrie, sous le nom de banc à tirer, dont la construction et le service bien connu doivent nous dispenser de les décrire, puisque leur application actuelle au gutta-percha est la même que celle employée pour l'étirage des tuyaux métalliques avec mandrins creux ou pleins.

Toutefois, nous devons faire ici observer que, pour l'action de l'étirage au banc, on doit procéder à l'introduction dans le tuyau de gutta-percha d'un mandrin métallique, dont le diamètre extérieur répond au diamètre intérieur du tuyau. Ce mandrin est indispensable pour exercer une compression de la matière composant le tuyau au moment où elle passe dans le trou de la filière, de telle sorte que, dans l'action du travail du banc, le gutta-percha dont est composé le tuyau se trouve resserré, comprimé, corroyé, et, si on peut le dire, laminé entre les deux corps durs, mandrin et filière, et acquiert, par cette compression de ses molécules, la compacité, la tenacité, nécessaires pour opposer assez de puissance, de résistance, dans le service que ces mêmes tuyaux sont appelés à rendre aux différentes industries.

L'action de l'étirage au banc a aussi l'avantage de donner un poli aux surfaces extérieures et intérieures du tuyau.

Cette description est tout-à-fait incomplète, il est difficile de se faire une idée précise de l'exécution, et celui qui voudrait exécuter après l'expiration du brevet, ne pourrait y parvenir qu'en inventant lui-même. Ainsi le but de la loi n'est pas rempli. Le privilège a eu lieu, et, à l'expiration du privilège, le public n'est point mis en possession du procédé. Il n'est fait mention que des figures 29 et 31 ; les figures 28, 30, 32, sont omises dans le texte. Nous n'avons pu rien changer à la rédaction ; n'ayant d'autres renseignements que ceux imprimés, nous n'aurions pu faire que des suppositions, et des suppositions peuvent induire le lecteur en erreur.

Brevet d'invention de 15 ans, en date du 8 décembre 1847, au sieur BRÉET *à Paris, pour des robinets en gutta-percha.*

31. § 1. On a essayé un grand nombre de moyens pour obtenir dans les robinets un ajustage parfait. Ainsi, on frottait la clef dans son manchon avec de l'émeri en poudre, et on tournait la clef jusqu'au moment où elle paraissait toucher partout. Pour obtenir un bon rodage, il faut beaucoup de temps, beaucoup de soins, et, malgré toutes les attentions que l'on prend, on ne parvient pas à avoir des robinets qui puissent supporter une forte pression. D'un autre côté, il faut continuellement les graisser, ou alors la clef devient tellement dure qu'on ne peut plus la faire mouvoir ; en résumé, un robinet est très-difficile à faire, et, quand il est en usage, la moindre ordure entre la clef et son manchon le fait fuir.

On a fait bien des essais, employé bien des matières, bien des substances, du cuir, du liège, de la gomme, du caoutchouc, et rien n'a réussi. L'ancien système a prévalu, et, malgré leur mauvaise confection, on s'est toujours servi des mêmes robinets.

Si l'on emploie du cuir, du caoutchouc, du liège pour la clef, l'atmosphère qui influe toujours sur ces matières, fera étendre ou diminuer la clef, et celle-ci n'opérera plus par conséquent, une fermeture exacte. L'ajustage parfait des métaux est impossible, et, si bien qu'il soit, il est encore susceptible de détérioration.

Il a fallu chercher une matière sur laquelle l'humidité et la sécheresse n'eussent aucune influence ; il fallait aussi une matière qui fût dure et en même temps un peu élastique, c'est la qualité que j'ai trouvée dans le gutta-percha, qu'on n'a pas encore eu l'idée d'appliquer à des robinets.

Pour les clefs, on prépare un moule ayant la forme et la grandeur exacte de l'intérieur du robinet. A l'extrémité supérieure doit entrer une tige, et à l'extrémité inférieure est un chapeau brisé. On partage, par moitié, de manière à pouvoir retirer la clef. On fait ensuite chauffer le gutta-percha à 90 à 100 degrés dans l'eau bouillante, à la vapeur ou à l'étuve, on l'introduit par l'extrémité supérieure du moule ; on place ensuite la tige, et le tout est mis sous une presse ou levier, afin de refouler la matière de manière à lui faire prendre la forme intérieure du moule. On retire la clef moulée, et, quand elle est bien refroidie, on la coupe à la hauteur du boisseau du robinet.

On comprend que l'air, qui se trouve dans le moule, quand on y introduit la substance, s'échappe par l'assemblage du chapeau brisé, la clef vient aussi toute percée au moyen d'une tige, qui traverse le moule au moment où l'on fait la clef. Si on fait traverser cette clef d'une tige en métal, on fait sur celle-ci des entailles circulaires et verticales, et l'on opère par le même moyen.

Pour confectionner des corps de robinets, on a des moules séparés en deux, de manière à ce que la matière sorte bien ; puis, au moyen d'une douille ménagée sur l'un des côtés, on introduit le gutta-percha à l'aide d'une tige qui refoule la substance sous une presse. On comprendra aussi que les broches formeront les trous et les épaisseurs.

Ce moule sera semblable à celui que l'on ferait pour fondre des pièces ou robinets en étain, à la seule différence qu'on coule l'étain par une ouverture, tandis que pour le gutta-percha, il faudra remplir les deux côtés du moule, et terminer en employant la tige qui appuiera de nouvelle matière, afin de bien presser celle qu'on aura mise préalablement. Le gutta-percha, en se refroidissant, acquiert de la dureté, tout en conservant son élasticité ; il a l'avantage de conserver aussi exactement le volume et les dimensions qu'on lui donne.

Des robinets ainsi confectionnés auront l'avantage d'être toujours bien ajustés, sans nécessiter un travail bien grand. Ils remplaceront les robinets d'étain qui ne sont pas rodés, comme ceux en cuivre, en argent, les robinets d'étain sont faits dans des moules, comme pour le gutta-percha. Ceux de cette substance pourront aussi être, comme ceux d'étain, confectionnés en plusieurs morceaux que l'on soudera et réunira au moyen du caoutchouc liquide ou de gutta-percha ; en enduisant les deux côtés et les ajustant ensuite l'un sur l'autre, l'adhérence est parfaite, on peut même seulement chauffer les extrémités des pièces que l'on veut ajuster.

Nous avons conservé, mot pour mot, la rédaction du breveté, persuadé que nous sommes que l'expression de l'auteur, qui est plus que personne pénétré de son sujet, vaut toujours mieux que toutes les substitutions, arrangements, développements ou analyses qu'on pourrait faire et qui, bien loin de servir à élucider la démonstration, ne feraient peut-être, que l'embrouiller davantage. Nous devons dire que les robinets en gutta-percha sont sujets à gripper, et que, lorsque nous avons voulu employer un corps intermédiaire lubrifiant, nous nous sommes toujours très-mal trouvé de l'usage des huiles, même les plus pures, tandis que le suif ou le saindoux (graisse blanche) rendent un très-bon service.

Application du gutta-percha à l'art du moulage.

32. Voici le moyen qui a été proposé par M. Bush pour obtenir des moules avec cette substance.

On commence par réduire le gutta-percha en feuilles, en le roulant sur marbre ou autre substance polie, et on donne à ces feuilles une épaisseur qui varie suivant la dimension des modèles. Pour les petits objets, il suffit que cette épaisseur soit de 2 à 2 millim. 1/2. Dans cet état, on prend une feuille qu'on plonge pendant quelques moments dans l'eau bouillante, et appliquée chaude sur le modèle, sur la surface duquel on la presse et la plaque attentivement avec le bout des doigts ou des outils de modeleur, de manière qu'elle s'adapté sur toutes les parties ou dans tous les points du profil de ce modèle.

Le gutta-percha néanmoins ne paraît pas propre à prendre le moule des corps très-fins et fragiles, parce qu'ils ne supporteraient pas l'enlèvement du moule quand il serait redevenu dur et rigide; mais le moule une fois fait, on peut mouler les pièces les plus délicates en plâtre ou autre matière plastique, et obtenir avec facilité la dépouille en plongeant momentanément le moule dans l'eau chaude.

Mode d'assemblage en gutta-percha des boyaux des pompes à incendie et d'arrosage, par M. W. BURGESS.

33. Parmi les applications utiles qu'on a faites récemment du gutta-percha, nous signalerons le mode suivant d'assemblage pour les boyaux flexibles qui servent dans les pompes à incendie et dans celles destinées aux arrosages.

La figure 143, pl. 4, est une vue extérieure de cet assemblage.

La figure 144, une section par l'axe du boyau.

A est le bout mâle et B le bout femelle. Le premier porte, dans la portion $c\,d$, une gorge ou rainure angulaire, et le second une languette de même forme qui s'y ajuste exactement. L'extrémité du bout B présente comme en c, quatre fentes équidistantes qui lui permettent de se dilater et de s'insérer sur l'extrémité cylindrique du bout A jusqu'à ce que la languette tombe dans la rainure de celui-ci. Alors, en faisant glisser jusqu'à l'extrémité de ce bout B, un anneau en métal FF, fig. 144, l'assemblage se trouve serré et complet. Quand on enlève cet anneau F F, le gutta-percha, par son élasticité naturelle, fait ressort et s'ouvre de façon qu'il est facile de désunir l'assemblage.

Cet assemblage sera surtout utile en agriculture pour répandre les engrais liquides dont on commence à faire des applications étendues, et pour assembler des boyaux en tissus qui sont bien moins dispendieux que ceux en cuir, et qui le deviendront moins encore par ce mode d'union d'un prix bien plus modique et aussi bien plus léger que celui à vis en laiton ou en cuivre. Le gutta-percha n'étant pas sensiblement attaqué par les engrais liquides, ces assemblages auront une longue durée. Leur peu de valeur les mettra à l'abri des vols et des soustractions; enfin en cas de détérioration, les réparations pourront y être promptes et économiques.

Vernis hydrofuge au gutta-percha et vernis incolore, par M. J. CASTLEY.

34. On peut fabriquer un vernis très-adhérent et parfaitement hydrofuge avec l'huile essentielle de résine et le gutta-percha.

§ 1. On dépose dans un pot 3 parties en poids de gutta-percha du commerce, et on verse dessus neuf parties d'essence brute de résine qu'on obtient par la distillation à la destruction de la résine ordinaire, puis on soumet à une température de 50 à 60° C. en agitant de temps en temps jusqu'à ce que tout le gutta-percha soit dissous.

Le vernis qu'on prépare ainsi est très-propre à enduire les articles communs, tels que bâches, prélats, toiles à couvrir les meules de blé, etc. Mais pour obtenir un vernis propre aux articles plus soignés, on rectifie l'essence de résine en faisant passer un courant de vapeur d'eau à travers l'huile brute, jusqu'à ce que le produit condensé qui a distillé acquière un poids spécifique d'environ 0.870, point auquel on arrête la distillation, attendu que tous les produits qui auraient un poids spécifique supérieur seraient nuisibles à la qualité de l'essence.

§ 2. On fabrique aussi un vernis incolore avec l'huile essentielle de résine et de résine de damara ou du mastic. On mélange de l'huile essentielle de résine rectifiée, comme on l'a décrit ci-dessus, avec 1/10 à 1/6 de son poids d'acide sulfurique, ayant un poids spécifique qui ne soit pas moindre que 1.700, et on agite le mélange, puis on rectifie de nouveau l'essence à l'aide d'un courant de vapeur d'eau qui donne une huile incolore. En cet état, on dissout de la résine damara ou du mastic dans quatre fois son poids de cette essence rectifiée à l'aide d'une douce chaleur.

On peut obtenir un vernis de basse qualité en se servant d'essence qui n'a subi qu'une rectification et n'a pas été traitée par l'acide sulfurique.

On peut varier les proportions de tous ces ingrédients suivant la qualité et la nature des vernis qu'on veut obtenir.

Mémoire sur la gutta-percha (1), *ses propriétés, son analyse immédiate, sa composition élémentaire et ses applications* (2), *par M.* PAYEN, *de l'Académie des Sciences.*

35. § 1. Sans avoir de données précises sur toutes les circonstances relatives à l'extraction du produit qui nous vient des îles d'Asie sous le nom de *gutta-percha*, on sait que cette substance est contenue dans la sève descendante de *l'isonandra percha*, de Hooker, famille des sapotées, genre *bassia butyrecca* (*dodecandria monogynia*). Cet arbre atteint de grandes dimensions : jusqu'à 1 mètre de diamètre et 20 mètres de hauteur; son bois, mou, fibreux, est sans valeur pour les constructions et les objets de travail; ses fruits fournissent de l'huile grasse.

Un arbre abattu peut donner, dit-on, 18 kilog. de gutta-percha ou gomme solide. Le suc desséché en couches minces, superposées, forme des masses irrégulières plus ou moins épaisses, de couleur rousse ou grisâtre, dont on expédie en Europe et en Amérique, depuis 1845, des quantités chaque année plus considérables.

(1) Il est à regretter que les savants qui s'occupent de l'examen des matières nouvellement importées laissent introduire dans la langue scientifique des dénominations défectueuses empruntées à des importateurs ignorants. C'est ainsi que dans le mémoire précédent on appelle la matière qui en fait le sujet *la gutta-percha*, en prononçant comme s'il y avait *gutta-perka*. Or, il y a ici deux fautes grammaticales. On dit d'abord *le gutta-percha*, comme on dit *le* caoutchouc, *le* caltimundoo (1). Ensuite les Anglais, qui ont importé ce produit de l'Asie, nous ont appris qu'on prononçait, dans tous les pays de production, le mot *percha* à peu près comme le mot français *perche* ou bien *pertche*. C'est cette prononciation et cette orthographe que nous avons toujours adoptées dans ce Recueil et qui nous semblent devoir prévaloir.   F. MALEPEYRE.

(2) La gutta-percha fut, en 1849, l'objet d'une thèse soutenue par M. Adriani, et dont M. Dumas a bien voulu me donner connaissance. L'auteur avait alors exposé l'état des connaissances sur l'histoire naturelle de ce produit, il avait cherché à déterminer sa composition élémentaire, ainsi que celle d'une résine qu'il en avait extraite et du caoutchouc. Les résultats résumés dans un tableau offrent des différences très-grandes entre eux relativement à la composition du même corps; en effet, suivant treize de ces analyses, la gutta-percha contiendrait pour 100 : 0, 2, 5, 11, 12, 15 ou 20, 5 d'oxygène. La résine renfermerait 9,5 ou 12,7 d'oxygène; quant au caoutchouc, l'analyse tantôt n'a pas indiqué d'oxygène, tantôt en a indiqué 7 ou 11,5 pour 100. On ne pourrait donc tirer une conclusion de ces analyses, difficiles en effet. M. Adriani ajoute d'ailleurs que la petite quantité de matière sur laquelle il a opéré ne lui a pas permis d'étudier la composition immédiate de la gutta-percha.

(1) *Le jintawan.*

Pendant plusieurs siècles, les indigènes ont employé presque uniquement la gutta-percha pour former, en la malaxant à chaud, des manches de cognées doués à froid d'une certaine souplesse et d'une très-grande résistance.

Aujourd'hui on épure la gutta-percha pour de nombreuses et utiles applications, en la divisant par une sorte de râpage dans l'eau froide, qui enlève en grande partie les matières organiques et les sels solubles, et facilite la séparation de quelques débris ligneux ainsi que des matières terreuses.

On achève l'épuration à l'eau tiède dans plusieurs bassins, on dessèche ensuite et l'on agglomère le produit en masse pâteuse en le chauffant à 110 degrés environ, dans une chaudière à double enveloppe, chauffée par la vapeur.

La gutta-percha ainsi préparée devient assez molle pour être adhésive et facile à souder ; laminée en feuilles ou en courroies de toute épaisseur, étirée en tubes de différents diamètres, moulée sous toutes sortes de formes, elle acquiert après s'être lentement refroidie, une solidité et une ténacité très-grandes. Toutefois il importe de remarquer qu'une petite quantité d'eau interposée suffit pour empêcher l'adhérence entre ses parties ou compromettre la résistance de ses soudures.

§ 2. *Propriétés de la gutta-percha usuelle.* — La gutta-percha manufacturièrement épurée est d'une couleur rousse-brune ; elle s'électrise vite par le frottement, conduit mal l'électricité et la chaleur.

Aux températures ordinaires de notre climat, de 0 à 25 degrés, elle est douée d'une ténacité aussi forte à peu près que celle des gros cuirs et d'une flexibilité un peu moindre ; elle s'amollit et devient sensiblement pâteuse vers 48 degrés, quoique très-consistante encore. Sa ductilité est telle, aux températures de 45 à 60 degrés, qu'on la peut aisément laminer en feuilles minces, étirer en fils ou tubes ; sa souplesse comme sa ductilité diminuent à mesure que la température s'abaisse. Son moulage, facilité par la température et la pression, peut reproduire les plus fins détails et le poli des moules. Elle ne possède à aucune température cette extensibilité élastique qui caractérise le caoutchouc. Exposée durant une heure à 10 degrés au-dessous de 0, elle a conservé sa souplesse, un peu amoindrie.

§ 3. Sous ses différentes formes, la gutta-percha est douée d'une porosité particulière. Voici comment on peut aisément constater sa disposition remarquable à prendre cette structure poreuse : Une goutte de solution dans le sulfure de carbone est posée sur une lame de verre ; l'évaporation spontanée réduit bientôt cette solution à une lamelle blanchâtre ; observée alors sous le microscope, on y peut clairement discerner les nombreuses cavités dont elle est toute criblée. On rend ces cavités plus visibles encore au moyen d'une goutte d'eau ; le liquide s'insinue peu à peu en dilatant les parois, et bientôt la masse apparaît plus opaque ; sous le microscope, ses cavités se montrent agrandies.

On obtient des résultats analogues en tenant longtemps immergés dans l'eau des feuillets minces, obtenus transparents par l'évaporation à chaud, d'une solution de gutta-percha.

§ 4. Les observations qui précèdent me conduisirent à penser que cette substance, en vertu de sa porosité, retenant en grand nombre des minimes bulles d'air, devait à cette interposition l'apparence d'une densité plus faible que celle de l'eau, et que l'on avait supposée égale à 0.979.

En effet, en soumettant la gutta-percha sèche à un étirage sous une forte pression, et découpant aussitôt en très-petits morceaux les lanières ainsi obtenues et plongées dans l'eau, on voit la plupart des fragments tomber au fond du vase : les uns immédiatement, les autres après avoir absorbé une certaine quantité d'eau. Le même résultat s'obtient encore en tenant immergées pendant un mois, dans de l'eau privée d'air, des feuilles très-minces préparées par différents moyens : leurs pores se remplissant peu à peu de liquide, elles deviennent alors plus pesantes que l'eau et cessent de surnager. D'ailleurs la gutta-percha est d'autant plus pesante qu'elle a été depuis longtemps exposée à l'air, surtout en feuilles minces.

La structure poreuse de la gutta-percha se change en une contexture fibreuse sous un effort de traction qui peut doubler sa longueur ; alors, devenue peu extensible, elle supporte, avant de se rompre, un effort plus que double de celui employé pour produire le premier allongement (1).

§ 5. La gutta-percha usuelle résiste à l'eau froide, à l'humidité, comme aux différentes influences qui excitent les fermentations ; mais elle peut être amollie, éprouver une

______

(1) Une très-mince lanière, de 20 cent. de long, 3,6 cent. de large et 3 centimillim. d'épaisseur, soumise à une traction graduée, à l'aide de poids ajoutés par 10 grammes, s'est allongée jusqu'à 43 centim. sous un effort de 1.098 grammes. L'allongement fut de moitié moindre, 43 $+$ 22 $=$ 65 centim. pour un poids total presque double $=$ 2,098 grammes. La rupture eut lieu sous un poids de 2,128 grammes, après un nouvel allongement de 1 centim. en deux fois ; le retrait fut de 4,5 centim. La température de l'air était à 19 degrés pendant cette expérience.

sorte de fusion pâteuse, superficielle, sous l'influence des rayons solaires de l'été.

Elle n'est pas attaquée par les solutions alcalines, même caustiques et concentrées ; l'ammoniaque, les diverses solutions salines, l'eau chargée d'acide carbonique, les différents acides végétaux et les minéraux étendus, sont sans action sur elle ; les boissons légèrement alcooliques (vin, cidre, bière) ne l'attaquent pas ; l'eau-de-vie même en dissout à peine des traces. L'huile d'olive ne paraît pas attaquer à froid la gutta-percha ; elle la dissout en faible proportion à chaud et la laisse précipiter par le refroidissement.

§ 6. L'acide sulfurique à un équivalent d'eau la colore en brun et la désagrège avec dégagement sensible d'acide sulfureux.

L'acide chlorhydrique en solution saturée dans l'eau, pour la température de + 20 degrés, attaque lentement la gutta-percha et la colore en brun de plus en plus foncé, et, à la longue, la rend cassante.

L'acide azotique mono-hydraté l'attaque très-vivement, avec effervescence et dégagement d'abondantes vapeurs d'acide hypo-azotique ; la matière se désagrège, se colore en rouge-orangé brun, devient pâteuse, puis se solidifie par degrés et reste friable.

A froid, et même à chaud, une partie seulement (0.15 à 0.22) de gutta-percha peut se dissoudre dans l'alcool et dans l'éther anhydres.

La benzine et l'essence de térébenthine la dissolvent partiellement à froid, mais presque en totalité à chaud.

Le sulfure de carbone et le chloroforme dissolvent à froid la gutta-percha ; les solutions peuvent être filtrées sous une cloche bien close qui prévienne l'évaporation ; le filtre retient les matières étrangères colorées en brun-rougeâtre, tandis que la solution passe limpide et presque incolore.

Le liquide filtré, exposé à l'air dans une soucoupe, laisse dégager le dissolvant et déposer la gutta-percha blanche en une lame plus ou moins épaisse, qui prend un retrait gradué à mesure que le liquide interposé se volatilise.

Sauf la coloration qui a disparu, la gutta-percha offre alors les caractères et les propriétés indiquées ci-dessus de la matière commerciale. Soumise à une température graduellement élevée, elle s'amollit, se fond, et peut entrer en ébullition sans se colorer sensiblement : le liquide diaphane donne d'abondantes vapeurs condensables en un liquide huileux presque incolore.

Les dernières portions distillées sont colorées en orangé-

brun, il reste un dépôt charbonneux en couche mince adhérente aux parois du vase.

§ 7. *Analyse immédiate.* — Nous avons dit que l'alcool
et l'éther ne peuvent dissoudre qu'une partie de la gutta-
percha ; c'est que cette substance, ainsi que nous l'avons annoncé dans notre premier mémoire, est en effet composée
de trois principes immédiats, dont la séparation a exigé des
observations assez délicates, bien que, par plusieurs de leurs
propriétés, ils fussent très-nettement distincts.

Si l'on met en contact à froid la gutta-percha en minces
feuillets avec quinze à vingt fois son volume d'alcool anhydre, puis que l'on élève lentement au bain-marie la température jusqu'à (+ 78 degrés) l'ébullition, soutenue durant quelques heures en vases clos, le liquide filtré bouillant et
abandonné dans un flacon fermé commencera, au bout de
douze à vingt-quatre ou trente-six heures, à déposer sur les
parois du vase, et jusqu'au niveau de la solution, des granules blancs, opalins, distants les uns des autres, quelques-
uns groupés ; leur volume s'accroîtra graduellement durant
plusieurs jours.

Ces granules, attentivement examinés sous le microscope,
affectent les formes de sphérules tronquées par les parois du
vase. Leur superficie est lisse ou hérissée de très-petits cristaux diaphanes, lamelleux, allongés. Quelques fissures superficielles semblent indiquer que ces sphérules sont formées
d'une sorte de noyau diaphane jaunâtre, recouvert d'une
pellicule blanche.

Tel est réellement leur singulière structure cristalline,
dont on ne connaît peut-être pas d'autre exemple ; en effet,
l'alcool anhydre dissout à froid toute la substance sphéroïdale, jaune, sous-jacente, tandis que les pellicules superficielles, dans l'intérieur desquelles l'alcool, moins dense, s'est
substitué au globule solide, paraissent alors plus blanches et
moins translucides.

§ 8. La solution alcoolique qui a déposé durant plusieurs
jours l'espèce de cristallisation sphéroïdale complexe, peut
de nouveau enlever à chaud une partie des deux principes
immédiats restés dans la substance, et en laisser cristalliser
une nouvelle quantité par le refroidissement. On achève cette
extraction en renouvelant à plusieurs reprises l'alcool bouillant sur la gutta-percha, jusqu'à ce qu'il ne dissolve plus
rien.

La substance solide qui a résisté à l'action du dissolvant
est douée, sauf quelques modifications, des principales propriétés de la gutta-percha brute, nous la désignerons ici

sous le nom de *gutta pure* ou *gutta*. Quant aux deux autres principes organiques, l'un est une résine jaune beaucoup plus soluble à froid dans l'alcool que l'autre, la résine cristalline blanche.

On profite de ces différences de solubilité pour arriver, avec du temps et de la patience, à l'épuration complète des trois principes immédiats.

La séparation peut encore s'effectuer en traitant à froid la gutta-percha très-divisée par l'éther, qui dissout plus abondamment que l'alcool le mélange des deux résines; on les sépare ensuite l'une de l'autre par les traitements alcooliques précités (1).

La tendance de la résine blanche à se constituer en groupes de lamelles irradiées se manifeste dans une circonstance assez remarquable, facile à reproduire : on place dans un tube des bandelettes étroites découpées d'une feuille mince de gutta-percha brune ordinaire, on les immerge dans l'alcool anhydre, puis on abandonne le tube clos ainsi disposé.

Au bout de vingt à trente jours, quelques points blanchâtres apparaissent çà et là sur les bandelettes, puis sur les parois du tube. Ces ponctuations, graduellement plus volumineuses, sont formées d'aigrettes cristallines de la résine blanche.

Ainsi ce principe immédiat est séparé directement et à froid, même lorsque la température atmosphérique s'élève graduellement, lorsqu'on opère, par exemple, au printemps ou dans les premiers jours de l'été.

La résine cristalline blanche, complètement épurée par des lavages alcooliques, puis redissoute dans l'alcool anhydre, se dépose, par l'évaporation lente spontanée à l'air, en cristaux lamelleux irradiés, formant parfois des aigrettes symétriquement disposées en étoiles, et offrant alors l'aspect d'une sorte d'inflorescence.

Caractères distinctifs et propriétés des trois principes immédiats qui constituent la gutta-percha usuelle.

§ 9. Le plus abondant de ces trois principes, qui forme au moins les 75 et jusqu'aux 82 centièmes de la masse totale, est la *gutta pure* qui offre les principales propriétés du produit commercial; elle est blanche, translucide à la température de 100 degrés, qui soude toutes ses parties, opaque ou demi-translucide à froid lorsqu'elle acquiert, alors, la

___

(1) Si l'on fait agir l'éther sur des feuilles très-minces, en opérant une sorte de foulage à l'aide d'un tube plein, le liquide décanté entraîne, avec les deux résines, une certaine quantité de gutta pure.

structure qui détermine une interposition d'air ou d'un liquide doué d'une réfraction différente de la sienne. Cette structure paraît plus prononcée encore que dans la substance naturelle contenant les trois principes immédiats.

En lames minces, et à la température de + 10 à + 30 degrés, elle est souple, tenace, extensible, peu élastique. A + 30 degrés, elle s'amollit, se retire sur elle-même, et devient de plus en plus adhésive et translucide à mesure que la température s'élève davantage, éprouvant une sorte de fusion pâteuse qui se prononce encore plus vers 100 à 110 degrés. Chauffée plus fortement, elle se fond, entre en ébullition, et distille en donnant une huile pyrogénée et des gaz carburés.

La gutta pure, comme les deux autres principes immédiats, s'électrise très-vite par le frottement et conduit mal la chaleur; ordinairement elle surnage l'eau, mais elle plonge au fond dès que ses pores sont remplis de ce liquide.

Elle est insoluble dans l'alcool et dans l'éther; presque totalement insoluble dans la benzine à 0 degré, elle est soluble à + 25 degrés, et de plus en plus à mesure que la température s'élève. La solution saturée à + 30 degrés se prend en masse demi-transparente si on la refroidit au-dessous de zéro; l'alcool précipite la gutta pure de sa solution dans la benzine.

A 0 degré, l'essence de térébenthine dissout très-peu de gutta, tandis qu'elle la désagrège et la dissout facilement à chaud.

Le chloroforme et le sulfure de carbone dissolvent, à froid, la gutta pure.

Lorsqu'on eut extrait, au moyen de l'éther, les deux résines interposées dans des feuilles minces de gutta-percha blanche, laissant le dernier éther qui les imprègne s'évaporer à l'air libre, ces feuilles, enfermées dans un flacon, avaient éprouvé, après deux mois de séjour, à la température de 20 à 28 degrés, une altération qui paraissait dépendre de leur porosité, de l'action de l'air, et peut-être de l'éther retenu dans leurs pores.

Quoi qu'il en soit, ces feuilles avaient alors acquis des propriétés nouvelles : elles étaient cassantes; exhalaient une odeur piquante très-prononcée; mises en contact avec un excès d'éther anhydre, elles se sont partiellement dissoutes; la portion soluble, obtenue par l'évaporation de l'éther et une dessiccation à + 90 degrés, était glutineuse et translucide; elle devint opaque et dure par le refroidissement à — 10 degrés.

La partie non dissoute par l'éther, mise en contact avec le sulfure de carbone s'en pénétra rapidement, se gonfla beaucoup, devint souple, transparente, ne se dissolvant qu'en partie et conservant son volume acquis quatre fois plus grand qu'avant cette immersion.

Le sulfure de carbone, renouvelé trois fois en six jours, évaporé chaque fois, après deux jours de contact, laissa pour résidu une feuille blanche et souple.

Sa portion non dissoute, gonflée, diaphane, laissée dans le sulfure de carbone pendant dix jours, n'a pas semblé changer d'état.

Cette sorte de transformation spontanée deviendrait peut-être complète si elle se prolongeait davantage : son étude approfondie exigera beaucoup de temps, elle pourra mettre sur la voie des causes de certains changements observés sur quelques menus objets usuels en gutta-percha. Déjà j'ai pu reconnaître que des feuilles minces exposées au soleil dans l'air humide, pendant huit jours consécutivement, se sont décolorées, et que leur substance est alors devenue, en grande partie, soluble dans l'éther.

L'*acide sulfurique* mono-hydraté colore en brun, attaque et désagrège lentement la gutta pure, en dégageant de l'acide sulfureux ; après huit jours de contact, le liquide brun très-foncé, étendu d'eau, se trouble et laisse précipiter des flocons de matière brune.

L'*acide azotique*, à un seul équivalent d'eau, attaque la gutta pure avec une vive effervescence et dégagement des vapeurs orangées d'acide hypo-azotique.

L'acide chlorhydrique, en solution saturée, attaque peu à peu la gutta en feuilles minces, et la colore en brun foncé ; au bout de huit jours, elle est devenue faible ; étendu dans le liquide jaune, laisse dans le même état les lamelles brunes. La réaction de l'acide chlorhydrique établit un caractère distinctif de plus entre ce principe immédiat et les deux autres.

§ 10. *Résine blanche cristalline.* Obtenue pure à l'aide des opérations ci-dessus décrites, elle se présente en masse pulvérulente légère, en apparence opaque, qui, sous le microscope, laisse voir les cristaux lamelleux transparents.

De 0 à + 100 degrés, elle n'éprouve pas de changement sensible ; sa fusion commence à + 160 degrés ; de + 175 à 180 degrés, elle acquiert une fluidité oléiforme et une diaphanéité complète, sans coloration notable ; elle se solidifie par le refroidissement, éprouve un retrait qui la fendille, reste transparente et un peu plus dense que l'eau.

La résine cristallisée est très-soluble dans l'essence de térébenthine, la benzine, le sulfure de carbone, l'éther et le chloroforme ; l'évaporation spontanée de ces deux derniers dissolvants la laisse cristalliser en longues, étroites et minces lamelles nacrées, formant par leur irradiation de centres communs, des groupes séparés.

L'alcool anhydre la dissout assez abondamment à la température de + 75 degrés pour donner, par le refroidissement, une cristallisation en groupes de lamelles qui s'accroissent durant plusieurs jours ; la solution froide, décantée après cristallisation et abandonnée à l'évaporation spontanée, laisse former des cristallisations semblables de lamelles plus volumineuses.

Ces cristaux sont inattaquables et difficilement mouillés par l'eau froide ou bouillante, comme par les solutions alcalines caustiques froides ou chaudes, l'ammoniaque, ainsi que par les différents acides étendus.

Les acides sulfurique et azotique mono-hydratés les attaquent vivement en produisant des phénomènes semblables à ceux observés dans leur réaction sur la gutta pure.

L'acide chlorhydrique, au contraire, n'attaque pas la résine blanche. Plusieurs de ces caractères la rapprochent de la bréane extraite par M. Scribe de la résine d'icica ; il serait bon de soumettre ces deux principes immédiats à une étude comparative.

§ 11. *Résine jaune.* Cette résine amorphe, d'un jaune citrin, diaphane ou légèrement orangée, suivant son épaisseur, est un peu plus pesante que l'eau ; solide, et même dure et cassante à 0 degré, elle devient graduellement plus souple à mesure que la température s'élève ; à + 50 degrés, elle éprouve une fusion pâteuse qui lui permet de reprendre, en quinze ou vingt minutes, son niveau : ce n'est que de 100 à 110 degrés que sa liquidation est complète. Chauffée davantage, elle peut entrer en ébullition, mais alors elle éprouve par degrés une altération profonde, brunit, dégage des vapeurs acides et des carbures d'hydrogène.

Cette résine retient avec force l'alcool qui l'a dissoute ; on l'en sépare en la chauffant à + 100 degrés dans le vide jusqu'à cessation totale de boursoufflement.

Elle est soluble à froid dans l'alcool, l'éther, la benzine, l'essence de térébenthine, le sulfure de carbone, le chloroforme ; tous ces liquides évaporés laissent en résidu la résine amorphe.

Les acides étendus, ni les alcalis concentrés, ni l'ammoniaque, n'attaquent la résine jaune.

Les acides sulfurique et azotique mono-hydratés l'attaquent vivement en produisant des phénomènes analogues à ceux que l'on observe lorsqu'ils agissent sur les deux autres principes immédiats (1).

L'acide chlorhydrique, même en solution saturée à $+20$ degrés, ne l'attaque pas.

Mais le caractère le plus remarquable de cette résine est de pouvoir former, dans les circonstances que nous avons indiquées, ces cristaux globuliformes recouverts d'une autre résine en pellicule blanche et offrant dans leur structure complexe l'aspect de sphérules opalines.

CONCLUSIONS.

On voit que la gutta-percha, telle qu'elle nous arrive, se compose, outre quelques autres matières en faibles proportions (2), de trois principes immédiats nettement caractérisés; le plus abondant est doué des principales propriétés de la substance normale : je le désigne sous le nom de gutta pure ou gutta, les deux autres sont des résines indifférentes.

Afin de rappeler leurs propriétés caractéristiques, je nommerai *cristalbane* ou *albane* celle que l'on obtient sans peine en cristaux blancs, et *fluavile* la troisième, qui est jaune, se fluidifie sensiblement, et coule à une faible température.

Les variétés commerciales que j'ai examinées m'ont donné les proportions suivantes :

Gutta.	75 à 82
Albane.	16 à 17
Fluavile.	6 à 4
	97 103

Application du gutta-percha.

36. La compagnie du gutta-percha projette d'appliquer cette substance à un appareil acoustique propre à servir dans

(1) La réaction de l'acide azotique, en apparence semblable sur les trois principes immédiats, apparaît différente sur chacun d'eux si on lave la substance attaquée, puis qu'on verse dessus un excès d'ammoniaque étendue : on obtient avec la gutta pure une solution jaune citrin; avec la résine blanche cristallisée, une solution jaune au fond de laquelle la substance non dissoute se dépose colorée en rouge-orangé ; avec la résine jaune, une solution de couleur orangé-rouge foncé.

(2) Des sels solubles et insolubles, des matières organiques azotées, une substance grasse, une huile essentielle, une matière colorante et de l'oxyde de fer.

les églises aux personnes sourdes. Pour cela, on fixe un entonnoir en gutta-percha, soit dans l'intérieur de la chaire, soit à l'extérieur, de la façon la plus convenable pour recevoir immédiatement les paroles du prédicateur. Un tuyau qui part de cet entonnoir se rend sous les dalles, longe le chœur et envoie des embranchements sous les chaises occupées par les personnes sourdes. On ne verra que le bout du tube, qui est terminé par un orifice en ivoire. Si on porte cet orifice à l'oreille, on entend les moindres bruits qui partent de la chaire.

§ 1. Les conduits en plomb ont été dans beaucoup d'endroits remplacés par des tuyaux en gutta-percha.

Dans les fabriques d'acide sulfurique de Bristol, on a également remplacé par des seaux en gutta-percha les seaux en cuir qui servaient à épuiser l'acide.

§ 2. Enfin, on commence également à conserver l'acide chlorhydrique dans des tonneaux en bois rembourrés de gutta-percha, au lieu de ballons en verre qui exposent à des accidents trop souvent renouvelés.

§ 3. On se sert du gutta-percha pour faire des conduits acoustiques, partant du rez-de-chaussée et parvenant dans les étages supérieurs des maisons. Ces porte-voix sont très-commodes pour les marchands qui peuvent de la sorte correspondre verbalement avec leurs commis, sans déplacement des uns ou des autres, et sans faire attendre les acheteurs qui sont dans le magasin.

Sur le gutta-percha et ses applications, à l'état vulcanisé, à l'isolement des fils des télégraphes électriques, par M. le baron H. GERSHEIM. (Voyez le nº suivant.)

37. § 1. Le nom de gutta-percha est, comme on sait, d'origine malaye. *Gutta* signifie une matière qui découle d'une plante, et *percha*, ou mieux *Pertscha*, est le nom malays de l'arbre qui fournit ce produit. D'après Hooker, cet arbre se rencontre dans les forêts de Lahore, à l'extrémité de la presqu'île Malaye et à Singapore, où il atteint parfois un diamètre de $1^m.33$ à 2 mètres. La récolte de ce suc se fait encore d'une manière si grossière qu'elle ne tardera pas à tarir les sources de ce produit, qui nous arrive en Europe en pains ou morceaux du poids de 2 à 3 kilog.

§ 2. Le gutta-percha, sous cette forme primitive, a une couleur flambée, blanc-jaunâtre, passant parfois au brun chocolat; il est souillé plus ou moins par de la terre, du sable, du bois et des feuilles, et contient constamment une quantité assez notable d'eau, de façon qu'après l'avoir débarrassé des matières étrangères mécaniquement mélangées et l'avoir fondu, il présente une masse compacte brun-noir, avec perte de 26 à 29 pour 100, dans laquelle sont compris 2 1/2 à 3 pour 100 d'eau, et une huile très-volatile.

§ 3. La fusion du gutta-percha doit s'opérer avec le plus grand soin, et au moyen de certains tours de mains; autrement, il brûle, se décompose aisément et devient poisseux. Le gutta-percha pur et anhydre possède une couleur brun-noir foncé, beaucoup de densité et d'élasticité, et quand on le coupe avec un couteau, il a un aspect lardacé; enfin, c'est un isolant parfait pour l'électricité.

§ 4. Au bout de plusieurs mois, la surface du gutta-percha anhydre, et plus promptement celle des surfaces coupées, prennent un aspect analogue à celui des prunes mûres et fraîches qui paraît être dû à un hydrate et indique que ce corps fait sans cesse effort pour absorber de l'eau. Les morceaux où, par la fusion, on n'a pas complètement chassé cette eau, sont également élastiques et compactes, mais d'un brun clair, et je n'ai pu parvenir encore à découvrir d'autre changement que des veines plus foncées provenant de portions entièrement déshydratées. On voit, dans ces veines, le changement indiqué précédemment, et l'isolement est dès lors beaucoup moins parfait.

§ 5. Purifié comme on a dit, le gutta-percha consiste en gutta-percha pur, un acide végétal, une eau acide, de la caséine, une résine jaunâtre soluble dans l'éther, une autre résine soluble dans l'alcool, et une quantité assez notable de matière extractive.

§ 6. Traité par l'éther et l'alcool, dissous dans le carbure de soufre, précipité par l'alcool étuvé et séché à 100° C., le gutta-percha a donné à l'analyse 86.5 de carbone, et 13.5 d'hydrogène. Sa composition est donc à peu près la même que celle du caoutchouc, qui renferme, suivant M. Faraday, 87.2 de carbone et 12.8 d'hydrogène, mais il s'en distingue par une élasticité moindre et par la propriété d'être plastique à 100° et de reprendre sa dureté à la température ordinaire.

§ 7. Le gutta-percha se dissout dans les térébènes de térébenthine, de résine, de gutta-percha, d'huile de goudron, d'hydrogène chloré, et conserve toujours, quand on l'extrait d'une solution par évaporation ou par précipitation, une grande quantité du dissolvant qu'on ne parvient à en extraire qu'en décomposant le gutta-percha lui-même. On le dissout parfaitement dans le chloroforme et le carbure de soufre, d'où on le précipite sans altération par l'alcool, ou bien où il reste après la volatilisation du dissolvant.

Une solution de gutta-percha anhydre et purifié à l'aide du chloroforme, ou mieux, du carbure de soufre, s'éclaircit au bout de deux jours parfaitement bien, même à l'état de concentration; la matière extractive se dépose au fond, et la solution devient transparente et colorée en jaune clair. Si on enlève le dissolvant, le gutta-percha reste sous la forme d'une masse compacte blanc sale, transparente, très-élastique, qui est un excellent corps isolant de l'électricité. Toutefois on voit aussi, au bout de quelques semaines, apparaître à la surface les changements qui ont été indiqués ci-dessus. Ordinairement le gutta-percha hydraté, et qui n'a pas été fondu, reste à l'état brun foncé dans les liqueurs qui ne s'éclaircissent pas à moins qu'on ne les étende considérablement.

§ 8. Le gutta-percha se combine bien plus difficilement avec le soufre que le caoutchouc, et au lieu d'être amélioré par ce corps, il en est certainement détérioré, puisque le soufre lui fait perdre sa consistance et amène même sa prompte décomposition. Des mélanges aussi faibles que 1 à 3 de soufre décolorent non-seulement le gutta-percha, mais le transforment en un corps très-peu élastique et peu consistant, léger même, et jaune sale qui, quand on le coupe, présente un éclat métallique, mais qui, sur les autres faces, se recouvre très-promptement d'une poussière blanchâtre qui consiste en soufre et gutta-percha décomposé. Cette poudre blanche se montre d'autant plus promptement et en plus grande abondance que le gutta-percha a reçu plus de soufre, c'est-à-dire a été plus fortement vulcanisé. Une fois cette action commencée, et si le gutta-percha est soumis pendant longtemps à l'humidité, il perd beaucoup de sa propriété isolante pour l'électricité, et il est à croire que, dans tous les points abandonnés par le soufre, c'est l'eau qui le remplace.

§ 9. Quand on le vulcanise, il se dégage de l'acide sulfureux qui, sans aucun doute, contribue à le décolorer et favorise certainement sa prompte décomposition, puisqu'il se convertit en acide sulfurique par l'absorption de l'oxygène. La propriété isolante se trouve donc ainsi compromise, et il est évident qu'elle doit finir, quoique avec lenteur, par disparaître entièrement.

Si, à une dissolution de gutta-percha dans le carbure de soufre, on ajoute quelques grains de soufre, la liqueur la plus brune se décolore, surtout si on emploie de la fleur de soufre. Non-seulement le soufre, même dissous dans le sulfure de carbone la décolore, mais, même après l'évaporation du dissolvant, le gutta-percha présente les mêmes propriétés que celui vulcanisé par une quantité égale de soufre. Quand on le pétrit à une température élevée, il se forme, sous des pressions de 5 à 8 atmosphères, un produit beaucoup plus mou, moins élastique et promptement décomposable suivant la quantité du soufre.

Si on pétrit du gutta-percha avec de 4 à 6 pour 100 de soufre à une température de 93° à 94° C. sans avoir recours à la haute pression, on a un mélange jaune sale et de nature molle et poisseuse. Dans cet état, ce corps isole bien l'électricité, mais au bout de un à deux mois, il devient cassant et fragile et perd de sa propriété isolante.

Une chose à remarquer, c'est que, quand la solution de gutta-percha dans le carbure de soufre est mélangée à très-peu de soufre, celui-ci amène l'élimination complète de la matière extractive et d'une résine soluble dans l'alcool ainsi que de la caséine. La couche translucide supérieure prend une légère teinte blanc-jaunâtre et même dans les solutions très-concentrées, on voit, après un long repos, se séparer en partie des masses de couleur foncée, preuve certaine que le soufre décompose le gutta-percha.

§ 10. On produit le même effet dès qu'on mélange, au gutta-percha fondu, la plus faible quantité de soufre, 1/4 pour 100, par exemple, car du même instant, et comme la solution précédente, on voit apparaître simultanément un nombre considérable de petits boutons durs, de couleur foncée, qu'on ne détache et enlève qu'avec beaucoup de difficulté, et qui altèrent sensiblement la qualité du meilleur gutta-percha. Si au lieu d'introduire de prime-abord et le plus exactement possible le soufre par le pétrissage, à une température de 94 à 100 degrés, on ne l'applique qu'au gutta-percha en fusion, le lieu où l'on applique le soufre se décompose à tel point qu'il brûle et forme une masse noire, poisseuse, semblable à du goudron qui, si on ne l'enlève pas de suite, perd tout le reste du gutta-percha.

Comme on a employé le gutta-percha vulcanisé pour envelopper les fils des télégraphes électriques et que je me suis particulièrement occupé de leur installation, je relèverai ici une erreur commise par M. Steinheil dans un mémoire sur les télégraphes électriques qu'il a inséré dans les Mémoires de l'Académie de Bavière, vol. V, 3e partie, et où il conseille de vulcaniser le gutta-percha avec 3 à 5 pour 100 de soufre. Or 3 à 5 pour 100 de soufre transforment cette substance en une masse molle, jaune sale, qui devient en peu de temps inapplicable à ce service. Il n'y a que le gutta-percha anhydre et fondu auquel, sur 100 parties, on a mélangé de 1/32 à 1/4 partie de soufre qui puisse donner un produit utile.

Si l'on mélangeait le soufre au gutta-percha dans la proportion indiquée par M. Steinheil, une partie du soufre, de son aveu même, se volatiliserait par l'élévation de la température de la vapeur à haute pression, et se convertirait en acide sulfureux au grand détriment du gutta-percha et de la santé de l'opérateur. Jamais, par ce moyen, on n'obtient un bon produit, car il reste toujours plus ou moins d'acide sulfureux dans le gutta-percha, et quoique cet acide soit combiné avec la matière colorante de l'extractif, il agit d'une manière désastreuse sur cette substance.

§ 11. Je ne vois aucun but, aucune utilité à vulcaniser le gutta-percha destiné à envelopper les fils métalliques. Le gutta-percha vulcanisé perd non-seulement de plus en plus sa propriété isolante, mais de plus il réagit avec activité sur le fil, qui ne tarde pas à se recouvrir de sulfure de cuivre, ce qui affaiblit sa conductibilité. Même au bout de quelques semaines, on découvre déjà une altération; un mois après, le gutta-percha dans lequel est placé un fil est pénétré de sulfure de cuivre à une profondeur de 5 millim. Le fil-de-fer zingué n'éprouve pas ce changement, du moins à un degré aussi élevé, parce que le zinc métallique se combine difficilement avec le soufre; sans compter qu'ainsi installés, les télégraphes sont bien plus économiques.

On peut prédire, en toute sûreté, que le gutta-percha vulcanisé ne donnera pas, sous le rapport de la durée, les résultats qu'on en attendait. Le fil de fer zingué, introduit dans des tubes métalliques (de fer ou de plomb) enduits d'une composition de gutta-percha, de goudron, etc., atteindrait à moins de frais et d'une manière bien plus certaine le but proposé, et n'obligerait pas le pays à envoyer, pour le gutta-percha et le cuivre, ses fonds à l'étranger.

L'asphalte se combine très-avantageusement avec le gutta-percha, il augmente sa propriété isolante et s'oppose à sa décomposition.

Manière de revêtir de gutta-percha les fils des télégraphes électriques, par M. C. A. STEINHEIL.

38. On sait que tous les fils des télégraphes électriques qui ont été établis en Prusse sont généralement enfouis en terre, et que beaucoup d'entre eux ont été enduits de gutta-percha pour les garantir de l'humidité, de l'oxydation et en quelque sorte du contact des matières trop conductrices. Ce sont MM. *Fonrobert* et *Pruckner*, de Berlin, qui, jusqu'à pré-

sent, ont fourni au gouvernement prussien tous les fils qui ont été employés à l'établissement de ces moyens de communications souterraines. Le fil est fabriqué avec le meilleur cuivre russe de Baser, et, d'après le cahier des charges, ce fil ne doit pas peser moins de 65 loth (950 grammes) et plus de 67 loth (979 grammes), les 100 pieds du Rhin (31m.385). On rejette toute botte de fil qui a moins de 500 pieds, et sur cette longueur, il ne doit y avoir aucune soudure. Avant d'être recouvert de gutta-percha, ce fil doit être doux et flexible, c'est-à-dire avoir été recuit une dernière fois. La livraison s'en opère sur des tours en bois. Toute portion éclatée, ouverte, imparfaite, suffit pour faire rejeter le paquet (long généralement de 1,000 à 2,000 pieds).

§ 1. Le gutta-percha, dans lequel le fil est enveloppé, doit être parfaitement purifié, travaillé avec soin, et surtout bien débarrassé de toute humidité. Ce n'est qu'à ces conditions qu'il est exempt de pores et complètement isolant. La perte est dans ce cas d'environ 25 pour 100. Le bloc primitif ou brut de gutta-percha est d'abord réduit en une sorte de poudre avec une râpe, puis ramolli dans l'eau chaude. Il dépose ainsi le sable, le charbon et les matières étrangères qu'il pouvait renfermer. La masse est alors introduite entre deux cylindres rugueux, où elle est rompue et déchirée menue, et l'espèce de copeaux qu'elle produit ainsi sont passés entre deux cylindres chauffés à l'intérieur par des saumons de fer portés au rouge et réduits ainsi en nappes extrêmement minces. Cette opération en extrait encore toutes les impuretés qu'il aurait pu retenir. Ces nappes sont travaillées de nouveau entre les cylindres chauds pour leur donner une plus complète homogénéité, et pour achever d'en chasser par évaporation l'eau qu'elles retenaient encore.

On travaille les nappes entre les cylindres qu'on fait tourner constamment jusqu'à ce qu'elles prennent une couleur chocolat ou brun marron, et aient acquis tous les caractères d'une homogénéité parfaite. On maintient la température au point où les matières peuvent être travaillées avec les cylindres sans devenir pâteuses et y adhérer. Ces matières, ainsi préparées, sont coupées encore chaudes en rubans de 3 à 4 kilog., pesées et toutes prêtes ainsi à être incorporées avec 3 à 5 pour 100 de fleurs de soufre. Le soufre est, pendant un nouveau laminage, répandu sans interruption et en quantités pesées sur les masses de gutta-percha d'un poids déterminé, et y est incorporé bien uniformément par le travail des cylindres. La masse, ainsi traitée, et sous la forme de rubans, est introduite alors dans une chaudière à haute pression, où elle est soumise à une température qui correspond à une pression de huit atmosphères. Par cette opération le soufre contracte une union intime avec le gutta-percha, qui perd ainsi tout son aspect antérieur et devient gris foncé. En même temps la haute température à laquelle on le soumet, entraîne les dernières traces d'humidité sous forme gazeuse et d'hydrogène. Un ventilateur particulier sert à chasser au dehors du bâtiment les vapeurs d'acide sulfureux qui se dégagent avec la vapeur d'eau.

§ 2. La masse vulcanisée (*voyez* n° 37) est transportée alors dans l'appareil destiné à habiller le fil. Cet appareil, fig. 145, pl. 4, consiste en un gros cylindre d'environ 8 pieds (2^m.51) de longueur sur 8 pouces (21 cent.) de diamètre, disposé horizontalement. Une vis d'un diamètre de 4 pouces (10 cent.) presse le piston avec lenteur sur la masse du gutta-percha. Le mouvement de la tige de la vis est opéré par une machine à vapeur de la force de dix chevaux, avec organes de transmission. A la partie antérieure du cylindre est établie une tête très-massive avec des filières. Dans cette tête, il y a à l'un de ces appareils six filières et neuf à l'autre, de manière à pouvoir revêtir simultanément autant de fils à la fois avec chacun de ces appareils. La masse du gutta-percha, en sortant du cylindre *a* ne trouve d'issue que par l'espace conique *b, b*. Le fil *c* est amené au centre de cet espace vide conique par une forte pièce en métal *d, d*, afin que le gutta-percha qui sort en *e, e* de la filière en même temps que le fil de cuivre, embrasse et enveloppe celui-ci avec une force extrême, le comprime et l'enserre. Il est bon de remarquer que le fil s'avance à raison d'un pouce (0^m.0261) par seconde, et que la température ne doit pas être portée trop haut, parce que autrement la masse n'aurait pas la fermeté et la densité suffisantes. On s'assure au mieux que cette température est trop élevée par l'aspect que présente le fil revêtu, qui alors n'est plus uni à la surface, mais ondulé et inégal, ainsi qu'on l'observerait sur une pâte très-tenace par une énergique pression. Il faut surtout avoir soin, en introduisant la masse dans le cylindre, d'en chasser, autant que possible, tout l'air, car cet air, emprisonné, nuit au produit, puisque au moment où il arrive à la filière, chacune de ces bulles crève avec explosion. Une grande partie de l'air qu'on n'est point encore parvenu à chasser complètement, se dégage aussi par-dessous dans le point où le fil est amené dans la filière.

§ 3. Les fils ainsi revêtus montent alors pour passer sur des éponges humides qui les refroidissent et entre des bandes de toile. Dans l'étage supérieur, où ils ont déjà acquis plus de fermeté, ils passent sur des rouleaux et des éponges humides placés à la distance d'environ 60 pieds (19 mètres), distance où on les enroule sur des dévidoirs. On les dévide ensuite sur un second dévidoir, ce qui permet d'y réparer les défauts, quand la chose est nécessaire. Pour cela, l'ouvrier se sert d'un fer qu'il fait chauffer dans un bassin de charbon et de bandes de gutta-percha préparé qu'il ramollit préalablement au feu, et qu'il soude dans les points défectueux. C'est sur ce dernier dévidoir, sur une des embases duquel on a coulé un anneau de plomb, qu'on fait l'essai du fil. Le bout de la botte de fil est mis en rapport métalliquement avec cet anneau, et lorsqu'on amène au contact avec l'anneau, le pôle d'un élément galvanique, tandis que l'autre pôle de cet élément touche l'extrémité de la botte de fil, alors il est clair que ce fil établit l'arc de communication entre ces éléments, et par conséquent que le courant galvanique doit le parcourir, lorsqu'il n'y a pas d'interruption. Cet appareil sert également à rechercher les points où l'isolement est encore un peu imparfait.

Traitement du gutta-percha et du caoutchouc, par
M. S. MOULTON, fabricant.

39. C'est un fait bien connu que le gutta-percha naturel est matériellement affecté par les changements de température; qu'il devient dur et rigide quand on l'expose à une basse température, plus doux et plus moelleux quand la température est plus élevée, et que, dans tous les cas, il ne possède que de faibles propriétés élastiques. Or, ces changements physiques par les variations de la température et ces propriétés non élastiques s'opposent à ce que cette matière, à l'état naturel, reçoive une foule d'applications utiles.

§ 1. C'est pour obvier à ces inconvénients que je propose de combiner le gutta-percha avec un mélange de sulfite ou d'hyposulfite de plomb ou de zinc et de sulfure artificiel de ces métaux, et de soumettre le composé à l'action d'une température élevée, ce qui produit une matière que j'appelle gutta-percha préparé, qui est élastique, n'est plus affecté par les changements de la température, et résiste aux dissolvants de ce corps à l'état naturel. Pour obtenir ce composé préparé, on opère comme il suit :

Après que le gutta-percha a été débarrassé des impuretés qui le souillaient, on en prend plusieurs kilog., ou du moins autant qu'on peut en pétrir à la fois, on y ajoute par kilog. 150 grammes de sulfite ou d'hyposulfite de plomb ou de zinc et de sulfure artificiel de ces métaux, en proportions égales à peu près pour chacun d'eux, puis 120 à 720 grammes de plâtre ou de craie en poudre; on broie le tout entre des cylindres chauffés, et on traite le mélange ainsi qu'on l'a expliqué pour le traitement du caoutchouc et la fabrication des tissus imperméables.

§2. On peut combiner aussi ensemble une partie de gutta-percha et une partie de caoutchouc, ou, suivant que le cas l'exige, une plus ou moins grande proportion de l'une ou de l'autre de ces matières, avec du sulfite ou de l'hyposulfite de plomb ou de zinc et du sulfure artificiel de ces métaux, en proportions à peu près égales. 1 kilog. du composé de gutta-percha et de caoutchouc est combiné avec 120 à 720 grammes de plâtre ou de craie, et le composé est préparé et traité, sous tous les rapports, comme le gutta-percha lui-même. On emploie les mêmes machines et le même degré de chaleur pour fabriquer un produit propre à des applications multipliées, plus élastique, mais ne résistant pas aussi bien à l'action des huiles que quand on se sert du gutta-percha seul.

Quand on veut produire un gutta-percha ou un composé de cette matière et de caoutchouc, qui ressemble à la corne ou à l'ivoire, on ajoute de 120 à 720 grammes de magnésie par kilog. du composé de gutta-percha seul ou combiné au caoutchouc.

Le tout est traité absolument de la même manière que s'il n'y avait pas de magnésie.

Après que le gutta-percha ou sa combinaison avec le caoutchouc ont été broyés ou mélangés, le composé est encore susceptible d'être affecté, par des changements de température et par l'action des dissolvants, de même qu'à l'état naturel. Pour prévenir cet effet, le composé, sous quelque forme qu'il soit, est placé dans une chambre ou une capacité où l'air ne puisse pas pénétrer, et exposé à la vapeur d'eau ou à une chaleur sèche, qu'on peut porter depuis 125° jusqu'à 175° C. Le temps nécessaire pour ce traitement varie de deux à dix heures, suivant l'épaisseur et la quantité des articles introduits en masse pour cette opération.

Les produits ainsi préparés sont non-seulement imperméables à l'humidité, mais d'une ténacité extrême, élastiques comme du caoutchouc sulfuré, et hors d'atteinte des changements de la température.

Résistance des tubes en gutta-percha.

40. On vient de terminer une série d'expériences intéressantes à l'établissement de la distribution des eaux dans la
ville de Birmingham, relativement à la résistance que pourraient présenter les tubes en gutta-percha si on les appliquait
à la conduite des eaux. Les expériences entreprises sous la
direction de M. H. Rofe, ingénieur, ont porté sur des tubes
de 19^{mm}.044 de diamètre et 3^{mm}.174 d'épaisseur. Ces tubes
ont été piqués sur une conduite principale en fonte et soumis, pendant deux mois, à la pression d'une colonne d'eau
de 61 mètres de hauteur sans éprouver la moindre détérioration.

Afin de déterminer, s'il était possible, le maximum de
résistance de ces tubes, on les a montés sur la pompe hydraulique qui sert à mettre les tuyaux de conduite en fer à
l'épreuve, et dont la charge normale est de 15^{kil}.5 par centimètre carré, on a pompé jusqu'à ce que la pression fût
portée à 23^{kil}.7. Mais au grand étonnement de tout le monde,
les tubes sont restés parfaitement intacts. C'est alors qu'on
a proposé de porter cette pression à 31 kilog.; mais le levier de la soupape n'a pas pu admettre de nouveaux poids,
de façon que la plus grande pression que pouvait exercer la
pompe hydraulique qu'on a employée n'a pu faire crever les
tubes.

Le gutta-percha étant une matière légèrement élastique,
les tubes se sont un peu dilatés sous la pression extraordinaire à laquelle ils ont été soumis; mais en supprimant
celle-ci, ils ont repris leurs dimensions primitives.

Emploi du gutta-percha pour doubler les vases destinés à contenir les acides.

41. MM. Chanu et compagnie, de Birmingham, de même
que M. Musprat et fils, de Liverpool, se servent de vases
doublés avec du gutta-percha pour la conservation de l'acide
chlorhydrique, et c'est à travers des tubes de cette matière
qu'ils font couler ces acides dans les chaudières ou autres
appareils où l'on en fait l'application. MM. J. et B. Sturge,
de Birmingham, se servent aussi de manches de gutta-percha pour faire couler et charrier d'un point à un autre de
leur fabrique cet acide et beaucoup d'autres liquides corrosifs.
MM. Brown et Binger, raffineurs d'or à Londres, se servent
de vases doublés en gutta-percha pour contenir l'acide azotique étendu dont ils font usage dans leur industrie.

Un vase en gutta-percha n'a été attaqué par l'acide azotique concentré qu'au bout de douze mois, et encore le dommage était-il extrêmement faible.

Mode de traitement du gutta-percha, par M. E. RIDER.

42. L'invention s'applique plus particulièrement au traitement du gutta-percha, qu'un procédé préparatoire rend plus propre à être sulfuré et à recevoir des applications pratiques plus multipliées qu'on n'a pu y parvenir jusqu'à présent.

Les difficultés insurmontables qu'on a éprouvées jusqu'à présent dans toutes les tentatives qu'on a faites pour vulcaniser le gutta-percha, provenaient en grande partie de l'idée erronée de considérer la matière brute comme identique, ou à peu près, dans sa constitution ou ses propriétés chimiques avec le caoutchouc et que le même procédé routinier était applicable à l'une comme à l'autre de ces matières. Ces deux sucs sont bien réellement distincts l'un de l'autre, puisqu'on les extrait d'arbres qui appartiennent à des familles botaniques différentes.

Parmi les particularités par lesquelles ces deux matières diffèrent essentiellement entre elles, il convient de mettre au premier rang la manière dont elles se comportent quand on les soumet à l'influence de la chaleur. Dans son état brut et primitif, le gutta-percha, indépendamment d'un mélange fréquent d'impuretés fibreuses et autres matières étrangères, possède encore dans sa substance certains ingrédients volatils, de nature telle qu'ils interviennent matériellement sur l'effet secondaire de la vulcanisation.

Il est avant tout essentiel pour le succès de cette vulcanisation de se débarrasser des impuretés solides qui rompent la continuité de la masse, et en outre nécessaire de chasser les ingrédients volatils, soit qu'ils consistent dans les éléments de l'eau ou des huiles volatiles, soit dans ceux des acides.

Après ces opérations préliminaires, qui sont indispensables dans tous les modes de traitement, la matière est soumise à la première opération du procédé perfectionné qui consiste à la chauffer seule à une température suffisante pour la réduire à la consistance d'une pâte douce, ce à quoi l'on parvient à l'aide d'une température de 200° à 230° C. Mais la température qu'il convient d'employer varie considérablement, suivant les différentes sortes ou qualités du gutta-percha, quelques-unes de celles-ci n'exigent pas une température qui dépasse 150°.

La durée de cette opération de chauffage dépend naturellement de la température qu'on emploie, ainsi que de la masse et de l'état d'agrégation de la matière à cette époque.

Il faut toutefois ménager la chaleur pour qu'elle pénètre uniformément dans toute la masse. Deux à trois heures suffisent ordinairement pour cet objet lorsque la chaleur est appliquée à l'aide de cylindres chauffés en métal ou par tout autre mode d'application d'une température régulière, telle qu'une étuve chauffée par la vapeur ou l'air chaud. Ce chauffage, indépendamment de l'expulsion des matières purement volatiles que renferme le gutta-percha, en fait sortir encore un fluide visqueux et oléagineux en laissant la matière dans un état relatif de pureté.

Après avoir été soumis à ce traitement, le gutta-percha, soit seul, soit combiné avec le caoutchouc, est mélangé avec les ingrédients connus par les mêmes moyens et dans des proportions semblables ou à peu près à celles employées dans la vulcanisation du caoutchouc, mais en donnant la préférence à l'hyposulfite de plomb ou de zinc.

On a remarqué qu'il était plus avantageux, dans le traitement du gutta-percha seul, d'employer un degré moindre de chaleur dans le procédé de pétrissage, et au contraire une température plus élevée dans la vulcanisation que quand il s'agit du caoutchouc.

On introduit aussi quelques modifications secondaires quand il s'agit d'applications spéciales; par exemple quand on a besoin d'un composé dur non élastique, ou comparativement inélastique, on a recours à un mélange plus abondant de matières ou à un degré de chaleur plus élevé que quand on veut un produit très-élastique.

Ce procédé simple et peu dispendieux produit un changement étonnant dans les propriétés et la valeur du gutta-percha, et aucun autre traitement ultérieur dans les procédés ordinaires ne serait susceptible d'amener la matière à l'état de perfection où la porte du premier coup ce moyen si facile.

Expériences sur la résistance absolue des courroies en gutta-percha, par M. FEISTMANTEL.

43. On a découpé dans une courroie de gutta-percha, qui avait une largeur de 0^m.104616 et une épaisseur de 0^m.0065385, et suivant la direction de sa longueur, des lanières de différentes largeurs qu'on a ensuite chargées par des poids qu'on y a suspendus jusqu'à rupture. Les résultats de ces expériences sont consignés dans les tableaux suivants :

Première série d'expériences avec des lanières de $0^m.0021795$ de largeur, autant d'épaisseur, et une longueur, avant d'être chargée, de $0^m.08936$.

	CHARGE.	LONGUEUR de la lanière sous la charge.	ACCROISSE-MENT de longueur.	EXTENSION permanente.	OBSERVATIONS.
Longueur primitive de la lanière.	»	$0^m.08936$	»	»	
Long^r après y avoir suspendu le plateau d'une balance du poids de. . .	$0^{kil}.7951$	0 08986	$0^m.0005$	»	La lanière a rompu sous un poids de $12^{kil}.02$ et avait après la rupture $0^m.1090$.
Longueur sous un poids de $2^{kil}.333$ posé dans le plateau de.	3 1281	0 09095	0 00059	»	
Longueur sous un poids total.	3 8351	0 09204	0 00268	$0^m.00059$	

Deuxième série d'expériences avec des lanières de 0^m.004359 de largeur, 0^m.0021795 d'épaisseur, et une longueur, avant la charge, de 0^m.07737.

	CHARGE	LONGUEUR de la lanière sous la charge.	ACCROISSE-MENT de longueur.	EXTENSION permanente.	OBSERVATIONS.
Longueur primitive de la lanière,	»	0^m.07737	»	»	
sous une charge de .	0^kil.7951	0 07956	0^m.00219	»	
— id.	3 1331	0 08500	0 00463	»	
— id.	4 5367	0 08827	0 01090	»	
— id.	5 4721	0 09154	0 01416	0^m.0021795	
— id.	10 1491	0 10243	0 02506	0 0065385	
— id.	14 8261	0 11551	0 03814	0 013086	Rupture.

Troisième série d'expériences avec des lanières de 0^m.0065385 de largeur, 0^m.0021795 d'épaisseur, et une longueur, avant la charge, de 0^m.075192.

	CHARGE	LONGUEUR de la lanière sous la charge.	ACCROISSE-MENT de longueur.	EXTENSION permanente.	OBSERVATIONS.
Longueur avant toute charge.	»	0^m.075192	»	»	
— sous une charge de .	0^kil.7951	0 076061	0^m.00097	»	
— id.	5 4721	0 08282	0 00563	»	
— id.	7 8106	0 08718	0 00999	»	
— id.	10 1491	0 09154	0 01435	0^m.001089	

On a ensuite fait une nouvelle série d'expériences avec des lanières soudées par les deux bouts, de manière à figurer des courroies de 0^m.0065385 de largeur et 0^m.0021795 d'épaisseur, et une longueur avant la charge de 0^m.075192, et on a obtenu les résultats suivants :

Première série d'expériences avec courroies soudées, de 0^m.0065385 de largeur, et de 0^m.0021795 d'épaisseur.

	CHARGE.	LONGUEUR de la lanière sous la charge.	ACCROISSE-MENT de longueur.	EXTENSION permanente.	OBSERVATIONS.
Longueur avant toute charge. .	»	0^m.07519	»	»	
— sous une charge de. .	12^{kil}.4876	0 0959	0^m.0207	0^m.002724	
— id.	14 8261	0 10026	0 02507	0 005448	
— id.	17 1646	0 10352	0 02633	0 007627	
— id.	19 5031	0 10788	0 03269	0 010897	
— id.	21 8416	0 11224	0 03705	0 014175	
— id.	24 1801	0 11987	0 04468	0 020705	
— id.	26 5196	0 1286	0 0534	»	
— id.	33 0664	0 13086	0 05567	»	
— id.	34 9372	»	»	»	Rupture.

Il résulte de ces expériences qu'on peut charger ces courroies d'un poids de 2^{kil}.451 par millimètre carré de section avant qu'elles ne rompent ; et que la limite à laquelle leur élasticité ne se trouve pas encore compromise est d'environ 0^{kil}.548, aussi par millimètre carré.

Enfin, les lanières découpées ont été soudées deux à deux entre elles, et bout à bout, par le moyen de la chaleur, et on a expérimenté la résistance des points ainsi réunis. Voici les résultats des épreuves :

de la chaleur, et on a expérimenté la résistance des points ainsi réunis. Voici les résultats des expé...

Première série d'expériences avec des lanières soudées, de 0m.0065385 de largeur, 0m.0021795 d'épaisseur, et une longueur, avant la charge, de 0m.067564.

	CHARGE	LONGUEUR de la lanière sous la charge.	ACCROISSE-MENT de longueur.	EXTENSION permanente.	OBSERVATIONS.
Longueur avant toute charge.	»	0m.06756	»	»	
sous une charge de.	0 kil.7951	0 06865	0m.00109	»	
id.	5 4721	0 0741	0 00654	»	
id.	7 8106	0 07683	0 00926	»	
id.	10 1491	0 08173	0 01517	0m.003292	
id.	14 3584	»	»	»	Rupture.

La rupture ou plutôt la déchirure a eu lieu précisément sur les surfaces qui avaient été jointes ensemble et après une extension très-remarquable en ces points.

Deuxième série d'expériences avec des lanières soudées, de 0m.0065385 de longueur, 0m.0021795 d'épaisseur, et une longueur, avant sa charge, de 0m.065385.

	CHARGE	LONGUEUR de la lanière sous la charge.	ACCROISSE-MENT de longueur.	EXTENSION permanente.	OBSERVATIONS.
Longueur avant toute charge.	»	0m.06538	»	»	
sous une charge de.	2 kil.2216	0 06675	0m.00109	»	
id.	4 5601	0 06576	0 00218	»	
id.	6 8982	0 06974	0 00436	0m.00109	
id.	9 2371	0 07083	0 00545	0 00327	
id.	11 5756	♪	»	»	Rupture.

Pour souder les deux bouts des bandes de gutta-percha dont on veut faire les courroies, on fait usage du moyen suivant. On coupe les extrémités de la courroie sous un angle de 30 à 40°, et on assujettit un des bouts avec quelques clous ou mieux avec une presse sur une table ou sur un établi; puis on prend un fer qui peut avoir de 30 à 35 millim. de largeur et de 15 à 16 d'épaisseur, qu'on a porté à la température d'un fer à repasser, c'est-à-dire à une température qui ne puisse ni brûler, ni colorer le gutta-percha, mais qui le ramollisse seulement, et on le passe sur les extrémités, sur bout, fraîchement coupées, en l'y pressant assez fortement et jusqu'à ce qu'elles soient ramollies et aient acquis un état poisseux. On enlève le fer et on rapproche ces extrémités vivement et fortement l'une de l'autre; on enfonce quelques clous dans le brin qui était libre pour le maintenir en place, et on laisse refroidir.

Les rebords ou rebarbes sont coupés et aplatis avec le fer chaud, de manière à ce que la suture soit bien unie. Une courroie d'épaisseur ordinaire est prête à être employée en 10 ou 15 minutes, et quand on rafraîchit avec de l'eau froide, en moins de temps encore.

On peut même faire des sutures à recouvrement en parant les extrémités de façon que l'un des bouts sera posé sur l'autre, la suture ne présente pas plus d'épaisseur que dans le reste de la courroie. On chauffe les surfaces amincies et parées; on ajuste et on presse aussi promptement et fortement que possible.

Si la courroie doit éprouver un mouvement rapide ou un grand frottement, il est prudent d'interposer un rouleau ou une tige ronde et fixe de fer, pour que les brins ne se fixent pas.

L'expérience a démontré que ces courroies se raccourcissent plutôt qu'elles ne s'allongent par l'usage.

Il est nécessaire de faire remarquer que les courroies usées, ou les rognures de gutta-percha, ont encore une certaine valeur comme matière première, tandis que celles en cuir ne sont bonnes à rien.

Pour établir une comparaison entre les prix, il faut savoir qu'une courroie d'un mètre de largeur et de 8 à 9 millim. d'épaisseur coûte environ 5 fr. 60 cent. par mètre courant; tandis qu'une courroie de cuir de la même dimension coûte au moins 6 fr. 75 cent. à 7 fr.

Si nous avions trouvé une série d'expériences plus complète et plus claire, nous n'aurions pas certainement reproduit celle qui précède. M. Feistmantel aime trop les nombres fractionnaires. Comment et pourquoi n'a-t-il pas opéré sur des nombres entiers; pourquoi ces lanières si courtes; pourquoi les poids mis dans le plateau ne sont-ils pas simplement un, deux, trois kilogrammes; et qu'avons-nous besoin d'y adjoindre des décigrammes? D'une autre part, pourquoi n'avoir pas répété les expériences sur des lanières de cuir, afin qu'il fût possible de savoir quelle est la résistance la plus forte? L'expérience a prouvé que les lanières en gutta-percha, et surtout les cordes de tour, ne sont nullement d'un bon usage. Sans doute, la réunion, faite toutefois par des moyens autres que ceux indiqués dans cet article, est plus commode que l'épissure, et plus promptement faite; sans doute on gagnerait, en se servant du gutta-percha, à n'avoir plus besoin des crochets ou agrafes; mais il faut bien reconnaître que cette matière, précieuse pour d'innombrables usages, ne peut servir à tout, et que les lanières et cordes de tour ne peuvent en être faites. Il faut savoir se garantir de l'engouement de la mode. (*Voyez* la note relative aux bougies, sondes et autres instruments de chirurgie.) A défaut d'autres, nous avons pensé que le lecteur ne serait pourtant pas fâché de connaître ces expériences.

Mode de fabrication des articles en gutta-percha, par
M. A.-R.-L. DE NORMANDY.

44. Le mode de fabrication des objets en gutta-percha consiste à prendre cette matière purifiée autant qu'il est possible par le découpage, la pression ou le pétrissage dans l'eau chaude, dans une machine semblable à celle pour agglomérer le caoutchouc, puis à l'exposer à une douce chaleur à l'action de quelque dissolvant volatil, tel que l'essence de térébenthine, la benzine, mais de préférence le bisulfure de carbone, une élévation de température n'étant pas nécessaire dans ce dernier cas.

§ 1. Une partie en poids de gutta-percha dissoute dans environ 20 parties de dissolvant, fournit une masse sirupeuse brune et trouble, qu'on clarifie et décolore, d'abord en l'abandonnant au repos, pour que les matières les plus pesantes se précipitent, puis introduisant le liquide qui surnage dans l'appareil représenté fig. 146, pl. 4.

A, vase contenant le liquide brun sirupeux provenant de la dissolution; ce vase est pourvu de trois ouvertures B C D; E, tube de communication entre le vase A et le vase F, qui est rempli de charbon animal, et pourvu à sa partie inférieure d'un robinet qui débouche dans un troisième vase ou récipient G, portant une tubulure H, sur laquelle s'élève un tube qui met en communication les vases A et G. Tous ces vases peuvent être faits en zinc, mais tous les assemblages et les communications doivent être parfaitement imperméables à l'air. Voici quelle est la marche de cet appareil :

Le liquide brun sirupeux qu'on a obtenu est introduit dans le vase A ; ouvrant ensuite le robinet B[1], il tombe dans le levier F, en filtrant à travers le charbon animal qui remplit celui-ci, et de là dans le vase G à l'état limpide. J J est une bâche remplie d'eau froide dans laquelle plonge le vase G.

§ 2. La liqueur ainsi filtrée est introduite dans un alambic pourvu d'un réfrigérant, et on distille sa portion liquide ou volatile superflue. Si ensuite on désire obtenir le gutta-percha filtré à l'état solide, on évapore jusqu'à siccité. Mais pour obtenir des feuilles de cette matière, faire des ballons, des écrans, et mille autres articles en gutta-percha, on procède comme il suit :

On prend la solution du gutta-percha dans le bisulfure de carbone, et on en verse une certaine quantité dans un gros cylindre en verre fermé par une extrémité. On incline alors ce cylindre et on le tourne dans toutes les directions jusqu'à ce que les parois soient complètement et également enduites avec la solution, puis on décante l'excédant de cette solution en renversant le cylindre l'ouverture en bas. Au bout de peu de temps, le sulfure de carbone se volatilise complètement et laisse l'intérieur du cylindre tapissé d'une couche mince de gutta-percha. La contraction qui résulte de la dessiccation suffit pour détacher cette couche et permettre de l'enlever. Il faut, toutefois, avoir soin de ne pas toucher le cylindre avec la main lorsqu'elle est chaude, autrement le gutta-percha adhérerait au verre dans les points qui auraient ainsi été chauffés.

Si on coupe maintenant la portion qui était en contact avec le fond fermé du cylindre, on a un manchon de gutta-percha ouvert aux deux bouts, qu'on peut fendre longitudinalement pour en former une feuille. On peut produire par ce moyen des ballons de toutes les formes, le gutta-percha prenant celle du vase dans lequel on le moule. Quand, toutefois, la membrane doit être extraite par une ouverture étroite, comme quand le liquide sirupeux a été versé dans une bouteille, un ballon de verre, un matras, il faut avoir recours à quelque tour de main, par exemple introduire un tube dans le vase en verre, et faire dans celui-ci le vide avec la bouche ou une seringue, la pression atmosphérique détache alors la membrane des parois et permet de l'enlever aisément.

Il est évident que, au lieu d'une couche mince, on peut en obtenir une épaisse, en se servant d'une solution plus visqueuse que celle dont il a été question.

Si le moule est de nature à pouvoir être retiré en entier, ou par morceaux, on peut appliquer la solution à l'extérieur.

Brevet d'invention en date du 16 août 1847, au sieur HAN-COCK, *de Londres, pour un procédé de purification du gutta-percha.*

45. Ordinairement on coupe en petits morceaux le gutta-percha que l'on veut nettoyer et purifier, et, pour faciliter ce travail, on le trempe dans l'eau chaude afin de l'adoucir.

Voici une machine au moyen de laquelle on peut obtenir des morceaux très-petits, sans qu'il soit nécessaire de se servir d'eau chaude :

Pl. 3, fig. 127, élévation latérale de la machine.
Fig. 128, vue de face ;
Fig. 129, coupe faite suivant $a\,b$ de la figure 128.
A, charpente de la machine.
B, plaque circulaire en fonte, de $1^m.50$, de diamètre.
Cette plaque a trois rainures dans lesquelles sont tenus trois couteaux ; ces couteaux sont disposés comme des lames de rabot.
B'', arbre sur lequel est fixée la plaque.
Cet arbre est mis en mouvement par un moteur quelconque.
D, plan incliné qui conduit les gros morceaux de gutta-percha vers les couteaux qui les coupent en tranches, dont l'épaisseur dépend du degré de saillie des couteaux.
Au lieu de se servir de la plaque B, on peut employer un tranchant vertical qui fonctionne en montant et en descendant.
Dans ces figures, les bords des couteaux sont droits ; mais, si le gutta-percha était trop dur, on pourrait, pour mieux le couper, employer des couteaux à bords courbés.
Après qu'on a coupé le gutta-percha en petits morceaux, on les met dans l'appareil fig. 130.
F est un grand réservoir divisé en trois compartiments t', t'', t^3. Les compartiments t', t'' sont remplis d'eau jusqu'à

la ligne $x\,y$, et le troisième t^3 est rempli jusqu'à la ligne $x\,z$.

F', F'', F^3 sont trois cylindres briseurs armés de lames dentelées, comme des lames de scies dans le sens de leur longueur; ces cylindres tournent sans toucher l'eau.

En face de chacun de ces cylindres se trouve une paire de cylindres cannelés, d'alimentation.

H' est un entonnoir qui conduit au cylindre d'alimentation G', les tranches de gutta-percha après qu'elles ont été adoucies par l'eau chaude.

H'', toile sans fin inclinée, qui tourne autour de deux tambours a, a.

Le bas de cette toile passe dans l'eau, tandis que le haut se trouve en face des cylindres d'alimentation du cylindre briseur F''.

H^3, toile sans fin fonctionnant pour le cylindre briseur F^3.

K, cylindre à hacher, armé de lames.

Il est supporté sur le troisième compartiment t^3 du réservoir; mais il est placé plus bas dans le réservoir F que les cylindres briseurs, et de telle sorte que la moitié soit toujours plongée dans l'eau du compartiment.

L, L, deux plaques garnies de lames qui sont presque en contact avec les couteaux du cylindre K.

M, agitateur.

N, toile sans fin.

R, R, cylindres disposés de telle sorte que le cylindre de dessous de chaque paire est plongé dans l'eau.

S, S, planches disposées entre les cylindres pour supporter le gutta-percha.

Quand la machine est en mouvement, les cylindres G', G'', G^3, les tambours des toiles sans fin, et les cylindres K tournent de gauche à droite; les cylindres briseurs, le cylindre à hacher et l'agitateur tournent dans le sens opposé. Les briseurs et le cylindre à hacher doivent faire de 600 à 800 tours par minute; les cylindres d'alimentation et les tambours des toiles sans fin n'en feront que 100 à 175.

Les premières séries des cylindres R, R doivent faire de 15 à 20 tours par minute, et les autres devront aller un peu plus vite.

Quand le gutta-percha est présenté dans l'état naturel à l'action du briseur F' par les cylindres d'alimentation G', il est déchiré en petits fragments, et on voit tomber au fond des matières étrangères qu'il renfermait.

Le gutta-percha flotte à la surface, et la toile H'' attire ces morceaux qui flottent et les amène à la seconde paire de cylindres d'alimentation qui les livrent au deuxième cylindre briseur ; de là ils passent sur la toile H³, entre les cylindres G³ et le briseur F³. Enfin la toile H⁴ les porte vers les cylindres G⁴, d'où ils passent au cylindre tournant K, dont les lames les hachent en très-petites tranches minces qui tombent dans l'eau du compartiment I³, et sont portées en avant par l'action de l'agitateur M.

Comme l'agitateur tourne dans une direction opposée à celle de la masse flottante, celle-ci est forcée de plonger dans l'eau et d'y séjourner un peu, après quoi elle se dirige vers la toile N qui la porte entre les cylindres R, d'où elle suit la toile O jusqu'aux cylindres Y', Y" qui la pressent et la transforment en une lame plus ou moins mince, qui s'enroule sur le cylindre V.

§ 1. L'eau doit être froide dans les compartiments. Si le gutta-percha, à son état naturel, a une odeur fétide, ce qui arrive quelquefois, on ajoute à l'eau une solution de soude ou de chlorure de calcium.

Voici un appareil au moyen duquel on peut effectuer la combinaison du gutta-percha en feuilles avec le soufre.

Fig. 131, A, chambre métallique où l'on met le gutta-percha.

Cette chambre est fermée par un couvercle C.

D est une chaudière à haute pression.

E, vase en métal où l'on met un mélange de sulfure volatil et un de soufre.

Voici la manière d'opérer :

Le four de la chaudière étant allumé, dès que la soupape de sûreté H de la chaudière indique 130 degrés, on allume le fourneau E'; les robinets a et b sont ouverts, et la vapeur arrive d'abord seule dans la chambre A. Peu de temps après, les vapeurs sulfureuses se dégagent du vase E et se mêlent avec la vapeur.

Après un temps qui varie d'une demi-heure à deux heures, suivant l'épaisseur des feuilles, on ferme les robinets, on diminue ou on retire le feu, et on lève la soupape K de la chambre A. Quand cette chambre ne contient plus de vapeur, on retire le gutta-percha qui est vulcanisé.

Pour que les vapeurs arrivent en A, il faut évidemment que la pression en H soit plus forte qu'en A.

J est un thermomètre, et L un tuyau par où on fait écouler l'eau de condensation.

Les feuilles ainsi préparées sont frottées avec un mélange sec de sulfure et de soufre, puis ces feuilles sont soumises à l'action d'une vapeur de 130 degrés, ou plutôt elles sont mises dans de l'eau dont on élève la température. Après les avoir de nouveau frottées comme nous venons de le dire, on les soumet encore dans l'appareil, fig. 131, aux vapeurs sulfureuses et à la vapeur d'eau ; enfin, on passe sur ces feuilles une pâte composée de sulfure, de soufre et de gutta-percha en dissolution, et on les soumet à une chaleur de 130 degrés ou on les chauffe dans de l'eau chaude, ou même on les soumet à une nouvelle opération dans l'appareil fig. 131.

En soumettant une de ces feuilles à l'action de deux cylindres ayant des rainures à rebords bien aigus, et s'ajustant convenablement, on peut découper cette feuille en bandes. Si on passe entre des cylindres dont les rainures se joignent par leurs rebords aigus pour former de petits cylindres, une feuille épaisse de gutta-percha, elle sera partagée en fils plus ou moins gros ; dans ce dernier cas seulement les feuilles seront chauffées à 90 degrés, et les fils seront conduits sur des bobines placées dans de l'eau froide.

Nous avons reproduit le texte intégral du brevet Hancock, encore bien qu'une grande partie de ce qu'il renferme ait déjà été exposé par l'auteur lui-même dans le mémoire qu'il a donné, et que nous avons reproduit n° 26, parce qu'en matière de brevet, il est souvent utile d'avoir connaissance des termes précis qui le constituent. C'est en étudiant ces termes, en suivant l'inventeur mot à mot, que celui qui veut pratiquer par des procédés qui se rapprochent de ceux du breveté, peut s'assurer qu'il ne se mettra pas en contravention en employant tel ou tel moyen.

------

46. Nous reproduisons l'article qu'on va lire, encore bien qu'il ne renferme que très-peu de faits nouveaux pour celui qui a lu tout ce qui précède ; mais lorsqu'il s'agit d'une nouvelle substance, aucun avis, aucun document n'est à dédaigner. De la multiplicité des renseignements, alors même qu'ils sont contradictoires, le lecteur attentif peut tirer des conclusions utiles et asseoir une opinion sûre.

« Nous empruntons à l'une des dernières leçons de M. Payen, au Conservatoire des arts et métiers, les détails suivants sur le gutta-percha :

Avant de parler des usages du gutta-percha, nous rappellerons sommairement que cette substance, appelée dans le pays *gutta-tuban*, s'extrait d'un arbre de la famille des *sapo-*

tées, dont les genres *achras* et *bassia* font partie, à tort suivant quelques auteurs.

L'arbre en question, originaire des Indes, a de 20 à 25 mètres d'élévation sur 60 centim. à 1 mètre de diamètre. Par son port, son aspect, il ressemble beaucoup au *durio ribethinus*. Il en diffère par ses caractères botaniques, que nous négligerons ici. Il est très-difficile d'ailleurs de se procurer de ses fleurs et de ses fruits. Le bois est de nulle valeur. Le fruit donne une huile dont les naturels de l'archipel indien se servent pour assaisonner leur nourriture. Il croît en abondance dans l'île de Singapore, dans les forêts de Lahore, à l'extrémité de la péninsule de Malacca, sur la côte sud-est de Bornéo, à Kéli, à Sarawak où on l'appelle *nialo*.

Le premier mode d'extraction était aussi simple que fâcheux : on abattait l'arbre, d'où on retirait seulement de 10 à 15 kilog. de gomme. Ce procédé désastreux fut heureusement remplacé par celui des *incisions*. Mais ce produit précieux restait toujours d'un mince usage, quand MM. Montgomerie et Joseph d'Almerida songèrent à en envoyer à la Société royale des Sciences de Londres, qui accorda une médaille d'or au premier.

Jusqu'en 1844, le commerce européen ignorait les avantages du gutta-percha, qui n'avait servi dans le pays qu'à faire des manches d'une espèce de cognée appelé *parang*. Mais, quatre ans et demi après, Singapore en avait expédié 1,303,656 kilog., représentant une valeur de près de 2 millions de fr.

A partir de cette époque, les recherches se multiplièrent, les autorités locales spéculèrent sur cette nouvelle richesse, qui fut monopolisée par le tamungong et par le sultan.

L'Angleterre commença par accaparer la plus grande partie de ce produit, pour l'emploi duquel les premiers brevets furent pris en France. Mais aujourd'hui nous sommes bien loin d'être tributaires de nos voisins, et notre industrie sait en tirer un excellent parti.

On comprendra, à l'énumération seule des caractères du gutta-percha, qu'il a encore bien des applications à recevoir. En effet, on n'en est plus réduit à l'employer, comme précédemment, avec sa couleur chocolat, qui est le plus généralement connue, car il peut recevoir un grand nombre de colorations sans que sa qualité soit altérée ; nous dirons plus, on peut même le rendre d'une entière blancheur.

Ses caractères principaux sont : d'être très-souple à 100 degrés, de façon à prendre alors toutes les formes imaginables, pour rester ensuite d'une dureté remarquable. Le gutta-percha est insensible aux influences de l'*air* et de l'*eau*, inaltérable par les *alcalis* ou les *acides*, et peut enfin être amalgamé à plusieurs substances étrangères. Dans bien des cas, il remplace économiquement le plomb, le fer, le zinc, le cuivre, le bois, le cuir, la faïence, le verre et la porcelaine.

Nous allons voir une partie des usages auxquels cette matière peut être employée, en le suivant pas à pas dans sa dernière leçon à ce sujet, celle du 20 décembre.

Sous forme de filaments plus ou moins volumineux, le gutta-percha sert à fabriquer des *fouets* et des *cravaches*, soit en tressant des fils d'après la méthode ordinaire pour les uns, soit en la moulant d'un seul morceau pour les autres.

En *chirurgie*, c'est une ressource précieuse en cas de fracture, car on peut ainsi construire des appareils qui ne deviennent rigides qu'après avoir pris les formes voulues, sans qu'on puisse craindre une inégalité de pression.

Dans les pays chauds, la médecine se sert également du gutta-percha pour conserver le *vaccin*. On en fait des capsules hémisphériques qu'on ressoude facilement à l'aide de la chaleur. De cette façon on n'a rien à craindre des altérations que peuvent causer les influences atmosphériques.

Dans ces derniers temps, on a eu l'heureuse idée de se servir du gutta-percha pour la sellerie et le *harnachement* en général : licols, longes, traits, dossières, sous-ventrières, avaloires, étriers, etc., etc. On s'en trouve très-bien, si ce n'est l'été peut-être, à l'époque des grandes chaleurs, où on pourrait craindre, pour les traits surtout, des ruptures qui seraient de nature à occasioner des accidents. Autrement, il serait difficile de trouver une matière plus convenable, puisqu'elle n'est altérable ni à l'humidité, ni au contact de la sueur, qu'elle ne craint pas les lavages, et qu'enfin elle est à l'abri de la dent, de la vermine qui ne peut rien contre elle à cause de sa souplesse et de son élasticité.

Depuis peu, on emploie avec avantage le gutta-percha en bandes collées sur le bois, dans les *fabriques de tissus* où l'on veut faire glisser très-facilement la navette. On s'en sert également en lamelles pour comprimer le *lin* dans les opérations qu'on lui fait subir au peignage.

En Angleterre et en Amérique, on en fait un grand usage pour diviser les *bateaux* que l'on veut rendre *insubmersibles*, car sa densité est cinq fois moins grande que celle de l'eau ; c'est ce qui permet aussi d'en faire des *bouées* de sauvetage très-employées aujourd'hui.

Dans l'application si intéressante des *télégraphes électri-*

ques, le gutta-percha a rendu de bien grands services, non-seulement comme préservatif de l'humidité, mais encore parce que lui-même est un corps mauvais conducteur de ce fluide qu'il emprisonne pour ainsi dire dans le fil qu'il recouvre. Chacun sait le parti qu'on en retire pour l'établissement des *télégraphes sous-marins*.

Le confortable lui-même a recours à la précieuse matière que nous étudions. La sonorité souvent fâcheuse des parquets, de quelque nature qu'ils soient, peut être non-seulement désagréable, mais encore nuisible dans certaines réunions. C'est pour éviter ces inconvénients qu'en beaucoup d'endroits on a remplacé le carrelage, la dalle, le bois lui-même par des lames de liège enchâssées dans le gutta-percha. M. Payen citait comme exemple plusieurs endroits célèbres en Angleterre, et, en particulier, le parlement, où il a pu lui-même s'assurer des avantages de cette application. On en fait aussi des baïonnettes avec lesquelles on n'a plus à craindre d'accidents pendant les exercices du maniement des armes.

D'ailleurs toutes les industries petites et grandes ne sont pas restées en arrière dans le grand mouvement des nouveautés qu'entraînent les applications possibles du gutta-percha. Pour n'en citer que quelques-unes, nous énumérerons les professions qui déjà ont mis à contribution cette précieuse matière. Ce sont principalement :

Les fabricants d'instruments d'acoustique, de chirurgie ; les fabricants d'acides, de buses et de corsets, d'indiennes, de meubles, d'ornements, de produits chimiques, de voitures, etc.;

Toutes les industries qui se rattachent aux professions suivantes : apprêteurs d'étoffes, agriculteurs, architectes, argenteurs ou doreurs ; chapeliers, dentistes, encadreurs, horticulteurs, ingénieurs, médecins, meuniers, photographes, pharmaciens, raffineurs, filateurs, selliers et bourreliers, teinturiers, tourneurs, vétérinaires, vinaigriers ;

Enfin, citons encore les bains, les blanchisseries, les hôpitaux, les hôtels, les administrations.

On ne peut prévoir les applications ultérieures de cette matière qui rend déjà de si grands services. »

DOCUMENTS ADDITIONNELS RECUEILLIS PENDANT L'IMPRESSION.

Colle de gutta-percha.

M. Perra, aide-préparateur de M. Balard, au collège de France, a inventé des chaussures faites sans couture ou rapiécées, à l'aide d'un collage au gutta-percha ; ces chaussures paraissent devoir durer autant que les chaussures cousues. M. Perra emploie aussi la colle de gutta-percha pour la restauration des courroies.

Les petits échantillons de cuir réunis à l'envoi de M. Perra montrent le parti que l'auteur compte tirer du gutta-percha pour imperméabiliser des peaux tannées ; enfin, un petit spécimen de vernis et de pellicules transparentes préparées au moyen du gutta-percha complète la série des nouvelles applications de l'auteur.

Nous insérons cette note, bien qu'elle n'entre dans aucuns détails sur la manière dont est faite cette colle au gutta, parce que nous ne devons rien omettre de ce qui peut faire naître des idées nouvelles sur l'emploi de cette précieuse substance, qui recevra, nous n'en doutons pas, beaucoup d'autres applications que nous ne saurions prévoir.

Nous empruntons à un recueil mensuel le mémoire qu'on va lire. Assurément tous les faits qu'il rapporte se trouvent épars dans le chapitre qu'il termine ; mais comme ils sont ici réunis et groupés, ils offriront au lecteur une espèce de tableau synoptique qui ne sera pas sans utilité et qui captivera puissamment l'intérêt.

Le gutta-percha ou gutta-tuban.

On trouve depuis quelques années dans le commerce une substance connue sous le nom de gutta-percha ; l'arbre qui la produit est originaire de l'Inde, où on la désigne généralement sous le nom de gutta-tuban. C'est un suc laiteux qui provient de cet arbre et se solidifie par l'évaporation. L'industrie a tiré du gutta-percha depuis son apparition un très-utile parti, et la chimie l'a soumis à l'analyse. MM. Pelouze et Frémy le citent, dans leur cours de chimie générale, comme une composition qui, débarrassée des substances étrangères qu'elle contient presque toujours, se rapproche beaucoup du caoutchouc.

Un mémoire anglais et des documents dignes de foi qui nous ont été communiqués et dont nous donnerons des extraits, contiennent des détails fort intéressants sur les propriétés de cette substance, sur son origine, son usage, son emploi et son mode d'épuration. Ils établissent que le gutta est susceptible de recevoir, non-seulement dans l'industrie, mais encore dans différents services publics, et particulièrement dans la marine, de nombreuses applications, et que l'arbre qui le produit pourrait, comme le sapotillier, qui vient parfaitement à la Réunion et aux Antilles, être acclimaté et cultivé dans la plupart de nos possessions d'outre-mer.

Le mémoire anglais sur le gutta, dont nous donnons ici la traduction, est du docteur Thomas Oxley, esquire, premier chirurgien de l'établissement de l'île du Prince-de-Galles, de Singapore et de Malacca.

Voici ce document :

« Bien que les arbres qui produisent le gutta-percha se trouvent en grand nombre dans nos forêts indigènes, il y a quatre ans à peine que cette substance a été découverte par les Européens. C'est le docteur Montgomerie qui, le premier, à ce qu'il paraît, l'a fait connaître dans une lettre adressée à la Société médicale du Bengale, au commencement de 1843 ; il la recommande comme pouvant être utile dans quelques opérations de chirurgie, et suppose que l'arbre qui la produit appartient à la famille du figuier. En avril 1843, elle fut apportée en Europe par le docteur d'Almeida, qui la présenta à la Société royale des Arts de Londres ; mais elle n'excita d'abord que fort peu l'attention ; cette société, en effet, se borna à accuser réception du présent qu'on lui faisait ; quelque temps après, toutefois, elle jugea convenable d'accorder une médaille d'or au docteur Montgomerie, en récompense du service qu'il avait rendu. Maintenant qu'il est constaté que la découverte de ces deux médecins provient de la même source, à savoir, la rencontre fortuite de cette substance entre les mains de quelques Malais, qui en avaient reconnu la principale propriété et qui l'exploitaient en fabriquant avec le gutta des fouets qu'ils vendaient ensuite dans la ville, on ne voit aucune raison plausible qui ait pu faire oublier le second et récompenser le premier. Les efforts qu'ils ont tentés pour initier le public à la connaissance d'une substance aussi utile qu'intéressante les recommandent tous deux à un titre égal.

» Comme ce n'est que dans ces derniers temps que le gutta a beaucoup attiré l'attention, que jusqu'à présent il a été peu connu et n'a fait le sujet que d'un très-petit nombre d'écrits, je me propose aujourd'hui de combler de mon mieux cette lacune, et de donner la description de l'arbre, de la substance qu'il produit et de son usage, en faisant ressortir l'utilité qu'on en a tirée, aux lieux mêmes où on l'a découverte, en la faisant servir à différents usages domestiques.

» L'arbre *gutta-percha* ou plutôt *gutta-tuban*, car c'est le nom qu'on devrait lui donner (l'arbre percha ne produisant pas cette substance à l'état de pureté), appartient à la famille des sapotées ; il offre quelque analogie avec les variétés *achras* et *bassia*, mais il en diffère sous quelques points essentiels ; et il diffère aussi de toutes les autres variétés de cette famille, tellement que je suis disposé à croire qu'on peut l'y classer comme un nouveau genre. J'essaierai, en conséquence, d'indiquer ses propriétés générales, en laissant à quelque botaniste plus compétent que moi dans la matière l'honneur de lui donner un nom, d'autant mieux que je n'ai pas réussi dans mes recherches sur les étamines, faute d'échantillons qui pussent servir de base à mes observations.

» L'arbre qui produit le gutta-tuban a une dimension considérable ; sa hauteur varie de 18 à 20 mètres, et son diamètre de 61 à 92 centim. Son aspect général lui donne avec le genre des darions, plus connus sous le nom de dourians, une certaine ressemblance qui n'échappe pas à l'observateur le plus superficiel. Le dessous de la feuille est cependant d'un brun plus rougeâtre et plus tranché que dans celle du darion, et la forme en est un peu différente.

» Les fleurs sont axillaires ; on les trouve de une à trois dans les aisselles des feuilles ; elles sont soutenues par des pédoncules légèrement courbés et échelonnées en grand nombre vers l'extrémité des branches.

» Le calice, placé à la partie inférieure, est d'une couleur brune ; il est dur et se divise en six sépales disposées sur deux rangs.

» La corolle, du genre des monopétales, se compose de six parties en forme de dents.

» Les étamines, insérées à la naissance de la corolle, sont sur un seul rang ; leur quantité varie ; mais si je ne me trompe, leur nombre normal est de douze, et toutes sont généralement fécondes : les anthères sont soutenues par de petits filaments arqués qui s'ouvrent par deux pores latéraux.

» L'ovaire (1), placé à la partie supérieure, se termine par un style unique et allongé : il se compose de six cellules, dont chacune contient une graine.

» Les feuilles, d'environ 11 centim. de longueur, sont parfaitement formées et entières ; elles offrent la consistance du cuir, sont alternes, lancéolées et de forme ovale ; le des-

_____

(1) L'ovaire avec le *style* et le *stigmate* forment le *pistil*.

sus de ces feuilles est d'un vert pâle, le dessous couvert d'un duvet compacte, court et d'un brun-rougeâtre ; le diaphragme fait une légère saillie qui affecte la forme d'un bec.

» Tous mes efforts et ceux de beaucoup d'autres personnes pour avoir un échantillon du fruit du gutta n'ayant pas réussi, je regrette de ne pouvoir en donner aujourd'hui la description ; mais j'espère réparer un jour cette omission dans un des prochains numéros du journal. La difficulté d'obtenir des échantillons de la fleur et du fruit de cet arbre est vraiment extraordinaire, et cette raison a probablement empêché le grand nombre de botanistes qui ont visité nos contrées de le reconnaître et de le décrire.

» Le temps n'est pas loin de nous où le gutta-tuban était assez abondant dans l'île de Singapore ; mais tous les gros arbres ayant été abattus, l'on n'en trouve plus guère maintenant que de petits. Le rayon dans lequel il croît paraît cependant être considérable ; on le trouve en effet partout dans la péninsule malaise jusqu'à Poulo-Pinang, où je me suis assuré qu'il existe en grande quantité, bien que jusqu'à ce jour les habitants n'aient pas paru remarquer ce fait. Plusieurs maisons de commerce de ces pays ont en effet envoyé à Singapore demander des approvisionnements de ces arbres, quand ils avaient sous la main les moyens de s'approvisionner.

» On trouve encore le gutta dans l'île de Bornéo, et je ne fais nul doute qu'il n'existe aussi dans la plupart des îles avoisinantes.

» Les localités qu'il préfère sont les terrains d'alluvion, au pied des collines ; c'est là qu'il se plaît, qu'il se développe, formant en beaucoup d'endroits la partie principale des forêts. Mais, malgré son caractère indigène, malgré son apparente profusion sur tous les points, le gutta-tuban deviendra bientôt une rareté, si par l'adoption de certaines mesures on ne se montre pas plus prévoyant pour sa conservation que ne le sont les Malais et les Chinois.

» Le mode employé par les naturels pour obtenir le gutta consiste à abattre les arbres parvenus à leur plus grande croissance, et à enlever l'écorce sur une surface de 33 à 50 centim.; ils placent ensuite une noix de coco, une feuille de palmier ou tout autre récipient, sous le tronc de l'arbre abattu afin de recueillir la sève laiteuse qui s'écoule de chaque incision fraîche. Ils emportent dans leurs cases cette sève recueillie dans des bambous, la font bouillir, pour en chasser la partie aqueuse, et épaissir, pour lui donner la consistance qu'elle doit enfin conserver. Bien qu'il semble y avoir nécessité de faire bouillir, lorsque le gutta a été recueilli en grande quantité, si cependant l'incision faite à l'arbre est encore fraîche et s'il ne s'en est échappé qu'une petite quantité de sève reçue et pétrie dans la main, elle se consolidera parfaitement en quelques minutes et aura toutes les apparences du gutta préparé.

» A l'état de pureté parfaite, la couleur du gutta est d'un blanc-grisâtre ; mais, à le prendre tel qu'on l'apporte sur le marché, on lui trouve plus ordinairement une teinte rougeâtre qui provient des morceaux d'écorce qui tombent dans la sève au moment de l'incision, et lui communique leur couleur ; outre ces morceaux d'écorce dont la chute n'est qu'accidentelle, on y mêle, mais avec intention, de la sciure de bois et d'autres matières. Quelques échantillons, que j'ai vu dernièrement apporter au marché, ne contenaient guère moins d'un quart d'impuretés ; et des plus purs même, de ceux, par exemple, qu'on emploie pour la confection des instruments de chirurgie, sur 500 grammes de substance produite, j'obtiendrais, en la nettoyant, 30 grammes au moins de matières étrangères ; heureusement il n'est difficile, ni de découvrir ces mélanges hétérogènes dans le gutta, ni de l'en purifier ; le procédé consiste à le faire bouillir dans de l'eau jusqu'à ce qu'il soit bien amolli, à l'étendre en couches minces et à en extraire alors toutes les impuretés, ce qui se fait aisément, attendu que le gutta n'adhère à aucun corps et que des matières étrangères peuvent bien se mêler à ses fibres, mais qu'elles ne s'incorporent jamais à sa substance. La quantité de produit solide obtenue de chaque arbre varie de 5 à 20 catties (1), de sorte qu'en prenant la moyenne à 10 catties, moyenne au-dessous de la véritable, cette même quantité coûtera, pour produire un picul, la destruction de dix arbres. Maintenant, la quantité de produit exportée de Singapore dans la Grande-Bretagne et dans le continent, du 1er janvier 1845 jusqu'à ce jour, s'élève à 6,918 piculs ; et, pour les obtenir, on a sacrifié 69,180 arbres. Combien ne serait-il pas préférable d'adopter la méthode pratiquée par les Burmises pour obtenir le caoutchouc du *fucus elastica,* et qui consiste à faire des incisions obliques dans l'écorce, en plaçant au-dessous des bambous pour recueillir la sève qui s'écoule librement, plutôt que de tuer, comme on le fait maintenant, le sujet sur lequel on opère. La vérité est qu'on

(1) Le *cattie* est l'unité de poids ; il pèse un peu plus de 1/2 kilog.; son unique multiple est le picul qui vaut 100 catties. Le picul varie de poids, mais en général il équivaut à 62 kil. 1/2.

he retirerait pas assez d'abord d'un seul arbre ; mais à la longue le bénéfice serait incalculable, la croissance du gutta paraissant s'opérer très-lentement et étant fort loin d'être aussi rapide que celle du *fucus elastica*. Au cas où, d'un côté, la demande accroîtrait, et où d'un autre, on persévérerait dans la voie de destruction où l'on est entré, je ne serais pas surpris que les forêts se refusassent tout-à-coup à fournir toute espèce d'approvisionnement.

» Cette substance, dans sa fraîcheur et sa pureté, est, comme nous l'avons dit plus haut, d'un blanc sale ; elle est huileuse au toucher, et a une odeur particulière semblable à celle du cuir. Elle est insoluble dans l'alcool chauffé, mais elle se dissout facilement dans l'essence de térébenthine chauffée, ainsi que dans le naphte et dans l'huile de pétrole (1). On fait un excellent ciment pour cacheter des bouteilles et autres objets, en faisant bouillir ensemble une égale quantité de gutta, de pétrole et de résine. C'est à M. Little, chirurgien, que je suis redevable de cette idée et de la proportion des matières. J'ai cependant trouvé qu'il est nécessaire d'y mettre deux parties de gutta, qui entre ainsi dans la composition pour moitié au lieu d'un tiers, afin de rendre le ciment capable de résister à la chaleur de notre climat. On peut toujours, lorsqu'on veut se servir du gutta, le rendre apte à prendre différentes formes, en plaçant le vase qui le contient sur le feu pendant quelques instants. Il est de sa nature très-inflammable ; une petite bande qu'on en coupe prend feu et brûle avec une flamme brillante en lançant des étincelles et en laissant tomber, comme la cire d'Espagne avec laquelle sa combustion a beaucoup d'analogie, un résidu de couleur noire. Mais ce qui le distingue surtout, et ce qui le rend éminemment utile dans beaucoup d'opérations, c'est l'effet que produit sur lui l'eau bouillante. Lorsqu'on le plonge dans l'eau bouillante à 150° Fahrenheit, il devient

---

(1) « Le gutta ressemble souvent à des rognures de cuir ou à de la corne ; il est blanchâtre, dur, coriace, flexible ; il devient mou et élastique, lorsqu'on le chauffe. On peut, en quelque sorte, le pétrir dans l'eau bouillante ; il est plus léger que l'eau. Sa densité est de 0.979. Soumis à la distillation, il se décompose en donnant des huiles qui sont très-inflammables. Il est insoluble dans l'eau et dans l'alcool, soluble dans le sulfure de carbone ; l'éther le gonfle et le dissout très-lentement ; il résiste à l'action des dissolutions alcalines de l'acide chlorhydrique. L'acide sulfurique concentré le charbonne difficilement ; l'acide azotique le transforme en une substance résineuse jaune.

» Le gutta est employé pour faire des manches de fouets, des cravaches, etc.... »

(Pelouze et Frémy, *Cours de chimie générale.*—1850.)

mou, plastique, au point de pouvoir être modelé dans la forme qu'on veut lui donner et qu'il garde en refroidissant. Si on en coupe une feuille et qu'on l'immerge dans l'eau bouillante, il se resserre dans toutes ses dimensions. C'est un remarquable phénomène, tout à fait anomal et contraire en apparence à toutes les lois de la chaleur.

» C'est cette propriété plastique que possède le gutta, quand on le plonge dans l'eau bouillante, qui a permis d'en faire tant d'applications utiles, et qui d'abord a engagé quelques Malais à en fabriquer des fouets et à les apporter dans la ville, qui fit ainsi plus ample connaissance avec ce produit. Les naturels ont dans la suite étendu leur fabrication aux chaussures et à toute sorte d'ustensiles de ménage. Mais le nombre de patentes récemment prises pour la fabrication du gutta en Angleterre prouve la grande attention qu'il s'est déjà attirée, et l'extension que ce produit est appelé à prendre. C'est surtout dans les opérations de chirurgie que l'importance de son emploi doit être signalée ; c'est là qu'il devient un des plus utiles auxiliaires de cette branche de l'art de guérir, qui de toutes est la moins conjecturale. Sa vertu plastique et sa propriété de conserver à froid toutes les formes qu'on lui donne, le rendent propre à la fabrication des bougies. Mon prédécesseur, le docteur W. Montgomerie, s'est servi aussi de cette substance, en a fait la plupart de ses instruments et en a recommandé l'usage à la Société médicale du Bengale. Mais je crains bien que, faute de recherches suffisantes, on ait dédaigné cette invention, comme on a fait de tant d'autres. J'ai pourtant continué à faire usage du gutta, et je trouve de nombreux avantages dans son emploi. Mais les dernières expériences que j'ai faites l'ont rendu plus précieux encore et ont prouvé que son application à la réduction des fractures est la meilleure et la plus facile qu'on ait trouvée, en ce qu'elle procure un doux soulagement à l'opéré et diminue la peine de l'opérateur. Quand je réfléchis au système compliqué de bandages et d'éclisses dont on se débarrasse ainsi, et à la simplicité de l'application, le gutta serait un don précieux pour l'humanité, quand même il n'aurait que cet emploi. Les blessures que j'ai été appelé à observer et dans le pansement desquelles j'ai reconnu son utilité, ont été jusqu'ici deux fractures composées de la jambe et une de la mâchoire. Mais il a si merveilleusement répondu à mon attente ; je dirai plus, il l'a tellement surpassée, que je me croirais coupable de ne pas livrer les faits à la publicité. L'utilité du gutta dans les cas de fracture de la mâchoire inférieure doit tout d'abord frapper le chirurgien ; il s'adapte en effet si bien à chaque sinuosité, qu'il semble bien plutôt donner au malade un nouvel os maxillaire qu'un simple support. J'ai vu dernièrement, à l'hôpital, un homme qui avait eu la mâchoire inférieure brisée par un coup de pied de cheval si rudement appliqué que l'os en avait été presque broyé, et qu'une hémorragie s'était déclarée dans les oreilles. Trois jours après l'accident, cet homme put manger et parler et se trouva si bien de son éclisse de gutta qu'il demanda avec instance à quitter l'hôpital dans les dix jours.

» Je vais maintenant exposer mon mode d'appliquer cette substance aux fractures de la jambe :

» On roule préalablement trois bandes de gutta d'une longueur convenable; par-dessus on en dispose une quatrième de 27 millim. d'épaisseur, et, tout étant ainsi prêt pour l'opération, on en plonge, au moment requis, une partie de la longueur et de la largeur nécessaires dans un bassin d'eau bouillante. Les aides élèvent alors le membre de l'opéré en l'étendant comme on le fait d'habitude. Le chirurgien, après s'être assuré que l'os brisé est à sa place, retire la bande de gutta de l'eau bouillante et l'expose au froid pendant deux minutes. Le gutta est encore mou et flexible comme un cuir mouillé. L'opérateur saisit ce moment pour le placer sous le membre qu'il abaisse doucement sur la substance. Le gutta est alors appliqué autour de la jambe et comme moulé en dessous et sur les côtés; on en rapproche ensuite les bords l'un contre l'autre sans les joindre. Si la bande de gutta a trop prêté, on peut couper le superflu avec des ciseaux en laissant une fente ouverte sur le dessus de la jambe. Celle-ci se trouve alors dans un étui commode et doux, qui, en dix minutes, aura assez de consistance pour garder la forme que le chirurgien lui aura donnée et qui retiendra aussi l'os *in situ*. L'opérateur place la jambe ainsi apprêtée sur un double plan incliné et l'y fixe en passant trois des bandages à brides ordinaires autour du tout, c'est-à-dire un à la partie supérieure, un au milieu et un à la partie inférieure. Il faut que le pied soit appuyé sur un tabouret et qu'un étui de gutta enserre le cou-de-pied pour que le petit bandage généralement employé puisse, au moyen de la pression, assurer le pied sur le tabouret. Après cela, le chirurgien doit laisser l'opéré en repos jusqu'à ce qu'il le juge capable de se servir de sa jambe, l'os ayant assez bien repris pour supporter le poids du corps.

» Si c'est une fracture composée, il sera seulement nécessaire de délier les bandages à boucles, d'écarter les bords de l'éclisse en gutta à la distance voulue, de laver et nettoyer le membre sans rien déplacer, à l'exception des appareils, et après cela de refermer de nouveau. La plus parfaite propreté peut être maintenue parce que le gutta est imperméable à l'eau. Les suppurations ne sauraient le salir ni le rendre nuisible et on les fait disparaître aussi aisément sur l'enveloppe de gutta que sur un linge huilé. J'ai eu un malade dont le tibia dépassait de 5 centim. à travers les téguments; six semaines après sa blessure il marchait aussi droit et aussi ferme que jamais. Il est donc bien évident que, si le gutta produit des résultats satisfaisants dans les fractures composées, il réussira aussi bien, sinon mieux, dans les simples; et que, si un os brisé et capable de recevoir un mécanisme quelconque, le gutta, mieux que toute autre invention, pourra lui servir de support. Il réunit en effet la douceur à la légèreté, la durée à la facilité de s'adapter, toutes qualités que ne possède aucune autre substance connue. Toutes les nouvelles découvertes ont rencontré de la résistance, et je ne suppose pas que celle-ci devienne une exception à la règle. Tout ce que j'exige de mes confrères, c'est d'expérimenter le gutta, et non pas de discuter sur ses propriétés, et je suis bien convaincu qu'alors éclisses et bandages seront relégués dans le musée des Antiques.

» J'ai fait servir cette substance à quelques autres usages, par exemple, à la confection des capsules pour la transmission du virus vaccin, qu'elles doivent parfaitement conserver. L'expérience que j'ai faite à ce sujet ne me semble pas assez concluante pour prononcer définitivement sur son mérite. J'essaie en ce moment l'action du gutta sur les ulcères en renfermant le membre ulcéré dans une enveloppe de gutta, afin d'écarter toute influence atmosphérique, et jusqu'ici l'expérience promet de réussir.

» Depuis que j'ai écrit les observations qui précèdent, il m'est venu de Poulo-Pinang l'avis officiel que le virus vaccin transmis dans des capsules de gutta y avait été reçu en bon état et qu'il avait pris de la manière la plus satisfaisante. De mon côté, j'ai ouvert une capsule contenant enveloppé de la même manière un vaccin qui avait été conservé ici pendant un mois; il m'a paru qu'il n'avait rien perdu de son efficacité, puisque le cas d'inoculation a réussi. Ce qui doit frapper le plus, c'est que jusqu'ici il a été impossible de conserver, même quelques jours, à Singapore, le virus vaccin recueilli; que l'établissement de cette ville, malgré les efforts combinés des médecins des services public et particulier, a été privé de cet important prophylactique pendant un intervalle quelquefois de deux an-

nées, et qu'en tout temps la peine et la difficulté d'obtenir
et de transmettre ce remède si désirable ont été une cause
de grand embarras pour tous les officiers de santé que j'ai
connus.

» Je lis dans le *Mechanic's Magazine* de mars 1847 une
annonce par laquelle on porte à la connaissance du public
que M. Hancock a pris plusieurs patentes pour manufacturer
cet article, et où, en décrivant un procédé perfectionné pour
le nettoyer, on avance qu'il a une odeur acide désagréable.
Le gutta, lorsqu'il est pur, est certainement un peu acide,
c'est-à-dire que, plongé dans une solution de soude, il y
déterminera une légère effervescence, tandis qu'il résistera
à l'action de la potasse. Son odeur, bien que *sui generis*,
n'est ni forte ni désagréable; il faut donc supposer que l'article expérimenté était extrêmement impur, et que c'est au
mélange et à la fermentation d'autres substances végétales
qu'il devait une grande partie de son acidité. Il me semble,
en outre, que, si le gutta est pur, le procédé perfectionné
décrit, regardé comme nécessaire pour le nettoyer, devient
superflu. Le gutta, en effet, peut être obtenu ici même dans
une pureté parfaite en le faisant tout simplement bouillir
dans l'eau jusqu'à ce qu'il soit bien amolli. On le roule alors
en feuilles minces, au moment où, comme je l'ai dit tout à
l'heure, on peut écarter aisément toute matière étrangère.
Je recommanderais aux manufacturiers d'offrir en Angleterre
un prix plus élevé pour cet article, s'il avait été tamisé préalablement à travers une toile au moment où on le recueille;
ils le recevraient ainsi dans un état qui leur épargnerait une
peine et une dépense bien au-dessus de la somme minime
qu'ils auront à ajouter au prix originaire. »

Ce mémoire accompagnait une lettre fort intéressante sur
le même sujet.

En voici un extrait :

« Les localités que le gutta préfère sont, quant à Singapore
et à la péninsule malaise, les terrains d'alluvion, au pied des
collines, là où l'humidité est permanente. Trois mois de sécheresse suffiraient pour détruire les arbres qui n'auraient pas
atteint toute leur croissance.

» On trouve en abondance l'arbre de gutta à Singapore,
dans toutes les forêts de la Malaisie, à Poulo-Pinang, à Bornéo et dans la plupart des îles de l'archipel Indien, c'est-à-
dire dans tous les pays situés entre le 10e degré de latitude
Sud et le 10e degré de latitude Nord de la ligne : ce sont les
latitudes de nos possessions dans l'Océanie, Taïti et les Mar-

quises, dont le climat conviendrait parfaitement, selon toutes probabilités, à ce genre de culture.

» On trouve à Bornéo sept espèces d'arbres de gutta qui se ressemblent toutes à la vue, et dont on ne peut reconnaître la différence que par la couleur du bois.

» Sur ces sept espèces trois seulement produisent la véritable gomme gutta. Les quatre autres donnent un liquide épais qui, de prime-abord, a toute l'apparence du gutta, mais qui n'en acquiert pas la consistance, et qui, comme le sagou, s'émie en se séchant.

» Les trois espèces qui fournissent à Bornéo le véritable gutta-tuban, sont : l'arbre au bois jaune, dont on retire la meilleure gomme et la plus recherchée ; l'arbre au bois rougeâtre, dont la qualité vient ensuite ; enfin, l'arbre au bois blanchâtre, qui donne une gomme inférieure aux deux précédentes.

» Quant aux localités que ce végétal préfère à Bornéo, elles diffèrent complètement de celles où il prospère à Singapore et dans la péninsule malaise.

» On a vu, à Bornéo, les arbres de gutta ne pas parvenir dans les situations basses et marécageuses, à leur hauteur naturelle, et ne fournir que très-peu de gomme. C'est sur les montagnes ou collines peu élevées, mais à l'abri des inondations, qu'on a rencontré les plus beaux arbres et observé que plus le sol était à l'abri des eaux stagnantes, plus leur croissance réussissait.

» Le fruit de ces arbres, qu'on trouve par milliers, après être tombé de lui-même, germe facilement, et partout, au pied de chaque arbre, il y a une grande quantité de jeunes plants qui poussent et promettent de devenir de beaux et bons arbres.

» A Kaléas, il existe une plantation d'environ cent cinquante arbres de gutta-tuban à bois jaune, qu'un Anglais nommé Robert Burns (1) avait fait planter sur une petite élévation en 1848. Tous, sans exception, étaient en parfait état et mesuraient de 5 à 7 mètres de hauteur, d'où l'on peut conclure qu'en douze ou quinze ans ils obtiennent, en général, leur plus grande dimension. Le jus de cinq de ces arbres a été extrait par incisions, et un a été complètement abattu. La quantité de gomme obtenue n'a pas été considérable ; mais elle était d'une parfaite qualité.

» La nature du sol où ces arbres abondent le plus est à

(1) Assassiné par les pirates de Tungku, en 1851, dans une excursion qu'il faisait au N. E. de Bornéo à la recherche des produits du pays.

peu près la même que celle du sol commun de Singapore, c'est-à-dire une terre rougeâtre, un peu grasse et mêlée d'une petite quantité de sable.

» On a observé aussi que partout où l'on trouve du fumier de bœufs sauvages (nombreux à Bornéo), les arbres sont dans un état plus parfait qu'ailleurs.

» Ce fait, joint à celui que la florissante plantation à Kaléas avait été fumée par Robert Burns, ne laisse pas de doute que l'engrais des bestiaux n'améliore la culture et n'aide à la propagation de ces arbres.

» Les racines des jeunes plants étant élongées et tendres, pour réussir à les transplanter d'un pays dans un autre, il faudrait faire enlever le terrain qui les entoure de manière à conserver intacte leur partie la plus nourrissante, et, en outre, les laisser entourées d'une portion du sol indigène que l'on garnirait de fumier à l'extérieur. »

Les extraits suivants complètent les renseignements qui nous sont parvenus jusqu'à ce jour sur le gutta :

« Le gutta arrive dans le commerce en masses feuilletées ou enroulées, impures, c'est-à-dire contenant interposées des matières terreuses, des débris ligneux, etc...

» Pour l'épurer, on le divise d'abord à l'aide d'un coupe-raime, dont la pièce principale est un disque muni de trois lames de rabot planes ou courbes; chacune des lames, rencontrant à son tour les masses de gutta, les tranche en copeaux irréguliers qui passent dans la lumière du disque et tombent en avant.

» On jette ces copeaux dans l'eau chauffée de 90 à 100 degrés, afin d'abord que les débris terreux ou pierreux se précipitent, et ensuite que ceux ligneux s'imbibent d'eau, et, par conséquent, devenant plus lourds que le gutta, se précipitent aussi. La matière ainsi amollie est ensuite portée sous un plan incliné, entraînée par deux rouleaux devant un cylindre armé de lames et tournant au-dessus d'un bac rempli d'eau chaude, maintenue de 90° à 100° par un serpentin ou des injections de vapeur. La division nouvelle, opérée par ce cylindre, met en liberté les substances étrangères qui se déposent, tandis que le gutta reste sur l'eau, et arrive bientôt sur une toile sans fin qui se dirige devant un cylindre diviseur semblable au premier; elle retombe sur l'eau d'un second bassin, y est soumise à une épuration semblable et passe sous un troisième cylindre.

» Après avoir subi ces trois épurations successives, le gutta est agité toujours sur l'eau chaude et poussé par une troisième toile sans fin sous un cylindre armé de lames épaisses, et engagé entre ces lames et des lames semblables fixes de platine courbe. A cet état, la matière peut être agglomérée, laminée, étirée par divers procédés mécaniques.

» Le gutta est composé d'hydrogène et de carbone. Dans son état pur, il se présente sous un aspect brun foncé et quelquefois blanc-grisâtre. Différentes expériences, faites pour s'assurer de sa force, quand il est mélangé à d'autres matières ou allié à des couleurs, ont démontré que sa qualité n'en est nullement altérée. Les couleurs avec lesquelles cette matière peut être mélangée sont le rouge de plomb, le rose hollandais, l'ocre jaune et le chrome orange; épurée avec soin, elle devient blanche ou rosée, translucide, plus dure à froid, plus molle à chaud que le caoutchouc, bien moins élastique à toutes les températures; à 100°, elle est très-souple, facile à pétrir et à agglomérer ou mouler sous différentes formes ou empreintes qu'elle garde après le refroidissement; elle peut s'unir à chaud avec le caoutchouc. Sous l'influence de la pression, elle peut s'étendre ou s'étirer en feuilles et en fils; elle est inaltérable par les alcalis et les acides, et elle résiste à l'action de l'air et de l'humidité. Cependant, il est bon d'observer ici que les acides sulfurique et nitrique concentrés pourraient légèrement l'affecter.

» Les applications innombrables auxquelles le gutta peut être soumis ont déjà fait subir à différentes industries les plus heureuses modifications; il remplace, pour maints objets, avec un avantage réel d'exécution, de durée et, par suite, d'économie, la plupart des métaux : plomb, fer, zinc, cuivre, de même que le bois, le cuir, la faïence, le verre et la porcelaine.

» Les courroies, bandes ou cordes faites avec cette matière, sont supérieures à celles en cuir, puisqu'elles peuvent être mises en contact sans s'altérer avec les huiles, les alcalis et l'eau. On peut les obtenir de toutes grandeurs, sans aucune couture. Fonctionnant aussi bien dans l'eau qu'à l'air, elles sont bien préférables à celles en cuir dans toutes les transmissions de mouvement soit par la vapeur, soit par le système hydraulique. Si une corde ou une courroie est endommagée par une incision, quelques minutes suffisent pour rapprocher les deux parties avec un fer chaud, sans qu'il y ait rien à craindre pour sa solidité ou sa force.

» Ne redoutant pas plus l'humidité que les sels alcalins de la mer, le gutta-percha peut être employé avec un grand avantage sur les bâtiments pour la confection des drosses de gouvernail, les gargoussiers, les caisses à poudre et à eau, tout le grand équipement, etc.

» Les tuyaux faits en gutta sont à l'épreuve des alcalis et des acides. Les acides hydrochlorique et carbonique, le chlore, l'hydrogène ne les attaquent nullement. Ces tuyaux sont donc d'un usage précieux pour toutes sortes de conduits, et ne présentent, surtout pour les conduites d'eau, aucun des dangers inhérents aux tuyaux en plomb, qui provoquent des maladies dangereuses par leur oxydation.

» Il a été démontré, à la suite de nombreuses expériences, que l'eau ne se gèle pas aussi promptement dans des tuyaux en gutta que dans des tuyaux en plomb ou en un autre métal, et qu'ils ne sont pas sujets à crever comme eux.

» On peut fabriquer des tuyaux et tubes de n'importe quelle grandeur, et les allonger ou les diminuer à volonté par la soudure avec un fer chaud, ou mieux avec une lampe à esprit-de-vin, en conduisant la flamme avec un chalumeau.

» Ces tuyaux, malgré leur légèreté, présentent une résistance très-grande; ainsi, un tuyau de 25 millim. a supporté une pression de 125 kilog. par 33 millim. carrés sans se rompre.

» Les tubes en gutta sont excellents conducteurs du son; on en fait déjà usage avec succès dans un grand nombre d'établissements; avec ces appareils, on peut converser d'un appartement à un autre à des distances très-éloignées. Ils seraient donc d'une grande utilité pour les navires à vapeur, les porte-voix, etc.,

La légèreté, la solidité et l'inaltérabilité de la nouvelle matière doivent la faire préférer à toutes celles qui s'emploient pour pompes, réservoirs d'eau, baquets, soupapes, clapets rondelles, pistons, robinets, etc., dans les machines hydrauliques.

Les semelles et talons pour chaussures sont encore une importante application du gutta qui garantit le pied, mieux encore que le caoutchouc, de l'humidité et du froid.

(Ajouté par l'Éditeur.)

Nous terminerons ici. Nous aurions pu donner beaucoup de dessins de paniers, de flambeaux, de statuettes, de cadres et des mille et une jolies fantaisies qui garnissent les magasins des fabricants; mais ces dessins eussent été inutiles. Le gutta-percha est une matière essentiellement plastique et malléable à chaud, il ne s'agit que d'avoir un moule pour lui faire prendre toutes les formes voulues. Cette substance est résistante à ce point, qu'ayant perdu l'écrou d'une vis dont le pas ne se rencontrait pas dans notre collection, il nous a suffi d'appliquer le gutta sur la vis, de le comprimer circulairement assez pour qu'il prît bien l'empreinte, pour avoir un écrou solide, qui remplit encore bien sa fonction après un très-long et très-rude usage. Nous croyons fermement que le gutta-percha est appelé à rendre bien d'autres services et que toutes ses propriétés ne sont pas encore connues ; mais l'avenir ne nous appartient pas et nous croyons n'avoir rien omis d'essentiel dans ce qui a été découvert jusqu'à ce jour.   P. D.

RÉCAPITULATION ALPHABÉTIQUE

AIDE-MÉMOIRE

DU CHAPITRE PREMIER.

	Numéros.	Paragrap.	Alinéas.
Acide azotique.	35	6	4
— id.	35	9	14
— id. monohydraté.	35	6	3
— chlorhydrique.	35	6	3
— id.	35	9	15
— id.	36	2	1
— oxalique.	18	3	1
— sulfureux.	25	6	2
— id.	37	9	»
— sulfurique.	25	6	2
— id.	34	2	1
— id.	35	4	1
— id.	35	9	13
Acoustique.	46	»	»
Achras sapota.	3	1	2
Aigrettes cristallines.	35	8	5
Air chaud.	24	3	1
Alcali.	46	»	»
— caustique.	27	3	1
Alcool.	9	3	1
—	17	2	1
—	35	6	4
—	37	6	1
— anhydre bouillant.	35	8	1
Alliages fusibles.	27	1	3
Alun.	21	4	1
—	25	4	4

C

F

CHAPITRE II.

LA GOMME FACTICE.

On a vu dans le n° 42, du chapitre 2 de la première partie, comment MM. Varnout et Galante, mettant à profit les utiles et intéressantes inventions du docteur Gariel, sont parvenus à exécuter en caoutchouc vulcanisé un nombre infini d'instruments et d'appareils qui paraissent être appelés à rendre d'importants services aux chirurgiens. Les médecins apprécieront sans doute ces ingénieuses inventions, toutes basées sur des raisonnements précis, et tellement clairs, que les personnes étrangères comme nous à l'art de guérir, les comprennent aisément. Les déductions tirées par l'inventeur, et qui ressortent de l'exposé des faits et de l'inspection des figures, font voir à tous les yeux que des facilités immenses doivent résulter de l'emploi de ses appareils, soit pour augmenter ou modifier à volonté les pressions, soit pour les produire après l'introduction facile des réservoirs d'air comprimé dans des endroits où ils ne pouvaient être placés qu'avec les peines infinies de l'opérateur et les douleurs atroces du malade. Tout nous persuade donc que l'avenir promet gloire et profit légitime à ces belles et utiles inventions. Pourtant, nous ne pouvons, nous étranger à l'art, que faire des suppositions et hasarder des conjectures ; et notre tâche n'est point de faire prévaloir nos idées ; mais bien d'enregistrer les faits accomplis, les faits actuels. Ils pourront, par la suite, changer d'aspect ; ils pourront venir justifier nos prévisions dans un temps plus ou moins éloigné ; toujours est-il que, maintenant, ce ne sont pas pour ce qui regarde les sondes, cathéters, bougies, bandages, pessaires, les instruments en caoutchouc vulcanisé, ou en gutta-percha, qui sont employés dans les hôpitaux ; mais bien ceux en gomme factice.

Nous devons donc prendre les choses telles qu'elles sont ; et, puisque les doctes et les praticiens donnent la préférence à la gomme factice, dire quels sont les instruments qu'elle fournit à l'art, quelle est cette composition, nommée improprement *gomme factice*, comment on la prépare, comment on la convertit en toutes sortes d'objets ; et faire connaître par le dessin quelques-uns de ces mêmes objets.

Préparation.

Il n'entre pas du tout de gomme dans le composé qu'on nomme *gomme factice* ; c'est tout simplement de l'huile de lin rendue siccative par la litharge (protoxyde de plomb), ou autres oxydes de plomb, et mêlée à diverses matières terreuses et colorantes; voilà toute la composition. On croirait difficilement que, de cette donnée si simple, le travail, l'observance d'une infinité de formalités, les degrés de cuisson, la manière de faire, l'ordre chronique, l'exactitude scrupuleuse dans l'emploi et dans la relation des doses prescrites, ont fait un art compliqué. En voyant la beauté, le poli, la souplesse, ou la résistance, selon l'exigence des cas, des instruments obtenus, on doute que des principes si communs, si connus, puissent produire des choses si parfaites. C'est que, dans cette fabrication, la matière première n'est rien, et que la manutention, l'attention, l'expérience sont tout.

Parmi les fabricants d'instruments en gomme factice, les praticiens sont forcés de faire un choix attentif et prudent. Ces cathéters, ces bougies qui rendent un si bon service, lorsqu'ils sortent des mains d'un fabricant instruit et habile, sont sujets à de graves inconvénients, pouvant avoir des suites terribles, lorsqu'ils sont secs ou poisseux, cassants ou mous, et susceptibles de se gonfler, de s'altérer, de s'écailler, par leur séjour prolongé dans le corps humain. Chaque ouvrier a son *faire* particulier qu'il tient en grande estime et qu'il garde de par lui; c'est ce qui fait qu'il nous est impossible de spécifier telle ou telle manière de manipuler; c'est l'essai, c'est l'épreuve des produits qui démontrent quel est celui qui fait le mieux. Nous devons donc nous renfermer dans l'exposition des méthodes diverses et citer seulement le fabricant qui nous est signalé par les médecins de notre connaissance, comme étant celui qui fournit les meilleurs instruments.

Moyens de rendre les huiles siccatives.

Ces moyens sont anciennement connus; mais comme il se trouve dans les prescriptions contenues dans les différents auteurs une grande variété dans le choix des ingrédients indiqués, et qu'il est bon que le fabricant ait connaissance de tout ce qui a été dit et tenté, afin d'être mis à même de faire son choix, nous allons rapporter tout ce qui est parvenu à cet égard à notre connaissance.

«1. Faites bouillir 25 centilitres d'huile de noix avec gros comme une noix de litharge et autant de mine orangée (1), dans un pot de terre vernissé, à un feu médiocre, pendant un

(1) Dans notre copie littérale nous conservons jusqu'aux anciens termes. On pourra faire plus en grand, en conservant les même relations entre les substances.

quart-d'heure ; puis laissez reposer le mélange ; après quoi, vous le passerez par un linge.

————

» 2. Faites cuire de l'huile de noix dans un pot de terre à feu lent, avec un huitième ou un dixième de litharge broyée avec de la même huile : faites-la cuire doucement de peur qu'elle ne noircisse ; quand elle commence à s'épaissir, ôtez-la du feu, et battez-la bien avec une spatule en bois, en y versant un peu d'eau. Lorsqu'elle est reposée, elle est prête à être employée. Il faut que le pot dans lequel vous la faites cuire, ne soit qu'à moitié plein d'huile, de crainte qu'en cuisant, elle ne s'élève par-dessus les bords et ne se répande dans le feu ;

» Il en est qui font cuire avec l'huile un ognon coupé en plusieurs morceaux, pour la dégraisser et la rendre moins gluante et plus coulante.

————

» 3. Délayez dans 25 centilitres d'huile de lin et 12 centilitres d'eau gros comme la moitié d'un œuf, de couperose blanche (persulfate blanc) autant de litharge (minium). Ajoutez-y gros comme une petite noix de blanc de plomb broyé à l'huile. Faites bouillir le tout lentement pendant une heure et demie. La liqueur étant rouge, retirez le vaisseau du feu ; laissez reposer et versez ensuite, par inclinaison et peu à peu, dans un autre vaisseau bien net ;

————

» 4. Mêlez bien ensemble de l'huile de lin mêlée à mi-partie d'eau, joignez-y du minium et de la terre d'ombre, parties égales, en poudre : faites bouillir le tout à un feu lent pendant une heure et procédez par décantation ;

————

» 5. Prenez 4 litres d'huile de lin, 725 grammes de minium, faites bouillir et vous la rendrez meilleure en y ajoutant un peu de sandaraque.

————

» 6. Faites dissoudre un kilog. de sandaraque et 500 grammes de gomme arabique dans deux kilog. d'huile de lin; faites bouillir pendant quelque temps. Quand l'huile est retirée du feu on peut la passer, tandis qu'elle est chaude à travers un morceau de flanelle ; mais lorsqu'on y a ajouté de la terre d'ombre ou d'autres drogues qui ne se dissolvent point, il faut laisser reposer le tout, afin que la partie la plus claire se sépare du sédiment. S'il reste de l'huile, après l'avoir passée, on la versera par inclinaison ; ensuite on fera chauffer le nouveau sédiment et on le passera une seconde fois. »

Litharges.

Nous ne garantissons nullement l'exactitude et l'effet de ces anciennes recettes, nous les donnons seulement comme renseignements. Comme on le voit, c'est toujours la litharge qui entre comme agent principal dans la composition. Il convient donc de bien fixer la qualité de cet ingrédient. La litharge est un oxyde de plomb ; on en connaît deux ; le protoxyde, ou massicot, et le deutoxyde ou oxyde puce. Quelques chimistes considèrent le minium comme un oxyde particulier. Ces oxydes sont facilement réduits par l'hydrogène, le charbon, les corps combustibles, le soufre, etc., et par les métaux très-oxydables. Lorsqu'on fond du plomb à une basse température et au contact de l'air, il se recouvre d'une matière pulvérulente, jaune, qui est du protoxyde de plomb, ou massicot. Si on élève la température, l'oxyde de plomb fond, et porte plus spécialement le nom de litharge. Il est alors vitreux ou en paillettes cristallines, jaune ou rougeâtre selon le degré de chaleur.

Cette différence dans la nuance détermine, dans le commerce, la distinction des litharges, ou litharges jaunes ou litharges rouges ; qu'on nomme aussi *litharges anglaises*. Ces dernières doivent leur couleur rouge à l'absorption d'une faible quantité d'oxygène pendant leur refroidissement. Elles ont une valeur commerciale notablement supérieure à celle des litharges jaunes. On les produit aisément dans les usines à plomb, en faisant couler la litharge en fusion dans de grands creusets où elle se trouve en grandes masses et que l'on soumet à un refroidissement très-lent. Si on laissait couler la litharge en petits filets minces, se solidifiant instantanément, l'opération ne serait plus assurée ; et, presque toujours, la litharge serait ramenée à l'état jaune : il n'y aurait plus alors d'autre moyen que de la pulvériser, si on voulait la ramener au rouge, et de la placer, ainsi pulvérisée, en lits minces sur des plaques de tôle que l'on chaufferait au contact de l'air libre jusqu'à ce qu'elles fussent prêtes à rougir, et sans attendre que la litharge pulvérisée entrât en fusion ; on laisse alors refroidir lentement, et la litharge est ramenée au rouge.

Caoutchouc. 29

Ainsi obtenu, le protoxyde de plomb est très-légèrement soluble dans l'eau distillée ; c'est une des bases métalliques les plus énergiques. Lorsqu'on le chauffe avec du sulfure de plomb, il se dégage de l'acide sulfureux et tout le plomb est ramené à l'état de métal ; c'est un oxydant très-actif, très-employé dans les arts ; et c'est surtout pour l'objet qui nous occupe, c'est-à-dire, pour rendre l'huile de lin, et les autres huiles siccatives, qu'il est avantageusement employé.

Voici d'ailleurs ce qu'en disent les chimistes :

« Litharge, massicot, protoxyde de plomb, solide, jaune, fusible, indécomposable par le feu, sans action sur l'oxygène à la température ordinaire ; mais à une température élevée en absorbant le gaz, il passe à l'état de deutoxyde ; formé d'après Berzelius de : plomb 100, oxygène 7.75.

» On l'obtient dans les fabriques en calcinant le métal à l'air libre ; et dans les laboratoires, en chauffant jusqu'au rouge le nitrate de protoxyde de plomb, ou minium, dans un creuset de platine. Le protoxyde de plomb est employé pour faire le blanc de plomb, le jaune de Naples, etc.

Minium, deutoxyde. — Rouge orange : chauffé au-dessus du rouge-brun, il abandonne une portion de son oxygène et revient à l'état de protoxyde. Il est sans action sur l'air et sur l'oxygène. Il s'obtient en calcinant le plomb à l'air libre. Quand ce métal est parvenu à l'état de protoxyde, on le laisse refroidir, on le triture et on l'agite dans des tonneaux pleins d'eau, afin d'en séparer le plomb non oxydé : le métal précipite, tandis que l'oxyde, beaucoup plus léger, reste à la surface. On l'enlève alors, on le fait sécher, puis on le met par couches très-minces sur des plaques en fer-blanc, qu'on fait chauffer, comme il a été dit plus haut, jusqu'au degré de rouge naissant ; on les laisse à cette température pendant 24 heures ; puis on retire l'oxyde et on le passe à travers un crible en fer. Ainsi préparé, le deutoxyde contient encore un peu de protoxyde, et, quelquefois même, un peu d'oxyde de cuivre ; mais on enlève facilement ces deux oxydes en mettant le deutoxyde dans de l'acide acétique à la température ordinaire ; l'acide dissout le protoxyde de plomb et l'oxyde de cuivre de telle sorte que le deutoxyde très-pur reste sous la forme de poudre rouge-orangé. Dans cet état il est formé de 100 de plomb et 11.587 d'oxygène.

» Quant au tritoxyde puce on peut le ramener, en le chauffant à l'état de deutoxyde et même à celui de protoxyde. »

Céruse.

La *céruse*, qui entre aussi dans la composition de la gomme factice ainsi qu'on le verra plus bas, est le *sous-carbonate*, et suivant quelques-uns, le carbonate de plomb. Cette matière se trouve en France, en Bohême, en Écosse et autres endroits ; elle se cristallise en octaèdres réguliers ou en prismes hexagones. On l'obtient en faisant passer un courant d'acide carbonique à travers une solution de sous-acétate de plomb : il se précipite alors du sous-carbonate de plomb qui, pour être pur, n'a besoin que de plusieurs lavages.

Le carbonate ou sous-carbonate de plomb est pulvérulent, blanc, insoluble dans l'eau, un peu soluble dans l'acide carbonique. La chaleur le décompose en acide carbonique et en protoxyde de plomb. Chauffé longtemps au contact de l'air, à la température de 120 à 130° centig., il se convertit en minium très-beau, qui est connu dans le commerce sous le nom de *mine-orange*. La meilleure céruse nous vient de la Hollande ; mais on en fait également de très-bonne en Belgique, en Allemagne, en Angleterre et en France. La variété connue sous le nom de *blanc d'argent* ou *blanc de Krems*, s'obtient en choisissant les écailles les plus blanches et les plus compactes qu'on soumet à un broyage plus long et plus soigné.

Recettes plus récentes de composition.

On met 15 litres d'huile de lin dans une cuve en fonte de fer, ou tout autre vase propre pouvant résister à un feu violent. Quand l'huile est en ébullition on la dégraisse au moyen d'une croûte de pain grande comme la main environ, qu'on ne retire que lorsqu'elle est devenue noire. On met dans cette quantité d'huile 5 hectogrammes de litharge rouge avec 5 hectogrammes de céruse et de terre d'ombre ; ces trois substances bien pulvérisées et mêlées exactement ensemble. On active le feu jusqu'à ce que l'huile bouillante soit montée d'environ 15 millim. au dessus de son niveau ordinaire. On retire alors le feu de dessous la chaudière ; on laisse refroidir, puis on tire la liqueur à clair pour l'usage qu'on en veut faire.

Quand on l'emploie, il faut avoir soin d'exposer les objets à une chaleur douce lorsqu'il s'agit de sécher.

Autre recette.

On ajoute à ce qui vient d'être dit une dose d'un cinquième de caoutchouc liquide.

S'il s'agit de la fabrication d'objets devant avoir une certaine rigidité, on compose ce cinquième de mi-partie de dissolution de gutta-percha et mi-partie de caoutchouc : ce qui fait un dixième de caoutchouc et un dixième de gutta.

Si les objets doivent avoir une très-grande souplesse, ce cinquième ajouté est composé ainsi qu'il suit : caoutchouc 3/20, gutta 1/20.

Voici, dans tous les cas, les doses exprimées en poids :

Pour 1 kilog. de gomme factice, pour qu'elle soit très-souple et inattaquable par les acides :

Gomme.	0 kil. 8
Caoutchouc vulcanisé.	0 2
	1 0

Moins souple :

Gomme.	0 kil. 8
Caoutchouc.	0 1
Gutta-percha.	0 1
	1 0

Plus rigide :

Gomme.	0 kil. 8
Gutta.	0 15
Caoutchouc.	0 05
	1 00

On trouvera d'ailleurs au chapitre des tissus imperméables des combinaisons diverses qu'on pourra expérimenter et modifier, suivant que l'expérience le prescrira, pour parvenir à un degré plus éminent de perfection. Nous le répétons, chaque fabricant a son faire, sa recette : ici, la manutention, l'expérimentation, jouent le rôle important, on ne parviendra jamais de prime-saut à faire une gomme factice irréprochable ; il faut de nombreux tâtonnements, des épreuves patientes et variées, tant pour les mixtions que pour les degrés de cuisson, et pour la température à maintenir dans les étuves de séchage. C'est le thermomètre à la main, qu'on arrive, en calculant bien le temps, à obtenir une cuisson, un séchage convenables, afin que le ponçage et le lustrage produisent tous leurs effets, et que les instruments arrivent chacun, sans se ternir, se briser ou s'écailler, lorsqu'ils sont soumis à l'usage, au degré de durée, de rigidité ou de souplesse que le chirurgien attend d'eux. Nous allons dire comment on emploie la gomme factice, et, en décrivant quelques-uns des objets qu'elle produit, nous entrerons dans quelques détails sur leur fabrication.

Urinaux.

La figure 154, pl. 4, représente l'urinal plat ordinaire. Ce récipient est fait en drap cousu sur les côtés. On en fabrique de plusieurs grandeurs et largeurs : celui que nous avons sous les yeux est le plus grand modèle. Ses dimensions exactes sont : hauteur, 0^m.28 ; pourtour pris sur la ligne *a*, 0^m.23 ; pourtour à la ligne ponctuée *b*, 0^m.15 ; épaisseur moyenne des parois, 0^m.00275.

La figure 155 représente le même objet vu sur la tranche.

La figure 156 est un étui percé au fond qu'on nomme *gorge* en terme de fabrication. Cette gorge s'engage dans le col de l'urinal ; sa longueur est de 0^m.1 ; sa grosseur proportionnée à l'urinal dans lequel elle doit entrer à pression libre, jusques au renflement du rebord qui entoure l'orifice. On peut se passer de cette gorge ; mais elle offre plus de facilité pour le nettoiement et elle est en outre une garantie contre les rejaillissements, lorsque l'urinal est porté par une personne exposée aux cahots des voitures ou tous autres. Certains urinaux communs n'ont pas d'issue par en bas ; on les vide en les renversant. Cette disposition est peu commode, et la petite augmentation de prix qu'occasionne l'issue inférieure *c* dont il sera parlé plus bas offre de si grands avantages, qu'il vaut bien mieux, pour en jouir, subir un prix un peu plus élevé.

Pour construire cet urinal et les autres dont il sera parlé plus loin, ainsi que le speculum, les cornets acoustiques, les pessaires, les bandages, etc., on emploie du drap, du feutre ou toute autre étoffe selon le besoin. L'urinal est construit en drap. On le taille suivant le modèle, et on fait les coutures sur le côté. Ces coutures doivent être, autant que possible, faites sans renflements ni bourrelets, et doivent être conduites de telle sorte que le large *a*, fig. 154, puisse faire la poche. Le bâti ainsi préparé, la poche est remplie de sable, ou mieux de gros sel gris ; puis on fourre dans ce sel, le comprimant fortement, un mandrin en bois rond de la grosseur du col *b*. Ce mandrin en refoulant le sel fait prendre au drap la forme convenable. On enduit alors, à l'extérieur, le drap avec de l'huile siccative, mise en assez grande abondance pour qu'elle traverse bien l'étoffe qui doit en être enduite tant à l'intérieur qu'à l'extérieur. On porte alors l'urinal à l'étuve pour sécher cette première couche. On doit faire en sorte que la pièce soit suspendue, hors de tout contact avec les autres pièces ; à cet effet, on y a fixé de petits crochets en fil-de-fer qui servent à la suspendre à une tringle horizontale destinée à tenir suspendues toutes les pièces qu'elle peut supporter.

Assez ordinairement, trois jours et trois nuits suffisent pour sécher la couche, le thermomètre marquant 25° centig. Quand cette première couche est sèche et durcie, on en donne une seconde ; on fait sécher ; puis une troisième. La dernière couche étant sèche, avant de passer aux couches subséquentes, *on pierre*. Les ouvriers désignent par ce mot l'action de frotter l'objet avec une pierre de ponce qui enlève les aspérités et inégalités de l'extérieur.

La bonne ponce est légère, blanche, soyeuse dans la cassure, filandreuse dans les yeux.

Après ce premier ponçage, on applique une nouvelle couche ; on fait sécher à l'étuve, on donne une seconde couche et ainsi de suite, en faisant toujours sécher, et toutes les trois couches, on ponce. Les personnes étrangères à cette fabrication ne peuvent se figurer quels soins, quels remaniements exige un objet qui est vendu à un prix si modique. Il faut environ 50 couches successives, toutes séchées une à une, poncées de trois en trois, pour que l'instrument soit arrivé au point où il est remis entre les mains des polisseuses d'abord, et puis entre celles des garnisseurs lorsqu'il y a lieu ; tel instrument que ce soit, fait en gomme factice, exige toujours près de trois mois pour être prêt à être livré.

On polit en donnant d'abord un bon ponçage, puis en lustrant avec la ponce broyée réduite en poudre impalpable.

Le mandrin est parfois fractionné en plusieurs morceaux, les uns, ceux qui appuient contre les côtés du ventre, affectent la forme de segments allongés, celui du milieu forme coin et est inséré avec force entre les segments. Que l'on ait agi d'une ou d'autre manière, lorsque l'objet est poli et lustré, on retire les mandrins. Si on a employé le gros sable, on fait tomber, en les grattant avec un râcloir fait exprès, les grains qui sont adhérents à l'intérieur ; si on s'est servi du gros sel, après avoir retiré tout celui qui n'adhère point, on verse de l'eau dans le récipient, les grains adhérents fondent, et tout l'intérieur est dégagé.

Quant à la fermeture étanche de l'issue *c*, elle ne se fait qu'en dernier ; les figures 158, 159 et 160 nous serviront à la faire comprendre. On perce avec un fer chaud, ou par tout autre moyen, un manchon massif que l'on a réservé en saillie sur la partie médiane et inférieure de l'urinal, et l'on visse à force dans l'ouverture pratiquée une vis en étain fin, enduite de gomme. Cette vis, représentée grandeur d'exécution, ainsi que les figures 158 et 160, dépasse de quatre ou cinq filets le fond du récipient, et est forée au centre d'un trou alésé pouvant recevoir le bouchon fig. 158, aussi en étain, et y entrant à pression suffisante; puis, lorsque ce bouchon est en place, on visse sur les filets saillants au dehors, l'écrou, fig. 160, affectant la forme d'un dé à coudre. Si malgré tous ces soins, il se manifestait quelque infiltration, ou bien encore si elle survenait après un long usage, on y remédierait aisément en enduisant le bouchon, la vis et l'écrou d'un corps gras; ou bien encore en taillant une rondelle de cuir souple qu'on ferait entrer en collerette sur la vis extérieure jusqu'à ce qu'elle vînt plaquer contre le fond de l'urinal et en comprimant ce cuir avec la force de l'écrou de manière à rendre l'issue parfaitement obturée.

La figure 157 est la représentation de profil d'un autre urinal, dit *Polichinelle*. Tout ce que nous venons de dire relativement à l'urinal simple lui est entièrement applicable; mais on conçoit que le mandrin diffère. Il est composé de plusieurs alèzes, comme les embouchoirs de bottes, qu'on emploie concurremment avec le sel gris. Cet urinal est garni de rubans de soie qui servent à fixer les attaches *a*, qui forment des boucles dans lesquelles passe la ceinture qui suspend l'ensemble. La forme de cet urinal permet de le dissimuler à ce point qu'il ne fait aucune saillie sur le vêtement extérieur.

La figure 161 fera comprendre comment on établit l'urinal pour femme : ce que nous venons de dire nous dispense d'entrer dans aucun détail sur sa fabrication. La partie inférieure, le vase, est remplie de sel, la cuvette supérieure est mandrinée sur alèzes de bois; maintenues par la clef en coin qu'on insère au milieu, les rubans *a a* servent à tenir le tout suspendu et juxtaposé, et sont liés autour de la taille et forment ceinture.

Les issues inférieures, dans ces deux derniers récipients, sont fermées par le même moyen déjà décrit, lors de la description de l'urinal simple : elles sont également cotées *c c* dans ces deux figures.

Specula.

La figure 162 est un speculum droit; celle 163 un spéculum coupé, incliné, afin de permettre plus aisément l'inspection des parois latérales. Leur longueur et la grosseur sont arbitraires; ceux qui ont servi de modèle avaient environ 12 centim. de longueur; quant à la grosseur, on comprend qu'elle est tout-à-fait facultative, devant être appropriée à la destination. Ces instruments sont faits sur mandrins assortis : on fait des specula à miroirs, à réflecteurs, etc. Ils ne se rapportent à l'objet de notre ouvrage qu'alors qu'ils sont recouverts en gomme factice.

Cornets acoustiques.

La figure 164 donnera l'idée de la forme affectée pour les cornets acoustiques. Nous en avons trois sous les yeux, un grand qui a 0m.25 de longueur totale sur un décimètre de pavillon; un moyen qui a 0m.15 de longueur sur 0m.06 de pavillon; et enfin un petit, qui a 0m.09 sur 0m.04 de pavillon. Toute dimension peut être donnée à cet objet, suivant l'exigence de la commande. Il semble, au premier aperçu, qu'il n'y a rien de plus facile à exécuter que cet instrument, et pourtant les personnes sourdes distinguent des bons et des mauvais cornets, les uns amenant le son plus clair et mieux perceptible au tympan. Cette différence provient de l'inclinaison du cône. On a cru remarquer que le cône dont l'épanouissement constitue le pavillon, doit être beaucoup plus ouvert dans les porte-voix, les trompettes, et autres instruments destinés à émettre le son; mais qu'il doit l'être beaucoup moins dans ceux destinés à le percevoir et à l'amener dans l'oreille. Ainsi donc, un bon fabricant est obligé de calculer l'inclinaison de l'angle formé par le périmètre de la base du cône avec le sommet; il est un terme précis dont il n'est pas permis de beaucoup s'écarter; en général, cet angle doit être, pris au-dessus de l'évasement du pavillon, de 5 degrés.

On fait des cornets acoustiques en toute autre matière, mais nous n'avons pas à nous en occuper : il suffit de dire que ceux en gomme sont légers, propres, commodes et d'un prix inférieur aux autres.

Bandages.

La série des bandages est infinie; chaque fabricant s'ingénie à trouver mieux que n'ont fait ses confrères, et l'état de bandagiste est une spécialité en dehors de notre cadre. Nous ne devons nous occuper que des bandages en gomme factice. (*Voyez* le n° 42, 1re partie, chap. 2.)

La figure 165 représente le bandage simple. Nous ne donnons pas de mesures parce qu'on fait ce bandage de toutes grandeurs, de toute force de compression, suivant l'âge et le sexe du malade.

a, lanière en buffle ou basane épaisse, percée de trous espacés, destinés à allonger ou raccourcir le bandage en s'engageant dans les boutons *c*, dont un seulement est visible dans la figure. *b*, le ressort du bandage ; ce ressort est en acier, recouvert du tissu dont il sera parlé plus bas lorsque nous en serons aux sondes et bougies ; il maintient les boutons *c* qui sont rivés sur les extrémités. *d* est la pelote. Cette pelote est composée à l'extérieur d'une plaque métallique, faisant partie ou bien fixée après le ressort, et à l'intérieur d'un tampon rembourré en matières filamenteuses et élastiques, telles que laine, chanvre haché, râclure de baleine, tournure de corne, liège en poudre ou autres ; le tout recouvert de tissu. On fait même des pelotes en bois recouvert en drap et gommées ensuite. C'est sur le tissu qu'on applique la gomme factice, ainsi qu'on l'a vu plus haut, par couches successives.

La figure 166 est le bandage à double tige et pelote : ce qui vient d'être dit du bandage simple est applicable au bandage double, qui porte deux lanières *a b*, au lieu d'une, et qui se rallonge également ou se raccourcit selon qu'on fait entrer les boutons *c c* dans tels ou tels trous.

La figure 167 est le bandage ombilical. Ce qui distingue ce bandage des précédents, c'est la petite pelote *e* formant protubérance sur la pelote *d*, qu'on tient en général d'un diamètre supérieur à celui des autres bandages. Il se ferme et se resserre par le même moyen de la lanière *a*. Les mêmes lettres indiquent les mêmes objets dans les trois bandages.

Serre-bras.

La figure 168 est le serre-bras, ou *plaque à cautère*. Elle se compose d'une épaisseur de drap fort enduit de gomme factice, et traitée comme il a été dit plus haut ; puis bordée avec un galon de soie. Sur cette plaque *b* est cousue, dans le galon, une traverse en cuivre blanchi ou en fer-blanc, portant sept trous à boutonnières, et renflée, afin que la tête du bouton *c* puisse passer et glisser en dessous ; la sangle *a*, faite en tissu élastique et terminée par un moraillon en cuivre blanchi, portant le bouton *c* et cousu sur la sangle, fait le tour du bras et est fixée à la pression convenable par l'introduction du bouton *c* dans l'un des œillets de la traverse. Une petite patte en soie ou en peau souple *d* sert à opérer cette fermeture.

Pessaires.

La série des pessaires est considérable : nous en avons dessiné cinq, et nous pensons que, par ces cinq figures seulement, l'ensemble de la fabrication sera facilement saisi.

On fait des pessaires en ivoire, en corne, en caoutchouc (*Voyez* n° 42, 1re part., chap. 2 et fig. 42, 43, 45, etc.). Mais les pessaires tournés sont trop durs, ceux en caoutchouc ne sont pas encore universellement adoptés, tant s'en faut, tandis qu'il se fait un immense débit de ceux en gomme factice. Nous devons nous en occuper.

1° La figure 169 est le *pessaire rond*, ordinaire. Ses dimensions sont variées à l'infini, et chacun concevra qu'il en doit être ainsi. Sa forme est celle de ces coussins que les gens habitués à porter des fardeaux sur la tête nomment *torche*. La renflure est égale en dessous comme en dessus. Le pessaire est fait en drap bourré, comme les pelotes des bandages, de matières molles ou élastiques, la couture faite dans le trou central.

2° La figure 170 fera comprendre quelle est la forme du pessaire ovale ordinaire; il ne diffère du précédent que par sa forme elliptique, que certaines personnes préfèrent.

3° Ces pessaires ronds ou ovales se font quelquefois à *cuvette*. On leur donne ce nom lorsqu'ils ne sont bombés que d'un seul côté, en dessus, et qu'en dessous ils sont déprimés de manière à représenter effectivement une petite coupe qui serait percée au centre. Il paraît que dans certains cas ces pessaires, qui affectent, à peu de chose près, la forme représentée par la figure 176 ci-après expliquée, à l'exception que le trou central est percé de part en part, sont rendus nécessaires par certaines conformations et dans certains cas.

4° Il existe encore un autre pessaire elliptique déprimé de chaque côté et offrant à peu près la configuration d'un 8, dont il a pris le nom. On le fait aussi *à cuvette* comme ceux ci-dessus mentionnés. Nous n'avons pas pensé qu'il fût nécessaire de le dessiner : chacun pouvant s'en faire une idée suffisante.

5° La figure 171 représente le pessaire dit *en bondon*. Deux petites boucles en fer *d* revêtues de gomme servent à y passer des cordons pour le retenir ou pour l'extraire, si on pouvait concevoir la crainte qu'il n'entrât trop avant, et qu'on eût de la peine à l'extraire. Ce pessaire peut être fait à tige, comme nous allons le dire, et même à tige en T.

6° Le pessaire rond, ordinaire à tige simple et à tige en T. La figure 172 en donnera l'idée. Cette tige *a* est faite en fil-de-fer, recouvert de tissu et fortement gommé. L'ensemble du pessaire à tige ressemble aux pessaires en ivoire. Il est moins rigide, rend le même service, est moins lourd et d'un prix bien moins élevé. Les pessaires elliptiques et en 8 peuvent également être faits à tige simple ou en T. Ces tiges s'appliquent également à tous les pessaires à cuvette.

7° La figure 173 représente le pessaire ovale à tige en T. Ce que nous venons de dire nous dispense d'entrer dans d'autres explications sur ce qui le concerne.

8° La figure 174 est un petit instrument qu'on nomme *suppositoire*. Les branches ou cornes *a a* sont faites en fil métallique recouvert comme nous venons de le dire en parlant des tiges ordinaires et à T.

9° Il existe encore une infinité d'autres variétés que nous passons sous silence, parce qu'elles ne sont pas d'exécution courante, et que l'on ne les fait que sur demande et dessin exprès ; le *bilboquet* est de ce nombre : il ressemble au *London*, fig. 171, mais il est plus évidé en dedans et de manière à représenter la forme de la cuvette du bilboquet, dont il a pris le nom. On en fait à tige simple ou à tige en T.

Bouts de sein.

La figure 175 représente le bout de sein ordinaire : il est fait en drap. On le tient flexible afin qu'il s'applique hermétiquement en prenant bien la forme convenable.

La figure 176 est nommée *garde-lait*. Son nom et sa configuration indiquent assez l'usage auquel il est destiné.

Sondes ou Cathéters.

Les sondes, ou cathéters, sont faites sur mandrins en fer, en tissu de coton, laine, chanvre ou soie ; selon leur finesse, et aussi selon leur prix de vente. Ces tissus, produits du métier à lacet ou à cravaches, sont d'autant plus fins, que le fil employé à leur confection est fin. Le plus communément, c'est le coton filé qu'on préfère à cause de son bas prix. C'est aussi lorsque la sonde est sur son mandrin qu'on donne les couches de gomme qu'on fait sécher et qu'on polit. Ces couches s'appliquent à la main ; jusqu'à présent, toutes les tentatives qu'on a pu faire pour remplacer la main soit par l'immersion, soit par la brosse et le pinceau, n'ont pas donné des résultats satisfaisants, il a toujours fallu le maniement, le sentiment de la main.

1° La figure 177 représente une de ces grosses et longues sondes qu'on nomme *œsophagiennes*, parce qu'elles sont destinées à être plongées dans l'œsophage soit pour y ingérer les boissons ou les aliments dans les cas d'obstruction, d'inflammation, de paralysie du larynx ou autres parties adjacentes. Les longueurs de ces sondes varient un peu ainsi que leur largeur ; celles que nous avons sous les yeux ont : la plus grande, 0ᵐ.7 de longueur ; l'autre 0ᵐ.62. Leur grosseur varie entre 0ᵐ.034 de pourtour, ou 0ᵐ.01133 de diamètre lorsqu'elle est bien ronde, et 0ᵐ.0258 de pourtour, ou 0ᵐ.0086 diamètre.

On ne fait pas toujours entrer un seul tissu dans l'établissement de ces sondes. Lorsqu'on n'en met qu'un, il doit être fait en fil gros double ou en trois et très-serré ; mais le plus souvent, pour les sondes de prix, on met plusieurs tissus fins les uns après les autres : nous avons entre les mains une sonde dans laquelle il est entré trois tissus superposés.

Ces sondes, qui font l'entonnoir par le haut, sont percées par le bas de deux trous elliptiques a b opposés, mais non en regard, puisque l'un est plus rapproché du bout, et l'autre plus éloigné d'un ou deux centimètres. Ces trous, qu'on nomme *yeux*, sont pratiqués de diverses manières, et le prix de l'instrument éprouve une modification suivant la manière employée pour le percement.

La manière la plus simple, la plus prompte et la moins coûteuse, est de pratiquer ces trous avec un fer rouge ; mais alors la gomme est roussie au pourtour de l'œil, surchauffée et rendue cassante dans toutes les parties qui avoisinent cet œil, ce qui est un motif de rupture de l'instrument à ce même endroit qui a perdu de sa souplesse et de sa flexibilité. Aussi les sondes à yeux percés à chaud sont-elles moins estimées que les autres et vendues à meilleur marché.

On tisse les yeux en faisant le tissu par une espèce de point à boutonnière ; alors la sonde ne perd rien de sa force et de son élasticité ; mais aussi elle est vendue plus cher.

Lorsque l'on met plusieurs tissus, on se contente de mettre un ou deux yeux tissés en dessus, et l'on perce à la main les tissus intérieurs.

Ce que nous venons de dire des sondes œsophagiennes est applicable, sauf modification, aux autres sondes, dont nous allons continuer à donner la description.

2° *Sondes droites ordinaires*, yeux tissés ou brûlés. *Sondes cylindriques*. La figure 178 donne, en dessin réduit, la représentation de cette sonde, a b sont les yeux, c est une petite poulie en cire rouge, servant à donner prise aux doigts et aussi à recevoir le fil ou le ruban qui servent à suspendre l'instrument quand on ne s'en sert point. Ses dimensions sont : longueur, 0ᵐ.34 ou 35 ; pourtour, 0ᵐ.01575 ou, diamètre, 0ᵐ.00525, lorsque la sonde est exactement ronde ; mais comme elle est quelquefois de coupe un peu elliptique, c'est ce qui fait que, dans ces mesures, pour plus d'exactitude, nous donnons le pourtour et le diamètre, encore bien, qu'au premier aperçu, cela semble une redondance.

3º Fig. 179. Sonde semblable, quant aux dimensions; mais différant de la première en ce qu'elle est courbe par le bout; ce qui lui fait donner le nom de sonde courbe.

Il doit être bien entendu que ces dimensions ne sont point absolument fixes; il y a des différences en plus ou en moins suivant l'exigence des cas et selon la demande : les dimensions que nous donnons sont celles qui sont le plus usitées.

4º *Sonde plus petite, plus menue, pour femme.* Longueur, 0m.2; diamètre, 0m.0037; pourtour, 0m.0111. La figure 180 représente cette sonde. Les mêmes lettres se rapportent aux mêmes indications. Le plus souvent, on ne fait qu'un œil à ces sortes de sondes; celui le plus près du bout.

5º *Sonde courbe à boule.* La figure 181 représente cette sonde, qui n'a pas d'yeux sur les côtés, mais seulement un trou rond, la continuation du tube, au bout de la boule *a*. Ses dimensions, qui sont un peu variables, diffèrent peu de celles de la sonde droite ou courbe, fig. 178 ou 179. Voici quelles sont celles de la sonde qui nous est donnée pour modèle. Longueur, 0m.32; diamètre, 0m.0055; diamètre du bouton *a*, 0m.00695; pourtour, 0m.02085.

6º *Sonde buccale pour les trompes d'Eustachi.* Les figures 182 et 183 feront comprendre la construction de cet instrument dont on se sert rarement, mais qu'un praticien doit cependant avoir toujours à sa disposition.

La longueur de cette petite sonde varie entre 16, 17, 18 centimètres; son diamètre, pris en dessous de l'entonnoir *a*, est de 0m.0013. On en fait de plus fortes, qui ont jusqu'à 2 millim. Ces sondes portent une échelle tracée en or ou argent sur leur fond noir, divisée en centimètres, afin qu'il soit possible de préciser la profondeur de leur introduction. Le petit entonnoir *a* sert à recevoir, à pression exacte, le petit entonnoir en argent, représenté, un peu plus petit que l'exécution, par la figure 183. Deux petits anneaux *a a* servent à livrer passage au cordonnet de soie qui supporte l'instrument. Ce petit entonnoir en argent est pincé entre les lèvres de l'opérateur, qui peut alors insuffler, par le moyen de la sonde, le liquide ou l'air qu'il veut injecter. Quant à l'échelle de graduation, nous n'avons pu que l'indiquer par des traits transversaux. On la trouvera plus bas tracée d'une manière plus facilement perceptible sur la figure 187, représentant la bougie *porte-empreinte,* dont il sera parlé plus loin.

Caoutchouc.   30

Bougies.

1° Les bougies sont creuses à l'intérieur ; elles diffèrent des sondes avec lesquelles elles ont beaucoup de similitude en ce point seulement qu'elles ne sont ni percées au bout, ni à yeux sur les côtés, le but de leur emploi n'étant pas de ramener, d'extraire ou de livrer passage ; mais seulement de maintenir l'écartement, de former obstacle aux engorgements, obstructions, contractions, oblitérations, etc. ; leurs qualités principales sont d'être rigides, souples, inattaquables par les acides durant leur séjour plus ou moins prolongé dans l'intérieur du corps ; elles doivent être très-adoucies par le bout d'introduction.

La figure 184 est la représentation réduite de la plus grosse des bougies : on la nomme *bougie du rectum*, dénomination qui indique suffisamment son usage. Longueur ordinaire $0^m.2$, grosseur au-dessous de l'évasement *a* pourtour $0^m.055$ à 6. Elle est faite avec le gros tissu.

2° *Bougie droite ordinaire cylindrique*, fig. 185. Longueur $0^m.34$, diamètre $0^m.0041$, deux ou trois tissus fins.

3° La même ; mais courbe, fig. 186.

4° *Bougie conique*, fig. 187. Longueur $0^m.34$ ou 35 diamètre ; base, $0^m.0049$ à 50 ; sommet, $0^m.0021$ ou 22.

5° *Bougie à olive*, fig. 188, cylindre jusqu'à la naissance de l'olive. Longueur $0^m.34$ à 35, diamètre du cylindre $0^m.0037$; id., au gros de l'olive $0^m.00539$ à 54.

6° *Bougie porte empreinte*, fig. 189. L'usage de cette bougie étant de reconnaître la situation exacte d'une lésion ou d'une plaie interne, il faut pour la rendre propre à cet emploi : 1° qu'elle porte sur toute sa longueur des mesures inscrites ; 2° que le bout pétri en forme d'olive soit revêtu d'une substance glutineuse, telle que cire vierge molle, dissolution épaisse de caoutchouc ou de gutta, ou autre substance pouvant retenir le chanvre cardé, la charpie ou autre matière blanche et absorbante pouvant ramasser le sang ou le pus, afin que l'opérateur puisse juger par l'inspection de ces témoins muets et de la situation précise de la plaie et de sa nature. La sonde à empreinte satisfait à ces conditions. Longueur $0^m.34$ à 36, diamètre $0m.006215$.

7° *Bougie pour trompes d'Eustachi*. Nous n'en donnons pas le dessin, parce qu'il ne serait que la reproduction de la figure 182, cette bougie n'en différant absolument que par le petit bout qui est arrondi et non percé. De même que la sonde, elle peut recevoir l'entonnoir, fig. 183, mais, ici, ce n'est pas une nécessité, puisque la bougie ne fait pas tube et n'a pas la fonction d'injecter.

8º *Bougies filiformes*. Ces bougies, qui servent pour les fosses nasales, les lacrymales et autres emplois, ne sont à proprement parler que des fils enduits de plusieurs couches de gomme ; leur longueur est indéterminée et leur grosseur varie entre les diamètres : extrême, $0^m.0013$; moindre, $0^m.00056$ et même 5. On s'assure de la bonté de ces bougies filiformes en les tournant en hélice serrée à l'entour d'une épingle. Si, lorsque la bougie reprend sa ligne droite, elle n'a pas de gerces, si la gomme n'est pas écaillée, fendillée, elle peut être réputée de bonne qualité. Les figures 190 et 191 représentent ces bougies.

Canules.

Les canules sont faites en toutes sortes de matières. Pendant longtemps on s'est servi de celles en étain : celles en bois ont eu une vogue justifiée par leur bas prix ; celles en verre ont de graves inconvénients et offrent des dangers. Les canules en gomme factice offrent les avantages réunis de la sécurité et du bon marché ; aussi le débit en est-il très-considérable, et sous le nom de caoutchouc elles sont maintenant celles qu'on préfère.

Comme les sondes et les bougies, les canules sont faites en tissus fins, sur mandrins. Il ne nous reste rien à dire sur cette fabrication ; il est difficile même de donner des dimensions, car elles sont variables à l'infini, nous donnons trois figures qui nous serviront à fournir une idée de celles que nous avons cru pouvoir nous dispenser de reproduire.

1º La figure 192 est la canule droite ordinaire, nous en avons trois sous les yeux, l'une longue de 14 centim., la seconde de 1 décim., la troisième de 8 centim. La grosseur des cônes *a* varie selon la longueur de la canule et la raison en est toute simple, puisque cette grosseur doit être relative à la grosseur de la vis de la seringue qui doit y pénétrer ; la grosseur du canon varie entre 6 millim. de diamètre extérieur et 8 millim.

2º La figure 193 est la petite canule à injection qu'on adapte aux seringues en verre, sa longueur totale est de 7 à 8 centim., dont le renflement *a* occupe plus de la moitié ; le canon n'a que 3 millim. et même un peu moins de diamètre extérieur.

3º La *canule courbe à injections* représentée fig. 194 a 24 à 25 centim. de longueur, le diamètre du cône *a* est indéterminé, la grosseur du nez de la seringue le déterminant, le diamètre extérieur du canon est de 8 millim. environ, celui de l'olive b de 14 à 15 millim. Cette olive est percée de cinq trous, l'un au bout, les quatre autres alternés autour ainsi qu'on le voit dans la figure, la grandeur de ces trous doit être calculée de telle sorte que la somme de leurs 5 diamètres égale la somme du diamètre intérieur du tube ou canon.

4° Une canule dite à *bidet*, parce qu'elle ne diffère de la précédente qu'en ce point qu'elle n'est pas terminée par l'olive percée b, mais simplement par un bout recourbé percé d'un seul trou à son extrémité, comme dans la figure 192.

5° Enfin, une autre *canule à injection* droite : mais en tous points semblable à celle représentée par la figure 194, et qu'on peut se figurer aisément en redressant la courbe de cette figure.

Nous passons sous silence beaucoup d'autres objets qui sont exécutés par le fabricant de gomme factice, tels que visières de casquettes, bols ou cuvettes, ceintures. L'artiste habile à qui nous devons les renseignements qui précèdent et qui a bien voulu mettre à notre disposition des échantillons de ses produits, est à la tête d'une exploitation considérable et d'un grand nombre d'ouvriers ; il a la confiance des médecins et fait en France et à l'étranger un écoulement considérable de ses produits qui sont généralement estimés. M. Pouilliart-Libault succède à un père justement estimé, ses ateliers sont situés à Plaisance, commune de Vaugirard, rue Schomer, n° 4.

CHAPITRE III.

TISSUS ET TOILES IMPERMÉABLES.

Nous avons vu dans les chapitres précédents, comment, à l'aide des dissolutions de caoutchouc et de gutta-percha, il est possible de rendre les tissus imperméables ; mais en dehors de ces moyens il en existe encore d'autres. Nous n'avons pas à juger de la préférence à accorder à telle ou telle méthode, à tel ou tel moyen ; une opinion individuelle isolée peut être plus ou moins prise en considération, mais ne saurait, à moins de ridicule prétention de la part de celui qui l'émet, vouloir s'imposer à tout le monde. Ceux qui produisent l'imperméabilité à l'aide du caoutchouc prétendent qu'eux seuls atteignent le but ; ceux qui ont recours au gutta ont la même prétention, ceux qui mêlent à doses diverses les deux substances n'hésitent point, chacun de leur côté, à se proclamer les plus parfaits fabricants. En dehors de ces derniers, il se trouve une infinité d'autres industriels qui, au moyen de substances anciennement connues, arrivent aux mêmes résultats et soutiennent que leurs bâches *hystasapes*, leurs toiles *saponaires* sont préférables à tout, sont moins lourdes, moins raides, qu'elles sont moins sujettes à se couper, etc., etc. Quiconque voudrait leur prouver que les produits de leurs concurrents sont préférables et même sont simplement aussi bons que les leurs, perdrait son temps, ses paroles et ses peines. Si les pièces en main, si l'épreuve convaincante, palpable, qu'on ne peut nier, tourner, éviter, a lieu, le fabricant vous dit : oui, Dubreuil, ou Dubois, fait de bons tissus, des tissus vraiment imperméables, irréprochables ; il en vend beaucoup, il fait fortune ; mais qu'est-ce que cela me fait à moi ? je veux vendre aussi et faire aussi ma fortune s'il est possible : il me faut donc aussi à moi un tissu imperméable. Quand même je ferais moins bien, pourvu que je vende !.... Le public est inintelligent ; il se passionne aujourd'hui pour un tel, et sans motif, demain, sans motif également, il se passionnera pour moi : il me faut donc aussi mon tissu imperméable que je soutiendrai le meilleur de tous, et que ceux qui en auront acheté, soutiendront, par cette unique raison, le meilleur de tous, etc., etc. On doit se figurer aisément qu'il est impossible de porter un jugement convenable et bien motivé sur des prétentions aussi contradictoires. Nous devons donc nous abstenir d'émettre aucun avis et nous renfermer dans le rôle prudent de rapporteur des travaux et des prétentions des autres. Nous suivrons autant que possible l'ordre chronologique.

Brevet d'invention de 15 ans en date du 16 septembre 1836, au sieur VIGNAUX, *à Paris, pour un procédé propre à rendre le chanvre imperméable et applicable à la confection des casques, schakos, bidons, bouteilles, vases de toutes formes, doublés ou non doublés en étain, argent, or ou platine.*

En outre du chanvre, on peut employer le lin, le coton, ou toute autre matière filamenteuse ; mais le chanvre, par sa solidité et l'infériorité de son prix, m'ayant paru préférable, je ne vais m'occuper que de cette matière.

Bastissage.

Coupez le chanvre à 4 centim. environ de longueur, battez-le et arçonnez-le, soit à l'arçon du chapelier, soit au moyen du batteur employé pour le coton ; formez des pièces de l'épaisseur et de la dimension que vous jugerez convenables ; placez les pièces sur des feuilles de carton ou superposées l'une sur l'autre, de manière à les presser un peu.

Le chanvre ainsi préparé, je vais décrire le procédé pour l'employer à la confection d'un schako.

Prenez une forme en bois brisée en cinq parties, semblable aux formes de chapeau dont se servent les chapeliers, et ayant la forme antérieure du schako que vous voulez confectionner ; assemblez-la et placez-la sur un plateau en bois ; couvrez la forme d'une toile claire et légère que vous avez mouillée d'avance ; bastissez sur cette forme le chanvre en feuilles coupées de manière à former, les unes, des pièces pour faire le pourtour des schakos, d'autres pour former l'impériale, et d'autres pour la visière, en leur donnant la forme qui convient à leur destination.

Après l'application d'une pièce, vous la mouillez avec de l'eau bien chaude, au moyen d'une brosse douce, de manière à l'appliquer parfaitement sur la forme ; vous posez ensuite une nouvelle pièce sur la précédente en mouillant chaque fois, et ainsi de suite, jusqu'à ce que vous jugiez que le pourtour, l'impériale et la visière du schako sont suffisamment chargés de chanvre pour donner à chaque partie la force relative à sa destination.

Les pièces doivent être ébouriffées à leur croisement, pour ne pas faire d'inégalités.

Après le bastissage, on presse le chanvre avec la main, après l'avoir couvert d'une toile, pour en rapprocher toutes les parties ; ôtez la toile, étendez sur le schako ainsi préparé, de l'apprêt nº 4, au moyen d'un fort pinceau, de manière à le faire pénétrer le plus possible.

Voyez pour la composition de cet apprêt ainsi que pour les autres, la fin de ce mémoire.

Pression.

Vous avez une matrice en fonte de fer ou de cuivre refroidissant l'extérieur du schako.

Cette matrice doit être divisée en deux parties réunies par le haut, au moyen d'un fort cercle en fer se plaçant et s'enlevant à volonté.

Le noyau ou poinçon de la matrice doit être brisé en cinq parties, comme la forme de bois qui a servi à bastir le chanvre.

La matière chaude à 60 degrés, vous introduisez le schako basti ; une fois au fond, vous retirez la forme de bois qui supportait le bastissage, ainsi que la toile.

Vous remplacez cette forme par le poinçon, que vous introduisez pièce à pièce; vous couvrez d'un tasseau en fonte, et vous pressez sous un balancier dont la vis à deux filets; l'eau absorbée et le trop d'apprêt se dégorgent et le chanvre se feutre.

Vous retirez alors le poinçon, vous enlevez le cercle de la matrice, qui se sépare en deux; vous replacez la forme de bois dans le schako ainsi pressé; vous le retirez avec précaution, et le faites sécher dans une étuve à 60 degrés pendant vingt-quatre heures.

Ensuite vous surtaillez un peu les bordages du schako; vous enduisez la matrice et les pièces avec de l'apprêt n° 2, pour que le chanvre n'y adhère pas, et vous faites une deuxième pression à une chaleur moitié moindre que la première; faites encore sécher vingt-quatre heures.

Enduisez ensuite le schako, en dehors et en dedans, avec les apprêts n⁰ˢ 1, 2 ou 3, étendus d'essence, selon que vous voulez rendre la matière plus ou moins moelleuse (l'apprêt doit être noirci avec du noir de fumée), et vous repressez une troisième fois, soit à une chaleur un peu plus élevée que la deuxième, et vous faites sécher vingt-quatre heures.

Polissage à l'apprêt.

Le schako étant sec, vous l'humectez avec le même apprêt qui a servi à l'enduire à la dernière pression, et vous le polissez, soit à la main, soit au tour, avec une pierre ponce; vous l'essuyez et vous le faites sécher.

Le lendemain vous faites un deuxième polissage, mais en vous servant d'eau au lieu d'apprêt; essuyez et brossez.

Mettage en couleur.

Délayez du noir de fumée dans l'apprêt n° 3, en ajoutant assez d'essence de térébenthine pour rendre la couleur maniable au pinceau, vous passez une couche sur l'extrémité du schako, vous faites sécher à l'étuve; le lendemain, mettez une deuxième couche, faites sécher; ensuite faites un nouveau polissage à l'eau, et lorsque c'est sec, posez une troisième couche dite glacis, composée comme la précédente, en employant, toutefois, du noir d'ivoire au lieu de noir de fumée, séchez; le lendemain, nouveau polissage à l'eau, et vernir avec du vernis gras au copal mélangé avec partie égale d'apprêt n° 3; faites parfaitement sécher; alors le schako est fini et n'attend plus que la garniture et les ornements mis en usage.

On conçoit parfaitement que le procédé est le même pour

un casque ou pour une cuvette, plat à barbe, etc., que toute la différence consiste dans la forme servant à bastir le chanvre et la matrice pour le presser, et que la forme et la matrice surtout doivent reproduire exactement la forme de l'objet qu'on veut fabriquer.

On charge plus ou moins de chanvre au bastissage, et on emploie de l'apprêt plus ou moins fort, selon que l'on veut produire fort ou léger, dur ou moelleux.

A cet effet, on emploie, selon les cas, les apprêts nᵒˢ 1, 2 ou 3.

On peut également employer toutes les couleurs désirables au lieu de la noire, orner de dessins ou de peintures, à volonté, sur les vernis, par le même travail et les mêmes moyens que pour les tôles vernis.

Doublage en étain, argent, or ou platine.

Ceci s'applique aux bidons, vases, cuvettes, etc., destinés à contenir des liquides, ou des vases destinés à être ornés, car les schakos et les casques n'ont pas besoin d'être doublés.

Voici la manière de procéder :

Lorsque ces objets sont apprêtés et polis, et avant de les mettre en couleur, on forme au tour, sur des mandrins ayant la forme analogue à l'intérieur, des vases à doubler, et au moyen du procédé employé par les fabricants de doublé d'argent, par repoussé ou emboutissage, des doublures en étain fin laminé de la force qu'on désire.

On enduit le côté destiné à être soudé, au chanvre avec une ou deux couches du mordant nᵒ 5, et on fait sécher à l'air durant vingt-quatre heures, ou à une température de 15 à 20 degrés.

On enduit également l'intérieur du vase à doubler d'une couche de l'encollage imperméable nᵒ 6; on sèche à l'air; on place l'étain embouti dans l'intérieur du vase, lequel doit être logé dans la matrice qui a servi à le former, laquelle est échauffée à 25 ou 30 degrés, et au moyen d'une lisse en ivoire on applique l'étain sur le chanvre; l'apprêt et le mordant se trouvant échauffés, soudent parfaitement l'étain au chanvre; alors on laisse sécher deux ou trois heures à l'air, et on donne une pression dans la matrice chauffée à 35 ou 40 degrés.

L'étain se trouve alors parfaitement appliqué et très-uni; on met le vase au tour; on brunit l'étain.

Si le vase est ovale, on le met sur un tour ovale.

On comprend que, pour tout vase d'une forme irrégulière, la main doit suppléer au tour.

Application de l'or, de l'argent ou du platine.

Le vase étant doublé d'étain, ainsi qu'il vient d'être expliqué, on enduit fort légèrement l'étain avec le mordant n° 5, et quand il est à moitié séché à l'air, juste au point où il est plus adhérent au toucher, on prend des feuilles d'or battu, d'argent ou de platine au moyen d'un blaireau, et on les applique sur ce mordant, qui les happe aussitôt.

Quand toute la surface de l'étain est couverte par la feuille d'or, d'argent ou de platine, on l'y applique plus parfaitement avec un blaireau plus fourni, et après avoir laissé sécher à l'air jusqu'au lendemain, on donne une nouvelle pression dans la matrice très-légèrement chauffée, et on brunit au tour ou à la main.

Procédé pour la confection des bouteilles, flacons, bidons cylindriques, tubes, etc.

Pour confectionner une bouteille, vous faites tourner un bâton cylindrique en bois, fer ou cuivre, que j'appellerai noyau, de 81 millim. plus long environ que la bouteille ; sa partie supérieure doit être de la grosseur de l'ouverture du goulot de la bouteille, et se terminer par un pas de vis ; l'autre bout doit être d'un tiers plus mince et être arrondi à son extrémité.

On place ce noyau sur un tour à manivelle, le bout fileté entrant dans un mandrin taraudé ; on y roule depuis la naissance du goulot jusqu'à l'autre extrémité, un ruban de lisière de drap, en montant et descendant, de manière à former une poupée ayant la forme de la bouteille et des deux tiers de sa capacité, et seulement jusqu'où finit le corps de la bouteille et où commence le goulot : le restant du bâton ne doit pas avoir de lisière.

On arrête le bout de ce ruban avec un fil que l'on attache ; on enduit cette poupée, au moyen d'une brosse, avec du moellon, dit blanc d'Espagne, délayé à l'eau et légèrement encollé avec la colle de peau ; on fait sécher à l'air ; on replace la poupée sur le tour, et on l'empâte à la main, ainsi que font les potiers avec une pâte faite avec le moellon, préparée comme il est dit plus haut, mais plus épaisse.

Lorsque la poupée est suffisamment chargée, on lui présente, en la faisant tourner, une râclette en fer représentant la moitié du calibre de la bouteille.

Cette râclette enlève tout le surplus de la pâte, et donne ainsi à la poupée la forme exacte de la bouteille à construire ; on la fait sécher à l'air, et pour durcir la croûte on l'enduit ensuite avec une eau mélangée d'une quantité suffisante de colle de peau ; on lisse avec un pinceau en même temps, pour bien unir cette poupée, et réparer les légers défauts qu'elle pourrait avoir contractés en séchant.

On coupe une feuille d'étain de telle sorte qu'étant roulée sur la poupée, elle se croise assez pour que les deux bouts puissent être roulés ensemble, ainsi qu'opèrent [les plombiers quand ils couvrent une terrasse en plomb ou en zinc; on repousse ou emboutit le fond de manière à former comme un bouton au cul de la bouteille.

On soude ce bouton à l'étain, afin de le rendre propre, pour la suite du travail, à servir de point d'appui à la pointe de la poupée du tour.

L'étain ainsi appliqué, on l'enduit de deux couches du mordant n° 5 ; on fait sécher à l'air ; ensuite on roule du chanvre non coupé, mais mis en forme d'étoupe, autour de la poupée, en mouillant à l'eau chaude au fur et à mesure, et, lorsque l'épaisseur du chanvre a formé une couche assez forte en raison de la grandeur de la bouteille, vous l'enduisez suffisamment, sur le tour, avec l'apprêt n° 4, de manière à le bien pénétrer ; vous lissez fortement à la main en tournant, et ensuite à l'aide d'un lissoir en bois qui, tout en serrant et rapprochant le chanvre, lui fait dégorger l'eau et l'apprêt qu'il a reçus de trop; faites sécher les bouteilles ainsi basties dans la même étuve pendant quarante-huit heures ; enduisez de deux ou trois couches d'apprêt n° 3, délayé d'essence, en les faisant sécher pendant quarante-huit heures chacune à l'étuve; polissez à l'apprêt, comme il est dit pour les schakos, et procédez de même pour les polissage, mise en couleur et vernissage.

La bouteille ainsi terminée, on retire le noyau, on pince le bout de la lisière, qui doit se trouver à l'entrée du goulot, et on la retire entièrement avec la plus grande facilité.

On frappe ensuite la bouteille sur la main, ce qui suffit pour faire casser la croûte de pâte de craie ; on la vide et on la lave.

Pour doubler en or, argent ou platine, on en fait l'application sur l'étain en feuille, avant de le rouler sur la poupée, comme il est dit pour les vases.

On le polit et on le brunit avant de le rouler sur la poupée.

Les bidons aplatis sur les côtés, ou comme ceux ayant la forme concave d'un côté et convexe de l'autre, que j'ai soumis à l'administration de la guerre pour être approuvés par elle pour l'usage de la troupe, doivent être formés de deux parties que j'appellerai coquilles, formées dans deux matrices différentes, l'une convexe et l'autre concave, disposées de sorte à former un rebord de 7 millim. tout autour, que l'on surtaille à l'emporte-pièce.

Ce rebord est destiné à former la jointure des deux coquilles, lesquelles, étant doublées, sont soudées l'une contre l'autre au moyen du mordant n° 5, dont on a enduit les rebords des coquilles, qui, après avoir reçu cet enduit, ont été séchées à moitié à l'air jusqu'à l'instant où il mord le plus.

On presse cette jointure dans un double cercle destiné à cet effet pour bien opérer la réunion.

On peut aussi laisser les doublures dépasser les bords des deux coquilles, et, une fois que ces dernières sont appliquées l'une sur l'autre, les souder à l'étain sur la jointure.

On garnit ensuite la tranche des bords des deux coquilles réunies par une couverte d'un mastic fait avec de la craie blanche et de l'apprêt n° 1, qu'on laisse sécher à l'air.

Pour consolider cette réunion, on borde le rebord de la jointure au moyen d'un ruban de peau de veau enduit de l'encollage imperméable n° 6, ou bien on l'entoure d'un cercle en cuivre qui enferme toute la saillie, et que l'on a préalablement enduit du même encollage.

On procède ensuite au mettage en couleur, au polissage et au vernissage, comme il a été dit plus haut.

On y met ensuite des goulots et des bouchons soit en métal, soit en bois, et enduits du même encollage imperméable n° 5 ou autre.

Ce procédé s'applique indistinctement à tous les vases que l'on voudrait faire en deux ou plusieurs parties.

Apprêts n°s 1, 2 et 3.

Huile de lin pure et de bonne qualité
tirée à clair. . . . . 100 parties.
Litharge anglaise. . . . . 4 —
Terre d'ombre en poudre. . . . . 6 —
Ail égrené. . . . . $1/_{400}$ —

Faites bouillir l'huile de lin dans une chaudière, et, à l'instant où une goutte d'eau la fait pétiller, ajoutez la litharge et la terre d'ombre, que vous avez préalablement fait calciner dans une poêle; jetez-y également l'ail, en remuant et agitant l'huile, afin de la bien saturer de l'oxyde et de l'absorbant que vous venez d'y joindre, pour la rendre siccative.

Continuez la cuisson en maintenant l'huile en ébullition, en ayant soin de la remuer de temps en temps, jusqu'à ce qu'elle soit parvenue à la consistance d'un sirop léger, ce que l'on reconnaît en en faisant refroidir quelques gouttes sur un verre; alors vous en retirez une partie, qui formera l'apprêt n° 1.

Continuez la cuisson jusqu'à la consistance de forte mélasse; alors vous en retirez encore une partie, qui sera l'apprêt du n° 2.

Continuez la cuisson jusqu'à consistance de pâte (après refroidissement sur un verre); éteignez le feu, et, l'huile étant à moitié refroidie, vous y versez de l'essence de térébenthine pour la délayer en consistance de sirop, ce qui fait l'apprêt n° 3.

Apprêt n° 4.

Goudron, térébenthine ou tout autre.

Corps résineux.	2 parties.
Apprêts n°s 1, 2 ou 3.	2 —
Essence de térébenthine.	4 —

On emploie les apprêts n°s 1, 2 ou 3, en raison de la fermeté ou du moelleux que l'on veut donner au chanvre.

L'apprêt n° 1 est le plus faible, et l'apprêt n° 3 est le plus fort.

Faites fondre la matière résineuse dans l'apprêt jusqu'à ébullition; retirez du feu, et versez peu à peu l'essence de térébenthine, en remuant avec une spatule, afin de bien mélanger.

Mordant n° 5 pour le doublage.

Apprêt n° 2.	1 partie.
Vernis gras au copal.	1 —
Caoutchouc filé.	$^1/_{10}$ —

Versez l'apprêt et le vernis dans un matras de grès ou de cuivre; chauffez jusqu'à 80° Réaumur, ajoutez le caoutchouc en remuant doucement le mélange, et, lorsqu'au moyen de la spatule vous soutirez le caoutchouc dissous, vous retirerez le matras du feu; vous agiterez un peu; vous le couvrirez et vous le laisserez refroidir.

Si pour vous en servir, il paraît fait trop épais, vous l'étendez un peu avec de l'essence de térébenthine.

Encollage imperméable n° 6.

Gomme-laque en feuilles.	4 parties.
Gomme élémi.	1 —
Alcool à 33 degrés au moins.	quantité suffis.

Placez les gommés dans un vase clos : versez de l'alcool

de manière à mouiller seulement toute la gomme que vous avez pressée avec la main pour la tasser; couvrez hermétiquement le vase, et laissez reposer vingt-quatre heures dans l'étuve; ensuite agitez bien le mélange, pour en bien lier toutes les parties.

6 *juin* 1836, *premier brevet d'addition et de perfectionnement, au sieur* MARSUZI DE AGUIRRE.

On peut fabriquer avec le chanvre toute sorte de tubes, cylindres, etc., au tour.

Pour cela, il suffit de placer sur un tour à manivelle un mandrin figurant l'intérieur du tube, cylindre, etc., que l'on veut construire, et, après l'avoir recouvert de papier mouillé, y rouler du chanvre que l'on mouille au fur et à mesure avec de l'eau.

Lorsque la couche de chanvre est suffisamment forte, en raison de l'objet, on le lisse avec un fermoir que l'on y applique fortement, soit à la main, soit par des vis de pression ; on peut même se servir du cylindre, lorsqu'on désire une forte pression et que la forme des objets le comporte.

On enduit ensuite avec l'apprêt n° 2, on fait sécher à l'étuve, et on procède, pour la suite du travail, ainsi qu'il a été dit pour la fabrication des bouteilles et bidons.

On peut également fabriquer, avec des étoupes de chanvre, des plaques de diverses dimensions, remplaçant avantageusement le cuir dans tous ses emplois, et ce au tour, en recouvrant de chanvre des mandrins d'un diamètre de 65 centim. ou 1 mètre, en le préparant comme il a été dit ci-dessus, et en le coupant après l'avoir fait sécher à l'étuve.

On passe ensuite entre deux cylindres en fonte bien chauds le chanvre ainsi préparé, pour lui faire subir une dernière pression et pour réduire la plaque à un plan parfaitement horizontal.

On peut obtenir les mêmes résultats en mouillant à l'eau bouillante des plaques de fonte enduites à l'apprêt n° 2; on sèche à l'étuve, on presse une seconde fois à chaud le chanvre sec et les plaques de fonte enduites du même apprêt n° 2; on sèche de nouveau, on enduit ensuite le chanvre avec l'apprêt mordant n° 7 ci-après désigné, mais, pour cette fois, enduit à la brosse; on presse une troisième fois, on sèche, et enfin on presse une quatrième fois après avoir enduit avec de l'apprêt n° 2 coupé d'essence.

On fait bien sécher, pour ensuite les polir, les mettre en couleur, et puis vernir si on les destine pour malles, valises, garde-crotte, visières, etc.; on enduit de bitume ou autres matières résineuses, si on les destine à la couverture des bâtiments.

Dans ce dernier cas, après les avoir enduites, on peut les saupoudrer de sable chaud ou de poudre provenant de débris de poterie, porcelaine, etc.; et les comprimant au fur et à mesure l'une sur l'autre pour y faire entrer la matière.

Pour fabriquer des pièces de toutes longueurs pouvant couvrir toute une face de bâtiment d'une seule pièce, il faut procéder comme il suit :

On bâtit sur une pièce de toile la ouate de chanvre, en liant une pièce à l'autre, ou on arçonne le chanvre et forme la ouate au moyen d'une machine-carde à laine, qui peut la faire sans fin ; on place un axe en bois au centre du rouleau de toile, de manière à ce que les deux bouts de l'axe ressortent de 54 à 81 millim. pour pouvoir le placer sur deux fourchettes, afin de le dérouler avec facilité.

On roule la toile au fur et à mesure, en la comprimant le plus fort possible, manutention qui nécessite un tourniquet ; on plonge alors ce rouleau de toile dans une chaudière d'eau bouillante, ayant la profondeur nécessaire ; on la retire au bout d'une demi-heure pour la faire égoutter ; dans cet état, on en déroule un bout, on écarte la toile, et on saisit la pièce de chanvre, qui s'en détache et qui a pris du corps ; on l'introduit sous un rouleau mobile placé dans une chaudière de grandeur suffisante.

Ce rouleau plonge au tiers ou au quart de sa profondeur, et roule par ses deux bouts, dans deux fourchettes en fer attachées au deux côtés de la chaudière, laquelle est pleine d'apprêt mordant n° 7, chauffé à 30 degrés.

On en fait alors ressortir ce bout de pièce de chanvre pour l'engrener entre deux rouleaux légèrement pressés l'un sur l'autre et placés sur un bâti en bois avec coussinets au-dessus de la chaudière ; on saisit de nouveau le bout de la pièce de chanvre pour la rouler sur un tambour à manivelle.

Il résulte de ceci que la pièce de chanvre, au fur et à mesure que l'on déroule la pièce de toile qui la contient vient s'imbiber d'apprêt mordant dans la chaudière où le rouleau mobile sous lequel elle glisse la fait plonger et vient se dégorger du trop-plein dans les rouleaux placés au-dessous, et arrive ainsi imprégnée et dégorgée sur le tambour, d'où on la déroule ensuite pour l'étendre dans l'étuve, à la manière du papier à tenture.

On laisse sécher suffisamment environ vingt-quatre heures, à une chaleur de 50 à 60 degrés ; après ce temps, on la fait passer dans un laminoir en fer ou en cuivre chauffé à

50 ou 60 degrés ; afin de l'unir et de bien faire adhérer toutes les parties du chanvre, en ayant soin d'enduire les deux cylindres avec de l'huile de lin, pour que le chanvre ne s'y attache pas.

Après cette opération, on l'enduit une seconde fois dans la chaudière et avec l'appareil ci-dessus expliqué ; mais, au lieu d'apprêt mordant, il faut employer du bitume suffisamment chaud pour le rendre liquide, et, à mesure que la pièce dégorgée du trop-plein sort des rouleaux dégorgeurs, on la saupoudre de sable et on la roule sur ce tambour.

Dans cet état, la pièce est faite et peut, avec sûreté, être employée à la couverture des bâtiments, avec une supériorité marquée sur toutes sortes de toiles ou feutres imperméables, zinc, etc., tant pour la qualité, la durée, que pour le bas prix.

On peut appliquer deux couches d'enduit au lieu d'une, si on le désire, après avoir fait sécher la première pendant vingt-quatre heures.

On peut aussi n'y point superposer de sable ; mais, pour la couverture des bâtiments, cela pourrait présenter moins de durée et de solidité.

Apprêt mordant nº 7.

1º Faites fondre 3 kilog. de gomme-copal ; ajoutez ensuite 6 kilog. d'huile de lin.

2º Faites fondre 25 kilog. d'arcanson clarifié ; ajoutez 25 d'essence ; dans cet état, joignez-y la gomme-copal dissoute comme ci-dessus ; mélangez bien le tout, remettez sur un feu modéré jusqu'à légère ébullition pour bien lier tous les corps ensemble.

Apprêt nº 8.

Faites fondre une partie de bitume soit végétal, soit minéral, une partie d'arcanson clarifié ; ajoutez 1/4 d'huile de lin siccative, une moitié de litharge et une quantité d'essence suffisante à maintenir la liquidité du mélange ; remettez sur un feu modéré jusqu'à légère ébullition, bien lier tous les corps ensemble.

Si on désire beaucoup de force, on peut ajouter 1/16 de gomme-laque fondue d'abord dans l'alcool rectifié.

Enduit de bitume.

1º Si le bitume est gras, sur quatre parties ajoutez deux parties d'arcanson ; faites fondre jusqu'à forte ébullition ; retirez du feu et ajoutez de l'essence en quantité suffisante, pour donner à l'enduit la facilité de s'étendre.

2º Si le bitume est fort ou dur, ou si vous employez l'asphalte lorsqu'il est fondu, ajoutez de l'huile de lin pour le rendre liant, et de l'essence en quantité suffisante.

Tous les corps résineux peuvent servir à faire de l'enduit ; il suffit d'ajouter de l'huile de lin quand ils sont cassants et de l'essence pour étendre, ou de l'essence seulement quand ils sont gras, et un peu d'arcanson.

Ces enduits résineux peuvent servir à enduire, intérieurement, les vases, bidons, bouteilles, etc.

La cire blanche, ou même la cire ordinaire, peut servir aussi à endurcir les bidons ; elle est même préférable, en ce qu'elle ne donne aucune espèce d'odeur.

28 mars 1842, deuxième brevet d'addition et de perfectionnement.

Dans ma demande d'un brevet et d'addition, j'ai dit que le chanvre imperméable pouvait être appliqué à la fabrication des ornements pour la décoration tant de l'intérieur que de l'extérieur des maisons.

Je viens confirmer cette application, l'étendre, en tant qu'il serait nécessaire aux cadres pour glaces, tableaux, aux imitations des bois sculptés, à la reliure des livres, et indiquer tous les perfectionnements que j'ai obtenus, toutes les additions que la pratique m'a porté à admettre comme étant utiles à signaler.

D'abord je dois ajouter que, en se servant des préparations et apprêts décrits dans mes demandes antérieurement brevetées, et de ceux que je vais décrire ci-après, en outre des matières végétales filamenteuses, des chiffons et des vieilles cordes cardées, ou autrement, réduites en filaments, on peut employer aussi les matières filamenteuses animales, telles que la bourre, la laine, le poil de cabri, etc., en faisant observer, toutefois, que les produits en seront intrinsèquement bien moins bons, quoique d'une apparence à peu près égale.

1º Parce que les matières animales sont toujours assujetties à une fermentation ;

2º Parce que les crochets que les poils forment en se feutrant se lient trop fortement ensemble et empêchent que les pressions nécessaires à la consolidation ou à l'impression des objets s'opèrent par extension et sans déchirement

Pour qu'il n'y ait pas d'équivoque ou possibilité de mauvaises interprétations, j'explique que je n'entends pas demander un brevet de perfectionnement pour l'application des matières animales ci-dessus nommées ou autres à la confection de mes produits, mais que je demande un brevet pour l'application des moyens de fabrication et des apprêts que j'ai décrits et qui sont déjà brevetés, ainsi que de ceux que je vais décrire, à ces mêmes matières, disposées à produire des objets analogues à ceux que je fabrique, car j'ai la certitude que, par l'ancienne méthode et sans mes nouveaux apprêts, on ne pourra rien obtenir de satisfaisant.

La suppression, par moi faite, de l'encollage ordinaire, est le point essentiel qui a assuré la réussite de mes procédés, puisque je l'ai remplacé par des matières qui ne fermentent pas, qui sont élastiques et qui, par leur base presque de carbone pur, sont rendues insensibles aux variations de l'atmosphère.

Je dois ici énoncer que, quant aux ornements pour décor des maisons, etc., soit à l'extérieur, soit à l'intérieur, on m'a assuré qu'on avait, dans le temps, voulu les exécuter en feutre de matières animales, mais que ces essais n'ont pas réussi à cause des inconvénients attachés au système de fabrication.

Description de ma fabrication et de la composition de mes nouveaux apprêts.

Si j'opère sur le chanvre, le lin, etc., je prends les feuilles tout achevées et telles qu'elles sont décrites dans mes précédents brevets, je les coupe à la grandeur voulue, je les apprête avec l'enduit n° 1 ci-après ; je les chauffe à un degré de chaleur suffisant pour les ramollir ; je les soumets à une première pression dans un moule en fonte et sous un balancier, ou une tout autre presse, d'une force proportionnée à l'objet ; je les fais sécher à une température très élevée ; ensuite je les apprête de nouveau avec l'enduit n° 2, et je les presse en les ramollissant autant de fois qu'il faut pour obtenir une impression nette et un fini de détails plus ou moins avancé suivant l'emploi.

Si j'opère sur les matières animales, je fais marcher seulement les pièces sans les mettre au bassin ; je les mouille avec de l'eau bouillante dans laquelle je fais dissoudre une faible proportion de gomme arabique ou de toute autre gomme analogue ; ensuite je les fais sécher et je les apprête avec l'apprêt mordant indiqué dans mes précédents brevets, et j'opère en tout conformément aux plaques en chanvre.

Lorsque l'estampage est fini, on découpe les ornements avec une scie ou un tour, ainsi qu'on le fait pour les cuivres estampés, et on les décore à volonté.

Apprêt n° 1.

Prenez 75 kilog. de galipot (ou même arcanson le même poids).

25 kilog. d'essence.

Faites dissoudre le galipot ou l'arcanson dans une chaudière en fonte, à une très-douce chaleur.

Ajoutez peu à peu l'essence, ayant soin de bien remuer.
Laissez refroidir.

Tirez au clair et réservez pour l'usage.

Apprêt n° 2.

65 kilog. d'essence apprêt n° 1.

20 kilog. d'ocre jaune en poudre et bien tamisée.

15 kilog. de blanc de plomb ; mêlez bien ensemble et réservez pour l'usage.

Le contenu de ce brevet est très-intéressant. Nous avons essayé quelques-unes des mixtions qui y sont indiquées, le résultat a été conforme à l'énonciation faite, par M. Vignaux. L'avis de plusieurs fabricants a corroboré le nôtre. Nous ne pouvons donc trop engager le lecteur à prêter une sérieuse attention aux faits qu'il renferme. On trouverait difficilement ailleurs des renseignements sur le feutrage du chanvre.

Procédé pour rendre les étoffes imperméables, de M. HELLEWEL DE SALFORD.

Ce procédé consiste à tremper les tissus de coton ou autres substances filamenteuses, dans un bain préparé à cet effet dans des cuves ou bâches d'une grandeur proportionnée à l'importance du travail, et situées convenablement pour que l'on puisse opérer avec facilité et sans interruption.

On sait généralement que ceux des tissus imperméables à l'eau, qui ont été reconnus les meilleurs et qui, par conséquent, ont été plus généralement aussi adoptés pour la confection des manteaux, des collets et des surtouts, sont formés de deux étoffes réunies l'une à l'autre par une couche de caoutchouc ou autre substance. Ces tissus imperméables à l'eau interceptent également l'air et sont à la fois incommodes et dangereux en ce qu'ils ne laissent pas évaporer la transpiration. Le procédé que nous allons décrire a pour objet d'opérer sur un seul tissu, et d'obtenir à meilleur marché une étoffe imperméable à l'eau, et dont les fibres sont suffisamment ouvertes pour livrer un passage à l'air.

M. Hellewel a suivi le système adopté par les teinturiers pour disposer le bain de ses étoffes, c'est-à-dire qu'il en proportionne la quantité au poids des étoffes sur lesquelles il veut opérer. Le poids d'une étoffe est toujours une donnée plus juste du liquide qu'elle peut absorber, que son étendue qu'il faudrait calculer en raison d'épaisseurs très-variables.

Les ingrédients ci-après, seront suffisants pour saturer des étoffes du poids de cinq cents kilogrammes : Quand les cuves ont été préalablement disposées de manière à contenir les quantités voulues de matières mélangées, on verse dans un large vaisseau environ neuf cents litres d'eau, on y jette cent vingt litres d'alun cristallisé, que l'on aura préalablement réduit en poudre, on ajoute quarante kilog. de blanc de Meudon ou craie dégagée de ses impuretés et pulvérisée dans un moulin. L'addition de cette substance produira une effervescence considérable et déterminera une nouvelle combinaison chimique, par suite de laquelle l'acide sulfurique, dont se compose principalement l'alun, sera entièrement détruit, et l'alumine formant le résidu nécessaire restera libre ; cette alumine étant dans un état de dissolution et suspendue dans l'eau, le blanc de Meudon et les autres substances inutiles se précipiteront au fond de la cuve ; quand la liqueur est entièrement refroidie, on la décante au moyen d'un siphon, et on laisse tout le sédiment au fond du vase qui a servi à la préparation. Le tissu sur lequel on veut opérer doit être introduit dans des vases d'une forme convenable et contenant la solution ci-dessus ; on les y laisse tremper ou bien on les passe plusieurs fois dans la solution, selon que l'on juge convenable, l'essentiel est que le tissu soit suffisamment saturé. On pourrait employer l'acétate de plomb pour détruire l'acide sulfurique que contient l'alun ; mais cet agent est plus coûteux et offre, en outre, l'inconvénient de laisser dans la solution une certaine quantité d'acide acétique qui pourrait faire virer plusieurs des couleurs dont les étoffes auraient été teintes.

On porte ensuite le tissu dans un vase contenant un mélange d'eau et de savon ordinaire, dans la proportion de un kilog. et demi de savon et soixante litres d'eau pour vingt-cinq kilog. de tissu ; ces proportions peuvent varier en plus ou moins selon la nature de l'étoffe sur laquelle on opère. On peut dissoudre le savon en faisant bouillir l'eau, ou bien le couper en morceaux et verser de l'eau bouillante dessus ; quand la chaleur de ce bain est descendue à environ trente-huit degrés centigrades, on y passe rapidement le tissu de la manière la plus convenable. Cette partie de l'opération a pour objet de fortifier les qualités répulsives de l'étoffe qui a été saturée et de fixer l'alumine qu'elle a absorbée. Pour nettoyer cette étoffe qui est maintenant imperméable à l'eau, et pour la dégager de toute impureté et matière étrangère dont elle a pu s'emparer pendant la préparation qui précède, on la passe avec soin dans une eau pure et on la met sécher pour lui donner ensuite le fini en la calandrant à la manière ordinaire.

La laine, la soie, le lin ou autres substances filamenteuses peuvent être soumises au même traitement.

Toiles à tableaux imperméables, par MM. VALLÉE *et* BOUR-NICHE, *à Paris.*

Matières employées et quantité proportionnelle.

Caoutchouc liquéfié. . . . . 61 gr. 18
Vernis gras au copal. . . . . . . 15 . 29
Essence pure de lavande. . . . . . 15 . 29
Térébenthine de Venise. . . . . . 30 . 59
Céruse pure. . . . . 1 kilog.
Huile de lin épurée. . . . . 1 —

Ces différentes matières s'appliquent successivement à des intervalles rapprochés; les toiles ainsi préparées sont ensuite placées de manière à recevoir un courant d'air, pour que les deux faces puissent sécher.

Les principaux avantages qui résultent de ce mode de préparation sont d'empêcher les tableaux de s'écailler, de pouvoir se rouler avec facilité et d'être transportés sans danger en temps de pluie, de pouvoir être placés dans des endroits humides, notamment dans les églises, et de conserver aux peintures leur durée.

Composition pour rendre le cuir imperméable, de M. FLECT-WOOD, *de Dublin.*

Ayant reconnu que toutes les huiles animales employées dans la préparation des cuirs contribuent à leur destruction (au lieu de servir à leur conservation) par la prompte putréfaction dont elles sont susceptibles, et en outre, que ces huiles ne donnent au cuir aucune imperméabilité contre l'humidité,

Enfin, M. Flectwood ayant reconnu qu'il y a un grand

avantage à substituer aux substances animales les substances végétales, surtout lorsque ces dernières ont reçu des perfectionnements chimiques, indique la prescription qui suit :

On fait dissoudre dans vingt gallons d'esprit de térébenthine (environ quatre-vingt-dix pintes de Paris) dix livres de gomme indienne (caoutchouc) coupée en petits morceaux. Le vaisseau ne doit être rempli qu'à moitié. On chauffe au bain-marie jusqu'à ce que la dissolution soit opérée.

On fait ensuite la même opération avec cent cinquante livres de la même gomme et cent gallons (cent vingt-cinq pintes) d'esprit de térébenthine. On y ajoute vingt livres de poix de Bourgogne et dix livres de gomme de *juniperus lycia* (Linné).

Lorsque ces deux mélanges sont entièrement froids, on y ajoute en les mêlant, dix gallons (quarante-deux pintes et demie) de vernis copal, et après avoir opéré la mixtion, on verse peu à peu cent gallons (quatre cent cinquante pintes dito) d'eau de chaux. Le mélange doit durer six ou huit heures pendant lesquelles on remue le tout avec la plus grande force.

Il est à observer qu'on doit remuer de même cette composition lorsqu'on veut la mettre en bouteille.

Pour donner au cuir un beau vernis noir, on ajoute vingt livres du plus beau noir de fumée, qu'on délaie dans vingt gallons (quatre-vingt-dix pintes dito) d'esprit de térébenthine avant de les jeter dans la composition.

On l'applique sur le cuir avec une grosse brosse de peintre, en frottant fortement pour la faire entrer dans les pores ; le cuir, ainsi préparé, est imperméable à l'eau, il devient très-doux, très-souple.

Manière de remplacer le cuir par la toile.

Pour les matières qu'on veut conserver flexibles, la composition se fait avec les substances suivantes :

Colle de poisson ordinaire.	4 parties.
Huile de lin bouillie.	2 —
Noir de fumée.	$1/2$ —
Blanc de céruse en poudre très-fine.	1 —
Terre à pipe.	1 —

On fait fondre et on mêle bien ces matières sur le feu, dans un vaisseau rempli seulement à moitié.

On fait fondre d'abord la colle de poisson, on y ajoute l'huile peu à peu, le noir de fumée vient ensuite et après lui le blanc de céruse, la terre à pipe. Lorsque la composition

est parfaitement mêlée, elle est propre à l'usage qu'on veut
en faire, elle n'exige aucune cuisson.

Manière de l'employer.

On étend la toile, etc., sur des perches ou sur un châssis,
ensuite, avec une lame ou spatule, on y applique également
et doucement un certain nombre de couches légères, de la
composition, en observant que la dernière doit toujours être
parfaitement sèche avant qu'une autre lui succède; on les
multiplie autant qu'on le veut.

L'étoffe ainsi encollée ressemble au cuir verni. On recommande de la tailler ou de la coudre suivant l'objet et
dans la dimension qui lui convient avant d'appliquer la composition et de le passer entre deux cylindres, pour la rendre
tout-à-fait douce et unie.

On peut lui donner un vernis mêlé de couleur; on le rend
luisant avec la brosse.

Si on emploie ces étoffes à couvrir des impériales de voitures ou à tel autre usage qui exige des matières fortes,
épaisses, on peut augmenter à volonté les proportions de
l'huile, du blanc de céruse et de terre à pipe.

Pour donner le poli à ce cuir factice, on peut employer la
pierre ponce, le tripoli, le *crocus martis* (vitriol vert qui a
été brûlé), etc.

M. Thomas Hancock a pris aussi un brevet pour le même
objet, et sa manière est encore plus simple : il carde de la
filasse, de la laine, du coton, etc., ou plutôt il les feutre dans
l'eau, et il les passe ensuite entre cylindres pour les unir
mieux; il applique la gomme sur cette préparation.

*Brevet d'invention de 15 ans, en date du 1er septembre
1837, au sieur* BECKER-DEVILAINE *et Compagnie, à Paris,
pour des procédés propres à rendre les étoffes imperméables.*

Jusqu'ici on n'a trouvé d'autre moyen de rendre les étoffes
et tissus imperméables qu'en employant les substances qui
font les toiles cirées, ou bien une dissolution de caoutchouc.

Les produits ainsi obtenus avaient pour inconvénient d'arrêter la transpiration ou de donner aux habits une odeur des
plus désagréables.

On a aussi présenté, assez nouvellement, un procédé qui indique comme base l'alun, le savon, la colle de poisson, la céruse,
l'eau-de-vie ; il n'y a rien de nouveau, puisque ces substances
se trouvent indiquées dans le *Bulletin* de la Société d'encou-

ragement, le *Traité* de M. Thénard, et autres ouvrages de savants français et étrangers.

Ces substances, d'ailleurs, ont pour inconvénient de rendre le drap sec, cassant et poudreux, et de ne pas assez s'incorporer au drap pour l'imperméabilité durable.

Le procédé nouveau repose sur le principe d'employer comme base des corps gras, ce qui fait que l'apprêt dure indéfiniment et donne au drap un moelleux qui ajoute beaucoup à ses qualités premières.

Les étoffes sont aussi sans la moindre odeur.

Voici les substances employées :

Eau douce.	12 litres.
Blanc de baleine.	60 gram.
Graine de lin.	60 —
Décoction de colimaçons (nombre employé, 200).	1 litre.
Colle d'esturgeon.	60 gram.
Alun.	185 —

Chacune de ces substances doit être dissoute, à part, dans une partie d'eau qu'on laisse bouillir jusqu'à parfaite dissolution ; on les mélange ensuite en les passant, préalablement, au tamis.

Dans ce mélange, on trempe les tissus, étoffes et papiers de manière à ce qu'ils soient bien imprégnés, puis on fait sécher et décatir par les procédés ordinaires.

1er septembre 1837, premier brevet d'addition et de perfectionnement.

Des expériences nombreuses ont conduit à de notables améliorations dans le système du brevet primitif.

Ces améliorations sont de deux sortes, elles consistent :

1º Dans une combinaison de substances employées soit conjointement, soit en remplacement de quelques-unes des substances précédemment indiquées ;

2º Dans l'emploi d'une machine dont la description va suivre.

Nous pouvons remplacer le blanc de baleine par l'acide stéarique, l'acide margarique et la cire.

Les autres substances sont celles indiquées dans la demande de brevet.

Nous pouvons employer l'acide stéarique, l'acide margarique et cire, conjointement avec le blanc de baleine, et dans des proportions qui seront ci-après indiquées.

Opération.

Dans le cas où l'on mélange les nouvelles substances, avec le blanc de baleine, on fait dissoudre à chaud 100 grammes d'acide stéarique, d'acide margarique ou de cire dans 17 degrés alcalimétriques de soude caustique ; on ajoute 100 grammes de blanc de baleine, et on fait bouillir jusqu'à combinaison.

On alcalise, avec quantité suffisante d'ammoniaque, le mélange de dissolution de colle et de décoction de graine de lin.

Lesdites dissolutions conservent les proportions indiquées dans le brevet.

On ajoute le savon doublé d'acide stéarique, d'acide margarique ou de cire et de blanc de baleine, on mélange bien le tout, que l'on verse dans la chaudière qui fait partie de la machine, et que l'on remue au moyen de l'agitateur placé au fond du récipient.

Lorsque la liqueur est ainsi préparée, on y fait passer les étoffes qu'on laisse fortement s'imbiber, en ne donnant qu'un faible mouvement aux rouleaux ; ces rouleaux enlèvent aux draps l'excédant de liqueur.

Lorsque la pièce d'étoffe est passée, on retire la première liqueur et on la remplace par une dissolution saturée d'alun à froid, dans laquelle on fait passer également l'étoffe.

Cette opération est suivie du brossage.

Après cela, on fait sécher l'étoffe, on la nettoie et on lui donne son apprêt ordinaire.

Quand on emploie l'acide stéarique, l'acide margarique, ou la cire sans blanc de baleine, on se conforme, pour les quantités, à celles indiquées dans le brevet pour le blanc de baleine.

La machine servant à donner l'apprêt hydrofuge aux étoffes, se compose :

1º D'une chaudière oblongue chauffée au bain-marie, avec un agitateur au-dedans ;

2º De deux rouleaux placés au-dessus de la chaudière, qui reçoit ainsi l'excédant de la liqueur dont l'étoffe est imprégnée ;

3º D'un système de brosses circulaires roulant en sens divers, pour coucher le poil des draps ;

4º D'un rouleau placé derrière les brosses, pour enrouler les étoffes.

Dessins.

Pl. 4, fig. 150, élévation de l'ensemble de la machine.

Fig. 151, coupe verticale prise sur la longueur de la machine.

Les mêmes lettres indiquent les mêmes objets dans les deux figures.

a, rouleaux presseurs en bois, couverts d'étoffe.

b, rouleau sur lequel a été enroulée l'étoffe que l'on veut apprêter.

b', rouleau qui reçoit l'étoffe qui a subi l'apprêt.

c, agitateur tournant librement sur un axe reçu dans deux trous pratiqués aux deux bras *d*.

Cet agitateur sert à la fois à maintenir l'étoffe au fond de la chaudière, et à agiter constamment le mélange.

d, bras glissant dans une coulisse *d*, fixée à chaque extrémité de la chaudière.

Ces bras, qui portent l'agitateur, sont maintenus à la hauteur convenable au moyen de clavettes.

e, chaudière intérieure recevant l'action du feu, et formant le bain-marie.

g, rouleaux garnis de brosses qui brossent l'étoffe quand elle a quitté les rouleaux presseurs.

h, foyer servant à chauffer le bain-marie.

i, grilles du foyer.

j, cendrier.

k, étoffe délivrée par le rouleau *b*, passée sous l'agitateur *c*, pressée, pour extraire le liquide surabondant, par les rouleaux presseurs *a*, brossée par les cylindres *g*, et venant s'enrouler sur le rouleau *b'*.

m, manivelle adaptée sur l'axe du rouleau *a*, et servant à lui imprimer un mouvement de rotation à l'aide du moteur employé.

n, bras courbes et mobiles à volonté, percés de trous, qui servent de coussinets à l'axe des rouleaux *g*.

On peut élever et abaisser à volonté ces bras, pour varier l'action des brosses.

o, massif en maçonnerie.

p, tube servant à remplacer, au besoin, le bain-marie.

q, indicateur du niveau d'eau dans le bain-marie.

Des engrenages convenablement disposés, ou des courroies avec des poulies, servent à imprimer aux rouleaux *b' g* le mouvement nécessaire, en l'empruntant au mouvement que reçoit le rouleau *a* du moteur employé.

Quant à l'agitateur, il est entraîné par la course de l'étoffe elle-même.

Caoutchouc.   32

27 mars 1838, deuxième brevet d'addition et de perfectionnement.

Au lieu d'employer le bain d'alun séparément, et après le bain savonneux, on peut opérer comme suit :

On mélange bien ensemble, et dans l'ordre suivant, la décoction de graine de lin, la dissolution de colle animale, la dissolution savonneuse, et la dissolution d'alun, en évitant de chauffer le tout au-delà de 30 à 40 degrés centigrades, et on y plonge les étoffes, qui se trouvent ainsi rendues imperméables en une seule opération.

L'expérience a prouvé qu'on rendait l'immersion plus permanente en y ajoutant un léger excès d'acide sulfurique avant d'y plonger les étoffes.

Les étoffes ainsi préparées sont lavées à l'eau, et ensuite apprêtées comme de coutume.

Lorsqu'on ne tient pas à avoir des draps et étoffes imperméables qui laissent passer librement l'air et la transpiration, on peut remplacer la graine de lin par la fécule de pomme de terre, en employant les autres substances indiquées par le brevet d'invention.

29 septembre 1840, troisième brevet d'addition et de perfectionnement.

La présente addition consiste à ajouter, pour l'imperméabilité des étoffes, aux matières indiquées dans les précédents brevets, des ingrédients nouveaux, et de plus à appliquer le procédé hydrofuge aux rouleaux des imprimeurs.

Les ingrédients sont les suivants :

10 grammes de gomme-laque en poudre, que l'on fait dissoudre dans 30 grammes d'alcool.

15 grammes de racine de guimauve, que l'on a fait macérer à chaud dans une quantité convenable d'eau; on passe la décoction au tamis de soie; on verse dans cette solution 25 grammes de saponaire et 5 grammes de savon médical; on passe encore au tamis de soie; on ajoute 5 grammes de cire vierge; on met le tout en ébullition, on le mêle avec les ingrédients indiqués aux précédents brevets, et on apprête les étoffes de la manière qui y est décrite.

On rend hydrofuges les rouleaux d'imprimerie en les composant de la manière suivante :

Gélatine de Givet.	250 gram.
Saponaire.	25 —
Mélasse.	250 —

Blanc de baleine. . . . . 175 gram.
Colle d'esturgeon. . . . . 175 —
Racine de guimauve pulvérisée. . . 25 —

Les rouleaux d'imprimerie ainsi fabriqués ont l'avantage de ne pas laisser pénétrer l'humidité, et de se conserver beaucoup plus longtemps souples et élastiques.

Brevet d'invention de 10 ans, en date du 9 octobre 1839, aux sieurs THIBOUT DE LA FRESNAYE *et* L'ABBÉ, *à Falaise, pour un procédé propre à rendre les tissus imperméables.*

Pour l'application de ce procédé, trois objets sont nécessaires :

1º Une table de bois de hêtre, relevée au centre dans toute sa longueur ;

2º Une double potence munie de trois cylindres mobiles juxtaposés longitudinalement ;

3º Un séchoir ordinaire.

D'abord le tissu étendu sur la table est étiré dans tous les sens au moyen de poids latéraux, afin de donner à ses interstices toute leur étendue ; il reçoit la préparation au moyen d'une brosse à longues soies, aussi également qu'il est possible.

Pour compléter l'imbibition, le tissu est ensuite pressé entre les cylindres supérieur et inférieur, mis en jeu par une manivelle, après quoi on le porte sur des perches horizontales placées dans toute la longueur du séchoir.

Le même procédé est renouvelé une seconde, une troisième fois jusqu'à ce que tous les pores soient fermés ; on procède enfin au séchage définitif.

Préparation.

Pour obtenir la viscine, il est indispensable de choisir la meilleure qualité de glu possible, et préférablement celle de couleur jaune. On la lave à l'eau bouillante légèrement alcaline, pour en séparer le mucilage, l'acide acétique, la matière extractive, etc. ; ensuite on la baigne dans l'eau chlorurée, jusqu'à ce qu'elle ait acquis la blancheur et la consistance nécessaires.

Alors, mêlée avec moitié de son poids d'essence de térébenthine rectifiée, elle est soumise à l'action du feu, dans un vase de terre vernissé.

Bientôt dissoute, elle est pressée dans un tamis, afin de la débarrasser des corps étrangers qu'elle peut encore contenir, et après qu'on y a mêlé un peu d'essence, elle est pressée de nouveau, mais dans un tamis plus fin.

Le résultat de ces diverses opérations est une liqueur presque incolore, qui n'est autre chose que la viscine elle-même.

Quant au caoutchouc, il est d'abord soumis pendant une demi-heure à l'action de l'eau bouillante pour l'amollir, ensuite il est coupé en petits morceaux et frotté avec les mains dans un bain d'eau, pour le nettoyer exactement.

En cet état, il est plongé dans l'eau chlorurée jusqu'à ce que la partie colorante ait entièrement disparu.

Lorsqu'il est sec, il est disposé dans un vase de grès vernissé, avec le double de son poids d'huile essentielle rectifiée de térébenthine jusqu'à tuméfaction.

Lorsque la tuméfaction est accomplie, le vase dans lequel on a versé de nouveau 1 kilog. de la même huile essentielle pour 500 grammes de caoutchouc, est soumis au bain de sable ordinaire.

La dissolution accomplie, la liqueur est passée au tamis de crin à mailles un peu serrées, et ce qui reste sur le tamis subit une seconde opération.

Le mélange du caoutchouc et de la viscine s'opère ainsi : deux parties de l'un et une partie de l'autre sont exposées et agitées sur le feu, dans un vase de grès vernissé, jusqu'à ce que la mixtion soit complète.

C'est donc à la viscine que le caoutchouc emprunte tout à la fois et son extensibilité, sa tenacité et sa grande facilité de pénétration.

Les tissus enduits de ce mélange ne conservent aucune odeur lorsqu'ils sont bien secs. Ce degré de perfection ne s'obtient qu'après quelques jours et par un temps sec.

Les mêmes procédés ont été appliqués au bois, c'est-à-dire que des pièces de charpente ou de menuiserie enduites du mélange de caoutchouc et de viscine résistent mieux et plus longtemps à l'humidité que d'autres couvertes de peinture.

Brevet d'invention de 15 ans, en date du 31 décembre 1844, au sieur BECKER *(Jean-Pierre), à Paris, pour un produit qui rend les étoffes imperméables.*

Composition à employer pour rendre imperméables 12 mètres de drap.

Eau	12 litres.
Graine de lin	93 gram.
Huile de coco	93 —

Beurre de cacao. . . . . 64 gram.
Gomme de résine élémi. . . . . . . 31 —
Gelée ou gélatine de veau. . . . . . 93 —
Alun. . . . . 217 —

Vingt-quatre heures à l'avance, on opère le mélange, et l'on procède, dans un vase de terre vernissée, à la fusion de l'huile de coco, du beurre de cacao et de la résine élémi ; après la fusion de ce mélange, on en opère, au moyen d'un filtre, la clarification.

On fait bouillir, dans 3 litres d'eau, pendant environ 4 minutes, la graine de lin, et on la passe ensuite à travers un tamis.

Après la clarification de l'huile de coco, du beurre de cacao et de la résine élémi, on mélange avec ces diverses substances les extraits de graine de lin et de gélatine, auxquels on ajoute alors 217 grammes d'alun préalablement fondu.

On commence par bien agiter le mélange, on y trempe ensuite le drap une seule fois, on le retire et on l'étend sur une corde à l'effet de laisser échapper l'excédant du liquide absorbé par l'étoffe. Au bout de dix minutes, on passe le drap dans l'eau de puits. Cette opération a pour but de faire adhérer lesdites substances au drap. Après le séchage complet, on procède à l'opération du décatissage, et alors le drap est en état d'être employé.

Il est facile de reconnaître, d'après ce qui précède, que les matières qui composent l'apprêt n'ont pas assez d'affinité avec l'eau pour vaincre l'adhérence qu'ont entre elles les molécules de ce fluide, en sorte qu'il ne peut passer à travers ces toiles percées cependant d'une infinité de trous assez grands ; que c'est en détruisant, ou au moins en diminuant beaucoup l'attraction des fibres capillaires qui favorisent le passage de l'eau et des autres liquides dans les tissus ordinaires, que l'apprêt empêche le fluide de pénétrer les étoffes ainsi préparées.

L'apprêt donné aux étoffes par cette composition ne leur enlève ni leur souplesse ni leur moelleux, et n'altère nullement leur couleur.

Quant à la solidité des étoffes ainsi préparées, elles doivent durer plus longtemps, car, ne retenant pas l'humidité comme les étoffes ordinaires, elles ne sont pas sujettes à se pourrir.

Elles peuvent servir à la confection des manteaux, redingotes, pantalons, capotes, à celle des tentes, couvertures de voitures, etc.

Préparation des tissus imperméables, de FEHLING.

Pour préparer les toiles imperméables à l'air et à l'eau sans qu'elles perdent leur flexibilité, le professeur de Stuttgard avait conseillé de les plonger dans un mélange composé de 80 grammes d'alun et 16 grammes d'acétate de plomb, qu'on fait dissoudre et qu'on laisse reposer. On fait débouillir les toiles dans cette dissolution ; puis on les plonge dans une dissolution de 32 grammes de gélatine, 8 grammes de gomme arabique et 16 grammes de colle de poisson.

M. *de Leiden*, qui a eu occasion de faire des applications en grand de ce procédé, assure qu'il ne lui a pas fourni des résultats entièrement satisfaisants, et que les toiles qui ont été ainsi préparées ne remplissaient pas toutes les conditions qu'on doit rechercher dans ces sortes de préparations et, entre autres, avaient perdu toute leur flexibilité. En conséquence il a fait quelques essais qui l'ont conduit à plonger les toiles préparées à l'alun et l'acétate de plomb, par le procédé du professeur Fehling, dans un mélange de 16 grammes de savon d'Espagne et 64 grammes d'essence de térébenthine, à sécher à l'air, puis, trois jours plus tard, à les faire bouillir dans une solution consistant en 8 grammes de caoutchouc, dissous dans 64 grammes d'essence de térébenthine et à laquelle on ajoute 64 grammes d'huile d'olive, puis à faire sécher à l'air libre.

Ce traitement a, suivant le rapport de la Société d'encouragement du grand-duché de Hesse, parfaitement réussi : les toiles non-seulement sont devenues imperméables à l'air et à l'eau ; mais de plus elles ont conservé la douceur, la flexibilité et l'élasticité qu'elles possédaient auparavant et à l'état naturel.

Brevet d'invention (patente anglaise du 20 janvier 1846), 19 août 1846, au sieur BURKE, *de Tottemham, pour des tissus imperméables.*

Un tissu quelconque est enroulé sur un cylindre. Sur un cylindre, en regard, est également enroulée une même longueur de toile de Clark, qui est produite avec des filaments de laine ou de coton unis par du caoutchouc. Ces deux nappes, passant sur les cylindres qui déposent sur elles une dissolution de caoutchouc, viennent se coller l'une sur l'autre, pour ne former qu'un même tissu. L'adhérence est rendue parfaite par une pression faite entre des cylindres. En appliquant encore une couche de caoutchouc sur la toile, on obtient un tissu entièrement imperméable.

On peut employer du papier au lieu du premier tissu. On peut également couvrir la surface d'une dissolution de caoutchouc renfermant de la poudre métallique pour les besoins de l'ornementation.

Brevet d'invention de 15 ans, en date du 7 septembre 1846, aux sieurs MASCOT *et* HUTIN, *à Paris, pour un liquide propre à rendre les tissus imperméables.*

Ce liquide, qui peut remplacer l'huile dans la peinture de bâtiments ainsi que le mordant de velouté des papiers peints, rend aussi imperméables les papiers et les toiles.

Il se compose de borax ou de potasse qu'on mélange avec de la gomme-laque ; le mélange est jeté dans de l'eau et chauffé.

Dans un certificat d'addition, en date du 20 avril 1847, l'inventeur indique les proportions les plus convenables à employer, lorsqu'il s'agit du papier propre au paquetage.

Gomme-laque.	1 kilog.
Sel de soude.	66 gram.
Sel de potasse.	33 —
Eau.	1^{kil}.25

Au lieu des sels de soude et de potasse, on peut mettre du borax.

On peut colorer le liquide en introduisant dans la chaudière les couleurs convenables.

Brevet d'invention de 15 ans, en date du 24 décembre 1846, au sieur BRETNACHER, *à Boulay (Moselle), pour une toile vernie.*

Elle est tissée avec des fils quelconques ; pour la préparer, on l'étend sur un cadre, on l'enduit de plusieurs couches d'un apprêt composé d'huile de lin et de caoutchouc ; l'on colle ensemble deux morceaux ainsi préparés, et on met ce double tissu dans des étuves ; on passe encore une couche du même apprêt ; enfin on passe une couche d'huile de lin et de noir d'ivoire, et on finit par un vernis composé d'huile de lin et de bleu de Berlin.

Brevet d'invention de 15 ans, en date du 23 novembre 1847, au sieur ROCHE, *à Lyon, pour un apprêt des tissus.*

L'inventeur applique à cet apprêt le blanc de baleine. On enduit un rouleau de cette substance, et on passe le rouleau sur la pièce à apprêter. Pour l'appliquer uniformément, on

passe sur l'étoffe un cylindre de métal assez chaud pour liquéfier le blanc de baleine.

Les étoffes, ainsi préparées, deviennent imperméables.

Dans un certificat d'addition, en date du 16 décembre
1847, l'inventeur étend, à l'apprêt des cuirs, des papiers, des
cordages, des bois, l'application du blanc de baleine.

*Brevet d'invention de 15 ans, en date du 11 décembre
1847, au sieur MAGNIANT, à Paris, pour des tissus imperméables.*

Il s'agit particulièrement du traitement des toiles imperméables employées pour couvertures d'objets, bâches, em-
ballages, et connues sous le nom de toiles grasses.

Ces toiles, soit qu'on les roule, soit qu'on les ploie, présentent une adhérence qui est souvent un inconvénient, et
qui limite leur emploi.

L'inventeur couvre ses toiles d'une pâte sirupeuse que l'on
fait avec de la colle mêlée à un oxyde convenable ou à du
blanc de Meudon ou à des ocres.

*Dissolution de la gomme-laque, et tissus imperméables, de
M. NORMANDY.*

M. A.-L. de Normandy a pris récemment un brevet pour
deux méthodes pour dissoudre de la gomme-laque, dont l'une
au moins paraît nouvelle, et pour rendre les tissus imperméables au moyen de cette dissolution.

Suivant la première de ces méthodes, la laque en écaille,
en grain ou en bâton, est d'abord dissoute dans une solution
aqueuse d'alcali, en ajoutant à chaque 100 kilog. de laque
1,000 litres d'eau, dans laquelle on a dissous 40 kilog. environ de potasse, chauffant à l'ébullition et jusqu'à ce que la
laque soit dissoute. Cette dissolution opérée, on filtre à travers une toile, puis on sature l'alcali par un excès d'acide,
soit sulfurique ou azotique, soit chlorhydrique, oxalique, etc.
La laque se sépare sous forme d'une masse semi-visqueuse
et molle. Cette masse est fondue sur le feu et étendue sur
l'objet qu'on veut rendre imperméable, ou employée pour
coller ensemble les tissus, le bois, la pierre.

Une seconde méthode consiste à verser sur la laque une
certaine quantité d'huile de pomme de terre ou hydrate de
protoxyde d'ormyle des chimistes, qui dissout complètement
cette substance. La quantité de cette huile dépend du degré
de liquidité qu'on désire.

On peut, pour rendre les tissus imperméables, se servir
de la masse plastique ci-dessus, soit seule, soit dissoute dans

l'huile de pomme de terre, ou de la laque dissoute directement dans cette huile. Mais il vaut mieux faire usage de la masse plastique qui conserve plus d'élasticité et de souplesse. Cette masse est aussi soluble dans l'alcool et le naphte.

Voici un relevé des recettes et procédés fait dans les brevets d'invention et publications industrielles.

Procédé pour rendre les étoffes imperméables, de M. MUSTON (Paul), d'Amsterdam.

Sur 5 kilog. d'alun calciné en poudre ou autrement, ou même d'alun commun, et la même quantité de sucre de plomb, on ajoute 500 litres d'eau douce froide, ou la quantité ci-dessus d'alun et sucre de plomb peut être dissoute dans 10, 20 ou plus litres d'eau chaude douce, et mêlée ensuite dans le restant de la quantité d'eau froide, après que la dissolution en sera complète.

Un demi-kilogramme de colle de poisson sera dissous dans de l'eau chaude douce.

Ces deux solutions seront mêlées ensemble dans un grand réservoir ou autre vase propre à cette opération, et après avoir reposé dans ce vase environ douze heures, la partie claire, sans couleur, de ce fluide, sera soutirée avec attention dans un autre réservoir, laissant dans le premier vase tout ce qui a été précipité au fond. Ce liquide, ainsi épuré, est prêt à être employé; on peut en emplir les bassins ou bains qui doivent servir à rendre les objets imperméables.

Cette opération se fait par le moyen de l'immersion des objets dans le liquide, en les laissant tremper environ douze heures, suivant les articles plus ou moins épais, demandant plus ou moins de temps pour leur saturation complète.

Il faut faire attention que des draps de différentes couleurs ne soient pas mis en même temps dans le même réservoir, parce qu'ils pourraient être plus ou moins gâtés par la décharge de belles couleurs qui ne seraient pas solides.

La même solution peut servir deux fois et même davantage lorsqu'on l'emploie pour des draps ou tissus de la même couleur.

Après que le drap aura été bien saturé dans la solution pendant environ douze heures, il faudra le retirer pour le laisser écouler en le pendant au-dessus des réservoirs dans lesquels l'opération s'est faite, et avant qu'il soit bien séché, il faudra le brosser avec soin pour enlever les particules de la solution qui pourraient par hasard y adhérer.

Quand le drap est parfaitement sec, il doit être brossé de nouveau et ensuite pressé, ayant sur sa surface une toile en lin humectée dans la solution.

Pour rendre le papier de toutes qualités imperméable à l'eau, on emploie la solution dans la pâte au lieu de l'eau simple.

Autre procédé propre à rendre les étoffes imperméables, par MM. Gillet et Monnier, à Marseille.

Préparation.

Caoutchouc fondu dans l'essence de té-
    rébenthine. . . . . 100 gram.
Alumine. . . . . 30 —

On mêle bien les deux substances, et après avoir étendu le drap ou autre étoffe sur une table par des moyens connus, on l'enduit avec une brosse de la préparation et on laisse sécher.

On peut donner plus ou moins d'épaisseur à la couche en renouvelant l'opération plusieurs fois, ayant soin de laisser bien sécher chaque couche avant d'en étendre une nouvelle.

Si le côté non enduit se trouvait taché, il faudrait le nettoyer avec de l'alcool.

Etoffes imperméables de MM. Avieny-Flory, Bayol et Laurens, à Paris.

On a vainement tenté les moyens d'imperméabiliser les étoffes et tissus, quelle que soit leur substance, laine, coton, fil, soie, velours, etc. Les procédés essayés n'ont jamais procuré un résultat complet. Si l'imperméabilité était obtenue, elle était telle que l'air ou les fluides élastiques ne pouvaient traverser l'étoffe ou le tissu, d'où résultait le grave inconvénient, sous le rapport hygiénique, de provoquer à la transpiration et de la conserver sur le corps : telles sont les étoffes dites à la Makintosh. Si, au contraire, avec l'imperméabilité à l'eau, on obtenait le passage de l'air ou des fluides élastiques, ce n'était qu'au détriment de l'étoffe, qui perdait de son éclat, de son lustre, de sa souplesse, de sa qualité. D'autres fois le tissu imperméabilisé répandait une odeur repoussante, par l'usage des agents chimiques employés, tels que le caoutchouc en dissolution.

Pénétrés de tous ces inconvénients, nous avons cherché à les faire entièrement disparaître; nous y sommes complètement parvenus.

Notre procédé s'applique à toutes les étoffes de laine, de coton, de fil, même de soie. Le tissu imperméabilisé n'a aucune espèce d'odeur; il conserve toute son élasticité, toute sa souplesse, tout son brillant. L'imperméabilisation est impossible à reconnaître, soit à l'œil, soit au toucher, soit à l'odorat; elle résiste parfaitement au lavage, et l'on pourrait presque dire qu'elle ne peut être détruite que par l'usure même, à laquelle rien ne résiste.

Le procédé consiste à tremper les étoffes ou tissus dans un bain préparé de la manière suivante : on verse dans une large cuve environ 1,100 litres d'eau; on y jette ensuite 100 kilogrammes d'alun cristallisé, 40 kilog. de carbonate de chaux et 1 kilog. 5 de sandaraque dissoute préalablement dans l'alcool; on mélange bien le tout, on laisse déposer, puis on décante dans une autre cuve. Suivant la température atmosphérique et les diverses étoffes qu'on a à préparer, on fait arriver dans cette solution un courant de vapeur concentrée pour donner quelquefois au liquide de 60 à 70 degrés de chaleur. Le tissu sur lequel on opère est introduit dans cette solution; on le trempe ou on le passe plusieurs fois; cette dernière opération terminée, on fait sécher, et le tissu est tout-à-fait imperméable.

Coutures rendues imperméables, par M. Reumont (Emile), *à Paris.*

1º Il faut donner une couche de gomme en vernis dessous les rebords des coutures et la laisser sécher;

2º En donner une deuxième;

3º Rabattre lesdits rebords des coutures sur l'étoffe;

4º Donner également deux autres couches sur les coutures rabattues;

5º Appliquer sur les coutures ainsi gommées et séchées une bande de mousseline (ou jaconas) gommée des deux côtés qui, se liant avec le vernis en caoutchouc appliqué et séché sur lesdites coutures, les rend parfaitement imperméables;

6º Recouvrir ladite bande, imperméable par elle-même, avec une bande pareille à l'étoffe de la doublure du paletot.

Fabrication d'étoffes peluches imperméables, par M. Cartau (Jean-Jacques), *à Paris.*

Cette fabrication consiste à faire d'un tissu quelconque une étoffe peluche-laine ou peluche-soie, etc., imperméable, au moyen d'une application de caoutchouc dissous dans l'essence, c'est-à-dire à enduire d'abord ce tissu de toile, de coton, etc., de caoutchouc dissous ou préparé, et à le recouvrir ensuite de fils de soie ou de laine pour en faire ainsi une étoffe à la fois soyeuse et imperméable, ce qui s'effectue en procédant comme je vais l'indiquer.

D'après ce simple exposé, on conçoit que, pour avoir le corps de l'étoffe, il faut d'abord un tissu quelconque de toile, coton, etc., de la force et de la largeur convenables. Dès que le choix de ce premier élément est déterminé, on étend sur la table d'un sparadrapier et successivement tout le tissu que l'on veut imprégner de dissolution de caoutchouc, et convertir en l'étoffe spéciale et nouvelle dont il s'agit. Alors le sparadrapier, machine, disons-le, qui est du domaine public, fonctionne ici de la même manière que toutes les autres fabrications analogues ; nous nous abstiendrons, par conséquent, d'en faire ici la description.

Cependant, pour mieux faire comprendre la spécialité de mes produits ou de leur fabrication, il ne sera pas inutile d'expliquer comment j'opère et à l'aide de quels moyens. D'abord je ferai remarquer que la table dont je viens de parler porte, sur toute sa largeur, une barre de fer plate fixée latéralement par ses deux extrémités, ainsi qu'une autre pièce en fer à rainure, dans laquelle entre et s'emboîte la susdite barre, qui porte de tout son poids sur le tissu pour refouler et étendre le caoutchouc préparé à la manière ordinaire, de telle sorte que ce tissu en soit bientôt assez imprégné pour recevoir utilement les fils de soie ou de laine, etc., qui doivent, superposés et pressés ensuite, le transporter en l'étoffe peluche-laine ou peluche-soie qu'on s'est proposé d'établir.

Ainsi on enroule la pièce de tissu sur le rouleau en bois ou l'espèce d'ensouple fixée à l'extrémité de la table du sparadrapier, puis on fait tourner ce rouleau, et le tissu, passant entre la table et la barre de fer qui le presse de tout son poids, ne peut prendre que la quantité de caoutchouc préparé qu'il faut pour être drapé convenablement ; bien entendu que la quantité de caoutchouc que l'on peut laisser prendre au tissu, pour ensuite se transformer en étoffe-peluche, est variable et qu'elle dépend du plus ou moins d'adhésion que l'on donne à la barre de fer dont nous venons de parler, du plus ou moins de pression qu'elle reçoit.

Cette opération étant terminée, il s'agit donc de draper ce tissu, d'en faire une étoffe peluche-laine ou peluche-soie quelconque, ce qui a lieu au moyen d'un autre rouleau en bois que porte également le sparadrapier, disposé comme le premier et fonctionnant de la même manière, pour recevoir les fils teints de laine ou de soie, etc., et dont le nombre ou la quantité dépend de la grosseur du fil lui-même et de la largeur de la pièce de tissu, de calicot, par exemple, qu'il s'agit de convertir en étoffe.

A 6 ou 8 centimètres de distance du rouleau en bois sur lequel sont enroulés les fils de soie ou de laine, sont disposés deux cylindres métalliques, l'un en fonte ou en fer et l'autre en plomb, zinc ou étain, que font rouler l'un sur l'autre deux roues d'engrenage adaptées latéralement.

Le cylindre en fonte porte ordinairement sur sa longueur douze cent quarante cannelures destinées à recevoir chacune un des fils dont se compose la pièce laine ou soie; ce qui, d'après cette somme, fait environ quarante cannelures par centimètre de largeur; mais ces nombres de cannelures et leurs dimensions, que l'on peut avantageusement adopter pour les cylindres en fonte quand on opère sur les pièces de calicot d'une largeur ordinaire (car, en ce cas, on pourrait les diminuer et non pas les augmenter), peuvent être modifiés, soit en raison de la grosseur des fils de soie ou de laine, soit en raison de la largeur que comporte la pièce du tissu.

Ainsi, dans cette hypothèse, qui sert ici d'exemple, ces douze cent quarante fils de laine ou de soie, ayant chacun leur cannelure, forment ce qu'on appelle, professionnellement parlant, une pièce laine ou une pièce soie; et leur préparation a lieu comme pour tout autre pièce de soie à tisser ou à ourdir sur une longueur donnée; d'où il suit que, pour une pièce de calicot de 50 ou 60 mètres de longueur, il convient que les fils de laine ou de soie présentent la même longueur.

Ici il est à remarquer qu'au système de cylindres dont nous venons de parler, on pourrait parfois ou au besoin substituer le peigne à tisser et autres moyens connus et usités dans le lainage ou la draperie, etc., dont je me réserve l'emploi, au nombre des diverses modifications dont, à l'avenir, la loi peut me permettre l'exécution.

Le cylindre en plomb, en zinc ou en étain, ou même en carton, qui est placé sur le cylindre en fonte, dont les cannelures sont occupées par les fils de laine ou de soie auxquels il est destiné, sert à faire pression sur celui-ci pour maintenir constamment ces fils dans leur position respective et ne leur permettre aucun dérangement. On conçoit aisément que ces cylindres sont superposés comme ceux d'un laminoir et qu'ils fonctionnent de la même manière.

A quelques centimètres de distance de ces deux cylindres est encore disposé un système de cylindres métalliques pareillement superposés, combinés et fonctionnant aussi de la même manière. Ces deux cylindres sont conformes en tous points, et ils ont pour but d'opérer la jonction intime de tous les éléments qui doivent composer l'étoffe peluche-laine ou peluche-soie, etc., qui est en fabrication. L'un de ceux-ci passe dessous la pièce de calicot, et l'autre sur la pièce de soie ; tellement que, à l'aide d'une pression convenable, la pièce de soie ou de laine vient se reposer sur la pièce de calicot, suffisamment enduite, au préalable, de caoutchouc préparé, et que les trois éléments distincts de cette nouvelle fabrication, de ces nouveaux produits ont une si forte adhérence au sortir du dernier système de cylindre, qu'ils ne sont plus qu'une seule et même pièce, et forment l'étoffe peluche spéciale dont il s'agit présentement.

Quand ce travail est accompli, on déroule l'étoffe de dessus son ensouple et on la met sécher pendant quelques jours ; ensuite on la fait tirer à poil pour la pelucher ou la chardonner, et l'on en fait raser le poil pour l'unir et lui donner le lustre convenable. Tel est le nouveau procédé de fabrication d'étoffe peluche-laine, peluche-soie, etc.

Préparations imperméables de Mlle CHILOT, *aux Batignolles (près Paris).*

ARTICLE PREMIER.

Préparation des vessies.

On les prend toutes fraîches : après les avoir lavées dans un lait de chaux, on les presse pour en faire sortir le plus d'eau possible ; les frotter ensuite vigoureusement, mêlées avec du son bien sec et avec les deux mains, jusqu'à ce qu'elles soient débarrassées de toute humidité ; les gonfler ensuite, et y étaler dessus, à une douce chaleur, la composition suivante :

Composition a.

Colle-forte faite avec peaux d'anguilles ;
Nerfs de bœuf ;
Intestins et testicules de cheval ;
Soit le tout ensemble ou une seule de ces matières.
Cette colle se fait avec les procédés connus, et dont on se sert pour faire les colles usuelles.
Ainsi recouvertes de cette composition, les vessies sont ensuite arrosées, à une douce chaleur, d'une décoction de noix de galle ou de cachou graduellement concentrée à chaque opération ci-après.
On recouvre de nouveau les vessies avec ladite colle, on les arrose ensuite du principe tannant comme il est expliqué ci-dessus, et ainsi de suite, une couche de colle et une

immersion tannante. On multiplie ces deux opérations alternatives jusqu'à ce que les vessies aient assez de consistance pour conserver leurs formes et une force suffisante pour ne point s'affaisser dans le cas où l'air, qui est comprimé dans leur intérieur, viendrait à s'en échapper. On complète par l'opération suivante :

Parties égales de caoutchouc et de glu dissoutes dans l'essence de térébenthine, le tout étalé à chaud sur les vessies : il faut deux couches.

Avant qu'elles soient sèches, on poudrera cette dernière couche, étendue sur les vessies, avec du liège pulvérisé.

ARTICLE DEUXIÈME.

Réparation des étoffes pour les rendre imperméables.

L'étoffe, soit fil ou coton, est lavée à l'eau chaude, puis séchée et pressée en tout sens pour la rendre plus souple ; elle passe ensuite dans un bain chaud contenant :

Composition b.

Glu.	20 parties.
Caoutchouc.	10 —

Dissoutes préalablement dans :

Huile essentielle de térébenthine.	40 —

Il faut fouetter vigoureusement ce mélange pour accélérer la dissolution du caoutchouc.

Mettre ce magma sur le feu pendant une demi-heure d'ébullition, avec 30 parties huile de poisson bien clarifiée et siccativée par les procédés connus.

Il faut passer cette composition au tamis et l'employer à chaud.

Cette étoffe, ainsi imprégnée, est passée entre deux cylindres qui refoulent et rejettent l'excédant des matières.

Lorsque l'étoffe est sèche à fond, on l'imprègne une seconde fois de la composition précédente, mais en retranchant de cette composition :

Huile de poisson.	15 parties.

Et en ajoutant à sa place :

Colle de Givet.	6 —

Dissoutes préalablement dans :

Acide acétique un peu affaibli d'eau.	9 —

L'étoffe, comme il a été dit précédemment, passe encore entre deux cylindres ; de là, elle est saupoudrée avec du liège en poudre, soit sur une face, soit sur les deux faces de l'étoffe.

La poudre de liège, ainsi jetée, est happée par les matières dont l'étoffe est couverte; malgré cela, on la passe encore aux cylindres pour la faire adhérer davantage, et, s'il se trouve quelques endroits non couverts de liège, on y remet de la poudre et on porte une dernière fois au cylindrage, toujours à froid. Cette spécification peut servir pour matelas, etc.

Plus l'étoffe est désirée raide, plus j'augmente la dose de colle-forte, en diminuant celle de l'huile; j'agis en sens inverse pour l'obtenir souple.

L'acide acétique est mis dans cette composition *b*, pour neutraliser l'odeur désagréable de l'huile, et surtout du caoutchouc. Je réduis en poudre les morceaux en copeaux de liège avec le même genre de moulin, dont on se sert pour pulvériser les copeaux de bois de teinture.

Je teins cette poudre de liège en toutes sortes de couleurs et par les moyens usités pour le bois. Ces diverses couleurs me permettent d'étendre l'application de ce liège en poudre, par exemple.

Sur des chapeaux confectionnés, avec une forte étoffe imprégnée de ma composition *a*, art. 1er et aussi sur des vêtements, tels que manteaux, en étoffe légère imprégnée de ma composition *b*, art. 2e.

ARTICLE TROISIÈME.

Préparations que subissent les copeaux de liège, afin de les rendre plus souples, et inattaquables aux insectes et à l'humidité, destinés pour literie et coussins divers.

Je choisis des copeaux non poreux, en liège fin, provenant des rognures de bouchons, dits bouchons à vin de Champagne.

Souvent je me sers des mêmes copeaux, mais lorsqu'ils ont déjà été découpés pour la fabrication des veilleuses; après les avoir battus et sassés, pour les débarrasser de toutes matières étrangères, je les fais infuser dans la composition suivante :

Composition c.

Savon jaune.	25 parties.
Dans : Eau bouillante.	25 —
Séparément :	
Son.	15 —
Dans : Eau bouillante.	20 —

Réunir le tout et laisser sur le feu, jusqu'à ébullition. On entasse les copeaux de liège dans une cuve à moitié pleine ; on recouvre les copeaux d'une grille chargée de pavés, puis on jette la composition ci-dessus et bouillante. On laisse infuser une demi-heure, on les retire, on les fait bien égoutter, puis sécher à l'étuve : dans cet état, ils ne crient plus et ne sont plus susceptibles de se briser.

ARTICLE QUATRIÈME.

Travail des ballons et tubes en jonc ou en baleine.

Le jonc et la baleine sont ramollis par les procédés connus.

Pour les ballons, il suffit de former deux cercles ronds, maintenus et serrés à la jonction des deux bouts, que l'on rapproche selon le diamètre que l'on veut ; ces deux ronds passés diamétralement l'un sur l'autre, forment la carcasse d'un boulet, sur laquelle on colle une étoffe légère bien tendue.

Les tubes sont des bouts, le plus longs possible, de baleine, et surtout de jonc, roulés sur un mandrin en bois et fixés dessus en spirale. Chaque bout de jonc est arrêté par un clou enfoncé dans le mandrin que l'on porte ainsi à l'étuve. Les bouts de jonc sèchent sans pouvoir reprendre leur position naturelle, lorsqu'ils sont saisis par une forte chaleur. On enlève les clous qui maintenaient les extrémités de chaque bout de jonc, et on fait glisser ces joncs de dessus le mandrin ; ils conservent alors les formes de tubes. On réunit ces tubes à la suite les uns des autres, selon la longueur désirée, et en attachant les bouts ensemble, pour que cette réunion de cercles soit continue. On colle sur ces tubes une étoffe légère, et le vide qui est au milieu, donne beaucoup de légèreté aux matelas, dans lesquels ils sont placés sur le sens horizontal ; l'étoffe légère qui les recouvre est pour empêcher le liège de pénétrer dans le vide intérieur des tubes et ballons.

RÉSUMÉ DES OBJETS TOUT FABRIQUÉS, DÉTAILS PARTIELS RELATÉS PRÉCÉDEMMENT.

Matelas en copeaux de liège.

L'extérieur est en étoffe rendue imperméable, avec la préparation *b* décrite, art. 2.

A l'intérieur, le liège est divisé bien également dans trois cases ; ces séparations sont en étoffe légère placée dans le sens vertical et ajustée sur la hauteur à donner au matelas ; cette étoffe est cousue ou collée intérieurement sur toute la largeur du matelas.

Lorsque le matelas est rempli également, on tasse un peu le liège pour avoir prise sur l'étoffe, et par là, faciliter le cousage ou collage de la partie qui reste à fermer.

Cela fait, j'applique quatre poignées légères à la tête, au pied, et une de chaque côté du matelas, pour en faciliter le transport.

Quelquefois, je mets plus de liège dans une des cases d'un des bouts du matelas ; cette partie, plus haute, par conséquent et où doit reposer la tête, est destinée à remplacer le traversin.

Autre genre de matelas.

Dans les compartiments et au milieu du liège, j'y mêle quelquefois des ballons ou tubes, décrits, art. 4, maintenus intérieurement par des cordons cousus sur la largeur.

Dans d'autres cas, je mets, dans la case et parmi le liège, des vessies, décrites, art. 1er ou les mêmes vessies seules, sans liège, dans les compartiments. J'ai, par là, des matelas dont l'intérieur n'est garni que de vessies.

Matelas destiné aux amputations.

Il est à compartiments intérieurs, comme ceux ci-dessus.
Le liège dont il est empli est sous-pulvérisé.
Ce matelas peut servir dans de certains cas où les membres ont besoin de reposer sur quelque chose de doux, mais fixe, sans élasticité.

Nouveau matelas de sauvetage.

Même étoffe que pour les précédents. L'intérieur est composé de vessies, décrites, art. 1er.

Le centre de ce matelas est percé, d'outre en outre, d'un trou rond, dans lequel un homme peut introduire son corps jusqu'aux aisselles. Dans ce trou est ajusté un tampon, de même nature que le matelas, qui se met et se retire à volonté.

De chaque côté extérieur de ce matelas et dans toute sa longueur, est adapté un fourreau en étoffe imperméable, et dans lequel on introduit une baguette en bois qui maintient le matelas et l'empêche de se cambrer sur l'eau, lorsque le milieu seul de ce matelas est chargé par le poids d'un homme, ainsi soutenu à fleur d'eau.

Double étoffe imperméable, par M. Marie-Gabriel MAZERON, *à Neuilly.*

Mon but principal, en établissant un nouveau système de double étoffe, c'est de remédier à un inconvénient que présentent le tissu en caoutchouc, d'intercepter l'air.

Le caractère distinctif de mon étoffe est de réunir deux tissus, les plus forts comme les plus minces, adhérant parfaitement l'un à l'autre, au moyen d'une couche intermédiaire de caoutchouc, de manière à ne former qu'un seul corps, dont les propriétés consistent à empêcher la pénétration de l'humidité extérieure et de la pluie, et d'offrir une voie facile à la transpiration, les fibres du tissu restant suffisamment ouvertes pour livrer un passage à l'air, sans pour cela laisser échapper à travers les mailles du tissu, la chaleur animale.

Les principes de la fabrication sont les mêmes que pour celle des tissus ordinaires, quant aux étoffes supérieure et inférieure, elles sont réunies au moyen de solution de caoutchouc.

Ce qui établit le caractère spécial de nouveauté dans ma double étoffe, c'est :

1° De réunir deux tissus, préparés séparément, auxquels je fais subir les apprêts nécessaires pour les rendre imperméables à l'eau, sans nuire à leur perméabilité à l'air.

Cette première préparation consiste à tremper les étoffes dans un bain préparé de la manière suivante :

9 litres d'eau, 625 grammes d'alun cristallisé et pulvérisé, ajoutez 500 grammes de blanc de Meudon ou craie.

Après la combinaison chimique qui s'opère par le mélange de ces matières, l'alumine étant dans un état de dissolution, laissez précipiter les autres matières, décantez ensuite cette solution, dans laquelle vous trempez les tissus, de manière à les saturer convenablement après cette opération, passez le tissu dans un bain d'eau et de savon ordinaire, puis lavez à l'eau pure et faites sécher.

Toutes les autres liqueurs, destinées à rendre les étoffes imperméables à l'eau et perméables à l'air, peuvent convenir à cet apprêt, l'objet de cette première opération étant de donner des qualités répulsives à l'étoffe, par les moyens les plus simples et les plus efficaces.

2° D'appliquer, sur chaque tissu imperméabilisé, une ou plusieurs couches de solution de caoutchouc, de manière à laisser des intervalles vides de forme conique ; lesquels intervalles ou sillons, placés à côté les uns des autres, auront leur sommet du côté extérieur de l'étoffe et leur base du côté de la doublure.

Les sillons de forme évasée, établis sur la partie intérieure du tissu qui doit être placé en dehors, n'ont pas la même disposition que ceux pratiqués sur l'étoffe qui doit servir de doublure; ces sillons doivent être établis d'une manière inverse, mais pratiqués dans le même sens, c'est-à-dire à 45°.

Au moyen de cette distribution particulière du caoutchouc et de l'angle que je donne à mes rainures, j'obtiens, en renversant mes étoffes pour les coller, des rainures en sens inverse, dont les angles opposés viennent former par leur rencontre, de petits carrés parfaits, au lieu de lignes obliques que formait chaque tissu séparé; lesquels carrés ne peuvent varier de forme ni de dimension, quelle que soit la manière dont les étoffes se trouvent réunies, plus ou moins allongées et élargies:

J'obtiens cette espèce de réseau, au moyen de planches en cuivre ou en tout autre métal, dans lesquels je pratique des ouvertures de forme et de dimensions convenables, pour obtenir les résultats indiqués ci-dessus; l'épaisseur de ces planches est égale à la couche de caoutchouc qu'on veut appliquer sur la surface de l'étoffe, pour rendre ces parties imperméables à l'eau.

Les intervalles qui restent entre les couches de caoutchouc, forment les issues par lesquelles la transpiration s'échappe, et il résulte de la forme particulière donnée à ces sillons que l'air peut s'introduire librement, tandis que l'humidité ou la pluie, malgré leur poids ou leur pression, ne peuvent se frayer un passage à travers plusieurs obstacles, qui sont : le tissu extérieur déjà imperméabilisé, ensuite la couche intermédiaire de caoutchouc, dans laquelle se trouvent des espèces d'entonnoirs, ou cônes renversés, après lesquels vient la troisième étoffe, saturée de propriétés répulsives et sur laquelle l'humidité extérieure ne peut avoir la moindre influence.

Les diverses machines dont je me sers pour l'application du caoutchouc sur mes étoffes, varient de forme et d'espèce; je me sers alternativement de rouleaux et de planches, disposés de manière à étendre rapidement la matière par couches minces et répétées, le reste de l'opération étant tout-à-fait le même que pour la fabrication des étoffes imperméables ordinaires en caoutchouc.

Les moyens que je viens d'indiquer pour étendre le caoutchouc par couches séparées, entre des étoffes imperméables d'avance par des procédés chimiques, ne sont pas les seules manières que je me propose d'employer; ces procédés étant ma propriété, j'entends pouvoir leur donner toutes les formes que le dessin peut indiquer, et les exercer par tous les moyens mécaniques possibles, qui auraient pour résultats de laisser des intervalles, ou des jours en lignes droites ou courbes, et quelles que soient les dispositions des outils ou des étoffes.

Procédés propres à rendre les toiles imperméables, par MM. Husson et Baudichon, *à Paris.*

Cette invention, destinée à apporter de grandes améliorations et par suite une diminution considérable dans le prix des bâches à l'usage de la marine, du roulage, etc., consiste à recouvrir les toiles d'un savon oléo-métallique, c'est-à-dire formé par la réunion des acides gras et d'un oxyde métallique.

Les inventeurs ont préféré l'oxyde de fer, à cause de son bas prix, et donné au savon le nom d'*oléo-ferrugineux.*

Ils le composent de la manière suivante :

Pour 1 kilog. de savon de potasse, que l'on fait fondre dans l'eau chaude, on ajoute une dissolution de sulfate de fer obtenue également dans l'eau chaude. Par le mélange de ces deux liqueurs, il se forme une double décomposition, du sulfate de potasse, qui étant soluble, reste dans l'eau, et du savon de fer oléate, stéarate et margarate de fer qui, étant insoluble, se précipite.

On décante et lave à diverses reprises, à l'eau bouillante ce savon précipité pour le priver de tout le sulfate de potasse qu'il peut retenir par interposition ; puis on laisse égoutter et sécher.

Ce savon de fer ainsi séché est dissous dans 1 kilog. 1/2 d'huile de lin dans laquelle on a préalablement fait fondre 1 hectog. de caoutchouc.

C'est cette préparation que l'on étend sur les toiles.

Par ce procédé, elles sont rendues parfaitement imperméables et de plus, elles conservent une souplesse qui les fait préférer de beaucoup à celles goudronnées.

Elles ont en effet sur ces dernières l'avantage de ne pas se casser, de n'être pas ramollies par l'ardeur du soleil, et de plus, elles sèchent très-facilement.

Tissu imperméable, par MM. Millet et Bonheur, *à Paris.*

Le principe de l'invention consiste en un tissu de toile ou de coton, ou de toute autre matière, revêtu, d'un ou de deux côtés, selon l'usage auquel on le destine, de plusieurs couches d'apprêts chimiques, à l'aide desquelles il obtient, outre la solidité et la souplesse, une densité, une couleur, une beauté qui n'ont été jusqu'ici l'accessoire que des cuirs vernis ; il a cet avantage qu'il peut avoir deux endroits et que sa force et son épaisseur peuvent être augmentées à volonté.

Description.

La matière première est un tissu de toile, coton, ou autre :
Du côté où l'on veut que soit l'endroit, et des deux côtés si l'on veut deux endroits, on applique sur ce tissu la préparation suivante :

Huile de lin.	700 millièmes.
Litharge en poudre.	21 —
Terre d'ombre en poudre. . . .	125 —
Bitume..	40 —
Copal.	16 —
Noir d'Allemagne.	98 —
Total.	1000

Le tout bien mêlé, battu, cuit à un bouillon, est étendu sur le tissu avec la brosse ou le pinceau, et forme la première couche ; on fait sécher et lorsque cette couche est sèche, on en applique une seconde de la même manière que l'on fait aussi sécher et ainsi pour les couches subséquentes dont le nombre varie de six à dix, selon que l'on veut donner au tissu une plus ou moins grande force, et sans que le nombre de couches puisse être limité aux chiffres 6 ou 10. Les inventeurs expliquent devoir diminuer ou augmenter à volonté ce nombre. La dernière couche (quel que soit le nombre des précédentes) étant sèche, est recouverte d'un enduit de vernis ; on en fait autant de l'autre côté du tissu si l'on veut deux endroits et l'on a obtenu le vernis Bonheur. On peut suppléer à l'usage des brosses par l'immersion de la toile dans la préparation à chaque couche, comme aussi, en indiquant le noir d'Allemagne, qui donne au tissu la couleur noire, les inventeurs pourront toujours le remplacer par toute autre substance, donnant une autre couleur.

Pour des tissus imperméables de M. COTTER *(David-Berkeley) de Londres.*

L'auteur rend imperméables à l'eau, les tissus qu'il fabrique, doués d'ailleurs d'une plus grande ténuité, et qui résistent mieux aux effets ordinaires de frottement que ceux actuellement en usage ; ces tissus sont aussi plus forts sous tous les rapports ; les tissus mêmes et les substances qui les composent supportent, sans en être détériorés, des températures ou élevées ou basses et sont très-peu inflammables,

Toutes ces conditions sont remplies par l'imprégnation complète des parties qui composent les tissus avec certains mélanges, solutions et combinaisons ci-après décrits et démontrés, laquelle imprégnation a lieu avant que les tissus ne soient fabriqués ; mais, lorsque la fabrication a eu lieu, on les imprègne de nouveau des mêmes mélanges, solutions ou combinaisons, ou de pareils composés, ou de quelques-uns séparément, selon les circonstances et l'article qu'on doit fabriquer. Que des tissus fabriqués d'une pareille nature puissent résister à l'humidité, qu'ils soient imperméables à l'eau, qu'ils aient une grande ténuité et qu'ils soient plus forts et plus durables, sous tous les rapports, que d'autres, cela dépend entièrement de ce que les substances qui les composent, sont parfaitement imprégnées d'un fluide ou d'une autre matière composée, qui est indissoluble dans l'eau, même à des températures élevées, et qui, lorsque l'imprégnation est accomplie, ne nuit, en aucune façon, à la souplesse et à la flexibilité qui sont toujours plus ou moins essentielles à sa perfection et à son application.

Le composé dont les substances qui doivent être fabriquées, sont imprégnées, et dont elles sont imprégnées de nouveau après avoir été fabriquées comme il est dit ci-dessus, est obtenu par les mélanges de matières et de substances ci-après décrites, et le traitement des matières à imprégner est accompli comme il suit.

Pour obtenir le composé, l'on prend les ingrédients ci-dessous énumérés :

1º Du blanc de plomb, première qualité ;

2º Du charbon pulvérisé, aussi de première qualité, fait des bois les plus durs et passé au tamis ;

3º De la litharge rouge ;

4º De l'huile de graine de lin que l'on a fait bouillir ;

5º Du sel ordinaire.

On prend une égale quantité de ces ingrédients, et ayant fait chauffer l'huile de graine de lin à une température de 85 à 95 degrés de Fahrenheit, on les y ajoute peu à peu et l'un après l'autre, en ayant soin de les bien mélanger, en les remuant continuellement. Ces proportions conviennent au but proposé ; mais il n'est point positivement nécessaire qu'elles soient tout-à-fait exactes, car la quantité des ingrédients solides devra naturellement varier relativement à l'huile, selon les circonstances et le genre de fabrique, puisque, si les étoffes sont très-fines, il faut nécessairement que le composé soit fluide en proportion.

La fabrication a lieu ainsi qu'il suit :

On prend un métier ou appareil à tissu ordinaire et l'on fait attention à ce qu'il soit assez fort, pour ce genre de travail. On fait la chaîne de chanvre et la trame de laine, ou bien l'on fait la chaîne de chanvre et la trame de coton, ou la chaîne de chanvre et la trame de soie, ou la chaîne et la trame de chanvre.

On prépare les fils dont sont composés la chaîne et la trame de l'article à fabriquer, en les imprégnant complètement du composé ci-devant décrit, et dans cet état, on les travaille, tandis que le composé qui les imprègne est encore en fluidité. Le travail est, sous tous les rapports, pareil au tissage ordinaire.

On opère dans une température variant de 75 à 85 degrés de Fahrenheit, et lorsque l'étoffe est achevée sur le métier, elle est retirée et séchée à l'air, à une température moyenne.

Procédé propre à rendre les étoffes imperméables, par M. Braff (Pierre-Jacques), à Paris.

Le procédé pour imperméabiliser les draps et toutes les autres étoffes est le suivant :

  Colle de poisson. . . . . 15 gram.
  Eau de pluie. . . . . 75 centil.
Mises ensemble sur le feu.

30 grammes d'alun, mis sur le feu avec 75 centilitres d'eau de pluie, faire bouillir le tout jusqu'à la dissolution;

8 grammes de savon, mis sur le feu avec 37 centilitres d'eau de pluie et un peu d'eau-de-vie ; il est à observer que le premier ingrédient exige une préparation de douze heures pour obtenir une dissolution économique.

Les deux derniers ingrédients, après leur dissolution, seront unis et réunis ensemble, le dernier y sera également joint : le tout bien remué et à moitié bouillant, sera étendu, avec une brosse, à l'envers du drap ou de l'étoffe qu'on veut rendre imperméable.

Quand ces étoffes sont séchées, on brosse premièrement à sec, et ensuite avec la brosse mouillée à l'eau propre ; on fait sécher, et pour le drap, on le presse avec une presse à moitié froide, ou on le décatit à volonté.

Par ce procédé, on obtient les résultats suivants :

Toutes les étoffes qui y ont été soumises, soit de laine, de coton, de fil ou de soie, sont entièrement imperméables à la plus forte et à la plus longue pluie.

Les étoffes légères supportent généralement le poids de 2 pouces d'eau tout le temps que l'on voudra.

Les étoffes fortes, comme les draps et autres tissus de laine, supportent le poids de 4 pouces d'eau.

Toutes les étoffes, quoique imperméables à l'eau ne le seront, en aucune circonstance, à l'air ni aux fluides élastiques.

La poussière ne pénétrera pas plus que l'eau, et la durée des étoffes est augmentée par cette préparation.

Les étoffes imperméables n'absorbant que très-peu d'eau, sécheront dans le dixième du temps nécessaire pour les mêmes étoffes non imperméables.

L'imperméabilité, dans toutes les étoffes, résistera à toute sorte de frottement, de repassage à fer chaud, même à l'eau bouillante, et se conservera jusqu'à la dernière durée de l'étoffe. Elles résisteront toutes à une pression moindre que la pesanteur de 4 pouces d'eau pour les étoffes fortes et de 2 pouces pour celles qui sont légères.

Toutes les étoffes rendues imperméables par ce procédé, conservent leur brillant, leur légèreté, leur souplesse, enfin leur couleur primitive, et le prix n'en est pas beaucoup augmenté.

La porosité pour l'air, subsistant dans les étoffes rendues imperméables par ce procédé, la transpiration se fait comme dans les étoffes ordinaires, et la porosité étant seulement fermée à l'eau et à l'humidité, elles deviennent favorables à la santé.

Composition Nº 1.

Alun fondu dans 2 litres d'eau de source.   76 gram.
Acétate de plomb dans 500 gram. d'eau.   15 —

Après dissolution, filtrez ; réunissez à l'alun et filtrez de nouveau.

Composition Nº 2.

Colle d'Allemagne fondue dans 500 gram.
  d'eau. . . . .   30 gram.
Gomme arabique fondue dans 250 gram.
  d'eau. . . . .   8 —
Colle de poisson fondue dans 250 gr. d'eau   8 —

Après dissolution, faites filtrer et réunissez le tout ensemble.

Composition Nº 3.

Savon fondu dans 60 grammes d'huile
  de térébenthine. . . . .   250 gram.
Caoutchouc.   34

En y ajoutant peu à peu, jusqu'à parfaite dissolution du savon :

Eau. . . . . 750 gram.

Après cette dissolution, filtrez.

Lorsque ces ingrédients seront préparés de la manière et aux doses ci-dessus, on prendra le mélange nᵒ 1, on le joindra au nᵒ 2, et, après dix minutes, on y réunira le nᵒ 3 : on aura soin de bien remuer à la première réunion ainsi qu'à la seconde ; il faut aussi avoir soin que ces mélanges soient bien chauds quand on les réunira les uns aux autres.

Cette opération faite, lorsque les ingrédients seront chauds à demi, on y trempera l'étoffe qu'on veut rendre imperméable, une ou plusieurs fois, jusqu'à ce que l'on voie que l'étoffe est bien imbue, puis on la tordra jusqu'à la dernière goutte ; après, on l'étendra horizontalement sur une table ou sur le gazon pour la faire sécher, soit à l'ombre, soit au soleil, selon que la couleur le permettra ; ensuite, on lui fera un bain à l'eau fraîche ou légèrement aluuée ou savonnée ; après, on la fera sécher de nouveau ; si l'étoffe, par sa couleur, restait tachée, on la brosserait avant et après le bain ; cela fait, on fera simplement presser à froid l'étoffe si elle est de nature à ne pas supporter le décatissage ordinaire, connaissance qui ne s'acquiert qu'avec la pratique, ainsi que celle de la quantité de bain qu'on doit donner à l'étoffe, car tout cela dépend de leurs différentes couleurs et qualités, dont la variété rend impossible d'en faire ici la distinction. La pratique seule peut y suppléer.

Lorsque les étoffes sont d'une couleur délicate, ou ce qu'on appelle faux-teint, lorsqu'on a lieu de craindre que l'endroit des étoffes puisse, par sa couleur ou qualité, rester trop taché en trempant dans les ingrédients, ce qui peut arriver plus particulièrement pour quelques nuances de drap. Au lieu de tremper l'étoffe et de la tordre, on l'étendra sur une table. On plongera une brosse dans les ingrédients et on la passera sur le revers, soit du drap, soit d'une autre étoffe ; après que l'un ou l'autre auront bien séché, on les trempera dans le bain, puis on fera passer sur leur revers une brosse trempée dans l'eau fraîche ou légèrement aluuée ou savonnée, et, enfin lorsqu'ils seront séchés de nouveau, on leur fera donner une presse à froid ou à chaud, selon la qualité ou la couleur, comme il est indiqué ci-dessus.

CUIRS, PEAUX, CHAUSSURES IMPERMÉABLES.

Pâte hydrofuge de MM. Marigné et Gros, à Lyon.

Composition :

Huile de lin.	530 gram.
Résine blonde.	370 —
Caoutchouc.	60 —
Cire jaune.	40 —
	1000

Après avoir ramolli le caoutchouc dans l'eau bouillante, on le fera dissoudre dans 200 grammes d'huile de lin rendue siccative ; dans un second pot, on fera dissoudre la résine et la cire dans le restant de l'huile ; lorsque le tout sera dissous, on fera le mélange dans un pot assez grand pour éviter les accidents du feu, et on passera le tout à travers un tamis en fer, pour retenir les matières qui ne seraient pas fondues ou les malpropretés.

Cette préparation, comme on le voit, n'est composée que de matières grasses, employées dans la plupart des vernis ; elle a le triple avantage de conserver le cuir, de lui donner de la souplesse, et de le rendre imperméable.

Appliquée à l'extérieur par couches légères, elle ne tarde pas à pénétrer dans les pores du cuir, et à y former une table mince que l'eau ne traverse pas, et qui est indestructible ; cette opération doit se faire devant le feu ou à l'action du soleil ; le cirage prend le dessus et y conserve tout son éclat.

La chaussure garnie de cette composition est à l'abri de l'humidité.

Chaussure imperméable, par M. Schallier (Joseph),
à Paris.

Ces socques et chaussures sont très-légers et faits d'une manière tout-à-fait différente de ceux qu'on a vus jusqu'à présent.

Les empeignes sont en caoutchouc et recouvertes d'étoffe des deux côtés.

Elles sont cousues au milieu, sous les pieds.

Les semelles ne sont pas cousues ; elles sont collées par-dessous, aux empeignes, avec de la gomme élastique.

Chaussure imperméable de M. Sauvaire (Honoré),
à Marseille.

On fait bouillir, dans deux vases à part, d'un côté, 10 litres d'eau de fontaine très-pure, avec 150 grammes savon blanc, bien râpé, 75 grammes cire, bien râpée;

De l'autre côté, 10 litres d'eau de fontaine avec 225 grammes d'alun.

Il faut bien faire, bouillir le tout pendant deux heures; cela fait, on trempe la chaussure dans l'eau de savon chaude, l'espace d'une minute, puis, en la retirant, on la plonge immédiatement dans le vase d'alun, ce que l'on répète plusieurs fois en la trempant alternativement dans l'un et l'autre vases; lorsqu'on pense que la chaussure est bien imbibée, on la fait sécher à l'air, et l'imperméabilité est parfaitement établie.

Chaussure imperméable de M. Marchal (Joseph),
à Amiens.

Les procédés employés pour arriver à la confection des chaussures sont :

1º Trois semelles réunies ensemble : la première en veau de Bordeaux, la seconde en liège suivé, et la troisième en petite vache; la réunion se fait par le moyen d'une gravure.

2º Cette semelle s'adapte, avec ou sans courbure, selon l'espèce de chaussure, à la tige ou à l'empeigne.

Le soulier, la botte et toute autre chaussure, travaillés avec les procédés dont il vient d'être parlé (et auxquels on peut joindre une fourrure), offrent l'avantage de faciliter la marche, et celui bien précieux, de procurer aux pieds une chaleur constante, en ne laissant à l'humidité aucun moyen de pénétrer.

Ce système présenterait la plus grande utilité pour l'armée, puisque l'élasticité préserve de tout échauffement à la plante des pieds; il compléterait, avec les guêtres actuellement en usage, une chaussure parfaitement imperméable.

Ce procédé empêche aussi la cassure des tiges par la rondeur du socque, et laisse à la chaussure, avec toutes les garanties hygiéniques, la légèreté et la plus grande élégance.

Procédé pour rendre le cuir imperméable, par M. Rapp
(Charles-Frédéric), à Paris.

Ce procédé consiste à employer un mélange de blanc de baleine avec de la térébenthine de Venise, et à frotter la chaussure avec ce mélange liquide.

Pour les autres cuirs, on mêle au mélange du saindoux ou tout autre corps gras.

Le blanc de baleine seul pourrait peut-être s'employer pour les semelles, mais pas pour les autres cuirs.

Cuirs et peaux imperméables, de M. JERVIS-DEANE, de Londres.

Première composition. — 1° On prend de l'huile de graine de lin, de l'huile de navette et de l'huile de pied de bœuf, 10hectog.6, que l'on réduit en faisant bouillir à 8decal.5.

2° On prend de la graisse provenant de bœuf, de mouton ou de daim, que l'on obtient au moyen d'une douce chaleur de la membrane cellulaire ; puis on la fait couler par un tamis ou corps filtrant quelconque, et on la fait bouillir une heure dans l'eau douce ; on la filtre de nouveau, puis on la laisse refroidir. Il est indispensable que toute l'humidité soit extraite du corps gras, et, si l'on place les produits (cakes) sur des tissus de coton, l'humidité sera absorbée.

3° On ajoute 17kil.3 de la graisse ainsi préparée, et 17kil.3 de cire fraîche à l'huile sus-mentionnée ; on les mélange et on les fait fondre ensemble, en les maintenant à une température de 150° environ Fahrenheit, jusqu'à ce qu'elles soient bien incorporées.

4° On prend 1kil.8 de caoutchouc en petites branches que l'on dissout dans 8 litres de l'huile rectifiée de térébenthine et que l'on soumet à une température de 250° Fahrenheit, au moyen d'un bain de sable.

5° On prend 5kil.4 de poix de Bourgogne (Burgundy pitch), que l'on fait fondre dans 10lit.6 d'huile rectifiée de térébenthine, en la soumettant à une température de 200° Fahrenheit, au moyen d'un bain de sable ; on laisse alors refroidir ces mélanges de caoutchouc et de poix, jusqu'à ce qu'ils atteignent une température de 150 degrés, puis on les ajoute au mélange d'huile, de graisse et de cire ci-dessus mentionné, et l'on remue le tout jusqu'à ce que la composition soit refroidie.

Deuxième composition. — 1° On prend d'abord de l'huile, de la graisse et de la cire fondue, mélangées ensemble comme ci-dessus décrit, à une température de 150° Fahrenheit.

2° On prend 1decal.6 de l'huile de térébenthine, dans laquelle on fait dissoudre 5kil.5 de résine jaune, au moyen d'un bain de sable, à une température de 200° Fahrenheit.

3° Lorsque le mélange, ainsi préparé, de résine et d'huile de térébenthine est refroidi à une température de 150° Fahrenheit, on ajoute la composition résineuse à cette huile, de graisse et de cire, et on remue le tout jusqu'à ce qu'il se refroidisse.

Troisième composition. — On prend de l'huile purifiée,

ou de l'huile extraordinairement pure de baleine, 8decal.5, et de caoutchouc dans son état naturel et en petites tranches de 6kil.5 à 8kil.5 ; on les mélange et on les soumet à une chaleur de 200 à 250º Fahrenheit, à une chaleur suffisante enfin pour que la solution du caoutchouc dans l'huile ait lieu.

Quatrième composition. — On prend une quantité suffisante de l'huile rectifiée de térébenthine pour couvrir 6kil.5 à 8kil.5 (selon sa qualité) de caoutchouc en petites tranches ; on la laisse bouillir doucement (*suis mero*) au moyen d'un bain de sable, à une chaleur de 250º de Fahrenheit, jusqu'à ce que le caoutchouc soit entièrement dissous ; on ajoute à cette composition 8decal.5 de l'huile purifiée de morue ou de l'huile de baleine très-pure, à une température de 200º de Fahrenheit, que l'on maintient jusqu'à ce que le mélange entier soit une masse unie fluide ; on laisse baisser la température à 150º de Fahrenheit, et on y ajoute 4kil.25 de cire fraîche ; puis on remue le tout jusqu'à ce qu'il se refroidisse.

Ayant maintenant décrit ces compositions, on va démontrer leur application.

On divise le cuir en deux sortes, selon l'épaisseur et le poids, savoir : peaux (*leather hides*) et cuirs (*leather skins*). On se sert des première et deuxième composition pour les peaux, et des troisième et quatrième pour les cuirs ; car tout cuir est poreux, et dans peu de temps laisse pénétrer l'eau. Par la combinaison suivante des compositions ci-dessus mentionnées avec les peaux et cuirs, ceux-ci sont rendus imperméables à l'eau, plus flexibles et plus durables. Quant au procédé pour les peaux, on les sature de la première composition ou de la deuxième, en les plaçant en couches ou droites, côte à côte, dans un vaisseau convenable, qui devra communiquer avec une chaudière ou vaisseau dans lequel est préparée la première composition ou la deuxième. On fait alors entrer la composition chauffée à une température de 100 à 200º de Fahrenheit, dans le vaisseau contenant les peaux, jusqu'à ce qu'elles en soient entièrement couvertes, puis, en les laissant ainsi deux ou trois heures, elles seront tout-à-fait imprégnées de la composition. Les peaux sont ensuite prises et soumises à un courant d'air atmosphérique de moyenne température, jusqu'à ce qu'elles soient sèches. Dans ce procédé, on se sert d'une pression hydraulique au moyen de vaisseaux convenables comme à l'ordinaire, ou l'on place les peaux dans un vaisseau imperméable à l'air, dans lequel on opère le vide, soit entièrement, soit en partie ; puis l'on fait entrer la composition dont on désire imprégner les peaux, laquelle composition devra être chauffée à une température de 100 à 120° de Fahrenheit. De cette manière, on devra toujours opérer lorsque la submersion des peaux n'est point suffisante pour les imprégner de la composition. On se sert de la première composition lorsque les peaux ont été tannées avec de l'écorce de chêne, et de la deuxième lorsqu'elles ont été tannées autrement ou imparfaitement.

Quant aux cuirs, on les imprègne entièrement de la troisième composition lorsqu'ils sont très-minces, et de la quatrième lorsqu'ils sont d'une épaisseur moyenne. Ceci s'effectue en plaçant les cuirs sur des plaques de métal chauffées à 100° de Fahrenheit, et les imprégnant plus ou moins, selon le but auquel ils sont destinés, d'une des troisième ou quatrième compositions, chauffées également à une température de 100° de Fahrenheit. Dans ce procédé, on se sert de grandes fortes brosses, que l'on trempe dans la composition, et avec lesquelles on l'étend sur le cuir ; on effectue aussi l'imprégnation comme déjà décrite, en raréfiant l'air atmosphérique contenu dans une chambre construite dans cette intention, dans laquelle les articles fabriqués de cuir ou de peau peuvent être soumis à l'action de l'air chauffé ou raréfié, et, quoique avec ce procédé l'imprégnation n'ait pas lieu aussi complètement que par le procédé ci-dessus décrit, les articles fabriqués y soumis deviendront plus flexibles, plus durables et imperméables à l'eau.

On opère sur les articles fabriqués comme sus-mentionné, en les exposant, dans une pièce quelconque, à une température de 100 à 120° de Fahrenheit, puis, au bout d'une ou deux heures, lorsqu'ils seront bien chauffés, on les enduit d'une des compositions ci-dessus mentionnées, jusqu'à ce qu'ils en soient bien imprégnés ; ils sont ensuite transportés à la pièce d'une température ordinaire, et y laissés jusqu'à ce qu'ils soient secs, ce qui a lieu au bout d'une demi-heure ou une heure.

CHAPEAUX IMPERMÉABLES.

Apprêt imperméable des chapeaux, de M. GIVERNE (Christophe-Benjamin), *à Paris.*

M. Giverne s'exprime ainsi :

On a cherché jusqu'à ce jour le moyen de rendre les chapeaux véritablement imperméables à l'eau, à la sueur et aux corps gras qui les touchent ; mais l'on n'y est point encore parvenu d'une manière satisfaisante, et tous les apprêts à l'esprit-de-vin sont loin de remplir ce but.

Je suis parvenu enfin à la composition d'un apprêt qui réunit toutes les conditions désirables, et de plus des avantages particuliers.

1º Imperméabilité complète du chapeau à toute sorte d'humidité, sans inconvénient pour la santé. (L'imperméabilité absolue des tissus qui couvrent quelques parties du corps ayant été l'objet de critiques de la part des médecins, comme nuisible à la santé, j'ai été au-devant de cette objection et je ménage des ventouses invisibles dans la forme de mes chapeaux.)

2º Économie importante dans la fabrication.

3º Souplesse, élasticité, légèreté : les chapeaux les plus légers ne seront plus exposés à se déformer ni à se catir par la pluie, comme le font tous les chapeaux connus jusqu'à présent.

4º Durée sans altération du double de temps : les chapeaux préparés par mon procédé feront moitié plus d'usage, et jusqu'à la fin sans avoir cet aspect gras et sale que prennent nos chapeaux aujourd'hui.

5º Apparence supérieure à qualité égale de la peluche, la peluche restant beaucoup plus belle que sur l'apprêt ordinaire.

Voici la composition exacte de mon apprêt et mes procédés d'emploi : je prends :

Huile de lin. . . . . 5 kilog.
Blanc de céruse. . . . . 0 5 hectog.
Litharge, première qualité. . . 0 5 —

1º Je fais bouillir ensemble dans une grande chaudière, à grand feu, pendant quatre heures, toujours à gros bouillons, jusqu'à ce qu'il en sorte comme par bouffées une fumée très-piquante, lourde et épaisse comme une flamme éteinte ; alors je retire le feu et laisse refroidir. Lorsque le mélange est froid, il est en masse bien lié et épais comme un mastic. Je l'éclaircis pour l'application de deux manières : avec de l'huile de lin siccative ou avec de l'essence de térébenthine.

2º D'autre part je fais dissoudre :

Mastic en larmes. . . . . . . 25 décag.
Sandaraque. . . . . 25 —
Oliban. . . . . 25 —
Essence de térébenthine. . . . 1kil. »

Le tout dans un vase de terre vernissé qui est placé sur une plaque de fonte pour qu'il n'y ait aucun rapport avec le feu. Par ce moyen, j'obtiens l'ébullition sans aucun danger jusqu'à parfaite dissolution.

3° Je fais dissoudre à part par les procédés ordinaires :

Gomme-laque. . . . .   2 kilog.
Dans : Esprit-de-vin.. . . . . .   8 litres.

Puis je réunis toute cette dissolution de gomme-laque avec la totalité de la deuxième préparation et 25 décagrammes seulement de la première composition ; je fais le mélange à froid, et quand il est parfait, j'y trempe le chapeau à la manière ordinaire et lui fais subir le même travail.

Je ferai observer qu'il y a deux manières d'apprêter les chapeaux qui offriront à peu près le même avantage.

Pour les chapeaux de force ordinaire, que l'on apprête avec la gomme-laque dissoute dans l'esprit de vin, pour leur donner de la raideur, ce qui est assez dispendieux, je puis remplacer la gomme-laque par un apprêt ordinaire composé de colle anglaise et de colle façon de Paris, et je leur donne une imperméabilité complète en les enduisant dessus et dessous avec la première préparation rendue suffisamment liquide comme je l'ai indiqué.

Pour les chapeaux légers première qualité, je les apprête entièrement avec ma composition spéciale, quoique cette manière soit plus dispendieuse ; je les fais dresser à la manière ordinaire, et lorsqu'ils sont entièrement finis, prêts à recevoir la peluche, je leur applique une couche de la première dissolution.

Je dois faire remarquer que l'on croirait au premier abord que le chapeau ainsi enduit ne sèche pas ; mais il suffit de passer dessus une couche ou deux du vernis qu'on emploie ordinairement pour rendre le chapeau dans un état parfait pour recevoir la peluche.

Perfectionnement.

L'emploi de l'essence de térébenthine dans une des compositions que nous avons indiquées, nous ayant fait craindre que son odeur ne se fît sentir, nous avons trouvé le moyen d'obvier à l'inconvénient de l'emploi de cette substance en la passant par trois fois à l'alambic ; ce qui lui ôte la plus grande partie de son odeur, et en en retirant le corps gras la rend plus siccative ; de plus, nous y ajouterons, pendant l'ébullition, un aromate qui neutralise ce qui pourrait rester de l'odeur naturelle à l'essence de térébenthine ; il en résulte que lorsque cet apprêt est recouvert de notre apprêt à l'huile, il n'y a plus aucune odeur à craindre. Nous avons aussi, dans des nouveaux essais de perfectionnement, employé la gélatine (qui pourrait être remplacée par toute autre colle animale), en la faisant d'abord dissoudre par les procédés ordinaires; puis en y mêlant un sixième de notre apprêt à l'huile, après avoir préalablement ajouté un peu de sel de tartre, à l'effet de faciliter le mélange de la gélatine avec l'huile. Cet apprêt de fond donne une première imperméabilité qui a en outre l'avantage de ne pouvoir être altérée par la chaleur du fer; on applique ensuite l'apprêt à l'huile, tel que nous l'avons expliqué, puis la couche de vernis ordinaire.

Nous mentionnerons enfin la terre d'ombre et l'ail que nous ajoutons à notre composition d'apprêt à l'huile dans les proportions suivantes, d'après celles des autres matières indiquées ci-dessus.

<pre>
Terre d'ombre. . . . . 125 gram.
Ail. . . . . 250 —
</pre>

Les propriétés siccatives de la terre d'ombre et celles de l'ail, qui agit comme liant et siccatif en même temps, nous font considérer ces deux matières comme très-importantes à l'égard de l'emploi de l'huile comme base de notre apprêt. Toutefois nous ferons remarquer que d'autres agents siccatifs pourraient sans doute être employés avec le même succès; comme aussi l'ail, introduit dans notre mélange d'huile et de gélatine, y produit un effet de réunion des parties constitutives de cet apprêt tel qu'il le resserre sans cependant le durcir.

On conçoit que notre apprêt à l'huile peut être appliqué sur toute autre espèce d'apprêt dit de fond, comme nous l'appliquons sur nos premiers apprêts, et, à cet égard, pour mieux faire comprendre l'utilité et l'importance de ce nouveau système d'apprêt à l'huile, nous allons ajouter ici quelques explications à la suite de celles que nous avons données dans notre brevet principal, et qui viendront au besoin faire ressortir davantage la nouveauté de notre procédé par l'effet de son application.

Jusqu'à présent on appliquait sur les carcasses en feutre qui avaient déjà reçu un collage un vernis à l'esprit-de-vin sur lequel on appliquait l'étoffe de soie, que l'on faisait gripper au moyen de la chaleur du fer passé sur l'étoffe. Mais alors cette chaleur mélangeant le vernis avec l'encollage, il en résultait que l'eau, tombant sur le chapeau et traversant la soie, y faisait tache, et que, de plus, la transpiration pénétrait facilement la carcasse; d'où s'ensuivait, par l'absence d'imperméabilité, que le chapeau se salissait facilement et promptement. Nous avons eu l'idée, comme on l'a vu dans le premier brevet, d'interposer une véritable couche imperméable à la transpiration et indestructible à la chaleur entre l'apprêt de fond et la couche de vernis nécessaire pour l'application de la soie. En effet, notre apprêt à l'huile ne reçoit aucun effet de la chaleur du fer. La couche de vernis à l'esprit-de-vin dont nous le recouvrons y adhère, soit en se plaçant dans la petite cavité que forme la surface de l'apprêt à l'huile, soit par la moiteur propre à cette nature d'apprêt comme à tout vernis gras, soit par l'espèce de poussière que la chaleur y détermine sans l'altérer. Il en résulte que, lorsqu'on passe le fer sur la soie placée sur le vernis, la chaleur n'a d'action que sur ce vernis pour le faire gripper, et n'altère en rien l'apprêt à l'huile, sur lequel il n'a aucun effet destructeur ou qui altère ses propriétés.

On conçoit dès lors que l'apprêt à l'huile conserve toute son efficacité d'imperméabilité, tant à l'égard de l'eau qu'à l'égard de la transpiration, et qu'il offre de plus une souplesse que n'ont pas les apprêts ordinaires; qu'il ne casse pas et qu'il permet ainsi de faire l'encollage du feutre aussi souple que celui de l'apprêt à l'huile.

Apprêt de chapeau imperméable, de M. PILLARD (Philibert) *à Lyon.*

Composition.

Colle-forte cuite avec le tannin; colle, un demi-kilog.; tannin un kilog.

Asphalte, un kilog., dissous avec un demi-kilog. de copal;

Gomme-laque, un kilog., dissous dans un demi-kilog. d'alcool.

Ces substances sont ensuite réunies aussi intimement que possible, et la composition s'applique sur les carcasses des chapeaux.

PAPIERS IMPERMÉABLES.

Papier imperméable dit toile cirée, par M. ROBERT (Jean-Claude), *à Paris.*

Le papier de M. Robert, dont il a importé l'idée d'Allemagne en France, est bien préférable cependant au papier imperméable allemand fait avec la pâte des chiffons ordinaires.

La pâte du papier que M. Robert surnomme toile cirée et dont il est l'inventeur, est faite avec de vieux câbles et de vieux filets de pêcheurs, ce qui lui donne une force et une ténacité presque égales à celles de la toile.

C'est sur ce papier qu'il étend une pâte quasi-fluide, composée de colle de pâte, de colle-forte et de noir de fumée. Cet apprêt, une fois séché, est recouvert d'une couche de vernis élastique.

Cette préparation double la force du papier, le rend imperméable à l'eau et propre enfin à remplacer, dans toutes les circonstances, la toile cirée, qui coûte le double.

On peut lui donner toutes les dimensions voulues.

Fabrication du papier imperméable, par M. KUHNER (Guillaume), à Soultz (Bas-Rhin).

La seule difficulté de sécher les matières huileuses (le pétrolène), que contiennent plus ou moins tous les bitumes non compactes, a dû faire renoncer à leur application sur le papier pour le rendre imperméable.

Pour suppléer à ce moyen, M. Kuhner a imaginé de dissoudre le bitume solide dans une huile volatile; il a obtenu, par ce procédé, un beau vernis, qui s'étend facilement et sèche au plus vite.

On applique ce vernis sur le papier au moyen de brosse, et mieux encore, au moyen d'un sparadrapier en fer garni de flanelle ou d'une autre étoffe souple qui ne laisse passer que la quantité nécessaire de bitume dissous pour bien enduire le papier.

Ce papier passe ensuite sur des fourneaux chauffés modérément et se trouve, en sortant de ces fourneaux, par une même et seule opération, parfaitement sec, brillant et prêt à mettre en vente.

L'invention consiste particulièrement:

1º Sur la préparation du vernis, consistant en une dissolution de bitume solide dans une huile volatile.

Les bitumes préférables pour cet emploi sont les bitumes ou asphaltes compactes de l'Amérique, les bitumes de Judée et les wallona; l'huile volatile est l'essence de térébenthine; mais on peut aussi en employer d'autres.

2º Sur la manière d'appliquer le vernis sur toutes sortes de papiers au moyen du sparadrapier et de le sécher au feu par une seule opération.

Étoffes imperméables à l'eau, par le savon hydrofuge Menotti.

Un des plus grands ennemis du bien-être de l'homme, c'est la pluie : elle nous est incommode, elle détériore tous nos vêtements et elle nous donne des maladies que la science médicale ne sait pas toujours guérir. On a beaucoup fait pour combattre la pluie, mais jusqu'à ce jour on n'avait pas complètement réussi. On ne peut pas toujours avoir un parapluie à la main; les manteaux de draps épais pèsent trop, même pour les cavaliers, et ils ne les garantissent pas d'ailleurs d'être à la longue mouillés à la pluie; les vêtements d'étoffes serrées laissent aussi passer l'eau; on ne peut pas se couvrir de toiles cirées. Quant aux tissus de caoutchouc, ils ne sont pas seulement d'un prix élevé, mais ils exhalent encore une odeur qui est loin d'être agréable. Ce qu'il nous fallait à tous, c'était le moyen de rendre à bon marché, nos habits imperméables. Beaucoup de savants et de praticiens l'ont bien compris : aussi ils ont cherché la solution de ce problème. Mais elle était difficile, il paraît, car il a fallu longtemps pour la trouver. Celui à qui revient cet honneur, c'est M. Menotti, réfugié politique de Modène. Après beaucoup d'essais et d'épreuves, à force d'observations et de science, il est parvenu à faire une excellente, une parfaite préparation hydrofuge. Et d'abord, elle ne coûte pas cher; c'est ce qu'il fallait pour la généralité; pour 30 centimes on peut rendre une blouse ordinaire imperméable à l'eau. Quant à la difficulté d'employer la préparation, elle est nulle; il suffit d'immerger une étoffe bien sèche dans une dissolution presque bouillante de ce savon : lorsque l'étoffe en est bien uniformément imprégnée, on l'exprime modérément, on laisse sécher, et tout est fini. On le voit, tout le monde peut faire cela. Mais l'essentiel n'était pas dans le mode d'opérer, c'était la qualité même de l'imperméabilité obtenue. Voici sur ce point capital des témoignages sans réplique :

Académie des Sciences de Paris. — « M. Menotti a présenté il y a quelques mois un savon qui, suivant lui, jouit de la propriété de rendre les étoffes imperméables à l'eau, sans qu'elles cessent pour cela d'être perméables aux fluides élastiques. — Pour nous assurer de la vérité des faits allégués par l'auteur, nous nous sommes transportés dans son établissement, et là, M. Menotti nous a fait connaître la composition de son savon, a fait préparer devant nous plusieurs coupons d'étoffes, et ils ont été rendus imperméables. — Nous avons assez répété les épreuves soit individuellement, soit ensemble, pour pouvoir dire que M. Menotti a réellement atteint le but qu'il s'était proposé, et cela sous le double rapport de l'utilité et de l'économie. — On prévoit les immenses avantages qui devront résulter pour la santé publique de l'emploi d'un procédé aussi simple que peu dispendieux, et combien tous ceux qui jouissent du triste privilège d'exercer une profession quelconque sur la voie publique et sont exposés aux injures de l'air, auront d'obligation à M. Menotti. » — Ont signé MM. Robiquet et Dumas.

Nous appelons vivement l'attention sur ce rapport. La signature des académiciens rapporteurs écarterait l'idée de toute complaisance louangeuse, si le nom du savant inventeur n'était pas d'ailleurs déjà une garantie suffisante. Un temps viendra où la composition de ce précieux savon pourra être connue de tout le monde ; mais ce qu'il importe surtout de constater, c'est que, dès à présent, pour une minime somme de 30 cent., on peut rendre un vêtement imperméable. C'est un avantage immense ; car, par la simplicité du moyen indiqué, tout intermédiaire entre celui qui fabrique le savon et celui qui l'emploie est supprimé ; et, par conséquent, le prix de cette utile composition hygiénique ne peut être arbitrairement élevé. C'est surtout aux petites bourses, qui sont malheureusement les plus nombreuses, que M. Menotti a rendu un grand service.

CHAPITRE IV.

LES TOILES CIRÉES.

On a vu dans les chapitres précédents beaucoup d'apprêts qui sont applicables à la fabrication des toiles cirées, et ce qui nous reste à en dire n'est que peu de chose et tout-à-fait spécial à cette fabrication. Quant aux poudres de drap et autres matières pulvérulentes dont elles sont garnies en dessous, les fabricants de toiles cirées les achètent de ceux qui font de ces matières l'objet de leur spécialité, et qui les vendent également aux facteurs de pianos, aux fabricants de papiers veloutés et autres producteurs. Nous devons donc nous abstenir à cet égard, et il en doit être ainsi ; car il n'est pas une seule profession qui n'emprunte à une autre, et si nous voulions décrire ici les procédés des tondeurs et pulvériseurs, nous serions entraînés encore plus loin, car ces tondeurs et pulvériseurs ne marchent pas isolément, et font aussi des emprunts à d'autres professions, tout se lie et s'amalgame dans l'industrie. Nous avions pensé également à donner des dessins de ronds de table, de toiles à couleurs fondues, etc. Mais, outre que la série des modèles serait immense, la mode varie si promptement que nos dessins seraient aussitôt arriérés. Chaque fabricant a ses dessins qu'il modifie chaque jour. Nous nous sommes donc renfermés dans les faits généraux, et encore n'avons-nous donné que très-peu de chose ; parce que tous les mémoires que nous avons parcourus sont en grande partie la répétition les uns des autres, et que les consigner tous, c'eût été grossir inutilement cet ouvrage, et augmenter son prix sans avantage réel. Nous nous renfermerons donc dans les documents suivants :

Brevet d'invention de 10 ans, en date du 6 juin 1838, aux sieurs COUTEAUX *père et fils, à Paris, pour une machine à fabriquer les toiles cirées.* (Expiré.)

Les dessins de la planche 4 représentent cette machine en élévation.

Machine à poncer. — Elévation principale.

La fig. 152 représente la machine à poncer, vue latéralement.

a b, châssis à rouleaux destiné à étaler les toiles ou tissus. Le tissu est enroulé sur le rouleau 1.

2, 3 et 4 sont les rouleaux mobiles.

En sortant du châssis, le tissu passe sur les rouleaux 5 et 6, qui le forcent à embrasser plus ou moins le rouleau ponceur *p*.

Quittant le rouleau 6, il passe sous le rouleau *y*, où il est lavé.

Une fois enroulé, on retire le rouleau pour en replacer un autre.

Machine à mettre en couche.

Fig. 153, 9, rouleau où est enroulé le tissu.

10, brosse mécanique à quatre bras ; elle est élevée ou rapprochée à volonté.

11, auge pour mettre en couche.

12, couteau pour râcler l'excédant de couleur ; il est mobile, et le tissu peut s'en rapprocher.

13, rouleau sur lequel passe le tissu avant d'entrer dans l'étuve.

Procédé pour l'impression des toiles cirées à la pierre lithographique, par M. WAGNER.

Les couleurs qu'on applique sur les toiles cirées avec les vernis sont en général rembrunies : ce sont, la plupart du temps, le noir, le brun, le vert sombre, etc. Ces couleurs constituent le fond sur lequel il s'agit d'imprimer des dessins dans un genre quelconque, mais contrairement aux impressions ordinaires sur papier blanc ; le fond donne les ombres ou parties obscures du dessin, et par conséquent les dessins sur pierre pour impression sur toiles cirées ont besoin d'être préparés d'une autre manière, c'est-à-dire que dans les dessins, tous les fonds qui seront lumineux et clairs doivent être dessinés au crayon ou à l'encre sur la pierre, tandis que ceux qui seront ombrés ou obscurs doivent rester clairs sur la pierre à un degré correspondant à leur nuance. En un mot, le dessin a besoin d'être négatif.

Pour rendre plus facile la préparation de semblables dessins, je fais usage du procédé suivant, qui me paraît nouveau, avantageux et susceptible de recevoir d'autres applications, attendu que l'artiste peut, sans rien changer à ses habitudes ordinaires, et en observant seulement les règles les plus vulgaires de l'optique, produire tous les dessins propres à ce genre de fabrication.

Après que le dessin exécuté à l'ordinaire sur papier a été calqué par le ponçage à l'état renversé sur une belle pierre lithographique bien dressée et bien grenée, on le trace, si on veut produire un effet semblable aux dessins au crayon, avec un bâton d'encre de Chine, tel qu'on l'emploie pour le lavage sur papier, mais qu'on a préalablement taillé avec une petite scie, sous la forme d'un crayon ordinaire, absolument comme le crayon lithographique, et quand ce travail est terminé sur la pierre, on passe l'haleine dessus, ou mieux on mouille pour que l'encre de Chine se dissolve, et qu'on puisse compléter le dessin et la séparation sur la pierre, puis on laisse sécher.

Aussitôt que la pierre est sèche, et que les bords du dessin, qui doivent rester blancs, ont été gommés, on couvre d'un enduit gras, qui consiste en huile de lin ou en vernis doux ou faible des imprimeurs, on humecte d'eau, et on passe le rouleau à encrer jusqu'à ce que le dessin, qui a été tracé à l'encre de Chine, soit renversé, c'est-à-dire blanc, et que tout le reste, qui était blanc auparavant, apparaisse maintenant noir sur la pierre.

Si, dans ce passage de l'état positif à l'état négatif du dessin, tous les traits, tous les points n'étaient pas parfaitement distincts, alors on frotterait le tout, mais avec douceur avec un chiffon de flanelle humide, afin d'enlever jusqu'aux moindres impuretés.

Dans le cas où cela ne suffirait pas, on tremperait le chiffon dans du vinaigre faible, et on frotterait le dessin, ayant soin toutefois d'opérer avec assez de précautions pour ne rien détruire, jusqu'à ce qu'on ait obtenu l'effet désiré.

Cela fait, après avoir gommé la pierre, on laisse en repos pendant quelques jours, puis on la noircit avec de l'encre, enfin on la prépare comme pour les dessins au crayon,

Pour pouvoir faire usage des vieux dessins sur pierre, qui ont déjà servi à l'impression sur papier, et les employer aux impressions sur toiles cirées, voici le procédé que j'ai adopté :

On enduit d'encre, on laisse sécher quelques jours, et on enduit de nouveau jusqu'à ce que le dessin ait acquis une certaine épaisseur sensible à l'œil ; ensuite on lave à l'essence de térébenthine, et on enduit la pierre avec une dissolution de potasse caustique, qui enlève toutes les parties grasses ou sature tous les acides qui pourraient se trouver à la surface. Après que la liqueur a réagi à peu près une demi-heure, on plonge dans un grand baquet d'eau pure, et on fait bien sécher. Cela fait, on prend un bâton entier d'encre de Chine, et on le passe par son extrémité plate et à sec sur la surface du dessin, de manière et en prenant toutes les précautions convenables pour qu'il n'y ait que les portions élevées et les points saillants qui soient en contact avec le bâton, que ces élévations et ces points n'en reçoivent qu'une légère couche qui ne permette pas à l'enduit gras dont on imprègne la pierre, comme il a été dit précédemment, d'adhérer aux traits, aux points du dessin, lesquels, par conséquent, doivent apparaître en blanc lors du passage ultérieur des couleurs. La pierre étant en cet état, il ne reste qu'à la traiter absolument comme il a été dit précédemment.

Il n'est pas nécessaire d'ajouter qu'on peut se servir, au lieu de la pierre originale, d'une autre pierre imprimée avec la première. Cette dernière se prête d'autant au travail que sa surface est plus unie, tandis que, dans le dessin original au crayon, la pierre porte un grain qui présente des difficultés dans le changement du positif au négatif.

Pour l'impression, on se sert, au lieu d'encre ordinaire, de la composition suivante :

Une partie de vernis épais à l'huile de lin, 1/4 de colophane, 1/4 térébenthine de Venise, 1/8 minium, et 4 blanc Kremnitz, qu'on mélange et incorpore bien ensemble.

On charge cette couleur à la manière ordinaire avec le rouleau, et on imprime à la presse lithographique le dessin, comme il a été dit, sur la toile cirée, de manière qu'il n'y en ait qu'une légère impression. Pendant que cette empreinte est encore fraîche, on la couvre de la matière colorante relative à la nuance qu'on désire, avec un pinceau, en ayant soin de passer ainsi sur toutes les parties du dessin, et qu'aucune d'elles ne reste sans être chargée. L'excédant de matière colorante ou poudre est enlevé ensuite avec un gros pinceau ou une poignée de coton.

Quand ce travail est terminé, on voit apparaître tous les traits du dessin avec l'éclat et l'effet désirés, et suivant que le dessinateur a su conserver les véritables rapports entre les ombres et les clairs, ou relativement au fond de la toile cirée, on a un travail plus ou moins satisfaisant sous le rapport de l'art. Si on veut produire un dessin à plusieurs couleurs, il suffit de couvrir après l'impression, avec des patrons ou des calibres, les portions qui ne doivent pas être colorées en certaine nuance.

Quand l'impression et le coloriage sont terminés, on transporte la toile cirée sur une plaque de fer chauffé où on la laisse jusqu'à ce que les couleurs soient entièrement fixées.

Lorsque l'impression a reçu un bronze de cuivre, si on veut la dorer à l'or pur, on verse sur la toile une faible dissolution d'or, et on fait passer, à l'aide d'une batterie galvanique, un courant électrique qui produit, en peu de temps, un précipité d'or sur les traits du dessin. Quand on a obtenu le degré de dorure convenable, on lave le dessin à l'eau pure et on laisse sécher.

Le même procédé est applicable avec l'argent seulement si on veut que certaines parties restent blanches comme les eaux, les nuages, etc., et dorer ensuite les autres ; il faut couvrir les parties argentées avec une légère couche de matière grasse, afin que l'or ne puisse s'y précipiter et y adhérer. De cette manière, on obtient deux couleurs métalliques diverses, et on pourrait en obtenir un plus grand nombre.

C'est encore par le même moyen qu'on peut parvenir à obtenir sur un seul et même dessin diverses gradations dans les tons de l'or ; on n'a pour cela qu'à soumettre plusieurs fois le dessin à l'action du courant galvanique, après avoir recouvert chaque fois de matière grasse les endroits qui ne doivent recevoir qu'une dorure moins épaisse.

Il faut faire bien attention d'éviter toute espèce de contact avec les doigts des parties du dessin qui doivent être dorées, attendu que la moindre trace de matière grasse s'oppose à la précipitation du métal. Il est même prudent, avant de mettre la dissolution d'or sur le dessin, de le passer à l'acide chlorhydrique très-étendu, qui enlève toutes les matières qui feraient obstacle au dépôt de l'or.

En résumé, on voit que par le procédé que je propose on peut fabriquer des produits variés qui, sous le rapport de la qualité, peuvent être classés ainsi : 1º dessins coloriés ; 2º dessins avec bronze d'or ou d'argent ; 3º mêmes dessins recouverts d'un vernis ; 4º dessins dorés ou argentés par voie galvanique ; 5º dessins dorés ou argentés simultanément.

Il est évident que ce procédé s'applique à tous les dessins imaginables, aux pancartes écrites, aux cartes géographiques ou autres, etc., qui peuvent être reproduits ainsi de la manière la plus exacte. Quant à l'appareil galvanique et à la presse lithographique nécessaires pour le mettre à exécution, je me dispenserai d'en donner la description, parce que ni l'un ni l'autre ne diffèrent de ceux qu'on emploie communément.

Désinfection.

Quoique la fabrication des toiles et taffetas cirés ou vernis ait, depuis quelque temps, fait de sensibles progrès, les consommateurs se plaignent encore journellement qu'ils répandent, surtout quand la température s'élève, une odeur forte et désagréable. M. Chevalier conseille aux fabricants d'employer le procédé suivant de désinfection.

Dans une chambre suffisamment grande et parfaitement close de toute part, on étend les toiles après qu'elles ont subi toutes les opérations nécessaires et qu'elles sont prêtes à être livrées au commerce. On les dispose de manière à ce qu'elles ne se touchent en aucun point de leurs surfaces et à ce qu'il ne s'y forme aucun pli; on place au milieu de cette chambre un appareil propre à dégager du chlore : on s'éloigne en ayant soin de fermer la porte et d'en calfeutrer toutes les fentes par les moyens usités en pareil cas. Au bout de douze heures, on entre dans la chambre, on enlève les toiles qui sont complètement désinfectées, pour les exposer à l'air pendant un certain temps, puis on les plie pour les expédier. Ce procédé, mis en pratique, a produit des résultats satisfaisants.
(*Académie des Sciences.*)

CONCLUSION.

Comme on le voit, les procédés mécaniques sont venus en aide à cette fabrication, qui a fait de grands progrès, et en remplaçant la pose des fonds à la main, ainsi que le ponçage, on a réduit de 80 pour 100, terme moyen, le prix de ce travail, qui entre pour beaucoup dans le prix de revient des toiles cirées.

Les méthodes d'impression se sont perfectionnées, on imprime depuis une quinzaine d'années, à volonté, avec ou sans relief. Nous ne parlerons pas de l'art de produire des effets sur les fonds de ces toiles, art bizarre qui sera toujours plus riche en moyens d'exécution que ne saurait l'exiger le goût du consommateur le plus exigeant.

Nous rappellerons, en aidant notre mémoire des rapports imprimés du Jury central des expositions des produits de l'industrie, les noms des principaux industriels qui se sont distingués dans cette partie.

Dès 1834, M. *Seib*, de Strasbourg, obtint une médaille de bronze pour « des toiles et taffetas cirés, imprimés, pour tapis et couvertures de meubles. C'est à M. Seib que l'on doit l'importation et la fabrication des toiles et des percales cirées à la Saxonne. Ces produits, recherchés en France, sont très-demandés en Allemagne, en Suisse, etc. L'on doit également à M. Seib, les tableaux lithographiques imprimés sur toile cirée. Il mérite la médaille de bronze...

» M. Cerf, de Brest, avait présenté de très-bonnes toiles cirées qui pouvaient soutenir le parallèle avec les meilleurs produits de ce genre, pour la variété des dessins, l'éclat des couleurs et la souplesse de l'étoffe ; il mérite également une médaille de bronze...

» Ont été mentionnés honorablement, M. *Notta*, à Clignancourt (Seine), pour tapis vernis imitant le marbre, et M. Couteau, à Joinville-le-Pont (Seine), pour ses toiles cirées et ses cuirs vernis. »

Plus tard, en 1839, M. *Seib* obtient une médaille d'argent pour sa fabrication des toiles et percales cirées à la Saxonne. Sa fabrique montée sur une grande échelle fournit des produits qui jouissent dans le commerce d'une grande estime due à leurs qualités éprouvées.

L'art du fabricant de toile cirée est redevable à M. Seib, de plusieurs perfectionnements importants dans les moyens mécaniques par lesquels on imite la marbrure. C'est lui qui, le premier, a tiré de la lithographie la décoration de ces toiles.

MM. Couteau de leur côté, récompensés en 1834, d'une médaille d'argent pour leurs cuirs vernis, et, ainsi qu'on vient de le voir, d'une mention honorable pour les toiles cirées, obtiennent plus tard la médaille d'or pour l'ensemble de leurs travaux. « Ils s'occupent activement, est-il dit dans un rapport du Jury central, de la fabrication des toiles cirées, en partie par les procédés anciens, en partie par des moyens nouveaux et remarquables.

» En effet, dans leurs ateliers, se trouve une machine qui donne à la toile une couche de peinture de chaque côté simultanément. En quelques minutes une pièce de 40^m.8 (34 aunes) reçoit ses deux couches et se rend d'elle-même dans une étuve disposée pour recevoir cinquante-deux pièces semblables. (*Voyez* ci-dessus, brev. Couteau.)

» Trois hommes font, à l'aide de cet appareil et du suivant, le travail de soixante ou quatre-vingts ouvriers. »

» En effet, chez MM. Couteau, non-seulement la pose du fond se fait à la machine, mais le ponçage lui-même s'exécute par un procédé mécanique de la plus grande simplicité. »

L'économie de la main-d'œuvre, produite par ces deux appareils est immense ; ils fonctionnent d'ailleurs l'un et l'autre avec la plus parfaite régularité. »

Dans ce même rapport, M. Bonjour obtient une médaille bronze ainsi motivée : « M. Bonjour expose, pour la première fois. Sa fabrique, située à Bercy, emploie 40 ouvriers et peut s'accroître. Il produit des toiles cirées, par l'ancien procédé, pour meubles, tapis, etc. Il a inventé un nouveau procédé, depuis 18 mois, il en fait usage, et il a déjà produit, à son aide, de 6 à 8000 pièces qui ont été versées dans le commerce. » — Dans ce nouveau procédé, le dessin est sans relief, il est fondu et nuancé de manière à imiter les laques de la Chine. « M. Bonjour fait un emploi des métaux qui est dirigé avec goût et intelligence »...

« M. *Dutertre,* à la Chapelle-Saint-Denis, près Paris, a exposé des produits en toiles cirées, imprimées, qui décèlent une entente parfaite de la fabrication, et dont les dessins sont composés avec une habilité extrême, pour mettre à profit toutes les qualités de la toile cirée et pour dissimuler tous les défauts. Ces taffetas cirés sont très-remarquables par leur parfaite exécution. — Le Jury central décerne à M. Dutertre une médaille de bronze. »

Nous ne pousserons pas plus loin notre revue rétrospective ; le peu que nous venons de donner sera suffisant pour prouver que l'importante industrie des toiles cirées a été étudiée à fond et dignement représentée dans les expositions publiques.

CHAPITRE V.

CUIRS VERNIS.

Les cuirs sont une industrie assez récente. On trouve très-peu de documents sur ce travail : les Anglais nous ont devancés dans cette partie ; mais nous n'avons pas tardé, sinon à les surpasser, du moins à leur faire concurrence, et sur beaucoup de marchés, les cuirs vernis français obtiennent la préférence. Nous pensons qu'après la lecture des moyens de faire que nous allons donner, les personnes qui ont fait une spécialité de cette fabrication pourront, en expérimentant, en étudiant, parvenir à des résultats satisfaisants.

Les cuirs vernis sont le plus souvent noirs, et c'est même la couleur qui offre le plus beau brillant ; les reflets les plus vifs. C'est aussi cette teinte que la consommation demande le plus. Néanmoins, on voit des cuirs vernis rouges, *verts*, bleus ; mais comme ils sont moins demandés que les noirs et qu'il est toujours possible à celui qui sait faire le vernis noir de changer la couleur au moyen de la substitution d'une matière colorante à une autre, nous ne nous occuperons présentement que de la fabrication principale.

Les carrossiers et les selliers font un grand usage de cuir vernis, qui, par son imperméabilité et par la facilité avec laquelle on le nettoie sans altérer son brillant, justifie la préférence dont il est l'objet ; on l'emploie beaucoup aussi pour la confection des chaussures, et la *botte-vernie* est une des nécessités du monde fashionable, une clause *sine quâ non* de la toilette irréprochable. Quand le cuir vernis est bien fait il est souple ; il peut être plié sans se casser, sans s'écailler, sa durée n'est pas moindre que celle du cuir ordinaire ; assez souvent, lorsqu'il est ménagé, il conserve plus longtemps son moelleux et n'est pas aussi sujet à se gercer, se fendiller et à se couper dans les plis.

Pour que le cuir vernis jouisse de tous ces avantages, il faut remplir les trois conditions suivantes : 1º cuir de très-bonne qualité ; 2º bon vernis ; 3º application intelligente du vernis. Si ces trois conditions ne sont pas obtenues, les produits sont de médiocre qualité et par conséquent de mauvais usage. Le vernis s'éraille, s'écaille, le cuir se coupe, se fendille et les objets dans la confection desquels on l'a fait entrer sont promptement dans un tel état de détérioration qu'ils ne sont plus bons à rien et qu'on n'a pas pour eux la ressource du cirage qui ravive les cuirs ordinaires.

Cette industrie comprend deux divisions : la première renferme le choix, le séchage, la préparation des peaux ; c'est ce qu'on nomme l'*apprêtage* et le *vernissage*.

L'apprêtage a pour but de boucher tous les pores de la peau et de l'unir par un ponçage suffisant, c'est-à-dire renouvelé jusqu'à ce que la peau soit parfaitement unie : c'est cette opération qui rend la peau susceptible de recevoir le vernis ; ce qui se nomme, en terme du métier, faire un fond.

Le but que l'on doit principalement s'efforcer d'atteindre dans le vernissage c'est d'avoir une couche égale, souple, moelleuse, produisant un brillant vif et dont l'éclat ne puisse être altéré soit par le frottement, soit par les lavages successifs. La composition des couches de l'apprêt doit donc différencier de celle du vernis.

L'apprêt se fait en mêlant et incorporant des matières réduites en poussière, telles que le blanc de Meudon, le noir de fumée, des terres, des verres et autres substances qu'on amalgame ensemble et dont on fait un mastic en les malaxant et pétrissant dans des corps gras servant à les lier ensemble.

Ce corps gras est le plus souvent l'huile de lin rendue siccative par les moyens connus : son mélange avec la litharge ou d'autres oxydes métalliques est amenée à la consistance de sirop par une cuisson prolongée, par l'évaporation ; la dose ordinaire est pour 10 litres d'huile de lin, 1 kilog. de céruse et autant de litharge. On fait cuire jusqu'à réduction à l'état de fluidité pâteuse.

On distingue par des noms différents les deux côtés d'une peau : le côté extérieur est nommé la *fleur*, l'intérieur est nommé *chair*, l'apprêt peut être étendu sur l'un ou l'autre côté. Seulement, le côté de la *chair* étant le plus poreux a besoin de recevoir plus d'apprêt. Cet apprêt à l'état sirupeux s'étend au pinceau et est ensuite rendu égal d'épaisseur soit à l'aide de râcloirs, soit à l'aide d'un rouleau qui le comprime et le fait entrer dans les pores.

Dès qu'une couche est donnée, on laisse sécher pendant deux ou trois jours selon la température, et lorsque l'apprêt est sec, on ponce afin d'unir parfaitement les surfaces enduites. La même opération se renouvelle quatre ou cinq fois, en laissant toujours bien sécher la nouvelle couche et la ponçant avant d'en étendre une autre. Le nombre de ces couches dépend beaucoup de la finesse de la peau, et aussi du choix à faire entre les matières pulvérulentes, ocre, craie, blanc d'Espagne, etc.

Cet apprêt, ce fond, doit être parfaitement lisse, également étendu, et ne doit pas être trop épais, car alors il deviendrait cassant et sujet à s'écailler. On doit se bien figurer qu'il n'est mis que pour servir d'intermédiaire entre la peau et les vernis qu'on mettra dessus. Cet apprêt, c'est là le point essentiel, doit couvrir la peau, y être adhérent ; mais ne doit point la pénétrer, afin qu'elle conserve toujours dans son intérieur la porosité qui est cause de la souplesse. Si l'apprêt pénétrait trop avant dans les pores de la peau, il les obstruerait, et lorsqu'il serait sec, il rendrait cette peau compacte et cassante, ce qui est un vice radical.

Les choses étant dans cet état, on colore l'apprêt, avec du noir d'ivoire ou autre broyé très-fin, et délayé dans l'essence de térébenthine ; et pour étendre cette couleur sur l'apprêt, on se sert de ces pinceaux larges, dits *blaireaux*. Cette couleur doit être fluide, et ne doit contenir aucune matière pulvérulente ; mais seulement l'huile de lin, le blanc de plomb et la litharge, qui forment la base de l'apprêt. On donne ainsi cinq ou six couches de cette couleur ; chacune de ces couches étant très-légère et bien également appliquée, est séchée à l'étuve, les peaux suspendues sur des châssis et ne pouvant se toucher entre elles. Par ce moyen, le fond devient poli, brillant, glacé, d'un beau noir bien égal, et la peau conserve toute sa souplesse. Il ne reste plus, après parfaite dessiccation, et avant d'appliquer le vernis, qu'à lustrer avec la ponce broyée au numéro le plus fin, dont on saupoudre un tampon de vieux tricot de laine, et qu'on passe et repasse sur l'apprêt qui est alors terminé et prêt à recevoir le vernis.

Cette opération demande beaucoup de soin : avant d'en parler, nous devons dire quelle est la composition du vernis.

C'est encore l'huile de lin, le blanc de plomb et la litharge, qui forment l'huile d'apprêt, qui servent à faire le vernis : on y ajoute, dans les proportions ci-après, les substances qui le composent.

Par kilogramme d'huile d'apprêt, on met 5 décag. de noir d'ivoire, de bleu de Prusse, ou de bitume de Judée, 5 hectog. de vernis gras au copal et 1 kilog. d'essence de térébenthine.

On commence par faire chauffer l'huile d'apprêt avec la substance colorante; on agite et on mêle bien, puis on ajoute le vernis copal, et, en dernier lieu, l'essence de térébenthine. On agite fortement et vivement pour que le tout soit bien mélangé. On laisse alors déposer dans un endroit chaud, pendant trois semaines environ, sans y toucher aucunement, et en le garantissant avec soin de la poussière.

Ces précautions prises et le vernis bien reposé, on peut l'étendre sur les peaux, ce qui se fait à l'aide du pinceau plat dont nous avons parlé, et que les ouvriers nomment *queue de morue*. On met les peaux ainsi enduites dans une étuve chauffée de 56 à 75° C., en les préservant attentivement de la poussière, et les tenant suspendues, ou bien clouées sur des cadres, le vernis en dessous; ou bien encore posées à plat dans des tiroirs qui passent à travers les murs ou parois de l'étuve, afin qu'ils puissent être tirés dehors pour être visités sans qu'il soit besoin d'ouvrir l'étuve.

Certaines peaux, certains vernis exigent des degrés de chaleur différents; mais toujours renfermés dans la limite que nous venons de poser; l'expérience et la pratique peuvent seuls déterminer sur ce point la marche du vernisseur; il en est de même pour le temps que les peaux passent dans l'étuve.

Telle est la méthode le plus généralement suivie. Lorsqu'elle ne donne pas des produits satisfaisants, c'est qu'on a négligé de suivre scrupuleusement les prescriptions ci-dessus. Sans doute, la nature des peaux entre pour beaucoup dans les conditions de la réussite : une peau mal corroyée, mal réparée, ne devient pas belle au vernissage aussi facilement que celle qui a été bien préparée ; le fabricant doit savoir reconnaître si le tannage et le corroyage ont été bien faits ; si le dégras était de bonne qualité, s'il a été réparti bien uniformément, si l'on n'en a pas mis trop ou trop peu. Toutes ces considérations sont à envisager : trop peu de dégras est un grave défaut, trop de dégras s'oppose à la dessiccation des premières couches de l'apprêt ; on ne s'aperçoit pas d'abord du mal qui résulte de cet excès ; mais bientôt le gras perce, le vernis se trouble, s'obscurcit et perd son brillant. Il se rencontre beaucoup de cas où, avant d'appliquer les apprêts sur la peau, quand il s'agit de vernir sur *chair*, on fait un encollage ; ce qui a lieu en mouillant, à l'aide d'une brosse rude, la face interne avec une dissolution plus ou moins épaisse de colle de Gand. La peau, ainsi humectée, est fixée avec des clous sur un châssis et on la fait sécher très-promptement, en l'exposant à une haute température. Cet encollage empêche la peau d'être trop pénétrée par l'apprêt. Quand l'encollage est sec, on le râcle avec du grès pilé et on l'adoucit au moyen d'un ponçage qui atteint jusqu'à la *chair* elle-même ; par ce moyen, l'apprêt se fixe bien après la peau : ce qui n'aurait pas lieu si on laissait l'encollage faire couche, et que l'apprêt ne pût entrer en contact direct avec la fibre de la chair.

Dans le procédé dit à l'anglaise, les étuves sont toujours à tiroirs superposés par étage et glissant sur des coulisseaux. Ces tiroirs ou tables sont recouverts avec des étoffes en laine moelleuses, couvertures ou tapis, sur lesquels on étend des feuilles de papier pour les garantir des taches ; les cuirs sont étendus dessus et maintenus dans cette position au moyen de clous. Les cuirs sont alors recouverts de trois couches d'apprêt étendues à l'aide du râcloir et après dessiccation, on ponce sans déclouer la peau. Cette opération, qui a lieu après chaque couche, se nomme *couper le bouton*. C'est avec la paume de la main qu'on applique ensuite sur cet apprêt six à sept couches de vernis sans essence, et toujours en coupant le bouton à chaque couche qu'on a donnée.

Les peaux ainsi vernies présentent un glacé plus vif, plus brillant que celles qui ont été traitées au pinceau ; mais le vernis est moins durable, étant plus sujet à s'écailler en raison de sa plus grande épaisseur.

Dans la composition de leurs apprêts et de leurs vernis, quelques fabricants font entrer des oxydes métalliques, de la céruse, de la litharge, de l'oxyde de manganèse, du sulfate de zinc, du minium, des os de sèche, de l'ail, etc., etc. Chacun a son secret qu'il estime bon, à l'exclusion de celui des autres fabricants ; mais qui reviennent toujours à peu près à ce qu'on a vu plus haut : quelques personnes se prétendent seules en possession de l'art de faire bien cuire l'huile de lin. Il ne faut pas s'arrêter à ces prétentions, c'est en définitive celui qui donne les plus beaux produits qui a raison ; mais ces beaux et bons produits, il les doit bien plus à l'observance exacte des règles que nous avons posées, qu'à telle ou telle drogue ou mixtion dont il serait seul possesseur et dont il fait mystère.

Quant à la couleur d'un beau noir, mêmes prétentions. Les uns n'emploient que le bitume de Judée, d'autres y mêlent le noir d'ivoire et le bleu de Prusse. Nous devons dire que le noir d'ivoire, seul, donne un beau noir, exempt du reflet rouge du bitume et du reflet verdâtre du bleu de Prusse ; mais il faut savoir l'employer : il est sujet à déposer s'il est appliqué trop longtemps après son incorporation dans le vernis. D'une autre part, si on l'applique trop tôt, bien que toujours d'un beau noir, il produit un grenu qui nuit au brillant. Cette difficulté de saisir le moment opportun a été cause que beaucoup de personnes ont renoncé à l'emploi du noir d'ivoire, et se contentent du bitume de Judée et du bleu de Prusse.

CONCLUSION.

Ainsi que nous l'avons fait pour le chapitre IV, nous terminerons cet exposé par la mention des noms des fabricants qui se sont fait une réputation dans cette partie, et qui ont mérité des distinctions flatteuses dans nos expositions publiques. Nous ne pouvons mieux faire que de reproduire les expressions mêmes des rapports du Jury central.

Cuirs vernis.

« C'est vers 1802 qu'on commença de vernir les cuirs en France, industrie pour laquelle M. Didier se fit une réputation qu'il conserva toute sa vie. Cependant, en 1827, nous étions encore visiblement au-dessous des Anglais. Nos cuirs vernis se rayaient aisément ; lorsqu'on y faisait un pli la marque en restait et le vernis s'écaillait : aujourd'hui (1834) nous avons fait des progrès remarquables. »

« MM. *Nys* et *Longagne*, de Paris, ont exposé des cuirs et des peaux vernies et de toutes couleurs, réunissant la solidité, la souplesse et l'éclat ; des cuirs argentés et dorés, genre qui parut pour la première fois aux expositions, et qui sont parfaitement fabriqués ; des cuirs noircis pour les carossiers. Avec leurs cuirs vernis, MM. Nys et Longagne peuvent maintenant soutenir la concurrence des Anglais ; ils méritent la médaille d'argent. »

« MM. *Plummer* père et fils et *Clouet*, à Pont-Audemer (Eure). Leurs procédés sont importés d'Angleterre. Leurs cuirs égalent en beauté ceux de MM. Nys et Longagne : ils ont droit aux mêmes éloges comme à la même récompense : la médaille d'argent... »

« M. *Couteau*, à Joinville-le-Pont (Seine), expose pour la première fois des cuirs vernis très-beaux... Le Jury lui décerne la médaille d'argent. »

« M. *Lauzin*, à Belleville (Seine), expose des cuirs vernis d'un grand éclat. On reproche à son vernis d'être un peu cassant. M. Lauzin mérite le rappel de la médaille de bronze qu'il a reçue en 1823... »

« Récompensés dès 1834 par la médaille d'argent, MM. Couteau père et fils ont augmenté depuis lors leur fabrication et l'ont enrichie de procédés nouveaux et remarquables.

» Ils fabriquent des cuirs vernis pour la sellerie et la chapellerie, au moyen des procédés anglais... Ils se présentent aujourd'hui avec les mêmes procédés, mais ils ont ajouté à leur travail une machine spéciale pour scier les cuirs, machine d'invention anglaise et fort digne d'attention par ses résultats. En effet, elle enlève, en une feuille entière et très-propre à tous les usages où l'épiderme n'est pas nécessaire, cette portion intérieure de la peau, que le drayage ordinaire de la peau fait tomber en copeaux inutiles.

» Comme ils fabriquent beaucoup de visières, chacune des parties de la peau y a trouvé son application particulière. Ainsi, les visières bombées, vernies d'un seul côté, sont fabriquées avec la partie de la peau qui porte l'épiderme.

» Les visières plates, vernies des deux côtés sont, au contraire, obtenues au moyen de la partie intérieure de la peau détachée par le sciage, et conséquemment dépourvue d'épiderme. Ces cuirs vernis peuvent subir tous les efforts et se plier de toutes les manières, sans que leur vernis s'écaille : ce qui n'arrive pas aux visières munies de l'épiderme.

» Les cuirs vernis pour chaussures sont obtenus par MM. Couteau à l'aide de procédés qui leur sont particuliers.. .

. . . .

» Ainsi, dans l'usine de MM. Couteau, on peut voir en activité : 1º le corroyage des cuirs, leur sciage, leur vernissage pour diverses destinations, et la fabrication des visières ; 2º leurs ateliers de toiles cirées, ancien et nouveau procédé...

» MM. Couteau emploient plus de cent ouvriers ; ils font pour 5 à 600,000 fr. de produits par an... L'ensemble de leur fabrication rendent MM. Couteau très-dignes de la médaille d'or que le Jury central leur décerne... »

CUIRS VERNIS, 1848. — RAPPELS.

Médaille d'or.

Nys et comp., Paris.
Plummer et comp. Pont-Audemer (Eure).

NOUVELLES.

Houet aîné, Paris.
Gauthier, Paris.

Rappel de médaille d'argent.

Platten frères, à Paris.

Médaille d'argent.

Courtois, à Paris.

Rappels de médailles de bronze.

Micoud, à Belleville (Seine).
Blot, cuir verni pour visières, schakos, etc. (Ancienne maison Heute.) Paris.

Médailles de bronze.

Guerlin Houel, Paris.
Déaddé (Louis), Paris.

Mention honorable.

Destibeaux (Hector), Paris.

Citation favorable.

Hugo et comp. La Chapelle-Saint-Denis (Seine).

RENVOI DES FIGURES AU TEXTE.

Planches.	Figures.	Partie.	Chapit.	Nos	Pages.
1	1	1	1	14	23
»	2	1	1	»	27
»	3-25	1	2	27	50-58
»	26	1	2	44	139
»	27	1	2	45	140
»	28,29,30,31,32	2	1	30	262
2	33-97	1	2	42	99-133
3	98-105	1	2	53	164-166
»	106	2	1	13	204
»	107-113	2	1	18	209
»	114-121 . . .	2	1	22	215-220
»	122-124 . . .	2	1	23	221-223
»	125	2	1	24	224
»	126	2	1	25	233
»	127-134 . . .	2	1	26	235-245 (*)
4	135-139 . . .	2	1	28	251-256
»	140-142 . . .	2	1	29	258
»	143,144 . . .	2	1	33	268
»	145	2	1	38	286
»	146	2	1	44	297
»	147-149 . . .	1	2	56	167
»	150,151 . . .	2	3	»	372-373
»	152,153 . . .	2	4	»	411
»	154-194 . . .	2	2	»	341-352

(*) Et pages 299-302 pour le texte même du brevet. (*Voyez* l'entre-tiret, p. 302.)

TABLE GÉNÉRALE DES MATIÈRES.

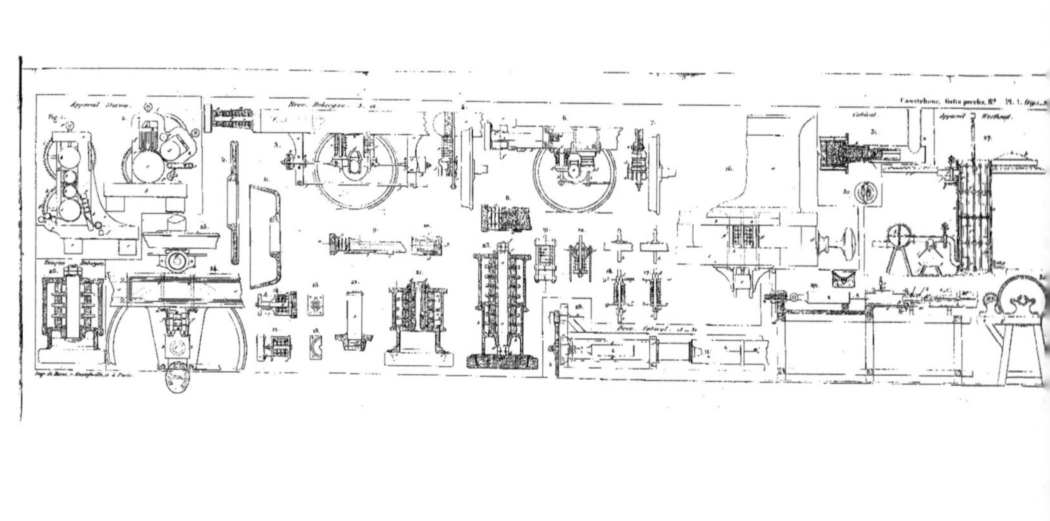

Caoutchouc, Gutta percha, 8e
Appareil Westhaupt.

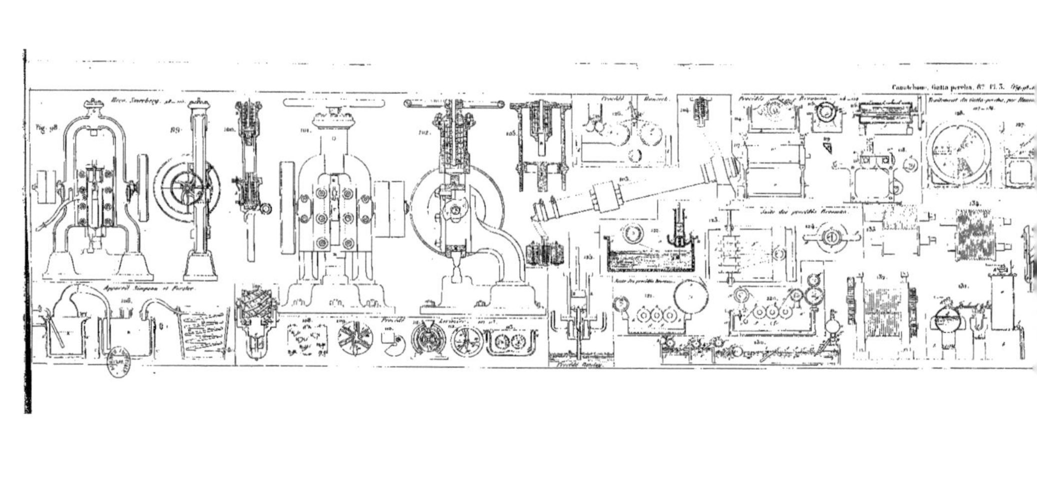

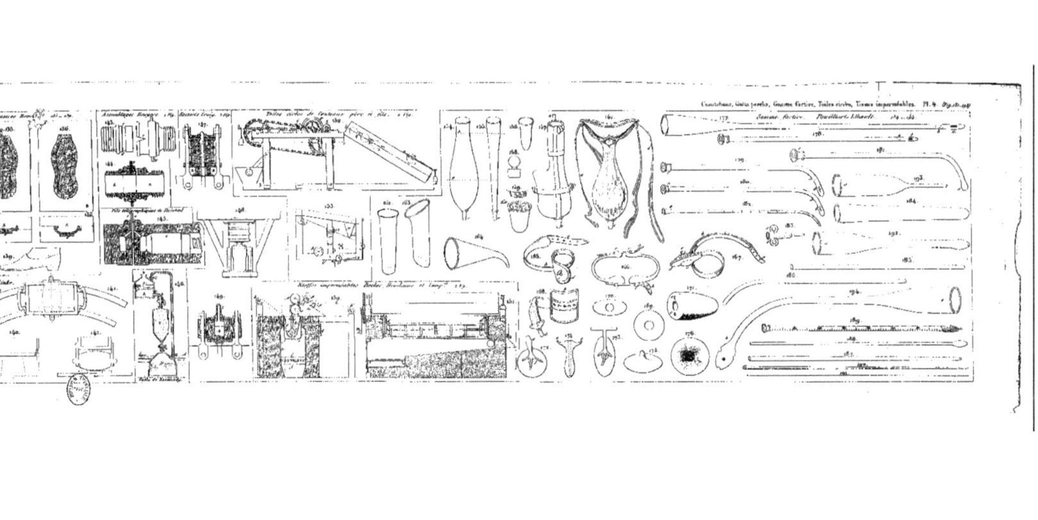

Caoutchoucs, Gutta-percha, Gomme factice, Toiles cirées, Tissus imperméables. Pl. 4.

N. B. *Comme il existe à Paris deux libraires du nom de* RORET, *l'on est prié de bien indiquer l'adresse.*

LIBRAIRIE ENCYCLOPÉDIQUE

DE

RORET,

RUE HAUTEFEUILLE, 12,

AU COIN DE LA RUE SERPENTE,

A PARIS.

———

Cette Librairie, entièrement consacrée aux Sciences et à l'Industrie, fournira aux amateurs tous les ouvrages anciens et modernes en ce genre, publiés en France, et fera venir de l'Étranger tous ceux que l'on pourrait désirer.

———

DIVISION DU CATALOGUE.

———

Publications annuelles de la LIBRAIRIE ENCYCLOPÉDIQUE DE RORET, *rue Hautefeuille, nº 12.*

LE TECHNOLOGISTE, ou *Archives des Progrès de l'Industrie française et étrangère*, publié par une Société de savants et de praticiens, sous la direction de

1

M. **Malepeyre**. Ouvrage utile aux manufacturiers, aux fabricants, aux chefs d'ateliers, aux ingénieurs, aux mécaniciens, aux artistes, etc., etc., et à toutes les personnes qui s'occupent d'arts industriels. 16e année. Prix : 18 fr. par an pour Paris, 21 fr. pour la province, et 24 fr. pour l'Étranger.

Chaque mois il paraît un cahier de 48 pages in-8º, grand format, renfermant des figures en grande quantité, gravées sur bois et sur acier.

Ce recueil a commencé à paraître le 1er octobre 1839. Le prix des 45 années est de 18 fr. chacune.

L'AGRICULTEUR--PRATICIEN, REVUE D'AGRICULTURE, DE JARDINAGE, et d'Économie rurale et domestique sous la direction de MM. Bossin, Malepeyre, G. Heuzé, etc. 14 années. Prix : 6 f. par an.

Tous les mois il paraît un cahier de 30 pag. in-8, grand format, renfermant des gravur. sur bois intercalées dans le texte·

Il a paru 14 années de ce Journal, qui a commencé le 1er octobre 1839. Prix de chaque année, 6 fr.

ALMANACH ENCYCLOPÉDIQUE RÉCRÉATIF ET POPULAIRE pour 1855, d'après les travaux de savants et de praticiens célèbres. 1 vol. in-16, grand raisin, orné de jolies gravures. . . . . 50 c.

Il a paru 15 années de cet Annuaire, à 50 c. chaque.

BULLETIN DE LA SOCIÉTÉ INDUSTRIELLE DE MULHOUSE. Le prix de souscription est de 12 fr. par volume in-8º, composé de 5 cahiers, et de 15 fr. franc de port. Chaque cahier, séparément, 3 fr.

Ce recueil a commencé en 1836. Il a paru 65 cahiers, ou vol. 1 à 13 jusqu'en 1840 ; prix : 9 fr. le vol. . . . . 117 fr.

Il a paru les cahiers nos 66 à 125, ou vol. 14 à 25 ; prix : 12 fr. le volume.

LE GARDE-MEUBLE, Journal d'Ameublement ; 54 planches par an. Prix des 3 catégories, fig. noires, 22 fr. 50 ; pour 2 catégories, 15 fr., et pour une catégorie, 7 fr. 50. En couleur, prix des 3 catégories, 36 fr. ; pour 2 catégories, 24 fr., et pour une catégorie, 12 fr. — *Chaque feuille se vend séparément : en noir, 50 centimes, et en couleur, 80 centimes.*

MANUEL DES ACIDES GRAS CONCRETS, voyez *Bougies stéariques*.

— **ACTES SOUS SIGNATURES PRIVÉES** en matières civiles, commerciales, criminelles, etc., par M. BIBET, ancien magistrat. 1 vol.   2 fr. 50

— **AEROSTATION** ou Guide pour servir à l'histoire ainsi qu'à la pratique des *Ballons*, par M. DUPUIS-DELCOURT. 1 vol. orné de figures.   3 fr.

— **AGENTS-VOYERS**, voyez *Constructeur en général*.

— **AGRICULTURE ÉLÉMENTAIRE**, à l'usage des écoles primaires et des écoles d'agriculture, par V. RENDU. (*Autorisé par l'Université.*)   1 fr. 25

— **ALGÈBRE**, *ou* Exposition élémentaire des principes de cette science, par M. TERQUEM. (*Ouvrage approuvé par l'Université.*) 1 gros vol.   3 fr. 50

— **ALLIAGES MÉTALLIQUES**, par M. HERVÉ, officier supérieur d'artillerie, ancien élève de l'Ecole polytechnique. 1 vol.   3 fr. 50
Ouvrage *approuvé par le Comité d'artillerie*, qui en a fait prendre un nombre pour les écoles, les forges et les fonderies.

— **ALLUMETTES CHIMIQUES, COTON** et **PAPIER-POUDRE, POUDRES** et **AMORCES FULMINANTES**; dangers, accidents et maladies qu'elles produisent; par le docteur ROUSSEL. 1 vol. orné de figures.   1 fr. 50

— **AMIDONNIER** et **VERMICELLIER**, par M. le docteur MORIN. 1 vol. avec figures.   3 fr.

— **AMORCES FULMINANTES**, voyez *Allumettes chimiques*.

— **ANATOMIE COMPARÉE**, par MM. de SIEBOLD et STANNIUS; traduit de l'allemand par MM. SPRING et LACORDAIRE, professeurs à l'Université de Liége. 3 vol. ensemble de plus de 1200 pages, prix   10 fr. 50

— **ANECDOTIQUE**, *ou* Choix d'Anecdotes anciennes et modernes, par madame CELNART. 4 vol. in-18.   7 fr.

— **ANIMAUX NUISIBLES** (Destructeur des) à l'agriculture, au jardinage, etc., par M. VERARDI. 1 vol. orné de planches.   3 fr.

— **2e** *Partie*, contenant les **HYLOPHTHIRES ET LEURS ENNEMIS**, ou Description et Iconographie des Insectes les plus nuisibles aux forêts, avec une méthode pour apprendre à les détruire et à ménager ceux qui leur font la guerre, à l'usage des forestiers, des jardiniers, etc.; par

MM. Ratzeburg De Corberon et Boisduval. 1 vol. orné de 8 planches : prix   2 fr. 50

MANUEL DE LA TAILLE DES ARBRES FRUI-TIERS, contenant les notions indispensables de Physiologie végétale; un Précis raisonné de la multiplication, de la plantation et de la culture; les vrais principes de la taille et leur application aux formes diverses que reçoivent les arbres fruitiers, par M. L. DE BAVAY. 1 vol. orné de figures. 3 fr.

— D'ARCHÉOLOGIE, par M. NICARD. 3 volumes avec Atlas. Prix des 3 vol., 10 fr. 50; de l'Atlas, 12 fr., et de l'ouvrage complet :   22 fr. 50

— ARCHITECTE DES JARDINS, ou l'Art de les composer et de les décorer, par M. BOITARD. 1 vol. avec Atlas de 140 planches.   15 fr.

— ARCHITECTE DES MONUMENTS RELI-GIEUX, ou Traité d'Archéologie pratique, applicable à la restauration et à la construction des Eglises, par M. SCHMIT. 1 gros volume avec Atlas contenant 20 planches.   7 fr.

— ARCHITECTURE, ou Traité de l'Art de bâtir, par M. TOUSSAINT, architecte. 2 vol. ornés de planches.   7 fr.

— D'ARITHMÉTIQUE DÉMONTRÉE, par MM. COLLIN et TREMERY. 1 vol.   2 fr. 50

— ARITHMÉTIQUE COMPLÉMENTAIRE, ou Recueil de Problèmes nouveaux, par M. TREMERY. 1 vol.   1 fr. 75

— ARMURIER, Fourbisseur et Arquebusier, par M. Paulin DÉSORMEAUX. 2 vol. avec figures.   6 fr.

— ARPENTAGE, ou Instruction élémentaire sur cet art et sur celui de lever les plans, par M. LACROIX, de l'Institut. MM. HOGARD, géomètre, et VASSEROT, avocat. 1 vol. avec figures. (Autorisé par l'Université.)   2 fr. 50

— ARPENTAGE SUPPLÉMENTAIRE, ou Recueil d'exemples pratiques par MM. HOGARD, avec des Modèles de Topographie, par M. CHARTIER, 1 vol. avec fig. 2 fr. 50

— ART MILITAIRE, par M. VERGNAUD. 1 vol. avec figures.   3 fr.

— ARTIFICIER, Poudrier et Salpêtrier, par M. VERGNAUD, colonel d'artillerie. 1 vol. orné de planches. 3 fr 50

— ASSOLEMENTS, JACHÈRE et SUCCESSION DES CULTURES, par M. Victor YVART, de l'Institut, avec des notes par M. Victor RENDU, inspecteur de l'agriculture. 3 vol.   10 fr. 50

— ASTRONOMIE, ou Traité élémentaire de cette

science, de W. Herschel, par M. Vergnaud. 1 vol. orné de planches.   3 fr. 50

MANUEL D'ASTRONOMIE AMUSANTE, traduit de l'anglais, par A. D. Vergnaud. In-18, figures.   2 fr. 50

— BALLONS, voyez *Aérostation*.

— BANQUIER, Agent de change et Courtier, par MM. Peuchet et Tremery. 1 vol.   2 fr. 50

MANUEL OU BARÊME COMPLET DES POIDS ET MESURES, par M. Bagilet. In-18.   3 fr.

— BIBLIOGRAPHIE et Amateur de livres, par M. F. Denis. (*Sous presse.*)

— BIBLIOTHÉCONOMIE, Arrangement, Conservation et Administration des bibliothèques, par L.-A. Constantin. 1 vol. orné de figures.   3 fr.

— BIJOUTIER, Joaillier, Orfèvre, Graveur sur métaux et Changeur, par M. Julia de Fontenelle. 2 vol. 7 fr.

— BIOGRAPHIE, *ou* Dictionnaire historique abrégé des grands hommes, par M. Noel, inspecteur-général des études. 2 vol.   6 fr

— BLANCHIMENT ET BLANCHISSAGE, Nettoyage et Dégraissage des fil, lin, coton, laine, soie, etc., par M. Julia de Fontenelle. 2 vol. ornés de pl.   5 fr.

— BLASON, *ou* Traité de cet art sous le rapport archéologique et héraldique, par M. Jules Pautet, bibliothécaire de la ville de Beaune. 1 vol. orné de planches.   3 fr. 50

— BOIS (Marchands de) et de Charbons, *ou* Traité de ce commerce en général, par M. Marié de Lisle. 1 volume avec figures.   3 fr.

— BOIS (Manuel-Tarif métrique pour la conversion et la réduction des), d'après le système métrique, par M. Lombard. 1 vol.   2 fr. 50

— BONNETIER ET FABRICANT DE BAS, par MM. Leblanc et Preaux-Galtot. 1 vol. avec fig.   3 fr.

— BOTANIQUE, Partie élémentaire, par M. Boitard. 1 vol. avec planches.   3 fr. 50

ATLAS DE BOTANIQUE pour la partie élémentaire, renfermant 36 planches. Prix   6 fr.

— BOTANIQUE, 2e partie, Flore française, *ou* Description synoptique des plantes qui croissent naturellement sur le sol français, par M. le dr Boisduval. 3 gr. v. 10 fr. 50

Atlas de botanique, composé de 120 planches, représentant la plupart des plantes décrites dans l'ouvrage ci-dessus. Prix : Fig. noires,   18 fr.

Figures coloriées.   36 fr.

MANUEL DU BOTTIER ET CORDONNIER, par M. MORIN. 1 vol. avec figures. 3 fr.

— **BOUGIES STÉARIQUES**, et fabrication des acides gras concrets, etc., etc , par M. MALEPEYRE, un vol. orné de planches. 3 fr.

— **BOULANGER**, Négociant en grains, Meunier et Constructeur de Moulins, par MM. BENOIT et JULIA DE FONTENELLE. 2 vol. avec figures. 5 fr.

— **BOURRELIER ET SELLIER**, par M. LEBRUN. 1 volume orné de figures. 3 fr.

— **BOURSE ET SES SPÉCULATIONS** mises à la portée de tout le monde, par M. le Président BOYARD. 1 vol. de 428 pages. 2 fr. 50.

— **BOUVIER ET ZOOPHILE**, *ou* l'Art d'élever et de soigner les animaux domestiques, par M. BOYARD. 1 volume. 2 fr. 50

— **BRASSEUR**, *ou* l'Art de faire toutes sortes de Bières, par M. VERGNAUD. 1 vol. 3 fr.

— **BRODEUR**, *ou* Traité complet de cet Art, par madame CELNART. 1 vol. avec un Atlas de 40 pl. 7 fr.

— **CADRES** (fabricant de), Passe-Partout, Châssis, Encadrement, etc., par M. DE SAINT-VICTOR, 1 volume orné de figures. 1 fr. 50

— **CALENDRIER** (Théorie du) et Collection de tous les calendriers des années passées et futures, par M. FRANCOEUR, professeur à la Faculté des sciences. 1 vol. 3 fr.

— **CALLIGRAPHIE**, *ou* l'Art d'écrire en peu de leçons, par M. TREMERY. 1 vol. avec Atlas. 3 fr.

— **DU CANOTIER**, ou Traité universel et raisonné de cet Art, par UN LOUP D'EAU DOUCE; joli vol. orné de 50 vignettes sur bois. Prix 1 fr. 75

— **CARTES GEOGRAPHIQUES** (Construction et Dessin des), par M. PERROT. 1 vol. orné de pl. 2 fr. 50

— **CAOUTCHOUC, GUTTA-PERCHA, GOMME FACTICE**, Tissus imperméables, Toiles cirées et Cuirs vernis, par M. PAULIN-DESORMEAUX. 1 vol. orné de fig. 3 fr. 50

— **CARTONNIER**, Cartier et Fabricant de Cartonnage, par M. LEBRUN. 1 vol. orné de figures. 3 fr.

— **CHAMOISEUR**, Pelletier-Fourreur, Maroquinier, Mégissier et Parcheminier, par M. JULIA DE FONTENELLE. 1 vol. orné de planches. 3 fr.

— **CHANDELIER**, Cirier et Fabricant de Cire à cacheter, par M. LENORMAND. 1 gros vol. orné de pl. 3 fr. 50

— **CHAPEAUX** (Fabricant de), par MM. CLUZ, F. et

Julia de Fontenelle. 1 vol. orné de planches. 3 fr.

MANUEL DU CHARCUTIER, ou l'Art de préparer et de conserver les différentes parties du cochon, par M. Lebrun. 1 volume avec figures. 2 fr. 50

— CHARPENTIER, ou Traité simplifié de cet Art, par MM. Hanus et Biston. 1 vol. orné de 14 pl. 3 fr. 50

— CHARRON ET CARROSSIER, ou l'Art de fabriquer toutes sortes de Voitures, par MM. Lebrun, Leroy et Malepeyre, 2 vol. ornés de 14 planches. 6 fr.

— CHASSELAS, sa culture à Fontainebleau, par un vigneron des environs. 1 vol. avec figures. 1 fr. 75

— CHASSEUR, contenant un Traité sur toute espèce de chasse, par MM. Boyard et de Mersan. 1 vol. avec figures et musique. 3 fr.

— CHASSEUR-TAUPIER ou l'Art de prendre les Taupes par des moyens sûr et faciles, par M. Rédarès, 1 volume orné de figures. 90 cent.

— CHAUDRONNIER, Description complète et détaillée de toutes les opérations de cet Art, tant pour la fabrication des appareils en cuivre que pour ceux en fer, etc.; par MM. Jullien et Valerio. 1 vol. avec 16 planches. 3 fr. 50

— CHAUFOURNIER, contenant l'Art de calciner la Pierre à chaux et à plâtre, de composer les Mortiers, les Ciments, etc., par MM. Biston et Magnier. 1 v. avec fig. 3 fr.

— CHEMINS DE FER, ou Principes généraux de l'Art de les construire, par M. Biot, l'un des gérants des travaux d'exécution du chemin de fer de Saint-Etienne. 1 volume orné de figures. 3 fr.

— CHEVAL (Education et hygiène), par M. le vicomte de Montigny, 1 vol. orné de 6 planches. 3 fr.

— CHIMIE AGRICOLE, par MM. Davy et Vergnaud, 1 vol. orné de figures. 3 fr. 50

— CHIMIE AMUSANTE, ou Nouvelles Récréations chimiques, par M. Vergnaud. 1 vol. orné de figures. 3 fr.

— CHIMIE INORGANIQUE ET ORGANIQUE dans l'état actuel de la science, par M. Vergnaud. 1 gros volume orné de figures. 3 fr. 50

— ANALYSE CHIMIQUE, organique et inorganique, par MM. Witt, Wohler et Liebig, traduit par M. F. Malepeyre. 1 vol. orné de figures. 3 fr. 50

— CIDRE ET POIRÉ (Fabricant de), avec les moyens d'imiter, avec le suc de pomme ou de poiré, le Vin de raisin, l'Eau-de-Vie et le Vinaigre de vin, par M. Dubief. 1 volume avec figures. 2 fr. 50

MANUEL DU COIFFEUR, précédé de l'Art de se coiffer soi-même par M. VILLARET. 1 joli vol. orné de fig. 2 fr. 50

— **COLORISTE**, contenant le mélange et l'emploi des Couleurs, ainsi que les différents travaux de l'Enluminure, par MM. PERROT, BLANCHARD et THILLAYE. 1 vol. 2 fr. 50

— **COMMERCE, BANQUE ET CHANGE**, contenant tout ce qui est relatif aux effets de Commerce, à la tenue des livres, à la comptabilité, à la bourse, aux emprunts, etc., par M. GALLAS et M. PIJON. 2 vol. 6 fr.

— **BONNE COMPAGNIE**, *ou* Guide de la Politesse et de la Bienséance, par Mme CELNART. 1 vol. 1 fr. 75

— **COMPTES-FAITS**, *ou* Barême général des poids et mesures, par M. ACHILLE NOUHEN. (Voir *Poids et Mesures*.)

— **CONSTRUCTEUR** en **GENERAL** et **AGENTS-VOYERS**, ouvrage utile aux ingénieurs des ponts et chaussées, aux officiers du génie militaire, aux architectes, aux conducteurs des ponts et chaussées, par M. LAGARDE, ingénieur civil. 1 vol. orné de figures. 3 fr.

— **CONSTRUCTIONS RUSTIQUES**, *ou* Guide pour les Constructions rurales, par M. DE FONTENAY (*Ouvrage couronné par la Société royale et centrale d'Agriculture*). 1 volume orné de figures. 3 fr.

— **CONTRE-POISONS**, *ou* Traitement des Individus empoisonnés, asphyxiés, noyés ou mordus, par M. H. CHAUSSIER, D.-M. 1 vol. 2 fr. 50

— **CONTRIBUTIONS DIRECTES**, Guide des Contribuables et des Comptables de toutes les classes, etc.; par M. BOYARD. 1 vol. 2 fr. 50

— **CORDIER**, contenant la culture des Plantes textiles, l'extraction de la Filasse, et la fabrication de toutes sortes de cordes, par M. BOITARD. 1 vol. orné de fig. 2 fr. 50

— **CORRESPONDANCE COMMERCIALE**, contenant les Termes de commerce, les Modèles et Formules épistolaires et de comptabilité, etc., par MM. REES-LESTIENNE et TREMERY. 1 vol. 2 fr. 50

— **CORPS GRAS CONCRETS.** V. *Bougies stéariques.*

— **COTON** et **PAPIER-POUDRE**, voyez *Allumettes chimiques*

— **COULEURS** (fabricant de) **ET VERNIS**, contenant tout ce qui a rapport à ces différents arts, par MM. RIFFAULT, VERGNAUD et TOUSSAINT. 1 vol. orné de fig. 3 fr.

— **COUPE DES PIERRES**, par M. TOUSSAINT, architecte. 1 vol. avec Atlas.   5 fr.

MANUEL DU COUTELIER, *ou* l'Art de faire tous les Ouvrages de Coutellerie, par M. LANDRIN, ingénieur civil. 1 vol.   3 fr. 50

— CRUSTACÉS (Hist. natur. des), par MM. BOSC et DESMAREST, etc. 2 vol. ornés de pl.   6 fr.

ATLAS POUR LES CRUSTACÉS, 18 planches. Figures noires. 3 fr.; — figurés coloriées.   6 fr.

— CUISINIER ET DE LA CUISINIÈRE, à l'usage de la ville et de la campagne, par M. CARDELLI. 1 gros vol. de 464 pages, orné de figures.   2 fr. 50

— CULTIVATEUR FORESTIER, contenant l'Art de cultiver en forêts tous les Arbres indigènes et exotiques, par M. BOITARD. 2 volumes.   5 fr.

— CULTIVATEUR FRANÇAIS, *ou* l'Art de bien cultiver les Terres et d'en retirer un grand profit, par M. THIÉBAUT de BERNEAUD. 2 volumes ornés de figures.   5 fr.

— DAGUERRÉOTYPIE. Voyez *Photographie.*

— DAMES, *ou* l'Art de l'Élégance, par madame CELNART. 1 vol.   3 fr.

— DANSE, comprenant la théorie, la pratique et l'histoire de cet art, par MM. BLASIS et VERGNAUD. 1 gros volume orné de planches.   3 fr. 50

— DÉCORATEUR-ORNEMENTISTE, du Graveur et du Peintre en Lettres, par M. SCHMIT, un vol. avec Atlas in-4° de 30 planches.   7 fr.

— DEMOISELLES, *ou* Arts et métiers qui leur conviennent, tels que Couture, Broderie, etc., par madame CELNART. 1 vol. orné de planches.   3 fr.

— DESSIN LINÉAIRE, par M. ALLAIN, entrepreneur de travaux publics. 1 vol. avec Atlas de 20 Pl. Prix   5 fr.

— DESSINATEUR, *ou* Traité complet du Dessin, par M. BOUTEREAU. 1 v. avec Atlas de 20 pl.   3 fr. 50

— DISTILLATEUR ET LIQUORISTE, par M. LEBEAU et M. JULIA DE FONTENELLE. 1 vol. de 514 pages, orné de figures.   3 fr. 50

— DOMESTIQUES, *ou* l'Art de former de bons Serviteurs, par madame CELNART. 1 vol.   2 fr. 50

— DORURE ET ARGENTURE Electro-chimiques, par M. DE VALICOURT. 1 vol.   1 fr. 75

— DRAPS (Fabricant de), *ou* Traité de la Fabrication des Draps, par MM. BONNET et MALEPEYRE. 1 vol. orné de figures.   3 fr. 50

MANUEL DES ÉCOLES PRIMAIRES, MOYENNES ET NORMALES (*Ouvrage autorisé par l'Université*), par M. MATTER. 1 vol.   2 fr. 50

— ÉCONOMIE DOMESTIQUE, contenant toutes les recettes les plus simples et les plus efficaces, par madame CELNART. 1 vol.   2 fr. 50

— ÉCONOMIE POLITIQUE, par M. J. PAUTET. 1 vol.   2 fr. 50

— ÉLECTRICITÉ, contenant les Instructions pour établir les Paraton. et les Paragrêles, par M. RIFFAULT. 1 v. 2 fr. 50

— ÉLECTRICITÉ MÉDICALE ou Éléments d'Electro-Biologie, suivi d'un Traité sur la Vision, par M. SMEE, traduit par M. MAGNIER, 1 joli volume orné de fig.   3 fr.

— ENREGISTREMENT ET DU TIMBRE, par M. BIRET. 1 vol.   3 fr. 50

— ENTOMOLOGIE ÉLÉMENTAIRE, ou Entretiens sur les Insectes en général, mis à la portée de tout le monde, par M. BOYER DE FONSCOLOMBE. 1 gros vol.   3 fr.

— D'ENTOMOLOGIE, ou Hist. nat. des Insectes et des Myriapodes, par M. BOITARD. 3 vol. in-18. 10 fr. 50

ATLAS D'ENTOMOLOGIE, composé de 110 planches représentant les Insectes décrits dans l'ouvrage ci-dessus. Figures noires, 17 fr. — Figures coloriées.   34 fr.

— EPISTOLAIRE (Style), par M. BISCARRAT et madame la comtesse d'HAUTPOUL. 1 vol.   2 fr. 50

— EQUITATION, à l'usage des deux sexes, par M. VERGNAUD. 1 vol. orné de figures.   3 fr.

— ESCALIERS EN BOIS (Construction des), ou manipulation et posage des Escaliers ayant une ou plusieurs rampes, par C. BOUTEREAU. 1 vol. et Atlas.   5 fr.

— ESCRIME, ou Traité de l'Art de faire des armes, par M. LAFAUGÈRE, maréchal-des-logis. 1 vol.   3 fr. 50

— ESSAYEUR, par MM. VAUQUELIN, GAY-LUSSAC et D'ARCET, publié par M. VERGNAUD. 1 vol.   3 fr.

— ÉTAT CIVIL (Officier de l'), pour la Tenue des Registres et la Rédaction des Actes, etc., etc., par M. LEMOLT, ancien magistrat.   2 fr. 50

— ETOFFES IMPRIMÉES (Fabricant d') et Fabricant de Papiers peints, par M. Seb. LENORMAND. 1 vol.   3 f.

— FABRICANT (du) DE PRODUITS CHIMIQUES ou Formules et Procédés usuels relatifs aux matières que la chimie fournit aux arts industriels et à la médecine, par M. THILLAYE. 3 volumes ornés de planches.   10 fr. 50

— FALSIFICATIONS DES DROGUES simples et composées, par M. PÉDRONI, professeur, 1 vol. orné de fig. 2 fr. 50

MANUEL DU FERBLANTIER ET LAMPISTE, ou l'Art de confectionner en fer-blanc tous les Ustensiles, par MM. LEBRUN et MALEPEYRE. 1 vol. orné de fig. 3 fr. 50

— **FERMIER** (du), ou l'Agriculture simplifiée et mise à la portée de tout le monde, par M. DE LÉPINOIS. 1 vol. 2 fr. 50

— **FILATEUR**, ou Description des Méthodes anciennes et nouvelles employées pour filer le Coton, le Lin, le Chanvre, la Laine et la Soie, par MM. C.-E. JULLIEN et E. LORENTZ. 1 vol. in-18, avec 8 pl. 3 fr. 50

— **FLEURISTE ARTIFICIEL**, ou l'Art d'imiter, d'après nature, toute espèce de Fleurs, suivi de l'Art du Plumassier, par madame CELNART. 1 vol. orné de fig. 2 fr. 50

— **FLEURS** (des) **EMBLÉMATIQUES**, ou leur Histoire, leur Symbole, leur Langage, etc., etc., par madame AENEVEUX. 1 vol. Fig. noires. 3 fr.

Figures coloriées. 6 fr.

— **FONDEUR SUR TOUS MÉTAUX**, par M. LAUNAY, fondeur de la colonne de la place Vendôme (*Ouvrage faisant suite au travail des Métaux*). 2 vol. ornés d'un grand nombre de planches. 7 fr.

— **FORGERON, MARÉCHAL, SERRURIER, TAILLANDIER**, etc., rênfermant des notions sur le fer, l'acier et les charbons ; des modèles de forges, et pouvant servir de manuel complet du fabricant de soufflets et de machines soufflantes, par M. MAPOD, 1 vol. orné de 4 planches. 3 fr.

— **FORGES** (Maître de), ou l'Art de travailler le fer, par M. LANDRIN. 2 vol. ornés de planches. 6 fr.

— **FORESTIER PRATICIEN** (le) et Guide des Gardes Champêtres, traitant de la Conservation des Semis, de l'Aménagement, de l'Exploitation, etc., etc., des Forêts, par MM. CRINON et VASSEROT. 1 vol. 1 fr. 25

— **GALVANOPLASTIE**, ou Traité complet de cet Art, contenant tous les procédés les plus récents, par MM. SMÉE, JACOBI, DE VALICOURT, etc., etc. 2 vol. ornés de fig. 5 fr.

— **GANTS** (Fabricant de) dans ses rapports avec la Mégisserie et la Chamoiserie, par VALLET D'ARTOIS, ancien fabricant. 1 vol. 3 fr. 50

— **GARANTIE DES MATIÈRES D'OR ET D'ARGENT**, par M. LACHÈZE, contrôleur à Paris. 1 v. 1 fr. 75

— **GARDES-CHAMPÊTRES, FORESTIERS ET GARDES-PÊCHE**, par M. BOYARD, président à la cour d'appel d'Orléans. 1 vol. 2 fr. 50

MANUEL DES GARDES-MALADES, et personnes qui veulent se soigner elles-mêmes, ou l'Ami de la santé, par M. le docteur MORIN. 1 vol.   2 fr. 50

— GARDES NATIONAUX DE FRANCE, contenant l'Ecole du soldat et de peloton, les Ordonnances, Règlements, etc., etc., par M. R. L. 33e édit. 1 vol.   1 fr. 25

— GAZ (Fabrication du) ou Traité de l'Eclairage à l'usage des Ingénieurs, etc. ; d'Usines à gaz, par M. MAGNIER. 1 vol. orné de figures.   3 fr. 50 c.

— GÉOGRAPHIE DE LA FRANCE, divisée par bassins, par M. LORIOL (*Autorisé par l'Université*). 1 volume.   2 fr. 50

— GÉOGRAPHIE GÉNÉRALE, par M. DEVILLIERS. 1 gros vol. de plus de 400 pag., orné de 7 jolies cartes. 3 f. 50

— GÉOGRAPHIE PHYSIQUE, ou Introduction à l'étude de la Géologie, par M. HUOT. 1 vol.   3 fr.

— GÉOLOGIE, ou Traité élémentaire de cette science, par MM. HUOT et D'ORBIGNY. 1 vol. orné de pl.   3 fr.

— GÉOMÉTRIE, ou Exposition élémentaire des principes de cette science, par M. TERQUEM (*Ouvrage autorisé par l'Université*). 1 gros vol.   3 fr. 50

— GNOMONIQUE, ou l'Art de tracer les cadrans, par M. BOUTEREAU. 1 vol. orné de figures.   3 fr.

— GOURMANDS (des), ou l'Art de faire les honneurs de sa table, par CARDELLI. 1 vol.   3 fr.

— GRAVEUR (du), ou Traité complet de l'Art de la Gravure en tous genres, par MM. PERROT et MALEPEYRE. 1 vol. orné de planches.   3 fr.

— GRÈCE (Histoire de la), depuis les premiers siècles jusqu'à l'établissement de la domination romaine, par M. MATTER, inspecteur-général de l'Université. 1 v. 3 fr.

— GREFFES (Monographie des), ou Description des diverses sortes de Greffes employées pour la multiplication des végétaux, par M. THOUIN, de l'Institut, etc. 1 vol. orné de 8 planches.   2 fr. 50

— GUTTA-PERCHA, CAOUTCHOUC, etc.   3 fr. 50

— GYMNASTIQUE (de la), par le colonel AMOROS (*Ouvrage couronné par l'Institut, admis par l'Université, etc.*), 2 vol. et Atlas.   10 fr. 50

— HABITANTS DE LA CAMPAGNE et Bonne Fermière, contenant tous les moyens de faire valoir, de la manière la plus profitable, les terres, le bétail, les récoltes, etc., par madame CELNART. 1 vol.   2 fr. 50

MANUEL HÉRALDIQUE. Voyez BLASON.

— HERBORISTE, Épicier-Droguiste, Grainier-Pépiniériste et Horticulteur, par MM. TOLLARD et JULIA DE FONTENELLE. 2 gros vol.	7 fr.

— HISTOIRE NATURELLE, ou Genera complet des Animaux, des Végétaux et des Minéraux. 2 gros vol. 7 fr.

ATLAS pour la Botanique, composé de 120 planches. Figures noires, 18 fr. — figures coloriées, 36 fr.

— pour les Mollusques, représentant les Mollusques nus et les Coquilles. 51 planches. Figures noires,	7 fr.
figures coloriées.	14 fr.

Atlas pour les Crustacés, 18 planches, figures noires 3 francs. — figures coloriées.	6 fr.

— Pour les Insectes, 110 planches, figures noires, 17 fr.; figures coloriées.	34 fr.

— Pour les Mammifères, 80 planches, fig. noires, 12 fr.; figures coloriées.	24 fr.

— Pour les Minéraux, 40 planches, figures noires, 6 fr.; figures coloriées.	12 fr.

— Pour les Oiseaux, 129 planches, figures noires, 20 fr.; figures coloriées.	40 fr.

— Pour les Poissons, 155 planches, fig. noires, 24 fr.; figures coloriées.	48 fr.

— Pour les Reptiles, 54 planches, fig. noires, 9 fr.; figures coloriées.	18 fr.

— Pour les Zoophytes, représentant la plupart des Vers et des Animaux-Plantes, 25 pl., figures noires,	6 fr.
figures coloriées.	12 fr.

MANUEL D'HISTOIRE NATURELLE MÉDICALE ET DE PHARMACOGRAPHIE, ou Tableau des Produits que la Médecine et les Arts empruntent à l'Histoire naturelle. par M. LESSON, pharmacien en chef de la Marine à Rochefort. 2 vol.	5 fr.

— DE L'HISTOIRE UNIVERSELLE, depuis le commencement du monde jusqu'en 1836, par M. CAHEN, traducteur de la Bible. 1 vol.	2 fr. 50

— HORLOGER (de l'), ou Guide des Ouvriers qui s'occupent de la construc. des Machines propres à mesurer le temps, par MM. LENORMAND, JANVIER et MAGNIER. 1 v. f. 3 f. 50

— HORLOGES (Régulateur des), Montres et Pendules, par MM. BERTHOUD et JANVIER. 1 vol. orné de fig. 1 fr. 50

MANUEL DU FABRICANT ET ÉPURATEUR D'HUILES, par M. JULIA DE FONTENELLE. 1 vol. orné de figures.　　　　　　　　　　3 fr. 50

— **HYGIENE**, ou l'Art de conserver sa santé, par le docteur MORIN. 1 vol.　　　　　　　　　3 fr.

— **INDIENNES** (Fabricant d'), renfermant les Impressions des Laines, des Chalis et des Soies, par M. THIL-LAYE. 1 vol.　　　　　　　　　　3 fr. 50

— **INGÉNIEUR CIVIL**, par MM. JULLIEN, LORENTZ et SCHMITZ. Ingénieurs Civils. 2 gros volumes avec 1 Atlas renfermant beaucoup de pl.　　　　　10 fr. 50

— **IRRIGATIONS ET ASSAINISSEMENT DES TERRES**, ou Traité de l'emploi des Eaux en agriculture, par M. le marquis DE PARETO, 4 volumes ornés d'un atlas composé de 40 planches.　　　　　　18 fr.

— **JARDINAGE** (PRATIQUE SIMPLIFIÉE à l'usage des personnes qui cultivent elles-mêmes un petit domaine, contenant un Potager, une Pépinière, un Verger, des Espaliers, un Jardin paysager, des Serres, des Orangeries, et un Parterre, etc., par M. LOUIS DUBOIS. 1 vol. orné de fig. 2 fr. 50

— **JARDINIER**, ou l'Art de cultiver et de composer toutes sortes de Jardins, par M. BAILLY. 2 gros vol. ornés le pl. 5 fr.

— **JARDINIER DES PRIMEURS**, ou l'Art de forcer les Plantes à donner leurs fruits dans toutes les saisons, par MM. NOISETTE et BOITARD. 1 vol. orné de fig. 3 fr.

— **ART DE CULTIVER LES JARDINS**, renfermant un Calendrier indiquant mois par mois tous les travaux à faire en Jardinage, les principes d'Horticulture, etc., par un Jardinier agronome. 1 gros vol. orné de fig.　3 fr. 50

— **JAUGEAGE ET DÉBITANTS DE BOISSONS**. 1 volume orné de figures (Voyez Vins).　　　3 fr 50

— **DES JEUNES GENS**, ou Sciences, Arts et Récréations qui leur conviennent, et dont ils peuvent s'occuper avec agrément et utilité, par M. VERGNAUD 2 volumes ornés de figures.　　　　　6 fr.

— **DE JEUX DE CALCUL ET DE HASARD**, ou nouvelle Académie des Jeux, par M. LEBRUN. 1 v.　3 fr.

— **JEUX ENSEIGNANT LA SCIENCE**, ou Introduction à l'étude de la Mécanique, de la Physique, etc., par M. RICHARD. 2 vol.　　　　　　6 fr.

— **JEUX DE SOCIÉTÉ**, renfermant tous ceux qui conviennent aux deux sexes, par madame CELNART. 1 g. v. 3 fr.

— **JUSTICES DE PAIX**, ou Traité des Compétences et

Attributions tant anciennes que nouvelles, en toutes ma-
tières, par M. BIRET, ancien magistrat. 1 vol.   3 fr. 50
  MANUEL DE LAITERIE, *ou* Traité de toutes les méthodes pour la Laiterie, l'Art de faire le Beurre, de confec-
tionner les Fromages, etc., par THIÉBAUD DE BERNEAUD.
1 vol. orné de figures.   2 fr. 50
  — LANGAGE (Pureté du), par M. BLONDIN. 1 volume.
   1 fr. 50
  — LANGAGE (Pureté du), par MM. BISCARRAT et
BONIFACE. 1 vol.   2 fr. 50
  — LATIN (Classes élémentaires de), *ou* Thêmes pour les
Huitième et Septième, par M. AMÉDÉE SCRIBE, ancien insti-
tuteur. 1 vol.   2 fr. 50
  — LIMONADIER, Glacier, Chocolatier et Confiseur,
par MM. CARDELLI, LIONNET-CLÉMANDOT et JULIA DE
FONTENELLE. 1 gros vol. de plus de 500 pages.   3 fr.
  — LITHOGRAPHE (Imprimeur), par MM. BRÉGEAUT,
KNECHT et Jules DESPORTES, 1 gros vol. avec atlas. 5 fr.
  — LITTÉRATURE à l'usage des deux sexes, par ma-
dame D'HAUTPOUL.   1 fr. 75
  — LUTHIER, contenant la Construction intérieure et
extérieure des instruments à archets, par M. MAUGIN. 1 vo-
lume.   2 fr. 50
  — MACHINES LOCOMOTIVES (Constructeur de), par
M. JULLIEN, Ingénieur civil, etc. 1 gros vol. avec Atlas. 5 fr.
  — MACHINES A VAPEUR *appliquées à la Marine*,
par M. JANVIER, officier de marine et ingénieur civil. 1 vo-
lume avec figures.   3 fr. 50
  — MACHINES A VAPEUR *appliquées à l'Industrie*,
par M. JANVIER. 2 volumes avec figures.   7 fr.
  — MAÇON, PLATRIER, PAVEUR, CARRELEUR,
COUVREUR, par M. TOUSSAINT, architecte. 1 vol. 5 fr.
  — MAGIE NATURELLE ET AMUSANTE, par
M. VERGNAUD. 1 vol. avec figures.   3 fr.
  — MAITRE D'HOTEL, *ou* Traité complet des menus,
mis à la portée de tout le monde, par M. CHEVRIER. 1 vol.
orné de figures.   3 fr.
  — MAITRESSE DE MAISON, par mesdames PA-
RISET et CELNART. 1 vol.   2 fr. 50
  — MAMMALOGIE, *ou* Histoire naturelle des Mammi-
fères, par M. LESSON, corresp. de l'Institut. 1 gros vol. 3 f. 50
  ATLAS DE MAMMALOGIE, composé de 80 planches re-

présentant la plupart des animaux décrits dans l'ouvrage ci-dessus ; figures noires. 12 fr.

Figures coloriées. 24 fr.

MANUEL DU MARBRIER. (*Sous presse.*)

— MARINE, *Gréement, manœuvre du Navire et de l'Artillerie*, par M. VERDIER, capitaine de corvette. 2 vol. ornés de figures. 5 fr.

— MATHÉMATIQUES (Applications usuelles et amusantes), par M. RICHARD. 1 gros vol. avec figures. 3 fr.

— MÉCANICIEN-FONTAINIER, POMPIER ET PLOMBIER, par MM. JANVIER et BISTON. 1 vol. orné de planches. 3 fr.

— MÉCANIQUE, *ou* Exposition élémentaire des lois de l'Équilibre et du Mouvement des Corps solides, par M. TERQUEM, officier de l'Université, professeur aux Ecoles royales d'Artillerie. 1 gros vol. orné de planches. 3 fr. 50

— MÉCANIQUE APPLIQUÉE À L'INDUSTRIE. Première partie. STATIQUE et HYDROSTATIQUE, par M. VERGNAUD, 1 vol. avec figures. 3 fr. 50

— Deuxième partie, HYDRAULIQUE, par M. JANVIER. 1 volume avec figures. 3 fr.

— MÉCANIQUE PRATIQUE, à l'usage des directeurs et contre-maîtres, par BERNOUILLI, trad. par VALÉRIUS, un vol. 2 fr.

— MÉDECINE ET CHIRURGIE DOMESTIQUES, par M. le docteur MORIN. 1 vol. 3 f. 50

— MENUISIER, Ébéniste et Layetier, par M. NOSBAN, 2 vol. avec planches. 6 fr.

— MÉTAUX (Travail des), *Fer et Acier manufacturés*, par M. VERGNAUD. 2 vol. 6 fr.

— MÉTREUR ET DU VÉRIFICATEUR EN BATIMENTS *ou* Traité de l'Art de métrer et de vérifier tous les ouvrages en bâtiments, par M. LEBOSSU, architecte-expert.

Première partie. Terrasse et maçonnerie, 1 vol. 2 fr. 50

Deuxième partie. Menuiserie, peinture, tenture, vitrerie, dorure, charpente, serrurerie, couverture, plomberie, marbrerie, carrelage, pavage, poêlerie, etc. 1 vol. 2 fr. 50.

(*Voyez Toiseur en bâtiments.*)

— MICROSCOPE (Observateur au), par F. DUJARDIN, 1 vol. avec Atlas de 30 planches. 10 fr. 50

— EXPLOITATION DES MINES. Première partie, HOUILLE (ou charbon de terre), par J.-F. BLANC. 1 vol. in-18, figures. 3 fr 50

— *Idem*, deuxième partie, FER, PLOMB, CUIVRE, ÉTAIN,

ARGENT, OR, ZINC, DIAMANT, etc. 1 v. in-18, avec fig.   3 fr. 50

— MANUEL DE L'ART MILITAIRE, à l'usage des Militaires de toutes les armes, par M. VERGNAUD. 1 vol. orné de fig.   3 fr.

— MINÉRALOGIE, ou Tableau des Substances minérales, par M. HUOT. 2 vol. ornés de figures.   6 fr.

— ATLAS DE MINÉRALOGIE, composé de 50 planches représentant la plupart des Minéraux décrits dans l'ouvrage ci-dessus ; figures noires.   6 fr.

Figures coloriées.   12 fr.

— MINIATURE, Gouache, Lavis à la Sépia et Aquarelle, par MM. CONSTANT VIGUIER et LANGLOIS DE LONGUEVILLE. 1 gros vol. orné de planches.   3 fr.

— MOLLUSQUES (Histoire naturelle des) et de leurs coquilles, par M. SANDER-RANG, officier de marine. 1 gros vol. orné de planches.   3 fr. 50

— ATLAS POUR LES MOLLUSQUES, représentant les Mollusques nus et les Coquilles. 51 planches, fig. noires. 7 fr.

Fig. coloriées.   14 fr.

— DU MORALISTE, ou Pensées et Maximes instructives pour tous les âges de la vie, par M. TREMBLAY. 2 volumes.   5 fr.

— MOULEUR, ou l'Art de mouler en plâtre, carton, carton-pierre, carton-cuir, cire, plomb, argile, bois, écaille, corne, etc., par M. LEBRUN. 1 vol. orné de fig. 2 fr. 50

— MOULEUR EN MÉDAILLES, etc., par M. ROBERT, 1 vol. avec figures.   1 fr. 50

— MUNICIPAUX (Officiers), ou Nouveau Guide des Maires, Adjoints et Conseillers municipaux, par M. BOYARD, président à la Cour d'appel d'Orléans. 1 gros vol. 3 fr. 50

— MUSIQUE, ou Grammaire contenant les principes de cet art, par M. LED'HUY. 1 v. avec 48 pages de musique. 1 f. 50

— MUSIQUE VOCALE ET INSTRUMENTALE, ou Encyclopédie musicale, par M. CHORON, ancien directeur de l'Opéra, fondateur du Conservatoire de Musique classique et religieuse, et M. DE LAFAGE, professeur de chant et de composition.

DIVISION DE L'OUVRAGE.

Ire PARTIE. — EXÉCUTION.

LIVRE I. Connaissances élémentaires.
   Sect. 1. Sons, Notations.   } 1 volume } 5 fr.
   — 2. Instruments, exécution.   } avec Atlas. }

II° PARTIE. — COMPOSITION.

— 2. De la composition en général, et
    en particulier de la Mélodie.
— 3. De l'Harmonie.
— 4. Du Contre-Point.
— 5. Imitation.
— 6. Instrumentation.
— 7. Union de la Musique avec la   3 volumes   20
    Parole.
— 8. Genres.   avec Atlas.

                Église.
Sect. 1. Vocale.   Chambre ou
                Concert.
                Théâtre.

   — 2. Instru-   particulière.
      mentale   générale.

III° PARTIE. — COMPLÉMENT OU ACCESSOIRE.

— 9. Théorie physico-mathématique.
— 10. Institutions.
— 11. Histoire de la musique.   2 volumes   10 50
— 12. Bibliographie.   avec Atlas.
    Résumé général.

SOLFÉGES ; MÉTHODE.

Solfège d'Italie.	12 f.	»	Méthode de Cor.		50
— de Rodolphe.	4	»	— de Basson.	»	75
Méthode de Violon.	3	»	— de Serpent.	1	50
— d'Alto.	1	»	— de Trompette et		
— de Violoncelle.	4	50	Trombone.	»	75
— de Contre-basse.	1	25	— d'Orgue.	3	50
— de Flûte.	5	»	— de Piano.	4	50
— de Hautbois. }	4	75	— de Harpe.	3	50
— de Cor anglais. }			— de Guitare.	3	»
— de Clarinette.	2	»	— de Flageolet.	2	»

MANUEL DES MYTHOLOGIES grecque, romaine,
égyptienne, syrienne, africaine, etc., par M. DUBOIS. (*Ouvrage autorisé par l'Université.*)   2 fr. 50

— NAGEURS, Baigneurs, Fabricants d'eaux minérales
et des Pédicures, par M. JULIA DE FONTENELLE. 1 vol. 3 fr.

— NATURALISTE PRÉPARATEUR, ou l'Art d'empailler les animaux, de conserver les Végétaux et les Minéraux, de préparer les pièces d'Anatomie et d'embaumer, par
M. BOITARD. 1 vol. avec figures.   3 fr. 50

— SUR LA NAVIGATION, contenant la manière
de se servir de l'Octant et du Sextant, de rectifier ces instruments et de s'assurer de leur bonté; l'exposé des méthodes
les plus usuelles d'astronomie nautique, pour déterminer l'instant de la pleine mer, etc., etc., et les tables nécessaires pour

effectuer ces différents calculs, par M. GIQUEL, professeur d'hydrographie. 1 volume orné de figures.   2 fr. 50

MANUEL DE LA NAVIGATION INTÉRIEURE, à l'usage des Pilotes. Mariniers et Agents, ou Instructions relatives aux devoirs des mariniers et agents employés au service de la navigation intérieure, par M. BEAUVALET, inspecteur de la navigation de la Basse-Seine. 1 v.   2 fr. 50

— NUMISMATIQUE ANCIENNE, par M. BARTHELEMY, ancien élève de l'Ecole des Chartes. 1 gros vol. orné d'un Atlas renfermant 433 figures. Prix   5 fr.

— NUMISMATIQUE MODERNE ET DU MOYEN-AGE, par M. BARTHELEMY. 1 gros vol. orné d'un Atlas renfermant 12 planches. Prix   5 fr.

— OCTROIS et autres impositions indirectes, par M. BIRET. 1 vol.   3 fr. 50

— OISELEUR (De l'), *ou* Secrets anciens et modernes de la Chasse aux Oiseaux, par M. J. G., 1 vol. orné de figures.   2 fr. 50

— ONANISME (dangers de l'), par M. DOUSSIN-DUBREUIL 1 vol.   1 fr. 25

— D'OPTIQUE, ou Traité complet de cette science, par BREWSTER et VERGNAUD. 2 v. avec fig.   6 fr.

— ORGANISTE, ou Nouvelle Méthode pour exécuter sur l'orgue tous les offices de l'année, etc., par M. MINÉ, organiste à Saint-Roch. 1 vol. oblong.   3 fr. 50

— ORGUES (Facteur d'), contenant le travail de DOM BÉDOS, etc., etc., par M. HAMEL, juge à Beauvais, 3 vol. avec un grand atlas.   18 fr.

— ORNEMENTISTE. Voyez *Décorateur.*

— ORNITHOLOGIE, ou Description des genres et des principales espèces d'oiseaux, par M. LESSON, correspondant de l'Institut. 2 gros vol.   7 fr.

ATLAS D'ORNITHOLOGIE, composé de 129 planches représentant les oiseaux décrits dans l'ouvrage ci-dessus ; figures noires.   20 fr.

Figures coloriées.   40 fr.

— ORNITHOLOGIE DOMESTIQUE, ou Guide de l'Amateur des oiseaux de volière, par M. LESSON, correspondant de l'Institut. 1 vol.   2 fr. 50

— ORTHOGRAPHISTE, ou Cours théorique et pratique d'Orthographe, par M. THEMERY. 1 vol.   2 fr. 50

— PALEONTOLOGIE, ou des Lois de l'organisation des êtres vivants comparées à celles qu'ont suivies les Espèces fossiles et humatiles dans leur apparition successive; par M. MARCEL DE SERRES, professeur à la Faculté des Sciences de Montpellier. 2 vol., avec Atlas.   7 fr.

MANUEL DU PAPETIER ET RÉGLEUR (Marchand), par MM. JULIA DE FONTENELLE et POISSON. 1 gros vol. avec planches.   3 fr. 50

— PAPIERS (Fabricant de), Carton et Art du Formaire, par M. LENORMAND. 2 vol. et Atlas.   10 fr. 50

— PAPIERS DE FANTAISIE (Fabricant de), Papiers marbrés, jaspés, maroquinés, gaufrés, dorés, etc.; Peau d'âne factice, Papiers métalliques; Cire et Pains à cacheter, Crayons, etc., etc.; par M. FICHTENBERG. 1 vol. orné de modèles de papiers. Prix   3 fr.

— PARFUMEUR, par Mme CELNART. 1 vol. 2 fr. 50

— PARIS (Voyageur dans), ou Guide dans cette capitale, par M. LEBRUN. 1 gros vol. orné de fig.   3 fr. 50

— PARIS (Voyageur aux environs de), par M. DEPATY. 1 vol. avec figures.   3 fr.

— PATINAGE et Récréations sur la Glace, par M. PAULIN-DESORMEAUX. 1 vol. orné de 4 planches. 1 fr. 25

— PATISSIER ET PATISSIÈRE, ou Traité complet et simplifié de Pâtisserie de ménage, de boutique et d'hôtel, par M. LEBLANC. 1 vol.   2 fr. 50

— PATISSERIE LÉGÈRE, voyez PETIT-FOUR.

— PÊCHEUR, ou Traité général de toutes sortes de pêches, par M. PESSON-MAISONNEUVE. 1 vol. orné de planches   3 f.

— PÊCHEUR-PRATICIEN, ou les Secrets et Mystères de la Pêche dévoilés, par M. LAMBERT, amateur; suivi de l'Art de faire des filets. 1 joli vol. orné de fig. 1 fr. 75

— PEINTRE D'HISTOIRE ET SCULPTEUR, ouvrage dans lequel on traite de la philosophie de l'Art et des moyens pratiques, par M. ARSENNE, peintre. 2 vol. 6 fr.

— PEINTURE A L'AQUARELLE (Cours de), par M. P. D., un vol. orné de planches coloriées.   1 fr. 75

— PEINTRE EN BATIMENTS, Vitrier, Doreur, argenteur et Vernisseur, par MM. RIFFAULT, VERGNAUD et TOUSSAINT. un vol. orné de figures.   3 fr.

— PEINTURE SUR VERRE, SUR PORCELAINE ET SUR ÉMAIL, contenant la Théorie des émaux, etc., par M. REBOULLEAU. 1 vol. in-18 avec figures.   2 fr. 50

— PERSPECTIVE, Dessinateur et Peintre, par M. VERGNAUD, chef d'escadron d'artillerie. 1 vol. orné d'un grand nombre de planches.   3 fr

MANUEL DU PETIT-FOUR, *ou* Pâtisserie légère, par M. Antoine GROSS. 1 vol.   2 fr. 50

— PHARMACIE POPULAIRE, simplifiée et mise à la portée de toutes les classes de la société, par M. JULIA DE FONTENELLE. 2 vol.   6 fr.

— PHILOSOPHIE EXPÉRIMENTALE, à l'usage des collèges et des gens du monde, par M. AMICE, régent dans l'Académie de Paris. 1 gros vol.   3 fr. 50

— DE PHOTOGRAPHIE sur Métal, sur Papier et sur Verre, contenant toutes les découvertes les plus récentes dans la Daguerréotypie, par M. DE VALICOURT. 1 vol. orné de figures.   3 fr. 50

— PHYSIOLOGIE VÉGÉTALE, Physique, Chimie et Minéralogie appliquées à la culture, par M. BOITARD. 1 vol. orné de planches.   3 fr.

— PHYSIONOMISTE ET PHRÉNOLOGISTE, ou les Caractères dévoilés par les signes extérieurs, d'après Lavater, par MM. H. CHAUSSIER fils et le docteur MORIN. 1 vol. avec figures.   3 fr.

— PHYSIONOMISTE DES DAMES, d'après Lavater, par un Amateur, 1 vol. avec figures   3 fr.

— PHYSICIEN-PRÉPARATEUR, ou nouvelle Description d'un cabinet de Physique, par MM. Ch. CHEVALIER et le docteur FAU. 2 gros vol. avec un Atlas de 88 planches.   15 fr.

— PHYSIQUE, ou Éléments abrégés de cette Science mise à la portée des gens du monde et des étudiants, par M. BAILLY, 1 vol. avec figures.   2 fr. 50

— PHYSIQUE APPLIQUÉE AUX ARTS ET MÉTIERS, principalement à la construction des Fourneaux, des Calorifères, des Machines à vapeur, des Pompes, l'Art du Fumiste, l'Opticien, Distillateur, Sècheries, Artillerie à vapeur, Éclairage, Bélier et Presse hydrauliques, Aréomètres, Lampe à niveau constant, etc., par M. GUILLOUD et TERRIEN. 1 volume orné de figures.   3 fr. 50

— PHYSIQUE AMUSANTE, ou Nouvelles Récréations physiques, par M. JULIA DE FONTENELLE. 1 vol. orné de planches.   3 fr. 50

— PLAIN-CHANT ECCLÉSIASTIQUE, romain et français, par M. MINÉ, organiste à St-Roch. 1 vol. 2 fr. 50

— POÊLIER-FUMISTE, indiquant les moyens d'empêcher les cheminées de fumer, de chauffer économiquement et d'aérer les habitations, les ateliers, etc., par MM. AR-

DENNE et JULIA DE FONTENELLE. 1 vol. 3 fr. 50

MANUEL DES POIDS ET MESURES, Monnaies, Calcul décimal et Vérification, par M. TARBÉ, conseiller à la Cour de Cassation ; *approuvé par le Ministre du Commerce, l'Université, la Société d'Encouragement, etc.* 1 vol. 3 fr.

— **POIDS ET MESURES** (Fabrication des), contenant en général tout ce qui concerne les Arts du Balancier et du Potier d'étain, et seulement ce qui est relatif à la Fabrication des Poids et Mesures dans les Arts du Fondeur, du Fer-blantier, du Boisselier, par M. RAVON, vérificateur au bureau central des Poids et Mesures. 1 vol. orné de fig. 3 fr.

PETIT MANUEL à l'usage des Ouvriers et des Écoles, *avec Tables de conversions*, par M. TARBÉ. 25 c.

PETIT MANUEL classique pour l'enseignement élémentaire, *sans Tables de conversions*, par M. TARBÉ. (*Autorisé par l'Université.*) 25 c.

PETIT MANUEL à l'usage des Agents Forestiers, des Propriétaires et Marchands de bois, par M. TARBÉ. 75 c.

POIDS ET MESURES à l'usage des Médecins, etc., par M. TARBÉ. 25 c.

TABLEAU SYNOPTIQUE DES POIDS ET MESURES, par M. TARBÉ. 75 c.

TABLEAU FIGURATIF des Poids et Mesures, par M. TARBÉ. 75 c.

MANUEL DES POIDS ET MESURES, *Manuel Comptes faits*, ou Barême général des Poids et Mesures, par M. ACHILLE NOUHEN. *Ouvrage divisé en cinq parties qui se vendent toutes séparément.*

1re partie : Mesures de LONGUEUR. 60 c.
2e partie, — de SURFACE. 60 c.
3e partie, — de SOLIDITÉ. 60 c.
4e partie, POIDS. 60 c.
5e partie : Mesures de CAPACITÉ. 60 c.

— **POLICE DE LA FRANCE**, par M. TRUI, commissaire de police à Paris. 1 vol. 2 fr. 50

— **PONTS ET CHAUSSÉES** : *première partie*, ROUTES et CHEMINS, par M. DE GAYFFIER, ingénieur des Ponts et Chaussées. 1 vol. avec fig. 3 fr. 50

— *Seconde partie*, contenant les PONTS, AQUEDUCS, etc. 1 volume avec figures. 3 fr. 50

— **PORCELAINIER**, Faïencier, Potier de terre, Briquetier et Tuilier, contenant des notions pratiques sur la fabrication des Porcelaines, des Faïences, des Pipes, Poêles, des

Briques, Tuiles et Carreaux, par M. BOYER. Nouv. édit.
très-augmentée, par M. B.... 2 vol. ornés de pl.   6 fr.

MANUEL DU PRATICIEN, ou Traité de la Science du
Droit, mise à la portée de tout le monde, par MM. D....
et RONDONNEAU. 1 gros vol.   3 fr. 50

— PRATIQUE SIMPLIFIÉE DU JARDINAGE (Voyez
Jardinage.

— PROPRIÉTAIRE ET LOCATAIRE, ou Sous-Lo-
cataire, tant des biens de ville que des biens ruraux, par
M. SERGENT. 1 vol.   2 fr. 50

— RELIEUR dans toutes ses parties, contenant les Arts
d'assembler, de satiner, de brocher et de dorer, par M. Seb.
LENORMAND et M. R. 1 gros vol. orné de pl.   3 fr.

— ROSES (l'Amateur de), leur Monographie, leur Histoire et leur Culture, par M. BOITARD. 1 vol. fig. noires,
3 fr. 50 c., — et fig. coloriées.   7 fr.

— SAPEUR-POMPIER, ou Théorie sur l'extinction
des Incendies, par M. PAULIN, commandant les Sapeurs-
Pompiers de Paris. 1 vol.   1 fr. 50

ATLAS composé de 50 planches, faisant connaître les machines que l'on emploie dans ce service, la disposition pour
attaquer les feux, les positions des Sapeurs dans toutes les
manœuvres, etc.   6 fr.

— SAPEUR-POMPIER, ouvrage composé par le corps
des Officiers formant l'état-major, *publié par ordre du Ministre de la Guerre.* 1 joli volume renfermant une foule de
gravures sur bois imprimées avec le texte. Prix.   3 fr.

SAPEURS-POMPIERS (Théorie des), extrait du Manuel
du Sapeur-Pompier, *imprimé par ordre du Ministre de la
Guerre.*   75 c.

— SAVONNIER, ou l'Art de faire toutes sortes de
Savons, par Mme GACON-DUFOUR, MM. THILLAYE et
MALEPEYRE. 1 vol. orné de fig.   3 fr.

— SERRURIER, ou Traité complet et simplifié de cet
Art, par MM. R. et G., serruriers, et PAULIN-DESOR-
MEAUX. 1 volume orné de planches.   3 fr. 50

— SOIERIE, contenant l'Art d'élever les Vers à soie et
de cultiver le Mûrier; l'Histoire, la Géographie et la Fabrication des Soieries, à Lyon, ainsi que dans les autres localités nationales et étrangères, par M. DEVILLIERS. 2 volumes et Atlas.   10 fr. 50

— SOMMELIER, ou la Manière de soigner les Vins,
par M. JULLIEN. 1 vol. avec figures.   3 fr.

— SORCIERS, ou la Magie blanche dévoilée par les

découvertes de la Chimie, de la Physique et de la Mécanique, par MM. COMTE et JULIA DE FONTENELLE. 1 gros vol. orné de planches. 3 fr.

MANUEL DU SOUFFLEUR A LA LAMPE ET AU CHALUMEAU, par M. PÉDRONI, professeur de chimie, un vol. orné de figures. 2 fr. 50

— SUCRE ET RAFFINEUR (Fabricant de), par MM. BLACHETTE, ZOÉGA et JULIA DE FONTENELLE. 1 vol. orné de figures. 3 fr. 50

— STÉNOGRAPHIE, ou l'Art de suivre la parole en écrivant, par M. H. PRÉVOST. 1 volume. 1 fr. 75

— TABAC (Fabricant et Amateur de), contenant son Histoire, sa Culture et sa Fabrication, par P. CH. JOUBERT. 1 vol. 2 fr. 50

— IMPRIMEUR EN TAILLE-DOUCE, par MM. BERTHIAUD et BOITARD. 1 vol. avec fig. 3 fr.

— TAILLEUR D'HABITS, contenant la manière de tracer, couper et confectionner les Vêtements, par M. VANDAEL, tailleur. 1 vol. orné de pl. 2 fr. 50

— TANNEUR, Corroyeur, Hongroyeur et Boyaudier, par M. JULIA DE FONTENELLE. 1 vol. avec fig. 3 fr. 50

— TAPISSIER, Décorateur et marchand de Meubles, par M. GARNIER AUDIGER, ancien vérificateur du Garde-Meuble de la Couronne. 1 vol. orné de fig. 2 fr. 50

— TÉLÉGRAPHE-ÉLECTRIQUE, ou Traité de l'Électricité et du Magnétisme appliqués à la transmission des signaux, par MM. WALKER et MAGNIER, un vol. orné de figures. 1 fr. 75

— TENEUR DE LIVRES, renfermant un Cours de tenue de Livres à partie simple et à partie double, par M. TREMERY. (Autorisé par l'Université.) 1 vol. 3 fr.

— TEINTURIER, contenant l'Art de Teindre en Laine, Soie, Coton, Fil, etc., par M. VERGNAUD. 1 gros vol. avec figures. 3 fr.

— TERRASSIER, par MM. ETIENNE et MASSON, un vol. orné de 20 planches. 3 fr. 50

— THÉATRAL et du Comédien, contenant les principes sur l'art de la parole, par M. Aristippe BERNIER DE MALIGNY. 1 vol. 3 fr. 50

— TISSERAND, ou description des procédés et machines employés pour les divers tissages, par MM. LORENTZ et JULLIEN. 1 vol. orné de fig. 3 fr. 50

MANUEL DU TOISEUR EN BATIMENT; 1re *partie :* Terrasse et Maçonnerie, par M. LEBOSSU, architecte-expert. 1 vol. avec figures. Voyez *Métreur en bâtiments.*   2 fr. 50

— *Deuxième partie :* Menuiserie, Peinture, Tenture, Vitrerie, Dorure, Charpente, Serrurerie, Couverture, Plomberie, Marbrerie, Carrelage, Pavage, Poêlerie, Fumisterie, etc., par M. LEBOSSU. 1 vol.   2 fr. 50

— TONNELIER ET BOISSELIER, suivi de l'Art de faire les Cribles, Tamis, Soufflets, Formes et Sabots, par M. DÉSORMEAUX. 1 vol. avec fig.   3 fr.

— TOURNEUR, ou Traité complet et simplifié de cet Art, d'après les renseignements de plusieurs Tourneurs de la capitale, par M. DE VALICOURT. 2 vol. avec pl.   6 fr.

— SUPPLÉMENT à cet ouvrage (tome 3e), un joli volume avec Atlas.   3 fr. 50

— DU TREILLAGEUR ET MENUISIER DES JARDINS, par M. DÉSORMEAUX. 1 vol. avec planches.   3 fr.

— TYPOGRAPHIE, IMPRIMERIE, par M. FREY, ancien prote. 2 vol. avec planches.   5 fr

— VERRIER ET FABRICANT DE GLACES, Cristaux, Pierres précieuses factices, Verres coloriés, Yeux artificiels, par M. JULIA DE FONTENELLE et MALEPEYRE. 2 vol. ornés de planches.   6 fr.

— VÉTÉRINAIRE, contenant la connaissance des chevaux, la manière de les élever, les dresser et les conduire; la Description de leurs maladies, les meilleurs modes de traitement, etc., par M. LEBEAU et un ancien professeur d'Alfort. 1 vol. avec planches.   3 fr.

— VINS DE FRUITS (Fabrication des), contenant l'art de faire le Cidre, le Poiré, les Boissons rafraîchissantes, Bières économiques, Vins de Grains, de Liqueurs, Hydromels, etc., par MM. ACCUM, GUIL... et MALEPEYRE, 1 vol.   1 fr. 80

— VIGNERON FRANÇAIS, ou l'Art de cultiver la Vigne, de faire les Vins, les Eaux-de-Vie et Vinaigres, par M. THIÉBAUT DE BERNEAUD. 1 vol. avec Atlas.   3 fr. 50

— VINAIGRIER ET MOUTARDIER, par M. JULIA DE FONTENELLE. 1 vol. avec planches.   3 fr.

— VINS (Marchand de), débitants de Boissons et Jaugeage, par M. LAUDIER. 1 vol. avec planches.   3 fr 50

— ZOOPHILE, ou l'Art d'élever et de soigner les animaux domestiques (*voyez* Bouvier). 1 vol.   2 fr. 50

BELLE ÉDITION, FORMAT IN-OCTAVO.

SUITES A BUFFON

FORMANT,

AVEC LES OEUVRES DE CET AUTEUR,

UN COURS COMPLET

D'HISTOIRE NATURELLE

embrassant

LES TROIS RÈGNES DE LA NATURE.

Les possesseurs des OEuvres de BUFFON pourront, avec ses suites, compléter toutes les parties qui leur manquent, chaque ouvrage se vendant séparément, et formant, tous réunis, avec les travaux de cet homme illustre, un ouvrage général sur l'histoire naturelle.

Cette publication scientifique, du plus haut intérêt, préparée en silence depuis plusieurs années, et confiée à ce que l'Institut et le haut enseignement possèdent de plus célèbres naturalistes et de plus habiles écrivains, est appelée à faire époque dans les annales du monde savant.

Les noms des Auteurs indiqués ci-après, sont, pour le public une garantie certaine de la conscience et du talent apportés à la rédaction des différents traités.

ZOOLOGIE GÉNÉRALE (Supplément à Buffon), ou Mémoires et notices sur la zoologie, l'anthropologie et l'histoire de la science, par M. ISIDORE GEOFFROY-SAINT-HILAIRE. 1 volume avec Atlas. Prix : fig. noires. 9 fr. 50 Figures coloriées. 12 fr. 50. CÉTACÉS (BALEINES, DAU-PHINS, etc.), ou Recueil et examen des faits dont se compose l'histoire de ces animaux, par M. F. CUVIER, membre de l'Institut, professeur au Muséum d'Histoire naturelle, etc. 1 vol. in-8 avec 22 planches (*Ouvrage terminé*), figures noires. 12 fr. 50 Fig. coloriées. 18 fr. 50

REPTILES (Serpents, Lézards, Grenouilles, Tortues, etc.), par M. DUMÉRIL, membre de l'Institut, professeur à la faculté de Médecine et au Muséum d'Histoire naturelle, et M. BIBRON, professeur d'Histoire naturelle, 10 vol. et 10 livraisons de planches, fig. noires. 95 fr.
Fig. coloriées. 125 fr.
(*Ouvrage terminé.*)

POISSONS, par M.

ENTOMOLOGIE (Introduction à l'), comprenant les principes généraux de l'Anatomie et de la Physiologie des Insectes, des détails sur leurs mœurs, et un résumé des principaux systèmes de classification, etc., par M. LACORDAIRE, doyen de la faculté des sciences à Liège (*Ouvrage terminé, adopté et recommandé par l'Université pour être placé dans les bibliothèques des Facultés et des Collèges, et donné en prix aux élèves*). 2 vol. in-8 et 24 planches, fig. noires. 19 fr.
Fig. coloriées. 28 fr.

INSECTES COLÉOPTÈRES (Cantharides, Charançons, Hannetons, Scarabées, etc.), par M. LACORDAIRE, doyen à l'Université de Liège. Tome 1er. 6 fr. 50

— ORTHOPTÈRES (Grillons, Criquets, Sauterelles), par M. SERVILLE, ex-président de la Société entomologique de France. 1 vol. et 14 pl. (*Ouvrage terminé*). fig. noires. 9 fr. 50 c., et fig. coloriées. 12 fr. 50 c.

— HÉMIPTÈRES (Cigales, Punaises, Cochenilles, etc.), par MM. AMYOT et SERVILLE. 1 vol. et une livraison de pl. (*Ouv. terminé.*) Fig. noires. 9 fr. 50 c. Et fig. coloriées. 12 fr. 50 c.

— LÉPIDOPTÈRES (Papillons), par MM. BOISDUVAL et GUÉNÉE : tome 1er, avec 2 livraisons de pl.; tom. 5, 6, 7 et 8, avec 3 liv. de pl. Fig. noires. 47 fr. 50 Fig. coloriées. 62 fr. 50

— NÉVROPTÈRES (Demoiselles, Éphémères, etc.), par M. le docteur RAMBUR, 1 vol. avec une livraison de planches. (*Ouvrage terminé*). fig. noires 9 fr. 50 c., et fig. coloriées 12 fr. 50 c

— HYMÉNOPTÈRES (Abeilles, Guêpes, Fourmis, etc.), par M. le comte LEPELETIER DE SAINT-FARGEAU et M. BRULLÉ; 4 vol. avec 4 livraisons de planches. (*Ouv. terminé.*) Fig. noires. 38 fr. Fig. coloriées. 50 fr.

— DIPTÈRES (Mouches, Cousins, etc.), par M. MACQUART, directeur du Mu-

séum d'Histoire naturelle de Lille; 2 vol. in-8 et 24 planches. (*Ouv. terminé.*)
Fig. noires. 19 fr.
Fig. coloriées. 25 fr.

— APTÈRES (Araignées, Scorpions, etc.), par M. WALCKENAER et le docteur GERVAIS; 4 vol. avec 5 cahiers de pl. (*Ouv. term.*) Fig. noires. 41 fr.
Fig. coloriées. 56 fr.

CRUSTACÉS (Écrevisses, Homards, Crabes, etc.), comprenant l'Anatomie, la Physiologie et la Classification de ces animaux, par M. MILNE-EDWARDS, membre de l'Institut, etc. (*Ouvrage terminé*), 3 vol. avec 4 livraisons de pl. fig. noires. 31 fr. 50
Fig. coloriées. 43 fr. 50

MOLLUSQUES (Moules, Huîtres, Escargots, Limaces, Coquilles, etc.), par M. DE BLAINVILLE, membre de l'Institut, professeur au Muséum d'Histoire naturelle, etc.

HELMINTHES, ou Vers intestinaux, par M. DUJARDIN, de la Faculté des Sciences de Rennes. 1 vol. avec une livraison de pl. (*Ouvrage terminé*). Prix : fig. noires, 9 fr. 50, et fig. coloriées, 12 fr. 50.

ANNÉLIDES (Sangsues, etc.), par M.

ZOOPHYTES ACALEPHES (Physale, Béroé,

Angèle, etc.) par M. LESSON, correspondant de l'Institut, pharmacien en chef de la Marine, à Rochefort, 1 vol. avec 1 livraison de pl. (*Ouvrage terminé.*) fig. noires. 9 fr. 50
Fig. coloriées. 12 fr. 50

— ÉCHINODERMES (Oursins, Palmettes, etc.), par M.

— POLYPIERS (Coraux, Gorgones, Eponges, etc.), par M. MILNE-EDWARDS, membre de l'Institut, prof. d'Histoire naturelle, etc.

— INFUSOIRES (Animalcules microscopiques), par M. DUJARDIN, doyen de la Faculté des Sciences, à Rennes, 1 vol. avec 2 livraisons de pl. (*Ouv. terminé.*)
Fig. noires. 12 fr 50
Fig. coloriées. 18 fr 50

BOTANIQUE (Introduction à l'étude de la), ou Traité élémentaire de cette science, contenant l'Organographie, la Physiologie, etc., par ALPH. DE CANDOLLE, professeur d'Histoire naturelle à Genève (*Ouvrage terminé, autorisé par l'Université pour les collèges royaux et communaux*). 2 vol. et 8 pl. 16 fr.

VÉGÉTAUX PHANÉROGAMES (Organes sexuels apparents, Arbres, Arbrisseaux, Plantes d'agrément, etc.), par M. SPACH, aide-naturaliste au Muséum d'Histoire naturelle; 14 v. et 15 livr. de pl.; (*ouvrage terminé*) fig. noires 136 fr. Fig. coloriées. 181 fr.

— CRYPTOGAMES, à Organes sexuels peu apparents ou cachés, Mousses, Fougères, Lichens, Champignons, Truffes, etc., par M. BRÉBISSON, de Falaise.

GÉOLOGIE (Histoire, Formation et Disposition des Matériaux qui composent l'écorce du Globe terrestre), par M. HUOT, membre de plusieurs Sociétés savantes. 2 vol. ensemble de plus de 1500 pages, avec un atlas de 24 pl. (*Ouv. terminé.*) 19 fr.

MINÉRALOGIE (Pierres, Sels, Métaux, etc.) par M. ALEX. BRONGNIART, membre de l'Institut, professeur au Muséum d'Histoire naturelle, etc., et M. DELAFOSSE, maître des conférences à l'Ecole Normale, aide-naturaliste, etc., au Muséum d'Histoire naturelle.

CONDITIONS DE LA SOUSCRIPTION.

Les SUITES à BUFFON formeront soixante-quinze volumes in-8 environ, imprimés avec le plus grand soin et sur beau papier ; ce nombre paraît suffisant pour donner à cet ensemble toute l'étendue convenable. Ainsi qu'il a été dit précédemment, chaque auteur s'occupant depuis longtemps de la partie qui lui est confiée, l'Editeur sera à même de publier en peu de temps la totalité des traités dont se composera cette utile collection.

En avril 1854, 55 volumes sont en vente, avec 60 livraisons de planches.

Les personnes qui voudront souscrire pour toute la Collection auront la liberté de prendre par portion jusqu'à ce qu'elles soient au courant de tout ce qui a paru.

POUR LES SOUSCRIPTEURS A TOUTE LA COLLECTION :

Prix du texte, chaque volume (1) d'environ 500 à 700 pages. 5 fr. 50

Prix de chaque livraison d'environ 10 pl. noires. 3 fr.

— coloriées. 6 fr.

Nota. les personnes qui souscriront pour des parties séparées, paieront chaque volume 6 fr. 50. Le prix des volumes papier vélin sera double du papier ordinaire.

(1) L'Éditeur ayant à payer pour cette collection des honoraires aux auteurs, le prix des volumes ne peut être comparé à celui des réimpressions d'ouvrages appartenant au domaine public et exempts de droits d'auteurs, tels que Buffon, Voltaire, etc.

ANCIENNE COLLECTION

DES

SUITES A BUFFON,

FORMAT IN-18;

Formant avec les OEuvres de cet Auteur

UN COURS COMPLET D'HISTOIRE NATURELLE,

CONTENANT

LES TROIS RÈGNES DE LA NATURE;

Par Messieurs

BOSC, BRONGNIART, BLOCH, CASTEL, GUÉRIN, DE LAMARCK, LATREILLE, DE MIRBEL, PATRIN, SONNINI et DE TIGNY :

La plupart Membres de l'Institut et professeurs au Jardin des Plantes.

Cette Collection, primitivement publiée par les soins de M. Déterville, et qui est devenue la propriété de M. Roret, ne peut être donnée par d'autres éditeurs, n'étant pas, comme les OEuvres de Buffon, dans le domaine public.

Les personnes qui auraient les suites de Lacépède, contenant seulement les Poissons et les Reptiles, auront la liberté de ne pas les prendre dans cette collection.

Cette Collection forme 54 volumes, ornés d'environ 600 planches, dessinées d'après nature par Desève, et précieusement terminées au burin. Elle se compose des ouvrages suivants:

HISTOIRE NATURELLE DES INSECTES, composée d'après Réaumur, Geoffroy, Degeer, Roesel, Linné, Fabricius, et les meilleurs ouvrages qui ont paru sur cette partie, rédigée suivant les méthodes d'Olivier, de Latreille, avec des notes, plusieurs observations nouvelles et des figures dessinées d'après nature : par F.-M.-G. DE TIGNY et BRONGNIART, pour les généralités. Edition ornée de beaucoup de figures, augmentée et mise au niveau des connaissances actuelles, par M. GUÉRIN. 10 vol. ornés de planches, figures noires.   23 fr. 4

Le même ouvrage, figures coloriées.   39 fr.

— **NATURELLE DES VÉGÉTAUX** classés par familles, avec la citation de la classe et de l'ordre de Linné, et l'indication de l'usage qu'on peut faire des plantes dans les arts, le commerce, l'agriculture, le jardinage, la médecine, etc.; des figures dessinées d'après nature, et un GENERA complet, selon le système de Linné, avec des renvois aux familles naturelles de Jussieu ; par J.-B. LAMARCK, membre de l'Institut, professeur au Muséum d'Histoire naturelle, et par C.-F.-B. MIRBEL, membre de l'Académie des Sciences, professeur de botanique. Edition ornée de 120 planches représentant plus de 1600 sujets. 15 volumes ornés de planches, figures noires.   30 fr. 90

   Le même ouvrage, figures coloriées.   46 fr. 50

HISTOIRE NATURELLE DES COQUILLES, contenant leur description, leurs mœurs et leurs usages, par M. BOSC, membre de l'Institut. 5 vol. ornés de planches, figures noires.   10 fr. 65

   Le même ouvrage, figures coloriées.   16 fr. 50

— NATURELLE DES VERS, contenant leur description, leurs mœurs et leurs usages, par M. BOSC. 3 vol. ornés de planches, figures noires.   6 fr. 50

   Le même ouvrage, figures coloriées.   10 fr. 50

— NATURELLE DES CRUSTACÉS, contenant leur description, leurs mœurs et leurs usages, par M. BOSC. 2 vol. ornés de planches, figures noires.   4 fr. 75

   Le même ouvrage, figures coloriées.   8 fr.

— NATURELLE DES MINÉRAUX, par M. E.-M. PATRIN, membre de l'Institut. Ouvrage orné de 40 planches, représentant un grand nombre de sujets dessinés d'après nature. 5 volumes ornés de planches, figures noires.   10 fr. 30

   Le même ouvrage, figures coloriées.   16 fr. 50

— NATURELLE DES POISSONS, avec des figures dessinées d'après nature, par BLOCH. Ouvrage classé par ordres, genres et espèces, d'après le système de Linné, avec les caractères génériques, par RÉNÉ RICHARD CASTEL. Edition ornée de 160 planches représentant 600 espèces de poissons, 10 volumes.   26 fr. 20

   Avec figures coloriées.   47 fr.

— NATURELLE DES REPTILES, avec des figures dessinées d'après nature, par SONNINI, homme de lettres et naturaliste, et LATREILLE, membre de l'Institut. Edition ornée de 54 planches, représentant environ 150 espèces différentes de serpents, vipères, couleuvres, lézards, grenouilles,

tortues, etc. 4 vol. avec planches, figures noires. 9 fr. 85
  Le même ouvrage, figures coloriées. 17 fr.

Cette collection de 54 volumes a été annoncée en 108 demi-volumes; on les enverra brochés de cette manière aux personnes qui en feront la demande.

Tous les ouvrages ci-dessus sont en vente.

BOTANIQUE ET HISTOIRE NATURELLE.

(Voir aussi la Collection de Manuels, page 5.)

ANNALES (NOUVELLES) DU MUSÉUM D'HISTOIRE NATURELLE, recueil de mémoires de MM. les professeurs administrateurs de cet établissement, et autres naturalistes célèbres, sur les branches des sciences naturelles et chimiques qui y sont enseignées. Années 1832 à 1835, 4 vol. in-4. Prix : 30 fr. chaque volume.

APERCU SUR LES ANIMAUX UTILES ET NUISIBLES de la Belgique, par SÉLYS-LONGCHAMP. 2 fr.

LES ARBRES ET ARBRISSEAUX de l'Europe et leurs insectes, par MACQUART, in-8. 6 fr.

ARCHIVES DE LA FLORE DE FRANCE et D'ALLEMAGNE, par SCHULTZ. 1842. In-8.

Il paraîtra plusieurs feuilles par an. Prix : 50 c. par feuille.

ARCHIVES DU MUSÉUM D'HISTOIRE NATURELLE, publiées par les professeurs administrateurs de cet établissement.

Cet ouvrage fait suite aux *Annales*, aux *Mémoires* et aux *Nouvelles Annales du Muséum*.

Il paraît par volumes in-4, sur papier grand-raisin, d'environ 60 feuilles d'impression, et orné de 30 à 40 planches gravées par les meilleurs artistes, et dont 15 à 20 sont coloriées avec le plus grand soin.

Il en paraît un volume par an, divisé en quatre livraisons.

Prix de chaque volume { Papier ordinaire. 40 fr.
                           { Papier vélin. 80

BOTANIQUE (la), de J.-J. Rousseau, contenant tout ce qu'il a écrit sur cette science, augmentée de l'exposition de la méthode de Tournefort et de Linné, suivie d'un Dictionnaire de botanique et de notes historiques; par M. De-

VILLE. 2e édition, 1 gros volume in-12, orné de 8 plan-
ches.   4 fr.
  Figures coloriées   5 fr.
BOTANOGRAPHIE BELGIQUE, ou Flore du nord de
la France et de la Belgique proprement dite, par TH. LES-
TIBOUDOIS. 2 vol. in-8.   14 fr.
BOTANOGRAPHIE ÉLÉMENTAIRE, ou Principes
de Botanique, d'Anatomie et de Physiologie végétale, par
TH. LESTIBOUDOIS. in-8.   7 fr.
CALENDRIER DE FLORE, ou Etudes de Fleurs d'a-
près nature. 3 vol. in-8.   10 fr.
CATALOGUE DE LA FAUNE DE L'AUBE, ou Liste
méthodique des animaux de cette partie de la Champagne,
par J. RAY. In-12.   2 fr. 50
  — DES LÉPIDOPTÈRES, ou Papillons de la Belgique,
précédé du tableau des Libellulines de ce pays, par M. DE
SÉLIS-LONGCHAMPS. In-8.   2 fr.
CAVERNES (des), de leur origine et de leur mode de
formation, par TH. VIRLET. In-8.   1 fr.
**COLLECTION ICONOGRAPHIQUE ET HISTORI-
QUE DES CHENILLES**, ou Description et figures des
chenilles d'Europe, avec l'histoire de leurs métamorphoses,
et des applications à l'agriculture, par MM. BOISDUVAL,
RAMBUR et GRASLIN.

Cette collection se composera d'environ 70 livraisons, format grand in-8, et chaque livraison comprendra *trois planches coloriées* et le texte correspondant.

Le prix de chaque livraison est de 3 fr. sur papier vélin,
et franche de port 3 fr. 25 c. — *42 livraisons ont déjà paru.*

*Les dessins des espèces qui habitent les environs de Paris,
comme aussi ceux des chenilles que l'on a envoyées vivantes
à l'auteur, ont été exécutés avec autant de précision que de
talent. L'on continuera à dessiner toutes celles que l'on pourra
se procurer en nature. Quant aux espèces propres à l'Allemagne, la Russie, la Hongrie, etc., elles seront peintes par les
artistes les plus distingués de ces pays.*

*Le texte est imprimé sans pagination; chaque espèce aura
une page séparée, que l'on pourra classer comme on voudra.
Au commencement de chaque page se trouvera le même numéro qu'à la figure qui s'y rapportera, et en titre le nom de
la tribu, comme en tête de la planche.*

*Cet ouvrage, avec l'Icones des Lépidoptères de M. Boisduval,
de beaucoup supérieurs à tout ce qui a paru jusqu'à présent,
formeront un supplément et une suite indispensable aux ouvrages de Hubner, de Godart, etc. Tout ce que nous pouvons*

dire en faveur de ces deux ouvrages remarquables peut se ré-
duire à cette expression employée par M. Dejean dans le cin-
quième volume de son Species : M. Boisduval est de tous nos
entomologistes celui qui connaît le mieux les lépidoptères.

CONFÉRENCES SUR LES APPLICATIONS DE L'ENTOMOLOGIE A L'AGRICULTURE, précédées d'un discours, par **M. MACQUART**. (Extrait des publications agricoles de la Société des sciences, de l'agriculture et des arts de Lille), br. in-8º.   75 c.

CONNAISSANCES (Des) CONSIGNÉES DANS LA BIBLE, mises en parallèle avec les découvertes des sciences modernes, par **M. MARCEL DE SERRES**. In-8.   1 fr. 50

CONSPECTUS SYSTEMATIS Ornithologiæ, in-fº, par **M. le Prince CHARLES BONAPARTE**.   2 f. 50

——————	Mastologiæ,	*idem.*	2 50
——————	Herpetologiæ,	*idem.*	2 50
——————	Ictbyologiæ,	*idem.*	2 50

COUPE THEORIQUE DES DIVERS TERRAINS, ROCHES ET MINÉRAUX qui entrent dans la composition du sol du Bassin de Paris, par MM. **CUVIER** et **ALEXANDRE BRONGNIART**. Une feuille in-fol.   2 fr. 50

COURS D'ENTOMOLOGIE, ou de l'Histoire naturelle des crustacés, des arachnides, des myriapodes et des insectes, à l'usage des élèves de l'Ecole du Muséum d'Histoire naturelle, par **M. LATREILLE**, professeur, membre de l'Institut, etc., contenant le discours d'ouverture du cours. — Tableau de l'histoire de l'entomologie. — Généralités de la classe des crustacés et de celle des arachnides, des myriapodes et des insectes. — Exposition méthodique des ordres, des familles, et des genres des trois premières classes. 1 gros vol. in-8, et un Atlas composé de 24 planches. 15 fr.

COURS D'HISTOIRE NATURELLE conforme au nouveau programme de l'Université, par **M. FOURNEL**. 1re partie. — *Règne animal*. In-8.   6 fr.

DESCRIPTION DES FOSSILES DES TERRAINS MIOCENES DE L'ITALIE SEPTENTRIONALE, par **MICHELOTTI**. 1 v. in-4 cart. et 17 pl. noires. Leyde, 1847. 40 f.

DESCRIPTION ET FIGURES DES PLANTES NOUVELLES *et rares du jardin botanique de Leyde*, etc., par **H. de VRIÈSE**. 1 vol. en 5 liv. in-folio de 5 pl. et 3 à 5 feuilles de texte. La 1re liv. a paru. Prix   15 fr.

DESCRIPTION GÉOLOGIQUE DE LA PARTIE

MÉRIDIONALE DE LA CHAINE DES VOSGES, par
M. Rozet, capitaine au corps royal d'état-major. In-8
orné de planches et d'une jolie carte.　　　　10 fr.

DESCRIPTION GÉOLOGIQUE DES ENVIRONS
DE PARIS, par MM. G. Cuvier et A. Brongniart.
In-4, figurés.　　　　40 fr.

DESCRIPTION DES MOLLUSQUES FLUVIATI-
LES ET TERRESTRES DE LA FRANCE, et plus particulièrement du département de l'Isère, ouvrage orné de
planches représentant plus de 140 espèces, par M. Albin
Gras. In-8.　　　　5 fr.

—OURSINS FOSSILES (Des), ou Notions sur l'Organisation et la Glossologie de cette classe, p. Albin Gras. In-8.　6 fr.

DICTIONNAIRE DE BOTANIQUE MÉDICALE ET
PHARMACEUTIQUE, contenant les principales propriétés des minéraux, des végétaux et des animaux, avec les
préparations de pharmacie, internes et externes, les plus
usitées en médecine et en chirurgie, etc., par une Société de
médecins, de pharmaciens et de naturalistes. Ouvrage utile
à toutes les classes de la société, orné de 17 grandes planches
représentant 278 figures de plantes gravées avec le plus
grand soin, 3ᵉ *édition*, revue, corrigée et augmentée de
beaucoup de préparations pharmaceutiques et de recettes
nouvelles, par M. Julia de Fontenelle et Barthez.
2 gros vol. in-8, figures noires.　　　　18 fr.

Le même, figures coloriées d'après nature.　　　　25 fr.

*Cet ouvrage est spécialement destiné aux personnes qui sans
s'occuper de la médecine, aiment à secourir les malheureux.*

DICTIONNAIRE (nouveau) D'HISTOIRE NATU-
RELLE appliquée aux arts, à l'agriculture, à l'économie rurale et domestique, à la médecine, etc., par une Société de
naturalistes et d'agriculteurs. 36 vol. in-8, fig. noires. 120 fr.

Idem, figures coloriées.　　　　250 fr.

*DICTIONNAIRE RAISONNÉ ET UNIVERSEL
D'HISTOIRE NATURELLE, contenant l'histoire des ani-
maux, des végétaux et des minéraux, par Valmont de
Bomare. 15 volumes in-8.　　　　35 fr.

DILUVIUM (du). Recherches sur les dépôts auxquels
on doit donner ce nom et sur les causes qui les ont produits,
par M. Melleville; in-8.　　　　2 fr. 50.

DIPTÈRES DU NORD DE LA FRANCE. Par M. J.
Macquart. 2 volumes in-8.　　　　12 fr.

DIPTÈRES EXOTIQUES NOUVEAUX OU PEU

CONNUS, par M. J. MACQUART, membre de plusieurs sociétés savantes; t. 1 et 2, et supplém., 6 livraisons in-8; prix, figures noires. 42 fr.

Le même ouvrage, fig. coloriées. 72 fr.

— Le Supplément 1846-1847-1848. 1 vol. in-8. 7 fr.

— Idem, figures coloriées. 12 fr.

DISCOURS SUR L'AVENIR PHYSIQUE DE LA TERRE, par MARCEL DE SERRES, professeur de minéralogie et de géologie à la Faculté des Sciences de Montpellier, in-8; prix 2 fr. 50.

ÉLÉMENTS DE MINÉRALOGIE appliquée aux sciences chimiques, d'après Berzélius, par MM. GIRARDIN et LECOCQ, 2 volumes in-8. 14 fr.

ÉLÉMENTS DES SCIENCES NATURELLES, par A.-M. CONSTANT-DUMÉRIL. 5e édition, 1846, 2 vol. in-12, fig. 8 fr.

ÉNUMÉRATION DES ENTOMOLOGISTES VIVANTS, suivie de notes sur les collections entomologistes des musées d'Europe, etc., avec une table des résidences des entomologistes. Par SILBERMANN, in-8. 3 fr.

ESQUISSES ORNITHOLOGIQUES, descriptions et figures d'oiseaux nouveaux ou peu connus, par le vicomte BERNARD DU BUS. 1re livraison. Bruxelles, 1845, in-4.

Il paraîtra 20 livraisons, de 5 pl. col. à 12 fr. la liv.

ESSAI MONOGRAPHIQUE sur les Campagnols des environs de Liège, par M. DE SÉLYS-LONGCHAMPS, in-8, figures. 3 fr.

ESSAI SUR L'HISTOIRE NATURELLE DU BRABANT, par feu M. (Mammifères.) 2 fr. 50
(Analyse et Extraits par M. DE SÉLYS LONGCHAMPS.)

ESSAI SUR L'HISTOIRE NATURELLE DES SERPENTS de la Suisse, par J. F. WYDER. in-8, fig. 2 fr. 50

ESSAIS DE ZOOLOGIE GÉNÉRALE, ou Mémoires et notices sur la Zoologie générale, l'anthropologie et l'histoire de la science, par M. ISIDORE GEOFFROY SAINT-HILAIRE. 1 volume in-8, orné de planches noires. 8 fr. 50.

Figures coloriées. 12 fr.

ÉTUDES DE MICROMAMMALOGIE, revue des sorex, mus et arvicola d'Europe, suivies d'un index méthodique des mammifères européens, par M. EDM. DE SELYS LONGCHAMPS. 1 volume in-8.   5 fr.

ÉTUDES PROGRESSIVES D'UN NATURALISTE, pendant les années 1834 et 1835, par M. E. GEOFFROY SAINT-HILAIRE. Paris, 1835, in-4.   15 fr.

ÉTUDES SUR L'ANATOMIE et la Physiologie des Végétaux, par THEM. LESTIBOUDOIS, in-8, fig.   6 fr.

EUROPEORUM MICROLEPIDOPTERORUM Index methodicus, sive Spirales, Tortrices, Tineæ et Alucitæ Linnæi. Auct. A. GUÉNÉE. Pars prima, in-8.   3 fr. 75

FACULTÉS INTÉRIEURES DES ANIMAUX INVERTÉBRÉS, par M. MACQUART, 1 vol. in-8o.   5 fr.

FAUNA JAPONICA, sive descriptio animalium quæ in itinere per Japoniam jussu et auspiciis superiorum, qui summum in India Batava imperium tenent, suscepto annis 1823-1850, collegit, notis, observationibus et adumbrationibus illustravit PH. FR. DE SIEBOLD. Prix de chaque livraison : 26 fr. en noir; celles en couleur 52 fr.

Cet ouvrage, auquel participent pour sa rédaction MM. Temminck, Schlegel et Dehaan, se continue avec activité. 41 livraisons sont en vente; savoir : Mammalogie, 5 liv.; Reptiles, 3 liv.; Crustacés, 7 liv.; Poissons, 16 liv.; Oiseaux, 12 livr.

FAUNE DE L'OCÉANIE, par le docteur BOISDUVAL. Un gros vol. in-8, imprimé sur grand papier vélin,   10 fr.

FAUNE ENTOMOLOGIQUE DE MADAGASCAR, BOURBON ET MAURICE. — *Lépidoptères*, par le docteur BOISDUVAL; avec des notes sur les métamorphoses, par M. SGANZIN.

Huit livraisons, renfermant chacune 2 pl. coloriées, avec le texte correspondant, sur papier vélin.   32 fr.

FILLE BICORPS de Prunay (sous Abli), connue dans la science sous le nom de *Schizopage* de Prunay, par M. GEOFFROY SAINT-HILAIRE. In-4. Figures.   3 fr.

FLORA JAPONICA, sive Plantæ quas in imperio Japonico collegit, descripsit, ex parte in ipsis locis pigendas curavit, D. PH.-FR. DE SIEBOLD. Prix de chaque livraison 16 fr. coloriée, et 8 fr. noire. Il en paraît 3 livraisons.

FLORA JAVÆ nec non insularum adjacentium, auctore BLUME. In-folio. Bruxelles. Livraisons 1 à 55, 15 fr. chacune.

FLORE DU CENTRE DE LA FRANCE et du bassin de la Loire, par M. A. BOREAU, directeur du Jardin des Plantes d'Angers, etc. 2e édition. 2 vol. in-8; prix : 13 fr.

FLORE DES JARDINS ET DES GRANDES CUL-TURES, etc., par SERINGE, 3 vol. in-8°. 27 fr.

FRAGMENTS BIOGRAPHIQUES, précédés d'études sur la vie, les ouvrages et les doctrines de Buffon, par M. GEOFFROY SAINT-HILAIRE. In-8. 9 fr.

GENERA ET INDEX METHODICUS Europæorum Lepidopterorum, pars prima sistens Papiliones sphinges, Bombyces noctuas, auctore BOISDUVAL. 1 vol. in-8. 5 fr.

HERBARII TIMORENSIS DESCRIPTIO, cum tabulis 6 æneis; auctore J. DECAISNE. 1 vol. in-4. 15 fr.

HERBIER GÉNÉRAL DES PLANTES DE FRANCE ET D'ALLEMAGNE, par M. SCHULTZ. In-folio, livraisons 1 à 4. 20 fr. chacune.

***HISTOIRE ABRÉGÉE DES INSECTES**, Par M. GEOFFROY. 2 vol. in-4, figures. 25 fr.

HISTOIRE DES MOEURS ET DE L'INSTINCT DES ANIMAUX; distributions naturelles de toutes leurs classes, par J. J. VIREY. 2 vol. in-8. 12 fr.

HISTOIRE DES PROGRÈS DES SCIENCES NATURELLES, depuis 1789 jusqu'en 1831, par M. le baron G. CUVIER. 5 vol. in-8. 22 fr. 50.

Le tome 5 séparément. 7 fr.

Le Conseil royal de l'Université a décidé que cet ouvrage serait placé dans les bibliothèques des collèges et donné en prix aux élèves.

HISTOIRE D'UN PETIT CRUSTACÉ (*Artemia salina*, LEACH.), auquel on a faussement attribué la coloration en rouge des marais salants méditerranéens, etc., par N. JOLY. In-4, fig. 5 fr.

HISTOIRE NATURELLE DES LÉPIDOPTÈRES, RHOPALOCERES, ou Papillons diurnes des départements des Haut et Bas-Rhin, de la Moselle, de la Meurthe et des Vosges, publiée par L. P. CANTENER. 13 livraisons in-8, fig. col. 26 fr.

HISTOIRE NATURELLE ET MYTHOLOGIQUE DE L'IBIS, par J.-C. SAVIGNY. In-8, avec 6 pl. 4 fr.

***HISTOIRE NATURELLE GÉNÉRALE ET PARTICULIÈRE**, par M. le comte de BUFFON; nouvelle édition accompagnée de notes, etc.; rédigée par M. SONNINI. Paris. Dufart, 127 vol. in-8. 300 fr.

HISTOIRE NATURELLE, ou éléments de la Faune

française, par MM. BRAGUIER et MAURETTE. In-12,
cahiers 1 à 5, à 2 francs chaque.   10 fr.

ICONES HISTORIQUES DES LÉPIDOPTÈRES
NOUVEAUX OU PEU CONNUS, collection, avec figures
coloriées, des papillons d'Europe nouvellement découverts;
ouvrage formant le complément de tous les auteurs icono-
graphes; par le docteur BOISDUVAL.

Cet ouvrage se composera d'environ 50 livraisons grand
in-8, comprenant chacune deux planches coloriées et le texte
correspondant; prix, 3 francs la livraison sur papier vélin,
et franche de port,   3 fr. 25.

*Comme il est probable que l'on découvrira encore des es-
pèces nouvelles dans les contrées de l'Europe qui n'ont pas été
bien explorées, l'on aura soin de publier, chaque année, une ou
deux livraisons pour tenir les souscripteurs au courant des
nouvelles découvertes. Ce sera en même temps un moyen très-
avantageux et très-prompt pour MM les entomologistes, qui
auront trouvé un lépidoptère nouveau, de pouvoir les publier
les premiers. C'est-à-dire que, si, après avoir subi un examen
nécessaire, leur espèce est réellement nouvelle, leur description
sera imprimée textuellement; ils pourront même en faire tirer
quelques exemplaires à part.* — 42 livraisons ont déjà paru.

ICONOGRAPHIA DELLA FAUNA ITALICA; di
CARLO-LUCIANO BONAPARTE, principe di Musignano,
30 livraisons in-folio à 21 fr. 60 chaque.

ICONOGRAPHIE ET HISTOIRE DES LÉPIDOP-
TÈRES ET DES CHENILLES DE L'AMÉRIQUE
SEPTENTRIONALE, par le docteur BOISDUVAL, et par
le major JOHN LECONTE, de New-York.

Cet ouvrage, dont il n'avait paru que huit livraisons, et
interrompu par suite de la révolution de 1830, va être continué avec rapidité. Les livraisons 1 à 26 sont en vente, et
les suivantes paraîtront à des intervalles très-rapprochés.

*L'ouvrage comprendra environ 50 livraisons. Chaque livrai-
son contient 3 planches coloriées, et le texte correspondant.
Prix pour les souscripteurs, 3 fr. la livraison.*

ICONOGRAPHIE ET HISTOIRE NATURELLE
DES COLÉOPTÈRES D'EUROPE, famille des *Carabi-
ques*, par M. le comte DEJEAN et M. le docteur BOISDUVAL.
46 livraisons gr. in-8, fig. col. A 6 fr. la liv.   276 fr.

ILLUSTRATIONES PLANTARUM ORIENTALIUM,
ou Choix de Plantes nouvelles ou peu connues de l'Asie occidentale, par M. le comte JAUBERT et M. SPACH. Cet ouvrage formera 5 vol. grand in-4, composés chacun de 100
planches et d'environ 30 feuilles de texte; il paraît par

livraisons de 10 planches. Le prix de chacune est de   15 fr.
Il en a paru 41 livraisons.

INSECTA CAFFRARIA, annis 1838-45, a J. V. VAHL-
BERG, collecta descripsit CAROLUS H. BOHEMAN. Pars 1.
Fasc. 1. COLEOPTERA (*Carabici, Hydrocanthari, Gyrinii
et Staphylinii*): 1 vol. in-8°.   8 fr.

INSECTA SUECICA, descripta a Leonardo GYLLEN-
HAL. Scaris, 1808 à 1827. 4 vol. in-8.   48 fr.

INTRODUCTION A L'ETUDE DE LA BOTANIQUE,
par PHILIBERT. 3 vol. in-8°; fig. col.   18 fr.

ITER HISPANIENSE or a synopsis of plants collected
in the Southern provinces of Spain and Portugal, by
P. B. WEBB. In-8°.   3 fr.

MÉMOIRES DE L'ACADÉMIE DES SCIENCES
ET LETTRES DE MONTPELLIER. — Mémoire de la
section des sciences, 1847—1848. 2 forts vol. in-4° avec
fig. Chaque.   6 fr.

MÉMOIRE SUR LA FAMILLE DES COMBRETA-
CÉES, par M. DE CANDOLLE. In-4°; fig.   3 fr.

MÉMOIRE SUR LES TERMITES observés à Roche-
fort et dans divers autres lieux du département de la Cha-
rente-Inférieure, par M. BOBE-MOREAU. In-8°.   3 fr.

MÉMOIRE DE LA SOCIÉTÉ DE PHYSIQUE DE
GENEVE, in-4°. — Divers Mémoires séparés sur les
Salaginées, les *Lythraires*, les *Dypsacées*, le *Mont-Sommá*, etc.

— DE LA SOCIÉTÉ D'HISTOIRE NATURELLE
de Paris. 5 vol. in-4° avec planches. Prix: 20 fr. chaque
volume. Prix total.   100 fr.

MÉMOIRES DE LA SOCIÉTÉ ROYALE DES
SCIENCES DE LIÉGE: Tome 1, 1843, in-8°.   8 fr.
— Tome 2, 1845.   10 fr.
— Tome 3, 1845 (contenant la Monog. des Coléoptères.
subpentamères-phytophages, par LACORDAIRE, t. 1).   12 fr.
— Tome 4, 2e partie, in-8° et atlas.   10 fr.
— Tome 5, 1848. Monog. des Coléoptères subpentamères-
phytophages, par M. LACORDAIRE, tome 2.   12 fr.
— Tome 6, 1849. Monog. des Odonates. 1 vol.   10 fr.
— Tome 7, 1851. Exposé élémentaire de la Théorie des
Intégrales, définies, par MEYER. 1 vol. in-8°.   10 fr.
— Tome 9, contenant la Monographie des Caloptéry-
gines, par M. de Sélys-Lonchamps. 1 vol. in-8.   12 fr.

*MÉMOIRES pour servir à l'Histoire des Insectes, par DU
RÉAUMUR. 6 vol. in-4º.   80 fr.
MÉMOIRES SUR LES ANIMAUX SANS VERTE-
BRES, par J. C. SAVIGNY. Paris, 1816, 1re partie, pre-
mier fascicule, avec 12 pl.   6 fr.
   — 2e partie, premier fascicule, avec 24 pl. col.   24 fr.
MÉMOIRES SUR LES MÉTAMORPHOSES DES CO-
LÉOPTERES, par DE HAAN. In-4º; fig.   10 fr
MONITEUR (Le) DES INDES orientales et occiden-
tales, Recueil de Mémoires et de Notices scientifiques et
industrielles, etc.; publié par F. DE SIÉBOLD et P. MEL-
VILL DE CARNBÉE. 1846, nos 1, 2, 5, un cahier in-4.
MONOGRAPHIE DES ÉROTYLIENS, famille de l'or-
dre des Coléoptères, par M. Th LACORDAIRE. In-8. 9 fr.
   — DES LIBELLULIDÉES D'EUROPE, par Edm. DE
SELYS-LONGCHAMPS. 1 vol. gr. in-8, avec quatre planches
représentant 44 figures. Prix: 5 fr.
MONOGRAPHIA CASSIDIDARUM auctore CARO-
LO H. BOHEMAN. Tomus primus, cum tab. IV. Holmiæ.
1840. 1 vol. in-8º   14 fr.
MONOGRAPHIA CASSIDIDARUM. Tome 2. 1854.
                                                        14 fr.

NATURE (La) CONSIDÉRÉE comme force instinctive
des organes, par J. GUISLAIN. In 8.   2 fr. 50
NOTICE SUR LES DIFFÉRENCES SEXUELLES
des Diptères du genre Dolichopus, tirées des nervures des
ailes; par M. MACQUART. 1844, in-8.   1 fr.
NOTICE SUR L'HISTOIRE, les Mœurs et l'Organisa-
tion de la Girafe, par M. JOLY. In-8.   1 fr.
NOTICES SUR LES LIBELLULIDÉES, extraites des
Bulletins de l'Académie de Bruxelles, par Edm. DE SÉLYS-
LONGCHAMPS. In-8, fig.   2 fr.
OBSERVATIONS BOTANIQUES, parB.-C. DUMOR-
TIER. In-8.   4 fr.
   — OISEAUX (Sur les) AMÉRICAINS admis dans la
Faune européenne, par M. SÉLYS-LONGCHAMPS, 1 vo-
lume in-8º.   1 fr. 25
OBSERVATIONS SUR LES PHÉNOMÈNES PÉ-
RIODIQUES DU RÈGNE ANIMAL, et particulièrement
sur les migrations des oiseaux en Belgique de 1841 à 1846,
résumées par E. DE SÉLYS-LONGCHAMPS. Brochure in-4º,
prix: 3 fr. 50

OISEAUX AMÉRICAINS (Sur les) admis dans la France européenne, par M. DE SÉLYS-LONGCHAMPS. In-8. 1 fr 25

ORNITHOLOGIE EUROPÉENNE ou Catalogue analytique et raisonné des oiseaux observés en Europe, par M. DEGLAND. 2 vol in-8º. 18 fr.

* FAPILLONS D'EUROPE peints d'après nature, par ERNST. 8 tomes en 4 vol. in-4, avec 342 pl. col. 200 fr.

*PAPILLONS EXOTIQUES DES TROIS PARTIES DU MONDE, l'Asie, l'Afrique et l'Amérique, par P. CRAMERS. 4 vol. in-4, rel., avec 400 planches coloriées. 400 fr.

PLANTES (les), Poème, par R. R. CASTEL; nouvelle édition, ornée de 5 figures en taille douce. In-18. 3 fr.

PLANTES RARES DU JARDIN DE GENÈVE, par A. P. DE CANDOLLE; livraisons 1 à 4, in-4, fig. col., à 15 fr. la livraison. Prix total. 60 fr.

PRINCIPES DE PHILOSOPHIE ZOOLOGIQUE, discutés, en mars 1830, au sein de l'Académie des Sciences, par M. GEOFFROY-SAINT-HILAIRE, 1 vol. in-8º. 4 fr. 50

RECHERCHES HISTORIQUES, ZOOLOGIQUES, ANATOMIQUES ET PALÉONTOLOGIQUES. sur la Girafe, par MM. N. JOLY et A. LAVOCAT. In-4, fig. 10 fr.

RECHERCHES SUR LE DÉVELOPPEMENT et les Métamorphoses d'une petite Salicoque d'eau douce, par M. JOLY. In-8. 2 fr.

RÈGNE ANIMAL, d'après M. DE BLAINVILLE, disposé en séries, en procédant de l'homme jusqu'à l'éponge, et divisé en trois sous-règnes; tableau supérieurement gravé. Prix: 3 fr. 50

Et collé sur toile, avec gorge et rouleau. 8 fr.

REVUE ENTOMOLOGIQUE, publiée par G. SILBERMANN. Strasbourg, 1833 à 1837; 5 vol. in-8. 36 fr. par an. (2 vol.)

*RUMPHIUS (G. Ev.); Cabinet des raretés de l'île d'Amboine (en hollandais). Amsterdam, 1705; in-folio, fig. 50 fr.

*RUMPHII (G. Ev.) Herbarium Amboinense, Belgice et Lat., cura et studio J. BURMANNI. Amstelod., 1750; 7 vol. in-folio 200 fr.

RECAPITULATION DES HYBRIDES OBSERVÉS DANS LA FAMILLE DES ANATIDÉES, par E. DE SÉLYS-LONGCHAMPS, brochure in-8º. 1 fr. 25

RUMPHIA, sive Commentationes botanicæ imprimis de plantis Indiæ Orientalis, tum penitus incognitis, tum quæ in libris Rheedii, Rumphii, Roxburghii, Gallichii, aliorum recensentur, auctore C.-L. BLUME, cognomine RUMPHIO. Le prix de chaque livraison est fixé, pour les souscripteurs, à 15 fr. L'ouvrage complet, 40 livraisons, 600 fr.

SINGULORUM GENERUM CURCULIONIDUM unam alteramve speciem, additis Iconibus a David LABRAM, illustravit L. IMHOF. Fascic. 1 à 7, in-12. à 2 fr. chaque.

— SPECIES GENERAL DES COLEOPTERES, de M. DÉJEAN, avec les Hydrocanthares de M. AUBÉ. 7 vol. in-8° 100 fr.

L'on vend séparément le tome V en deux parties (ce volume a été détruit dans un incendie). 35 fr.

SYNONYMIA INSECTORUM.—GENERA ET SPECIES CURCULIONIDUM (ouvrage comprenant la synonymie et la description de tous les Curculionites connus), par M. SCHOENHERR. 8 tomes en 16 parties. (*Ouvrage terminé.*) Prix : 144 fr.

CURCULIONIDUM DISPOSITIO methodica cum generum characteribus, descriptionibus atque observationibus variis, seu Prodromus ad Synonymiæ insectorum partem IV, auctore C.-J. SCHOENHERR. 1 vol. in-8, Lipsiæ, 1826. 7 fr.

L'éditeur vient de recevoir de Suède et de mettre en vente le petit nombre d'exemplaires restant de la Synonymia insectorum du même auteur. Chaque volume qui compose ce dernier ouvrage est accompagné de planches coloriées, dans lesquelles l'auteur a fait représenter des espèces nouvelles.

SYNONYMIA INSECTORUM. Oder Versuch, etc. SCHOENHERR. Skara et Upsaliæ, 1817. 4 vol. in-8. 50 fr.

* SPECTACLE (le) DE LA NATURE, ou Entretiens sur l'Histoire naturelle, suivi de l'Histoire du Ciel, par PLUCHE. 11 vol. in-12. 20 fr.

STATISTIQUE GÉOLOGIQUE ET MINÉRALOGIQUE du Département de l'Aube, par A. LEYMERIE. Troyes, 1846, 1 vol. in-8 et Atlas in-4. Prix 15 fr.

TABLEAU DE LA DISTRIBUTION MÉTHODIQUE DES ESPÈCES MINÉRALES, suivie dans le cours de minéralogie fait au Muséum d'Histoire naturelle en 1833, par M. Alexandre BRONGNIART, professeur. Brochure in-8. 2 fr.

TABLEAU DU RÈGNE VÉGÉTAL, d'après la méthode de A.-L. DE JUSSIEU, modifiée par M. A. RICHARD, comprenant toutes les familles naturelles; par M. **Ch. D'Orbi-gny**. 2e édition; 1 feuille et quart in-plano.   2 fr.

Idem. coloriée.   3 fr.

TAILLE DU POIRIER ET DU POMMIER en fuseau, par **Choppin**. 1 vol. in-8°, fig. 2me éd.   3 fr.

THÉORIE ÉLÉMENTAIRE DE LA BOTANIQUE, ou Exposition des Principes de la Classification naturelle et de l'Art de décrire et d'étudier les végétaux, par M. **De Candolle**. 3e édition; 1 vol. in-8.   8 fr.

THÉORIE POSITIVE DE LA FÉCONDATION DES MAMMIFÈRES, basée sur l'observation de toute la série animale, par F.-A. **Pouchet**. In-8.   4 fr.

* **TRAITÉ ANATOMIQUE** de la Chenille qui ronge le bois de saule, par **Lionnet**. In-4. figures.   36 fr.

TRAITÉ DE L'EXTÉRIEUR DU CHEVAL et des principaux animaux domestiques, par **Lecoq**. 1 vol. in-8°, 2me édit., fig.   10 fr.

— ÉLÉMENTAIRE DE MINÉRALOGIE, par F.-S. **Beudant**, de l'Académie royale des Sciences, nouvelle édition considérablement augmentée. 2 vol. in-8, accompagnés de 24 planches.   21 fr.

ZEITSCHRIFT FUR DIE ENTOMOLOGIE herausgegeben von **Ernst Friedrich Germar**. Leipzig, 1839 à 1844. 5 vol. in-8.   52 fr.

ZOOLOGIE CLASSIQUE, ou Histoire naturelle du Règne animal, par M. F.-A. **Pouchet**, professeur de zoologie au Muséum d'Histoire naturelle de Rouen, etc.: seconde édition, considérablement augmentée. 2 vol. in-8, contenant ensemble plus de 1,300 pages, et accompagnés d'un Atlas de 44 planches et de 5 grands tableaux gravés sur acier. Prix des 2 vol.   16 fr.

Prix de l'Atlas, figures noires.   10 fr.

— figures coloriées.   30 fr.

Nota. *Le Conseil de l'Université a décidé que cet ouvrage serait placé dans les bibliothèques des collèges.*

AGRICULTURE,
ECONOMIE RURALE ET JARDINAGE.

(Voir aussi la Collection de Manuels, page 3.)

ABRÉGÉ DE L'ART VÉTÉRINAIRE, ou Description raisonnée des Maladies du Cheval et de leur Traitement; suivi de l'anatomie et de la physiologie du pied et des principes de ferrure, avec des observations sur le régime et l'exercice du cheval, etc., par WHITE; traduit de l'anglais et annoté par M. V. DELAGUETTE, vétérinaire. 2ᵉ édition, in-12.   3 fr. 50

AGRICULTURE FRANÇAISE, par MM. les Inspecteurs de l'agriculture, publiée d'après les ordres de M. le Ministre de l'Agriculture et du Commerce, contenant la description géographique, le sol, le climat, la population, les exploitations rurales; instruments aratoires, engrais, assolements, etc., de chaque département. 6 vol., accompagnés chacun d'une belle carte, sont en vente, savoir :

Département de l'Isère. 1 vol. in-8.   5 fr.
    —   du Nord. In-8.   5
    —   des Hautes-Pyrénées. In-8.   5
    —   de la Haute-Garonne. In-8.   5
    —   des Côtes-du-Nord. In-8.   5
    —   du Tarn.   5

AGRICULTURE DES ANCIENS, par DICKSON; traduit de l'anglais. 2 vol. in-8.   10 fr.

— **PRATIQUE** des différentes parties de l'Angleterre, par MARSCHAL. 5 vol. in-8 et Atlas.   20 fr.

ALIMENTAIRES (des CONSERVES), nouveau procédé, par M. WILLAUMEZ. In-12.   2 fr. 25

AMATEUR DES FRUITS (l'), ou l'Art de les choisir, de les conserver, de les employer, principalement pour faire les compotes, gelées, marmelades, confitures, etc., par M. L. DUBOIS. in-12.   2 fr 50

AMÉLIORATION (De l') **DE LA SOLOGNE**, par M. R. PARETO. In 8.   2 fr. 50

AMPÉLOGRAPHIE RHÉNANE, par STOLTZ, 1 vol. gr. in-4. fig. noires.   17 fr.
Le même ouvrage, fig. col.   28 fr.

ANATOMIE DE LA VIGNE, par W. Capper, traduit de l'anglais par V. de Moleon. In-8.   3 fr.

ANIMAUX (les) CÉLÈBRES, anecdotes historiques sur les traits d'intelligence, d'adresse, de courage, de bonté, d'attachement, de reconnaissance, etc., des animaux de toute espèce, ornés de gravures, par A. Antoine. 2 vol. in-12. 2e édition.   5 fr.

MM. Lebigre frères et Béchet, rue de la Harpe, *ont été condamnés pour avoir vendu une contrefaçon de cet ouvrage.*

ANNALES AGRICOLES DE ROVILLE, ou Mélanges d'Agriculture, d'Économie rurale et de Législation agricole, par M. C.-J.-A. Mathieu de Dombasle. 9 vol. in-8, figures.   61 fr. 50

Les volumes se vendent séparément, savoir :

Les tomes 1, 2, 3, 4, chacun   7 fr. 50
Et 5, 6, 8 et supplément, chacun   6 fr.

ANNUAIRE DU BON JARDINIER ET DE L'AGRONOME, renfermant la description et la culture de toutes les plantes utiles ou d'agrément qui ont paru pour la première fois.

Les années 1826, 27, 28, chacune   1 fr. 50
Les années 1829 et 1830, idem   3 fr.
Les années 1831 à 1842, idem   3 fr. 50

APPLICATION (De l') DE LA NOUVELLE LOI SUR LA POLICE DE LA CHASSE, en ce qui regarde l'agriculture et la reproduction des animaux; par L.-L. Gadebled. In-8.   3 fr. 50

APPLICATION (De l') DE LA VAPEUR A L'AGRICULTURE, de son Influence sur les Mœurs, sur la Prospérité des Nations et l'Amélioration du Sol, par Girard. Grand in-8.   75 c.

ART (l') DE COMPOSER ET DÉCORER LES JARDINS, par M. Boitard ; ouvrage entièrement neuf, orné de 140 planches gravées sur acier. Prix de l'ouvrage complet, texte et planches.   15 fr.

Cette publication n'a rien de commun avec les autres ouvrages du même genre, portant même le nom de l'auteur. Le traité que nous annonçons est un travail tout neuf que M. Boitard vient de terminer après des travaux immenses. Il est très-complet et à très-bas prix, quoiqu'il soit orné de 140 planches gravées sur acier. L'auteur et l'éditeur ont donc rendu un grand service aux amateurs de jardins en les mettant à même de tirer de leurs propriétés le meilleur parti possible.

ART (l') DE CRÉER LES JARDINS, contenant les préceptes généraux de cet art, leur application développée par des vues perspectives, coupe et élévations, par des exemples choisis dans les jardins les plus célèbres de France et d'Angleterre; et le tracé pratique de toutes espèces de jardins; par M. N. VERGNAUD, architecte à Paris. Ouvrage imprimé sur format in-fol., et orné de lithographies dessinées par nos meilleurs artistes.

Prix : rel. sur papier blanc.   45 fr.
—   sur papier chine.   56
—   colorié.   80

ART DE CULTIVER LES JARDINS, ou Annuaire du bon Jardinier et de l'Agronome, renfermant un calendrier indiquant, mois par mois, tous les travaux à faire tant en jardinage qu'en agriculture : les principes généraux du jardinage; la culture et la description de toutes les espèces et variétés de plantes potagères, ainsi que toutes les espèces et variétés de plantes utiles ou d'agrément; par *un Jardinier agronome.* 1 gros vol. in-18. 1843. Orné de figures. 3 fr. 50

ART (l') DE FAIRE LES VINS DE FRUITS, précédé d'une Esquisse historique de l'Art de faire le Vin de Raisin, de la manière de soigner une cave; suivi de l'Art de faire le Cidre, le Poiré, les Aromes, le Sirop et le Sucre de Pommes de terre, etc.; traduit de l'anglais, de ACCUM, par MM. G*** et OL***. un vol. avec planches.   2 fr. 50

ASSOLEMENTS, JACHÈRES ET SUCCESSION DES CULTURES, par feu V. YVART, annoté par M. V. RENDU, inspecteur de l'agriculture. 3 vol. in-18. 10 fr. 50
Idem. Edition en 1 vol. in-4.   12 fr.
Ouvrage contenant les méthodes usitées en Angleterre, en Allemagne, en Italie, en Suisse et en France.

BOUVIER (le nouveau), ou Traité des Maladies des Bestiaux, Description raisonnée de leurs maladies et de leur traitement, par M. DELAGUETTE, médecin-vétér. In-12. 3 fr. 50

CALENDRIER DU BON CULTIVATEUR, ou Manuel de l'Agriculteur-Praticien, par C.-J.-A. MATHIEU DE DOMBASLE. 8ᵉ édition. In-12, figures.   4 fr. 50

CHASSEUR-TAUPIER (le), ou l'Art de prendre les taupes par des moyens sûrs et faciles, précédé de leur histoire naturelle, par M. RÉDARÈS. in-18, fig.   90 cent.

CODE FORESTIER, conféré et mis en rapport avec la législation qui régit les différents propriétaires et usagers dans les bois, par M. CURASSON. 2 vol. in-8.   12 fr.

*COLLECTION DE NOUVEAUX BATIMENTS pour la décoration des grands jardins, avec 44 pl. in-fol. 50 fr.

CORRESPONDANCE RURALE, contenant des observations critiques et utiles, par DE LA BRETONNERIE. 3 vol. in-12. 7 fr. 50

CORDON BLEU (le), nouvelle Cuisinière bourgeoise, rédigée et mise par ordre alphabétique, par Mlle MARGUERITE, 2e édition, considérablement augmentée In-18. 1 fr.

COURS ÉLEMENTAIRE D'AGRICULTURE, par M. RISLER. In-12. 2 fr. »

COURS COMPLET D'AGRICULTURE (nouveau), du 19e siècle, contenant la grande et la petite culture, l'économie rurale domestique, la médecine vétérinaire, etc., par les Membres de la section d'Agriculture de l'Institut royal de France, etc. Nouvelle édition revue, corrigée et augmentée. Paris, Deterville. 16 vol. in-8, de près de 600 pages chacun, ornés de planches en taille-douce. 56 fr.

— D'AGRICULTURE (petit), ou Encyclopédie agricole, par M. MAUNY DE MORNAY, contenant les livres du Cultivateur, du Jardinier, du Forestier, du Vigneron, de l'Economie et Administration rurales, du Propriétaire et de l'Eleveur d'animaux domestiques. 7 volumes grand in-18, avec figures. 15 fr. 50

COURS COMPLET D'AGRICULTURE PRATIQUE, par BURGER, PFEIL, ROHLWES et RUFFINY; trad. de l'all. par N. NOIROT; suivi d'un Traité sur les Vers à Soie et la Culture du Murier, par M. BONAFOUS, etc. In-4. 10 fr.

— SIMPLIFIE D'AGRICULTURE, par L. DUBOIS (Voyez Encyclopédie du Cultivateur). 9 vol. in-12. 20 fr.

*CULTIVATEUR (le) ANGLAIS, ou OEuvres choisies d'Agriculture et d'Economie rurale et politique, par ARTHUR YOUNG. 18 vol. in-8. 50 fr.

CULTURE DE LA VIGNE dans le Calvados et autres pays qui ne sont pas trop froids pour la végétation de cet intéressant arbrisseau, et pour que ses fruits y mûrissent, par M. JEAN-FRANÇOIS NOGET. In-8. 75 c.

DICTIONNAIRE D'AGRICULTURE PRATIQUE, contenant la grande et la petite culture, par M. le comte FRANÇOIS DE NEUFCHATEAU. 2 vol. in-8. 12 fr.

*DICTIONNAIRE DES JARDINIERS, ouvrage traduit de l'anglais de MILLER. 10 vol. in-4. 50 fr.

ECOLE DU JARDIN POTAGER, suivie du Traité de

la Culture des Pêchers, par M. DE COMBLES, 6e édition, revue par M. LOUIS DUBOIS. 3 vol. in-12.   4 fr. 50

ÉCONOMIE AGRICOLE, lait obtenu sans le secours de
la main. *Trayons artificiels*; par M. PARISOT.   75 c.

ÉCUSSON-GREFFE, ou nouvelle manière d'écussonner
les ligneux, par VERGNAUD ROMAGNÉSI. 1830 in-12. 1 fr.

ÉLÉMENTS D'AGRICULTURE, ou Leçons d'Agriculture appliquées au département d'Ille-et-Vilaine, et à
quelques départements voisins, par J. BODIN. 2e édition,
in-12 figures.   1 fr. 60

ÉLOGE HISTORIQUE de l'Abbé FRANÇOIS ROZIER,
restaurateur de l'Agriculture française, par A. THIÉBAUT
DE BERNEAUD. in-8.   1 fr. 50

ENCYCLOPÉDIE DU CULTIVATEUR, ou Cours com-
plet et simplifié d'agriculture, d'économie rurale et domestique, par M. LOUIS DUBOIS. 2e édition, 9 vol. in-12 ornés
de gravures.   20 fr.

Le vol. 9 se vend séparément   4 fr.

*Cet ouvrage, très-simplifié, est indispensable aux per-
sonnes qui ne voudraient pas acquérir le grand ouvrage in-
titulé :* Cours d'agriculture au XIXe siècle.

ESSAI SUR L'ÉDUCATION DES ANIMAUX, le
Chien pris pour type, par AD. LÉONARD. in-8.   5 fr.

FABRICATION DU FROMAGE, par le Dr F. GERA
traduit de l'italien par V. RENDU. in-8, fig. (Couronné pa
la Société royale et centrale d'agriculture.)   5 fr

GREFFES (Des) ET DES BOUTURES FORCÉES
pour la rapide Multiplication des Roses rares et nouvelles
par M. LOISELEUR DESLONGCHAMPS. In-8. (Extrait d
l'*Agriculteur praticien.*)   50 c.

HISTOIRE DU PÊCHER, par M. DUVAL, in-8. 1 fr. 50

HISTOIRE DU POIRIER (Pyrus sylvestris), par DUVAL
Br. in-8o (extrait de l'Agriculteur praticien).   1 fr. 50

HISTOIRE DU POMMIER, par M. DUVAL. In-8. 1 fr. 50

INSTRUCTION SUR LE CHOU MARIN, par ROUS-
SELOT. In-8.   50 c.

——— LA TOMATE,   *idem.*   25 c.

INSTRUCTION SUR LA CULTURE NATURELLE ET
FORCÉE DE L'ASPERGE, par ROUSSELOT. In-8.   50 c.

JOURNAL D'AGRICULTURE, d'Économie rurale et
des Manufactures du royaume des Pays-Bas. La collection
complète, jusqu'à la fin de 1823, se compose de 16 vol. in-8.
Prix, à Paris.   75 fr.

JOURNAL DE MÉDECINE VÉTÉRINAIRE théorique et pratique, et Analyse raisonnée de tous les ouvrages français et étrangers qui ont du rapport avec la médecine des animaux domestiques; recueil publié par MM. BRACY-CLARK, CRÉPIN, CRUZEL, DELAGUETTE, DUPUY, GODINE jeune, LEBAS, PRINCE, RODET, médecins vétérinaires. 6 vol. in-8. (1830 à 1835.)　　　　　　　　　60 fr.

　Chaque année séparée.　　　　　　　　　12 fr.

*MAISON RUSTIQUE (la nouvelle), ou Économie rurale pratique des biens de campagne. 3 vol. in-4. fig.　24 fr.

MANUEL DES CONSOMMATEURS DE THÉ, CHOCOLAT et CAFÉ, par GENDEREAU. Br. in-8.　75 c.

MANUEL POPULAIRE D'AGRICULTURE, d'après l'état actuel des progrès dans la culture des champs, des prairies, de la vigne, des arbres fruitiers; dans l'éducation du gros bétail, etc., par J. A. SCHLIPF; trad. de l'All. par NAPOLÉON NICKLÈS. 1844. In-8.　　　　　4 fr.

MANUEL DES INSTRUMENTS D'AGRICULTURE ET DE JARDINAGE les plus modernes, contenant la gravure et la description détaillée des Instruments nouvellement inventés ou perfectionnés, la plupart dessinés dans les meilleurs Ateliers de la capitale. Ouvrage orné de 121 planches et de gravures sur bois intercalées dans le texte, par M. BOITARD. 1 vol. grand in-8°.　　　　　　12 fr.

MANUEL COMPLET DU JARDINIER, Maraîcher, Pépiniériste, Botaniste, Fleuriste et Paysagiste, par M. NOISETTE. 2ᵉ édition. 5 vol. in-8.　　　　30 fr.

MANUEL DU FABRICANT D'ENGRAIS, ou de l'Influence du noir animal sur la végétation, par M. BERTIN. 1 vol. in-18.　　　　　　　　　2 fr. 50

MANUEL DU PLANTEUR. Du Reboissment, de sa nécessité et des méthodes pour l'opérer, par DE BAZELAIRE. In-12.　　　　　　　　　　1 fr. 25

MELON (Du) ET DE SA CULTURE, par M. DUVAL. Brochure in-8. (Extrait de l'Agriculteur praticien.) 75 c.

MÉMOIRE SUR L'ALTERNANCE DES ESSENCES FORESTIÈRES, par GUSTAVE GAND. In-8.　1 fr. 50

MÉTHODE ABRÉGÉE DU DRESSAGE DES CHEVAUX DIFFICILES, et particulièrement des Chevaux d'armes. In-8.　　　　　　　　　2 fr.

MÉMOIRE SUR LES DAHLIAS, leur culture, leurs propriétés économiques et leurs usages comme plantes d'or-

nement, par ARSÈNE THIÉBAUT DE BERNEAUD. Brochure
in-8, 2e édition.   75 c.

MÉTHODE DE LA CULTURE DU MELON en
pleine terre, par M. J.-F. NOGET. In-8.   1 fr. 25

MONOGRAPHIE DU MELON, contenant la Culture,
la Description et le Classement de toutes les variétés de
cette espèce, etc., par M. JACQUIN aîné, 1 volume in-8°
avec planches : Figures coloriées,   15 fr.
    Figures noires,   7 fr. 50

NOTICE SUR LA PLEUROPNEUMONIE ÉPIZOO-
TIQUE DE L'ESPÈCE BOVINE, régnant dans le département du Nord, par A. B. LOISET, 1 vol. in-8°.   2 fr.

OBSERVATIONS GÉNÉRALES sur les Plantes qui
peuvent fournir des Couleurs Bleues à la Teinture, suivies
de Recherches sur le Polygonum Tinctorium, etc.; par
N. JOLY. In-4, fig.   5 fr.

ORDONNANCE DE LOUIS XIV, roi de France et de
Navarre, indispensable à tous les marchands de bois flottés,
de charbon, à tous autres marchands et à tous les propriétaires de biens situés près des rivières navigables in-18. 2 fr.

PARFAIT CONSERVATEUR DES GRAINS ET FA-
RINES, par PERRET. Br. in-8.   1 fr.

PATHOLOGIE CANINE, ou Traité des Maladies des
Chiens, contenant aussi une dissertation très-détaillée sur
la rage, la manière d'élever et de soigner les chiens ; par
M. DELABÈRE-BLAINE, traduit de l'anglais et annoté par
M. V. DELAGUETTE, vétérinaire. Avec 2 planches repré-
sentant 18 espèces de chiens. 1 vol. in-8.   6 fr.

PHARMACOPÉE VÉTÉRINAIRE, ou Nouvelle Phar-
macie hippiatrique, contenant une classification des médi-
caments, les moyens de les préparer et l'indication de leur emploi, etc., par M. BRACY-CLARK. 1 vol. in-12, planches. 2 fr.

PRATICIEN DE LA VILLE ET DE LA CAMPAGNE,
par L. HOSTE. 1 vol. in-12   2 fr. 50

PRATIQUE DU JARDINAGE, par ROGER SCHABOL.
2 vol. in-12, fig.   7 fr. 50

PRATIQUE RAISONNÉE de la taille du pêcher en es-
palier carré, par LEPÈRE. In-8. Figures.   4 fr.

PRATIQUE SIMPLIFIÉE DU JARDINAGE, à l'u-
sage des personnes qui cultivent elles-mêmes un petit domaine, contenant un potager, une pépinière, un verger,
des espaliers, un jardin paysager, des serres, des orangeries

et un parterre, etc.; 6e édition; par **M. L. Dubois**. 1 vol. in-18, orné de planches. **2 fr. 50**

PREMIÈRES NOTIONS DE VITICULTURE, par Stoltz. 1 vol. in 18. **90 c.**

PRINCIPES D'AGRICULTURE et d'Hygiène-Vétérinaire, par Magne. 1 vol. in-8. **10 fr.**

QUATRE (les) JARDINS ROYAUX DE PARIS, ou Descriptions de ces quatre jardins. 3e édition, in-18. **1 fr. 50**

RECUEIL DE MÉMOIRES, notices et procédés choisis sur l'agriculture, l'industrie, l'économie domestique, le mûrier multicaule, etc. (ou l'Omnibus journal, année 1834.) 1 vol. in-8. **3 fr.**

SECRETS DE LA CHASSE AUX OISEAUX, contenant la manière de fabriquer les filets, les divers pièges, appeaux, etc.; l'art de les élever, de les soigner, de les guérir, etc., par M. G..., amateur. 1 vol. in-18 avec figures. **2 fr. 50**

SERRES CHAUDES, Galerie de Minéralogie et de Géologie, ou Notice sur les constructions du Muséum d'Histoire Naturelle, par M. Rohault (architecte). In-folio. **30 fr.**

* **SYSTEM OF AGRICULTURE**, trom the Encyclopedia britannica, seventh edition, by James Cleghorn. Edimburgh, 1831, in-4, fig. **13 fr. 50**

TABLEAUX DE LA VIE RURALE, ou l'Agriculture enseignée d'une manière dramatique, par M. Desormeaux. 3 vol. in-8. **18 fr.**

* **THÉATRE D'AGRICULTURE** et ménage des champs, d'Olivier de Serres, nouv. édition. 2 vol. in-4. **25 fr**

TRAITÉ DES ARBRES ET ARBUSTES que l'on cultive en pleine terre en Europe et particulièrement en France, par *Duhamel du Monceau*, rédigé par MM. *Veillard*, *Jaume Saint-Hilaire*, *Mirbel*, *Poiret*, et continué par M. *Loiseleur-Deslonchamps*; ouvrage enrichi de 500 planches gravées par les plus habiles artistes, d'après les dessins de *Redouté* et *Bessa*, peintres du muséum d'histoire naturelle; 7 vol. in-fol., papier jésus vélin, figures coloriées. Au lieu de 3,300 francs, **750 fr.**

— Le même, papier carré vélin, figures coloriées. Au lieu de 2,100 francs, **450 fr.**

— Le même, papier carré fin, figures coloriées. **350 fr.**

— Le même, figures noires. Au lieu de 175 fr. **200 fr.**

On a extrait de cet ouvrage le suivant :

NOUVEAU TRAITÉ DES ARBRES FRUITIERS,

par DUHAMEL, nouvelle édition, très-augmentée par MM. VEILLARD, DE MIRBEL, POIRET et LOISELEUR-DESLONCHAMPS, 2 vol. in-folio, ornés de 143 planches. Prix:

Fig. noires 50 fr.; — fig. coloriées, papier fin.   100 fr.
Fig. coloriées, papier vélin.   125 fr.
Fig. coloriées, format jésus vélin. . . . .   150 fr.

TRAITÉ DE CULTURE THÉORIQUE ET PRATIQUE, par HUBERT CARRÉ. In-12.   2 fr.

TRAITÉ DE CULTURE FORESTIÈRE, par HENRI COTTA, traduit de l'allemand par GUSTAVE GAND, garde général des forêts. 1 vol. in-8.   7 fr.

TRAITÉ D'INSTRUMENTS ARATOIRES, par MOYSEN. Br. in-8.   1 fr.

*TRAITÉ PARFAIT DES MOULINS, ou Recherches exactes de toutes sortes de moulins connus jusqu'à présent, par L.-V. NATERUS, J. POLLY et C.-V. VUNREN. Amsterdam, 1734 (en hollandais), grand in-folio, fig.   75 fr.

TRAITÉ DE LA COMPTABILITÉ AGRICOLE, par l'application du système complet des écritures en parties doubles, par MM. PERRAULT DE JOTEMPS père et fils. 4 cahiers in-folio.   12 fr.

TRAITÉ DE L'AMÉNAGEMENT DES FORÊTS, enseigné à l'école royale forestière, par M. DE SALOMON, 2 vol. in-8 et Atlas in-4.   20 fr.

TRAITÉ DES MALADIES DES BESTIAUX, ou Description raisonnée de leurs maladies et de leur traitement; suivi d'un aperçu sur les moyens de tirer des bestiaux les produits les plus avantageux, par M. V. DELAGUETTE, vétérinaire. In-12.   3 fr. 50

TRAITÉ DU CHANVRE DU PIÉMONT, DE LA GRANDE ESPÈCE, sa culture, son rouissage et ses produits, par REY, in-12.   1 fr. 50

TRAITÉ SUR LA DISTILLATION DES POMMES DE TERRE, par ÉVARISTE HOUBIER. In-18.   1 fr. 50

TRAITÉ RAISONNÉ SUR L'ÉDUCATION DU CHAT DOMESTIQUE, et du Traitement de ses Maladies, par M. B***. In-12.   1 fr. 50

TRAITÉ THÉORIQUE ET PRATIQUE sur la Culture des Grains, suivi de l'Art de faire le pain, par PARMENTIER, etc. 2 vol. in-8, fig.   12 fr.

ÉDUCATION, MORALE, PIÉTÉ.

ABRÉGÉ CHRONOLOGIQUE DE L'HISTOIRE DE FRANCE, depuis les temps les plus anciens jusqu'à nos jours, par H. ENGELHARD, in-18, broché.　75 c.
　Idem, cartonné.　90 c.
ABRÉGÉ DE LA FABLE ou de l'Histoire poétique, par le P. JOUVENCY, in-18.　1 fr. 50
ABRÉGÉ DE LA GRAMMAIRE ALLEMANDE, pour les élèves des cinquième et quatrième classes des collèges de France, par M. MARCUS. In-12, broché. 1 fr. 50
ABRÉGÉ DE LA GRAMMAIRE LATINE (ou Méthode brévidoctive de prompt enseignement), par B. JULLIEN. 1841, in-12.　2 fr.
ABRÉGÉ DE LA GRAMMAIRE DE WAILLY, in-12.　75 c.
ABRÉGÉ DE L'HISTOIRE SAINTE, avec des preuves de la religion, par demandes et par réponses, in-12. 60 c.
ABRÉGÉ D'HISTOIRE UNIVERSELLE, *première partie*, comprenant l'histoire des Juifs, des Assyriens, des Perses, des Egyptiens et des Grecs, jusqu'à la mort d'Alexandre-le-Grand, avec des tableaux de synchronismes, par M. BOURGON, professeur de l'Académie de Besançon. 2e édition. In-12.　2 fr.
　— *Deuxième partie*, comprenant l'histoire des Romains, depuis la fondation de Rome, et celle de tous les peuples principaux, depuis la mort d'Alexandre-le-Grand jusqu'à l'avènement d'Auguste à l'empire, par M. BOURGON, etc. In-12.　3 fr. 50
　— *Troisième partie*, comprenant un ABRÉGÉ DE L'HISTOIRE DE L'EMPIRE ROMAIN, depuis sa fondation jusqu'à la prise de Constantinople, par M. BOURGON. In-12. 2 fr. 50
　Quatrième partie, comprenant l'histoire des Gaulois, les Gallo-Romains, les Francs et les Français jusqu'à nos jours, avec des tableaux de synchronismes, par M. J.-J. BOURGON. 2 vol. in-12.　6 fr.
ABRÉGÉ DU COURS DE LITTÉRATURE de DE LA HARPE, publié par RENÉ PÉRIN. 2 vol. in-12.　7 fr.
ANALYSE DES SERMONS du P. GUYON, précédée de l'Histoire de la mission du Mans, par GUYARD. 1 vol. in-12, 3e édition, au Mans, 1833.　2 fr.
ANALYSE DES TRADITIONS RELIGIEUSES des

peuples indigènes de l'Amérique, in-8.   , 3 fr.

ANNÉE AFFECTIVE (l'), ou Sentiments sur l'amour de Dieu, tirés du Cantique des Cantiques, pour chaque jour de l'année, par le Père AVRILLON, in-12.   2 fr. 50

ARITHMÉTIQUE DES DEMOISELLES, ou Cours élément. d'arithm. en 12 leç., par M. VANTENAC. In-12. 1 fr.50

Cahier de questions pour le même ouvrage.   50 c.

ARITHMÉTIQUE DES ÉCOLES PRIMAIRES, en 22 leçons, par L.-J. GEORGE. In-8.   1 fr.

ARITHMÉTIQUE ÉLÉMENTAIRE, théorique et pratique, par M. JOUANNO, In-8.   3 fr. 50

ART DE BRODER, ou Recueil de modèles coloriés, analogues aux différentes parties de cet art, à l'usage des demoiselles, par AUGUSTIN LEGRAND. 1 vol. oblong. 7 fr.

ART (l') D'ÉCRIRE DE LA MAIN GAUCHE enseigné, en quelques leçons, à toutes les personnes qui écrivent selon l'usage, comme ressource en cas de perte ou d'infirmité du bras droit ou de la main droite, par M. PILLON. 1 vol. oblong avec une planche lithographiée.   1 fr.

— MODÈLES DE MINUSCULES ANGLAISES, 1 cahier 1 fr.

— *Idem*, RONDES.   50 c.

— *Idem*, GOTHIQUE ALLEMANDE.   50 c.

— Taille de la plume, 1 cahier.   1 fr. 50

ASTRONOMIE DES DEMOISELLES, ou Entretiens, entre un frère et sa sœur, sur la Mécanique céleste, démontrée et rendue sensible sans le secours des mathématiques, suivie de problèmes dont la solution est aisée, par JAMES FERGUSSON et M. QUÉTRIN. 1 vol. in-12.   -   3 fr. 50

L'ASTRONOMIE ILLUSTRÉE, par ASA SMITH, revue par WAGNER, WUST et SARRUS. In-4 cartonné. 6 fr.

ATLAS (NOUVEL) NATIONAL DE LA FRANCE, par départements, divisés en arrondissements et cantons, avec le tracé des routes royales et départementales, des canaux, rivières, cours d'eau navigables, des chemins de fer construits et projetés, etc., dressé à l'échelle de 11,350,000, par CHARLES, géographe, avec des augmentations, par DARMET, chargé des travaux topographiques au ministère des affaires étrangères. In-folio, grand raisin des Vosges

Le *Nouvel Atlas national* se compose de 80 planches (à cause de l'uniformité des échelles ; sept feuilles contiennent deux départements).

Chaque carte séparée, en noir.   40 c.

Idem, coloriée.   60 c.

AVENTURES DE ROBINSON CRUSOÉ, par DANIEL DE FOË, édition mignone, 4 vol. in-32.   5 fr.

AVIS AUX PARENTS sur la nouvelle méthode de l'enseignement mutuel, par G. C. HERPIN. In-12. 2 fr. 50

BEAUX TRAITS DU JEUNE AGE, par A.-F.-J. FRÉVILLE. In-12.   3 fr.

CAHIERS DE CHIMIE, à l'usage des Écoles et des Gens du monde, par M. BURNOUF. Prix, l'ouvrage complet, 4 cahiers in-12.   5 fr.

CATÉCHISME du diocèse de Toul, qui doit être enseigné dans toutes les écoles. In-12.   1 fr. 25

— HISTORIQUE, par FLEURY. 1822, in-18.   50 c.

— HISTORIQUE (Petit), contenant, en abrégé, l'Histoire sainte, par M. FLEURY, in-18. Au Mans, 1838. 50 c.

— ou Abrégé de la Foi. In-18.   80 c.

CHOIX (Nouveau) **D'ANECDOTES ANCIENNES ET MODERNES**, tirées des meilleurs auteurs, contenant les faits les plus intéressants de l'histoire en général; des exploits des héros, traits d'esprit, saillies ingénieuses, bons mots, etc., etc. 5e édition, par Mme CELNART. 4 vol. in-18, ornés de jolies vignettes. (Même ouvrage que le *Manuel anecdotique*.)   7 fr.

CHOIX DE LECTURES ALLEMANDES, par STOEBER. In-8, 1re partie.   1 fr. 50
In-8, 2e partie.   1 fr. 75

CICERONIS (M. T.) ORATOR. Nova editio, ad usum scholarum Tulli-Leucorum, 1823, in-18.   75 c.

COLLECTION DE MODELES pour le Dessin linéaire, par M. BOUTEREAU. 40 tableaux in-4.   4 fr.
Cet ouv. est extrait de la Géométrie usuelle du même auteur.

COURS COMPLET, THÉORIQUE ET PRATIQUE, D'ARITHMÉTIQUE, par RIVAIL. 3e éd., in-12. 2 fr. 25
— Solutions. In-12.   80 c.

COURS D'ARITHMÉTIQUE ET D'ALGÈBRE, par P.-F. JOUANNO. In-8.   6 fr.

COURS D'ARITHMÉTIQUE PRATIQUE, à l'usage des écoles primaires des deux sexes et des pères de famille, par J. MOLLET. In-18. 1er cahier, Connaissance des chiffres.   40 c.

2e cahier, Multiplication, Division, etc.   40 c.
3e cahier, Fractions, Nombres, etc.   40 c.
Livret des solutions.   1 fr.

COURS DE CHIMIE ÉLÉMENTAIRE ET INDUS-

TRIELLE, à l'usage des gens du monde, par M. PAYEN.
2 vol. in-8.   14 fr.

NOUVEAU COURS RAISONNÉ DE DESSIN IN-
DUSTRIEL appliqué principalement à la mécanique et
à l'architecture, etc., par ARMENGAUD aîné, ARMENGAUD
jeune et AMOUROUX. 1 vol. grand in-8º et un atlas de 45
planches in folio.   25 fr.

— DE THÈMES, pour l'enseignement de la traduction
du français en allemand dans les collèges de France, renfermant un Guide de conversation, un Guide de correspondance, et des Thèmes pour les élèves des classes élémentaires
supérieures. 1 vol. in-12 broché.   4 fr.

COURS DE THÈMES pour les sixième, cinquième,
quatrième, troisième et deuxième classes, à l'usage des collèges, par M. PLANCHE, professeur de rhétorique au collège royal de Bourbon, et M. CARPENTIER. *Ouvrage recommandé pour les collèges par le Conseil de l'Université.* 2ᵉ éd.,
entièrement refondue et augmentée. 5 vol. in-12. 10 fr

Avec les corrigés à l'usage des maîtres. 10 vol.   22 fr. 50

On vend séparément :

Cours de sixième à l'usage des élèves.   2 fr.
Le corrigé à l'usage des maîtres.   2 fr. 50.
Cours de 5ᵉ à l'usage des élèves. 2 fr. Le corrigé. 2 fr. 50
Cours de 4ᵉ à l'usage des élèves. 2 fr. Le corrigé. 2 fr. 50
Cours de 3ᵉ à l'usage des élèves. 2 fr. Le corrigé. 2 fr. 50
Cours de 2ᵉ à l'usage des élèves. 2 fr. Le corrigé. 2 fr. 50

COURS ÉLÉMENTAIRE DE DESSIN LINÉAIRE
appliqué aux ornements, à l'usage des écoles d'arts et métiers, par M. A. GUETTIER. In-fol. obl.   6 fr.

DÉVOTION PRATIQUE aux sept principaux mystères
douloureux de la très-sainte Vierge, mère de Dieu. In-12. 2 fr.

DIALOGUES ANGLAIS, ou Éléments de la Conver-
sation anglaise, par PERRIN. In-12.   1 fr. 25

DIALOGUES MORAUX, instructifs et amusants, à l'u-
sage de la jeunesse chrétienne. In-18.   1 fr.

DICTIONNAIRE (Nouveau) DE POCHE français-an-
glais et anglais-français, par NUGENT; revu par L.-F. FAIN.
2 vol. in-12 carré.   4 fr.

ÉDUCATION (De l') DES JEUNES PERSONNES, ou
Indication de quelques améliorations importantes à introduire
dans les pensionnats, par Mˡˡᵉ FAURE. In-12.   1 fr. 50

ÉLÉMENTS (Premiers) D'ARITHMÉTIQUE, suivis

d'exemples raisonnés en forme d'anecdotes, à l'usage de la jeunesse, par un membre de l'Université. In-12.   1 fr. 50

ÉLÉMENTS DE LA GRAMMAIRE FRANÇAISE, p. LHOMOND. Ed. ref., p. L. GILBERT; 2e éd. in-12. 75 c.

— (Nouveaux) **DE LA GRAMMAIRE FRANÇAISE**, par M. FELLENS. 1 vol. in-12.   1 fr. 25

ÉLÉMENTS DE GRAMMAIRE HÉBRAIQUE, par LUGMAN, in 8. Cé. (Edition allemande).   7 fr. 50

Le même, in-8. Cé. (Edition française).   5 fr.

ENSEIGNEMENT (l'), par MM. BERNARD-JULLIEN, docteur ès-lettres, licencié ès-sciences, et C. HIPPEAU, docteur ès-lettres, bachelier ès-sciences. 1 gros vol. in-8 de 500 pages.   6 fr.

Cet ouvrage est indispensable à tous ceux qui veulent s'occuper avec intelligence des questions d'éducation, traiter à fond les points les plus difficiles et les moins connus de cette science difficile.

ÉPITRES ET ÉVANGILES des dimanches et fêtes de l'année. In-12.   2 fr. 50

ESSAIS DE GÉOMÉTRIE APPLIQUÉE, par P. LE-PELLETIER. In-8.   4 fr.

ESSAI D'UNITÉ LINGUISTIQUE, par Jos. BOUZE-RAN. In-8.   1 fr. 50

ETRENNES DE L'ENFANCE, petites lectures illustrées, à l'usage des Ecoles de Sourds-Muets et des Salles d'Asile, par M. VALADE GABEL. 1 vol.   1 fr. 80.

ÉTRENNES (Mes) A LA JEUNESSE, par Mlle Emilie R**. In-12.   1 fr. 50

ÉTUDES ANALYTIQUES SUR LES DIVERSES ACCEPTIONS DES MOTS FRANÇAIS, par Mlle FAURE. 1 vol. in-12.   2 fr. 50

EXERCICES DE GRAMMAIRE ALLEMANDE, (thèmes et versions), par STOEBER, in-12. Cé.   75 c.

EXERCICES SUR LES HOMONYMES FRANÇAIS, par A. CHAMPALBERT. 2e édition, in-12.   1 fr.

EXERCICES SUR L'ORTHOGRAPHE ET LA SYNTAXE, calqués sur toutes les règles de la grammaire classique, par VILLEROY. In-12.   1 fr. 25

EXPLICATION DES ÉVANGILES DES DIMANCHES, par DE LA LUZERNE. In-12, 5 vol.   6 fr.

EXPOSÉ ÉLÉMENTAIRE DE LA THÉORIE DES

INTÉGRALES DÉFINIES, par A. MEYER, professeur à l'Université de Liége. 1 vol. in-8°. 10 fr.

FABLES DE FÉNÉLON. Nouv. édit. Clermont, 1839, in-18. 50 c.

FABLES DE LESSING, adaptées à l'étude de la langue allemande dans les cinquième et quatrième classes des collèges de France, moyennant un Vocabulaire allemand-français, une Liste des formes irrégulières, l'indication de la construction, et les règles principales de la succession des mots, par MARCUS. 1 vol. in-12. 2 fr. 50

FLÉCHIER. Morceaux choisis. In-18, avec portrait. 1 f. 80

FLEURY. Morceaux choisis. In-18, avec portrait. 1 f. 80

GÉOGRAPHIE CLASSIQUE, suivie d'un Dictionnaire explicatif des lieux principaux de la géographie ancienne, par VILLEROY. In-12. 1 fr. 25.

— DES ÉCOLES, par M. HUOT, continuateur de la Géographie de Malte-Brun et Guibal, ancien élève de l'École polytechnique. 1 vol. 1 fr. 50

Atlas de la Géographie des Écoles. 2 fr. 50

GÉOMÉTRIE PERSPECTIVE, avec ses applications à la recherche des ombres, par G.-H. DUFOUR, colonel du génie. In-8., avec un Atlas de 22 planches in-4. 4 fr.

— USUELLE. Dessin géométrique et dessin linéaire, sans instruments, en 120 tableaux, par V. BOUTEREAU, professeur des Cours publics et gratuits de géométrie, de mécanique et de dessin linéaire, à Beauvais. In-4. 10 fr.

L'on vend séparément la Collection de modèles pour le Dessin linéaire, par M. BOUTEREAU. 40 tableaux. (*Extrait de l'ouvrage ci-dessus.*) 4 fr.

GRADUS AD PARNASSUM, ou Dictionnaire poétique latin-français. In-8. 7 fr.

GRAMMAIRE DE L'ENFANCE. Clermont-Ferrand, 1839, in-12, cart. 1 fr. 25

GRAMMAIRE, ou TRAITÉ COMPLET DE LA LANGUE ANGLAISE, par GIDOLPH. In-8. 5 fr.

GRAMMAIRE ABRÉGÉE de la Langue universelle, par A. GROSSELIN. In-8. 2 fr.

— CLASSIQUE, ou Cours complet et simplifié de langue française, par M. VILLEROY. In-12. 1 fr. 25

Idem, Exercices. 1 fr. 25

— COMPLÈTE DE LA LANGUE ALLEMANDE, pour les élèves des classes supérieures des collèges de France, renfermant, de plus que les autres grammaires, un Traité complet de la succession des mots ; un autre sur l'influence qu'elle a exercée sur l'emploi de l'indicatif, du subjonctif, de l'infinitif et des participes ; un Vocabulaire français-allemand des conjonctions et des locutions conjonctives, par Marcus. 1 vol. in-12 broché.   3 fr. 50

GRAMMAIRE FRANÇAISE à l'usage des pensionnats de demoiselles, par Mme Boulleaux. In-12.   60 c.

GRAMMAIRE (Nouvelle) ITALIENNE, méthodique et raisonnée, par le comte De Francolini. In-8. 7 fr. 50

GUIDE (Nouveau) DES MÈRES DE FAMILLE, ou Éducation physique, morale et intellectuelle de l'Enfance jusqu'à la 7e année, par le docteur Maire. In-8.   6 fr.

HISTOIRE ABRÉGÉE DU MOYEN-AGE, suivie d'un Tableau chronologique et ethnographique, par Henri Engelhardt. In-8.   5 fr.

HISTOIRE DE LA SAINTE BIBLE, contenant le Vieux et le Nouveau Testament, par De Royaumont. Au Mans, 1834 ; in-12.   1 fr.

HISTOIRE DES FÊTES CIVILES ET RELIGIEUSES DE LA BELGIQUE MÉRIDIONALE, par Mme Clément, née Hemery. 1 vol. in-8, avec fig.   8 fr.

HISTOIRE DES VARIATIONS DES ÉGLISES PROTESTANTES, par Bossuet. 4 vol. in-8.   18 fr.

IMITATION DE JÉSUS-CHRIST, avec une Pratique et une Prière à la fin de chaque chapitre ; traduite par le P. Gonnelieu. In-18.   1 fr. 75

INSTRUCTION MATERNELLE, ou Direction morale de l'enfance, par Mlle A. Faure. Paris. 1840 in-12.   3 fr.

INSTRUCTIONS POUR LA CONFIRMATION, à l'usage des jeunes gens qui se disposent à recevoir ce sacrement, par l'abbé Regnault. Toul, 1816, in-18.   75 c.

JARDIN (le) DES RACINES GRECQUES, recueillies par Lancelot, et mis en vers par Le Maistre de Sacy, par C. Bobet. In-8.   5 fr.

JEUX DE CARTES HISTORIQUES, par M. Jouy, au nombre de 15, sur la Mythologie, la Géographie, la Chronologie, l'Astronomie, l'Histoire Sainte, l'Histoire Romaine, l'Histoire de France, d'Angleterre, etc. — A 2 fr. chaque. — La Géographie seule à 2 fr. 50.

JUSTINI HISTORIARUM, ex Trogo Pompeio, libri XLIV. Accedunt excerptiones chronologicæ ad usum scholarum. Tulli-Leucorum. 1825, in-18.   1 fr. 50

LEÇONS ÉLÉMENTAIRES de Philosophie, destinées aux élèves de l'Université de France qui aspirent au grade de bachelier-ès-lettres, par J.-S. FLOTTE. 5e édition. 3 v. in-12.   7 fr. 50

LEVÉS (des) A VUE, et du Dessin d'après nature, par M. LEBLANC. In-18, figures.   25 c.

MANUEL DE L'HISTOIRE DE FRANCE, par ACHMET D'HÉRICOURT. 2 vol. in-8.   15 fr.

MANUEL DES INSTITUTEURS ET DES INSPECTEURS D'ÉCOLES PRIMAIRES, par ***. In-12.   4 fr.

MANUEL DE LECTURE, ou Méthode simplifiée pour apprendre à lire, par PELLETIER. In-12 cart.   50 c.

MAPPEMONDE (la) de l'Atlas, de LESAGE.   2 fr.

MÉTHODE COMPLÈTE DE CARSTAIRS, dite AMÉRICAINE, ou l'Art d'écrire en peu de leçons par des moyens prompts et faciles; traduit de l'anglais, sur la dernière édition, par M. TRÉMERY, professeur. 1 vol. oblong, accompagné d'un grand nombre de modèles mis en français. 3 fr.

MÉTHODE NOUVELLE POUR LE CALCUL DES INTÉRÊTS A TOUS LES TAUX, par PIJON. 1 vol. in-18.   1 fr. 50

MODELES DE L'ENFANCE, par l'abbé TH. PERRIN. In-32.   50 c.

MORALE DE L'ENFANCE, ou Quatrains moraux, à la portée des Enfants, et rangés par ordre méthodique, par M. le vicomte de MOREL-VINDÉ, pair de France et membre de l'Institut de France. 1 vol. in-16. (Adopté par la Société élémentaire, la Société des méthodes, etc.)   1 fr.

— *Le même* ouvrage, *papier vélin*, format in-12.   2 fr.

— *Le même*, *tout latin*, traduction faite par M. VICTOR LECLERC.   1 fr.

— *Le même*, *latin-français* en regard.   2 fr.

MORALE (la) EN ACTION, ou Choix de faits mémorables et Anecdotes instructives. In-12.   2 fr.

MUSIQUE DES CANTIQUES RELIGIEUX ET MORAUX, pour le Cours d'éducation de M. AMOROS. In-18. 2 fr.

PARAFARAGARAMUS, ou Croquignole et sa famille. In-18   1 fr. 25

PARFAIT MODÈLE (le), ou la Vie de Berchmans. In-18   1 fr. 95

PÉLERINAGE (le) DE DEUX SOEURS, COLOMBELLE ET VOLONTAIRETTE, vers Jérusalem. In-12, fig.   1 fr. 75

PENSÉES ET MAXIMES DE FÉNÉLON. 2 vol. in-18, portrait. 3 fr.

— DE J.-J. ROUSSEAU. 2 vol. in-18, portrait. 3 fr.

— DE VOLTAIRE. 2 vol. in-18, portrait. 3 fr.

PETITS PROVERBES DRAMATIQUES, à l'usage des jeunes gens, par VICTOR CHOLET. In-12. 2 fr 50

PHRÉNOLOGIE DES GENS DU MONDE. Leçons publiques données à Mulhouse, par le dr A. PÉNOT. In-8. 7 fr 50

PREMIÈRES PAGES DE L'HISTOIRE DU MONDE. Leçons publiques, données à Mulhouse, par A. PÉNOT. In-8. 7 fr 50

PRINCIPES DE LITTÉRATURE, mis en harmonie avec la morale chrétienne, par J.-B. PÉRENNES. In-8. 5 fr.

PRINCIPES DE PONCTUATION, fondés sur la nature du langage écrit, par M. FREY. (*Ouvrage approuvé par l'Université.*) 1 vol. in-12. 1 fr 50

PRINCIPES GÉNÉRAUX ET RAISONNÉS DE LA GRAMMAIRE FRANÇAISE, par DE RESTAUT. In-12. 2 fr 50

PROGRAMME D'UN COURS ÉLÉMENTAIRE DE GÉOMÉTRIE, par M. R... In-8. 1 fr 50

RECHERCHES SUR LA CONFESSION AURICULAIRE, par M. l'abbé GUILLOIS In-12. 1 fr 75

RECUEIL DE MOTS FRANÇAIS, rangés par ordre de matières, avec des notes sur les locutions vicieuses et des règles d'orthographe, par B. PAUTEX. 6e éd. in-8. 1 fr 50

— Abrégé de l'ouvrage ci-dessus. 30 c.

— Exercices sur l'Abrégé ci-dessus. 1 fr.

RÉSUMÉ DES PRINCIPES DE RHÉTORIQUE, par DE BLOCKAUSEN In-18. 75 c.

RHÉTORIQUE FRANÇAISE, composée pour l'instruction de la jeunesse, par M. DOMAIRON. In-12. 3 fr.

RUDIMENTS DE LA LANGUE ALLEMANDE, par FRIES. 1 vol. in-8°. 2 fr

SAINTE (la) BIBLE. Paris, 1819, 7 vol. in-18, sur papier coquille. 25 fr.

SAINTE BIBLE en Latin et en Français, contenant l'Ancien et le Nouveau Testament, par DE CARRIÈRES 10 vol. in-8. 45 fr.

SCIENCE (la) ENSEIGNÉE PAR LES JEUX, ou Théorie scientifique des jeux les plus usuels, accompagnée de recherches historiques sur leur origine, servant d'Introduction à l'étude de la mécanique, de la physique, etc. ; imitée de l'anglais, par M. RICHARD, professeur de mathématiques. Ouvrage orné d'un grand nombre de vignettes gravées sur bois par M. GODARD. 2 jolis vol. in-18. (Même ouvrage que le *Manuel des Jeux enseignant la science.*)   6 fr.

SELECTÆ E NOVO TESTAMENTO HISTORIÆ ex Erasmo desumptæ. Tulli-Leucorum, 1823, in-18. 1 fr. 40

SERMONS DU PÈRE LENFANT, Prédicateur du roi Louis XVI. 8 gros vol. in-12, ornés de son portrait. 2e édition.   20 fr.

SIX (les) PREMIERS LIVRES DES FABLES DE LA FONTAINE, par VANDEREST. In-18.   1 fr.

SYNONYMES (Nouveaux) FRANÇAIS à l'usage des demoiselles, par mademoiselle FAURE. 1 vol. in-12. 3 fr.

TABLEAU DE LA MISÉRICORDE DIVINE, tirée de l'Écriture-Sainte, par l'abbé BERGIER. In-12. 1 fr.
Id. Édition in-8, papier fin.   3 fr.

TABLEAUX (35) DE GRAMMAIRE FRANÇAISE, applicables à tous les modes d'enseignement, par M. J.-F. WALEFF. In-folio.   3 fr. 50

TABLE DES VERBES IRRÉGULIERS de la langue allemande. Tours, in-8.   1 fr. 50

TABLES SYNCHRONISTIQUES DE L'HISTOIRE universelle, ancienne et moderne, par LAMP et ENGELHARD. 1 vol. in-4 cartonné.   5 fr.

THE ELEMENTS OF ENGLISH CONVERSATION, by J. PERRIN, in-12.   1 fr. 75

THE KEY, ou la traduction des thèmes de la grammaire anglaise de GIBOLEN. In-8.   1 fr. 50

TRAITÉ D'ARITHMÉTIQUE ET D'ALGÈBRE, par A. BÉVILLE. In-8.   3 fr.

TRAITÉ DE L'ORTHOGRAPHE des Verbes réguliers, irréguliers et défectueux, par V.-A. BOULENGER. Paris, 1831, in-18.   50 c.

TRAITÉ DES PARTICIPES, par E. SMITS. In-12. 30 c.

USAGE DE LA RÈGLE LOGARITHMIQUE, ou Règle-calcul. In-18.   25 c.

VÉRITABLE PERFECTION DU TRICOTAGE, br. in-12, par GAZYBOWSKA.   1 fr.

VOCABULAIRE USUEL DE LA LANGUE FRANÇAISE, par A. PETER. In-12.   2 fr. 50

VOYAGES DE GULLIVER. 4 vol. in-18, fig.   6 fr.

OUVRAGES DE MM. NOEL, CHAPSAL PLANCHE ET FELLENS.

GRAMMAIRE LATINE (nouvelle) sur un plan très-méthodique, par M. NOEL, inspecteur-général à l'Université, et M FELLENS Ouvrage adopté par l'Université.   1 fr. 80

  EXERCICES (latins-français,.   1 fr. 80

  THÈMES pour 7e et 8e.   1 fr 50

  CORRIGÉS.   1 fr 50

ABRÉGÉ DE LA GRAMMAIRE FRANÇAISE, par MM NOEL et CHAPSAL. 1 vol. in-12.   90 c.

EXERCICES ÉLÉMENTAIRES, adaptés à l'abrégé de la Grammaire française de MM. NOEL et CHAPSAL.   1 fr.

GRAMMAIRE FRANÇAISE (nouvelle) sur un plan très-méthodique, par MM. NOEL et CHAPSAL. 3 vol. in-12 qui se vendent séparément, savoir :

  — LA GRAMMAIRE, 1 vol.   1 fr. 50

  — LES EXERCICES. (*Première année.*) 1 vol.   1 fr. 50.

  — LE CORRIGÉ DES EXERCICES.   2 fr.

EXERCICES FRANÇAIS SUPPLÉMENTAIRES, sur les difficultés qu'offre la syntaxe, par M. CHAPSAL. (*Seconde année.*)   1 fr 50.

CORRIGÉ DES EXERCICES SUPPLÉMENTAIRES.   2 fr.

LEÇONS D'ANALYSE GRAMMATICALE, par MM. NOEL et CHAPSAL. 1 vol. in-12.   1 fr 80.

LEÇONS D'ANALYSE LOGIQUE, par MM. NOEL et CHAPSAL. 1 vol. in-12.   1 fr. 80.

TRAITÉ (nouveau) DES PARTICIPES, suivi de dictées progressives, par MM. NOEL et CHAPSAL. 3 vol. in-12 qui se vendent séparément, savoir :

  — THÉORIE DES PARTICIPES. 1 vol.   2 fr.

  — EXERCICES SUR LES PARTICIPES. 1 vol.   2 fr.

  — CORRIGÉ DES EXERCICES SUR LES PARTICIPES. 1 vol.   2 fr.

SYNTAXE FRANÇAISE, par M. CHAPSAL, à l'usage des classes supérieures. 1 vol.   2 fr. 75.

COURS DE MYTHOLOGIE. 1 vol. in-12.   2 fr.

DICTIONNAIRE (nouveau) DE LA LANGUE FRANÇAISE, 9e édition. 1 vol. in-8, grand papier.   8 fr.

OUVRAGES DE M. MORIN.

GÉOGRAPHIE ÉLÉMENTAIRE ancienne et moderne, précédée d'un Abrégé d'astronomie. In-12, cart.   1 fr 80.

OEUVRES DE VIRGILE, traduction nouvelle, avec le texte en regard et des remarques 3 vol. in-12. 7 fr 50.

BUCOLIQUES ET GÉORGIQUES. 1 vol. in-12. 2 fr. 50.

PRINCIPES RAISONNÉS DE LA LANGUE FRAN-ÇAISE, à l'usage des collèges. Nouv. éd. In-12.   1 fr. 20.

— **DE LA LANGUE LATINE**, suivant la méthode de Port-Royal, à l'usage des collèges. 1 vol. in-12. 1 fr. 25.

NOUVEAU SYLLABAIRE, ou Principes de lecture. Ouvrage adopté par l'Université, à l'usage des écoles primaires.   60 c.

TABLEAUX DE LECTURE destinés à l'enseignement mutuel et simultané. 50 feuilles   4 fr.

ABRÉGÉ CHRONOLOGIQUE DES CONCILES GÉ-NÉRAUX, par GAUTIER. In-8º.   3 fr. 50

OUVRAGES DIVERS.

ABUS (des) EN MATIÈRE ECCLÉSIASTIQUE, par M. BOYARD. 1 vol. in-8.   2 fr. 50

ALBUM PHOTOGRAPHIQUE publié par livraisons, à 6 fr. chacune, par BLANQUART-EVRARD. V. page 84.

ALLÉGORIE (de l'), ou Traité sur cette matière, par WINCKELMANN, ADDISON, SULZER, etc. 2 vol. in-8. 6 fr.

ALPHABET DU TRAIT, Appliqué à la Menuiserie (Méthode élémentaire à l'aide de laquelle on peut apprendre le trait sans maître), par J.-B.-R. DELAUNAY. 1 vol. grand in-8 et 20 planches.   10 fr.

ANIMAUX (les) PARLANTS, poème épique en 26 chants, de CASTI, traduit de l'italien par MARÉCHAL. 2 vol. in-8.   6 fr

ANNALES DE L'INDUSTRIE NATIONALE ET ÉTRANGÈRE, par MM. LENORMAND et DE MOLÉON. 1820 à 1826. 24 vol. in-8, demi-rel.   190 fr.

— **RECUEIL INDUSTRIEL**, Manufacturier, Agricole et Commercial, par M. DE MOLÉON. 1827 à 1831. 20 vol. in 8, cartonnés.   150 fr.

ANNALES DES ARTS ET MANUFACTURES, par MM. OREILLY et BARBIER-VEMARS. 23 vol. in-8. 35 fr.

ANNÉE (L') DE L'ANCIENNE BELGIQUE, Mémoire, etc., par le docteur COREMANS. Bruxelles, 1844, in-8.

ANNÉE FRANÇAISE, ou Mémorial des Sciences, des Arts et des Lettres. 1825, 1re année. 1 vol. in-8.   7 fr.
— 1826, 2e année. 2 vol. in-8.   14 fr.

ANNUAIRE ENCYCLOPÉDIQUE Récréatif et Populaire, pour 1854. 1 vol. in-16, grand-raisin, orné de jolies gravures.   50 c.
Les années 1840 à 1853 se vendent chacune   50 c.

ANTIGONE, par BALLANCHE. 1 vol. in-8 orné de ses gravures, d'après les dessins de BOUILLON.   5 fr.

AQUARELLE-MINIATURE PERFECTIONNÉE, reflets métalliques et chatoyants, et peinture à l'huile sur velours, par M. SAINT-VICTOR. 1 vol. grand in-8, orné de 8 planches.   8 fr.
Le même ouvrage, augmenté de 6 planches peintes à la main.   12 fr.

ARCHIVES DES DÉCOUVERTES ET DES INVENTIONS NOUVELLES faites dans les Sciences, les Arts et les Manufactures, en France et à l'Étranger. Paris, 1808 à 1838. 30 vol. in-8, rel.   210 fr.

ARCHIVES (nouvelles) HISTORIQUES DES PAYS-BAS, ou Recueil pour la Géographie, la Statistique, l'Histoire, etc., par le baron DE REIFFENBERG. Juillet 1829 à mai 1831. 9 numéros in-8.   18 fr.

ART DU PEINTRE, DOREUR ET VERNISSEUR, par WATIN; 11e édition entièrement refondue, par M. BOURGEOIS, architecte des Tuileries. 1 vol. in-8.   4 fr. 50

ART DU TEINTURIER-COLORISTE sur laine, soie, fil ou coton, par VINÇARD. 1 vol. in-32.   1 fr. 50

ART (l') DE CONSERVER ET D'AUGMENTER LA BEAUTÉ, corriger et déguiser les imperfections de la nature, par LAMI. 2 jolis vol. in-18, ornés de gravures. 6 fr.

— DE LEVER LES PLANS, et nouveau Traité d'Arpentage et de Nivellement, par MASTAING. 1 vol. in-12. Nouvelle édition.   4 fr.

ART DU TYPOGRAPHE, par VINÇARD. 1 vol. in-8, 2e édition.   6 fr.

ARTISTE (l') EN BATIMENTS. Ordres d'architecture, consoles, cartouches, décors et attributs, etc.; par L. BERTHAUX. In-4 oblong.   6 fr.

ATLAS DU MÉMORIAL DE SAINTE-HÉLÈNE. In-4.   6 fr.

ATTENDS-MOI AU MONT-SAINT-MICHEL, par
ANNE BEAULÈS. Paris, 1840, 2e édition, in-8.   75 c.
BARBARIE (La) FRANKE et la Civilisation Romaine,
études historiques, par GÉRARD In-18.   3 fr.
BARÊME A L'USAGE DES MARCHANDS DE
CAFÉ In-8.   60 c.
BARÊME DU LAYETIER, contenant le toisé par vo-
liges de toutes les mesures de caisses, depuis 12-6-6, jus-
qu'à 72-72-72, etc., par BIEN-AIMÉ. 1 vol. in-12 1 fr. 25
BESANÇON : DESCRIPTION HISTORIQUE des Monuments et Etablissements publics de cette ville, par
A. GUÉNARD. In-18.   2 fr.
BIBLIOGRAPHIE ACADÉMIQUE BELGE, ou Ré-
pertoire systématique et analytique des mémoires, disserta-
tions, etc., publiés jusqu'à ce jour par l'ancienne et la
nouvelle Académie de Bruxelles, par P. NAMUR. 1 vol.
in-8.   5 fr.
BIBLIOGRAPHIE-PALÉOGRAPHICO-DIPLOMA-
TICO-BIBLIOLOGIQUE générale, ou Répertoire systématique indiquant 1° tous les ouvrages relatifs à la Pa-
léographie, à la Diplomatie, à l'Histoire de l'Imprimerie
et de la Librairie, et suivi d'un Répertoire alphabétique
général, par M. P. NAMUR. 2 vol. in-8.   15 fr.
BIBLIOTHÈQUE CHOISIE DES PÈRES DE L'É-
GLISE grecque et latine, ou Cours d'Eloquence sacrée,
par M.-N.-S. GUILLON. Paris, 1824 à 1828. 26 vol. in-8.
demi-rel.   80 fr.

BIBLIOTHÈQUE DES ARTS ET MÉTIERS,
Format in-18, grand papier.

LIVRE de l'ARPENTEUR-GÉOMÈTRE, par MM.
PLACE et FOUCARD, 1 vol.   2 fr.
— du BRASSEUR, par M. DELESCHAMPS, 1 vol.
          1 fr. 50
LIVRE de la COMPTABILITÉ DU BATIMENT, par
M. DIGEON. 1 vol.   2 fr.
— du CULTIVATEUR, par M. MAUNY DE MORNAY.
1 vol.   2 fr. 50
— de l'ÉCONOMIE et de l'ADMINISTRATION RU-
RALE, par M. DE MORNAY. 1 vol.   2 fr. 50
— du FORESTIER, par M. DE MORNAY. 1 vol. 2 fr.
— du JARDINIER, par M. DE MORNAY. 2 vol. 4 fr.

LIVRE des LOGEURS et TRAITEURS. 1 vol. 1 fr. 50
— du MEUNIER, par M. DE MORNAY. 1 vol. 2 fr. 50
— du PROPRIÉTAIRE et de l'ÉLEVEUR D'ANI-
MAUX DOMESTIQUES, par M. DE MORNAY. 1 vol.
          2 fr. 50
— du FABRICANT DE SUCRE et du RAFFINEUR,
par M. DE MORNAY. 1 vol.   2 fr. 50
— du TAILLEUR, par M. AUGUSTIN CANEVA. 1 vol.
          1 fr. 50
LIVRE du TOISEUR-VÉRIFICATEUR, par M. DI-
GEON 1 vol.   2 fr.
— du VIGNERON et du FABRICANT DE CIDRE,
par M. DE MORNAY. 1 vol.   2 fr.
Cette collection, publiée par les soins de M. *Pagnerre*,
étant devenue la propriété de M. RORET, c'est à ce dernier
que MM. les libraires dépositaires de ces ouvrages devront
rendre compte des exemplaires envoyés en commission par
M. *Pagnerre*.
BILAN EN PERSPECTIVE DES CHEMINS DE
FER en France; Envahissement du travail national par le
mécanisme, par DAGNEAU-SYMONSEN. In-8. 2 fr. 25
BONNE (la) COUSINE, ou Conseils de l'Amitié; ouvrage
destiné à la Jeunesse; par Mme EL. CELNART. 2e édition,
in-12.   2 fr. 50
BULLETIN DE LA SOCIÉTÉ D'ENCOURAGE-
MENT pour l'industrie nationale, publié avec l'approbation
du Ministre de l'Intérieur. An XI à 1845. 44 vol. in-4,
avec beaucoup de gravures. Prix de la collection. 536 fr.
On vend séparément les années 1 à 28, 9 fr.; 29e à 45e,
15 fr.; table. 6 fr.; notice, 2 fr.
BULLETIN DU BIBLIOPHILE BELGE, sous la di-
rection du baron DE REIFFENBERG. Tomes 1, 2, 3, 4,
5 et 6, 1844 à 1849.   72 fr.
Il paraît par livraisons qui forment un vol. in-8 de 500
pages par an.   12 fr.
CARACTÈRES POÉTIQUES, par ALLETZ. In-8. 6 fr.
CARTE TOPOGRAPHIQUE DE L'ILE SAINTE-
HÉLÈNE, dressée pour le Mémorial de Sainte-Hélène. In-
plano.   1 fr. 50
CAUSES (des) DE LA DÉCADENCE DE LA PO-
LOGNE, par D'HERBELOT. In-8.   1 fr.
CHARTE (de la) D'UN PEUPLE LIBRE et digne de
la liberté, par A.-D. VERGNAUD. In-8. 1 fr. 50

CHRIST, ou l'Affranchissement des Esclaves, Drame humanitaire en cinq actes, par M. H. CAVEL. In-8. 3 fr. 50

CHEMISE (la) **SANGLANTE DE HENRY-LE-GRAND.** In-8. 75 c.

CHIMIE APPLIQUÉE AUX ARTS, par CHAPTAL, membre de l'Institut. Nouvelle édition avec les additions de M. GUILLERY. 5 livraisons formant un gros volume in-8, grand papier. 20 fr.

CHINE (la), **L'OPIUM ET LES ANGLAIS,** contenant des documents historiques |sur le commerce de la Grande-Bretagne en Chine, etc., par M. SAURIN. 5 fr.

CHOLÉRA (le) **A MARSEILLE,** en 1834-1835. In-8. Marseille, 1835. 4 fr.

CODE DES MAITRES DE POSTE, des Entrepreneurs de Diligences et de Roulage, et des Voitures en général par terre et par eau, ou Recueil général des Arrêts du Conseil, Arrêts de règlement, Lois, Décrets, Arrêtés. Ordonnances du roi et autres actes de l'autorité publique, etc., par M. LANOE, avocat à la Cour Royale de Paris. 2 vol in-8. 12 fr.

COLLECTION DE MANUELS-RORET, *formant une Encyclopédie des* Sciences et des Arts. 350 vol. in-18, avec un grand nombre de planches gravées. (Voir le détail p. 3.)

COLLECTION UNIQUE de sujets peints à la main, à la manière dite aquarelle-miniature, par le chev. SAINT-VICTOR. 4 livraisons in-4. 40 fr.

COMPTES-FAITS des intérêts à 6 du cent par an, etc., par DUPONT aîné. In-12. 1 fr. 25

COMPTES-RENDUS HEBDOMADAIRES des séances de l'Académie des Sciences, par MM. les Secrétaires perpétuels. Paris. 1835 à 1842. 15 vol. in-4. 150 fr.

CONCORDANCE DE L'ÉCRITURE-SAINTE, avec les traditions de l'Inde, par AD. KARSTNER. In-8. 5 fr.

CONDUITE (la) **DE St-IGNACE DE LOYOLA** menant une âme à la perfection, par le P A. VATIER In-12. 1 fr. 75

CONGRES SCIENTIFIQUE de France. Première Session, tenue à Caen, en juillet 1833. In-8. 4 fr. 50

CONSTRUCTION (de la) **DES ENGRENAGES,** et de la meilleure forme à donner à leur denture, par S. HAINDL. In-12. Fig. 4 fr. 50

CONSTRUCTION (De la) **ET DE L'EXPLOITATION DES CHEMINS DE FER** en France, par P. DENIEL. In-8. 4 fr.

DE LA CONTREFAÇON des œuvres artistiques, des

modèles et des dessins de fabrique (législation et jurisprudence) par CALMELS, in-8.   25 c.

COUP-D'OEIL sur le THÉATRE DE LA GUERRE
D'ORIENT, trad. de l'allemand, de WUSSOW, par J.
MARMIER. In-8.   2 fr.

COUP-D'OEIL GÉNÉRAL ET STATISTIQUE sur la
Métallurgie considérée dans ses rapports avec l'Industrie et
la richesse des peuples, etc., par TH. VIRLET. In-8. 3 fr.

COUR DE CASSATION, Lois et Règlements, par M.
TARBÉ. 1 vol. in-8, grand format.   18 fr.

COURS ÉLÉMENTAIRE DE DESSIN INDUS-
TRIEL, à l'usage des écoles primaires, par ARMENGAUD
aîné, ARMENGAUD jeune, et LAMOUROUX in-4 oblong. 8 fr.

COURS DE PEINTURE A L'AQUARELLE, conte-
nant des Notions générales sur le Dessin, les Couleurs, etc.;
par DUMÉNIL. In-18.   1 fr. 50

COUTUME DU BAILLAGE DE TROYES, avec les
Commentaires de M. LOUIS-LE-GRAND. Paris, 1737, in-
folio. Relié.   30 fr.

CULTE (du) MOSAIQUE au XIXᵉ siècle, par P.-B.
In-12.   2 fr.

DÉCOUVERTES DANS LA LUNE, au Cap de Bonne-
Espérance, par sir JOHN HERSCHEL. In-8.   1 fr.

DERNIERS MOMENTS DE LA RÉVOLUTION DE
POLOGNE, en 1831, par M. JANOWSKI. In-8.   3 fr.

DESCRIPTION D'UN APPAREIL DESTINÉ A ÉVI-
TER LES DANGERS D'EMPOISONNEMENT dans la
Fabrication du Fulgimate de mercure, par G.-V.-P. CHARS-
DELON. In-8.   40 c.

*DESCRIPTION DES MACHINES et procédés spécifiés
dans les BREVETS D'INVENTION, de perfectionnement et
d'importation, dont la durée est expirée, publiée d'après les
ordres du Ministre de l'Intérieur, par MM. MOLARD;
CHRISTIAN, etc. 63 vol. in-4, avec un grand nombre de
planches gravées. Paris, 1812 à 1847. Les 63 vol. 900 fr.

Chaque volume se vend séparément: 1er à 5e à 15 fr.; 6e
à 20e à 12 fr.; 21e à 63e à 15 fr.

— Table générale des matières contenues dans les 40 premiers volumes In-4.   5 fr.

DESCRIPTION GÉNÉRALE DE LA CHINE, par
l'abbé GROSIER. 2 vol. in-8.   12 fr.

DÉTAILS SUR LA NAVIGATION AUX COTES DE
SAINT-DOMINGUE et dans les débarquements. In-4. 4 fr.

*DICTIONNAIRE DES DÉCOUVERTES, Inventions, Innovations, Perfectionnements, etc., en France, dans les Sciences, la Littérature et les Arts, de 1789 à 1820. 17 vol. in-8. Demi-rel. 50 fr.

DICTIONNAIRE DES GIROUETTES, ou nos Contemporains peints par eux-mêmes. Paris, 1815, in-8. 5 fr.

*DICTIONNAIRE TECHNOLOGIQUE, ou Nouveau Dictionnaire universel des Arts et Métiers, et de l'économie industrielle et commerciale, par une Société de savants et d'artistes. Paris, 1822. 22 vol. in-8, et Atlas. In-4. 222 fr.

DICTIONNAIRE UNIVERSEL géographique, statistique, historique et politique de la France. 5 vol. in-4. 40 fr.

DICTIONNAIRE UNIVERSEL de la Géographie commerçante, par J. PEUCHET. 5 vol. in-4 reliés. 40 fr.

DROITS DES PÊCHEURS à la ligue, par MORICEAU, br. in-18. 25 c.

DZIELA KRASICKIEGO, dziesiec Tomow W Jednym. Barbezata, in-8. (Œuvres poétiques de Krasicki.) 25 fr.

ÉCLECTISME (de l') EN LITTÉRATURE. Mémoire auquel la médaille d'or de 1re classe a été décernée par la Société royale des Sciences de Clermond-Ferrand, par Mme CELNART, in-8. 1 fr. 25

ÉLECTIONS (des) SELON LA CHARTE et les lois du royaume, par M. BOVARD. In-8. 6 fr.

ELEMENTS OF ANATOMY GENERAL, special, and comparative, by DAVID CRAIGIE. Edimburgh, 1831; in-4, figures. 15 fr.

ÉLÉONORE DE FIORETTI, ou Malheurs d'une jeune Romaine sous le pontificat de ***. 2 vol. in-12. 3 fr.

ÉLOGE DE CHORON. Br. in-8. 2 fr. 50

ÉLOGE DE LA FOLIE, par ÉRASME, traduction nouvelle, par C. B. de PANALBE, in-8. 6 fr.

EMMELINE ET MARIE, suivies des Mémoires sur Madame BRUNTON; traduit de l'anglais, 4 vol. in-12. 6 fr.

EMPRISONNEMENT (de l') pour dettes. Considérations sur son origine, ses rapports avec la morale publique et les intérêts du commerce, des familles, de la société, suivies de la statistique générale de la contrainte par corps en France et en Angleterre, et de la statistique détaillée des prisons pour dettes de Paris et de Lyon, et de plusieurs autres grandes villes de France, par J.-B. BAYLE-MOUILLARD. Ouvrage couronné en 1835 par l'Institut. 1 volume in-8. 7 fr. 50

ENCYCLOPEDIA BRITANNICA, or a Dictionnary of Arts, Sciences, and miscellaneous Litterasure. Edimburgh, 20 vol. in-4, fig., cartonnés.   300 fr.

ENTRÉE DE CHARLES-QUINT A ORLÉANS, par VERGNAUD. In-8.   1 fr.

ÉPILEPSIE (de l') EN GÉNÉRAL, et particulièrement de celle qui est déterminée par des causes morales, par M. DOUSSIN-DUBREUIL. 1 vol. in-12, 2e édition. 3 fr.

ÉPITAPHE DES PARTIS; celui dit *juste milieu*, son avenir; par H. CAVEL. in-8.   1 fr. 50

ESPAGNE (de l') ET DE SES RELATIONS COMMERCIALES, par F.-A. de Cu. in-8.   2 fr. 50

ESPRIT DE LA COMPTABILITÉ COMMERCIALE, ou Résumé des Principes généraux de Comptabilité, par VALENTIN MEYER-KŒCHLIN. In-8.   2 fr. 50

ESPRIT DES LOIS, par Montesquieu. 4 vol. in-12. 12 fr.

ESQUISSE D'UN TABLEAU HISTORIQUE des progrès de l'esprit humain, par CONDORCET. In-18.   3 fr.

ESSAI HISTORIQUE ET CRITIQUE SUR LES JOURNAUX BELGES, par A. WARZÉE. 1re partie, *Journaux politiques*, in-8.   3 fr.

ESSAI SUR L'ADMINISTRATION, par le Sous-Préfet de Béthune. In-8.   3 fr.

ESSAI SUR L'AIR ATMOSPHÉRIQUE, par BRAINE, in-8.   75 c.

ESSAI SUR LE COMMERCE et les intérêts de l'Espagne et de ses colonies, par F.-A. DE CHRISTOPHORO D'AVALOS. In-8.   2 fr. 50

ESSAI SUR LES ARTS et les Manufactures de l'empire d'Autriche, par MARCEL DE SERRES. 3 vol. in-8. 12 fr.

ESSAI SUR L'ANALOGIE DES LANGUES, par HENNEQUIN. In-8.   3 fr. 50

ESSAI SUR L'HISTOIRE GÉNÉRALE DES MATHÉMATIQUES, par Ch. BOSSUT. 2 vol. in-8.   15 fr.

ÉVÉNEMENTS DE BRUXELLES ET DES AUTRES VILLES DU ROYAUME DES PAYS-BAS, depuis le 25 août 1830, précédés du Catéchisme du citoyen belge et de chants patriotiques. 1 vol. in-18.   1 fr. 25

EXAMEN DE CE QUE RENFERME LA BIBLIOTHÈQUE DU MUSÉE BRITANNIQUE, par Oct. DELEPIERRE. In-12.   1 fr. 50

EXAMEN DU SALON DE 1827, avec cette épigraphe : *Rien n'est beau que le vrai.* 2 brochures in-8. 3 fr.
— *Idem* de 1834, par VERGNAUD. 1 fr. 50

EXAMEN HISTORIQUE DE LA RÉVOLUTION ESPAGNOLE, suivi d'Observations sur l'esprit public, la religion, etc., par ED. BLAQUIÈRE; traduit de l'anglais par J.-C. P***. 2 vol. in-8. 10 fr.

EXPÉDITIONS DE CONSTANTINE, accompagnées de réflexions sur nos positions d'Afrique, par V. DEVOISINS. In-8. fig. 2 fr. 50

EXPLICATIONS DU MARÉCHAL CLAUZEL. In-8. 1837. 3 fr.

EXTRAIT D'UN DISCOURS sur l'Origine, les Progrès et la Décadence du Pouvoir temporel du Clergé, par S. E. Mgr l'ancien Archevêque de T.., In-8. 2 fr.

EXTRAITS DES REGISTRES DES CONSAUX DE TOURNAY, 1472 à 1581; suivis de la Liste des Mayeurs de cette ville, depuis 1667 jusqu'en 1794; par M. GACHARD. In-8. 3 fr. 50

EXTRAITS TIRÉS D'UN JOURNAL ALLEMAND destiné à rendre compte de la législation et du droit, dans toutes les contrées civilisées, par M. J.-J. DE SELLON. In-8. 1 fr. 50

FASTES DE LA FRANCE, ou Tableaux chronologiques, synchroniques et géographiques de l'Histoire de France, par C. MULLIÉ. 1841, in-fol. 35 fr.

FÉCONDATION ARTIFICIELLE ET ÉCLOSION DES OEUFS DE POISSONS, suivie de réflexions sur l'Ichthyogénie, par le dr HAXO. 2 fr. 50

FILLE (la) D'UNE FEMME DE GÉNIE, traduit de l'anglais de madame HOFLAND. 2 vol. in-12. 4 fr.

FLEURS DE BRUYÈRE, par Mlle M. F. SÉGUIN, dédiées à M. A. DE LAMARTINE. in-8. 6 fr.

FLEURS DE L'ARRIÈRE-SAISON (Poésies). In-8. Genève, 1840. 2 fr. 50

FONCTIONS (des) DE LA PEAU, et des maladies graves qui résultent de leur dérangement, par J.-L. DOUS-IN-DUBREUIL. Paris, 1827. In-12. 2 fr. 50

FRANCE (la) CONSTITUTIONNELLE, ou la Liberté reconquise; poëme national, par M. BOYARD. In-8. 6 fr.

FRANCE (la) MOURANTE, consultation historique à trois personnages. 1829. In-8.   2 fr.

GÉNIE (Le) DE L'ORIENT, commenté par ses monuments monétaires, études historiques, numismatiques, etc.; par SAWASZKIEWICZ. In-12, fig.   7 fr.

GÉOGRAPHIE ANCIENNE DES ÉTATS BARBARESQUES, d'après l'allemand de MANNERT, par MM. MARCUS et DUESBERG. In-8.   10 fr.

GLAIRES (des), DE LEURS CAUSES, de leurs effets, et des indications à remplir pour les combattre. 8e édition, par DOUSSIN-DUBREUIL. Paris. in-8.   4 fr.

GLOSSAIRE ROMAN-LATIN du xve siècle, extrait de la bibliothèque de la ville de Lille, par E. GACHET. In 8. 1 f. 50

GRAISSINET (M.), ou Qu'est-il donc? Histoire comique, satirique et véridique, publiée par Duval. 4 v. in-12. 10 fr

Ce roman, écrit dans le genre de ceux de Pigault, est un des plus amusants que nous ayons.

GUIDE DES ARCHITECTES, Vérificateurs, Entrepreneurs et de toutes les personnes qui font bâtir, par L. LEJUSTE. 1 vol. in-4°.   12 fr.

GUIDE DE L'INVENTEUR dans les principaux États de l'Europe, ou Précis des lois sur les brevets d'invention, par CH. ARMENGAUD jeune. In-8. Nouv. édit.   5 fr.

GUIDE DES MAIRES (nouveau), ou Manuel des Officiers municipaux, dans leurs rapports avec l'ordre administratif et l'ordre judiciaire, les collèges électoraux, la garde nationale, l'armée, l'administration forestière, l'instruction publique et le clergé; par M. BOYARD, président à la Cour d'appel d'Orléans, etc. 1 gros vol. in-18 de 538 pages.   3 fr.

GUIDE DES MALADES, Manuel des personnes affectées de maladies chroniq., par le doct. BELLIOL. In-12. 6 fr.

GUIDE DU MÉCANICIEN, ou Principes fondamentaux de mécanique expérimentale et théorique, appliqués à la composition et à l'usage des machines, par M. SUZANNE, ancien professeur. 2e édition. 1 vol. in-8 orné d'un grand nombre de planches.   12 fr.

GUIDE GÉNÉRAL EN AFFAIRES, ou Recueil des modèles de tous les actes, par J.-B. NOELLAT. 4e édition. 1 vol. in-12.   4 fr.

HARPE HELVÉTIQUE, par CH.-M. DIDIER. In-8.   1 fr. 50

HISTOIRE AUTHENTIQUE du prisonnier d'État connu sous le nom du Masque-de-Fer, extraite des docu-

ments trouvés aux archives des affaires étrangères du Royaume; trad. de l'anglais de George Agar Ellis. In-8. 5 fr.

HISTOIRE CONSTITUTIONNELLE DE LA VILLE
DE GAND et de la Châtellenie du Vieux-Bourg, jusqu'à
l'année 1305, par Warnkoenig, trad. de l'all. par Chel-
dolf. In-8.   5 fr.

HISTOIRE D'ANGLETERRE, de David Hume. 20
vol. in-12.
— Plantagenet. 6 vol.   18 fr.
— Tudor. 6 vol.   18 fr.
— Stuart. 8 vol.   24 fr.

HISTOIRE DE LA LÉGISLATION NOBILIAIRE
DE BELGIQUE, par P.-A.-F. Gérard. In-8, t. 1.   7 fr.
(L'ouvrage aura 2 vol.)

HISTOIRE DE LA MAISON DE SAXE-COBOURG-
GOTHA, par A. Scheler. Gr. in-8, fig.   7 fr.

HISTOIRE GÉNÉRALE DE LA MUSIQUE ET DE
LA DANSE, par Adrien De Lafage. 2 vol in-8 et
2 atlas. 1re liv. 15 fr. 2e liv.   12 fr.

HISTOIRE DE LA NATURE ou Synthèse de la créa-
tion et du perfectionnement des êres, de Duran, par Laur-
rière, in-8.   1 fr.

HISTOIRE DE LA PEINTURE FLAMANDE ET
HOLLANDAISE, par Alfred Michiels. In-8, t. 1, 2, 3
et 4; chaque vol.   8 fr.
(L'ouvrage aura 4 vol.)

HISTOIRE DE LA VILLE D'ORLÉANS, de ses édifi-
ces, monuments, etc., par Vergnaud-Romagnési. 2 vol.
in-12.   7 fr.

HISTOIRE DE LA VILLE DE TOUL, et de ses évê-
ques, suivie d'une Notice sur la cathédrale, ornée de 16 lithographies, par A.-D. Thiéry. 2 vol. in-8.   10 fr.

HISTOIRE DES BELGES à la fin du XVIIIe siècle, par
A. Borgnet. 2 vol. in-8.   10 fr.
— DES BIBLIOTHÈQUES publiques de la Belgique,
par Namur. 3 vol. in-8.
Tome 1er Bibl. de Bruxelles.   9 fr.
— 2e Bibl. de Louvain.   6 fr. 50
— 3e Bibl. de Liège.   6 fr. 50
— DES CAMPAGNES de 1814 et de 1815, par A. de
Beauchamp. 2 vol. in-8.   12 fr.
— DES DOUZE CÉSARS, trad. du latin de Suétone,
par de Laharpe. 3 vol. in-32.   6 fr. 50

HISTOIRE DES LÉGIONS POLONAISES EN ITALIE, sous le commandem^t du général Dombrowski, par LÉONARD CHODZKO. 2 vol. in-8.   17 fr.

— **DES VANDALES,** depuis leur première apparition sur la scène historique jusqu'à la destruction de leur empire en Afrique ; accompagnée de recherches sur le commerce que les États barbaresques firent avec l'Étranger dans les six premiers siècles de l'ère chrétienne. 2e éd. in-8.   7 fr. 50

HISTOIRE GÉNÉRALE DE POLOGNE, d'après les historiens polonais Naruszewiez, Albertrandy, Czacki, Lelewel, Bandtkie, Niemcewiez, Zielinskis, Kollontay, Oginski, Chodzko, Podzaszynski, Mochnacki, et autres écrivains nationaux. 2 vol. in-8.   7 fr.

— **IMPARTIALE DE LA VACCINE,** par C.-A. BARREY. In-8.   3 fr. 50

HISTOIRE NUMISMATIQUE DE LA RÉVOLUTION BELGE, par M. GUIOTH. In-4, liv. 1 à 10, à 2 fr. la livraison (l'ouvrage en aura 15).

HOMME (l') AUX PORTIONS, ou Conversations philosophiques et politiques, publiées par J.-J. FAZY. 1 vol. in-12.   3 fr.

I BACI DI GIOVANI SECONDO volgarizzati da Cesare L. BIXIO. Parigi, 1834, in-12.   1 fr. 50

INAUGURATION DU CANAL du duc d'Angoulême, à Amiens, le 31 août 1825. In-folio.   1 fr. 50

INFLUENCE (de l') DES ÉRUPTIONS ARTIFICIELLES DANS CERTAINES MALADIES, par JENNER, auteur de la découverte de la vaccine. Brochure in-8. 2 fr. 50

INVASION DES ARMÉES ÉTRANGÈRES dans le département de l'Aube, en 1814 et 1815 ; par F.-E. POUGIAT. In-8.   6 fr.

JEANNE HACHETTE, ou le Siège de Beauvais, poème, par madame FANNY DENOIX. In-8.   1 fr.

JOURNAL DU PALAIS, présentant la Jurisprudence de la Cour de Cassation et des Cours royales. Nouvelle édition, par M. BOURJOIS. (1791 à 1828.) Paris, 1823 à 1828. 42 vol. in-8.   100 fr.

— **DES VOYAGES,** Découvertes et Navigations modernes, novembre 1818 à déc. 1829. 44 vol. in-8, cart. 176 fr.

JOURNALISME (du), ou Il est temps d'en finir avec la mauvaise presse, par D.-J. 1832. In-12.   50 c.

LANGUE (De la) ET DE LA POÉSIE PROVEN-
ÇALES, par le baron E. VAN BEMMEL In-12. 3 fr. 50
LEÇONS D'ARCHITECTURE, par DURAND. 2 vol.
in-4. 40 fr.
— La partie graphique, ou tome 3e du même ouv. 20 fr.
LEÇONS DE DROIT DE LA NATURE ET DES
GENS, par DE FÉLICE. 4 vol. in-12. 6 fr.
LETTERA INTORNO ALL'INTRODUZIONE DEL
METODO-WILHEM, nelle Scuole di torino indirizzata,
al signor maestro Luigi-Felice ROSSI, dal-maestro Adriano
DE LAFAGE. In-8. 1 fr.
LETTRES DE JEAN DE MULLER à ses amis MM. De
Bonstetten et Gleim In-8. 6 fr.
— DE MADEMOISELLE AISSÉ. In-12. 2 fr. 50
— DE MESDAMES DE COULANGES et de NINON
DE L'ENCLOS In-12. 2 fr. 50
— DE MESDAMES DE VILLARS, DE LAFAYETTE
et DE TENCIN. In-12. 2 fr. 50
— INÉDITES de Buffon, J.-J. Rousseau, Voltaire, Pi-
ron, de Lalande, Larcher, etc., avec *fac simile*, publiées par
C.-X. GIRAULT In-8. 3 fr.
— *Idem*, in-12. 3 fr.
— PERSANNES, par MONTESQUIEU. In-12. 3 fr.
— SUR LA MINIATURE, par M. MANSION. 1 vol.
In-12, figures. 4 fr.
— SUR LA VALACHIE. 1 vol. in-12. 2 fr. 50
LIBERTÉS (des) GARANTIES PAR LA CHARTE,
ou de la Magistrature dans ses rapports avec la liberté des
cultes, de la presse, etc., par M. BOYARD. In-8. 6 fr.
LOI DU 3 MAI 1841 sur l'Expropriation pour cause
d'Utilité publique Br. in-18. 30 c.
LOIS D'HOWEL-DDA mab Cadell, Brenin-Cymru (fils
de Cadell, chef du pays des Kimris), par M. A. DUCHATEL-
LIER. In-8. 2 fr.
*MACHINES ET INVENTIONS approuvées par l'Aca
démie R. des Scien., par GALLON. 7 vol. in-4. 80 fr
MAGISTRATURE (de la) dans ses rapports avec la liberté des cultes, par M. BOYARD. In-8. 6 fr.
MANUEL (Nouveau) COMPLET DES EXPERTS,
Traité des matières civiles, commerciales et administratives
donnant lieu à des expertises, 7e édit., par CH. VASSEROT,
avocat à la Cour Royale de Paris. 6 fr.

MANUEL (Nouveau) COMPLET DES MAIRES, Adjoints, Conseils municipaux, des Préfets, Conseils de Préfecture et Conseils généraux, Juges de paix, Commissaires de police, Prêtres, Instituteurs, et des Pères de famille, etc., par M. Boyard, président à la Cour d'appel d'Orléans, 3e édition, 2 vol. in-8. 12 fr.

MANUEL DE L'ÉCARTÉ, contenant des notions générales sur ce jeu. 2e édition, Bordeaux. In-18. 1 fr.

MANUEL DE L'OCULISTE, ou Dictionnaire ophthalmologique, par De Wenzel. 2 vol in-8, 24 planches. 12 fr.

— DE PEINTURES ORIENTALES ET CHINOISES en relief, par Saint-Victor. In-18, fig. noires. 3 fr.

— DES ARBITRES, ou Traité des principales connaissances nécessaires pour instruire et juger les affaires soumises aux décisions arbitrales, soit en matières civiles ou commerciales; contenant les principes, les lois nouvelles, les décisions intervenues depuis la publication de nos Codes, et les formules qui concernent l'arbitrage, etc., par M. Ch., ancien jurisconsulte. Nouvelle édition. 8 fr.

— DES BAINS DE MER, leurs avantages et leurs inconvénients, par M. Blot. 1 vol. in-18. 2 fr.

— DES CANDIDATS à l'emploi de Vérificateurs des poids et mesures, par P. Ravon. 2e édition, in-8. 5 fr.

— DES JUSTICES DE PAIX, ou Traité des fonctions et des attributions des Juges de Paix, des Greffiers et Huissiers attachés à leur tribunal, avec des formules et modèles de tous les actes qui dépendent de leur ministère, etc., par M Levasseur, ancien jurisconsulte. Nouvelle édition, entièrement refondue, par M. Biret. 1 gros volume in-8. 1839. 6 fr.

— Idem, en 1 vol. in-18. 3 fr. 50

MANUEL DES MARINS, ou Dictionnaire des termes de marine, par Bourdé. 2 vol. in-8. 8 fr.

— DES NÉGOCIANTS, ou le Code commercial et maritime, commenté et démontré par principes, par P.-B. Boucher. 2 vol in-8. 10 fr.

— DES NOURRICES, par Mme El. Celnart. In-18. 1 fr 50

— DU BOTTIER, par A Mourey. In-12. 1 fr. 50

— DU CAPITALISTE, par M. Bonnet. 1 vol. in-8. 14e édition. 6 fr.

— DU FABRICANT DE ROUENNERIES, compregant tout ce qui a rapport à la fabrication, par un Fabricant. 1 vol. in-18. 2 fr. 50

MANUEL DU NÉGOCIANT, dans ses rapports avec la douane, par M. BAUZON-MAGNIER. In-12. 4 fr.

— DU PEINTRE A LA CIRE, application des divers procédés propres à la peinture artistique et autres, par A.-M. DUROZIEZ. In-8. 1 fr. 75

MANUEL DU POSEUR DE SONNETTES, Cordons de Portes cochères et Grilles, etc. par J. CLEFF. In-4, fig. 3 fr.

— DU SYSTÈME MÉTRIQUE, ou Livre de Réduction de toutes les mesures et monnaies des quatre parties du monde, par P.-L. LIONET. 1 vol. in-8. 7 fr.

MANUEL DU TISSEUR, contenant les Armures et les Montages usités pour la Fabrication des divers Tissus, par LIONS. In-8. 1 fr. 75

MANUEL DU TOURNEUR, ouvrage dans lequel on enseigne aux amateurs la manière d'exécuter tout ce que l'art peut produire d'utile et d'agréable, par M. HAMELIN-BERGERON. 2 vol. in-4, avec Atlas et le Supplément. 60 fr.

— MÉTRIQUE DU MARCHAND DE BOIS, par M. TREMBLAY. 1 vol. in-12. 1840. 1 fr. 50

MATÉRIAUX POUR L'HISTOIRE DE GENÈVE, recueillis et publiés par J.-A. GALIFFE. tome 1, in-8. 6 fr.

MÉDECINE DOMESTIQUE, ou Traité complet des moyens de se conserver en santé, et de guérir les maladies par le régime et les remèdes simples, par BUCHAN ; traduit par DUPLANIL. 5 vol. in-8. 20 fr.

MÉDITATIONS LYRIQUES, par J.-J. GALLOIS. In-8. 1 fr. 50

MÉLANGES DE POÉSIE ET DE LITTÉRATURE, par FLORIAN. 3 vol. in-18. 4 fr. 50

MEMENTO DES ARCHITECTES ET INGENIEURS, Toiseurs et Vérificateurs et de toutes les personnes qui font bâtir. 7 vol. in-8 ornés de pl. 60 fr.

MÉMOIRE SUR LA CONSTRUCTION DES INSTRUMENTS à Cordes et à Archet, par Félix SAVART. In-8. 3 fr.

MÉMOIRES DU COMTE DE GRAMMONT, par HAMILTON. 2 vol. in-32. 3 fr.

MÉMOIRES RÉCRÉATIFS, SCIENTIFIQUES ET

ANECDOTIQUES, du physicien-aéronaute ROBERTSON. 2 vol. in-8 , fig. 12 fr.

MÉMOIRES SUR LA GUERRE DE 1809 EN ALLE-MAGNE, avec les opérations particulières des corps d'Ita-lie, de Pologne, de Saxe, de Naples et de Walcheren, par le général PELET, d'après son journal fort détaillé de la campagne d'Allemagne, ses reconnaissances et ses divers travaux; la correspondance de Napoléon avec le major gé-néral, les maréchaux, etc. 4 vol. in-8. 28 fr.

MÉMOIRE SUR LE PARTI AVANTAGEUX que l'on peut tirer des bulbes de safran, par M. VERGNAUD-ROMAGNÉSI. In-8. 1 fr.

MÉMOIRE SUR LES OPÉRATIONS de l'avant-garde du 8e Corps de la Grande Armée, formé de troupes polonaises en 1813. In-8. 1 fr. 50

MÉMOIRE SUR DES SCULPTURES ANTIQUES, par VERGNAUD. In-8. 1 fr.
— SUR DES MÉDAILLES ROMAINES. idem. 1 fr.

MÉMOIRES TIRÉS DES ARCHIVES DE LA POLICE DE PARIS, par PEUCHET. 6 vol. in-8. 24 fr.

MÉNESTREL (le), poème en deux chants, par JAMES BEATTIE; traduit de l'anglais, avec le texte en regard, par M. LOUET. 2e édition, in-18. 3 fr.

MENUISERIE DESCRIPTIVE, nouveau Vignole des menuisiers, utile aux ouvriers, maîtres et entrepreneurs, par COULON. 2 vol. in-4, dont un de planches. 20 fr.

MINISTRE DE WAKEFIELD, traduit en français par M. AIGNAN, de l'Académie française. Nouvelle édition. 1841, 1 vol. in-12. fig. 1 fr. 50

MONITEUR DE L'EXPOSITION DE 1839, ou Ar-chives des produits de l'industrie. In-8. 5 fr.

MORALE DE L'ÉVANGILE, comparée à la morale des philosophes anciens et modernes, par madame E. CEL-NART. In-8. 75 c.

MULTIPLICATEURS DES INTÉRÊTS SIMPLES, établis sur les taux de 3, 4, et 5 pour cent, etc., par MO-REAU. 1re partie. 1 vol. in-5o obl. 3 fr. 50

NATURE (La) CONSIDÉRÉE COMME FORCE INSTINCTIVE, par GUISLAIN. In-8. 2 fr. 50

NÉCESSITÉ (de la) ET DE L'EXPÉRIENCE, considérées commme critérium de la vérité, par G. M***. in-8. 7 fr. 50

NOSOGRAPHIE GÉNÉRALE ÉLÉMENTAIRE, ou Description et Traitement rationnel de toutes les maladies; par M. SEIGNEUR GENS, docteur de la Faculté de Paris. Nouvelle édition, 4 vol. in-8. 20 fr.

NOTES SUR LES PRISONS DE LA SUISSE, et sur quelques-unes du continent de l'Europe; moyen de les améliorer, par M. Fr. CUNINGHAM; suivies de la description des prisons améliorées de Gand, Philadelphie, Ilchester et Millbank, par M. BUXTON. In-8. 4 fr. 50

NOTICE HISTORIQUE sur la ville de Toul, ses antiquités et ses célébrités, par C.-L. BATAILLE. In-8. 4 fr.

NOTICE SUR LA PROJECTION DES CARTES GÉOGRAPHIQUES, par E.-A. LEYMONNERYE. In-18, figures. 1 fr. 50

— SUR L'OEUVRE de François Girardon, de Troyes, sculpteur, avec un précis sur sa vie. In-8. 1 fr. 50

NOTIONS SYNTHÉTIQUES, historiques et physiologiques de philosophie naturelle, par M. GEOFFROY-ST.-HILAIRE. In-8. 6 fr.

NOVELLE ITALIANE DI GIOVANNI LA CECILIA. In-8. 4 fr.

NOUVELLE MÉTHODE DE TENUE DES LIVRES, par NICOL. Br. in-8. 75 c.

* **OEUVRES CHOISIES** de l'abbé PRÉVOST, avec fig. 39 vol. in-8, reliés. 100 fr.

OBSERVATIONS SUR LES PERTES DE SANG des femmes en couche et sur les moyens de les guérir, par M. LEROUX. 2e édition. In-8. 4 fr. 50

OBSERVATIONS SUR UN ARTICLE de la Revue Encyclopédique relatif à la traduction du Talmud de Babylone, et à la théorie du judaïsme, par l'abbé CHIARINI. in-8. 2 fr.

OEUVRES COMPLÈTES DE CHAMFORT, recueillies et publiées par P.-A. AUGUIS. 5 vol. in-8. 15 fr.

OEUVRES DE BALLANCHE, de l'Académie de Lyo. 4 vol. in-18. 15 fr.

OEUVRES DE BOILEAU, nouvelle édition, accompagnées de Notes faites sur Boileau par les commentateurs ou littérateurs les plus distingués, par M. J. PLANCHE, professeur de rhétorique au collége royal de Bourbon, et M. NOEL, inspecteur général de l'Université. In-12. 1 fr. 50

— DE SERVAN, nouvelle édition, avec une notice, par X. DE PORTETS. 5 vol. in-8. 18 fr.

OEUVRES DE VOLTAIRE, avec Préfaces, Avertissements, Notes, etc.. par M. BEUCHOT, t. 71 et 72. TABLE ALPHABÉTIQUE ET ANALYTIQUE DES MATIÈRES, par MIGER. 2 vol. in-8.   24 fr.

Idem, papier vélin.   36 fr.

Idem, grand papier jésus.   48 fr.

OEUVRES D'ÉVARISTE PARNY. 5 vol. in-18.
                                                    12 fr. 50

— DIVERSES DE LAHARPE, de l'Académie française. 16 vol. in-8.   64 fr.

— DIVERSES. Économie politique; Instruction publique; Haras et Remontes, par C.-J.-A. MATHIEU DE DOMBASLE. In-8.   8 fr.

— DRAMATIQUES DE N. DESTOUCHES. Nouvelle édition. Paris. 6 vol. in-8.   24 fr.

— POÉTIQUES DE KRASICKI. 1 seul vol. in-8, à 2 col. grand papier vélin.   25 fr.

OPUSCULES FINANCIERS sur l'effet des privilégés, des emprunts publics et des conversions sur le crédit de l'industrie en France, par J.-J. FAZY. 1 vol. in-8   5 fr.

ORDONNANCE SUR L'EXERCICE ET LES MANOEUVRES D'INFANTERIE, du 4 mars 1831. (École du soldat et de peloton). 1 vol. in-18, orné de fig. 75 c.

ORGUE (l') DE SAINT-DENIS, par LAFAGE. In-8. 2 fr.

OUVRIER (l') MÉCANICIEN, Guide de mécanique pratique, précédé de notions élémentaires d'arithmétique décimale, d'algèbre et de géométrie, par CH. ARMENGAUD jeune. 2e édition, in-12.   4 fr.

PARFAIT CHARRON-CARROSSIER, ou Traité complet des Ouvrages faits en Charronnage et Ferrure, par L. BERTHAUX. In-8.   10 fr.

— Le Parfait Charron, seul.   5 fr.

— Le Parfait Carrossier, seul.   5 fr.

PARFAIT SERRURIER, ou Traité des ouvrages faits en fer; par LOUIS BERTHAUX. 1 vol. in-8, cartonné. 9 fr.

PASSÉ (DU), DU PRÉSENT ET DE L'AVENIR de l'Organisation municipale de la France, par E. CHAMPAGNAC, tome 1er. In-8.   4 fr.

PEINTRES BRUGÉOIS (Les), par ALFRED MICHIELS. In-12.   2 fr.

PETIT (le) BARÈME DES CAISSES D'ÉPARGNE

ou Méthode simple et facile pour calculer les intérêts depuis 1 jusqu'à 40 ans, par Van-Tenac. In-32.   10 c.

PETIT MANUEL DU NEGOCIANT D'EAU-DE-VIE, par Rayon. In-18.   75 c.

PETIT PAMPHLET sur quelques tableaux du salon de 1835, par A.-D. Vergnaud. In-8.   30 c.

PHILOSOPHIE ANTI-NEWTONIENNE, ou Essai sur une nouvelle physique de l'univers, par J. Bautés. Paris, 1835, 2 livraisons in-8.   3 fr.

PHOTOGRAPHIQUE (Album), par M. Blanquart-Evrard. Livraisons 1 à 11, contenant chacune 3 planches. — La publication se continue. — Prix de la livraison 6 fr.

PHOTOGRAPHIE SUR PLAQUES MÉTALLIQUES, par M. le baron Gros, 2e édition, in-8. fig.   3 f.

PHOTOGRAPHIE SUR PAPIER, par M. Blanquart-Evrard. Brochure in 8.   4 fr. 50

POÉSIES DE CHARLES FROMENT. 2 vol. in-18. 7 fr.

— GENEVOISES. 3 vol. in-32.   3 fr.

POÈTES (les) FRANÇAIS depuis le XIIe siècle jusqu'à Malherbe, avec une Notice historique et littéraire sur chaque poète. Paris, 1824, 6 vol. in-8.   48 fr.

POEZYE ADAMA MICKIEWICZA, tomes 3 et 4. In-12. Prix, chacun   5 fr.

POLITIQUE POPULAIRE, ou Manuel des droits et des devoirs du citoyen In-18 carré.   50 c.

PRÉCIS DE L'HISTOIRE DES TRIBUNAUX SE-CRETS DANS LE NORD DE L'ALLEMAGNE, par A. Loeve Veimars. 1 vol. in-18.   1 fr. 25

— HISTORIQUE SUR LES RÉVOLUTIONS DES ROYAUMES DE NAPLES ET DU PIÉMONT, en 1820 et 1821, suivi de documents authentiques sur ces évènements, par M. le comte D.... 2e édition. In-8.   4 fr. 50

PROJET D'UN NOUVEAU SYSTÈME BIBLIO-GRAPHIQUE des Connaissances humaines, par Namur. In-8.   4 fr.

QUELQUES RÉFLEXIONS sur la Législation commerciale, par A.-J. Memot. Paris, 1823. In-8.   2 fr. 50

QUESTION DE L'ORIENT sous ses rapports généraux et particuliers, par M. De Pradt. In 8.   5 fr.

QUESTION DES ENTREPOTS ET PORTS FRANCS, contenant onze lettres publiées dans le journal le *Commerce de Dunkerque et du Nord*, par M. Battier. Grand in-8. 3 fr.